Versicherungsmathematik

Karl-H. Wolff

1970

Springer-Verlag

Wien · New York

Dr. KARL-H. WOLFF
o. Professor an der Technischen Hochschule in Wien

8 Abbildungen

ISBN-13:978-3-7091-7682-5 e-ISBN-13:978-3-7091-7681-8
DOI: 10.1007/978-3-7091-7681-8

Softcover reprint of the hardcover 1st edition 1970

Library of Congress Catalog Card Number 79-110978

Titel Nr. 9265

Vorwort

Das vorliegende Buch soll einen Überblick über mathematische Methoden des Versicherungswesens geben. Es gliedert sich in acht Abschnitte, die in insgesamt 31 Kapitel unterteilt sind. Neben der Beschreibung der klassischen Versicherungsmathematik in den Abschnitten I, Finanzmathematik, II, Lebensversicherung, und III, Gewinnermittlung und Gewinnverwendung, wird auch eine Einführung in andere Bereiche in den Abschnitten IV, Krankenversicherung, V, Pensionsversicherung, und VI, Unfallversicherung, gegeben. Hier sei insbesondere auf die in Abschnitt IV dargelegte Theorie der Personengesamtheiten verwiesen, die über den Bereich dieses Abschnittes hinaus vor allem für die Pensionsversicherung, aber auch für die Unfallversicherung von Bedeutung ist. Einen etwas allgemeineren Überblick über die mathematische Behandlung von Versicherungen gibt Abschnitt VII, Allgemeine Versicherungstheorie. Die Einführung eines verallgemeinerten STIELTJES-SCHÄRF-Integrales ermöglicht eine einheitliche Darstellung verschiedenartiger Versicherungswerte. Abschnitt VIII, Risikotheorie, behandelt nach einer Diskussion des Begriffes „Risiko" verschiedene Arten der Rückversicherung. Im letzten Kapitel wird eine Einführung in die kollektive Risikotheorie gegeben, die Informationen über optimale Entscheidungen der Versicherungsgesellschaft bei der Prämiengestaltung, der Rückversicherung und der Dividendenpolitik ermöglicht. Diese Untersuchungen bilden vor allem im Hinblick auf das den Versicherungsgesellschaften im allgemeinen zur Verfügung stehende statistische Material eine zweckmäßige Ergänzung zur klassischen Risikotheorie.

Die Darstellungen sind im wesentlichen elementar gehalten. Vorausgesetzt werden die Grundbegriffe der Wahrscheinlichkeitsrechnung und der mathematischen Statistik. Vorkenntnisse aus der Theorie der zufälligen Prozesse erleichtern deren Behandlung, insbesondere im Kapitel über die Einführung in die kollektive Risikotheorie, ohne jedoch Voraussetzung für das Verständnis zu sein.

Nach dem letzten Abschnitt wird eine Gegenüberstellung von österreichischen Sterbetafeln der Jahre 1930/33, 1949/51 und 1959/61 gegeben, aus der die Entwicklung der Sterbewahrscheinlichkeiten und Lebenserwartungen ersichtlich ist.

Mit Hilfe der österreichischen Sterbetafel 1959/61 wurden Kommutationszahlen für Erlebens- und Ablebensversicherungen errechnet, wobei die Zinsraten 3,5%, 4% und 4,5% zugrunde liegen. Diese Kommutationszahlen sind ebenfalls in Tabellenform dargestellt. Es folgt eine Darstellung der deutschen allgemeinen Sterbetafel 1960/62 und der schweizerischen Sterbetafel 1958/63. Ein Literaturverzeichnis bietet Hinweise für weitergehendes Studium.

Das Buch ist als Lehrbuch zum Studium der Versicherungsmathematik, aber auch als Nachschlagewerk für den in der Praxis tätigen Versicherungsmathematiker gedacht. Ich gebe der Hoffnung Ausdruck, daß es diesen Zweck erfüllen wird. Für Vorschläge und Anregungen, die einer Verbesserung dienen, werde ich stets dankbar sein.

Wien, im Juli 1970 Karl-H. Wolff

Inhaltsverzeichnis

Abschnitt III

Gewinnermittlung und Gewinnverwendung

Abschnitt IV

Krankenversicherung

Abschnitt V

Pensionsversicherung

Abschnitt VI

Unfallversicherung

Abschnitt VII

Allgemeine Versicherungstheorie

Abschnitt VIII

Risikotheorie

Bezeichnungen

An einigen Stellen werden die Bezeichnungen $F(x+0)$ bzw. $F(x-0)$ verwendet, welche durch $F(x+0) = \lim_{\varepsilon \to 0} F(x+\varepsilon)$ bzw. $F(x-0) = \lim_{\varepsilon \to 0} F(x-\varepsilon)$ mit $\varepsilon > 0$ definiert sind. Die Symbole $\mathrm{O}(\varepsilon)$ bzw. $\mathrm{o}(\varepsilon)$ sind durch $\lim_{\varepsilon \to 0} \frac{1}{\varepsilon} |\mathrm{O}(\varepsilon)| < C$ bzw. $\lim_{\varepsilon \to 0} \frac{1}{\varepsilon} \mathrm{o}(\varepsilon) = 0$ definiert. Vektoren werden im allgemeinen mit gotischen Buchstaben bezeichnet. Zufällige Prozesse werden durch Fettdruck $\boldsymbol{x}(t)$, $\boldsymbol{y}(t)$ usw. gekennzeichnet, während $x(t)$, $y(t)$ usw. Realisierungen dieser zufälligen Prozesse bedeuten.

Abschnitt I

Finanzmathematik

Kapitel 1

Die Verzinsung

1. Einfache Verzinsung. Die Finanzmathematik befaßt sich mit der Verzinsung des Kapitals. Die Ursache der Verzinsung bleibt dabei außer Betracht. Mit ihr befassen sich die verschiedenen Zinstheorien. Für die Untersuchungen im Rahmen der Finanzmathematik ist es ausreichend, die Zinsen als Leihgebühr für Geld anzusehen. Wer sich auf dem Kapitalmarkt Geld ausleiht, muß dafür als Leihgebühr Zinsen zahlen und diese Zinsen werden im folgenden behandelt.

Die einfachste Art der Verzinsung besteht darin, die Zinsen sowohl proportional dem Zeitraum festzusetzen, über den sich die Verzinsung erstreckt, als auch der Höhe des geliehenen Kapitals. Liefert die Kapitaleinheit in der Zeiteinheit Zinsen der Höhe i, dann betragen die Zinsen für ein Kapital K_E in der Zeit t offenbar $Z_E = K_E i t$. Man nennt i die jährliche Zinsrate. Wird $i = \frac{p}{100}$ in Prozenten ausgedrückt, dann heißt p der Zinsfuß. Der Zinsfuß gibt die in der Zeiteinheit auf 100 Kapitaleinheiten entfallenden Zinsen an. Als Zeiteinheit wird im allgemeinen stets das Kalenderjahr gewählt.

Bezeichnen wir mit $K_E(t)$ das Kapital zuzüglich der im Zeitraum $(0, t)$ angesammelten Zinsen, dann gilt

$$K_E(t) = K_E(0)(1 + it). \tag{1.1}$$

Dies ist die Zinsformel für die sogenannte einfache Verzinsung. Die Ermittlung von $K_E(t)$ aus dem vorgegebenen $K_E(0)$ bezeichnet man als Aufzinsung. Der umgekehrte Vorgang, die Ermittlung von $K_E(0)$ aus dem vorgegebenen $K_E(t)$, wird als Abzinsung oder Diskontierung bezeichnet:

$$K_E(0) = \frac{K_E(t)}{1 + it}. \tag{1.2}$$

Entwickelt man (1.2) nach t in eine Potenzreihe und bricht nach dem zweiten Glied ab, dann erhält man für kleine t die folgende näherungsweise Darstellung:

$$K_E(0) \sim \bar{K}_E(0) = K_E(t)(1 - it). \tag{1.3}$$

Für kurze, also etwa für unterjährige Zeiträume wird diese Formel für die Abzinsung häufig verwendet, und zwar insbesondere bei der Diskontierung von Wechseln, weshalb man sie auch als Formel für den Wechseldiskont bezeichnet. Der Fehler bei der Verwendung des diskontierten Wertes $\bar{K}_E(0)$ aus (1.3) anstelle von $K_E(0)$ aus (1.2) ist, wie die folgende Formel zeigt, in der Größenordnung von i^2t^2:

$$K_E(0) - \bar{K}_E(0) = K_E(t)\,\frac{i^2t^2}{1+it}.$$

Für $i > 0$ und $t > 0$ gilt daher stets $K_E(0) > \bar{K}_E(0)$.

2. Zusammengesetzte und gemischte Verzinsung. Wegen ihrer Einfachheit wird die Verzinsung nach (1.1) häufig in der Praxis angewendet, und zwar vor allem für unterjährige Zeiträume. Für längere Zeiträume erweist sich (1.1) als nur bedingt geeignet. Der Zinsenertrag bleibt ja bei dieser Art der Verzinsung immer proportional dem Anfangskapital $K_E(0)$, während die Zinsen selbst keinen Ertrag abwerfen. Werden die Zinsen nach einiger Zeit, etwa nach einem Jahr, dem Kapital zugeschlagen und wird das so erhaltene Kapital $K_E(1) = K_E(0)(1+i)$ im weiteren nach (1.1) verzinst, dann erhält man unter der Voraussetzung $t > 1$ für $K(t)$[1] den folgenden Ausdruck:

$$K(t) = K_E(1)[1 + i(t-1)] = K_E(1)(1 - i + it).$$

In diesem Fall ist also der weitere Zinsenertrag proportional $K_E(1)$ und damit höher als der nach (1.1) sich ergebende Zinsenertrag, der proportional $K_E(0)$ war.

Werden die Zinsen Jahr für Jahr dem Kapital zum Zwecke der weiteren Verzinsung zugeschlagen, dann führt diese Methode der Zinseszinsrechnung zur sogenannten zusammengesetzten Verzinsung. Bei dieser Art der Verzinsung stimmen die Zinsen nach einem Jahr mit denen der einfachen Verzinsung überein, und es gilt $K_Z(1) = K_Z(0)(1+i)$. Während der folgenden Jahre wird jeweils das zu Beginn des Jahres vorhandene Kapital verzinst, und die Zinsen werden am Jahresende dem Kapital zugeschlagen. Es gilt daher

$$K_Z(n) = K_Z(n-1)(1+i),$$

und daraus folgt

$$K_Z(n) = K_Z(0)(1+i)^n. \tag{1.4}$$

Im Gegensatz zu (1.1) wächst $K_Z(n)$ exponentiell. (1.4) ist zunächst nur für ganzzahlige n definiert. Durch Verallgemeinerung von (1.4) gelangt man zur allgemeinen Zinsformel für die zusammengesetzte Verzinsung:

$$K_Z(t) = K_Z(0)(1+i)^t \tag{1.5}$$

für beliebige Werte $t > 0$.

(1.5) stellt nur eine der möglichen Interpolationen zwischen den durch (1.4) gegebenen Punkten der Kurve $K(t)$ dar. Interpoliert man linear zwischen diesen

---

[1] Das Kapital als Funktion der Zeit wird hier und im folgenden stets mit $K(t)$ bezeichnet. Eine bestimmte Art der Verzinsung wird erforderlichenfalls durch entsprechende Indizes gekennzeichnet. So bezeichnet etwa $K_E(t)$ das Kapital als Funktion der Zeit für den Fall der einfachen Verzinsung.

Punkten, dann erhält man eine Mischung aus der (linearen) einfachen und der (exponentiellen) zusammengesetzten Verzinsung, die als gemischte Verzinsung bezeichnet wird. Für $t = n + s$, $0 \leqq s < 1$ und ganzzahliges n genügt $K(t)$ für die gemischte Verzinsung der folgenden Gleichung:

$$K_G(t) = K_G(0)(1 + i)^n(1 + is). \tag{1.6}$$

Einen Überblick über den Verlauf der Funktion $K(t)$ für die bisher behandelten drei Arten der Verzinsung vermittelt Abb. 1.

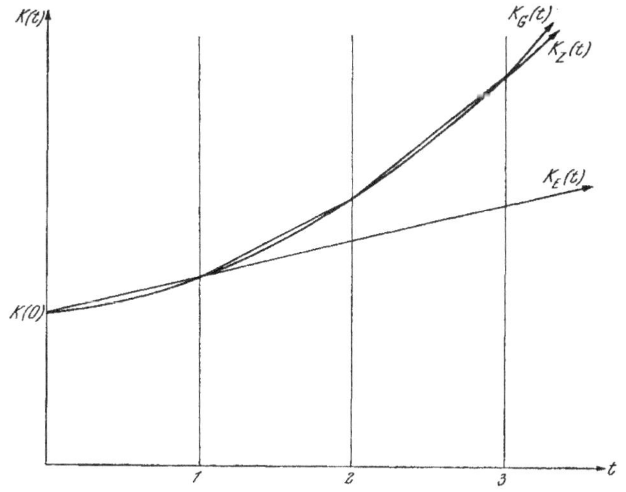

Abb. 1

Wie man sieht, liefert die gemischte Verzinsung die höchsten Zinsen. Sie weicht jedoch von der zusammengesetzten Verzinsung nur wenig ab. Die Größenordnung der Abweichung ist

$$(1 + i)^s - (1 + is) = 0(i^2 s^2).$$

Der Ausdruck $0(i^2 s^2)$ bedeutet, daß

$$\overline{\lim_{is \downarrow 0}} \frac{1}{i^2 s^2} |0(i^2 s^2)| < M$$

beschränkt bleibt. Für $s = 0$, also in den ganzzahligen Zeitpunkten $t = n$, liefern die zusammengesetzte Verzinsung und die gemischte Verzinsung dieselben Werte. Die einfache Verzinsung stimmt für $0 \leqq t \leqq 1$ mit der gemischten Verzinsung überein, führt aber für Zeiträume, die länger als ein Jahr sind, zu niedrigeren Zinsen als die beiden anderen hier dargelegten Arten der Verzinsung.

Die Umkehrung der Aufzinsung, also die Abzinsung, ist für die zusammengesetzte Verzinsung wegen (1.5) nach der Formel

$$K_Z(0) = \frac{K_Z(t)}{(1 + i)^t} \tag{1.7}$$

vorzunehmen. Zur Abzinsung für die gemischte Verzinsung ist wegen (1.6) die Formel

$$K_G(0) = \frac{K_G(t)}{(1+i)^n\,(1+is)} \tag{1.8}$$

heranzuziehen.

Allgemeine Untersuchungen über die Verzinsung beruhen vor allem auf der zusammengesetzten Verzinsung. Sie ist unter den drei bereits behandelten Arten der Verzinsung insofern ausgezeichnet als sie dem Gedanken der Verzinsung von Zinsen Rechnung trägt und außerdem in der graphischen Darstellung (vgl. Abb. 1) zu einer glatten Kurve führt, das heißt, $K(t)$ besitzt eine stetige Ableitung. Wir werden bei allgemeineren Untersuchungen über die Verzinsung noch eingehender zeigen, in welcher Hinsicht die zusammengesetzte Verzinsung gegenüber allen anderen Arten der Verzinsung ausgezeichnet ist.

Bei der Aufzinsung nach (1.5) treten Potenzen von $1+i$, bei der Abzinsung nach (1.7) Potenzen von $\frac{1}{1+i}$ auf. Man bezeichnet

$$r = 1 + i \tag{1.9}$$

als Aufzinsungsfaktor und

$$v = \frac{1}{1+i} = \frac{1}{r} \tag{1.10}$$

als Abzinsungsfaktor oder Diskontfaktor. Die Formeln (1.5) und (1.7) lauten dann folgendermaßen:

$$K_Z(t) = K_Z(0)\,r^t,$$

$$K_Z(0) = K_Z(t)\,v^t.$$

Weiters wird

$$d = 1 - v \tag{1.11}$$

als jährliche Diskontrate bezeichnet. Die jährliche Zinsrate i gibt den Wertzuwachs der Kapitaleinheit bei Aufzinsung um ein Jahr an. Aus (1.7) und (1.10) folgt für $t = 1$ und $K_Z(1) = 1$, daß $K_Z(0) = v$ gilt. Die jährliche Diskontrate d gibt daher die Wertverminderung der Kapitaleinheit bei Abzinsung um ein Jahr an.

Durch Multiplikation von (1.9) mit v erhält man die Gleichung $1 = v + iv$ und daraus

$$iv = d. \tag{1.12}$$

Multipliziert man (1.12) mit r, so folgt

$$dr = i. \tag{1.13}$$

Man erhält also die Diskontrate d durch Abzinsung der Zinsrate i und die Zinsrate i durch Aufzinsung der Diskontrate d.

3. Allgemeine Verzinsung. Die bisher behandelten Arten der Verzinsung haben sich aus der Praxis entwickelt. Wir wollen im folgenden die Verzinsung etwas allgemeiner behandeln. Ein Vergleich verschiedener Arten der Verzinsung kann etwa durch eine Gegenüberstellung jener Zinsen gewonnen werden, die ein und dasselbe Kapital $K(t)$ im Durchschnitt je Kapitaleinheit und je Zeiteinheit in einem bestimmten Zeitintervall $(t, t + \Delta t)$ produziert. Je nach Art der Verzinsung erhalten wir z. B.:

$$\frac{K_E(t + \Delta t) - K_E(t)}{\Delta t K_E(t)} = \frac{i}{1 + it},$$

$$\frac{K_Z(t + \Delta t) - K_Z(t)}{\Delta t K_Z(t)} = \frac{(1 + i)^{\Delta t} - 1}{\Delta t}.$$

Für die einfache Verzinsung sind die durchschnittlichen Zinsen je Kapitaleinheit und je Zeiteinheit unabhängig von der Länge des Intervalles Δt. Setzen wir eine allgemeine Art der Verzinsung voraus, etwa durch die Vorgabe einer monoton steigenden Funktion $K(t)$, dann werden die durchschnittlichen Zinsen je Kapitaleinheit und je Zeiteinheit für ein bestimmtes Zeitintervall im allgemeinen nicht unabhängig von der Länge des Intervalles sein. Läßt man jedoch die Länge des Intervalles Δt gegen Null streben und setzt die Existenz des Grenzwertes voraus, dann wird

$$\lim_{\Delta t \downarrow 0} \frac{K(t + \Delta t) - K(t)}{\Delta t K(t)} = \frac{1}{K(t)} \frac{dK(t)}{dt} = \frac{d \ln K(t)}{dt} = \varrho(t) \tag{1.14}$$

ein brauchbarer Maßstab für die Intensität, mit der das Kapital im Zeitpunkt t Zinsen produziert. Man bezeichnet daher $\varrho(t)$ als Zinsintensität.

$K(t + \Delta t) - K(t)$ kann aber auch als die Wertverminderung des Kapitals $K(t + \Delta t)$ angesehen werden, wenn über den Zeitraum Δt abgezinst oder diskontiert wird. Bildet man den durchschnittlichen Diskont je Kapitaleinheit und je Zeiteinheit, dann muß dieser Ausdruck durch $\Delta t K(t + \Delta t)$ geteilt werden. Läßt man wieder Δt gegen Null streben, dann ergibt sich der selbe Grenzwert wie in (1.14), da $K(t + \Delta t)$ im Nenner gegen $K(t)$ strebt. $\varrho(t)$ wird daher häufig auch als Diskontintensität bezeichnet.

Sofern $K(t)$ differenzierbar ist, kann $\varrho(t)$ eindeutig berechnet werden. Ist umgekehrt $\varrho(t)$ vorgegeben, dann folgt aus (1.14) durch Integration

$$\int_0^t \frac{d \ln K(\tau)}{d\tau} \, d\tau = \ln K(t) - \ln K(0) = \int_0^t \varrho(\tau) \, d\tau$$

und daraus

$$K(t) = K(0) e^{\int_0^t \varrho(\tau)\, d\tau}. \tag{1.15}$$

$K(t)$ kann daher aus einer vorgegebenen integrierbaren Funktion $\varrho(t)$ eindeutig berechnet werden.

Unter Berücksichtigung von (1.1), (1.5) und (1.6) erhalten wir aus (1.14) für die Zinsintensität der drei bisher betrachteten Arten der Verzinsung die folgenden Werte:

Einfache Verzinsung: $\varrho_E(t) = \frac{i}{1 + it}$,

Zusammengesetzte Verzinsung: $\varrho_Z(t) = \ln(1 + i) = \ln r = \delta$,

Gemischte Verzinsung: $\varrho_G(t) = \frac{i}{1 + is}$, $0 \leq s < 1$.

Hieraus geht die Sonderstellung der zusammengesetzten Verzinsung besonders klar hervor, handelt es sich doch um die einzige Art der Verzinsung mit konstanter, das heißt von t unabhängiger, Zinsintensität. In allen anderen Fällen ist die Zinsintensität von t abhängig. $\varrho_G(t)$, die Zinsintensität für die gemischte Verzinsung, weicht insofern von den beiden anderen Formen der Zinsintensität ab, als es sich um keine stetige Funktion handelt. In den Punkten $t = n$ (ganz) hat $\varrho_G(t)$ eine Sprungstelle mit

$$\lim_{\varepsilon \downarrow 0} \varrho_G(n - \varepsilon) = \frac{i}{1+i} = iv = d, \qquad \lim_{\varepsilon \downarrow 0} \varrho_G(n + \varepsilon) = i.$$

Für $t = n$ (ganz) ist daher $\varrho_G(t)$ nicht definiert. Einen Überblick über den Funktionsverlauf der Zinsintensität $\varrho(t)$ für die drei betrachteten Arten der Verzinsung vermittelt Abb. 2.

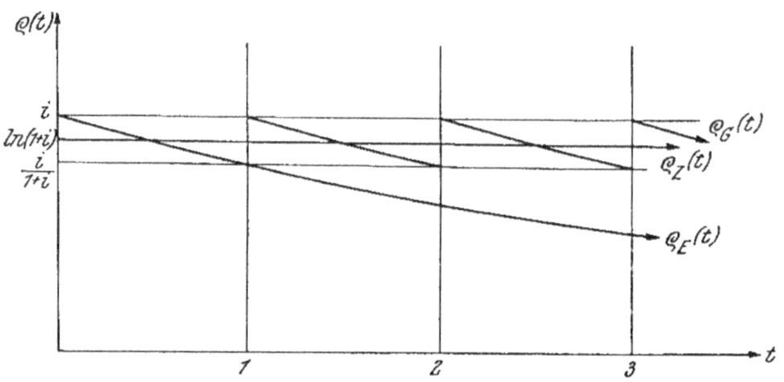

Abb. 2

Wir definieren nun den allgemeinen Aufzinsungsfaktor $A(t_1, t_2)$ für $t_2 > t_1$ durch

$$K(t_2) = K(t_1) A(t_1, t_2) \tag{1.16}$$

und den allgemeinen Abzinsungsfaktor $B(t_1, t_2)$ für $t_2 > t_1$ durch

$$K(t_1) = K(t_2) B(t_1, t_2). \tag{1.17}$$

Aus (1.15) folgt

$$A(t_1, t_2) = e^{\int_{t_1}^{t_2} \varrho(t)\, dt},$$

$$B(t_1, t_2) = e^{-\int_{t_1}^{t_2} \varrho(t)\, dt},$$

und es gilt

$$A(t_1, t_2) = \frac{1}{B(t_1, t_2)}.$$

Die allgemeinen Zinsen $I(t_1, t_2)$ der Kapitaleinheit bei Aufzinsung über den Zeitraum (t_1, t_2) erhält man mit Hilfe von (1.16) durch

$$I(t_1, t_2) = A(t_1, t_2) - 1. \tag{1.18}$$

Für den allgemeinen Diskont $D(t_1, t_2)$, also für die Wertverminderung der Kapitaleinheit bei Abzinsung über den Zeitraum (t_1, t_2), erhält man mit Hilfe von (1.17)

$$D(t_1, t_2) = 1 - B(t_1, t_2). \tag{1.19}$$

Durch Multiplikation von (1.18) mit $B(t_1, t_2)$ bzw. von (1.19) mit $A(t_1, t_2)$ ergeben sich die beiden folgenden Gleichungen:

$$\begin{aligned} I\,(t_1, t_2) B(t_1, t_2) &= D(t_1, t_2), \\ D(t_1, t_2) A(t_1, t_2) &= I\,(t_1, t_2), \end{aligned} \tag{1.20}$$

die offenbar (1.12) und (1.13) entsprechen. $I(t_1, t_2)$ gibt an, wieviel Zinsen die Kapitaleinheit im Zeitintervall (t_1, t_2) tatsächlich produziert. Ebenso gibt $D(t_1, t_2)$ die tatsächliche Wertverminderung, also den tatsächlichen Diskont, der Kapitaleinheit bei Abzinsung über den Zeitraum (t_1, t_2) an. $I(t_1, t_2)$ und $D(t_1, t_2)$ werden daher als *effektive Zinsrate* bzw. als *effektive Diskontrate* über den Zeitraum (t_1, t_2) bezeichnet.

4. Unterjährige Verzinsung. Für Vergleiche erweist es sich als zweckmäßig, so wie bei der Untersuchung der Zinsintensität die Zinsen auf die Zeiteinheit zu beziehen. Produziert die Kapitaleinheit etwa im Zeitintervall $(t, t + h)$ Zinsen in der Höhe $I(t, t + h)$, dann entspricht dies, auf die Zeiteinheit bezogen, Zinsen in der Höhe von $\frac{1}{h} I(t, t + h)$. Dieser Ausdruck wird freilich im allgemeinen nicht mit der einjährigen Zinsrate $I(t, t + 1)$ übereinstimmen. Man bezeichnet ihn daher als *nominelle jährliche Zinsrate bei h-jährlicher Verzinsung:*

$$J(t, t + h) = \frac{1}{h} I(t, t + h). \tag{1.21}$$

In analoger Weise wird der durchschnittliche Diskont je Kapitaleinheit und je Zeiteinheit als *nominelle jährliche Diskontrate bei h-jährlicher Verzinsung* bezeichnet und durch

$$F(t, t + h) = \frac{1}{h} D(t, t + h) \tag{1.22}$$

ausgedrückt. Mit Hilfe von (1.20) erhalten wir aus (1.21) und (1.22) die folgenden Gleichungen:

$$\begin{aligned} J\,(t, t + h) B(t, t + h) &= F(t, t + h), \\ F(t, t + h) A(t, t + h) &= J\,(t, t + h). \end{aligned} \tag{1.23}$$

Wegen

$$J(t, t + h) = \frac{K(t + h) - K(t)}{h K(t)}$$

und

$$F(t, t + h) = \frac{K(t + h) - K(t)}{h K(t + h)}$$

gilt in Analogie zu (1.14)

$$\lim_{h \downarrow 0} J(t, t + h) = \lim_{h \downarrow 0} F(t, t + h) = \varrho(t). \tag{1.24}$$

Für $h \downarrow 0$ strebt somit die nominelle jährliche Zinsrate wie die nominelle jährliche Diskontrate gegen die Zinsintensität.

Von praktischer Bedeutung ist die unterjährige Verzinsung für den Fall der *zusammengesetzten Verzinsung.* Es ist in diesem Fall üblich, $h = \frac{1}{m}$ mit ganzzahligem m zu setzen und von m^{tel}-jährlicher Verzinsung zu sprechen. $m = 4$ bedeutet vierteljährliche Verzinsung, $m = 12$ monatliche Verzinsung usw. Hiebei werden die folgenden Bezeichnungen eingeführt:

$$J\left(t, t + \frac{1}{m}\right) = j_m,$$
$$F\left(t, t + \frac{1}{m}\right) = f_m. \tag{1.25}$$

Es ist j_m die nominelle jährliche Zinsrate bei m^{tel}-jährlicher Verzinsung, f_m die nominelle jährliche Diskontrate bei m^{tel}-jährlicher Verzinsung. Für die zusammengesetzte Verzinsung gilt

$$I\left(t, t + \frac{1}{m}\right) = A\left(t, t + \frac{1}{m}\right) - 1 = (1 + i)^{\frac{1}{m}} - 1$$

und

$$D\left(t, t + \frac{1}{m}\right) = 1 - B\left(t, t + \frac{1}{m}\right) = 1 - (1 - d)^{\frac{1}{m}}.$$

Aus (1.21), (1.22) und (1.25) erhalten wir daher die folgenden Beziehungen:

$$j_m = m\left[(1 + i)^{\frac{1}{m}} - 1\right],$$
$$f_m = m\left[1 - (1 - d)^{\frac{1}{m}}\right]. \tag{1.26}$$

Durch Umformung folgt daraus unmittelbar

$$i = \left(1 + \frac{j_m}{m}\right)^m - 1.$$
$$d = 1 - \left(1 - \frac{f_m}{m}\right)^m. \tag{1.27}$$

Aus (1.25) und (1.21) bzw. (1.22) geht hervor, daß $\frac{j_m}{m}$ die effektive m^{tel}-jährliche Zinsrate und $\frac{f_m}{m}$ die effektive m^{tel}-jährliche Diskontrate darstellen.

Zwei Beispiele mögen das Verhältnis von effektiver zu nomineller Zinsrate sowie von effektiver zu nomineller Diskontrate verdeutlichen. Es sei eine monatliche Verzinsung vorgegeben ($m = 12$). Die (effektive) monatliche Zinsrate betrage 0,5%. Es ist daher $\frac{j_{12}}{12} = 0{,}005$. Die nominelle jährliche Zinsrate ist $j_{12} = 0{,}06 = 6\%$. Tatsächlich liefert aber die Kapitaleinheit in einem Jahr mehr an Zinsen als die zwölffachen Monatszinsen, da nach jedem Monat die Zinsen dem Kapital zugeschlagen werden und sich im weiteren selbst verzinsen. Für die effektive jährliche Zinsrate bei monatlicher Verzinsung erhalten wir daher aus (1.27)

$$i = (1{,}005)^{12} - 1 = 0{,}061\,677\,81 > 6\%.$$

Nun sei die effektive monatliche Diskontrate mit 1% vorgegeben. Es gilt daher $\frac{f_{12}}{12} = 0{,}01$ und daraus folgt $f_{12} = 0{,}12$. Die nominelle jährliche Diskontrate ist 12%. Die effektive jährliche Diskontrate wird nach (1.27) errechnet:

$$d = 1 - (0{,}99)^{12} = 0{,}11255077 < 12\% .$$

Wie man sieht, war die effektive jährliche Zinsrate höher als die nominelle und die effektive jährliche Diskontrate niedriger als die nominelle. Dies gilt ganz allgemein, denn wegen $\left(1 + \frac{j_m}{m}\right)^m > 1 + j_m$ und $\left(1 - \frac{f_m}{m}\right)^m > 1 - f_m$ folgt aus (1.27) direkt $i > j_m$ und $d < f_m$. Aus (1.26) erhalten wir durch Multiplikation mit $v^{\frac{1}{m}}$ bzw. $r^{\frac{1}{m}}$ die Gleichungen

$$\begin{aligned} j_m v^{\frac{1}{m}} &= f_m , \\ f_m r^{\frac{1}{m}} &= j_m , \end{aligned} \tag{1.28}$$

die den Gleichungen (1.23) entsprechen. Aus (1.24) und (1.25) folgt

$$\lim_{m \to \infty} j_m = \lim_{m \to \infty} f_m = \delta = \ln r . \tag{1.29}$$

Aus (1.27) folgt weiters

$$i = \sum_{r=0}^{m} \binom{m}{r} \frac{1}{m^r} j_m^r = \sum_{r=0}^{m} \frac{1}{r!} \left(1 - \frac{1}{m}\right) \left(1 - \frac{2}{m}\right) \cdots \left(1 - \frac{r-1}{m}\right) j_m^r .$$

Nun ist $\binom{m}{r} \frac{1}{m^r}$ monoton steigend in m. Für konstantes i muß daher j_m monoton fallend in m sein und wegen (1.29) gilt $j_m > \delta = \ln r$. Lassen wir in der aus (1.27) gewonnenen Gleichung

$$v^{\frac{1}{m}} = 1 - \frac{f_m}{m}$$

auch nicht ganzzahlige Werte von m zu, dann können wir nach m differenzieren und erhalten wegen (1.28) die Beziehungen

$$\frac{d v^{\frac{1}{m}}}{dm} = -\frac{1}{m^2} v^{\frac{1}{m}} \ln v = \frac{1}{m^2} v^{\frac{1}{m}} \ln r = \frac{\delta}{m^2} v^{\frac{1}{m}} < \frac{j_m}{m^2} v^{\frac{1}{m}} = \frac{f_m}{m^2}$$

und

$$\frac{d}{dm}\left(1 - \frac{f_m}{m}\right) = \frac{f_m}{m^2} - \frac{1}{m} \frac{d f_m}{dm} .$$

Daraus folgt nun unmittelbar $\frac{d f_m}{dm} > 0$. Für konstantes v und damit für konstantes i ist daher f_m monoton steigend in m. Es gilt somit

$$d \leqq f_m < \delta < j_m \leqq i . \tag{1.30}$$

Für $m = 1$ gilt $j_1 = i$ und $f_1 = d$. Mit steigendem m nimmt f_m monoton zu, j_m monoton ab und beide Größen streben für $m \to \infty$ dem Grenzwert $\delta = \ln r$, also der Zinsintensität, zu.

Die folgenden Tabellen geben einen Überblick über das Verhältnis von nomineller und effektiver jährlicher Zinsrate sowie von nomineller und effektiver jährlicher Diskontrate bei unterjähriger Verzinsung.

Angaben in Prozenten

m	Bei einer nominellen jährlichen Zinsrate von $j_m = 2\%$	$j_m = 3\%$	$j_m = 4\%$	$j_m = 5\%$	$j_m = 6\%$ beträgt die effektive jährliche Zinsrate
1	2,000000	3,000000	4,000000	5,000000	6,000000
2	2,010000	3,022500	4,040000	5,062500	6,090000
4	2,015050	3,033919	4,060401	5,094534	6,136355
12	2,018436	3,041596	4,074154	5,116190	6,167781
∞	2,020134	3,045453	4,081077	5,127110	6,183655

Angaben in Prozenten

m	Bei einer nominellen jährlichen Diskontrate von $f_m = 2\%$	$f_m = 3\%$	$f_m = 4\%$	$f_m = 5\%$	$f_m = 6\%$ beträgt die effektive jährliche Diskontrate
1	2,000000	3,000000	4,000000	5,000000	6,000000
2	1,990000	2,977500	3,960000	4,937500	5,910000
4	1,985050	2,966418	3,940399	4,907029	5,866345
12	1,981768	2,959092	3,927475	4,886993	5,837719
∞	1,980133	2,955447	3,921056	4,877058	5,823547

Kapitel 2

Die Rentenberechnung

1. Rentenbarwerte und Rentenendwerte. Wir bezeichnen als Zeitrente eine Gesamtheit von Zahlungen, die in äquidistanten Zeitpunkten aufeinander folgen. Der zeitliche Abstand zweier benachbarter Zahlungen heiße Rentenintervall. Jeder Rentenzahlung wird entweder das ihr folgende Intervall (vorschüssige Rente) oder das ihr vorhergehende Intervall (nachschüssige Rente) zugeordnet. Rentenbeginn ist der Beginn des ersten, Rentenende das Ende des letzten Intervalles. Als Rentendauer bezeichnen wir den Abstand zwischen Rentenbeginn und Rentenende. Barwert einer Rente ist die Summe der auf den Zeitpunkt des Rentenbeginnes diskontierten Werte der einzelnen Rentenzahlungen. Endwert einer Rente ist die Summe der auf das Rentenende aufgezinsten Werte der einzelnen Rentenzahlungen.

Üblicherweise beträgt das Rentenintervall ein Jahr, wenn nicht ausdrücklich abweichende Angaben gemacht werden. Die Bezeichnungen und die tabellierten Rentenbarwerte beziehen sich im allgemeinen auf Renten, bei denen die Summe der in einem Jahr geleisteten einzelnen Rentenzahlungen gleich Eins ist. Dies entspricht bei ganzjährig zahlbaren Renten Einzelzahlungen der Höhe Eins, bei m^{tel}-jährlichen Renten Einzelzahlungen der Höhe $\frac{1}{m}$.

Zunächst betrachten wir eine ganzjährige, jährlich gleichbleibende, nachschüssige, n Jahre hindurch zahlbare Rente. Diese besteht aus n Zahlungen in den Zeitpunkten $1, 2, \ldots n$ der Höhe Eins. Der Barwert der im Zeitpunkt ν geleisteten Zahlung, das ist der auf den Zeitpunkt Null diskontierte Wert dieser Zahlung, beträgt offenbar v^ν. Als Barwert der Rente erhalten wir den folgenden Wert:

$$a_{\overline{n}|} = v + v^2 + \cdots + v^n = \frac{1 - v^n}{i}. \tag{2.1}$$

Es handelt sich um eine nachschüssige Rente und die Zahlungen werden jeweils am Ende der einzelnen Intervalle geleistet, also im ν^{ten} Intervall, das ist das Intervall $(\nu - 1, \nu)$, im Zeitpunkt ν. Betrachten wir jetzt eine vorschüssige Rente, dann wird die Zahlung im ν^{ten} Intervall im Zeitpunkt $\nu - 1$ geleistet und der Barwert der Rente beträgt

$$\ddot{a}_{\overline{n}|} = 1 + v + \cdots + v^{n-1} = \frac{1 - v^n}{iv} = \frac{1 - v^n}{d}. \tag{2.2}$$

Anstelle der Bezeichnung $\ddot{a}_{\overline{n}|}$ für die vorschüssige Rente wird in der Literatur vielfach auch die Bezeichnung $a_{\overline{n}|}$ gewählt. Aus (2.1) und (2.2) ergeben sich unmittelbar die folgenden Gleichungen:

$$\begin{aligned} a_{\overline{n+1}|} &= a_{\overline{n}|} + v^{n+1}, \\ \ddot{a}_{\overline{n+1}|} &= \ddot{a}_{\overline{n}|} + v^n. \\ \ddot{a}_{\overline{n}|} &= r a_{\overline{n}|} = 1 + a_{\overline{n-1}|}, \\ a_{\overline{n}|} &= v \ddot{a}_{\overline{n}|} = \ddot{a}_{\overline{n+1}|} - 1. \end{aligned} \tag{2.3}$$

Im allgemeinen wird mit Rentenbarwerten gerechnet, seltener werden Rentenendwerte herangezogen. Man erhält für die ganzjährige, jährlich gleichbleibende, nachschüssige, n Jahre hindurch zahlbare Rente den Endwert

$$s_{\overline{n}|} = r^{n-1} + r^{n-2} + \cdots + r + 1 = \frac{r^n - 1}{i} \tag{2.4}$$

und für die analoge vorschüssige Rente

$$\ddot{s}_{\overline{n}|} = r^n + r^{n-1} + \cdots + r = \frac{r^n - 1}{d}. \tag{2.5}$$

Man erhält nun unmittelbar die folgenden Gleichungen:

$$\begin{aligned} s_{\overline{n+1}|} &= s_{\overline{n}|} + r^n, \\ \ddot{s}_{\overline{n+1}|} &= \ddot{s}_{\overline{n}|} + r^{n+1}, \\ \ddot{s}_{\overline{n}|} &= r s_{\overline{n}|} = s_{\overline{n+1}|} - 1, \\ s_{\overline{n}|} &= v \ddot{s}_{\overline{n}|} = \ddot{s}_{\overline{n-1}|} + 1. \end{aligned} \tag{2.6}$$

Aus (2.1), (2.2), (2.4) und (2.5) erhält man leicht die Beziehungen

$$\begin{aligned} s_{\overline{n}|} &= r^n a_{\overline{n}|}, \quad a_{\overline{n}|} = v^n s_{\overline{n}|}, \\ \ddot{s}_{\overline{n}|} &= r^n \ddot{a}_{\overline{n}|}, \quad \ddot{a}_{\overline{n}|} = v^n \ddot{s}_{\overline{n}|}. \end{aligned} \tag{2.7}$$

Der Rentenendwert ist gleich dem über die Rentendauer aufgezinsten Rentenbarwert und der Rentenbarwert gleich dem über die Rentendauer abgezinsten Rentenendwert.

Strebt die Rentendauer gegen unendlich, dann bleibt der Rentenbarwert beschränkt und es gilt

$$a_{\overline{\infty}|} = \frac{1}{i}, \qquad \ddot{a}_{\overline{\infty}|} = \frac{1}{d}.$$

Von einer aufgeschobenen Rente spricht man dann, wenn der Barwert der Rente für einen vor dem Rentenbeginn gelegenen Zeitpunkt berechnet wird. In diesem Fall werden alle Zahlungen auf einen vor dem Rentenbeginn gelegenen Zeitpunkt abgezinst. Bezeichnen wir die Aufschubdauer mit l, dann sind die Zahlungen gegenüber der sofort beginnenden Rente um l weitere Jahre abzuzinsen. Es gilt also

$$\begin{aligned} {}_{l|}a_{\overline{n}|} &= v^l a_{\overline{n}|} = \frac{v^l - v^{n+l}}{i}, \\ {}_{l|}\ddot{a}_{\overline{n}|} &= v^l \ddot{a}_{\overline{n}|} = \frac{v^l - v^{n+l}}{d}. \end{aligned} \tag{2.8}$$

Aus (2.8) folgt weiters $a_{\overline{n}|} = {}_{1|}\ddot{a}_{\overline{n}|}$ und allgemein ${}_{l|}a_{\overline{n}|} = {}_{l+1|}\ddot{a}_{\overline{n}|}$.

2. Unterjährige Renten. Wir nehmen nun an, die Zahlungen werden in der Höhe von $\frac{1}{m}$ in Intervallen der Länge $\frac{1}{m}$ getätigt, wobei $m \geqq 1$ und ganz vorausgesetzt wird. Der Barwert einer jährlich gleichbleibenden, n Jahre hindurch m^{tel}-jährlich zahlbaren, nachschüssigen Rente, für die also die Zahlungen jeweils am Ende eines Intervalles geleistet werden, beträgt

$$a_{\overline{n}|}^{(m)} = \frac{1}{m} v^{\frac{1}{m}} + \frac{1}{m} v^{\frac{2}{m}} + \cdots + \frac{1}{m} v^{\frac{nm}{m}} = \frac{1 - v^n}{m\left(r^{\frac{1}{m}} - 1\right)} = \frac{1 - v^n}{j_m}. \tag{2.9}$$

Werden die Zahlungen jeweils zu Beginn eines Intervalles geleistet, dann handelt es sich um eine vorschüssige Rente mit folgendem Barwert:

$$\ddot{a}_{\overline{n}|}^{(m)} = \frac{1}{m} + \frac{1}{m} v^{\frac{1}{m}} + \cdots + \frac{1}{m} v^{\frac{nm-1}{m}} = \frac{1 - v^n}{m\left(1 - v^{\frac{1}{m}}\right)} = \frac{1 - v^n}{f_m}. \tag{2.10}$$

Lassen wir in (2.9) bzw. in (2.10) m gegen unendlich gehen, dann strebt das Intervall der Rentenzahlungen gegen Null. Die Rentenzahlung ist kontinuierlich vorzustellen und es folgt mit Hilfe von (1.29)

$$\bar{a}_{\overline{n}|} = \lim_{m \to \infty} a_{\overline{n}|}^{(m)} = \lim_{m \to \infty} \ddot{a}_{\overline{n}|}^{(m)} = \frac{1 - v^n}{\delta}. \tag{2.11}$$

Im Falle der kontinuierlichen Rente geht der Unterschied zwischen vorschüssiger und nachschüssiger Rente verloren. Wegen (1.30) gilt

$$a_{\overline{n}|} \leqq a_{\overline{n}|}^{(m)} < \bar{a}_{\overline{n}|} < \ddot{a}_{\overline{n}|}^{(m)} \leqq \ddot{a}_{\overline{n}|}, \tag{2.12}$$

und die Gleichheitszeichen gelten jeweils nur für $m = 1$, also für ganzjährige Renten. Der Barwert der m^{tel}-jährlichen Rente aus (2.9) kann auch in der Form

$$a_{\overline{n}|}^{(m)} = \sum_{\nu=1}^{nm} v^{\frac{\nu}{m}} \frac{1}{m}$$

geschrieben werden. Fassen wir dies als RIEMANNsche Summe eines Integrales mit $\frac{\nu}{m} \to t$ und $\frac{1}{m} \to dt$ auf, dann strebt der Ausdruck für $m \to \infty$ gegen

$$\int_0^n v^t \, dt,$$

und der Wert dieses Integrales ist, wie man leicht nachrechnet, gleich dem Wert aus (2.11).

3. Steigende und fallende Renten. Als einfachste Form einer steigenden Rente betrachten wir eine ganzjährig zahlbare Rente, die mit dem Betrag 1 beginnt, jährlich um 1 ansteigt und n Jahre hindurch zahlbar ist. Der Barwert ist für die nachschüssige Rente

$$b_{\overline{n}|} = v + 2v^2 + \cdots + n v^n = \frac{v}{1-v}(1 + v + \cdots + v^{n-1} - n v^n) = \frac{\ddot{a}_{\overline{n}|} - n v^n}{i} \tag{2.13}$$

und für die vorschüssige Rente

$$\ddot{b}_{\overline{n}|} = 1 + 2v + \cdots + n v^{n-1} = \frac{1}{1-v}(1 + v + \cdots + v^{n-1} - n v^n) = \frac{\ddot{a}_{\overline{n}|} - n v^n}{d}. \tag{2.14}$$

Lassen wir n gegen Unendlich streben, dann strebt $n v^n$ wegen

$$0 < n v^n = \frac{n}{(1+i)^n} < \frac{n}{\frac{n(n-1)}{2} i^2} = \frac{2}{(n-1) i^2}$$

gegen Null und wir erhalten

$$\begin{aligned} b_{\overline{\infty}|} &= \frac{\ddot{a}_{\overline{\infty}|}}{i} = \frac{1}{id}, \\ \ddot{b}_{\overline{\infty}|} &= \frac{\ddot{a}_{\overline{\infty}|}}{d} = \frac{1}{d^2}. \end{aligned} \tag{2.15}$$

Auch für die steigende Rente bleibt der Barwert der unendlichen Rente beschränkt.

Ein allgemeinerer Fall einer steigenden Rente liegt dann vor, wenn die Rente zunächst m Jahre hindurch ansteigt und die restlichen $n - m$ Jahre der Laufzeit gleichbleibt. Der Barwert einer solchen Rente wird für den Fall der nachschüssigen Rentenzahlung mit $(I_{\overline{m}|}\, a)_{\overline{n}|}$, für den Fall der vorschüssigen Rentenzahlung mit

$(I_{\overline{m}|}\ddot{a})_{\overline{n}|}$ bezeichnet. Der Buchstabe I bedeutet „increasing", steigend. Offenbar gilt

$$\begin{aligned}(I_{\overline{m}|}a)_{\overline{n}|} &= v + 2v^2 + \cdots + m v^m + m v^{m+1} + \cdots + m v^n = b_{\overline{m}|} + m\ {}_{m|}a_{\overline{n-m}|},\\ (I_{\overline{m}|}\ddot{a})_{\overline{n}|} &= 1 + 2v + \cdots + m v^{m-1} + m v^m + \cdots + m v^{n-1} = \ddot{b}_{\overline{m}|} + m\ {}_{m|}\ddot{a}_{\overline{n-m}|}.\end{aligned} \tag{2.16}$$

Eine aufgeschobene steigende Rente bezeichnen wir in Analogie zu (2.8) wie folgt:

$$\begin{aligned}{}_{l|}b_{\overline{n}|} &= v^l b_{\overline{n}|},\\ {}_{l|}\ddot{b}_{\overline{n}|} &= v^l \ddot{b}_{\overline{n}|},\end{aligned} \tag{2.17}$$

und es gilt allgemein

$${}_{l|}b_{\overline{n}|} = {}_{l+1|}\ddot{b}_{\overline{n}|}.$$

Als fallende Rente betrachten wir eine ganzjährig zahlbare Rente, die mit dem Betrag m beginnt, jährlich um 1 bis auf den Betrag 1 fällt und n Jahre hindurch zahlbar ist. Den Barwert dieser Rente bezeichnen wird mit $(D_{\overline{m}|}a)_{\overline{n}|}$ für die nachschüssige und $(D_{\overline{m}|}\ddot{a})_{\overline{n}|}$ für die vorschüssige Rente. Der Buchstabe D bedeutet „decreasing", fallend. Es gilt:

$$\begin{aligned}(D_{\overline{m}|}a)_{\overline{n}|} &= m v + (m-1) v^2 + \cdots + 2 v^{m-1} + v^m + \cdots + v^n,\\ (D_{\overline{m}|}\ddot{a})_{\overline{n}|} &= m + (m-1) v + \cdots + 2 v^{m-2} + v^{m-1} + \cdots + v^{n-1}.\end{aligned}$$

Offenbar kann jede fallende Rente als Differenz einer gleichbleibenden Rente der Höhe $m+1$ und einer bis m steigenden Rente dargestellt werden:

$$\begin{aligned}(D_{\overline{m}|}a)_{\overline{n}|} &= (m+1) a_{\overline{n}|} - (I_{\overline{m}|}a)_{\overline{n}|},\\ (D_{\overline{m}|}\ddot{a})_{\overline{n}|} &= (m+1) \ddot{a}_{\overline{n}|} - (I_{\overline{m}|}\ddot{a})_{\overline{n}|}.\end{aligned} \tag{2.18}$$

Aus den bisher behandelten Zeitrenten können die verschiedenartigsten Rentenformen zusammengesetzt werden. So kann etwa der Barwert B einer in 5 Jahren in der Höhe 100 beginnenden vorschüssigen Rente, die jährlich um den Betrag 1 bis auf den Betrag 110 ansteigt, dann gleichbleibt und insgesamt aus 20 Zahlungen besteht, folgendermaßen dargestellt werden:

$$\begin{aligned}B &= 100\ {}_{5|}\ddot{a}_{\overline{20}|} + {}_{5|}(I_{\overline{10}|}a)_{\overline{19}|} = 100\,\frac{v^5 - v^{25}}{d} + v^5\,\frac{\dfrac{1-v^{10}}{d} - 10 v^{10}}{i} + 10 v^{15}\,\frac{1-v^9}{i} =\\ &= \frac{100 v^5 - 110 v^{25}}{d} + \frac{v^5 - v^{15}}{d i}.\end{aligned}$$

Für praktische Berechnungen gibt es eine Reihe von Tabellenwerken[1], in denen Rentenbarwerte für die verschiedensten Zinsraten zusammengestellt sind.

[1] Vgl. etwa „Simon Spitzer's Tabellen für die Zinseszinsen- und Rentenrechnung", herausgegeben von EMIL FOERSTER, 7. Auflage, Wien und Leipzig 1933.

Kapitel 3

Die finanzmathematische Äquivalenz

1. Das Äquivalenzprinzip. Die Veränderung des Kapitals durch den Zinsenertrag kann mit Hilfe einer Funktion $K(t)$ dargestellt werden. Zur Beschreibung einer Zahlung ist es notwendig, ihre Höhe und den Zeitpunkt, in dem sie geleistet wird, anzugeben. Um zwei verschiedene Zahlungen miteinander vergleichen zu können, müssen sie zunächst auf ein und denselben Zeitpunkt, entsprechend dem Verlauf der Funktion $K(t)$, auf- bzw. abgezinst werden. Zwei Zahlungen heißen *äquivalent*, wenn sie, auf ein und denselben Zeitpunkt auf- bzw. abgezinst, den selben Wert ergeben. Die Äquivalenz zweier Zahlungen ist also nicht nur von ihrer Höhe und den Zeitpunkten ihrer Fälligkeit, sondern auch von der Art der zugrunde gelegten Verzinsung abhängig. Dem Kapital K_0 im Zeitpunkt t_0 sind somit alle Kapitalien $K_0 A(t_0, t)$ für $t \geqq t_0$ und $K_0 B(t, t_0)$ für $t \leqq t_0$ äquivalent.

Wir wollen im folgenden stets annehmen, daß die Äquivalenz auf Grund der zusammengesetzten Verzinsung geprüft werden soll. Für $t_2 > t_1$ sind daher die Zahlungen K_1 im Zeitpunkt t_1 und K_2 im Zeitpunkt t_2 äquivalent, wenn die folgende Gleichung erfüllt ist:

$$K_2(t_2) = K_1(t_1)(1+i)^{t_2-t_1}. \tag{3.1}$$

Der Barwert einer Rente kann nun als jene Zahlung definiert werden, die im Zeitpunkt des Rentenbeginnes fällig wird und den einzelnen Rentenzahlungen äquivalent ist. Betrachten wir eine allgemeine Rente $\mathfrak{R}$, bestehend aus den n Zahlungen R_ν im Zeitpunkt t_ν ($\nu = 1, \ldots, n$), dann ist der Barwert B im Zeitpunkt 0 äquivalent $\mathfrak{R}$, wenn die Beziehung

$$B = \sum_{\nu=1}^{n} R_\nu v^{t_\nu} \tag{3.2}$$

erfüllt ist. (3.2) entspricht den Formeln (2.1), (2.2), (2.4), (2.5), (2.9), (2.10), (2.13), (2.14) und (2.16) aus Kapitel 2. Etwas allgemeiner kann die Äquivalenz zwischen der Menge von Zahlungen $\mathfrak{R}_1$, bestehend aus den Zahlungen R_{11} im Zeitpunkt t_{11}, R_{12} im Zeitpunkt t_{12} usw., und der Menge von Zahlungen $\mathfrak{R}_2$, bestehend aus den Zahlungen R_{21} im Zeitpunkt t_{21}, R_{22} im Zeitpunkt t_{22} usw., durch die Beziehung

$$R_{11}v^{t_{11}} + R_{12}v^{t_{12}} + \cdots = R_{21}v^{t_{21}} + R_{22}v^{t_{22}} + \cdots \tag{3.3}$$

ausgedrückt werden.

2. Anleiherechnung. Bei einer Anleihe handelt es sich um ein Kapital K, das ausgeliehen und in Raten zurückgezahlt wird. Man spricht von der Anleiheschuld K und bezeichnet die Rückzahlung auch als Tilgung. Die Raten dienen zur Rückzahlung des Kapitals sowie zur Abgeltung der aufgelaufenen Zinsen. Jede Rückzahlungsrate kann daher zerlegt werden in den zur Tilgung des Kapitals zu verwendenden Teil, das ist die Tilgungsquote, sowie in den Zinsendienst für die Restschuld. Wird etwa das Kapital in n jährlich nachschüssig zahlbaren Tilgungsquoten getilgt, von denen jede die Höhe $\frac{K}{n}$ hat, dann muß die Rückzahlungsrate jeweils noch die Zinsen decken. Am Ende des ersten Jahres sind also neben der Tilgungsquote $\frac{K}{n}$ die Zinsen Ki der Restschuld zu leisten, so daß die erste Rate die Höhe $R_1 = \frac{K}{n} + Ki$ hat. Am Ende des zweiten Jahres sind die Tilgungsquote $\frac{K}{n}$ und die Zinsen der nach einem Jahr noch verbleibenden Restschuld $K\left(1 - \frac{1}{n}\right)$ zu zahlen, das ist $R_2 = \frac{K}{n} + Ki\left(1 - \frac{1}{n}\right)$. Allgemein gilt für die Rückzahlung des ν^{ten} Jahres $R_\nu = \frac{K}{n} + Ki\left(1 - \frac{\nu - 1}{n}\right)$. Die Rückzahlungsraten sind also monoton fallend. Die hier behandelte Form der Kapitaltilgung wird als Tilgung einer *Ratenschuld* bezeichnet.

Werden jährlich gleichbleibende Rückzahlungen vorgesehen, die man als Annuitäten bezeichnet, dann spricht man von einer *Annuitätenschuld*. Die Menge der Annuitäten muß dem geschuldeten Kapital äquivalent sein. Wir wollen zunächst den einfachsten Fall einer Annuitätenschuld betrachten. Das Kapital K werde in n Raten in Form einer sofort beginnenden, ganzjährigen, nachschüssigen Rente zurückgezahlt. Die jährlich zu zahlende Annuität A kann aus der folgenden Gleichung ermittelt werden:

$$K = A\, a_{\overline{n}|}. \tag{3.4}$$

Die Annuität des ν^{ten} Tilgungsjahres setzt sich aus der Tilgungsquote Q_ν und den Zinsen Z_ν zusammen. Bezeichnen wir mit K_ν die Restschuld im Zeitpunkt ν, dann ist $Z_\nu = K_{\nu-1} i$. Offenbar gilt

$$K_\nu = K r^\nu - A s_{\overline{\nu}|}$$

und

$$Q_\nu = A - Z_\nu = \frac{K}{a_{\overline{n}|}} - K r^{\nu-1} i + \frac{K}{a_{\overline{n}|}} s_{\overline{\nu-1}|} i =$$

$$= \frac{K}{1 - v^n}\left(i - i r^{\nu-1} + v^{n-\nu+1} i + i r^{\nu-1} - i\right) = K \frac{v^{n-\nu}}{1 - v^n} d = A v^{n-\nu+1}.$$

Daraus folgt

$$Z_\nu = A\left(1 - v^{n-\nu+1}\right).$$

Für praktische Berechnungen müssen die erhaltenen Größen auf kleinste Währungseinheiten gerundet werden. Als Beispiel diene die Tilgung einer Schuld von $K = 1000000$ in 5 Jahren bei einer Zinsrate von 6%. Die Annuität beträgt in diesem Fall $A = 1000000 \frac{1}{a_{\overline{5}|}} = 237396{,}40$. Die Tilgungsquoten, die Zinsen und die jeweilige Restschuld können folgendermaßen als Tilgungsplan in Tabellenform dargestellt werden:

Tilgungsplan 1

	$K_{\nu-1}$	Z_ν	Q_ν	K_ν
1	1000000,00	60000,00	177396,40	822603,60
2	822603,60	49356,22	188040,18	634563,42
3	634563,42	38073,81	199322,59	435240,83
4	435240,83	26114,45	211281,95	223958,88
5	223958,88	13437,52	223958,88	0,00

Vielfach wird eine Anleihe nicht als Ganzes ausgegeben, sondern in Stücken, z. B. zu je 1000,— oder zu je 5000,—, die einzeln von verschiedenen Personen „gezeichnet", also gekauft werden können. In diesem Fall können die Annuitäten nicht immer gleich hoch sein, da ja die Tilgungsquote jeweils auf Vielfache des kleinsten Anleihestückes gerundet werden muß. Der Tilgungsplan für die im vorangegangenen Beispiel behandelte Anleihe lautet für den Fall, daß die Anleihestücke mindestens 1000,— betragen, folgendermaßen:

Tilgungsplan 2

	$K_{\nu-1}$	Z_ν	Q_ν	K_ν
1	1000000,—	60000,—	177000,—	823000,—
2	823000,—	49380,—	188000,—	635000,—
3	635000,—	38100,—	200000,—	435000,—
4	435000,—	26100,—	211000,—	224000,—
5	224000,—	13440,—	224000,—	0,—

Die einzelnen Annuitäten betragen:

$A_1 = 237000,-$
$A_2 = 237380,-$
$A_3 = 238100,-$
$A_4 = 237100,-$
$A_5 = 237440,-$

In der Praxis sind Anleihen nicht immer so einfach geartet wie in dem bisherigen Beispiel. Zunächst wird bei manchen Anleihen nicht sofort mit der Tilgung begonnen, sondern es verstreicht eine gewisse Zeit, während der lediglich die Zinsen gezahlt werden, die sogenannte *tilgungsfreie Zeit.* Erst anschließend wird mit der eigentlichen Tilgung des Kapitals begonnen. Weiters ist zwischen dem *Ausgabe-* oder *Emmissionskurs,* dem *Nominale* und dem *Rückkaufwert* der Anleihe zu unterscheiden. Jener Betrag, auf den die Anleihe lautet, mit dem die einzelnen Stücke bezeichnet sind und der auch für die Verzinsung herangezogen wird, ist der Nominalbetrag der Anleihe. Um einen zusätzlichen Anreiz zum Kauf der Anleihe zu bieten, ist es jedoch üblich, die einzelnen Anleihestücke zu einem etwas niedrigeren Kurs, dem Emmissionskurs, abzugeben. Er wird durch C, dem Betrag, der für je 100 Währungseinheiten des Nominales zu zahlen ist, gekennzeichnet. Im allgemeinen wird $C < 100$ sein. $C = 97$ bedeutet etwa, daß ein Anleihestück im Wert von 1000.— um 970.— verkauft wird. Als weiterer Anreiz kann bei der Tilgung ein höherer Betrag zurückgezahlt werden als das Nominale. Der für je 100 Nominale zurückgezahlte Betrag sei V. Dieser Betrag, der sozusagen zum Rückkauf der Anleihestücke dient und daher als Rückkaufswert bezeichnet wird, muß nicht für jedes Tilgungsjahr gleich sein, sondern kann mit V_ν für das ν-te Tilgungsjahr festgesetzt werden. Man bezeichnet den Prozentsatz, um den der Rückkaufwert über dem Nominale liegt, als Agio α. Es gilt also $V = 100(1 + \alpha)$ bzw. $V_\nu = 100(1 + \alpha_\nu)$.

Bei Anleihen dieser Art ist zwischen der nominellen und der effektiven Verzinsung zu unterscheiden. Die je Währungseinheit geleisteten jährlichen Zinsen i

stellen ja nicht die effektive Verzinsung des vom Käufer eines Anleihestückes investierten Kapitals dar. Die Zinsen werden vielmehr vom Nominale der Anleihe bemessen und der Käufer wendet dafür nur C statt 100 auf. Dazu kommt, daß auch ein allfälliges Agio den effektiven Kapitalertrag erhöht.

Als effektive Zinsrate für ein Anleihestück bezeichnet man jene Zinsrate, für die das vom Anleihegläubiger investierte Kapital und die Summe aus den für das Anleihestück geleisteten Zinsenzahlungen und dem Rückkaufwert des Anleihestückes äquivalent sind. Die effektive Zinsrate i' für ein zum Emmissionskurs C ausgegebenes Anleihestück mit einer nominellen Verzinsung i und einem Rückkaufwert von V, welches im ν^{ten} Jahr getilgt wird, kann aus der folgenden Äquivalenzgleichung berechnet werden:

$$C = 100\, i\, a'_{\overline{\nu}|} + V v'^{\nu}.$$

Hierbei bedeutet $a'_{\overline{\nu}|}$ den mit der effektiven Zinsrate i' berechneten Rentenbarwert und v' den entsprechenden Abzinsungsfaktor. Die Berechnung von i' führt hier auf die Lösung einer Gleichung ν^{ten} Grades.

Bei der Tilgung einer Anleihe ist die *mittlere effektive Zinsrate* von Bedeutung, das ist jene Zinsrate, für die das von der Gesamtheit der Anleihegläubiger investierte Kapital und die Summe der vom Anleiheschuldner geleisteten Zinsenzahlungen und Rückzahlungen einander äquivalent sind. Die mittlere effektive Zinsrate i' wird häufig auch als *Rentabilität* der Anleihe bezeichnet.

Wir behandeln zunächst einen einfachen Fall. Das Nominale der Anleihe betrage K. Der Emmissionskurs sei C, die Rückzahlung erfolge in n nachschüssigen Annuitäten zum Rückkaufwert V. Die nominelle Zinsrate sei i. Wie groß ist die Rentabilität i' dieser Anleihe? Die Äquivalenzgleichung lautet

$$K \frac{C}{100} = A\, a'_{\overline{n}|}, \tag{3.5}$$

wobei $a'_{\overline{n}|}$ mit der Zinsrate i' berechnet wird. Wie groß ist nun die Annuität? Je 100 Nominale werden $100i$ an Zinsen gezahlt, während V rückgezahlt wird. Setzen wir $i^* = \frac{i}{1+\alpha} = \frac{100\, i}{V}$ und $K^* = K(1+\alpha) = \frac{VK}{100}$, dann gilt $Ki = K^* i^*$. Es ist K^* gerade jenes Kapital, das unter Berücksichtigung des Agios α getilgt wird. Verwendet man die Zinsrate i^* statt der Zinsrate i, dann ist das rückgezahlte und das verzinste Kapital gleich, nämlich in beiden Fällen um das Agio vermehrt, und die Annuität kann nach (3.4) berechnet werden,

$$A = \frac{K^*}{a^*_{\overline{n}|}} = \frac{VK}{100\, a^*_{\overline{n}|}},$$

wobei $a^*_{\overline{n}|}$ mit der Zinsrate i^* berechnet wird. Daraus und aus der Äquivalenzgleichung (3.5) folgt schließlich

$$a'_{\overline{n}|} = \frac{C}{V}\, a^*_{\overline{n}|}. \tag{3.6}$$

Nun kann $a'_{\overline{n}|}$ berechnet werden. Die Errechnung der Rentabilität i' aus $a'_{\overline{n}|}$ führt auf die Lösung einer Gleichung n^{ten} Grades. Praktisch ist es zweckmäßig, $a'_{\overline{n}|}$

aus (3.6) zu errechnen und in den Tabellen nachzusehen, welcher Zinsrate dieser Rentenbarwert entspricht.

Als Beispiel betrachten wir eine Anleihe mit der Laufzeit $n = 15$ Jahre, einem Emmissionskurs von $C = 97$ und einem Rückkaufwert von $V = 104$. Die nominelle Verzinsung betrage $i = 6{,}5\%$. Dann gilt $i^* = \frac{6{,}5}{104} = 6{,}25\%$ und $a^*_{\overline{15}|} = 9{,}55554936$. Daraus folgt $a'_{\overline{15}|} = \frac{97}{104}\, a^*_{\overline{15}|} = 8{,}9123874$. Aus den Tabellen ersieht man, daß $a_{\overline{15}|} = 8{,}91921763$ für $i = 7^1/_3\%$ und $a_{\overline{15}|} = 8{,}82711974$ für $i = 7^1/_2\%$ ist. Es gilt also $7^1/_3\% < i' < 7^1/_2\%$. Durch lineare Interpolation erhält man $i' \sim 7{,}38\%$.

Die Rentabilität einer Anleihe berechnen zu können ist zunächst für den Anleihegläubiger wichtig. Der Anleiheschuldner wird in der Praxis den umgekehrten Weg gehen. Er wird die Möglichkeit sehen, durch den Einsatz von Kapital eine effektive Verzinsung von i' zu erreichen. Er muß daher die Bedingungen der Anleihe so gestalten, daß der effektive Kapitalertrag auf Grund der Rentabilität i' für die sich aus der Festsetzung von i, n, C und V ergebenden Zahlungen ausreicht. Er kann etwa zunächst i und n wählen und anschließend auf Grund der Gleichung (3.6) das Verhältnis von C zu V festlegen und auch diese Größen wählen.

Wir wollen nun einen allgemeineren Fall einer Anleihe betrachten. Der Nominalbetrag sei K, die nominelle Verzinsung i und der Emissionskurs C. Der Rückkauf erfolge nach einer tilgungsfreien Zeit von m Jahren, während welcher lediglich Zinsen gezahlt werden, in n nachschüssigen Raten, mit denen jeweils $\frac{K}{n}$ zum Rückkaufwert $V_1, V_2, \ldots, V_n$ getilgt werden. Wie hoch ist die Rentabilität i' dieser Anleihe? Die Äquivalenzgleichung lautet nach (3.2) folgendermaßen:

$$\frac{C}{100}\, K = K i a'_{\overline{m}|} + \sum_{\nu=1}^{n} \frac{V K}{100 n}\, v'^{m+\nu} + \sum_{\nu=1}^{n} \frac{n-\nu+1}{n}\, K i v'^{m+\nu}. \tag{3.7}$$

Diese Gleichung hat im Bereich $0 < v' < 1$ genau eine Lösung, denn die rechte Seite ist für $v' = 1$ größer als die linke Seite und nimmt für fallendes v' monoton ab, um für $v' = 0$ den Wert Null zu erreichen. Die genaue Lösung führt allerdings für v' auf eine Gleichung $m + n^{\text{ten}}$ Grades. In der Praxis wird man daher versuchen müssen, die Lösung durch probeweises Einsetzen einzugrenzen.

Als Beispiel wollen wir die Rentabilität der folgenden Anleihe betrachten. Das Kapital werde zum Emmissionskurs $C = 98$ ausgegeben. Die nominelle Verzinsung betrage $i = 6\%$. Die Rückzahlung erfolge nach einer tilgungsfreien Zeit von 5 Jahren in 15 nachschüssigen Tilgungsquoten vom gleichen Nominalbetrag, die jedoch in den ersten 5 Jahren der Tilgung mit einem Agio von 1%, in den zweiten 5 Jahren mit einem Agio von 2% und in den dritten 5 Jahren mit einem Agio von 3% versehen werden. Die Äquivalenzgleichung lautet folgendermaßen:

$$(0{,}98)K = (0{,}06)K a'_{\overline{5}|} + v'^5(1{,}01)\,\frac{K}{15}\, a'_{\overline{5}|} + v'^{10}(1{,}02)\,\frac{K}{15}\, a'_{\overline{5}|} + v'^{15}(1{,}03)\,\frac{K}{15}\, a'_{\overline{5}|} +$$
$$+ v'^5(0{,}06)\,\frac{K}{15}\,(15 a'_{\overline{15}|} - v' b'_{\overline{14}|}).$$

Der erste Ausdruck auf der rechten Seite ist der Barwert der Zinsen für die ersten 5 Jahre, die tilgungsfreie Zeit. Es folgen die Barwerte der Rückzahlungsbeträge der drei folgenden Fünfjahresperioden. Der letzte Ausdruck ist der Barwert der fallenden Zinsen während der Tilgungszeit. Die Gleichung kann folgendermaßen umgeformt werden:

$$0{,}98 = \frac{1}{15}(1{,}01\,v'^5 + 1{,}02\,v'^{10} + 1{,}03\,v'^{15})\,a'_{\overline{5|}} + 0{,}06\,a'_{\overline{20|}} - \frac{0{,}06}{15\,i'}\left(\frac{v'^5 - v'^{19}}{i'} - 14\,v'^{20}\right).$$

Setzt man $i' = 6^1/_3\%$, dann wird der Wert der rechten Seite gleich 0,98029, also etwas höher als die linke Seite. Wählt man $i' = 6^{18}/_{47}\%$, entsprechend einer Diskontrate von $d' = 6\%$, dann erhält man für die rechte Seite 0,97614. Die Rentabilität i' der Anleihe liegt also zwischen $6^1/_3\%$ und $6^{18}/_{47}\%$. Durch lineare Interpolation sieht man, daß $i' \sim 6{,}34$ gilt.

Abschnitt II

Lebensversicherung

Kapitel 4

Sterbetafeln

1. Sterbewahrscheinlichkeiten. Es sei L_x eine Anzahl von Personen des Alters x. Wir beobachten diese Personengesamtheit während eines Jahres und bezeichnen mit T_x die Anzahl der Todesfälle, die im Laufe dieses Jahres eintreten. Nach einem Jahr haben die Personen der Gesamtheit das Alter $x+1$ erreicht und ihre Anzahl ist $L_{x+1} = L_x - T_x$. Die relative Häufigkeit der Todesfälle ist $\frac{T_x}{L_x}$. Der Eintritt des Todes kann als zufälliges Ereignis aufgefaßt werden. Wir bezeichnen die Wahrscheinlichkeit für den Eintritt dieses Ereignisses mit q_x. Dann ist

$$E(T_x) = L_x q_x, \tag{4.1}$$

wenn wir T_x als zufällige Variable auffassen und L_x vorgeben. Die Sterbewahrscheinlichkeiten sind für versicherungsmathematische Berechnungen von großer Bedeutung, und wir befassen uns im folgenden mit den Methoden zu ihrer Ermittlung.

Um zu Informationen über q_x zu gelangen, müssen wir die relativen Häufigkeiten $\frac{T_x}{L_x}$ beobachten. Dies geschieht folgendermaßen: Man geht von einer Personengesamtheit aus, für welche die relativen Häufigkeiten der Sterbefälle untersucht werden sollen. Werden Zugänge zu dieser Personengesamtheit ausgeschlossen und sind Austritte ausschließlich durch den Tod möglich, dann spricht man von einer *geschlossenen Personengesamtheit*. Es ist aber auch denkbar, daß Zugänge zur Personengesamtheit zugelassen sind, etwa durch den Beitritt neuer Versicherter zu einer Versicherung, und Austritte auch aus anderen Gründen als durch den Tod möglich sind, etwa durch den freiwilligen Austritt von Versicherten. In einem solchen Fall spricht man von einer *offenen Personengesamtheit*.

Wir befassen uns zunächst mit einer einfachen Form der Personengesamtheit, und zwar mit dem Modell einer abgeschlossenen Bevölkerung. Der Eintritt in diese Personengesamtheit erfolgt durch Geburt, der Austritt durch Tod. Zur Beschreibung solcher Personengesamtheiten, bei denen es sich statistisch gesehen um *Bestandsmassen* handelt, verwenden wir die Methode von BECKER. Wir tragen auf der Abszisse eines Koordinatensystems die Beobachtungszeit t auf, während auf der Ordinate der Zeitpunkt τ der Geburt jedes Mitgliedes der Personengesamtheit aufgetragen wird. Die Lebenszeit eines Mitgliedes wird nun durch eine Strecke vom Punkt $(\bar{\tau}, \bar{\tau})$, der der Geburt oder dem Eintritt in die Personengesamtheit entspricht, bis zum Punkt $(\bar{t}, \bar{\tau})$, der dem Sterbezeitpunkt $\bar{t}$ entspricht, gekennzeichnet. Diese Strecken bezeichnen wir als Lebenslinien. Offenbar ist $\bar{t} - \bar{\tau}$ das Todesalter des Mitgliedes. Einen Überblick vermittelt Abb. 3.

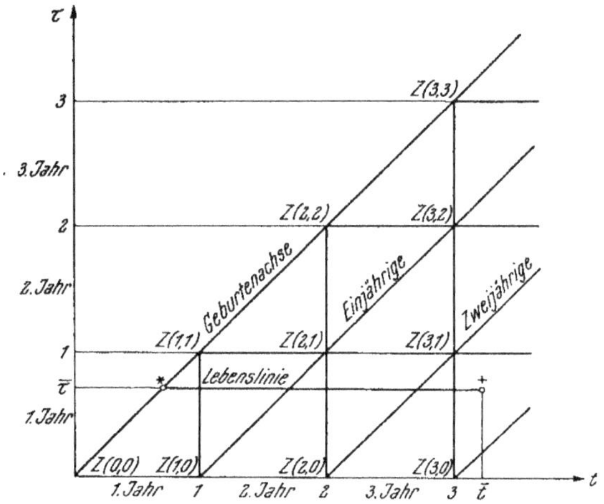

Abb. 3

Die Zahl aller lebenden Personen in einem Zeitpunkt T ist gleich der Anzahl der Schnittpunkte einer zur Ordinate parallelen Geraden $t = T$ mit den Lebenslinien. Wie können wir nun auf Grund beobachtbarer Größen zu einem Schätzwert für die gesuchten Sterbewahrscheinlichkeiten q_x gelangen? Wir untersuchen als Beispiel die Sterbehäufigkeit der Einjährigen des Geburtenjahrganges des ersten Jahres in Abb. 3. Die Zahl der Einjährigen dieses Geburtenjahrganges ist gleich der Zahl der Lebenslinien, welche die Strecke $\overline{Z(1, 0), Z(2, 1)}$ schneiden. Diese Zahl entspricht der Personengesamtheit L_1. Die Zahl der Todesfälle T_1 ist gleich der Zahl der Endpunkte von Lebenslinien im Parallelogramm $Z(1, 0)$, $Z(2, 0)$, $Z(3, 1)$, $Z(2, 1)$. Der Quotient $\frac{T_1}{L_1}$ ist nun Schätzwert $\hat{q}_1$ für die Sterbewahrscheinlichkeit q_1. In einer Bevölkerung kann jedoch die Zahl von lebenden Personen im allgemeinen nur zu einem bestimmten Stichtag ermittelt werden, und zwar im Zusammenhang mit einer Volkszählung. Solche Volkszählungen werden meist in festen Abständen, etwa alle 10 Jahre, durchgeführt. Dabei wird die Wohnbevölkerung an einem Stichtag erfaßt, der aus praktischen Gründen nicht gerade am Beginn eines Kalenderjahres liegt. Anschließend wird die Bevölkerung durch Fortschreibung von Geburten und Todesfällen auf den 1. Januar des Zählungsjahres zurückgerechnet oder auf den 1. Januar des folgenden Jahres vorausgerechnet. Auf Grund der Volkszählung steht also die Zahl der lebenden Personen zum 1. Januar eines Kalenderjahres zur Verfügung. Außerdem werden die Todesfälle in dem dem Stichtag vorangegangenen und in dem dem Stichtag folgenden Kalenderjahr nach Geburtsjahren getrennt erfaßt. Nun führen wir für ganzzahlige t und τ folgende Bezeichnungen ein:

$L(t, \tau)$: Zahl der Lebenden am 1. Januar des Kalenderjahres t, die im Kalenderjahr τ geboren sind.

$T^{(-)}(t, \tau)$: Zahl der Todesfälle im Kalenderjahr t von Personen, die im Kalenderjahr τ geboren sind und im Zeitpunkt des Todes das $(t-\tau)^{\text{te}}$ Lebensjahr noch nicht vollendet haben.

$T^{(+)}(t, \tau)$: Zahl der Todesfälle im Kalenderjahr t von Personen, die im Kalenderjahr τ geboren sind und im Zeitpunkt des Todes das $(t-\tau)^{\text{te}}$ Lebensjahr vollendet haben.

Offenbar bedeutet $L(t, \tau)$ die Zahl der Lebenslinien, welche in Abb. 3 die Strecke $Z(t-1, \tau-1), Z(t-1,\tau)$ schneiden, $T^{(-)}(t, \tau)$ die Zahl der Endpunkte von Lebenslinien aus dem Bereich $[Z(t-1, \tau-1), Z(t,\tau), Z(t-1,\tau)]$ und $T^{(+)}(t, \tau)$ die Zahl der Endpunkte von Lebenslinien aus dem Bereich $[Z(t-1, \tau-1), Z(t,\tau-1), Z(t, \tau)]$. Für den Zählungsstichtag 1. Januar des Jahres t erhalten wir daher in der Terminologie der Formel (4.1)

$$\begin{aligned} L_x &= L(t, t-x-1) + T^{(+)}(t-1, t-x-1), \\ T_x &= T^{(+)}(t-1, t-x-1) + T^{(-)}(t, t-x-1). \end{aligned} \tag{4.2}$$

Als Schätzfunktion $\hat{q}_x$ für die Sterbewahrscheinlichkeit q_x erhalten wir

$$\hat{q}_x = \frac{T_x}{L_x} = \frac{T^{(+)}(t-1, t-x-1) + T^{(-)}(t, t-x-1)}{L(t, t-x-1) + T^{(+)}(t-1, t-x-1)}. \tag{4.3}$$

Wählen wir z. B. $t = 1961$ und $\tau = 1959$, dann bedeutet $L(t, \tau)$ die Zahl der im Jahre 1959 Geborenen, die am 1. Januar 1961 leben, das heißt, die Zahl der Einjährigen, genauer die Zahl jener, die am 1. Januar 1961 das erste Lebensjahr vollendet und das zweite Lebensjahr noch nicht erreicht haben. $T^{(-)}(t, \tau)$ ist die Zahl jener im Jahre 1959 geborenen Personen, die im Jahre 1961 vor Vollendung des zweiten Lebensjahres gestorben sind, $T^{(+)}(t, \tau)$ die Zahl jener im Jahre 1959 geborenen Personen, die im Jahre 1961 nach Vollendung des zweiten Lebensjahres gestorben sind. So wird etwa eine im Mai 1959 geborene Person, die im Februar 1961 gestorben ist, zur Zahl $T^{(-)}(1961, 1959)$ gezählt, wenn sie jedoch im Juli 1961 gestorben ist, zur Zahl $T^{(+)}(1961, 1959)$. In der Terminologie der Formel (4.1) gilt $L_1 = L(1961, 1959) + T^{(+)}(1960, 1959)$, $T_1 = T^{(+)}(1960, 1959) + T^{(-)}(1961, 1959)$ und $\hat{q}_1 = \dfrac{T^{(+)}(1960, 1959) + T^{(-)}(1961, 1959)}{L(1961, 1959) + T^{(+)}(1960, 1959)}$.

Bisher untersuchten wir die Sterbehäufigkeiten für eine Bevölkerung auf Grund der Volkszählungsergebnisse. Wir haben die Bevölkerung hiebei als geschlossene Personengesamtheit betrachtet, das heißt, wir haben angenommen, daß die Mitglieder der Personengesamtheit nur durch Geburt eintreten und nur durch Tod austreten können. Praktisch ist dies jedoch nicht immer zutreffend. Die Zählungen werden für einen bestimmten Stichtag, etwa für den 1. Januar des Jahres t_0 durchgeführt. Die zur Berechnung des Schätzwertes für die Sterbewahrscheinlichkeiten $\hat{q}_x$ nach Formel (4.3) heranzuziehenden Zahlen der Todesfälle betreffen jedoch für $T^{(+)}(t, \tau)$ das Kalenderjahr $t = t_0 - 1$ und für $T^{(-)}(t, \tau)$ das Kalenderjahr $t = t_0$. Es sind also die Todesfälle zweier Kalenderjahre zu betrachten. Wandern nun Personen mit dem vollendeten Alter x im Jahre $t_0 - 1$ zu, dann wird die Zahl der Todesfälle von x-jährigen, bezogen auf die nach (4.2) errechnete Zahl L_x, etwas zu niedrig beobachtet, da diese Personen in der betrachteten Personengesamtheit nicht vom Beginn ihres x^{ten} Lebensalters an beobachtet wurden und daher auch nicht die ganze Zeit über der beobachteten Sterblichkeit unterworfen waren. Aus analogen Gründen wird die Zahl der Todesfälle durch Abwanderungen von x-jährigen im Jahre $t_0 - 1$ zu hoch angenommen. Im Jahre t_0 hingegen führen Zuwanderungen zu einer Überschätzung, Abwanderungen zu einer Unterschätzung der Zahl der Todesfälle. Bei mit dem Alter steigender Sterbewahrscheinlichkeit überwiegt der Effekt im Jahre t_0, so daß die Zahl der Todesfälle bei einem Zuwanderungsüberschuß eher überschätzt, bei einem Abwanderungsüberschuß eher unterschätzt wird. Die Schätzung für q_x nach Formel (4.3) weist deshalb bei Volkszählungen theoretisch einen, wenn auch geringfügigen, systematischen Fehler auf, weil es sich bei einer Bevölkerung um eine offene Personengesamtheit handelt.

Läßt man als Austrittsgrund nur den Tod zu, dann treten echte geschlossene Personengesamtheiten in der Praxis kaum auf. Dazu müßte jedes in die Personengesamtheit eintretende Mitglied bis an sein Lebensende beobachtet werden. Für die gesamte Bevölkerung eines Landes wäre dies praktisch unmöglich, und es ist daher üblich, den Einfluß der Wanderungen zu vernachlässigen. Dieser Einfluß darf aber vor allem dann nicht ohne weiteres vernachlässigt werden, wenn sich, wie dies aus arbeitsmarktpolitischen Gründen meist der Fall ist, diese Wanderungen in ganz bestimmten Jahrgängen konzentrieren.

Bei den für Versicherungen in Betracht kommenden Personengesamtheiten von Versicherten wird in den allermeisten Fällen der freiwillige Austritt eine Rolle spielen. Hier ist es nun möglich, entweder den freiwilligen Austritt neben dem Tod als Austrittsgrund zuzulassen und Personengesamtheiten mit mehreren Ausscheideursachen zu untersuchen (vgl. Abschnitt VII) oder sämtliche Ausscheideursachen zusammenzufassen und lediglich Ausscheidehäufigkeiten statt Sterbehäufigkeiten zu untersuchen.

Wir betrachten eine offene Personengesamtheit. Es sei E_x die Zahl der neu eintretenden Personen des Alters x und A_x die Zahl der nicht durch Tod ausscheidenden Personen des Alters x im Beobachtungsjahr. Weiters sei $e_{x,\nu}$ die vom ν^{ten} Eintretenden des Alters x im Beobachtungsjahr in der Personengesamtheit verbrachte Zeit und $a_{x,\nu}$ die vom ν^{ten} Austretenden des Alters x im Beobachtungsjahr außerhalb der Personengesamtheit verbrachte Zeit. Es gilt nun

$$E(T_x) = L_x q_x + \sum_{\nu=1}^{E_x} e_{x,\nu} q_x - \sum_{\nu=1}^{A_x} a_{x,\nu} q_x . \tag{4.4}$$

Hierbei wird vorausgesetzt, daß die Sterbewahrscheinlichkeit für eine Person des Alters x in jedem beliebigen Zeitintervall der Länge Δt aus dem Beobachtungsjahr gleich $\Delta t q_x$ ist. Im allgemeinen können die Größen $e_{x,\nu}$ und $a_{x,\nu}$ nicht festgestellt werden. Liegen keine weitergehenden Informationen vor, dann nimmt man an, daß sowohl die Eintritte als auch die Austritte im Durchschnitt in der Mitte des Jahres liegen, so daß $\sum_{\nu=1}^{E_x} e_{x,\nu} = \frac{1}{2} E_x$ und $\sum_{\nu=1}^{A_x} a_{x,\nu} = \frac{1}{2} A_x$ gilt. Daraus erhalten wir den folgenden Schätzwert für q_x:

$$\hat{q}_x = \frac{T_x}{L_x + \frac{E_x - A_x}{2}}. \tag{4.5}$$

Ein einfaches Verfahren, das allerdings eine zusätzliche Ungenauigkeit mit sich bringt, besteht darin, lediglich das Geburtsjahr und das Beobachtungsjahr heranzuziehen und auf die Unterscheidung zwischen $T^{(-)}(t, \tau)$ und $T^{(+)}(t, \tau)$ zu verzichten. Es sei $T(t, \tau)$ die Zahl der Todesfälle im Kalenderjahr t von Personen des Geburtsjahres τ, $E(t, \tau)$ die entsprechende Zahl von Eintritten und $A(t, \tau)$ die entsprechende Zahl von Austritten. Dann gilt

$$L(t+1, \tau) = L(t, \tau) + E(t, \tau) - A(t, \tau) - T(t, \tau).$$

Wir bemerken, daß das Alter der in $T(t, \tau)$ gezählten Personen zwischen $t - \tau - 1$ und $t - \tau + 1$ schwanken kann. Setzen wir $\tau = t - x$, dann bezeichnet $L(t, \tau) = L(t, t - x)$ die Zahl der am 1. Januar des Jahres t lebenden Personen der Gesamtheit, die zwischen $x - 1$ und x Jahre alt sind, und $T(t, \tau) = T(t, t - x)$ die Zahl der im Jahre t verstorbenen Personen der Gesamtheit, die dem Geburtenjahrgang $t - x$ angehören, also im Zeitpunkt des Todes zwischen $x - 1$ und $x + 1$ Jahre alt waren. Das Durchschnittsalter des Geburtenjahrganges $t - x$ war am 1. Januar des Beobachtungsjahres $x - \frac{1}{2}$. Wir erhalten daher unter Verwendung der Formel (4.5) eine Schätzfunktion für die einjährige Sterbewahrscheinlichkeit $q_{x-1/2}$:

$$\begin{aligned} \hat{q}_{x-1/2} &= \frac{T(t, t-x)}{L(t, t-x) + \frac{1}{2}[L(t+1, t-x) - L(t, t-x) + T(t, t-x)]} = \\ &= \frac{2T(t, t-x)}{L(t, t-x) + L(t+1, t-x) + T(t, t-x)}. \end{aligned} \tag{4.6}$$

Nehmen wir noch an, daß keine Eintritte und Austritte vorkommen, wie dies für eine geschlossene Personengesamtheit der Fall ist, dann gilt $L(t+1, t-x) = L(t, t-x) + T(t, t-x)$ und (4.6) geht in die folgende Formel über:

$$\hat{q}_{x-1/2} = \frac{T(t, t-x)}{L(t, t-x)}. \tag{4.7}$$

Die nach (4.6) und (4.7) gewonnenen Schätzwerte sind insoweit ungenauer als etwa die Schätzwerte (4.3) und (4.5), als sie nicht aus der Beobachtung von genau $x - \frac{1}{2}$-jährigen Personen stammen, sondern aus der Beobachtung von Personen, deren Alter zwischen $x - 1$ und x schwanken kann, die also nur im Durchschnitt $x - \frac{1}{2}$ Jahre alt sind. Im Hinblick darauf, daß aber, wie noch zu zeigen sein wird, die nach (4.3), (4.5), (4.6) oder (4.7) gewonnenen Werte ausgeglichen werden müssen (vgl. Punkt 2), fällt dieser Nachteil nicht allzu stark ins Gewicht.

Mit gerundeten Lebensaltern arbeitet auch J. Karup [55] in der sogenannten Gothaer-Methode. Bei Abschluß einer Versicherung wird für den Versicherten zunächst das sogenannte *Abschlußalter* berechnet. Dies ist das auf volle Jahre gerundete, bei einem Rest von weniger als 6 Monaten abgerundete, bei einem Rest von mindestens 6 Monaten aufgerundete Lebensalter des Versicherten bei Abschluß der Versicherung. Als ***Polizzenalter*** gilt nun das um die Anzahl der abgelaufenen vollen Versicherungsjahre erhöhte Abschlußalter des Versicherten. Formel (4.5) wird nun so angewendet, daß für x das Polizzenalter eingesetzt wird, also L_x für den Beginn, E_x, A_x und T_x für den Verlauf des Versicherungsjahres, das als Beobachtungsjahr ausgewählt wurde, ermittelt werden.

2. Ausgleichung der rohen Sterbewahrscheinlichkeiten. Die im Punkt 1 angegebenen Schätzwerte $\hat{q}_x$ werden auch als *rohe Sterbewahrscheinlichkeiten* bezeichnet, obwohl es richtiger wäre, von Sterbehäufigkeiten zu sprechen. Die Zahlen der Todesfälle T_x bzw. $T(t, t-x)$ sind als zufällige Variable zufälligen Schwankungen unterworfen. Zum Ausgleich dieser zufälligen Schwankungen ist eine Reihe von Ausgleichungsverfahren entwickelt worden. Bevor wir auf die Darstellung dieser Verfahren näher eingehen, muß erwähnt werden, daß, wie die Erfahrung zeigt, die Zahl T_x der Todesfälle im allgemeinen nicht nach einer Binomialverteilung verteilt ist. So zeigt etwa die Zahl der Todesfälle in Österreich in den Jahren 1959 bis 1968 den folgenden Verlauf:

Jahr	Zahl der Todesfälle in Österreich
1959	87970
1960	89603
1961	85673
1962	90854
1963	91579
1964	89081
1965	94273
1966	91440
1967	95438
1968	96014

Im Hinblick auf den Umfang des betrachteten Personenkreises (über 7 Millionen Menschen) müßten die verbleibenden zufälligen Schwankungen der Zahl der Todesfälle wegen des Gesetzes der großen Zahl viel geringer sein, und zwar auch dann, wenn man die Veränderungen im Altersaufbau mit berücksichtigt. Es ist daher zweckmäßig, sich vor Ausgleichung der Ergebnisse noch zu vergewissern, daß die Sterbehäufigkeit in dem Beobachtungszeitraum dem bisherigen Verlauf entspricht und gegebenenfalls den Mittelwert aus mehreren Jahren bilden.

Der auf Grund der zufälligen Schwankungen zu erwartende ungleichmäßige Verlauf der rohen Sterbewahrscheinlichkeiten geht aus der nachfolgenden Tabelle hervor, die einen Überblick über die rohen Sterbewahrscheinlichkeiten der österreichischen Bevölkerung in den Jahren 1959 bis 1961 gibt.

Die zufälligen Schwankungen werden besonders deutlich in der Entwicklung der rohen Sterbewahrscheinlichkeiten für Männer der Alter 39, 40 und 41 Jahre. Der überhöhte Wert für das Alter 40 dürfte eine Zufallserscheinung sein. Ebenso erscheint aber bei den Frauen die rohe Sterbewahrscheinlichkeit für das Alter 36 überhöht. Man wird nämlich gefühlsmäßig annehmen, daß der Verlauf der Kurve

Rohe Sterbewahrscheinlichkeiten 1959/61 in Österreich

Alter	Männlich	Weiblich	Alter	Männlich	Weiblich
0	0,042066	0,032753	50	0,008130	0,004332
1	0,002799	0,002397	51	0,009974	0,005012
2	0,001560	0,001337	52	0,010271	0,005648
3	0,001340	0,000729	53	0,011088	0,006083
4	0,001110	0,000650	54	0,012349	0,006265
5	0,000628	0,000571	55	0,014106	0,007139
6	0,000618	0,000496	56	0,015130	0,007591
7	0,000636	0,000461	57	0,017581	0,008254
8	0,000615	0,000444	58	0,019733	0,009360
9	0,000629	0,000354	59	0,021043	0,009705
10	0,000460	0,000312	60	0,023204	0,011156
11	0,000456	0,000258	61	0,025202	0,012304
12	0,000477	0,000302	62	0,028545	0,013699
13	0,000511	0,000320	63	0,029374	0,014095
14	0,000723	0,000348	64	0,033225	0,016332
15	0,000821	0,000552	65	0,035985	0,018731
16	0,001120	0,000636	66	0,038349	0,020087
17	0,001323	0,000428	67	0,041243	0,022422
18	0,001812	0,000590	68	0,045657	0,025787
19	0,001939	0,000631	69	0,046912	0,028674
20	0,001833	0,000647	70	0,052757	0,031542
21	0,002233	0,000523	71	0,059012	0,036199
22	0,002307	0,000741	72	0,064931	0,042093
23	0,002104	0,000834	73	0,067501	0,046723
24	0,001954	0,000625	74	0,074548	0,050200
25	0,001871	0,000761	75	0,079545	0,057218
26	0,002244	0,000678	76	0,088468	0,064108
27	0,001979	0,000905	77	0,097985	0,073598
28	0,001964	0,000851	78	0,104337	0,079645
29	0,002239	0,000921	79	0,114677	0,090984
30	0,002007	0,000902	80	0,122884	0,100327
31	0,002214	0,001049	81	0,134775	0,109380
32	0,002443	0,001173	82	0,142720	0,120525
33	0,002287	0,001253	83	0,167155	0,132657
34	0,002090	0,001393	84	0,176708	0,147246
35	0,002407	0,001373	85	0,188076	0,161659
36	0,002554	0,001529	86	0,199200	0,170799
37	0,002792	0,001469	87	0,216216	0,188570
38	0,002832	0,001630	88	0,244214	0,207624
39	0,002966	0,001996	89	0,242280	0,218378
40	0,003578	0,001990	90	0,266553	0,242959
41	0,003068	0,002310	91	0,316883	0,272375
42	0,003807	0,002377	92	0,299621	0,279055
43	0,003996	0,002544	93	0,304745	0,282450
44	0,004416	0,002809	94	0,340116	0,310719
45	0,005493	0,003121	95	0,260360	0,288747
46	0,005140	0,003232	96	0,362963	0,305296
47	0,005473	0,003292	97	0,457627	0,309091
48	0,006155	0,003851			
49	0,006904	0,004345			

der Werte q_x „glatter“ sein muß, als es die rohen Sterbewahrscheinlichkeiten ausdrücken, und versuchen, die zufälligen Schwankungen auszugleichen. Eine einfache Methode hiefür ist es, die auszugleichenden Werte in ein Koordinatensystem einzutragen und den sich ergebenden unregelmäßigen Verlauf der Kurve der rohen Sterbewahrscheinlichkeiten durch eine in das Koordinatensystem einzutragende Linie auszugleichen, die einen möglichst glatten Verlauf nimmt und den vorgegebenen Werten möglichst nahekommt. Eine derartige „optische“ Ausgleichung wird als *graphische Ausgleichung* bezeichnet. Sie erweist sich besonders für Randwerte als zweckmäßig, etwa für besonders hohe Alter, für welche die Besetzungszahlen gering sind.

Von mathematisch begründeten Ausgleichsverfahren sind die *analytische Ausgleichung* und die *mechanische Ausgleichung* zu nennen. Bei der analytischen Ausgleichung wird die Form der auszugleichenden Kurve durch eine Funktion der Gestalt $f(x, a_0, a_1, \ldots, a_m)$ vorgegeben, wobei die Werte a_ν Parameter der Kurve sind. Man kann etwa $f(x, a_0, a_1, \ldots, a_m) = a_0 + a_1 x + \cdots + a_m x^m$ als Parabel m^{ter} Ordnung darstellen. Die Parameter a_ν sind nun so zu wählen, daß die Kurve $f(x, a_0, a_1, \ldots, a_m)$ von den beobachteten Werten q_x „so wenig wie möglich“ abweicht. Diese Wahl der Parameter a_ν ist nur dann eindeutig möglich, wenn ein Maß für die Abweichung existiert. Ein brauchbares Maß ist etwa die Quadratsumme $S = \sum\limits_{(x)} [f(x) - q_x]^2$. Die Methode, die Werte a_ν so zu wählen, daß S ein Minimum wird, ist die *Methode der kleinsten Quadrate*. Soll S ein Minimum werden, dann müssen die Ableitungen nach allen a_ν verschwinden. Wählen wir für $f(x)$ eine Parabel m^{ter} Ordnung, dann gilt also:

$$\frac{\partial S}{\partial a_\nu} = 2 \sum_{(x)} x^\nu \, [f(x) - q_x] = 0, \quad \nu = 0, \ldots, m$$

und daraus folgt

$$\sum_{(x)} a_m x^{m+\nu} + a_{m-1} x^{m+\nu-1} + \cdots + a_1 x^{\nu+1} + a_0 x^\nu - q_x x^\nu = 0,$$
$$\nu = 0, \ldots, m,$$

Man erhält genau $m + 1$ Gleichungen für $m + 1$ Unbekannte a_ν. Die Methode der Ausgleichung durch Parabeln höherer Ordnung erweist sich insbesondere für das Randgebiet der hohen Altersgruppen als brauchbar. Wie später noch gezeigt wird, reichen die leistungsfähigen Verfahren der mechanischen Ausgleichung nicht bis in die niedrigsten und höchsten Altersgruppen. Man kann daher in diesen Randgebieten eine Ausgleichung durch Parabeln höherer Ordnung vornehmen, wobei noch gefordert werden kann, daß die Parabeln an die aus der mechanischen Ausgleichung gewonnenen Kurven glatt anschließen.

Da die Kurven der Sterbewahrscheinlichkeiten eine bestimmte charakteristische Form aufweisen, war es naheliegend zu versuchen, einen analytischen Ausdruck für eine diesem Verlauf entsprechende Kurve zu finden, der nicht zu viele Parameter aufweist. Werden die rohen Sterbewahrscheinlichkeiten aber für 100 Jahre vorgegeben, dann erfordert die Ausgleichung mit einer Parabel höherer Ordnung die Lösung von 100 Gleichungen für 100 Unbekannte. Außerdem meinte man, in der gleichartigen Form der Kurven von Sterbewahrscheinlichkeiten, die aus verschiedenen Personengesamtheiten gewonnen wurden, eine Art Naturgesetz zu finden. Nach MAKEHAM kann für die Sterbewahrscheinlichkeiten die dreiparametrige Funktion

$$q_x = 1 - s g^{c^x(c-1)}, \tag{4.8}$$

die etwa ab 30 Jahren, also für $x > 30$, den Verlauf der Sterbewahrscheinlichkeiten wiedergeben soll, gewählt werden (vgl. S. 45). Das auf dieser Formel beruhende *Ausgleichungsverfahren nach* KING-HARDY geht von den Überlebenswahrscheinlichkeiten aus. Setzt man $q_x = 1 - p_x$, dann ist p_x offenbar die Wahrscheinlichkeit für einen x-jährigen, das Alter $x+1$ lebend zu erreichen, und es gilt

$$\ln p_x = \ln s + c^x(c-1)\ln g = a + b c^x. \tag{4.9}$$

Es sind nun die drei Parameter a, b und c passend zu wählen. Wir nehmen an, es seien die rohen Sterbewahrscheinlichkeiten $\hat{q}_x$ für alle x mit $x_0 \leqq x \leqq x_0 + 3m - 1$ gegeben. Aus den entsprechenden rohen Überlebenswahrscheinlichkeiten $\hat{p}_x = 1 - \hat{q}_x$ bilden wir die folgenden Produkte:

$$\hat{\Pi}_1 = \prod_{\nu=0}^{m-1} \hat{p}_{x_0+\nu}, \quad \hat{\Pi}_2 = \prod_{\nu=m}^{2m-1} \hat{p}_{x_0+\nu}, \quad \hat{\Pi}_3 = \prod_{\nu=2m}^{3m-1} \hat{p}_{x_0+\nu}.$$

Ersetzen wir die rohen Überlebenswahrscheinlichkeiten $\hat{p}_x$ durch die Überlebenswahrscheinlichkeiten p_x, dann erhalten wir die folgenden Produkte:

$$\Pi_1 = \prod_{\nu=0}^{m-1} p_{x_0+\nu}, \quad \Pi_2 = \prod_{\nu=m}^{2m-1} p_{x_0+\nu}, \quad \Pi_3 = \prod_{\nu=2m}^{3m-1} p_{x_0+\nu}.$$

Offenbar ist Π_1 die Wahrscheinlichkeit für einen x_0-jährigen, das Alter $x_0 + m$ lebend zu erreichen, das ist die m-jährige Überlebenswahrscheinlichkeit für einen x_0-jährigen. Ebenso sind Π_2 und Π_3 die m-jährigen Überlebenswahrscheinlichkeiten für einen $x_0 + m$-jährigen bzw. für einen $x_0 + 2m$-jährigen. Die Parameter a, b und c sind nun so zu wählen, daß die empirisch gefundenen rohen Überlebenswahrscheinlichkeiten $\hat{\Pi}_j$ mit den jeweils entsprechenden Werten Π_j übereinstimmen. Wir haben also drei Gleichungen $\Pi_j = \hat{\Pi}_j$ $(j = 1, 2, 3)$ für die drei Parameter zur Verfügung und erhalten die folgenden Beziehungen:

$$\ln \Pi_1 - \ln \hat{\Pi}_1 = \sum_{\nu=0}^{m-1} (a + b c^{x_0} c^\nu - \ln \hat{p}_{x_0+\nu}) = 0,$$

$$\ln \Pi_2 - \ln \hat{\Pi}_2 = \sum_{\nu=m}^{2m-1} (a + b c^{x_0} c^\nu - \ln \hat{p}_{x_0+\nu}) = 0,$$

$$\ln \Pi_3 - \ln \hat{\Pi}_3 = \sum_{\nu=2m}^{3m-1} (a + b c^{x_0} c^\nu - \ln \hat{p}_{x_0+\nu}) = 0.$$

Werden diese drei Gleichungen nach a, b und c aufgelöst, dann erhält man nach kurzer Rechnung die folgenden Werte:

$$c = \left(\frac{\hat{\Pi}_3 - \hat{\Pi}_2}{\hat{\Pi}_2 - \hat{\Pi}_1}\right)^{\frac{1}{m}},$$

$$a = \frac{1}{m}\left(\hat{\Pi}_1 - \frac{\hat{\Pi}_2 - \hat{\Pi}_1}{c^m - 1}\right),$$

$$b = (\hat{\Pi}_2 - \hat{\Pi}_1)\,\frac{c-1}{c^{x_0}(c^m - 1)^2}. \tag{4.10}$$

Jede nach KING-HARDY ausgeglichene Sterbetafel, für welche also (4.9) gilt, muß die Beziehung

$$\frac{\ln p_{x+2n} - \ln p_{x+n}}{\ln p_{x+n} - \ln p_x} = c^n$$

für beliebiges Alter x und beliebiges n erfüllen.

Da in der MAKEHAMschen Formel drei Parameter enthalten sind, wurden aus den drei Werten der rohen Überlebenswahrscheinlichkeiten drei m-jährige Überlebenswahrscheinlichkeiten gebildet, so daß drei Gleichungen $\hat{\Pi}_j = \Pi_j$ resultieren. Grundsätzlich wäre es möglich, auch eine größere Anzahl von Überlebenswahrscheinlichkeiten Π_j zu bilden und nach der Methode der kleinsten Quadrate vorzugehen, das heißt jene Parameter a, b und c zu suchen, für welche $S = \sum_{(j)} (\ln \hat{\Pi}_j - \ln \Pi_j)^2$ ein Minimum wird. Die Auflösung der entsprechenden Gleichungen erweist sich aber vor allem deshalb als schwierig, weil S in c nicht linear ist und dadurch, wie man sich leicht überzeugt, die Berechnung von c sehr umständlich wird. Wesentlich einfacher ist es, linear auftretende Parameter, wie a und b, nach der Methode der kleinsten Quadrate zu bestimmen. Ein weiteres Verfahren der Parameterbestimmung besteht nun darin, c nach KING-HARDY, also nach Formel (4.10) zu errechnen, jedoch a und b nach der Methode der kleinsten Quadrate mit Hilfe der folgenden Gleichungen:

$$\frac{\partial}{\partial a} \sum_{(x)} (\ln p_x - \ln \hat{p}_x)^2 = 0, \quad \frac{\partial}{\partial b} \sum_{(x)} (\ln p_x - \ln \hat{p}_x)^2 = 0.$$

Da c als bekannt vorausgesetzt werden kann, errechnet man zunächst die folgenden vier Summen:

$$S_1 = \sum_{(x)} c^x, \quad S_2 = \sum_{(x)} c^{2x}, \quad S_3 = \sum_{(x)} \ln \hat{p}_x, \quad S_4 = \sum_{(x)} c^x \ln \hat{p}_x.$$

Nun erhält man unschwer die folgenden Werte für die gesuchten Parameter:

$$a = \frac{S_2 S_3 - S_1 S_4}{3m S_2 - S_1^2}; \qquad b = \frac{3m S_4 - S_1 S_3}{3m S_2 - S_1^2}.$$

Wie man sieht, haftet all diesen Ausgleichungsverfahren eine gewisse Willkür an. Die Methode der kleinsten Quadrate wird in dem eben behandelten Verfahren vor allem deshalb auf die Größen $\ln \hat{p}_x$ und nicht auf die Größen $\hat{p}_x$ selbst angewendet, weil die Berechnungen mit Hilfe der Formel (4.9) einfacher sind als etwa mit Hilfe der Formel (4.8).

Wir wollen nun als letzte analytische Ausgleichung ein Verfahren von H. CRAMER und H. WOLD [24] angeben. Aus (4.8) erhalten wir die näherungsweise Darstellung

$$q_x = 1 - s e^{c^x (c-1) \ln g} \sim 1 - s - s(c-1)\, c^x \ln g,$$

so daß

$$q_x \sim \alpha + \beta c^x \tag{4.11}$$

mit

$$\alpha = 1 - s, \qquad \beta = -s(c-1) \ln g$$

gilt. Wir haben also wieder eine dreiparametrige Darstellung vor uns, und wir wollen annehmen, daß der Parameter c, der mit dem Parameter c aus (4.9) übereinstimmt, bereits aus Formel (4.10) errechnet worden ist. Damit haben wir erreicht, daß die Funktion q_x aus (4.11) in den gesuchten Parametern linear ist, was die Berechnungen vereinfachen wird. Nach (4.3) gilt für die rohen Sterbewahrscheinlichkeiten $\hat{q}_x L_x = T_x$. Wir nehmen an, daß (4.8) bzw. (4.11) ein Naturgesetz widerspiegelt. Dann darf vorausgesetzt werden, daß $\frac{T_x}{L_x}$ nach einer Binomialverteilung mit dem Mittelwert q_x und der Streuung $\frac{p_x q_x}{L_x} = \frac{q_x(1-q_x)}{L_x}$ verteilt ist. Die standardisierte Variable

$$\tau_x = \frac{\frac{T_x}{L_x} - q_x}{\sqrt{p_x q_x}} \sqrt{L_x}$$

besitzt den Mittelwert 0 und die Streuung 1. Auf diese standardisierte Variable wird nun die Methode der kleinsten Quadrate angewendet. Die Parameter α und β aus (4.11) sollen so gewählt werden, daß die Quadratsumme über die standardisierten Variablen ein Minimum wird:

$$\underset{(\alpha,\beta)}{\text{Min}} \sum_{(x)} \frac{\left(\frac{T_x}{L_x} - q_x\right)^2}{p_x q_x} L_x . \tag{4.12}$$

Die Berechnung der Parameter α und β, für welche dieser Ausdruck ein Minimum wird, ist umständlich. Da die Werte q_x im allgemeinen sehr viel kleiner als Eins sein werden, kann man $p_x q_x \sim q_x$ setzen, und dieser Ausdruck wird nun durch $\frac{T_x}{L_x}$ ersetzt, das heißt, man ersetzt den Mittelwert durch die Realisierung der zufälligen Variablen $\frac{T_x}{L_x}$ und sucht jene Parameter, welche den folgenden Ausdruck zu einem Minimum machen:

$$\underset{(\alpha,\beta)}{\text{Min}} \sum_{(x)} \frac{(T_x - L_x q_x)^2}{T_x}. \tag{4.13}$$

Wir differenzieren nach α und nach β und erhalten

$$\sum_{(x)} \left[L_x - \frac{L_x^2}{T_x}(\alpha + \beta c^x)\right] = 0,$$

$$\sum_{(x)} \left[L_x - \frac{L_x^2}{T_x}(\alpha + \beta c^x)\right] c^x = 0.$$

Setzen wir

$$\bar{S}_1 = \sum_{(x)} L_x, \quad \bar{S}_2 = \sum_{(x)} \frac{L_x^2}{T_x}, \quad \bar{S}_3 = \sum_{(x)} \frac{L_x^2}{T_x} c^x, \quad \bar{S}_4 = \sum_{(x)} \frac{L_x^2}{T_x} c^{2x},$$

dann erhalten wir schließlich die folgenden Parameterwerte:

$$\alpha = \frac{\bar{S}_1}{\bar{S}_3^2 - \bar{S}_2 \bar{S}_4}(\bar{S}_3 - \bar{S}_4), \quad \beta = \frac{\bar{S}_1}{\bar{S}_3^2 - \bar{S}_2 \bar{S}_4}(\bar{S}_3 - \bar{S}_2).$$

Das eben behandelte Verfahren hat den Vorteil, daß in (4.12) jeder Summand mit dem Faktor $\frac{L_x}{p_x q_x}$ versehen ist. Eine Abweichung des Schätzwertes $\hat{q}_x = \frac{T_x}{L_x}$

von q_x wird also bei der Ausgleichung um so stärker berücksichtigt, je geringer die Streuung ist. Rohe Sterbewahrscheinlichkeiten, die mit einer großen Streuung versehen sind, tragen daher zur Parameterbestimmung entsprechend weniger bei als rohe Sterbewahrscheinlichkeiten mit kleiner Streuung. Genauere Daten werden somit höher bewertet als ungenaue Daten.

Die analytischen Ausgleichungsverfahren haben den Nachteil, daß sie einen um so größeren Rechenaufwand erfordern, je genauer die gewünschte Anpassung sein soll. Die Ausgleichung mit Parabeln höherer Ordnung oder mit aneinandergestückelten Parabeln niedrigerer Ordnung erfordert eine Vielzahl von Parametern. Beschränkt man sich hingegen wie bei der Verwendung der Formel von MAKEHAM auf eine geringe Zahl von Parametern, dann kann die gefundene Kurve nur sehr unvollständig angepaßt werden. (4.8) ist erst ab etwa dem Alter $x = 30$ brauchbar. Für die Ausgleichung von Sterbehäufigkeiten haben sich daher vor allem die Verfahren der mechanischen Ausgleichung bewährt, von denen wir einige im folgenden behandeln.

Der Grundgedanke der mechanischen Ausgleichung liegt darin, daß zufällige Schwankungen durch Mittelwertbildung verkleinert werden können. Betrachtet man den unregelmäßigen Verlauf der Kurve der rohen Sterbewahrscheinlichkeiten, dann liegt es nahe, eine Ausgleichung dadurch zu versuchen, daß jeweils das Mittel aus einer (ungeraden) Anzahl von Werten errechnet und dem Mittelwert zugeordnet wird. Haben wir etwa eine auszugleichende Reihe von Größen $a_0, a_1, a_2, \ldots, a_n, \ldots$ vor uns, dann können ausgeglichene Werte A_n durch eine Mittelwertbildung der Gestalt

$$A_n = \sum_{i=-k}^{k} \alpha_i a_{n+i} \tag{4.14}$$

gebildet werden, wobei natürlich $\sum_{i=-k}^{k} \alpha_i = 1$ zu fordern ist. Damit ist gesichert, daß sich lineare Funktionen selbst reproduzieren, das heißt für $a_n = \beta_1 + n\beta_2$ folgt aus (4.14) stets $A_n = a_n$. (4.14) kann nur für $n \geqq k$ angewendet werden, und dies ist der Grund, warum bei der Anwendung mechanischer Ausgleichungsformeln für die Randgebiete besondere Ausgleichungsverfahren angewendet werden müssen. Da bei der Ausgleichung keine Richtung bevorzugt werden soll, wird man auch $\alpha_i = \alpha_{-i}$ voraussetzen, so daß die Ausgleichungsformel folgendermaßen dargestellt werden kann:

$$A_n = \alpha_0 a_n + \sum_{i=1}^{k} \alpha_i (a_{n+i} + a_{n-i}), \qquad \alpha_0 + 2\sum_{i=1}^{k} \alpha_i = 1\,. \tag{4.15}$$

Als erstes Beispiel einer mechanischen Ausgleichung betrachten wir das Iterationsverfahren von TH. WITTSTEIN. Es wird zunächst das arithmetische Mittel aus je fünf aufeinanderfolgenden Werten gebildet, $\bar{a}_n = \frac{1}{5}(a_{n-2} + a_{n-1} + a_n + a_{n+1} + a_{n+2})$, und dieses Verfahren ein zweites Mal angewendet, so daß

$$A_n = \frac{1}{5}(\bar{a}_{n-2} + \bar{a}_{n-1} + \bar{a}_n + \bar{a}_{n+1} + \bar{a}_{n+2})$$

gilt.

Man erhält daher die folgende Ausgleichsformel:

$$A_n = \frac{1}{25}(a_{n-4} + 2a_{n-3} + 3a_{n-2} + 4a_{n-1} + 5a_n + 4a_{n+1} + 3a_{n+2} + 2a_{n+3} + a_{n+4}) =$$
$$= 0{,}2a_n + 0{,}16(a_{n-1} + a_{n+1}) + 0{,}12(a_{n-2} + a_{n+2}) + 0{,}08(a_{n-3} + a_{n+3}) +$$
$$+ 0{,}04(a_{n-4} + a_{n+4}). \qquad (4.16)$$

Denken wir uns die Werte a_n als Punkte in einem Koordinatensystem mit der Abszisse $x = n$ und der Ordinate $y = a_n$, dann kann die Ausgleichung nach TH. WITTSTEIN folgendermaßen interpretiert werden. Man legt durch je zwei Punkte $(n - r, a_{n-r})$ und $(n - r + 5, a_{n-r+5})$ eine Gerade. Für $r = 0, 1, 2, 3, 4$ erhält man fünf Gerade mit der Formel

$$y_r(x) = a_{n-r} + \frac{a_{n-r+5} - a_{n-r}}{5}(x - n + r).$$

Auf jeder dieser Geraden suchen wir jetzt den Wert $y_r(n)$ und bilden das arithmetische Mittel über alle r. Es ist leicht zu sehen, daß dieser Mittelwert

$$A_n = \frac{1}{5}\sum_{r=0}^{4} y_r(n) = \frac{1}{25}\sum_{r=0}^{4}[r a_{n-r+5} + (5 - r)a_{n-r}] =$$
$$= \frac{a_n}{5} + \frac{1}{25}\sum_{r=1}^{4}(5 - r)(a_{n-r} + a_{n+r})$$

mit dem Wert (4.16) übereinstimmt.

Nach WITTSTEIN haben wir durch je zwei Punkte in einem Abstand von $x = 5$ eine Gerade gelegt. Das folgende Verfahren von WOOLHOUSE verwendet statt der Geraden Parabeln, welche durch je drei Punkte, und zwar durch $(n - r - 5, a_{n-r-5})$, $(n - r, a_{n-r})$ und $(n - r + 5, a_{n-r+5})$ mit $r = 0, 1, 2, 3, 4$ gelegt werden. Aus dem Ansatz

$$y_r(x) = \gamma_r(x - n + r)^2 + \beta_r(x - n + r) + \alpha_r$$

folgt

$$a_{n-r-5} = 25\gamma_r + 5\beta_r + \alpha_r,$$
$$a_{n-r} = \alpha_r,$$
$$a_{n-r+5} = 25\gamma_r - 5\beta_r + \alpha_r$$

und daraus

$$\gamma_r = \frac{1}{50}(a_{n-r-5} + a_{n-r+5} - 2a_{n-r}), \quad \beta_r = \frac{1}{10}(a_{n-r-5} - a_{n-r+5}), \quad \alpha_r = a_{n-r}.$$

Wir suchen wieder auf jeder Parabel den Wert $y_r(n)$ und bilden das arithmetische Mittel über alle r. Es folgt

$$A_n = \frac{1}{5}\sum_{r=0}^{4} y_r(n) = \sum_{r=0}^{4}\left[\frac{1}{250}(a_{n-r-5} + a_{n-r+5} - 2a_{n-r})r^2 + \right.$$
$$\left. + \frac{1}{50}(a_{n-r-5} - a_{n-r+5})r + \frac{1}{5}a_{n-r}\right]$$

und man erhält schließlich

$$A_n = 0{,}2a_n + 0{,}192(a_{n-1} + a_{n+1}) + 0{,}168(a_{n-2} + a_{n+2}) + 0{,}056(a_{n-3} + a_{n+3}) + \\ + 0{,}024(a_{n-4} + a_{n+4}) - 0{,}016(a_{n-6} + a_{n+6}) - 0{,}024(a_{n-7} + a_{n+7}). \quad (4.17)$$

Eine weitere Verfeinerung der Methode bringt die Formel von J. KARUP. Es wird durch je vier Punkte, und zwar durch $(n - 5 - r, a_{n-5-r})$, $(n - r, a_{n-r})$, $(n + 5 - r, a_{n+5-r})$ und $(n + 10 - r, a_{n+10-r})$ eine Parabel dritter Ordnung bestimmt, und zwar so, daß die Parabel durch die beiden mittleren Punkte hindurchgeht, während die beiden äußeren Punkte zur Bestimmung der Tangenten der Parabel in den beiden mittleren Punkten herangezogen werden. Bezeichnen wir die Punkte der Reihe nach mit P_1, P_2, P_3 und P_4, dann soll die Parabel durch die Punkte P_2 und P_3 hindurchgehen, und die Richtung der Tangente in P_2 sei parallel der Geraden durch P_1 und P_3, während die Richtung der Tangente in P_3 parallel der Geraden durch P_2 und P_4 verlaufen soll. Wie man sieht, ist bei diesen Parabeln die Richtung der Tangente jeweils durch die Richtung der Verbindungsgeraden der beiden benachbarten Punkte bestimmt, so daß die Parabeln stetig und glatt ineinander übergehen. Es findet also zwischen den aneinandergestückelten Parabeln jeweils eine Berührung erster Ordnung statt. Wir setzen zunächst $r = 0$ und wählen für die Parabel den folgenden Ansatz:

$$y_0(x) = \alpha_0 + \beta_0 \frac{1}{5}(x - n) + \gamma_0 \frac{1}{25}(x - n)^2 + \delta_0 \frac{1}{125}(x - n)^3. \quad (4.18)$$

Daraus folgt

$$\begin{aligned} y_0(n) &= a_n = \alpha_0, \\ y_0(n + 5) &= a_{n+5} = \alpha_0 + \beta_0 + \gamma_0 + \delta_0. \end{aligned} \quad (4.19)$$

Für die Ableitung $y_0'(x)$ nach x in $x = n$ und $x = n + 5$ sollen die folgenden Gleichungen erfüllt sein:

$$y_0'(n) = \frac{a_{n+5} - a_{n-5}}{10}, \quad y_0'(n + 5) = \frac{a_{n+10} - a_n}{10}. \quad (4.20)$$

Nun gilt

$$y_0'(x) = \frac{\beta_0}{5} + \frac{2\gamma_0}{25}(x - n) + \frac{3\delta_0}{125}(x - n)^2$$

und wir erhalten

$$y_0'(n) = \frac{\beta_0}{5}, \quad y_0'(n + 5) = \frac{\beta_0}{5} + \frac{2\gamma_0}{5} + \frac{3\delta_0}{5}. \quad (4.21)$$

Aus (4.19), (4.20) und (4.21) ergibt sich nach kurzer Rechnung

$$\begin{aligned} \alpha_0 &= a_n, \\ \beta_0 &= \frac{1}{2}(a_{n+5} - a_{n-5}), \\ \gamma_0 &= \frac{1}{2}(-a_{n+10} + 4a_{n+5} - 5a_n + 2a_{n-5}), \\ \delta_0 &= \frac{1}{2}(a_{n+10} - 3a_{n+5} + 3a_n - a_{n-5}). \end{aligned} \quad (4.22)$$

Für $r \neq 0$ erhalten wir die zu (4.18) analoge Funktion $y_r(x)$, indem wir n durch $n-r$ ersetzen,

$$y_r(x) = \alpha_r + \beta_r \frac{1}{5}(x-n+r) + \gamma_r \frac{1}{25}(x-n+r)^2 + \delta_r \frac{1}{125}(x-n+r)^3,$$

wobei die Koeffizienten $\alpha_r, \beta_r, \gamma_r$ und δ_r aus (4.22) errechnet werden können, wenn dort der Index n jeweils durch den Index $n-r$ ersetzt wird. Nun werden wieder die Mittelwerte über alle r gebildet. Es folgt

$$A_n = \frac{1}{5}\sum_{r=0}^{4} y_r(n) = \sum_{r=0}^{4}\left(\frac{\alpha_r}{5} + \frac{\beta_r}{25} r + \frac{\gamma_r}{125} r^2 + \frac{\delta_r}{625} r^3\right)$$

und daraus erhalten wir nach Einsetzen der entsprechenden Werte für $\alpha_r, \beta_r, \gamma_r$ und δ_r schließlich die Ausgleichungsformel von KARUP.

$$\begin{aligned} A_n = {} & 0{,}2a_n + 0{,}1824(a_{n-1} + a_{n+1}) + 0{,}1392(a_{n-2} + a_{n+2}) + 0{,}0848(a_{n-3} + a_{n+3}) + \\ & + 0{,}0336(a_{n-4} + a_{n+4}) - 0{,}0128(a_{n-6} + a_{n+6}) - 0{,}0144(a_{n-7} + a_{n+7}) - \\ & - 0{,}0096(a_{n-8} + a_{n+8}) - 0{,}0032(a_{n-9} + a_{n+9}). \end{aligned} \quad (4.23)$$

Als letztes Verfahren der mechanischen Ausgleichung behandeln wir die Methode von KING, die in der Praxis häufig angewendet wird. Bei der Methode von KING werden zunächst ausgeglichene Werte A_n für $n = 7, 12, 17$ usw., also in Abständen von je fünf, mit Hilfe der NEWTONschen Interpolationsformel errechnet. Zwischen diesen Werten A_n wird dann mit Hilfe der KARUPschen Formel (4.18) interpoliert. Um die formelmäßige Darstellung zu vereinfachen, führen wir die folgenden Bezeichnungen ein: Es sei

$$\begin{aligned} \delta A_n &= A_{n+1} - A_n, & \delta^2 A_n &= \delta A_{n+1} - \delta A_n, & \delta^3 A_n &= \delta^2 A_{n+1} - \delta^2 A_n, \\ \Delta A_n &= A_{n+5} - A_n, & \Delta^2 A_n &= \Delta A_{n+5} - \Delta A_n, & \Delta^3 A_n &= \Delta^2 A_{n+5} - \Delta^2 A_n. \end{aligned} \quad (4.24)$$

Es handelt sich um die erste, zweite und dritte Differenzenreihe der Ausgangsreihe A_n bzw. um die entsprechenden Differenzenreihen der Reihe A_N mit $N \equiv n(5)$ (N kongruent n modulo 5). Zunächst bilden wir die Summen

$$s_n = \sum_{k=0}^{n-1} a_k.$$

Wir können die Bezeichnung aus (4.24) auch auf die Reihe der s_n anwenden und erhalten zum Beispiel $\delta s_n = s_{n+1} - s_n = a_n$. Nun betrachten wir die vier Werte $s_{n-7}, s_{n-2}, s_{n+2}, s_{n+7}$, auf die wir die NEWTONsche Interpolationsformel anwenden. Die nach NEWTON ausgeglichenen Werte der Reihe der s_n bezeichnen wir mit S_n und erhalten die folgende Gleichung:

$$S_{n-7+r} = s_{n-7} + \frac{r}{5}\Delta s_{n-7} + \frac{r(r-5)}{50}\Delta^2 s_{n-7} + \frac{r(r-5)(r-10)}{750}\Delta^3 s_{n-7}. \quad (4.25)$$

Man überzeugt sich durch Einsetzen nach kurzer Rechnung, daß (4.25) als Funktion von r für $r = 0, 5, 10$ und 15 die Werte $s_{n-7}, s_{n-2}, s_{n+2}$ und s_{n+7} annimmt. Für $r = 7$ erhalten wir S_n und für $r = 8$ erhalten wir S_{n+1}. Die Differenz

$S_{n+1} - S_n = A_n$ bezeichnen wir als ausgeglichenen Wert für a_n. Aus (4.25) folgt nach kurzer Rechnung

$$A_n = S_{n+1} - S_n = 0{,}2\Delta s_{n-7} + 0{,}2\Delta^2 s_{n-7} - 0{,}008\Delta^3 s_{n-7}. \qquad (4.26)$$

Man berechnet nun die Werte A_n nach (4.26) für $n = 7, 12, 17, \ldots, 5m+2, \ldots$ und bezeichnet sie als Kardinalpunkte der Ausgleichung.

Die Berechnung der Kardinalpunkte stellt den ersten Teil des Verfahrens von KING dar. Im zweiten Teil wird mit Hilfe der Formel (4.18) interpoliert, wobei anstelle der Werte a_n die Kardinalpunkte A_n zugrunde gelegt werden. Wir formen zunächst die Formel (4.18) folgendermaßen um:

$$y_0(n+r) = A_{n+r} = A_n + \frac{r}{5}\Delta A_{n-5} + \frac{r^2+5r}{50}\Delta^2 A_{n-5} + \frac{r^3-5r^2}{250}\Delta^3 A_{n-5}. \qquad (4.27)$$

Die Bezeichnungen der Differenzen in dieser Formel sind analog (4.24). Zur Verifizierung von (4.27) wird zunächst in (4.22) $a_n = A_n$ usw. gesetzt. Durch Einsetzen dieser Werte in (4.18) gelangt man nach kurzer Rechnung zur Formel (4.27). Davon ausgehend erhält man unschwer die folgenden Gleichungen:

$$\begin{aligned} \delta A_n &= 0{,}2\Delta A_{n-5} + 0{,}12\Delta^2 A_{n-5} - 0{,}016\Delta^3 A_{n-5}, \\ \delta^2 A_n &= 0{,}04\Delta^2 A_{n-5} - 0{,}016\Delta^3 A_{n-5}, \\ \delta^3 A_n &= 0{,}024\Delta^3 A_{n-5}. \end{aligned} \qquad (4.28)$$

Da es sich bei der durch (4.27) dargestellten Kurve um eine Parabel dritter Ordnung handelt, verschwinden alle höheren Differenzen, das heißt es gilt $\delta^3 A_{n+r} = \delta^3 A_n$, $(r = 1, 2, 3, 4)$. Mit den nach (4.28) errechneten Differenzen kann nun schrittweise A_{n+1}, A_{n+2}, A_{n+3} und A_{n+4} errechnet werden. Es ist üblich, den Wert A_{n+5} ebenfalls mitzurechnen. Er stellt den nächsthöheren Kardinalpunkt dar. Stimmt der durch Verwendung der Differenzen (4.28) fortgeschriebene Wert A_{n+5} mit dem nach (4.26) errechneten Wert überein, dann ist dies eine Kontrolle für die Richtigkeit der Rechnung. Beachtet man, daß höhere Differenzen als $\delta^3 A_n$ verschwinden, dann errechnet man aus (4.24) unschwer die folgenden Gleichungen:

$$\begin{aligned} A_{n+1} &= A_n + \delta A_n, \\ A_{n+2} &= A_{n+1} + \delta A_n + \delta^2 A_n, \\ A_{n+3} &= A_{n+2} + \delta A_n + 2\delta^2 A_n + \delta^3 A_n, \\ A_{n+4} &= A_{n+3} + \delta A_n + 3\delta^2 A_n + 3\delta^3 A_n, \\ A_{n+5} &= A_{n+4} + \delta A_n + 4\delta^2 A_n + 6\delta^3 A_n. \end{aligned} \qquad (4.29)$$

Zusammenfassend kann die Methode von KING folgendermaßen beschrieben werden. Man berechnet zunächst die Summen s_n, aus ihnen die Differenzen Δs_{n-7}, $\Delta^2 s_{n-7}$ und $\Delta^3 s_{n-7}$. Dann werden die Kardinalpunkte A_n nach (4.26) ermittelt. Der erste Kardinalpunkt ist A_7. Nun werden von den A_n ausgehend die Differenzen (4.28) gerechnet, und es wird zwischen den jeweiligen Kardinalpunkten nach (4.29) interpoliert. Da für die Berechnung von δA_n der Wert A_{n-5} bekannt sein muß, ist diese Interpolation frühestens für die Werte ab A_{12} möglich. Liegen insgesamt N auszugleichende Werte $a_0, a_1, \ldots, a_{N-1}$ vor, dann ist die Ausgleichung nach KING bis zum Wert A_{N-13} möglich. Nach diesem Wert liegt noch der letzte Kardinalpunkt A_{N-8}. Für eine derartige Ausgleichung ist es allerdings notwendig, daß $N = 5m - 1$ mit ganzzahligem m, also $N \equiv 4(5)$ (N kongruent 4 modulo 5) ist, da die Kardinalpunkte immer in Abständen von je 5 liegen. Das Verfahren ist für die Praxis vor allem deshalb gut geeignet, weil die notwendigen Differenzenbildungen laut (4.26), (4.28) und (4.29) leicht ausgerechnet werden können und sich durch die Gleichungen für A_{n+5} in (4.29) außerdem noch eine Kontrollmöglichkeit ergibt.

Zur Ausgleichung von Sterbetafeln wird für das mechanische Ausgleichungsverfahren $\hat{q}_x = a_x$ gesetzt. Im allgemeinen liegen heute die Werte $\hat{q}_x$ bei Volkszählungen mindestens bis zum Alter $x = 99$ vor. Eine Ausgleichung nach KING führt also zu ausgeglichenen Werten q_x bis zum Alter $x = 86$ und zu einem Kardinalpunkt für $x = 91$. In den Randgebieten, also über $x = 86$ bzw. unter $x = 12$, kann z. B. mit Parabeln höherer Ordnung oder mit Exponentialkurven ausgeglichen werden. Eine Ausnahme bilden die Jahrgänge der Null- und Ein-

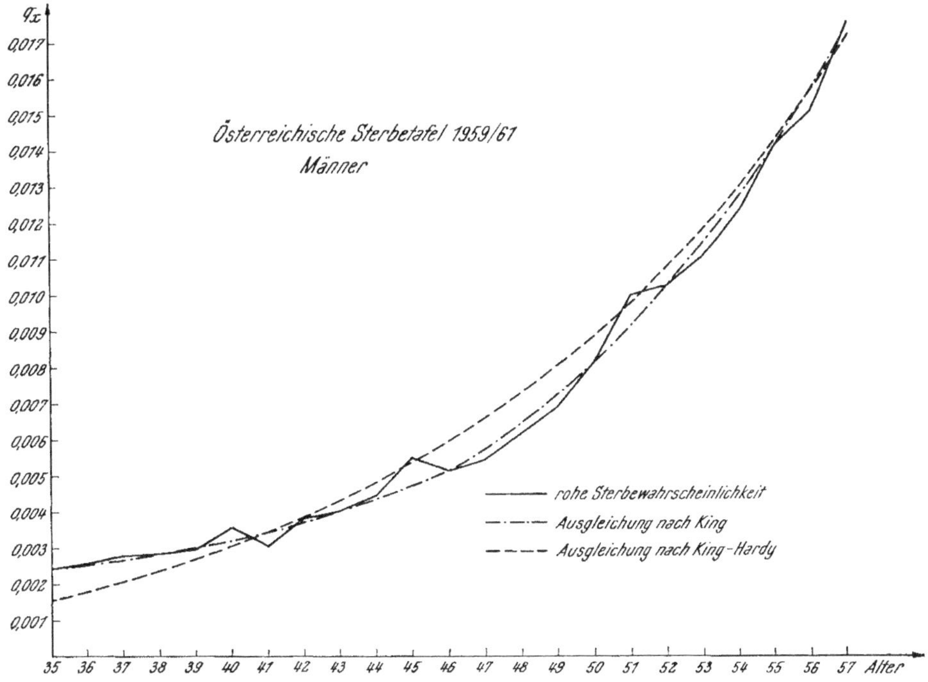

Abb. 4

jährigen. Da die Säuglingssterblichkeit im Verhältnis zur Sterblichkeit in den benachbarten Altern groß ist, erscheint es zweckmäßig, sie nicht auszugleichen, sondern den Schätzwert $\hat{q}_0$ zu übernehmen, und es ist darüber hinaus vertretbar, auch $\hat{q}_1$, den Schätzwert für die Einjährigen, unverändert zu lassen.

Abb. 4 gibt einen Überblick über die Wirksamkeit zweier Ausgleichungsverfahren, und zwar nach der Methode von KING-HARDY mit Hilfe der Funktion

(4.9) und nach der Methode von KING mit Hilfe von (4.26) und (4.27). Ausgeglichen werden die rohen Sterbewahrscheinlichkeiten für Männer auf Grund der österreichischen Volkszählung für die Jahre 1959/61. Die Ergebnisse werden für die Alter $x = 35$ bis $x = 57$ den rohen Sterbewahrscheinlichkeiten gegenübergestellt.

Abschließend sei festgestellt, daß eine gute Ausgleichung zwei Forderungen erfüllen soll, die miteinander in Widerspruch stehen. Einmal soll die ausgeglichene Kurve von den Beobachtungswerten möglichst wenig abweichen, das heißt, es soll $\sum_{(x)} (q_x - \hat{q}_x)^2 = \text{Min}$, und zum anderen soll die ausgeglichene Kurve möglichst glatt sein, das heißt, es soll $\sum_{(x)} (q_x - q_{x-1})^2 = \text{Min}$. Je mehr die ausgeglichene Kurve der ersten Forderung genügt, um so mehr steht sie in Widerspruch zur zweiten Forderung und umgekehrt. Ein allgemein gültiges Kriterium für die beste Ausgleichung von Sterbetafeln ist nicht bekannt, und solange sich jene Faktoren, welche die Sterbewahrscheinlichkeiten beeinflussen, weiterentwickeln, ist auch kaum zu erwarten, daß ein solches gefunden werden kann.

3. **Sterbetafeln.** Bei den folgenden Untersuchungen setzen wir voraus, daß für alle in Betracht kommenden Lebensalter x Sterbewahrscheinlichkeiten q_x errechnet wurden, die den Erwartungswert der Häufigkeiten der Sterbefälle nach Erreichung des x^{ten} und vor Erreichung des $x + 1^{\text{ten}}$ Lebensjahres angeben. Die Werte q_x, die etwa nach einem der in Punkt 2 angegebenen Verfahren ermittelt worden sind, werden als konstant vorausgesetzt. Es sei l_x die Anzahl der x-jährigen, von denen wir annehmen, daß sie alle im selben Zeitpunkt geboren sind. Nach einem Jahr leben davon noch L_{x+1} Personen und es gilt $E(L_{x+1}) = l_x(1 - q_x)$. Wir bemerken, daß bei dieser Darstellung implizit vorausgesetzt wird, daß die Häufigkeit der Todesfälle in den verschiedenen Altern voneinander unabhängig ist. Praktisch wird dies jedoch nur für verschieden alte Personen, die zur selben Zeit leben, der Fall sein, aber nicht dann, wenn wir einen Geburtenjahrgang Jahr für Jahr weiter beobachten. Wir werden später auf dieses Problem noch zurückkommen. Ausgehend von einem Anfangswert, etwa $l_0 = 100000$, können alle l_x mit der Formel $l_{x+1} = l_x(1 - q_x)$ berechnet werden. Wir wollen weiter voraussetzen, daß es ein Höchstalter ω gäbe, das nicht mehr lebend erreicht werden kann, für welches also $q_{\omega-1} = 1$ und damit $l_\omega = 0$ gilt. Die Gesamtheit der Werte l_x mit $0 \leqq x < \omega$ bezeichnet man als Sterbetafel (vgl. Tab. 1 bis 3).

Wird die Sterbetafel auf Grund von Sterbehäufigkeiten errechnet, die für ein bestimmtes Kalenderjahr oder für eine bestimmte Periode als durchschnittliche Sterbehäufigkeiten dieser Periode ermittelt wurden, dann spricht man von einer *Periodensterbetafel*. Nicht immer findet man mit solchen Periodensterbetafeln das Auslangen. Zwei Beispiele mögen dies erläutern. Die Sterbewahrscheinlichkeit eines Invalidenrentners ist erfahrungsgemäß außer von seinem Alter auch von der Zeit abhängig, die seit dem Eintritt der Invalidität vergangen ist. Kurz nach Eintritt der Invalidität ist die Sterbewahrscheinlichkeit überdurchschnittlich hoch und erreicht erst einige Zeit später einen nur mehr vom Alter abhängigen Wert. Betrachtet man hingegen Versicherte, die eine Erlebensversicherung abschließen, dann haben sich diese Personen im allgemeinen vor Abschluß der Versicherung einer ärztlichen Kontrolle zu unterziehen, um einer negativen Selbstauslese vorzubeugen. Dadurch entsteht aber eine Auslese, die nur gesunde Personen als Versicherte zuläßt. Die Sterbewahrscheinlichkeiten für diesen Versichertenkreis sind daher im allgemeinen überdurchschnittlich niedrig. Erst nach Ablauf einiger Jahre verliert das Ausleseprinzip an Wirkung, und die Sterbewahrscheinlichkeiten erreichen einen nur mehr vom Alter abhängigen Wert. In beiden Beispielen handelt es sich also darum, daß durch eine Auslese, Eintritt der Invalidität bzw. ärztliche Kontrolle, eine Personengesamtheit entsteht, für welche die Sterbehäufigkeiten durch das Ausleseprinzip gegenüber den Sterbehäufigkeiten der Ausgangsgesamtheit erhöht oder verringert sind. Erst wenn eine genügend lange Zeit seit der Wirkung dieses Ausleseprinzips verstrichen ist, gleichen sich die Sterbehäufigkeiten in der ausgewählten Personengesamtheit denen der Ausgangsgesamtheit an. Um den eben geschilderten Verhältnissen Rechnung tragen zu können, werden doppelt abgestufte Sterbetafeln errechnet. Diese Tafeln beruhen auf Sterbewahrscheinlichkeiten, die sowohl vom Alter als auch von der seit der Auslese verflossenen Zeit t abhängen. Fand die Auslese bei Erreichung des Alters x statt, dann bezeichnen wir die Sterbewahrscheinlichkeit nach Ablauf von t Jahren, also für das Alter $x + t$, mit $q_{[x]+t}$. Die Sterbewahrscheinlichkeiten sind also doppelt abgestuft, und zwar nach x und nach t. Man setzt wie früher $l_{[x]+t+1} = l_{[x]+t}(1 - q_{[x]+t})$. Hält die Auslesewirkung s Jahre hindurch an, dann ist $l_{[x]+s} = l_{[x-t]+s+t}$ für alle $t \geqq 0$. Man bezeichnet die Sterbetafel aus den $l_{[x]+s}$ als *Schlußtafel*. Die doppelt abgestufte Tafel der $l_{[x]+t}$ heißt *Selektionssterbetafel*, und s ist die *Selektionsdauer*. Für das Auswahlprinzip der ärztlichen Kontrolle kann etwa $s = 10$ angenommen werden, während für die Sterbewahrscheinlichkeiten der Invaliden erfahrungsgemäß eine längere Selektionsdauer zu erwarten ist. Sieht man von der seit der Auslese verflossenen Zeit ab, berechnet für die Gesamtheit der Versicherten die Sterbewahrscheinlichkeiten und daraus eine Sterbetafel, dann nennt man diese Tafel eine *Aggregattafel*. Die Sterbewahrscheinlichkeiten q_x aus Aggregattafeln sind ein mit dem Versichertenstand gewogenes Mittel aus den Sterbewahrscheinlichkeiten $q_{[x-t]+t}$, wobei über alle auftretenden t gemittelt wird. Die Selektionswirkung beeinflußt auch die Sterblichkeit aus Aggregattafeln, so daß die für diese Verfahren maßgebenden Sterbewahrscheinlichkeiten bei Fehlen sonstiger Auswahlprinzipien für den Fall der ärztlichen Kontrolle niedriger und für den Fall der Invalidität höher sein werden als die entsprechenden Sterbewahrscheinlichkeiten der Ausgangsgesamtheit.

Wegen der Selektionswirkung wurde auch versucht, Tafeln aufzustellen, bei denen nicht das Alter, sondern lediglich die seit Abschluß der Versicherung verflossene Zeit maßgebend ist. Man nennt solche Tafeln *Kompakttafeln*. Während bei den Aggregattafeln aus den nach x und nach t abgestuften Tafeln Mittelwerte über t gebildet werden, beruhen die Kompakttafeln auf Mittelwerten über x. Sie geben jedoch die Sterblichkeit über größere Zeiträume wegen der dann stärker ins Gewicht fallenden Altersabhängigkeit im allgemeinen nur unvollständig wieder.

Der Versicherte kann aus drei Gründen aus der Versichertengesamtheit ausscheiden, und zwar wegen Tod, wegen Ablauf der Versicherungsdauer oder wegen freiwilligem Austritt, worunter wir alle übrigen Ausscheideursachen subsumieren. Es erweist sich in manchen Fällen als zweckmäßig, auch die freiwilligen Austritte bereits bei der Berechnung der Sterbetafeln einzubeziehen und sie rechnerisch so wie die Todesfälle zu behandeln (vgl. Kapitel 16). Man nennt solcherart errechnete Tafeln *Dekrementtafeln*. Die zugehörigen Erwartungswerte der Zahl der Überlebenden bezeichnen wir mit l_x^r.

Die bisher untersuchten Sterbetafeln beruhen auf konstanten Sterbewahrscheinlichkeiten, wenn man von der Berücksichtigung der Selektionswirkung absieht. Die Auffassung, daß die Sterbewahrscheinlichkeiten zeitunabhängige Größen sind, beruht auf der Vorstellung, es handle sich hier um Naturkonstante. Tatsächlich zeigen aber die Ergebnisse von Volkszählungen immer wieder zeitliche Veränderungen der Sterbehäufigkeiten. Ein Vergleich der in den Tab. 4, 5 und 6 wiedergegebenen Sterbewahrscheinlichkeiten der österreichischen Bevölkerung für die Jahre 1930/33, 1949/51 und 1959/61 läßt einen merklichen Rückgang der Sterbewahrscheinlichkeiten in nahezu allen Altersgruppen erkennen, ein Rückgang, der jedoch nicht überall gleich stark war. Die Sterbewahrscheinlichkeit verringerte sich von 1949/51 bis 1959/61 für 20jährige Frauen um 51%, für 20jährige Männer um 12%. Die Ursache dieser unterschiedlichen Entwicklung liegt in einem Ansteigen der Unfallhäufigkeit bei Männern dieses Alters. Bei den 65jährigen Frauen ist im gleichen Zeitraum die Sterbewahrscheinlichkeit um 23% gesunken, während sie bei den 65jährigen Männern um nicht ganz 1% gestiegen ist. Hier handelt es sich vor allem um die Auswirkungen der Zunahme der Kreislauferkrankungen. Man kann sagen, daß die Fortschritte der Medizin zusammen mit der Erhöhung des Lebensstandards zu einer ständigen Verringerung der Sterbewahrscheinlichkeiten führen, während bestimmte Todesursachen — wie etwa Unfälle — stärker ins Gewicht fallen. Eine Voraussage über die zukünftige Entwicklung der Wirksamkeit aller die Sterbehäufigkeiten beeinflussenden Faktoren wird vorläufig immer mit einer größeren Ungenauigkeit behaftet sein.

Es hat heute den Anschein, daß auf lange Sicht mit einem Absinken oder höchstens mit einem Gleichbleiben der Sterbewahrscheinlichkeiten gerechnet werden kann. Dabei darf allerdings nicht übersehen werden, daß Todesursachen, deren Häufigkeit zwar gering, aber steigend ist, wie zum Beispiel Unfälle, zu einem Ansteigen der Sterbewahrscheinlichkeiten führen können, wenn die übrigen Todesursachen an Häufigkeit genügend abgenommen haben. Um die zukünftige Entwicklung der Sterbewahrscheinlichkeiten abschätzen zu können, ist es auch vorteilhaft, die Ergebnisse des eigenen Landes mit denen anderer Länder mit ähnlicher wirtschaftlicher und sozialer Struktur zu vergleichen. Entschließt man sich, zeitlich veränderliche Sterbewahrscheinlichkeiten anzunehmen, dann erhebt sich die Frage, nach welcher Methode sie gerechnet werden sollen. Die notwendige Extrapolation der Sterbewahrscheinlichkeiten kann dabei entweder nur auf Grund der bisherigen Ergebnisse, also etwa auf Grund der früheren Volkszählungen vorgenommen werden, oder man trifft gewisse Annahmen über eine „Grenzsterbetafel", einen Grenzwert, dem die Sterbewahrscheinlichkeiten zustreben, und nimmt an, daß diese Grenzwahrscheinlichkeiten entweder in einem bestimmten Zeitpunkt erreicht werden oder daß sich die Sterbewahrscheinlichkeiten ihren Grenzwerten asymptotisch nähern.

Formal ausgedrückt geht man von den konstanten Sterbewahrscheinlichkeiten q_x zu zeitabhängigen Sterbewahrscheinlichkeiten $q_x(t)$ über. Wir nehmen zunächst an, die letzte Sterbetafel sei mit $q_x(0)$ in $t = 0$ berechnet worden und $q_x(T)$ seien die für den Zeitpunkt T zu erwartenden Sterbewahrscheinlichkeiten. Für die Jahre t mit $0 < t < T$ ist daher zwischen den Werten $q_x(0)$

und $q_x(T)$ zu interpolieren. Läßt man $T = \infty$ zu, dann ist auch der Fall der asymptotischen Näherung eingeschlossen.

Die Wahl der Interpolationsformel ist vieldeutig. Sie kann noch durch die Forderung beeinflußt werden, daß zu einem Zeitpunkt $t = -t_0$ ebenfalls Sterbewahrscheinlichkeiten $q_x(-t_0)$ errechnet worden sind und die Funktionen $q_x(t)$ auch diese Sterbewahrscheinlichkeiten richtig wiedergeben sollen. Erschwerend für eine zutreffende Wahl wirkt sich das Auftreten neuer, bisher nicht so stark ins Gewicht fallender Todesursachen aus, und eine mathematische Formel kann von der tatsächlichen Entwicklung bald überholt werden. Wir wollen deshalb nur ein Beispiel einer derartigen Interpolationsformel angeben, und zwar für den Fall $T = \infty$:

$$q_x(t) = e^{-\lambda_x t} q_x(0). \tag{4.30}$$

Die Größen λ_x können etwa aus der Bedingung $q_x(-t_0) = e^{\lambda_x t_0} q_x(0)$ errechnet werden. Aus einem Vergleich der österreichischen Sterbetafeln 1949/51 und 1959/61 ergeben sich daraus die in der folgenden Tabelle angegebenen Werte für λ_x.

Bei Anwendung von Formel (4.30) wird implizit vorausgesetzt, daß sämtliche auf die Entwicklung der Sterbewahrscheinlichkeiten wirkenden Ursachen gleichmäßig weiterwirken, eine Voraussetzung, die sicher nicht in allen Fällen zutrifft. Immerhin kann man annehmen, daß bei einigermaßen plausiblen Extrapolationen die errechneten Werte $q_x(t)$ genauer sein werden als die konstanten Werte $q_x(0)$. Die Funktion $q_x(t)$ kann als Fläche über der (x,t)-Ebene angesehen werden und wird auch als „*Sterbefläche*" bezeichnet.

Mit Hilfe der Sterbewahrscheinlichkeiten $q_x(t)$ kann nun eine Sterbetafel für jede Generation errechnet werden. Für die Generation, die im Zeitpunkt t_0 geboren wurde, bezeichnen wir sie mit $l_x(t_0)$ und berechnen sie nach der folgenden Formel:

$$l_{x+1}(t_0) = l_x(t_0)[1 - q_x(t_0 + x)]. \tag{4.31}$$

(4.31) zeigt die Entwicklung einer Generation im Zeitablauf, und eine derartige Sterbetafel wird als *Generationssterbetafel* bezeichnet. Setzt man in (4.31) $q_x(t)$ mit festem t an die Stelle von $q_x(t_0 + x)$, dann erhält man offenbar statt der Generationssterbetafel $l_x(t_0)$ eine Periodensterbetafel l_x.

Eine Kombination von Selektions- und Generationssterbetafel erhält man dann, wenn die für eine Selektionstafel verwendeten Sterbewahrscheinlichkeiten $q_{[x]+t}$ als zeitabhängige Größen betrachtet werden. Bezeichnet man mit $q_{[x]+t}(t_0 + x + t)$ die Sterbewahrscheinlichkeit für einen $x + t$-jährigen, der im Zeitpunkt t_0 geboren wurde und bei dem die Selektion mit dem Alter x stattgefunden hat, dann erhalten wir aus der Beziehung

$$l_{[x]+t+1}(t_0) = l_{[x]+t}(t_0)\,[1 - q_{[x]+t}(t_0 + x + t)]$$

eine *Selektions-Generationstafel*, für deren Errechnung allerdings umfangreiches statistisches Material benötigt wird.

Zusammen mit der Sterbetafel wird oft auch die sogenannte *mittlere Lebenserwartung* e_x eines x-jährigen errechnet. e_x gibt an, welche Zeit ein x-jähriger im Durchschnitt noch durchleben wird. Unter der Voraussetzung, daß der Tod im

x	λ_x in Prozenten m	w	x	λ_x in Prozenten m	w
0	5,8	5,8	51	1,9	2,9
1	6,9	7,2	52	1,7	2,6
2	5,9	7,7	53	1,5	2,6
3	6,6	8,6	54	1,3	2,5
4	5,9	7,7	55	1,1	2,5
5	4,9	6,5	56	0,9	2,4
6	4,3	5,7	57	0,7	2,2
7	3,9	5,2	58	0,4	2,2
8	3,7	5,2	59	0,2	2,2
9	4,3	5,8	60	0,1	2,3
10	4,7	6,3	61	0,0	2,4
11	5,1	6,6	62	0,0	2,4
12	5,4	6,9	63	−0,1	2,5
13	5,3	6,4	64	−0,1	2,5
14	4,4	6,2	65	−0,1	2,6
15	3,5	5,9	66	−0,1	2,5
16	2,8	6,0	67	−0,1	2,5
17	2,0	6,4	68	0,0	2,4
18	1,9	6,6	69	0,1	2,3
19	1,7	6,9	70	0,1	2,2
20	1,3	7,2	71	0,2	2,1
21	1,0	7,2	72	0,2	2,0
22	0,9	7,4	73	0,2	1,9
23	0,9	7,6	74	0,3	1,8
24	1,0	7,9	75	0,3	1,7
25	1,2	8,0	76	0,4	1,7
26	1,5	7,8	77	0,3	1,7
27	1,6	7,6	78	0,3	1,6
28	1,5	7,1	79	0,5	1,5
29	1,4	6,5	80	0,5	1,4
30	1,4	6,1	81	0,5	1,3
31	1,3	5,5	82	0,5	1,2
32	1,2	5,2	83	0,5	1,1
33	1,5	4,8	84	0,4	1,0
34	1,6	4,5	85	0,3	0,9
35	1,8	4,3	86	0,3	0,7
36	1,9	4,2	87	0,3	0,6
37	2,1	4,1	88	0,4	0,4
38	2,1	4,0	89	0,4	0,3
39	2,2	3,9	90	0,4	0,2
40	2,2	3,7	91	0,4	0,2
41	2,2	3,6	92	0,4	0,1
42	2,2	3,4	93	0,4	0,1
43	2,2	3,4	94	0,4	0,1
44	2,2	3,3	95	0,4	0,0
45	2,3	3,3	96	0,4	0,1
46	2,3	3,3	97	0,5	0,1
47	2,3	3,2	98	0,5	0,1
49	2,3	3,1	99	0,5	0,1
48	2,2	3,1	100	0,5	0,1
50	2,1	3,0			

Durchschnitt gerade in der Mitte des Jahres eintreten wird, gilt offenbar

$$e_x = \frac{1}{l_x}(l_x + l_{x+1} + \cdots + l_{\omega-1}) - \frac{1}{2}. \tag{4.32}$$

Die mittlere Lebenserwartung gestattet es, verschiedene Sterbetafeln global miteinander zu vergleichen. Allerdings reicht ein einziger Wert für einen Vergleich nicht aus. So ist etwa e_0, die mittlere Lebenserwartung eines Neugeborenen, stark von der Säuglingssterblichkeit abhängig und im allgemeinen kleiner als etwa e_{10}. Einen Überblick über die mittlere Lebenserwartung für die österreichischen Sterbetafeln 1930/33, 1949/51 und 1959/61 geben die Tab. 7 bis 9. Eine weitere Meßzahl für den Vergleich von Sterbetafeln stellt die sogenannte wahrscheinliche Lebensdauer eines Neugeborenen dar. Diese ist jenes Alter x_0, für welches der Ausgangsbestand an Neugeborenen l_0 auf die Hälfte seines Wertes abgesunken ist, für welches also $l_{x_0} = \frac{1}{2} l_0$ gilt.

Die Annahme, daß die Todesfälle im Durchschnitt in der Mitte des Jahres eintreten, war notwendig, weil die Sterbetafel zunächst keine Aussagen über den tatsächlichen Verlauf der Kurve der l_x für nicht ganzzahlige x gestattet. Die Verteilung der Todesfälle innerhalb eines Kalenderjahres ist unter anderem von der Jahreszeit abhängig. Eine den tatsächlichen Verhältnissen entsprechende Interpolation müßte daher berücksichtigen, daß die Funktion l_x nicht nur von x, sondern auch von der jeweiligen Lage des Geburtstages im Geburtsjahr abhängig ist. Andererseits ist das statistische Material, aus dem die Sterbetafel errechnet wird, für eine so genaue Interpolation keinesfalls ausreichend. Wir wollen daher im folgenden annehmen, daß eine Interpolation vorgenommen wurde, für welche l_x zu einer stetigen und differenzierbaren Funktion wird. Man kann in diesem Fall neben den nur für ganzzahlige Werte von x definierten Sterbewahrscheinlichkeiten q_x ein genaueres Maß einführen, und zwar die sogenannte *Sterbeintensität*. Darunter ist der Grenzwert der Zahl der im Durchschnitt je Zeiteinheit auf eine Person entfallenden Sterbefälle für ein Zeitintervall zu verstehen, dessen Länge gegen Null strebt. Wir bezeichnen diese Sterbeintensität mit μ_x, wobei x den festen Anfangspunkt des Intervalls bedeutet, und erhalten:

$$\mu_x = \lim_{\Delta t \to 0} \frac{l_x - l_{x+\Delta t}}{l_x \Delta t} = -\frac{1}{l_x}\frac{d l_x}{dx} = -\frac{d}{dx} \ln l_x. \tag{4.33}$$

Wir verweisen bereits hier auf die Ähnlichkeit der Ableitung von μ_x mit der Ableitung der Zinsintensität $\varrho(t)$. Für weitergehende Analogien vergleiche Kapitel 25. Bei der Berechnung von μ_x ist zwischen analytisch und mechanisch ausgeglichenen Sterbetafeln zu unterscheiden. Bei analytisch ausgeglichenen Sterbetafeln kann μ_x unschwer berechnet werden. Bei mechanisch ausgeglichenen Sterbetafeln haben wir Ausgleichungsverfahren angewendet, für welche die Differenzen vierter und höherer Ordnung verschwinden. Gehen wir von den errechneten Werten l_x aus, dann sind wir in der Wahl der Funktionen μ_x noch weitgehend frei, da die l_x nur für ganzzahlige Werte errechnet wurden. In Analogie zu den von uns verwendeten mechanischen Ausgleichungsverfahren wollen wir für die Werte l_x die Newtonsche Interpolationsformel anwenden und annehmen, daß höhere Differenzen als die dritter Ordnung verschwinden. Für vier aufeinanderfolgende Werte

$x-1$, x, $x+1$ und $x+2$ gilt dann mit der Bezeichnung aus (4.24)

$$l_{x-1+t} = l_{x-1} + t\delta\, l_{x-1} + \frac{t(t-1)}{2!}\,\delta^2 l_{x-1} + \frac{t(t-1)\,(t-2)}{3!}\,\delta^3 l_{x-1}. \tag{4.34}$$

Diesen Ausdruck können wir nach t differenzieren. Wir bilden die Ableitung für $t = 1$:

$$\frac{d}{dt}\,l_{x-1+t}\Big|_{t=1} = \frac{d}{dx}\,l_x = \delta l_{x-1} + \frac{1}{2}\,\delta^2 l_{x-1} - \frac{1}{6}\,\delta^3 l_{x-1}.$$

Wegen (4.33) folgt daraus nach kurzer Rechnung

$$\mu_x = -\frac{1}{l_x}\,\frac{d}{dx}\,l_x = \frac{2l_{x-1} + 3l_x - 6l_{x+1} + 2l_{x+2}}{6l_x}. \tag{4.35}$$

Interpolieren wir mit einer Parabel vierter Ordnung zwischen den Werten $x-2$, $x-1$, x, $x+1$ und $x+2$, dann müssen wir auch die vierten Differenzen $\delta^4 l_x = \delta^3 l_{x+1} - \delta^3 l_x$ berücksichtigen und erst die fünften und die höheren Differenzen verschwinden. Auf Grund der NEWTONschen Interpolation erhält man

$$l_{x-2+t} = l_{x-2} + t\,\delta l_{x-2} + \frac{t(t-1)}{2!}\,\delta^2 l_{x-2} + \\ + \frac{t(t-1)\,(t-2)}{3!}\,\delta^3 l_{x-2} + \frac{t(t-1)\,(t-2)\,(t-3)}{4!}\,\delta^4 l_{x-2}. \tag{4.36}$$

Daraus folgt

$$\frac{d}{dt}\,l_{x-2+t}\Big|_{t=2} = \frac{d}{dx}\,l_x = \delta l_{x-2} + \frac{3}{2}\,\delta^2 l_{x-2} + \frac{1}{3}\,\delta^3 l_{x-2} - \frac{1}{12}\,\delta^4 l_{x-2}$$

und daraus nach kurzer Rechnung

$$\mu_x = -\frac{1}{l_x}\,\frac{d}{dx}\,l_x = \frac{-l_{x-2} + 8l_{x-1} - 8l_{x+1} + l_{x+2}}{12l_x}. \tag{4.37}$$

Im Falle der analytischen Ausgleichung kann μ_x einfach nach (4.33) berechnet werden. Schwierigkeiten bereiten im allgemeinen die niedrigsten Alter $x = 0$ und $x = 1$. Angaben über μ_x in der Nähe von $x = 0$ müssen Aussagen über die Verteilung der Zahl der Todesfälle in den ersten Lebenstagen und -wochen zugrunde liegen. In diesem Fall können analoge Ausgleichungsverfahren verwendet werden wie für q_x, wobei als Zeiteinheit Tage bzw. Wochen zu wählen sind. Nach dieser Ausgleichung der Werte q_x läßt sich μ_x unschwer analog (4.35) oder (4.37) berechnen.

Bei der Errechnung der Sterbetafel wird vorausgesetzt, daß die Sterblichkeit der fiktiven Ausgangsgeneration l_0 durch die Sterbewahrscheinlichkeit genau wiedergegeben wird. In diesem Fall ist die Sterblichkeit der Generation durch die Menge $\{q_x\}$ genau determiniert. Man spricht daher von einem deterministischen Modell einer Sterbetafel. Demgegenüber handelt es sich bei den Sterbefällen um zufällige Ereignisse, die einer bestimmten Wahrscheinlichkeitsverteilung unterliegen. Um dem stochastischen Moment der Sterblichkeit Rechnung zu tragen, haben E. LUKACS und ST. VAJDA eine verallgemeinerte Sterbetafel eingeführt. Dabei wird von der Wahrscheinlichkeit $w_x(l_x, d)$ ausgegangen, das ist die Wahrscheinlichkeit dafür, daß von l_x lebenden x-jährigen im nächsten Jahr genau d sterben. Offenbar gilt $\sum_{d=0}^{l_x} w_x(l_x, d) = 1$. Weiters führt man die Wahrscheinlichkeiten $w_x(l_x, d_1, \ldots, d_n)$ ein, daß von l_x lebenden x-jährigen im ersten Jahr d_1, im zweiten Jahr d_2 usw. und im n^{ten} Jahr d_n sterben. Setzt man voraus, daß die Werte d_i, die zufällige Variable darstellen, voneinander unabhängig sind, dann gilt

$$w_x(l_x, d_1, \ldots, d_n) = w_x(l_x, d_1) w_{x+1}(l_x - d_1, d_2) \cdots w_{x+n-1}(l_x - d_1 - \cdots - d_{n-1}, d_n).$$

In diesem Fall läßt sich eine Reihe von versicherungsmathematischen Formeln, die auf Grund des deterministischen Modells errechnet wurden, verhältnismäßig leicht in „stochastischer" Form darstellen. Die Erfahrung zeigt aber, daß aufeinanderfolgende Todesfälle in der Praxis nicht voneinander unabhängig sind. Andererseits erfordert die Errechnung der Wahrscheinlichkeiten $w_x(l_x, d_1, \ldots, d_n)$ eine Beobachtung durch n Jahre. In der Zwischenzeit sind aber Änderungen der Sterbehäufigkeiten eingetreten, durch welche ihre Anwendung auf zukünftige Zeiträume problematisch geworden ist. Die praktischen Anwendungsmöglichkeiten stochastischer Modelle müssen daher gegenwärtig beschränkt bleiben.

4. Sterbegesetze. Die Auffassung, es handle sich bei den Sterbewahrscheinlichkeiten um Naturkonstante, hat zu dem Wunsch geführt, eine analytische Formel für ihren Ausdruck zu finden. Von DE MOIVRE wurde die folgende Formel vorgeschlagen:

$$l_x = l_0(86 - x). \tag{4.38}$$

l_x nimmt linear ab, und dies entspricht einer progressiv steigenden Funktion q_x mit $q_{85} = 1$. Einen genaueren Ausdruck hat L. MOSER angegeben, und zwar soll l_x folgendermaßen dargestellt werden:

$$l_x = l_0 - a x^{1/4} - b x^{9/4} - c x^{17/4}. \tag{4.39}$$

Ein sehr brauchbares Sterbegesetz hat B. GOMPERTZ eingeführt, das auf der Annahme beruht, die Veränderung der Sterbeintensität μ_x sei proportional μ_x, das heißt es gelte $\frac{d}{dx} \mu_x = \alpha \mu_x$. Daraus kann μ_x in der Form $\mu_x = b c^x$ und l_x wegen (4.33) in der Form

$$l_x = k g^{c^x} \tag{4.40}$$

dargestellt werden. Dieser Ansatz wurde noch von MAKEHAM in der Form $\mu_x = a + b c^x$ erweitert, woraus

$$l_x = k s^x g^{c^x} \tag{4.41}$$

folgt. Diese Formel wird als Sterbegesetz von GOMPERTZ–MAKEHAM oder auch kurz als MAKEHAMsche Formel bezeichnet und ist für Alter etwa ab dem 30. Lebensjahr anwendbar. Einen Ansatz, der für alle Lebensalter gelten soll, hat TH. WITTSTEIN durch den Ausdruck

$$q_x = a^{-(M-x)^n} + \frac{1}{m} a^{-(mx)^n} \tag{4.42}$$

versucht, der allerdings keine praktische Bedeutung erlangte.

Das Aufsuchen von Sterbegesetzen war lange Zeit ein beliebtes Forschungsfeld. Eine sehr allgemeine Formel stammt von A. QUIQUET, und zwar kann sie in der Form

$$\ln l_x = \sum_{i=1}^{n} c_i^x h_i(x) \tag{4.43}$$

geschrieben werden, wobei $h_i(x)$ ein Polynom in x darstellt. Aus dieser Formel erhält man zum Beispiel für $n = 2$, $c_1 = 1$, $c_2 = c$, $h_1 = a_1 + b_1 x$, $h_2 = a_2$ die Formel

$$\ln l_x = a_1 + b_1 x + a_2 c^x$$

und daraus Formel (4.41) von MAKEHAM, während für $b_1 = 0$ die Formel (4.40) von GOMPERTZ resultiert. Durch geeignete Wahl von c_i und $h_i(x)$ läßt sich eine Vielzahl von Sterbegesetzen angeben. Es wurden auch Sterbegesetze vorgeschlagen, die aus (4.43) gewonnen werden können, wenn die Ausdrücke c_i^x durch Ausdrücke $c_i^{\sqrt{x}}$, $c_i^{x^2}$ usw. ersetzt werden. Die weitaus größte praktische Bedeutung von allen diesen Formeln besitzt jedoch die von MAKEHAM, und zwar vor allem deshalb, weil dieses Sterbegesetz eine Vielzahl von versicherungsmathematischen Ausdrücken in besonders einfacher Form darzustellen gestattet. Da nach der heutigen Auffassung durch ein Sterbegesetz kein Naturgesetz wiedergegeben wird, liegt der Wert eines solchen, wenn man von der einfachen Darstellung von Versicherungswerten als Funktion der im Sterbegesetz auftretenden Parameter absieht, vor allem in der leichteren Berechenbarkeit der Sterbetafel. Gerade hiefür steht aber heute eine Reihe leistungsfähiger mechanischer Ausgleichungsverfahren zur Verfügung, mit denen für die meisten Aufgaben das Auslangen gefunden werden kann.

Kapitel 5

Erlebens- und Ablebensversicherungen

1. Erlebens-Kapitalversicherung. Ein Aufgabengebiet der Versicherungsmathematik ist die Ermittlung der Nettoprämie. Darunter ist der Erwartungswert des Barwertes der Versicherungsleistungen zu verstehen. Dieser Barwert ist eine zufällige Variable, weil entweder der Eintritt des Versicherungsfalles, also des die Leistung auslösenden Ereignisses, oder der Zeitpunkt des Eintrittes zufällig ist. Wir bezeichnen den Erwartungswert des Barwertes der Versicherungsleistungen im folgenden auch kurz als Versicherungsbarwert. Eine Erlebens-Kapitalversicherung liegt etwa dann vor, wenn der Versicherte bei Erreichung eines bestimmten Alters das vereinbarte Kapital ausbezahlt erhält. In diesem Fall ist der Zeitpunkt des Eintrittes des Versicherungsfalles, nämlich das Erreichen des vereinbarten Alters, eine feste Größe, der Eintritt des Versicherungsfalles aber eine zufällige Variable, da der Versicherte vor Erreichen dieses Alters sterben kann. Ganz allgemein sind für Erlebens-, aber auch für Ablebensversicherungen die Sterbewahrscheinlichkeiten maßgebend. Wir gehen zunächst davon aus, daß die Sterbewahrscheinlichkeiten durch eine Sterbetafel der Gestalt

$l_0, l_1, \ldots, l_\omega$ gegeben sind. Selektionssterbetafeln bzw. Generationssterbetafeln werden wir später untersuchen.

Wir wollen als einfachstes Beispiel eine *Erlebensversicherung eines x-jährigen auf n Jahre* untersuchen. Erreicht der Versicherte das Alter $x + n$, dann werde die Versicherungssumme 1 fällig. Wegen der bei der Errechnung der Sterbetafel vorausgesetzten Unabhängigkeit der Zahl der Todesfälle in den einzelnen Altern gilt für den Erwartungswert der Zahl L_{x+n} der $x + n$-jährigen unter der Voraussetzung, daß l_x Personen des Alters x vorhanden waren,

$$E\{L_{x+n} \mid L_x = l_x\} = l_{x+n}. \tag{5.1}$$

Schließen l_x Personen eine derartige Versicherung ab, dann ist der Erwartungswert der Zahlungen gleich l_{x+n}. Der Erwartungswert des Barwertes der Zahlungen für den einzelnen Versicherten, also die Nettoprämie, den wir mit ${}_nE_x$ bezeichnen wollen, ist dann

$${}_nE_x = \frac{l_{x+n} v^n}{l_x}. \tag{5.2}$$

Offenbar ist $\frac{l_{x+n}}{l_x} = {}_np_x$ die n-jährige Überlebenswahrscheinlichkeit eines x-jährigen. Es gilt daher

$${}_nE_x = {}_np_x v^n \tag{5.3}$$

mit

$${}_np_x = \prod_{\nu=1}^{n} p_{x+\nu-1}. \tag{5.4}$$

In analoger Weise bezeichnen wir mit ${}_nq_x = 1 - {}_np_x$ die n-jährige Sterbewahrscheinlichkeit eines x-jährigen.

Um alle möglichen n-jährigen Erlebensversicherungen ${}_nE_x$ zu errechnen, müßten sämtliche Kombinationen von n und x betrachtet werden. Zur Vereinfachung der Berechnung führt man sogenannte *Kommutationszahlen* ein[1]. Die erste Kommutationszahl sei

$$D_x = l_x v^x, \tag{5.5}$$

die auch als diskontierte Zahl der Lebenden bezeichnet wird. Mit Hilfe von (5.5) folgt aus (5.2)

$${}_nE_x = \frac{D_{x+n}}{D_x}. \tag{5.6}$$

Man muß also nur mehr zu jedem x die Größe D_x errechnen und kann dann durch einfache Division jeden beliebigen Barwert ${}_nE_x$ nach (5.6) berechnen. Aus (5.6) folgt für $0 < m < n$

$${}_nE_x = \frac{D_{x+n}}{D_x} = \frac{D_{x+m}}{D_x}\frac{D_{x+n}}{D_{x+m}} = {}_mE_x \cdot {}_{n-m}E_{x+m} \tag{5.7}$$

und allgemein

$${}_nE_x = \prod_{\nu=1}^{n} {}_1E_{x+\nu-1}. \tag{5.8}$$

[1] Die Tab. 10 bis 27 enthalten Kommutationszahlen für die Österreichische Sterbetafel 1959/61 für eine Reihe von Zinsraten.

Manchmal erweist es sich als zweckmäßig, auch eine Größe

$$ {}_0E_x = 1 $$

einzuführen.

2. Ablebens-Kapitalversicherung. Bei einer *n-jährigen Ablebensversicherung eines x-jährigen* wird die Versicherungssumme am Ende des Sterbejahres fällig, wenn der Versicherte vor Erreichung des Alters $x+n$ stirbt. Der Barwert einer derartigen Versicherung auf die Versicherungssumme 1 wird mit ${}_{|n}A_x$ bezeichnet. Schließen l_x Personen eine derartige Versicherung ab, dann ist der Erwartungswert der Anzahl der Todesfälle im ν^{ten} Jahr der Versicherung gleich $l_{x+\nu-1} - l_{x+\nu} = d_{x+\nu-1}$ und der Erwartungswert des Barwertes der Versicherungsleistungen auf Grund der Todesfälle im ν^{ten} Jahr gleich $d_{x+\nu-1}v^\nu$. Wird für jeden Versicherten eine Prämie in der Höhe von ${}_{|n}A_x$ gezahlt und sollen diese Prämien der Summe der Erwartungswerte des Barwertes der Versicherungsleistungen entsprechen, dann muß

$$ l_x\,{}_{|n}A_x = \sum_{\nu=1}^{n} d_{x+\nu-1}v^\nu $$

oder

$$ {}_{|n}A_x = \frac{1}{l_x}\sum_{\nu=1}^{n} d_{x+\nu-1}v^\nu \tag{5.9} $$

gelten. Zur Vereinfachung der Berechnungen werden wieder Kommutationszahlen eingeführt, und zwar sei

$$ C_x = d_x v^{x+1}. \tag{5.10} $$

(5.9) erhält dann unter Berücksichtigung von (5.5) die Form

$$ {}_{|n}A_x = \frac{1}{D_x}\sum_{\nu=1}^{n} C_{x+\nu-1}. \tag{5.11} $$

C_x wird auch als diskontierte Zahl der Toten bezeichnet. Als weitere Kommutationszahlen werden die Größen

$$ M_x = \sum_{\nu=0}^{\omega-x} C_{x+\nu} \tag{5.12} $$

eingeführt, welche die folgende Darstellung gestatten:

$$ {}_{|n}A_x = \frac{M_x - M_{x+n}}{D_x}. \tag{5.13} $$

Für die lebenslängliche Todesfallversicherung wird ${}_{|\omega-x}A_x = A_x$ gesetzt und es gilt

$$ A_x = \frac{M_x}{D_x}. \tag{5.14} $$

Bei der *um l Jahre aufgeschobenen n-jährigen Ablebensversicherung* werden die Leistungen erst nach Verstreichen einer l-jährigen Karenzzeit, also für die Todesfälle vom $l+1^{\text{ten}}$ bis zum $l+n^{\text{ten}}$ Jahr fällig. Man bezeichnet den Barwert einer solchen Versicherung auf das Ablebenskapital 1 mit ${}_{l|n}A_x$. Es gilt offenbar

$$ {}_{l|n}A_x = \frac{1}{l_x} \sum_{\nu=l+1}^{l+n} d_{x+\nu-1} v^\nu $$

und daraus folgt

$$ {}_{l|n}A_x = \frac{M_{x+l} - M_{x+l+n}}{D_x}. \tag{5.15} $$

Mit Hilfe von (5.6), (5.13) und (5.15) erhält man unschwer

$$ {}_{l|n}A_x = {}_lE_x \cdot {}_{|n}A_{x+l}. \tag{5.16} $$

Eine *steigende Todesfallversicherung* liegt etwa dann vor, wenn beim Tod im ersten Jahr am Jahresende der Betrag 1, beim Tod im zweiten Jahr am Jahresende der Betrag 2 usw. fällig wird. Nehmen wir an, daß die Versicherungssumme bis auf m ansteigt und anschließend bis zum n^{ten} Versicherungsjahr gleichbleibt, dann bezeichnet man den Barwert einer derartigen Versicherung in Analogie zu der Bezeichnung in Kapitel 2 mit ${}_{|n}(I_{\overline{m|}}A)_x$. Es gilt

$$ {}_{|n}(I_{\overline{m|}}A)_x = \frac{1}{l_x} \sum_{\nu=1}^{m} \nu\, d_{x+\nu-1} v^\nu + \frac{m}{l_x} \sum_{\nu=m+1}^{n} d_{x+\nu-1} v^\nu $$

und daraus folgt

$$ {}_{|n}(I_{\overline{m|}}A)_x = \frac{\sum\limits_{\nu=1}^{m} \nu C_{x+\nu-1} + m \sum\limits_{\nu=m+1}^{n} C_{x+\nu-1}}{D_x} = \frac{M_x + M_{x+1} + \cdots + M_{x+m-1} - m M_{x+n}}{D_x}. $$

Führt man die aufsummierten Werte M_x als weitere Kommutationszahlen durch

$$ R_x = \sum_{\nu=0}^{\omega-x} M_{x+\nu} \tag{5.17} $$

ein, dann gilt

$$ {}_{|n}(I_{\overline{m|}}A)_x = \frac{R_x - R_{x+m} - m M_{x+n}}{D_x}. \tag{5.18} $$

Für die lebenslängliche, unbegrenzt steigende Todesfallversicherung erhalten wir schließlich

$$ (IA)_x = \frac{R_x}{D_x}. \tag{5.19} $$

Andersartig steigende Todesfallversicherungen können in Analogie zu den steigenden Renten in Kapitel 2 aus den bisher angegebenen Formeln unschwer hergeleitet werden.

Bei Ablebensversicherungen wird die Versicherungssumme üblicherweise am Ende des Sterbejahres fällig. Soll die Versicherungssumme sofort beim Tod des Versicherten fällig werden, dann wird der Barwert einer derartigen Versicherung für einen x-jährigen auf n Jahre mit ${}_{|n}\bar{A}_x$ bezeichnet. Man nimmt dabei in erster Näherung an, daß sich die Todesfälle gleichmäßig über das Jahr verteilen und im Durchschnitt alle Zahlungen um ein halbes Jahr früher geleistet werden. Der Barwert der Leistungen ist daher um ein halbes Jahr aufzuzinsen, das heißt, es gilt

$$ {}_{|n}\bar{A}_x \sim r^{1/2}\,{}_{|n}A_x . \tag{5.20}$$

Verwendet man die Kommutationszahlen

$$\bar{C}_x = r^{1/2}\, C_x,\ \bar{M}_x = r^{1/2}\, M_x,\ \bar{R}_x = r^{1/2}\, R_x, \tag{5.21}$$

dann können die Formeln (5.13), (5.14), (5.15), (5.18) und (5.19) auch für Ablebensversicherungen, bei denen die Versicherungssumme unmittelbar beim Tod des Versicherten fällig wird, verwendet werden, wobei die Kommutationszahlen (5.10), (5.12) und (5.17) durch die Kommutationszahlen (5.21) zu ersetzen sind.

3. Leibrenten. Als Leibrenten werden Zahlungen an den Versicherten in Form einer Zeitrente bezeichnet, die längstens bis zu seinem Tod geleistet werden. Schließen l_x Personen des Alters x eine Versicherung auf *lebenslängliche, nachschüssige Leibrente* mit der Rentenzahlung 1 ab, dann beträgt der Erwartungswert der Zahlungen nach n Jahren l_{x+n}. Die Summe der Barwerte aller dieser Zahlungen ist $\sum_{\nu=1}^{\omega-x} l_{x+\nu} v^\nu$. Man bezeichnet den Erwartungswert des Barwertes aller Zahlungen an den einzelnen x-jährigen mit a_x und es gilt

$$a_x = \frac{1}{l_x} \sum_{\nu=1}^{\omega-x} l_{x+\nu} v^\nu = \frac{\sum_{\nu=1}^{\omega-x} D_{x+\nu}}{D_x} . \tag{5.22}$$

a_x ist die Nettoprämie für eine nachschüssige, lebenslängliche Leibrente eines x-jährigen mit dem Rentenbetrag 1. Zur Vereinfachung werden Kommutationszahlen

$$N_x = \sum_{\nu=0}^{\omega-x} D_{x+\nu} \tag{5.23}$$

eingeführt, welche die Darstellung

$$a_x = \frac{N_{x+1}}{D_x} \tag{5.24}$$

gestatten. Für die *vorschüssige lebenslängliche Leibrente* eines x-jährigen auf den Rentenbetrag 1 erhalten wir in analoger Weise

$$\ddot{a}_x = \frac{N_x}{D_x}. \tag{5.25}$$

Statt $\ddot{a}_x$ wird vielfach auch a_x geschrieben. Unter Verwendung von (5.6) können wir (5.24) und (5.25) in der Form

$$a_x = \sum_{\nu=1}^{\omega-x} {}_\nu E_x, \quad \ddot{a}_x = \sum_{\nu=0}^{\omega-x} {}_\nu E_x$$

schreiben. Den Barwert einer n-jährigen nachschüssigen Leibrente bezeichnet man mit $a_{x.\overline{n}|}$, den Barwert der n-jährigen vorschüssigen Leibrente mit $\ddot{a}_{x.\overline{n}|}$ und es ist leicht die Gültigkeit von

$$
\begin{aligned}
a_{x,\overline{n}|} &= \sum_{\nu=1}^{n} {}_{\nu}E_x = \frac{N_{x+1} - N_{x+n+1}}{D_x}, \\
\ddot{a}_{x,\overline{n}|} &= \sum_{\nu=0}^{n-1} {}_{\nu}E_x = \frac{N_x - N_{x+n}}{D_x}
\end{aligned}
\tag{5.26}
$$

zu sehen. Anstelle der Bezeichnung $a_{x,\overline{n}|}$ bzw. $\ddot{a}_{x,\overline{n}|}$ findet auch die Bezeichnung $_{|n}a_x$ bzw. $_{|n}\ddot{a}_x$ Verwendung. Allgemein kann man sich stets Leibrenten aus einzelnen Erlebensversicherungen der Gestalt (5.6) zusammengesetzt denken. Eine Analogie zwischen Zeitrenten und Leibrenten zeigt sich bei einem Vergleich der Formeln (5.26) mit den Formeln (2.1) und (2.2). Wie man sieht, gehen die Leibrenten aus den Zeitrenten hervor, wenn man v^n durch $_nE_x$ ersetzt. Die gleiche Analogie folgt aus den folgenden Formeln, die leicht aus (5.24) und (5.25) bzw. (5.26) ableitbar sind und die den Formeln (2.3) entsprechen:

$$
\begin{aligned}
a_{x,\overline{n+1}|} &= a_{x,\overline{n}|} + {}_{n+1}E_x, \\
\ddot{a}_{x,\overline{n+1}|} &= \ddot{a}_{x,\overline{n}|} + {}_{n}E_x, \\
\ddot{a}_{x,\overline{n}|} &= 1 + a_{x,\overline{n-1}|}, \\
a_{x,\overline{n}|} &= {}_1E_x\, \ddot{a}_{x+1,\overline{n}|} = \ddot{a}_{x,\overline{n+1}|} - 1.
\end{aligned}
\tag{5.27}
$$

Aufgeschobene Leibrenten lassen sich mit Hilfe der Kommutationszahlen ebenfalls einfach darstellen. Die Bezeichnung der aufgeschobenen Leibrenten entspricht der Bezeichnung aus (2.8) für die aufgeschobenen Zeitrenten und man zeigt unschwer die Gültigkeit von

$$
\begin{aligned}
{}_{l|}a_{x,\overline{n}|} &= \sum_{\nu=l+1}^{l+n} {}_{\nu}E_x = \frac{N_{x+l+1} - N_{x+l+n+1}}{D_x} = {}_lE_x\; a_{x+l,\overline{n}|}, \\
{}_{l|}\ddot{a}_{x,\overline{n}|} &= \sum_{\nu=l}^{l+n-1} {}_{\nu}E_x = \frac{N_{x+l} - N_{x+l+n}}{D_x} = {}_lE_x \ddot{a}_{x+l,\overline{n}|}.
\end{aligned}
\tag{5.28}
$$

Auch ein Vergleich von (5.28) mit (2.8) zeigt die Analogie zwischen Leibrenten und Zeitrenten, wobei jeweils v^l durch $_lE_x$ ersetzt wird. Wir werden in Kapitel 25 auf diese Analogie noch näher eingehen.

Unterjährige Leibrenten sind unterjährige Zeitrenten, die längstens bis zum Tode des Versicherten gezahlt werden. In Analogie zu Zeitrenten wird mit $a^{(m)}_{x,\overline{n}|}$ der Barwert einer nachschüssigen m^{tel}-jährlich n Jahre hindurch zahlbaren Leibrente für einen x-jährigen bezeichnet und mit $\ddot{a}^{(m)}_{x,\overline{n}|}$ der Barwert der entsprechenden vorschüssigen Leibrente. Offenbar gilt

$$
\begin{aligned}
a^{(m)}_{x,\overline{n}|} &= \frac{1}{m l_x} \sum_{\nu=1}^{nm} l_{x+\frac{\nu}{m}}\, v^{\frac{\nu}{m}} = \frac{1}{m} \sum_{\nu=1}^{nm} {}_{\frac{\nu}{m}}E_x, \\
\ddot{a}^{(m)}_{x,\overline{n}|} &= \frac{1}{m l_x} \sum_{\nu=0}^{nm-1} l_{x+\frac{\nu}{m}}\, v^{\frac{\nu}{m}} = \frac{1}{m} \sum_{\nu=0}^{nm-1} {}_{\frac{\nu}{m}}E_x.
\end{aligned}
\tag{5.29}
$$

Zur Berechnung ist daher eine Interpolation zwischen den ganzzahligen Werten l_x der Sterbetafel notwendig. Falls die Sterbetafel ein „Sterbegesetz" der Gestalt $l_x = f(x)$ wiedergibt, ist dies leicht möglich. Bei mechanisch ausgeglichenen Sterbetafeln sind aber nicht ganzzahlige Werte von l_x zunächst nicht definiert. Um zu einer allgemein verwendbaren Interpolation zu gelangen, verwenden wir eine Spezialform der Summenformel von WOOLHOUSE. Es sei $f(x)$ eine Funktion, deren Funktionswerte für ganzzahlige x bekannt sind. In Analogie zu einzelnen Formeln für die mechanische Ausgleichung aus Kapitel 4 interpolieren wir zwischen den Werten x, $x + 1$ und $x + 2$ durch eine Parabel:

$$f(x + t) = f(x) + t[f(x + 1) - f(x)] + \frac{t(t - 1)}{2}[f(x + 2) - 2f(x + 1) + f(x)]. \tag{5.30}$$

Wir differenzieren nach t,

$$f'(x + t) = f(x + 1) - f(x) + \left(t - \frac{1}{2}\right)[f(x + 2) - 2f(x + 1) + f(x)],$$

und erhalten

$$f'(x + 1) - f'(x) = f(x + 2) - 2f(x + 1) + f(x).$$

Setzen wir dies in (5.30) ein, dann folgt

$$f(x + t) = f(x) + t[f(x + 1) - f(x)] + \frac{t(t - 1)}{2}[f'(x + 1) - f'(x)]. \tag{5.31}$$

Daher gilt

$$\frac{1}{m}\sum_{\mu=0}^{m-1} f\left(x + \frac{\mu}{m}\right) = f(x) + \sum_{\mu=0}^{m-1}\frac{\mu}{m^2}[f(x + 1) - f(x)] + \\ + \sum_{\mu=0}^{m-1}\frac{\mu(\mu - m)}{2m^3}[f'(x + 1) - f'(x)]$$

und wegen

$$\sum_{\mu=0}^{m-1}\frac{\mu}{m^2} = \frac{m - 1}{2m}$$

und

$$\sum_{\mu=0}^{m-1}\frac{\mu(\mu - m)}{2m^3} = -\frac{m^2 - 1}{12m^2}$$

folgt schließlich

$$\frac{1}{m}\sum_{\mu=0}^{m-1} f\left(x + \frac{\mu}{m}\right) = f(x) + \frac{m - 1}{2m}[f(x + 1) - f(x)] - \frac{m^2 - 1}{12m^2}[f'(x + 1) - f'(x)]. \tag{5.32}$$

Diese Summenformel stammt aus der Interpolation im Intervall $(x, x + 1)$ unter Zuhilfenahme der Werte $f(x)$, $f(x + 1)$, $f'(x)$, $f'(x + 1)$. Die Funktionswerte $f(x)$ und $f(x + 1)$ sind fest vorgegeben. Die Werte $f'(x)$ und $f'(x + 1)$ werden aber unterschiedlich sein, je nachdem, ob wir für $f'(x)$ das Intervall $(x - 1, x)$ oder das Intervall $(x, x + 1)$ bzw. für $f'(x + 1)$ das Intervall $(x, x + 1)$ oder das Intervall $(x + 1, x + 2)$ heranziehen. Die Parabel durch die Punkte $x - 1$, x,

$x+1$ wird mit der Parabel durch die Punkte $x, x+1, x+2$ im allgemeinen nicht übereinstimmen. Wenn wir nun Formel (5.32) für alle in Betracht kommenden Intervalle anwenden, dann dürfen wir sie nur näherungsweise gelten lassen. Für das Intervall $(x+\nu, x+\nu+1)$ müssen wir dabei x aus (5.32) durch $x+\nu$ ersetzen und erhalten

$$\frac{1}{m}\sum_{\mu=0}^{m-1} f\left(x+\nu+\frac{\mu}{m}\right) \sim f(x+\nu) + \frac{m-1}{2m}\left[f(x+\nu+1) - f(x+\nu)\right] - \\ - \frac{m^2-1}{12m^2}\left[f'(x+\nu+1) - f'(x+\nu)\right]. \quad (5.33)$$

Um diese Formel auf (5.29) anzuwenden, setzen wir $f(x+t) = {}_tE_x$. Daraus folgt

$$\frac{d}{dt} f(x+t) = \frac{d}{dt}\,{}_tE_x = \frac{1}{l_x}\frac{d}{dt}\left(l_{x+t}v^t\right) = \frac{-l_{x+t}v^t}{l_x}\left(\mu_{x+t}+\delta\right) = -\,{}_tE_x\left(\mu_{x+t}+\delta\right),$$

wobei $\delta = -\ln v$ die Zinsintensität ist. Für die vorschüssige n-jährige m^{tel}-jährlich zahlbare Leibrente aus (5.29) ergibt sich daher unter Verwendung von (5.33) die folgende Näherungsformel:

$$\ddot{a}^{(m)}_{x,\overline{n}|} \sim \sum_{\nu=0}^{n-1} {}_\nu E_x + \frac{m-1}{2m}\sum_{\nu=0}^{n-1}\left[{}_{\nu+1}E_x - {}_\nu E_x\right] + \\ + \frac{m^2-1}{12m^2}\sum_{\nu=0}^{n-1}\left[{}_{\nu+1}E_x(\mu_{x+\nu+1}+\delta) - {}_\nu E_x(\mu_{x+\nu}+\delta)\right] = \\ = \ddot{a}_{x,\overline{n}|} - \frac{m-1}{2m}\left(1 - {}_nE_x\right) - \frac{m^2-1}{12m^2}\left[\mu_x + \delta - {}_nE_x(\mu_{x+n}+\delta)\right]. \quad (5.34)$$

Offenbar gilt

$$a^{(m)}_{x,\overline{n}|} = \ddot{a}^{(m)}_{x,\overline{n}|} - \frac{1}{m}\left(1 - {}_nE_x\right)$$

und

$$a_{x,\overline{n}|} = \ddot{a}_{x,\overline{n}|} - \left(1 - {}_nE_x\right).$$

Aus (5.34) folgt daher nach kurzer Rechnung

$$a^{(m)}_{x,\overline{n}|} \sim a_{x,\overline{n}|} + \frac{m-1}{2m}\left(1 - {}_nE_x\right) - \frac{m^2-1}{12m^2}\left[\mu_x + \delta - {}_nE_x(\mu_{x+n}+\delta)\right]. \quad (5.35)$$

Für genügend großes n gilt ${}_nE_x << 1$. Insbesondere für $n = \omega - x$ ist ${}_nE_x = \frac{D_\omega}{D_x} = 0$. In diesem Fall können die folgenden Formeln verwendet werden:

$$\ddot{a}^{(m)}_x \sim \ddot{a}_x - \frac{m-1}{2m} - \frac{m^2-1}{12m^2}\left(\mu_x + \delta\right), \\ a^{(m)}_x \sim a_x + \frac{m-1}{2m} - \frac{m^2-1}{12m^2}\left(\mu_x + \delta\right). \quad (5.36)$$

Da meist auch $\mu_x << 1$ und $\delta << 1$ vorausgesetzt werden kann, finden auch folgende Formeln Verwendung:

$$\ddot{a}_x^{(m)} \sim \ddot{a}_x - \frac{m-1}{2m}, \quad a_x^{(m)} \sim a_x + \frac{m-1}{2m}. \tag{5.37}$$

Steigende Leibrenten sind steigende Zeitrenten, die höchstens bis zum Tode des Versicherten gezahlt werden. Man bezeichnet mit $(I_{\overline{m}|}\, a)_{x,\overline{n}|}$ den Erwartungswert des Barwertes der Zahlungen für eine nachschüssige Leibrente an einen x-jährigen, die mit dem Betrag 1 beginnt, jährlich um 1 bis zum Betrag m ansteigt und aus höchstens n Zahlungen besteht. $(I_{\overline{m}|}\, \ddot{a})_{x,\overline{n}|}$ ist die Bezeichnung für die analoge vorschüssige Leibrente. Es ist leicht, die Gültigkeit von

$$\begin{aligned} (I_{\overline{m}|}a)_{x,\overline{n}|} &= \sum_{\nu=1}^{m} \nu\, {}_\nu E_x + m \sum_{\nu=m+1}^{n} {}_\nu E_x, \\ (I_{\overline{m}|}\ddot{a})_{x,\overline{n}|} &= \sum_{\nu=0}^{m-1} (\nu+1)\, {}_\nu E_x + m \sum_{\nu=m}^{n-1} {}_\nu E_x \end{aligned} \tag{5.38}$$

zu sehen. Mit Hilfe der Kommutationszahlen

$$S_x = \sum_{\nu=0}^{\omega-x} N_{x+\nu} \tag{5.39}$$

erhält man nach kurzer Rechnung

$$\begin{aligned} (I_{\overline{m}|}a)_{x,\overline{n}|} &= \frac{S_{x+1} - S_{x+m+1} - m N_{x+n+1}}{D_x}, \\ (I_{\overline{m}|}\ddot{a})_{x,\overline{n}|} &= \frac{S_x - S_{x+m} - m N_{x+n}}{D_x}. \end{aligned} \tag{5.40}$$

Insbesondere gilt für die lebenslängliche, steigende Leibrente

$$\begin{aligned} (I_{\overline{\omega-x}|}a)_{x,\overline{\omega-x}|} &= (I\,a)_x = \frac{S_{x+1}}{D_x}, \\ (I_{\overline{\omega-x}|}\ddot{a})_{x,\overline{\omega-x}|} &= (I\,\ddot{a})_x = \frac{S_x}{D_x}. \end{aligned} \tag{5.41}$$

Manchmal findet noch die Bezeichnung für *fallende Leibrenten* Verwendung. Man bezeichnet mit $(D_{\overline{m}|}\, a)_{x,\overline{n}|}$ den Erwartungswert des Barwertes einer nachschüssigen Leibrente an einen x-jährigen, die mit dem Betrag m beginnt, jährlich um 1 bis auf 1 fällt und aus höchstens n Zahlungen besteht. Die vorschüssige fallende Leibrente wird analog bezeichnet. Offenbar gilt

$$\begin{aligned} (D_{\overline{m}|}a)_{x,\overline{n}|} &= (m+1)\, a_{x,\overline{n}|} - (I_{\overline{m}|}a)_{x,\overline{n}|}, \\ (D_{\overline{m}|}\ddot{a})_{x,\overline{n}|} &= (m+1)\, \ddot{a}_{x,\overline{n}|} - (I_{\overline{m}|}\ddot{a})_{x,\overline{n}|}. \end{aligned} \tag{5.42}$$

Fallende Renten können daher in einfacher Weise durch steigende Renten ausgedrückt werden.

4. Die gemischte Versicherung. Als gemischte Versicherung bezeichnet man eine Kombination einer temporären Ablebensversicherung mit einer Erlebensversicherung: Erlebt der Versicherte das Ende der Versicherungszeit, dann wird die Versicherungssumme fällig; stirbt der Versicherte vorher, dann wird die Versicherungssumme am Ende des Sterbejahres fällig. Der Erwartungswert des Barwertes einer solchen Versicherung auf die Summe 1 wird mit $A_{x,\overline{n}|}$ bezeichnet. Es gilt

$$A_{x,\overline{n}|} = {}_{|n}A_x + {}_nE_x \tag{5.43}$$

und daraus folgt

$$A_{x,\overline{n}|} = \frac{M_x - M_{x+n} + D_{x+n}}{D_x}. \tag{5.44}$$

Für die gemischte Versicherung mit im Todesfall sofort fälligen Versicherungssummen erhalten wir

$$\bar{A}_{x,\overline{n}|} \sim \frac{\bar{M}_x - \bar{M}_{x+n} + D_{x+n}}{D_x}.$$

Die Formel für die gemischte Versicherung kann folgendermaßen umgeformt werden: Aus $d_x = l_x - l_{x+1}$ folgt $C_x = D_x v - D_{x+1} = D_x(1 - d) - D_{x+1}$ und daraus

$$A_{x,\overline{n}|} = \frac{1}{D_x}\left(\sum_{\nu=0}^{n-1} C_{x+\nu} + D_{x+n}\right) = \frac{1}{D_x}\left[\sum_{\nu=0}^{n-1}(D_{x+\nu} - D_{x+\nu+1} - d\,D_{x+\nu}) + D_{x+n}\right] =$$

$$= 1 - d\sum_{\nu=0}^{n-1}\frac{D_{x+\nu}}{D_x} = 1 - d\,\frac{N_x - N_{x+n}}{D_x}.$$

Man erhält also unter Verwendung von (5.26)

$$A_{x,\overline{n}|} = 1 - d\ddot{a}_{x,\overline{n}|}. \tag{5.45}$$

Diese Formel gestattet es, den Versicherungsbarwert für eine gemischte Versicherung aus dem entsprechenden Versicherungsbarwert einer vorschüssigen Leibrente zu errechnen.

Eine steigende gemischte Versicherung liegt dann vor, wenn die Versicherungssumme beim Tod im ersten Jahr 1 ist, jährlich um 1 ansteigt bis zu einem Höchstbetrag von m und anschließend gleichbleibt. Der Barwert einer solchen Versicherung wird mit $(I_{\overline{m}|}A)_{x,\overline{n}|}$ bezeichnet und es gilt

$$(I_{\overline{m}|}A)_{x,\overline{n}|} = {}_{|n}(I_{\overline{m}|}A)_x + m\,{}_nE_x = \frac{R_x - R_{x+m} - mM_{x+n} + mD_{x+n}}{D_x}. \tag{5.46}$$

Aus $C_x = D_x(1 - d) - D_{x+1}$ folgt $M_x = D_x - dN_x$ und $R_x = N_x - dS_x$.

Man erhält daher

$$R_x - R_{x+m} - mM_{x+n} + mD_{x+n} = N_x - N_{x+m} - d(S_x - S_{x+m}) + mdN_{x+n}$$

und wegen (5.26), (5.40) und (5.46) schließlich

$$(I_{\overline{m}|}A)_{x,\overline{n}|} = \ddot{a}_{x,\overline{m}|} - d(I_{\overline{m}|}\ddot{a})_{x,\overline{n}|}. \tag{5.47}$$

Ausgehend von den Formeln (5.34) und (5.45) kann ein genauerer Näherungswert für Ablebensversicherungen oder gemischte Versicherungen mit sofort fällig werdendem Ablebenskapital gefunden werden. Nehmen wir zunächst an, das Jahr werde in m gleichlange Perioden geteilt und das Ablebenskapital werde am Ende der Periode, in welcher der Tod eingetreten ist, fällig. Bezeichnen wir den Barwert einer solchen Todesfallversicherung mit ${}_{|n}A_x^{(m)}$, dann gilt

$$
{}_{|n}A_x^{(m)} = \frac{1}{l_x} \sum_{\mu=0}^{mn-1} \left(l_{x+\frac{\mu}{m}} - l_{x+\frac{\mu+1}{m}} \right) v^{\frac{\mu+1}{m}} = \frac{1}{D_x} \sum_{\mu=0}^{nm-1} \left(D_{x+\frac{\mu}{m}} - D_{x+\frac{\mu+1}{m}} \right) -
$$

$$
- \frac{1}{D_x} \left(1 - v^{\frac{1}{m}} \right) \sum_{\mu=0}^{nm-1} D_{x+\frac{\mu}{m}} = 1 - {}_nE_x - f_m \ddot{a}_{x,\overline{n}|}^{(m)},
$$

wobei f_m die nach (1.26) berechnete nominelle jährliche Diskontrate bei m^{tel}-jährlicher Verzinsung ist. Setzen wir $\lim\limits_{m\to\infty} {}_{|n}A_x^{(m)} = {}_{|n}\bar{A}_x$ und $\lim\limits_{m\to\infty} \ddot{a}_{x,\overline{n}|}^{(m)} = \bar{a}_{x,\overline{n}|}$, dann folgt weiter

$$
{}_{|n}\bar{A}_x = 1 - {}_nE_x - \delta \bar{a}_{x,\overline{n}|}, \tag{5.48}
$$

wobei δ die Zinsintensität darstellt. Läßt man in (5.34) m gegen Unendlich gehen, dann folgt schließlich

$$
{}_{|n}\bar{A}_x \sim {}_{|n}A_x + \frac{\delta}{2}(1 - {}_nE_x) + \frac{\delta}{12}[\mu_x + \delta - {}_nE_x(\mu_{x+n} + \delta)] - (\delta - d)\ddot{a}_{x,\overline{n}|}
$$

und wir erhalten die folgenden Näherungsformeln:

$$
\begin{aligned}
{}_{|n}\bar{A}_x &\sim {}_{|n}A_x + \frac{6\delta + \delta^2}{12}(1 - {}_nE_x) + \frac{\delta}{12}(\mu_x - \mu_{x+n}\, {}_nE_x) - (\delta - d)\ddot{a}_{x,\overline{n}|}, \\
\bar{A}_{x,\overline{n}|} &\sim A_{x,\overline{n}|} + \frac{6\delta + \delta^2}{12}(1 - {}_nE_x) + \frac{\delta}{12}(\mu_x - \mu_{x+n}\, {}_nE_x) - (\delta - d)\ddot{a}_{x,\overline{n}|}, \qquad (5.49) \\
\bar{A}_x &\sim A_x + \frac{6\delta + \delta^2}{12} + \frac{\delta}{12}\mu_x - (\delta - d)\ddot{a}_x.
\end{aligned}
$$

5. Das Zinsfußproblem. Mit Hilfe der Kommutationszahlen können Versicherungswerte in einfacher Weise dargestellt werden. Die Kommutationszahlen sind für jede Zinsrate gesondert zu rechnen. Da vorausgesetzt werden kann, daß die Größen v^n für alle in Betracht kommenden Zinsraten tabelliert vorliegen, erfordert die Berechnung der Kommutationszahlen D_x rund 100 Multiplikationen und die Ermittlung der zugehörigen Werte N_x und S_x rund je 100 Additionen. Der Rechenaufwand für die Berechnung von Kommutationszahlen mit einer neuen Zinsrate ist also nicht übermäßig hoch. Trotzdem wird man in einzelnen Fällen Auskunft über Versicherungswerte für neue Zinsraten wenigstens näherungsweise wünschen. Solche Näherungsverfahren sind natürlich nur dann sinnvoll, wenn der Rechenaufwand, den sie erfordern, entsprechend niedriger ist als der Rechenaufwand für die Neuberechnung von Kommutationszahlen. Es ist daher naheliegend, den Versicherungswert als Funktion der Zinsrate in eine Taylorsche Reihe zu entwickeln und nur deren Anfangsglieder zu betrachten.

Wir wollen nach diesen Grundsätzen ein für die Praxis brauchbares Näherungsverfahren zunächst für den Fall der Leibrente $a_{x,\overline{n}|}$ angeben. Es ist $a_{x,\overline{n}|}(i)$ eine Funktion der Zinsrate i. Unter Verwendung der ersten beiden Glieder der Taylorschen Reihe erhalten wir die folgende näherungsweise Darstellung:

$$a_{x,\overline{n}|}(i) \sim a_{x,\overline{n}|}(i_0) + (i - i_0) \frac{d}{di} a_{x,\overline{n}|}(i) \,|_{i=i_0}. \tag{5.50}$$

Nun gilt

$$\frac{d}{di} a_{x,\overline{n}|}(i) = \frac{d}{di} \sum_{\nu=1}^{n} {}_{\nu}p_x v^{\nu} = \frac{dv}{di} \sum_{\nu=1}^{n} \nu\, {}_{\nu}p_x v^{\nu-1} =$$

$$= - v^2 \sum_{\nu=1}^{n} \nu\, {}_{\nu}p_x v^{\nu-1} = - v (I_{\overline{n}|}a)_{x,\overline{n}|} = - v \frac{S_{x+1} - S_{x+n+1} - n N_{x+n+1}}{D_x}$$

und wir erhalten schließlich

$$a_{x,\overline{n}|}(i) \sim a_{x,\overline{n}|}(i_0) - (i - i_0) v \frac{S_{x+1}(i_0) - S_{x+n+1}(i_0) - n N_{x+n+1}(i_0)}{D_x(i_0)}. \tag{5.51}$$

Die in dieser Formel auftretenden Kommutationszahlen sind hiebei mit der Zinsrate i_0 zu rechnen.

Vorschüssige Leibrenten werden durch die Formel $\ddot{a}_{x,\overline{n}|} = 1 + a_{x,\overline{n-1}|}$ und gemischte Versicherungen durch die Formel $A_{x,\overline{n}|} = 1 - d\ddot{a}_{x,\overline{n}|}$ umgeformt, bevor Formel (5.51) angewendet werden kann. n-jährige Todesfallversicherungen können durch die Formel ${}_{|n}A_x = A_{x,\overline{n}|} - {}_nE_x$ auf eine gemischte Versicherung zurückgeführt werden, wobei ${}_nE_x = {}_np_x v^n$ leicht für beliebige Zinsraten errechnet werden kann. Formel (5.51) kann daher zur Berechnung von Versicherungswerten mit neuen Zinsraten für verschiedenartige Versicherungen herangezogen werden.

6. Laufende Prämien. Die bisher berechneten Erwartungswerte der Barwerte der Versicherungsleistungen können als Einmal-Nettoprämien für die Versicherung gedeutet werden. Zahlt der Versicherte diese Prämien, dann ist der Erwartungswert des Gewinnes und des Verlustes gleich Null. Neben Einmal-Prämien werden auch *laufende Prämien* für Versicherungen entrichtet. Wir bezeichnen mit $P_{x,\overline{k}|}(B_x)$ jene Prämie, die vorschüssig durch k Jahre von dem bei Abschluß der Versicherung x-jährigen Versicherten für einen Versicherungsbarwert B_x zu zahlen ist. So bedeutet etwa $P_{x,\overline{n}|}({}_nE_x)$ die durch n Jahre hindurch zahlbare jährliche Prämie eines x-jährigen für eine Erlebens-Kapitalversicherung, die bei Erreichung des Alters $x + n$ fällig wird. Allgemein muß offenbar

$$P_{x,\overline{k}|}(B_x) = \frac{B_x}{\ddot{a}_{x,\overline{k}|}} = \frac{B_x D_x}{N_x - N_{x+k}} \tag{5.52}$$

gelten. Für ${}_nE_x$ erhalten wir mit Hilfe von (5.6) und (5.52) die Formel

$$P_{x,\overline{k}|}({}_nE_x) = \frac{{}_nE_x}{\ddot{a}_{x,\overline{k}|}} = \frac{D_{x+n}}{N_x - N_{x+k}}. \tag{5.53}$$

In analoger Weise ergeben sich nun die folgenden Formeln für *k-jährige Prämienzahlung*:

n-jährige Ablebensversicherung:

$$P_{x,\overline{k}|}({}_{|n}A_x) = \frac{M_x - M_{x+n}}{N_x - N_{x+k}}. \tag{5.54}$$

l Jahre aufgeschobene, n-jährige Ablebensversicherung:

$$P_{x,\overline{k}|}({}_{l|n}A_x) = \frac{M_{x+l} - M_{x+l+n}}{N_x - N_{x+k}}. \tag{5.55}$$

m Jahre steigende, n-jährige Ablebensversicherung:

$$P_{x,\overline{k}|}[{}_{|n}(I_{\overline{m}|}A)_x] = \frac{R_x - R_{x+m} - m M_{x+n}}{N_x - N_{x+k}}. \tag{5.56}$$

l Jahre aufgeschobene, n-jährige vorschüssige Leibrente:

$$P_{x,\overline{k}|}({}_{l|}\ddot{a}_{x,\overline{n}|}) = \frac{N_{x+l} - N_{x+l+n}}{N_x - N_{x+k}}. \tag{5.57}$$

n-jährige gemischte Versicherung:

$$P_{x,\overline{k}|}(A_{x,\overline{n}|}) = \frac{M_x - M_{x+n} + D_{x+n}}{N_x - N_{x+k}}. \tag{5.58}$$

m Jahre steigende, n-jährige gemischte Versicherung:

$$P_{x,\overline{k}|}[(I_{\overline{m}|}A)_{x,\overline{n}|}] = \frac{R_x - R_{x+m} - m M_{x+n} + m D_{x+n}}{N_x - N_{x+k}}. \tag{5.59}$$

Eine allgemeine Versicherung kann so definiert werden, daß der x-jährige Versicherte beim Erleben des Alters $x + \nu$ das Erlebenskapital e_ν erhält, während bei seinem Tod im ν^{ten} Jahr der Versicherung das Ablebenskapital a_ν fällig wird. Der Barwert einer derartigen Versicherung ist offenbar

$$B_x = \sum_{\nu=1}^{\omega-x} {}_\nu E_x e_\nu + \sum_{\nu=1}^{\omega-x} {}_{\nu-1|1}A_x a_\nu = \frac{1}{D_x} \sum_{\nu=1}^{\omega-x} (D_{x+\nu} e_\nu + C_{x+\nu-1} a_\nu). \tag{5.60}$$

Die jährliche Prämie für eine derartige Versicherung beträgt

$$P_{x,\overline{k}|}(B_x) = \frac{\sum\limits_{\nu=1}^{\omega-x} (D_{x+\nu} e_\nu + C_{x+\nu-1} a_\nu)}{N_x - N_{x+k}}. \tag{5.61}$$

Laufende Prämien können auch *unterjährig* gezahlt werden. In diesem Fall erhält man unter Verwendung von (5.34)

$$P^{(m)}_{x,\overline{k}|}(B_x) = \frac{B_x}{\ddot{a}^{(m)}_{x,\overline{k}|}} \sim \frac{B_x D_x}{N_x - N_{x+k} - \frac{m-1}{2m}(D_x - D_{x+k}) - \frac{m^2-1}{12m^2}[D_x(\mu_x + \delta) - D_{x+k}(\mu_{x+k} + \delta)]}. \tag{5.62}$$

Schließlich kann eine *steigende Prämienzahlung* vorgesehen werden. Es sei $(I_{\overline{h}|}P)_{x,\overline{k}|}$ die Prämie eines x-jährigen für das erste Jahr, wobei sich die Prämie im zweiten

Jahr verdoppelt, im dritten Jahr verdreifacht usw. Vom h^{ten} Jahr an wird die Prämie mit dem h-fachen der ersten Prämie bis zum k^{ten} Jahr gezahlt. In diesem Fall gilt $(I_{\overline{h}|} P)_{x,\overline{k}|} (I_{\overline{h}|} \ddot{a})_{x,\overline{k}|} = B_x$ und daraus folgt

$$(I_{\overline{h}|} P)_{x,\overline{k}|} = \frac{B_x D_x}{S_x - S_{x+h} - k N_{x+k}}. \tag{5.63}$$

Eine Versicherung, die nur gegen laufende Prämienzahlung abgeschlossen wird, ist die sogenannte Versicherung à terme fix oder *Versicherung mit fester Laufzeit.* Bei dieser Versicherung wird die Versicherungssumme fällig, unabhängig davon, ob der Versicherte lebt oder bereits gestorben ist. Die „Zufälligkeit" der Versicherung liegt lediglich in der Länge der Prämienzahlungsdauer, da die Prämien nur zu Lebzeiten des Versicherten zu zahlen sind. Der Barwert einer solchen Versicherung für einen x-jährigen mit Fälligkeit nach n Jahren ist offenbar v^n. Für die Prämie gilt dann

$$P_{x,\overline{n}|}(v^n) = \frac{v^n}{\ddot{a}_{x,\overline{n}|}} = \frac{D_x v^n}{N_x - N_{x+n}}. \tag{5.64}$$

Es ist in diesem Fall üblich, die Prämienzahlung für die gesamte Versicherungsdauer vorzusehen.

Bei Erlebensversicherungen kann vereinbart werden, daß die bezahlten Prämien vom Versicherer zurückgezahlt werden, wenn der Versicherte vor Erhalt der Versicherungsleistung stirbt. Handelt es sich um eine Leibrente, dann können die Prämien unter Abzug der bereits geleisteten Rentenzahlungen erstattet werden. Es handelt sich hiebei um *Versicherungen mit Prämienrückgewähr.* Wir wollen annehmen, ein x-jähriger versichert sich auf eine um l Jahre aufgeschobene, vorschüssige Leibrente von der Dauer n. Die Prämie werde k Jahre hindurch gezahlt. Stirbt der Versicherte, dann werden die bereits gezahlten Prämien abzüglich allfälliger bereits bezogener Rentenleistungen erstattet. Übersteigen die bereits bezogenen Rentenleistungen die Summe der gezahlten Prämien, dann findet keine weitere Zahlung statt. Wir bezeichnen die Prämie für eine derartige Versicherung mit Prämienrückgewähr mit ${}^R P_{x,\overline{k}|}({}_{l|}\ddot{a}_{x,\overline{n}|})$ und setzen einstweilen der Einfachheit halber diesen Wert gleich P. Nun setzen wir voraus, es sei $h - 1 \leqq kP < h$. Nach h Rentenzahlungen übersteigt die Summe der ausgezahlten Renten die Summe der eingezahlten Prämien. Unter Verwendung von (5.60) erhält man die folgende Gleichung:

$$P \ddot{a}_{x,\overline{k}|} = \frac{1}{D_x} \sum_{\nu=1}^{k} \nu P C_{x+\nu-1} + \frac{kP}{D_x} \sum_{\nu=k+1}^{l} C_{x+\nu-1} + \frac{1}{D_x} \sum_{\nu=l+1}^{l+h-1} [kP - (\nu - l)] C_{x+\nu-1} +$$
$$+ \frac{1}{D_x} \sum_{\nu=l}^{l+n-1} D_{x+\nu} = P_{|l+h-1}(I_{\overline{k}|} A)_x - {}_{l|}(I_{\overline{h-1}|} A)_x + {}_{l|}\ddot{a}_{x,\overline{n}|}.$$

Daraus folgt

$${}^R P_{x,\overline{k}|}({}_{l|}\ddot{a}_{x,\overline{n}|}) = \frac{{}_{l|}\ddot{a}_{x,\overline{n}|} - {}_{l|}(I_{\overline{h-1}|} A)_x}{\ddot{a}_{x,\overline{k}|} - {}_{|l+h-1}(I_{\overline{k}|} A)_x}. \tag{5.65}$$

In dieser Formel tritt h auf, das selbst von P abhängig ist. Man muß zunächst versuchsweise einen Wert h_0 wählen. Durch Einsetzen in (5.65) erhält man einen Prämienwert P_0, für den zu prüfen ist, ob er der Bedingung $h_0 - 1 \leqq kP_0 < h_0$

genügt. Ist dies nicht der Fall, dann ist ein neuer Wert h_1 aus der Bedingung $h_1 - 1 \leqq kP_0 < h_1$ zu wählen und für diesen Wert nach (5.65) eine Prämie P_1 zu berechnen. Dieses Verfahren wird solange fortgesetzt, bis einmal $h_\nu - 1 \leqq \leqq kP_\nu < h_\nu$ gilt.

Formel (5.65) kann auch für einige Spezialfälle herangezogen werden. Für $n = 1$ und $l = k$ erhält man eine Erlebens-Kapitalversicherung auf k Jahre mit k-jähriger Prämienzahlung und Prämienrückgewähr. In diesem Fall ist offenbar $h = 1$ und aus (5.65) folgt

$$^{R}P_{x,\overline{k}|}({}_kE_x) = \frac{{}_kE_x}{\ddot{a}_{x,\overline{k}|} - {}_{|k}(I_{\overline{k}|}A)_x}. \tag{5.66}$$

7. Ausreichende Prämie und Tarifprämie. Die nach den bisherigen Methoden ermittelte Nettoprämie reicht nicht aus, sämtliche dem Versicherer erwachsenden Aufwendungen zu decken. Zunächst sind außer den Versicherungsleistungen noch die Verwaltungskosten zu berücksichtigen. Weiters muß der Versicherer in die Lage versetzt werden, Sicherheitsreserven anzusammeln, um die zufälligen Schwankungen im Verlauf der Versicherungsleistungen decken zu können. Eine Prämie, welche die zur Deckung der Verwaltungskosten notwendigen Zuschläge enthält, nennt man eine *ausreichende Prämie*. Werden auch Sicherheitszuschläge berücksichtigt, dann spricht man von der *Tarifprämie*. Wir befassen uns zunächst mit der ausreichenden Prämie.

Die *Verwaltungskosten* werden üblicherweise in drei Gruppen geteilt, und zwar in die *Abschlußkosten*, in die *Inkassokosten* und in die *laufenden Verwaltungskosten*. Zu den Abschlußkosten zählen alle Kosten, die direkt durch den Abschluß der Versicherung erwachsen. Inkassokosten sind die mit der Einhebung der laufenden Prämien zusammenhängenden Kosten, während die laufenden Verwaltungskosten alle übrigen Kosten beinhalten. Eine genaue Zuordnung der verschiedenen Kostenarten zu den einzelnen Versicherungen ist nur schwer möglich. Auch würden die Verwaltungskosten Versicherungen mit kleiner Versicherungssumme übermäßig stark belasten. Man legt daher die Verwaltungskosten anteilmäßig auf die Versicherungssumme um.

Die Abschlußkosten werden im allgemeinen mit einem Prozentsatz der Versicherungssumme in Rechnung gestellt. Bei Versicherungen auf Leibrente gegen Einmalprämie werden die Abschlußkosten auch als Prozentsatz α der ausreichenden Prämie, in Einzelfällen bei jährlicher Prämienzahlung auch als Prozentsatz α der ausreichenden Prämie des ersten Jahres festgesetzt.

Die Inkassokosten werden als Prozentsatz β der ausreichenden Jahresprämie bei laufender Prämienzahlung in Rechnung gestellt.

Die laufenden Verwaltungskosten werden als Prozentsatz γ der jeweiligen Versicherungssumme in Rechnung gestellt. Für eine Erlebens-Kapitalversicherung eines x-jährigen auf n Jahre gegen Einmalprämie ergibt sich die ausreichende Prämie $P_x^a({}_nE_x)$ in folgender Höhe:

$$P_x^a({}_nE_x) = {}_nE_x + \alpha + \gamma\ddot{a}_{x,\overline{n}|}. \tag{5.67}$$

Für eine n-jährige Todesfallversicherung gegen Einmalprämie erhalten wir

$$P_x^a({}_{|n}A_x) = {}_{|n}A_x + \alpha + \gamma\ddot{a}_{x,\overline{n}|}. \tag{5.68}$$

Bei veränderlichen Versicherungsleistungen werden die Abschlußkosten im allgemeinen proportional der ersten Versicherungsleistung, die laufenden Verwaltungskosten hingegen proportional der jeweiligen Versicherungssumme in Rechnung gestellt. Für eine n-jährige Todesfallversicherung mit m Jahre steigender Versicherungssumme gegen Einmalprämie folgt

$$P_x^a[{}_{|n}(I_{\overline{m}|}A)_x] = {}_{|n}(I_{\overline{m}|}A)_x + \alpha + \gamma(L_{\overline{m}|}\ddot{a})_{x,\overline{n}|}. \tag{5.69}$$

Die ausreichende Prämie P_x^a für eine n-jährige Todesfallversicherung, für welche die Versicherungssumme von K im ersten Jahr jährlich um k bis $K + mk$ ansteigt, lautet dann

$$P_x^a = K_{|n}A_x + k\,{}_{1|n-1}(I_{\overline{m}|}A)_x + K\alpha + K\gamma\ddot{a}_{x,\overline{n}|} + k\gamma\,{}_{1|}(I_{\overline{m}|}\ddot{a})_{x,\overline{n-1}|}. \tag{5.70}$$

Bei einer Versicherung auf Leibrente sind die Abschlußkosten der Einmalprämie proportional:

$$P_x^a(a_{x,\overline{n}|}) = a_{x,\overline{n}|} + \alpha P_x^a(a_{x,\overline{n}|}) + \gamma\ddot{a}_{x,\overline{n}|}.$$

Daraus folgt

$$P_x^a(a_{x,\overline{n}|}) = \frac{a_{x,\overline{n}|} + \gamma\ddot{a}_{x,\overline{n}|}}{1-\alpha}. \tag{5.71}$$

Für die gemischte Versicherung erhalten wir als ausreichende Einmalprämie den folgenden Wert:

$$P_x^a(A_{x,\overline{n}|}) = A_{x,\overline{n}|} + \alpha + \gamma\ddot{a}_{x,\overline{n}|} = 1 + \alpha - (d-\gamma)\ddot{a}_{x,\overline{n}|}. \tag{5.72}$$

Bei Versicherungen gegen laufende Prämien sind die Inkassokosten zu berücksichtigen. Als ausreichende Prämie für eine n-jährige Erlebens-Kapitalversicherung gegen k-jährige Prämienzahlung erhalten wir

$$P_{x,\overline{k}|}^a({}_nE_x)\ddot{a}_{x,\overline{k}|} = {}_nE_x + \alpha + \beta P_{x,\overline{k}|}^a({}_nE_x)\ddot{a}_{x,\overline{k}|} + \gamma\ddot{a}_{x,\overline{n}|}$$

und daraus

$$P_{x,\overline{k}|}^a({}_nE_x) = \frac{{}_nE_x + \alpha + \gamma\ddot{a}_{x,\overline{n}|}}{(1-\beta)\ddot{a}_{x,\overline{k}|}}. \tag{5.73}$$

Die ausreichende Prämie für eine l Jahre aufgeschobene Todesfallversicherung bei k-jähriger Prämienzahlung erhält man aus

$$P_{x,\overline{k}|}^a({}_{l|n}A_x)\ddot{a}_{x,\overline{k}|} = {}_{l|n}A_x + \alpha + \beta P_{x,\overline{k}|}^a({}_{l|n}A_x)\ddot{a}_{x,\overline{k}|} + \gamma\ddot{a}_{x,\overline{n+l}|}$$

mit

$$P_{x,\overline{k}|}^a({}_{l|n}A_x) = \frac{{}_{l|n}A_x + \alpha + \gamma\ddot{a}_{x,\overline{n+l}|}}{(1-\beta)\ddot{a}_{x,\overline{k}|}}. \tag{5.74}$$

Für die Ablebensversicherung mit steigender Versicherungssumme erhält man unschwer die folgende Gleichung:

$$P_{x,\overline{k}|}^a[{}_{|n}(I_{\overline{m}|}A)_x] = \frac{{}_{|n}(I_{\overline{m}|}A)_x + \alpha + \gamma(I_{\overline{m}|}\ddot{a})_{x,\overline{n}|}}{(1-\beta)\ddot{a}_{x,\overline{k}|}}. \tag{5.75}$$

Bei der aufgeschobenen Leibrente mit k-jähriger Prämienzahlung ist wieder zu berücksichtigen, daß die Abschlußkosten von der ersten Prämie berechnet werden:

$$P_{x,\overline{k}|}^a({}_{l|}\ddot{a}_{x,\overline{n}|})\ddot{a}_{x,\overline{k}|} = {}_{l|}\ddot{a}_{x,\overline{n}|} + \alpha P_{x,\overline{k}|}^a({}_{l|}\ddot{a}_{x,\overline{n}|}) + \beta P_{x,\overline{k}|}^a({}_{l|}\ddot{a}_{x,\overline{n}|})\ddot{a}_{x,\overline{k}|} + \gamma\ddot{a}_{x,\overline{n+l}|}.$$

Daraus folgt

$$P^a_{x,\overline{k}|}({}_{l|}\ddot{a}_{x,\overline{n}|}) = \frac{{}_{l|}\ddot{a}_{x,\overline{n}|} + \gamma \ddot{a}_{x,\overline{n+l}|}}{(1-\beta)\ddot{a}_{x,\overline{k}|} - \alpha}. \tag{5.76}$$

Für die gemischte Versicherung ergibt sich in analoger Weise

$$P^a_{x,\overline{k}|}(A_{x,\overline{n}|}) = \frac{A_{x,\overline{n}|} + \alpha + \gamma \ddot{a}_{x,\overline{n}|}}{(1-\beta)\ddot{a}_{x,\overline{k}|}} = \frac{1 + \alpha - (d-\gamma)\ddot{a}_{x,\overline{n}|}}{(1-\beta)\ddot{a}_{x,\overline{k}|}} \tag{5.77}$$

und bei steigender Versicherungssumme

$$P^a_{x,\overline{k}|}(I_{\overline{m}|}A)_{x,\overline{n}|} = \frac{(I_{\overline{m}|}A)_{x,\overline{n}|} + \alpha + \gamma (I_{\overline{m}|}\ddot{a})_{x,\overline{n}|}}{(1-\beta)\ddot{a}_{x,\overline{k}|}} = \frac{\ddot{a}_{x,\overline{m}|} + \alpha - (d-\gamma)(I_{\overline{m}|}\ddot{a})_{x,\overline{n}|}}{(1-\beta)\ddot{a}_{x,\overline{k}|}}. \tag{5.78}$$

Für die Versicherung mit fester Laufzeit folgt

$$P^a_{x,\overline{k}|}(v^n) = \frac{v^n + \alpha + \gamma(\ddot{a}_{x,\overline{n}|})}{(1-\beta)\ddot{a}_{x,\overline{k}|}}. \tag{5.79}$$

Handelt es sich nicht um eine Leibrente, dann kann die ausreichende Prämie für einen Versicherungsbarwert $B_{x,\overline{n}|}$ bei k-jähriger Prämienzahlung allgemein folgendermaßen dargestellt werden:

$$P^a_{x,\overline{k}|}(B_{x,\overline{n}|}) = \frac{B_{x,\overline{n}|}}{\ddot{a}_{x,\overline{k}|}} + \frac{\alpha}{\ddot{a}_{x,\overline{k}|}} + \beta P^a_{x,\overline{k}|}(B_{x,\overline{n}|}) + \gamma \frac{\ddot{a}_{x,\overline{n}|}}{\ddot{a}_{x,\overline{k}|}}. \tag{5.80}$$

Diese Gleichung zeigt, wie die ausreichende Prämie in die Nettoprämie, den Zuschlag für Abschlußkosten, den Zuschlag für Inkassokosten und den Zuschlag für laufende Verwaltungskosten zerlegt werden kann.

Der Barwert der Versicherungsleistungen ist eine zufällige Größe. Um die zufälligen Schwankungen im Versicherungsverlauf auszugleichen, ist es notwendig, neben der Nettoprämie in der Höhe des Erwartungswertes des Barwertes der Versicherungsleistungen und den der Abdeckung der Verwaltungskosten dienenden Prämienteilen einen Zuschlag einzuheben. Für die Bemessung dieses Zuschlages wollen wir zwei Methoden angeben.

Die erste Methode beruht darauf, Rechnungsgrundlagen zu verwenden, welche die Kostenentwicklung für die Versicherungsgesellschaft ungünstiger darstellen als tatsächlich zu erwarten ist. Rechnet man etwa bei Erlebensversicherungen mit überhöhten Sterbewahrscheinlichkeiten, dann wird die tatsächliche Häufigkeit der Versicherungsleistungen und damit die Belastung der Versicherungsgesellschaft geringer sein als die rechnerisch angenommene. Unter der Voraussetzung, daß die Häufigkeit der Versicherungsleistungen tatsächlich der geringeren Sterbehäufigkeit entspricht, erzielt also die Versicherungsgesellschaft einen Überschuß, den sie zum Ausgleich zufälliger Schwankungen verwenden kann. Rechnungsgrundlagen, welche die Verhältnisse in einer für die Versicherungsgesellschaft ungünstigen Weise darstellen, nennt man *Rechnungsgrundlagen erster Ordnung.*

Die bisherigen Erfahrungen über die Sterblichkeitsentwicklung lassen es erwarten, daß die Sterbehäufigkeiten, wie sie auf Grund der Volkszählungen ermittelt werden, in den meisten Altersgruppen eine abnehmende Tendenz zeigen. Wird mit veralteten Sterbetafeln gerechnet — und jede Sterbetafel ist für den

Zeitraum ihrer Anwendung in der Zukunft „veraltet" — dann wird die Häufigkeit von Versicherungsleistungen bei Ablebungsversicherungen überschätzt. Veraltete Sterbetafeln können daher für Ablebensversicherungen als Versicherungsgrundlagen erster Ordnung herangezogen werden. Das gleiche gilt für alle Versicherungen, bei denen der Barwert der Versicherungsleistungen mit fallender Sterbehäufigkeit sinkt, wie etwa bei der gemischten Versicherung. Eine weitere Möglichkeit, zu Rechnungsgrundlagen erster Ordnung zu gelangen, besteht darin, bei Ablebensversicherung ein höheres Alter, bei Erlebensversicherungen ein niedrigeres Alter des Versicherten den Berechnungen zugrunde zu legen. Auch auf diese Weise wird bei Ablebensversicherungen mit höheren, bei Erlebensversicherungen mit niedrigeren Sterbehäufigkeiten gerechnet als tatsächlich zu erwarten ist.

Die Zinsrate spielt ebenfalls die Rolle einer Rechnungsgrundlage. Im allgemeinen wird die Prämie mit steigender Zinsrate abnehmen. Als Rechnungsgrundlage erster Ordnung kann daher eine etwas niedrigere Zinsrate angesetzt werden als tatsächlich erwartet wird. Auch durch die Berücksichtigung überhöhter Verwaltungskosten bei der Prämienberechnung kann man zu Rechnungsgrundlagen erster Ordnung gelangen.

Mit Rechnungsgrundlagen erster Ordnung errechnete Prämien enthalten bereits den Sicherheitszuschlag, so daß die *ausreichende Prämie* als tatsächlich einzuhebende *Tarifprämie* $\Pi_{x,\overline{k}|}$ herangezogen werden kann. Es gilt demnach für Rechnungsgrundlagen erster Ordnung

$$\Pi_{x,\overline{k}|} = P^a_{x,\overline{k}|}. \tag{5.81}$$

Die zweite Methode geht von Rechnungsgrundlagen aus, die den tatsächlichen Verhältnissen soweit als möglich entsprechen und als *Rechnungsgrundlagen zweiter Ordnung* bezeichnet werden. Zu den mit Hilfe dieser Rechnungsgrundlagen errechneten ausreichenden Prämien treten Sicherheitszuschläge, deren Höhe nach den Grundsätzen der Risikotheorie zu bemessen ist (vgl. Abschnitt VIII). Wir wollen den Sicherheitszuschlag so festsetzen, daß in jedem Versicherungsjahr $(x + t - 1, x + t)$ ein zusätzlicher Betrag ζ_t zur Verfügung steht und erhalten für die Tarifprämie die folgende Gleichung:

$$\Pi_{x,\overline{k}|}(B_{x,\overline{n}|}) = \frac{B_{x,\overline{n}|}}{\ddot{a}_{x,\overline{k}|}} + \frac{\alpha}{\ddot{a}_{x,\overline{k}|}} + \beta \Pi_{x,\overline{k}|}(B_{x,\overline{n}|}) + \gamma \frac{\ddot{a}_{x,\overline{n}|}}{\ddot{a}_{x,\overline{k}|}} + \frac{1}{\ddot{a}_{x,\overline{k}|}} \sum_{t=1}^{n} {}_{t-1}E_x \zeta_t.$$

Daraus folgt mit Hilfe von (5.80)

$$\Pi_{x,\overline{k}|}(B_{x,\overline{n}|}) = P^a_{x,\overline{k}|}(B_{x,\overline{n}|}) + \frac{1}{(1-\beta)\ddot{a}_{x,\overline{k}|}} \sum_{t=1}^{n} {}_{t-1}E_x \zeta_t. \tag{5.82}$$

8. Verwendung doppelt abgestufter Sterbetafeln. Die bisherigen Berechnungen basierten auf einer Sterbetafel der Gestalt $l_0, l_1, \ldots, l_\omega$, also etwa auf einer Aggregattafel oder einer Periodensterbetafel. Sie sind grundsätzlich auch für doppelt abgestufte Sterbetafeln anwendbar, also für Selektionstafeln oder Generationstafeln.

Wir betrachten zunächst Selektionstafeln, bestehend aus den Werten $l_{[x]+t}$. Gehen wir von $l_{[x]}$ durch Selektion bei Erreichung des Alters x ausgewählten Personen aus, dann ist der Erwartungswert der Zahl der $x+n$-jährigen

$$E\{L_{[x]+n} \mid L_{[x]} = l_{[x]}\} = l_{[x]+n}.$$

Für die n-jährige Erlebens-Kapitalversicherung, abgeschlossen von einem neu ausgewählten x-jährigen, erhalten wir dann

$$ {}_nE_{[x]} = \frac{l_{[x]+n}}{l_{[x]}} v^n . $$

Führen wir neue Kommutationszahlen der Gestalt

$$ D_{[x]+t} = l_{[x]+t} v^{x+t} \tag{5.83} $$

ein, dann erhalten wir in Analogie zu (5.6)

$$ {}_nE_{[x]} = \frac{D_{[x]+n}}{D_{[x]}} . \tag{5.84} $$

Für die aufsummierten Kommutationszahlen setzen wir

$$ \begin{aligned} N_{[x]+t} &= \sum_{\nu=0}^{\omega-x-t} D_{[x]+t+\nu} , \\ S_{[x]+t} &= \sum_{\nu=0}^{\omega-x-t} N_{[x]+t+\nu} . \end{aligned} \tag{5.85} $$

Als Barwert einer Leibrente erhalten wir daraus

$$ \ddot{a}_{[x]+t,\overline{n}|} = \frac{N_{[x]+t} - N_{[x]+t+n}}{D_{[x]+t}} \tag{5.86} $$

und insbesondere für $t = 0$

$$ \ddot{a}_{[x],\overline{n}|} = \frac{N_{[x]} - N_{[x]+n}}{D_{[x]}} . \tag{5.87} $$

In analoger Weise können Versicherungswerte für allgemeinere Erlebensversicherungen errechnet werden.

Die Anzahl $d_{[x]+t}$ der mit dem Alter x ausgewählten Personen, die zwischen dem Alter $x + t$ und dem Alter $x + t + 1$ sterben, ist $l_{[x]+t} - l_{[x]+t+1}$. Wir bilden die Kommutationszahlen

$$ \begin{aligned} C_{[x]+t} &= d_{[x]+t} v^{x+t+1} , \\ M_{[x]+t} &= \sum_{\nu=0}^{\omega-x-t} C_{[x]+t+\nu} , \\ R_{[x]+t} &= \sum_{\nu=0}^{\omega-x-t} M_{[x]+t+\nu} \end{aligned} \tag{5.88} $$

und können nun Versicherungswerte für Ablebensversicherungen errechnen. Beispielsweise gilt

$$ {}_{|n}A_{[x]} = \frac{M_{[x]} - M_{[x]+n}}{D_{[x]}} \tag{5.89} $$

und

$$A_{[x],\overline{n}|} = \frac{M_{[x]} - M_{[x]+n} + D_{[x]+n}}{D_{[x]}} = \frac{1}{D_{[x]}}\left(\sum_{\nu=0}^{n-1} C_{[x]+\nu} + D_{[x]+n}\right) =$$

$$= \frac{1}{D_{[x]}}\left[\sum_{\nu=0}^{n-1}(D_{[x]+\nu}v - D_{[x]+\nu+1}) + D_{[x]+n}\right] = \frac{1}{D_{[x]}}\left(D_{[x]} - d\sum_{\nu=0}^{n-1} D_{[x]+\nu}\right).$$

Daraus folgt

$$A_{[x],\overline{n}|} = 1 - d\ddot{a}_{[x],\overline{n}|}. \tag{5.90}$$

Alle durch Kommutationszahlen dargestellten Versicherungswerte können daher unter Verwendung von (5.83), (5.85) und (5.88) für Selektionssterbetafeln errechnet werden.

Ist s die Selektionsdauer, dann müssen zur Anwendung der Selektionstafeln $s + 1$ Reihen von Kommutationszahlen errechnet werden. Ein vereinfachtes Rechenverfahren stammt von F. Borch [15]. Wird die Schlußtafel mit $\{l_x\}$ bezeichnet, dann ist

$$\frac{l_{x+t} - l_{[x]+t}}{l_x - l_{[x]}} \sim f(t) \tag{5.91}$$

annähernd von x unabhängig. Offenbar gilt $f(0) = 1$ und $f(t) = 0$ für $t \geqq s$. Setzt man

$$f_1(t) = f(t)v^t, \qquad f_2(t) = \sum_{\nu=t}^{s-1} f_1(\nu), \qquad f_3(t) = \sum_{\nu=t}^{s-1} f_2(\nu),$$

$$g_1(t) = [f(t) - f(t+1)]v^{t+1}, \qquad g_2(t) = \sum_{\nu=t}^{s-1} g_1(\nu), \qquad g_3(t) = \sum_{\nu=t}^{s-1} g_2(\nu),$$

dann folgt wegen

$$l_{[x]+t} \sim l_{x+t} - (l_x - l_{[x]})f(t)$$

und

$$d_{[x]+t} \sim d_{x+t} - (l_x - l_{[x]})[f(t) - f(t+1)]$$

nach kurzer Rechnung

$$D_{[x]+t} \sim D_{x+t} - (D_x - D_{[x]})f_1(t),$$

$$N_{[x]+t} \sim N_{x+t} - (D_x - D_{[x]})f_2(t),$$

$$S_{[x]+t} \sim S_{x+t} - (D_x - D_{[x]})f_3(t),$$

$$C_{[x]+t} \sim C_{x+t} - (D_x - D_{[x]})g_1(t),$$

$$M_{[x]+t} \sim M_{x+t} - (D_x - D_{[x]})g_2(t),$$

$$R_{[x]+t} \sim R_{x+t} - (D_x - D_{[x]})g_3(t).$$

Setzt man diese Kommutationszahlen in die früher hergeleiteten Formeln ein, dann erhält man beispielsweise aus (5.13)

$$_{|n}A_{[x]} = \frac{M_{[x]} - M_{[x]+n}}{D_{[x]}} \sim \frac{D_x}{D_{[x]}}\, _{|n}A_x + \left(1 - \frac{D_x}{D_{[x]}}\right)[g_2(0) - g_2(n)].$$

Ebenso erhält man etwa aus (5.18)

$$_{|n}(I_{\overline{m}|}A)_{[x]} \sim \frac{D_x}{D_{[x]}}\, _{|n}(I_{\overline{m}|}A)_x + \left(1 - \frac{D_x}{D_{[x]}}\right)[g_3(0) - g_3(m) - m g_2(n)],$$

aus (5.26)

$$\ddot{a}_{[x],\overline{n}|} \sim \frac{D_x}{D_{[x]}}\ddot{a}_{x,\overline{n}|} + \left(1 - \frac{D_x}{D_{[x]}}\right)[f_2(0) - f_2(n)],$$

aus (5.38)

$$(I_{\overline{m}|}\ddot{a})_{[x],\overline{n}|} \sim \frac{D_x}{D_{[x]}}(L_{\overline{m}|}\ddot{a})_{x,\overline{n}|} + \left(1 - \frac{D_x}{D_{[x]}}\right)[f_3(0) - f_3(m) - m f_2(n)]$$

und aus (5.44)

$$A_{[x],\overline{n}|}\, \frac{D_x}{D_{[x]}} A_{x,\overline{n}|} + \left(1 - \frac{D_x}{D_{[x]}}\right)[g_2(0) - g_2(n) + f_1(n)].$$

Man zeigt leicht, daß auch für die Näherungsformeln (5.45) erfüllt ist. In analoger Weise können auch andere Versicherungswerte dargestellt werden. Alle diese Versicherungswerte für Selektionstafeln lassen sich also aus den entsprechenden Versicherungswerten der Schlußtafel errechnen, wobei lediglich die nur von x abhängigen Werte $\frac{D_x}{D_{[x]}}$ und die nur von t abhängigen Funktionen $f_1(t), f_2(t), f_3(t)$, $g_1(t)$, $g_2(t)$ und $g_3(t)$ errechnet werden müssen. Die Berechnung dieser Werte erfordert aber bei entsprechender Selektionsdauer einen bedeutend geringeren Aufwand als die Berechnung von $s+1$ Reihen von Kommutationszahlen.

Während bei Selektionstafeln die Reihen der Kommutationszahlen für jedes Auswahlalter x gesondert errechnet werden müssen, sind bei Generationstafeln diese Rechnungen für jede Generation gesondert vorzunehmen. Die Sterbetafel für die in t_0 Geborenen besteht aus den Werten $l_x(t_0)$ und wird nach (4.31) errechnet. Aus ihnen bildet man die Kommutationszahlen

$$\begin{aligned} &D_x(t_0) = l_x(t_0)v^x, \quad N_x(t_0) = \sum_{\nu=0}^{\omega-x} D_{x+\nu}(t_0), \quad S_x(t_0) = \sum_{\nu=0}^{\omega-x} N_{x+\nu}(t_0),\\ &C_x(t_0) = d_x(t_0)v^{x+1} = [l_x(t_0) - l_{x+1}(t_0)]v^{x+1}, \\ &M_x(t_0) = \sum_{\nu=0}^{\omega-x} C_{x+\nu}(t_0), \quad R_x(t_0) = \sum_{\nu=0}^{\omega-x} M_{x+\nu}(t_0). \end{aligned} \tag{5.92}$$

Mit Hilfe dieser Kommutationszahlen können wieder alle Versicherungswerte für Generationstafeln berechnet werden.

Bei Selektions-Generationstafeln beginnt man die Berechnung zweckmäßigerweise mit den Kommutationszahlen $D_{[x]+t}(t_0) = l_{[x]+t}(t_0)v^{x+t}$. Hievon ausgehend werden die übrigen Kommutationszahlen durch Summation bzw. aus der Gleichung $C_{[x]+t}(t_0) = D_{[x]+t}(t_0)v - D_{[x]+t+1}(t_0)$ errechnet. Die entsprechenden Versicherungswerte können mit Hilfe dieser Kommutationszahlen unschwer errechnet werden.

Kapitel 6

Das Deckungskapital

1. Prospektive und retrospektive Berechnung des Deckungskapitals. Die Nettoprämien für eine Versicherung werden in solcher Höhe festgesetzt, daß der Erwartungswert ihres Barwertes gleich dem Erwartungswert des Barwertes der

Versicherungsleistungen ist. Diese Übereinstimmung gilt für die gesamte Versicherungszeit, nicht aber für ein einzelnes Versicherungsjahr. Bei einer gegen Einmalprämie abgeschlossenen Versicherung, die sich über mehrere Jahre erstreckt, wird im ersten Jahr der Erwartungswert der Prämie überwiegen, während für die folgenden Jahre der Erwartungswert der Leistungen überwiegt, da ja keine weitere Prämie mehr gezahlt wird. Die Einmalprämie dient nur zu einem Teil der Deckung des Versicherungsrisikos im ersten Jahr. Andere Teile der Einmalprämie sind zur Deckung der Versicherungsrisiken der folgenden Jahre zu verwenden.

Ganz allgemein muß zu Beginn jeden Jahres ein bestimmtes Deckungskapital, die sogenannte Prämienreserve, vorhanden sein. Dieses Deckungskapital muß zusammen mit dem Erwartungswert des Barwertes der zukünftigen Prämienzahlungen dem Erwartungswert des Barwertes der zukünftigen Versicherungsleistungen gleich sein, damit wieder dem Grundsatz der Übereinstimmung der Erwartungswerte von Einnahmen und Ausgaben Rechnung getragen wird.

Wir wollen zunächst das Deckungskapital für eine allgemeine Versicherung der Gestalt (5.60) mit dem Barwert B_x errechnen. Die jährliche Prämie für diese Versicherung ist bei k-jähriger Prämienzahlungsdauer $P_{x,\overline{k}|}(B_x)$ und wird nach Formel (5.61) berechnet. Wir fragen nach der Höhe des Deckungskapitals nach t Jahren und bezeichnen dieses Deckungskapital mit ${}_tV_x[P_{x,\overline{k}|}(B_x)]$. Unter der Voraussetzung, daß l_{x+t} Versicherte nach t Versicherungsjahren leben, ist der Erwartungswert der Anzahl der Versicherten, welche das Alter $x + \nu$ mit $\nu > t$ erreichen, $l_{x+\nu}$ und der Erwartungswert der Anzahl der zwischen dem Alter $x + \nu$ und dem Alter $x + \nu + 1$ gestorbenen Versicherten $d_{x+\nu} = l_{x+\nu} - l_{x+\nu+1}$. Für $t < k$, wenn also der Zeitraum der Prämienzahlung noch nicht abgelaufen ist, ist der Erwartungswert des Barwertes der zukünftigen Prämieneinnahmen für l_{x+t} Versicherte

$$\sum_{\nu=t}^{k-1} l_{x+\nu} P_{x,\overline{k}|}(B_x) v^{\nu-t}$$

und der Erwartungswert des Barwertes der zukünftigen Versicherungsleistungen

$$\sum_{\nu=t}^{\omega-x} (l_{x+\nu+1} e_{x+\nu+1} v^{\nu-t+1} + d_{x+\nu} a_{x+\nu} v^{\nu-t+1}),$$

wenn $e_{x+\nu+1}$ die bei Erreichung des Alters $x + \nu + 1$ fällig werdende Erlebenssumme und $a_{x+\nu}$ die beim Tod zwischen dem Alter $x + \nu$ und dem Alter $x + \nu + 1$ im Zeitpunkt $x + \nu + 1$ fällig werdende Ablebenssumme bedeutet. Soll nun das angesammelte Deckungskapital zuzüglich des Erwartungswertes des Barwertes der zukünftigen Prämieneinnahmen gleich dem Erwartungswert des Barwertes der zukünftigen Versicherungsleistungen sein, dann muß die folgende Beziehung erfüllt sein:

$$l_{x+t}\, {}_tV_x[P_{x,\overline{k}|}(B_x)] + \sum_{\nu=t}^{k-1} l_{x+\nu} P_{x,\overline{k}|}(B_x) v^{\nu-t} = \sum_{\nu=t}^{\omega-x} (l_{x+\nu+1}\, e_{x+\nu+1} + d_{x+\nu}\, a_{x+\nu}) v^{\nu-t+1}. \tag{6.1}$$

Daraus folgt nach Multiplikation mit v^{x+t} und Einführung der Kommutationszahlen

$${}_tV_x[P_{x,\overline{k}|}(B_x)] = \frac{1}{D_{x+t}} \sum_{\nu=t}^{\omega-x} (D_{x+\nu+1}\, e_{x+\nu+1} + C_{x+\nu}\, a_{x+\nu}) - \frac{N_{x+t} - N_{x+k}}{D_{x+t}} P_{x,\overline{k}|}(B_x). \tag{6.2}$$

Ist die Prämienzahlungszeit abgelaufen, gilt also $t \geqq k$, dann erhält man in analoger Weise die folgende Formel:

$$ {}_tV_x[P_{x,\overline{k}|}(B_x)] = \frac{1}{D_{x+t}} \sum_{\nu=t}^{\omega-x} (D_{x+\nu+1}\, e_{x+\nu+1} + C_{x+\nu}\, a_{x+\nu}). \tag{6.3} $$

Diese Form der Darstellung des Deckungskapitals beruht auf einer Abschätzung des zukünftigen Versicherungsverlaufes und wird daher auch als *prospektive Darstellung*, ${}_tV_x^{\text{pro}}$, bezeichnet. Wir setzen hiebei stets voraus, daß Erlebenszahlungen am Ende des abgelaufenen Jahres fällig werden, so daß die Reserve im Zeitpunkt $x + t$ bereits nach Abzug der in diesem Zeitpunkt fällig gewordenen Erlebenszahlung gerechnet wird. Aus dieser Definition des Deckungskapitals folgt zum Beispiel allgemein ${}_0V_x = 0$ und ${}_nV_x = 0$, wenn n die Versicherungsdauer bezeichnet.

Mit Hilfe von (5.61) kann (6.2) folgendermaßen umgeformt werden:

$$ {}_tV_x[P_{x,\overline{k}|}(B_x)] = \frac{D_x}{D_{x+t}} \frac{1}{D_x} \sum_{\nu=0}^{\omega-x} (D_{x+\nu+1}e_{x+\nu+1} + C_{x+\nu}a_{x+\nu}) - $$

$$ - \frac{D_x}{D_{x+t}} \frac{1}{D_x} \sum_{\nu=0}^{t-1} (D_{x+\nu+1}e_{x+\nu+1} + C_{x+\nu}a_{x+\nu}) - \frac{D_x}{D_{x+t}} \frac{N_{x+t} - N_{x+k}}{D_x} P_{x,\overline{k}|}(B_x) = $$

$$ = \frac{D_x}{D_{x+t}} \left[\frac{N_x - N_{x+t}}{D_x} P_{x,\overline{k}|}(B_x) - \frac{1}{D_x} \sum_{\nu=0}^{t-1} (D_{x+\nu+1}\, e_{x+\nu+1} + C_{x+\nu}\, a_{x+\nu}) \right]. $$

Daraus folgt

$$ {}_tV_x[P_{x,\overline{k}|}(B_x)] = \frac{1}{{}_tE_x} \left[\ddot{a}_{x,\overline{t}|} P_{x,\overline{k}|}(B_x) - \frac{1}{D_x} \sum_{\nu=0}^{t-1} (D_{x+\nu+1}e_{x+\nu+1} + C_{x+\nu}a_{x+\nu}) \right]. \tag{6.4} $$

Nach Ablauf der Prämienzahlungszeit, also für $t \geqq k$, ist, wie aus (6.3) mit Hilfe von (5.61) in analoger Weise hergeleitet werden kann, auf der rechten Seite von (6.4) der Ausdruck $\ddot{a}_{x,\overline{t}|}$ durch den Ausdruck $\ddot{a}_{x,\overline{k}|}$ zu ersetzen. Der Ausdruck auf der rechten Seite von (6.4) ist daher, abgesehen von dem Faktor $\frac{1}{{}_tE_x}$, gleich dem Erwartungswert des Barwertes der Prämienzahlungen abzüglich dem Erwartungswert des Barwertes der Versicherungsleistungen für die ersten t Versicherungsjahre bezogen auf den Beginn der Versicherung. Nun ist ${}_tE_x\, {}_tV_x[P_{x,\overline{k}|}(B_x)]$ der auf den Zeitpunkt des Versicherungsbeginnes bezogene Erwartungswert des Barwertes des Deckungskapitals nach t Jahren. Multiplizieren wir (6.4) mit ${}_tE_x$, dann sagt somit die resultierende Gleichung aus, daß zu Beginn der Versicherung die Differenz zwischen dem Erwartungswert des Barwertes der Prämieneinnahmen und dem Erwartungswert des Barwertes der Versicherungsleistungen für die ersten t Jahre gleich dem Erwartungswert des Barwertes des Deckungskapitals nach t Jahren ist. (6.4) stellt das Deckungskapital auf Grund des bereits verflossenen Versicherungsverlaufes, also rückblickend, dar und wird daher auch *retrospektive Darstellung*, ${}_tV_x^{\text{retro}}$, genannt.

Grundsätzlich stimmen die prospektive und die retrospektive Darstellung des Deckungskapitals überein. Praktisch kommt aber der prospektiven Darstellung größere Bedeutung zu. Zunächst ist nach Ablauf der Prämienzahlungszeit die Formel für die prospektive Darstellung einfacher als für die retrospektive Darstellung. Die prospektive Darstellung wird jedoch auch dann vorzuziehen sein, wenn, was häufig vorkommen kann, die Rechnungsgrundlagen, wie etwa Zinsrate oder Sterbetafel, geändert werden. Rechnet man für die Zukunft mit anderen Rechnungsgrundlagen, als sie für die Vergangenheit maßgebend waren, dann stimmen natürlich die prospektive und die retrospektive Darstellung im allgemeinen nicht mehr überein und es ist die den neuen Rechnungsgrundlagen entsprechende prospektive Darstellung zu verwenden. Zeigt sich etwa, daß mit einer höheren Zinsrate zu rechnen ist als ursprünglich angenommen, dann wird man mit einem kleineren Deckungskapital das Auslangen finden und einen Teil des angesammelten Deckungskapitals als Gewinn verbuchen dürfen. Diese Fragen werden wir im Abschnitt III über die Gewinnermittlung noch genauer behandeln.

Wir wollen nun mit Hilfe der Formeln (6.2) und (6.4) die prospektive und die retrospektive Darstellung des Deckungskapitals für eine Reihe der in Kapitel 5 behandelten Versicherungsformen angeben, wobei stets eine k-jährige Prämienzahlungsdauer mit $t < k$ vorausgesetzt wird.

n-jährige Erlebenskapitalversicherung:

$$
\begin{aligned}
{}_tV_x^{\text{pro}}[P_{x,\overline{k|}}({}_nE_x)] &= {}_{n-t}E_{x+t} - \ddot{a}_{x+t,\overline{k-t|}}\,P_{x,\overline{k|}}\,({}_nE_x),\\
{}_tV_x^{\text{retro}}[P_{x,\overline{k|}}({}_nE_x)] &= \frac{1}{{}_tE_x}\,\ddot{a}_{x,\overline{t|}}\;P_{x,\overline{k|}}({}_nE_x).
\end{aligned}
\tag{6.5}
$$

Für den speziellen Fall $k = n$ folgt daraus

$$
\begin{aligned}
{}_tV_x[P_{x,\overline{n|}}({}_nE_x)] &= \frac{D_{x+n}}{D_{x+t}} - \frac{N_{x+t} - N_{x+n}}{D_{x+t}}\,\frac{D_{x+n}}{N_x - N_{x+n}} = \frac{D_{x+n}(N_x - N_{x+t})}{D_{x+t}(N_x - N_{x+n})} =\\
&= \frac{P_{x,\overline{n|}}({}_nE_x)}{P_{x,\overline{t|}}\;({}_tE_x)}.
\end{aligned}
\tag{6.6}
$$

n-jährige Ablebensversicherung:

$$
\begin{aligned}
{}_tV_x^{\text{pro}}[P_{x,\overline{k|}}({}_{|n}A_x)] &= {}_{|n-t}A_{x+t} - \ddot{a}_{x+t,\overline{k-t|}}\,P_{x,\overline{k|}}({}_{|n}A_x),\\
{}_tV_x^{\text{retro}}\,[P_{x,\overline{k|}}\,({}_{|n}A_x)] &= \frac{1}{{}_tE_x}\,[\ddot{a}_{x,\overline{t|}}\,P_{x,\overline{k|}}({}_{|n}A_x) - {}_{|t}A_x].
\end{aligned}
\tag{6.7}
$$

Gemischte Versicherung auf n Jahre:

$$
\begin{aligned}
{}_tV_x^{\text{pro}}[P_{x,\overline{k|}}(A_{x,\overline{n|}})] &= A_{x+t,\overline{n-t|}} - \ddot{a}_{x+t,\overline{k-t|}}\,P_{x,\overline{k|}}\,(A_{x,\overline{n|}}),\\
{}_tV_x^{\text{retro}}\,[P_{x,\overline{k|}}(A_{x,\overline{n|}})] &= \frac{1}{{}_tE_x}\,[\ddot{a}_{x,\overline{t|}}\,P_{x,\overline{k|}}(A_{x,\overline{n|}}) - {}_{|t}A_x].
\end{aligned}
\tag{6.8}
$$

Für den speziellen Fall $k = n$ folgt daraus wegen (5.45)

$$
\begin{aligned}
{}_tV_x[P_{x,\overline{n|}}(A_{x,\overline{n|}})] &= 1 - d\ddot{a}_{x+t,\overline{n-t|}} - \frac{1 - d\ddot{a}_{x,\overline{n|}}}{\ddot{a}_{x,\overline{n|}}}\,\ddot{a}_{x+t,\overline{n-t|}} =\\
&= 1 - \frac{\ddot{a}_{x+t,\overline{n-t|}}}{\ddot{a}_{x,\overline{n|}}}.
\end{aligned}
\tag{6.9}
$$

m Jahre steigende n-jährige Ablebensversicherung mit $t < m$:

$$
\begin{aligned}
{}_tV_x^{\text{pro}}\{P_{x,\overline{k|}}[{}_{|n}(I_{\overline{m|}}A)_x]\} &= t_{|n-t}A_{x+t} + {}_{|n-t}(I_{\overline{m-t|}}A)_{x+t} - \ddot{a}_{x+t,\overline{k-t|}}P_{x,\overline{k|}}[{}_{|n}(I_{\overline{m|}}A)_x],\\
{}_tV_x^{\text{retro}}\{P_{x,\overline{k|}}\,[{}_{|n}(I_{\overline{m|}}\,A)_x]\} &= \frac{1}{{}_tE_x}\{\ddot{a}_{x,\overline{t|}}\,P_{x,\overline{k|}}\,[{}_{|n}(I_{\overline{m|}}A)_x] - {}_{|t}(I_{\overline{t|}}\,A)_x\}.
\end{aligned}
\tag{6.10}
$$

l Jahre aufgeschobene, n-jährige vorschüssige Leibrente mit $t < l$:

$$\begin{aligned} {}_tV_x^{\text{pro}}[P_{x,\overline{k}|}({}_{l|}\ddot{a}_{x,\overline{n}|})] &= {}_{l-t|}\ddot{a}_{x+t,\overline{n}|} - \ddot{a}_{x+t,\overline{k-t}|}\,P_{x,\overline{k}|}({}_{l|}\ddot{a}_{x,\overline{n}|}), \\ {}_tV_x^{\text{retro}}[P_{x,\overline{k}|}({}_{l|}\ddot{a}_{x,\overline{n}|})] &= \frac{1}{{}_tE_x}\ddot{a}_{x,\overline{t}|}\,P_{x,\overline{k}|}({}_{l|}\ddot{a}_{x,\overline{n}|}). \end{aligned} \tag{6.11}$$

Für den speziellen Fall $k = l$ folgt daraus

$$\begin{aligned} {}_tV_x[P_{x,\overline{k}|}({}_{l|}\ddot{a}_{x,\overline{n}|})] &= \frac{N_{x+l} - N_{x+l+n}}{D_{x+t}} - \frac{N_{x+t} - N_{x+l}}{D_{x+t}}\,\frac{N_{x+l} - N_{x+l+n}}{N_x - N_{x+l}} = \\ &= \frac{(N_x - N_{x+t})\,(N_{x+l} - N_{x+l+n})}{D_{x+t}(N_x - N_{x+l})} = \frac{P_{x,\overline{l}|}\,({}_{l|}\ddot{a}_{x,\overline{n}|})}{P_{x,\overline{t}|}\,({}_tE_x)}. \end{aligned} \tag{6.12}$$

Versicherung mit fester Laufzeit:

$$\begin{aligned} {}_tV_x^{pro}[P_{x,\overline{n}|}(v^n)] &= v^{n-t} - \ddot{a}_{x+t,\overline{n-t}|}\,P_{x,\overline{n}|}(v^n), \\ {}_tV_x^{retro}[P_{x,\overline{n}|}(v^n)] &= \frac{1}{{}_tE_x}\,\ddot{a}_{x,\overline{t}|}\,P_{x,\overline{n}|}(v^n). \end{aligned} \tag{6.13}$$

In analoger Weise kann das Deckungskapital für andere Versicherungen während der Prämienzahlungszeit nach (6.2) oder nach (6.4) berechnet werden. Bei Versicherungen gegen Einmalprämie oder nach Ablauf der Prämienzahlungszeit läßt sich das Deckungskapital für eine allgemeine Versicherung der Gestalt $B_{x,\overline{n}|}$ einfach in der Form

$${}_tV_x^{\text{pro}} = B_{x+t,\overline{n-t}|} \tag{6.14}$$

darstellen. Der Fall der unterjährigen Prämienzahlung kann mit Hilfe der Formel (6.1) behandelt werden, wenn auf der linken Seite $\nu = \frac{\mu}{m}$ gesetzt und die Summe $\sum\limits_{\nu=t}^{k-1}$ durch die Summe $\sum\limits_{\mu=mt}^{mk-1}$ ersetzt wird. Man erhält dann für einen beliebigen Versicherungswert unschwer die folgenden Formeln:

$${}_tV_x^{\text{pro}}[P^{(m)}_{x,\overline{k}|}(B_{x,\overline{n}|})] = B_{x+t,\overline{n-t}|} - \ddot{a}^{(m)}_{x+t,\overline{k-t}|}\,P^{(m)}_{x,\overline{k}|}(B_{x,\overline{n}|}), \tag{6.15}$$

$${}_tV_x^{retro}[P^{(m)}_{x,\overline{k}|}(B_{x,\overline{n}|})] = \frac{1}{{}_tE_x}\,[\ddot{a}^{(m)}_{x,\overline{t}|}\,P^{(m)}_{x,\overline{k}|}(B_{x,\overline{n}|}) - B_{x,\overline{t}|}]. \tag{6.16}$$

2. Sparprämie und Risikoprämie, natürliche Prämie. Formel (6.2) gestattet die folgende rekursive Darstellung des Deckungskapitals:

$$\begin{aligned} &{}_tV_x[P_{x,\overline{k}|}(B_{x,\overline{n}|})]\,D_{x+t} = \\ &= D_{x+t+1}\{{}_{t+1}V_x[P_{x,\overline{k}|}(B_{x,\overline{n}|})] + e_{x+t+1}\} - D_{x+t}P_{x,\overline{k}|}(B_{x,\overline{n}|}) + C_{x+t}a_{x+t}. \end{aligned}$$

Schreiben wir der Einfachheit halber für das Deckungskapital kurz ${}_tV_x$ bzw. ${}_{t+1}V_x$ und für die Prämie P_{x+t}, dann folgt daraus:

$${}_1E_{x+t}({}_{t+1}V_x + e_{x+t+1}) = {}_tV_x + P_{x+t} - q_{x+t}\,a_{x+t}v. \tag{6.17}$$

Die Prämie P_{x+t} kann nun folgendermaßen zerlegt werden:

$$P_{x+t} = [({}_{t+1}V_x + e_{x+t+1})\,v - {}_tV_x] + q_{x+t}\,v(a_{x+t} - {}_{t+1}V_x - e_{x+t+1}). \tag{6.18}$$

Man bezeichnet den Ausdruck in der eckigen Klammer als *Sparprämie* P^S_{x+t} und den folgenden Summanden als *Risikoprämie* P^R_{x+t} :

$$\begin{aligned} P^S_{x+t} &= ({}_{t+1}V_x + e_{x+t+1})v - {}_tV_x, \\ P^R_{x+t} &= q_{x+t}v(a_{x+t} - {}_{t+1}V_x - e_{x+t+1}). \end{aligned} \tag{6.19}$$

Die Bezeichnung „Sparprämie" rührt daher, daß durch Ansparen dieses Teiles der Prämie nach Auszahlung der Erlebenskapitalien für die überlebenden Versicherten gerade das Deckungskapital resultiert. Aus (6.19) folgt nämlich

$$\sum_{\nu=0}^{t-1} P^S_{x+\nu} r^{t-\nu} = {}_tV_x + \sum_{\nu=1}^{t} e_{x+\nu} r^{t-\nu}. \tag{6.20}$$

Im Zeitpunkt $t-1$ steht also für jeden Versicherten $({}_tV_x + e_{x+t})v$ zur Verfügung. Die Risikoprämie P^R_{x+t} führt dazu, diesen Betrag für jene Versicherten, die zwischen $t-1$ und t sterben, unter Berücksichtigung der Aufzinsung um ein Jahr auf die Höhe des Ablebenskapitals a_{x+t} zu bringen. $a_{x+t} - {}_{t+1}V_x - e_{x+t+1}$ wird auch als *Risikokapital* bezeichnet.

Eine negative Sparprämie $P^S_{x+t} < 0$ bedeutet, daß wegen $P^S_{x+t} = P_{x+t} - - P^R_{x+t} < 0$ die Prämie P_{x+t} nicht ausreicht, die Risikoprämie P^R_{x+t} zu bilden. In diesem Fall kann aber die fehlende Differenz aus dem Deckungskapital ${}_tV_x$ genommen werden, da dieses wegen ${}_tV_x r > {}_{t+1}V_x + e_{x+t+1}$ nicht zur Gänze zur Bildung von ${}_{t+1}V_x$ bzw. zur Deckung des Erlebenskapitals e_{x+t+1} herangezogen werden muß.

Unter der Voraussetzung, daß die Entwicklung des Versichertenstandes genau der Sterbetafel folgt, kann die Gebarung für die Zeit t bis $t+1$ folgendermaßen beschrieben werden:

Anfangskapital im Zeitpunkt t für l_{x+t} Versicherte:

$$l_{x+t}\,{}_tV_x,$$

Prämieneinnahmen im Zeitpunkt t:

$$l_{x+t}P_{x+t} = l_{x+t}(P^S_{x+t} + P^R_{x+t}),$$

Aufgezinstes Gesamtkapital im Zeitpunkt $t+1$ vor Auszahlung der Leistungen:

$$\begin{aligned} & l_{x+t}\,({}_tV_x + P^S_{x+t} + P^R_{x+t})r = \\ & \quad = l_{x+t+1}\,({}_tV_x + P^S_{x+t})r + d_{x+t}\,({}_tV_x + P^S_{x+t})\,r + l_{x+t}P^R_{x+t}\,r = \\ & \quad = l_{x+t+1}({}_{t+1}V_x + e_{x+t+1}) + d_{x+t}[({}_tV_x + P^S_{x+t})r + a_{x+t} - {}_{t+1}V_x - e_{x+t+1}] = \\ & \quad = l_{x+t+1}\,({}_{t+1}V_x + e_{x+t+1}) + d_{x+t}\,a_{x+t}, \end{aligned}$$

Versicherungsleistung im Zeitpunkt $t+1$:

$$l_{x+t+1}\,e_{x+t+1} + d_{x+t}\,a_{x+t},$$

Verbleibendes Kapital im Zeitpunkt $t+1$:

$$l_{x+t+1}\,{}_{t+1}V_x.$$

Diese Darstellung berücksichtigt nicht die zufälligen Schwankungen in der Anzahl der Todesfälle. Solche zufälligen Schwankungen werden allgemein im Abschnitt über Risikotheorie untersucht.

Theoretisch wäre es möglich, die Prämien für jedes Jahr so festzusetzen, daß das Deckungskapital stets Null wird, also keine Reservenbildung notwendig wird. Wir bezeichnen eine solche Prämie als *natürliche Prämie* P^n_{x+t} und aus (6.18) folgt

$$P^n_{x+t} = (p_{x+t}\, e_{x+t+1} + q_{x+t}\, a_{x+t})\, v\,.$$

3. Unterjähriges Deckungskapital. Das nach den Formeln (6.2) oder (6.4) errechnete Deckungskapital ist nur für ganzzahlige Werte von t definiert. Wie kann nun der Verlauf des Deckungskapitals während eines Jahres beschrieben werden? Zu Beginn eines Jahres, also etwa des Jahres von t bis $t+1$ wird für jeden Versicherten zu dem vorhandenen Deckungskapital ${}_tV_x$ die Prämie P_{x+t} hinzugerechnet. Im Verlauf des Jahres sind für die eingetretenen Todesfälle die Ablebenszahlungen in solcher Höhe zu reservieren, daß unter Berücksichtigung der Aufzinsung am Jahresende jeweils der Betrag a_{x+t} zur Verfügung steht. Man erhält daher für $0 < \tau < 1$ die folgende Beziehung:

$$l_{x+t}({}_tV_x + P_{x+t})\, r^\tau = {}_{t+\tau}V_x\, l_{x+t+\tau} + (l_{x+t} - l_{x+t+\tau})\, a_{x+t} v^{1-\tau}\,. \tag{6.21}$$

Um diese Formel anzuwenden, müssen die Werte l_{x+t} der Sterbetafel interpoliert werden. Aus (4.33) erhält man

$$l_{x+t+\tau} = l_{x+t}\, e^{-\int\limits_0^\tau \mu_{x+t+\xi} d\xi}\,.$$

Die Anwendung dieser Formel ist kompliziert und vor allem im Hinblick auf die Ungenauigkeit bei der Errechnung der Funktion μ_x kaum zu empfehlen. Die jahreszeitlich bedingte ungleichmäßige Verteilung der Todesfälle im Laufe eines Jahres legt es nahe, sich mit einer möglichst einfachen Interpolation zu begnügen. Es ist daher ohne weiteres vertretbar, auch auf die lineare Interpolation der Werte l_{x+t} zu verzichten und die Werte des Deckungskapitals selbst zu interpolieren. Aus (6.21) folgt

$$\begin{aligned} \lim_{\tau \downarrow 0} {}_{t+\tau}V_x &= {}_{t+0}V_x = {}_tV_x + P_{x+t}\,, \\ \lim_{\tau \uparrow 1} {}_{t+\tau}V_x &= {}_{t+1-0}V_x = \frac{1}{{}_1E_{x+t}}({}_tV_x + P_{x+t} - q_{x+t}\, a_{x+t} v) = {}_{t+1}V_x + e_{x+t+1}\,. \end{aligned} \tag{6.22}$$

Zwischen ${}_{t+0}V_x$ und ${}_{t+1-0}V_x$ wird nun linear interpoliert:

$${}_{t+\tau}V_x = (1-\tau)\, {}_{t+0}V_x + \tau\, {}_{t+1-0}V_x\,.$$

Mit Hilfe von (6.22) folgt daraus:

$${}_{t+\tau}V_x = (1-\tau)\,{}_tV_x + \tau\, {}_{t+1}V_x + (1-\tau)\, P_{x+t} + \tau e_{x+t+1}\,. \tag{6.23}$$

Die ersten beiden Summanden sind die interpolierte Reserve. $(1-\tau)P_{x+t}$ wird als *Prämienübertrag*, τe_{x+t+1} als *Rentenübertrag* bezeichnet. Einen Überblick liefert Abb. 5.

Der Ausdruck Rentenübertrag rührt daher, daß e_{x+t+1} als Rate einer Rentenleistung aufgefaßt wird. Weitere Vereinfachungen sind möglich, indem man etwa für $\tau < \frac{1}{2}$ den Prämienübertrag gleich P_{x+t} und den Rentenübertrag gleich Null setzt und für $\tau \geqq \frac{1}{2}$ den Prämienübertrag gleich Null und den Rentenübertrag gleich e_{x+t+1}.

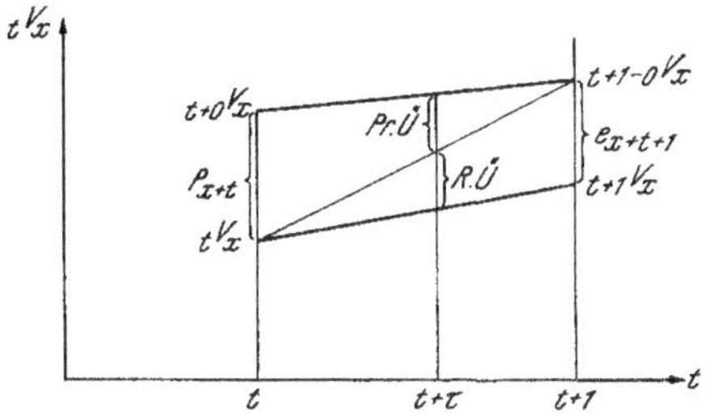

Abb. 5

Für die Berechnung des unterjährigen Deckungskapitals bei *unterjähriger Prämienzahlung* nehmen wir an, daß die jährliche Prämie $P_{x+t}^{(m)}$ in m vorschüssigen Raten in den Zeitpunkten $t, t + \frac{1}{m}, \ldots, t + \frac{m-1}{m}$ fällig wird. In Analogie zur jährlichen Prämienzahlung wird angenommen, daß der Prämienübertrag von $\frac{1}{m} P_{x+t}^{(m)}$ zu Beginn des Prämienzahlungszeitraumes auf Null am Ende des Prämienzahlungszeitraumes linear absinkt. Man interpoliert zunächst zwischen $_tV_x$ und $_{t+1-0}V_x$ und fügt den jeweiligen Prämienübertrag hinzu. Auf diese Weise erhält man für $\tau = \frac{\nu + \varepsilon}{m}$ mit $0 \leqq \nu < m$ und $0 < \varepsilon < 1$

$$_{t+\tau}V_x = (1 - \tau)\, _tV_x + \tau\, _{t+1}V_x + \tau e_{x+t+1} + (1 - \varepsilon) \frac{1}{m} P_{x+t}^{(m)}. \tag{6.24}$$

Einen Überblick vermittelt Abb. 6, wobei $m = 4$ angenommen wurde.

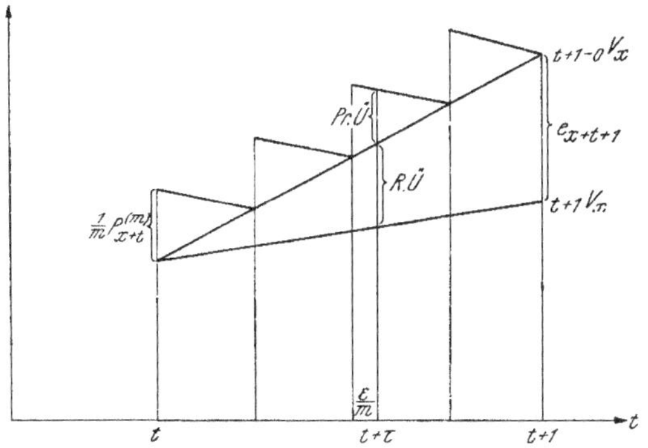

Abb. 6

(6.24) kann noch auf die folgende Form gebracht werden:

$${}_{t+\tau}V_x = (1-\tau)\,{}_tV_x + \tau\,{}_{t+1}V_x + \tau e_{x+t+1} + (1-\tau)\,P_{x+t}^{(m)} - \left(1 - \frac{\nu+1}{m}\right) P_{x+t}^{(m)}. \quad (6.25)$$

Aus dieser Gleichung ist der Unterschied zwischen den Deckungskapitalien bei jährlicher und bei unterjähriger Prämienzahlung besonders deutlich sichtbar. Sie unterscheidet sich von (6.23) durch den Ausdruck $\left(1 - \frac{\nu+1}{m}\right) P_{x+t}^{(m)}$. Um diesen Betrag, der als *gestundete Prämie* bezeichnet wird, ist das Deckungskapital bei unterjähriger Prämienzahlung niedriger als bei jährlicher Prämienzahlung. Es handelt sich gerade um jenen Teil der jährlichen Prämiensumme, der im Zeitpunkt der Berechnung des Deckungskapitals noch nicht eingezahlt worden ist. (6.25) kann daher auch direkt aus (6.23) hergeleitet werden, indem man das nach (6.23) interpolierte Deckungskapital um die in τ noch nicht eingezahlten Raten der jährlichen Prämiensumme $P_{x+t}^{(m)}$ vermindert. Die Frage der Verzinsung bleibt bei dieser Darstellung außer Betracht, da wir $x+t$ zwischen den Reservewerten am Jahresbeginn bzw. am Jahresende linear interpoliert haben.

4. Ausreichendes Deckungskapital. Die bisherigen Untersuchungen über das Deckungskapital beruhten auf der Nettoprämie. Verwaltungskosten wurden nicht berücksichtigt. Unter Einbeziehung der Verwaltungskosten kann die ausreichende Prämie nach (5.80) wie folgt dargestellt werden:

$$P_{x,\overline{k}|}^{a} B(x,\overline{n}|) = P_{x,\overline{k}|}(B_{x,\overline{n}|}) + P_{x,\overline{k}|}^{\alpha} + P_{x,\overline{k}|}^{\beta} + P_{x,\overline{k}|}^{\gamma} \quad (6.26)$$

mit

$$P_{x,\overline{k}|}(B_{x,\overline{n}|}) = \frac{B_{x,\overline{n}|}}{\ddot{a}_{x,\overline{k}|}},$$

$$P_{x,\overline{k}|}^{\alpha} = \frac{\alpha}{\ddot{a}_{x,\overline{k}|}},$$

$$P_{x,\overline{k}|}^{\beta} = \beta P_{x,\overline{k}|}^{a}(B_{x,\overline{n}|}),$$

$$P_{x,\overline{k}|}^{\gamma} = \frac{\gamma\,\ddot{a}_{x,\overline{n}|}}{\ddot{a}_{x,\overline{k}|}}.$$

Im Fall einer Leibrente ist in diesen Formeln α durch $\bar{\alpha} = \alpha P_{x,\overline{k}|}^{a}({}_{l|}\ddot{a}_{x,\overline{n}|})$ und n durch $n+l$ zu ersetzen. Damit kann auch die Versicherung auf Leibrente als Spezialfall einer allgemeinen Versicherung der Gestalt $B_{x,\overline{n}|}$ behandelt werden.

Für die Berechnung des Deckungskapitals wird nun angenommen, daß vier Versicherungen abgeschlossen wurden, und zwar eine gegen die jährlicheNettoprämie $P_{x,\overline{k}|}(B_{x,\overline{n}|})$ auf die Versicherungsleistungen, die zweite gegen die jährliche Prämie $P_{x,\overline{k}|}^{\alpha}$ auf die Abschlußkosten, die dritte gegen die jährliche Prämie $P_{x,\overline{k}|}^{\beta}$ auf die Inkassokosten und die vierte gegen die jährliche Prämie $P_{x,\overline{k}|}^{\gamma}$ auf die laufenden Verwaltungskosten. Nun wird das Deckungskapital für jede dieser vier Versicherungen berechnet. Für die prospektive Darstellung erhalten wir aus (6.15):

$$\begin{aligned}
{}_tV_x^{\text{pro}}[P_{x,\overline{k}|}(B_{x,\overline{n}|})] &= B_{x+t,\overline{n-t}|} - P_{x,\overline{k}|}(B_{x,\overline{n}|})\,\ddot{a}_{x+t,\overline{k-t}|},\\
{}_tV_x^{\text{pro}}(P_{x,\overline{k}|}^{\alpha}) &= -P_{x,\overline{k}|}^{\alpha}\,\ddot{a}_{x+t,\overline{k-t}|} = -\alpha\,\frac{\ddot{a}_{k+t,\overline{k-t}|}}{\ddot{a}_{x,\overline{k}|}},\\
{}_tV_x^{\text{pro}}(P_{x,\overline{k}|}^{\beta}) &= [\beta P_{x,\overline{k}|}^{a}(B_{x,\overline{n}|}) - P_{x,\overline{k}|}^{\beta}]\,\ddot{a}_{x+t,\overline{k-t}|} = 0,\\
{}_tV_x^{\text{pro}}(P_{x,\overline{k}|}^{\gamma}) &= \gamma\,\ddot{a}_{x+t,\overline{n-t}|} - P_{x,\overline{k}|}^{\gamma}\,\ddot{a}_{x+t,\overline{k-t}|} = \gamma\left(\ddot{a}_{x+t,\overline{n-t}|} - \frac{\ddot{a}_{x,\overline{n}|}}{\ddot{a}_{x,\overline{k}|}}\,\ddot{a}_{x+t,\overline{k-t}|}\right).
\end{aligned} \quad (6.27)$$

Die Inkassokosten werden gleich bei Einzahlung der Prämie abgezogen und führen daher zu keiner Reservenbildung.

Ist die Prämienzahlungsdauer gleich der Versicherungsdauer, gilt also $k = n$, dann ist ${}_tV_x(P^{\gamma}_{x,\overline{n}|}) = 0$. In diesem Fall werden die laufenden Verwaltungskosten so wie die Inkassokosten gleich von der eingehobenen Prämie abgezogen, ohne daß eine Reservenbildung notwendig wird.

Das ausreichende Deckungskapital ${}_tV^a_x$ ist nun die Summe der Deckungskapitalien für die vier Einzelversicherungen:

$$\begin{aligned} {}_tV^{a(\text{pro})}_x\,[P^a_{x,\overline{k}|}(B_{x,\overline{n}|})] &= {}_tV^{\text{pro}}_x\,[P_{x,\overline{k}|}\,(B_{x,\overline{n}|})] + {}_tV^{\text{pro}}_x\,(P^{\alpha}_{x,\overline{k}|}) + {}_tV^{\text{pro}}_x\,(P^{\gamma}_{x,\overline{k}|}) = \\ &= B_{x+t,\overline{n-t}|} - P_{x,\overline{k}|}\,(B_{x,\overline{n}|})\,\ddot{a}_{x+t,\overline{k-t}|} - \alpha\,\frac{\ddot{a}_{x+t,\overline{k-t}|}}{\ddot{a}_{x,\overline{k}|}} + \gamma\left(\ddot{a}_{x+t,\overline{n-t}|} - \frac{\ddot{a}_{x,\overline{n}|}}{\ddot{a}_{x,\overline{k}|}}\,\ddot{a}_{x+t,\overline{k-t}|}\right). \end{aligned} \tag{6.28}$$

Mit Hilfe von (5.80) folgt daraus

$$ {}_tV^{a(pro)}_x\,[P^a_{x,\overline{k}|}\,(B_{x,\overline{n}|})] = B_{x+t,\overline{n-t}|} + \gamma\ddot{a}_{x+t,\overline{n-t}|} - (1-\beta)\,P^a_{x,\overline{k}|}(B_{x,\overline{n}|})\,\ddot{a}_{x+t,\overline{k-t}|}. \tag{6.29}$$

Für die retrospektive Darstellung gilt

$$ {}_tV^{\text{retro}}_x(P^{\alpha}_{x,\overline{k}|}) = \frac{1}{{}_tE_x}\,(P^{\alpha}_{x,\overline{k}|}\,\ddot{a}_{x,\overline{t}|} - \alpha),$$

$$ {}_tV^{\text{retro}}_x(P^{\gamma}_{x,\overline{k}|}) = \frac{1}{{}_tE_x}\,(P^{\gamma}_{x,\overline{k}|} - \gamma)\,\ddot{a}_{x,\overline{t}|}$$

und wir erhalten mit Hilfe von (5.80) und (6.16) die folgende retrospektive Darstellung des ausreichenden Deckungskapitals aus der Summe der Deckungskapitalien der Einzelversicherungen:

$$ {}_tV^{a(\text{retro})}_x\,[P^a_{x,\overline{k}|}(B_{x,\overline{n}|})] = \frac{1}{{}_tE_x}\,[(1-\beta)\,P^a_{x,\overline{k}|}(B_{x,\overline{n}|})\,\ddot{a}_{x,\overline{t}|} - B_{x,\overline{t}|} - \alpha - \gamma\ddot{a}_{x,\overline{t}|}]. \tag{6.30}$$

Nach Ablauf der Prämienzahlungszeit, also für $t \geqq k$, vereinfacht sich die prospektive Darstellung des ausreichenden Deckungskapitals auf die folgende Form:

$$ {}_tV^{a(\text{pro})}_x[P^a_{x,\overline{k}|}(B_{x,\overline{n}|})] = B_{x+t,\overline{n-t}|} + \gamma\ddot{a}_{x+t,\overline{n-t}|}. \tag{6.31}$$

Die Abschlußkosten sind bereits gedeckt und das Deckungskapital enthält neben dem Versicherungsbarwert für die zukünftigen Leistungen nur mehr den zur Abdeckung der zukünftigen laufenden Verwaltungskosten notwendigen Betrag.

Für die weiteren Untersuchungen setzen wir der Einfachheit halber

$$ {}_tV^a_x[P^a_{x,\overline{k}|}(B_{x,\overline{n}|})] = {}_tV^a_x, \quad {}_tV_x(P^{\alpha}_{x,\overline{k}|}) = {}_tV^{\alpha}_x, \quad {}_tV_x(P^{\gamma}_{x,\overline{k}|}) = {}_tV^{\gamma}_x$$

und für die im Zeitpunkt t fällig werdende Prämie

$$ P^a_{x,\overline{k}|}(B_{x,\overline{n}|}) = P^a_{x+t}, \quad P^{\alpha}_{x,\overline{k}|} = P^{\alpha}_{x+t}, \quad P^{\gamma}_{x,\overline{k}|} = P^{\gamma}_{x+t}.$$

Wir gehen von einer allgemeinen Versicherung aus, bei der die Erlebenskapitalien e_{x+t} und die Ablebenskapitalien a_{x+t} vorgesehen sind. Obwohl die Abschlußkosten und die laufenden Verwaltungskosten im allgemeinen von den Versicherungssummen e_{x+t} und a_{x+t} abhängen, wollen wir sie nach wie vor mit α bzw. mit jährlich

γ ansetzen. In Analogie zur Rekursionsformel (6.17) erhalten wir dann für $0 < t < k$ aus (6.27)

$$
\begin{aligned}
{}_1E_{x+t}\ {}_{t+1}V_x^\alpha &= -{}_1E_{x+t}\, P_{x+t}^\alpha\, \ddot{a}_{x+t+1,\overline{k-t-1|}} = -P_{x+t}^\alpha(\ddot{a}_{x+t,\overline{k-t|}} - 1) = {}_tV_x^\alpha + P_{x+t}^\alpha,\\
{}_1E_{x+t}\ {}_{t+1}V_x^\gamma &= {}_1E_{x+t}\,(\gamma\, \ddot{a}_{x+t+1,\overline{n-t-1|}} - P_{x+t}^\gamma\, \ddot{a}_{x+t+1,\overline{k-t-1|}}) =\\
&= \gamma(\ddot{a}_{x+t,\overline{n-t|}} - 1) - P_{x+t}^\gamma(\ddot{a}_{x+t,\overline{k-t|}} - 1) = {}_tV_x^\gamma + P_{x+t}^\gamma - \gamma.
\end{aligned}
$$

Daraus folgt unter Verwendung von (6.17), (6.26) und (6.28)

$$
\begin{aligned}
{}_1E_{x+t}({}_{t+1}V_x^a + e_{x+t+1}) &= {}_1E_{x+t}\,({}_{t+1}V_x + {}_{t+1}V_x^\alpha + {}_{t+1}V_x^\gamma + e_{x+t+1}) =\\
&= {}_tV_x + P_{x+t} - q_{x+t}\, a_{x+t}\, v + {}_tV_x^\alpha + P_{x+t}^\alpha + {}_tV_x^\gamma + P_{x+t}^\gamma - \gamma =\\
&= {}_tV_x^a + (1-\beta)\, P_{x+t}^a - q_{x+t}\, a_{x+t}\, v - \gamma. \qquad (6.32)
\end{aligned}
$$

Insbesondere erhalten wir für $t = 0$ aus (6.27)

$$ {}_0V_x = -\alpha $$

und daher aus (6.32)

$$ {}_1E_x\,({}_1V_x^a + e_{x+1}) = (1-\beta)\, P_x^a - q_x a_x v - \alpha - \gamma. \qquad (6.33) $$

In Analogie zu (6.18) kann nun die Prämie P_{x+t}^a für $0 < t < k$ folgendermaßen zerlegt werden:

$$ P_{x+t}^a = ({}_{t+1}V_x^a + e_{x+t+1})\, v - {}_tV_x^a + q_{x+t}\, v\,(a_{x+t} - {}_{t+1}V_x^a - e_{x+t+1}) + \beta P_{x+t}^a + \gamma. \qquad (6.34) $$

Man bezeichnet

$P_{x+t}^{aS} = ({}_{t+1}V_x^a + e_{x+t+1})\, v - {}_tV_x^a$ als *ausreichende Sparprämie*,

$P_{x+t}^{aR} = q_{x+t} v(a_{x+t} - {}_{t+1}V_x^a - e_{x+t+1})$ als *ausreichende Risikoprämie*,

$P_{x+t}^{aK} = \beta P_{x+t}^a + \gamma$ als *Verwaltungskostenzuschlag*.

Für $t = 0$ gilt $P_x^{aS} = ({}_1V_x^a + e_{x+1})v$ und $P_x^{aK} = \alpha + \beta P_x^a + \gamma$. Wieder wird die Sparprämie zum Ansparen des Deckungskapitals und zur Auszahlung der Erlebenskapitalien verwendet und die Risikoprämie zur Auffüllung des Deckungskapitals auf die Höhe des Ablebenskapitals im Ablebensfall. Der Verwaltungskostenzuschlag dient der Deckung der jährlichen Verwaltungskosten.

Bei der Berechnung des *unterjährigen ausreichenden Deckungskapitals* gehen wir davon aus, daß der in der Prämie enthaltene Verwaltungskostenzuschlag bereits im Zeitpunkt der Prämienzahlung fällig wird. In Analogie zu (6.21) erhalten wir daher für $t \geqq 0$ und $0 < \tau < 1$ die folgende Beziehung:

$$ l_{x+t}({}_tV_x^a + P_{x+t}^a - \beta P_{x+t}^a - \gamma) r^\tau = {}_{t+\tau}V_x^a\, l_{x+t+\tau} + (l_{x+t} - l_{x+t+\tau})\, a_{x+t}\, v^{1-\tau}. \qquad (6.35) $$

Diese Gleichung bleibt für $t \geqq k$, also nach Ablauf der Prämienzahlungszeit, gültig, wenn man $P_{x+t}^a = 0$ setzt. Aus (6.35) folgt

$$ \lim_{\tau \downarrow 0} {}_{t+\tau}V_x^a = {}_{t+0}V_x^a = {}_tV_x^a + P_{x+t}^a - \beta P_{x+t}^a - \gamma $$

und mit Hilfe von (6.32)

$$\lim_{\tau \uparrow 1} {}_{t+\tau}V_x^a = {}_{t+1-0}V_x^a = {}_{t+1}V_x^a + e_{x+t+1}.$$

Wie in (6.23) wird nun für $t > 0$ zur Errechnung des unterjährigen ausreichenden Deckungskapitals linear interpoliert:

$$\begin{aligned} {}_{t+\tau}V_x^a &= (1-\tau)\,{}_{t+0}V_x^a + \tau\,{}_{t+1-0}V_x^a = \\ &= (1-\tau)\,{}_tV_x^a + \tau\,{}_{t+1}V_x^a + (1-\tau)\,[(1-\beta)\,P_{x+t}^a - \gamma] + \tau e_{x+t+1}. \end{aligned} \tag{6.36}$$

In dieser Gleichung bedeuten wieder die beiden ersten Summanden das interpolierte ausreichende Deckungskapital, der dritte Summand den Prämienübertrag und der letzte den Rentenübertrag. Für $t = 0$ folgt wegen ${}_{0+0}V_x^a = (1-\beta)\,P_x^a - \alpha - \gamma$ die Beziehung

$${}_\tau V_x^a = \tau\,{}_1V_x^a + (1-\tau)\,[(1-\beta)\,P_x^a - \alpha - \gamma] + \tau e_{x+1}, \tag{6.37}$$

wobei der zweite Summand als Prämienübertrag und der dritte als Rentenübertrag bezeichnet werden.

Bei *unterjähriger Prämienzahlung* kann das unterjährige ausreichende Deckungskapital in Analogie zu (6.24) und (6.25) gebildet werden. Die Inkassokosten werden dabei jeweils von der fällig werdenden Prämienrate abgezogen und die laufenden Verwaltungskosten werden in m^{tel}-jährlichen vorschüssigen Raten in der Höhe von $\frac{\gamma}{m}$ während der gesamten Versicherungszeit fällig. Es wird wieder zwischen ${}_tV_x^a$ und ${}_{t+1-0}V_x^a$ interpoliert und der Prämienübertrag hinzugerechnet. Es folgt für $\tau = \frac{\nu + \varepsilon}{m}$ mit $0 \leqq \nu < m$ und $0 < \varepsilon < 1$ analog zu (6.24)

$${}_{t+\tau}V_x^a = (1-\tau)\,{}_tV_x^a + \tau\,{}_{t+1}V_x^a + \tau e_{x+t+1} + (1-\varepsilon)\,\frac{1}{m}\,[(1-\beta)\,P_{x+t}^{a(m)} - \gamma] \tag{6.38}$$

und daraus analog zu (6.25)

$$\begin{aligned} {}_{t+\tau}V_x^a &= (1-\tau)\,{}_tV_x^a + \tau\,{}_{t+1}V_x^a + \tau e_{x+t+1} + (1-\tau)\,[(1-\beta)\,P_{x+t}^{a(m)} - \gamma] - \\ &\quad - \left(1 - \frac{\nu+1}{m}\right)[(1-\beta)\,P_{x+t}^{a(m)} - \gamma]. \end{aligned} \tag{6.39}$$

Der letzte Ausdruck auf der rechten Seite von (6.39) ist die gestundete Prämie bei unterjähriger Prämienzahlung.

Als erstes Beispiel soll das ausreichende Deckungskapital für eine n-jährige Erlebenskapitalversicherung mit n-jähriger Prämienzahlung für $0 \leqq t < n$ berechnet werden. Aus (6.28) erhalten wir unter Berücksichtigung von (6.6)

$${}_tV_x^a\,[P_{x,\overline{n}|}^a\,({}_nE_x)] = \frac{P_{x,\overline{n}|}\,({}_nE_x)}{P_{x,\overline{t}|}\,({}_tE_x)} - \alpha\,\frac{\ddot{a}_{x+t,\overline{n-t}|}}{\ddot{a}_{x,\overline{n}|}}. \tag{6.40}$$

Der zweite Ausdruck auf der rechten Seite von (6.40) ist der für die noch nicht gezahlten Prämien P_{x+t}^α der Versicherung auf die Abschlußkosten abzuziehende Betrag.

In gleicher Weise erhält man aus (6.28) für die n-jährige gemischte Versicherung mit n-jähriger Prämienzahlungsdauer unter Berücksichtigung von (6.9) unschwer die folgende Formel:

$$ {}_tV_x^a\,[P^a_{x,\overline{n|}}(A_{x,\overline{n|}})] = 1 - (1+\alpha)\,\frac{\ddot{a}_{x+t,\overline{n-t|}}}{\ddot{a}_{x,\overline{n|}}}. \tag{6.41} $$

Nun betrachten wir das ausreichende Deckungskapital für eine um l Jahre aufgeschobene n-jährige vorschüssige Leibrente mit l-jähriger Prämienzahlung. Aus (6.28) folgt unter Berücksichtigung von (6.12)

$$ {}_tV_x^a\,[P_{x,\overline{l|}}\,({}_{l|}\ddot{a}_{x,\overline{n|}})] = \frac{P_{x,\overline{l|}}\,({}_{l|}\ddot{a}_{x,\overline{n|}})}{P_{x,\overline{t|}}\,({}_tE_x)} - \alpha\,\frac{\ddot{a}_{x+t,\overline{l-t|}}}{\ddot{a}_{x,\overline{l|}}}. \tag{6.42} $$

Für die Versicherung mit fester Laufzeit erhalten wir aus (6.28) unter Berücksichtigung von (6.13)

$$ {}_tV_x^a\,[P^a_{x,\overline{n|}}(v^n)] = v^{n-t} - (v^n+\alpha)\,\frac{\ddot{a}_{x+t,\overline{n-t|}}}{\ddot{a}_{x,\overline{n|}}}. \tag{6.43} $$

5. Das Deckungskapital von A. Zillmer. Wie aus (6.28) hervorgeht, hängt das ausreichende Deckungskapital nur von den Kostensätzen α und γ, nicht aber von den Inkassokosten β ab. Ist die Prämienzahlungszeit gleich der Versicherungszeit, dann folgt aus (6.27) ${}_tV_x(P^\gamma_{x,\overline{n|}}) = 0$ und das Deckungskapital hängt nur von den Abschlußkosten ab. Aber auch sonst ist im allgemeinen γ und damit auch ${}_tV_x(P^\gamma_{x,\overline{k|}})$ sehr gering. Dies kann als Begründung für ein auf A. Zillmer zurückgehendes Verfahren zur Berechnung des Deckungskapitals herangezogen werden. Dieses Verfahren berücksichtigt lediglich die Abschlußkosten α. Das so erhaltene Deckungskapital heißt *Zillmer-Deckungskapital* und die sich ergebende Prämie *Zillmer-Prämie.* Für die Zillmer-Prämie gilt wegen (5.80)

$$ P^z_{x,\overline{k|}}\,(B_{x,\overline{n|}}) = \frac{B_{x,\overline{n|}}+\alpha}{\ddot{a}_{x,\overline{k|}}} \tag{6.44} $$

und für das Zillmer-Deckungskapital wegen (6.28)

$$ {}_tV_x^z\,[P^z_{x,\overline{k|}}(B_{x,\overline{n|}})] = {}_tV_x[P_{x,\overline{k|}}\,(B_{x,\overline{n|}})] - \alpha\,\frac{\ddot{a}_{x+t,\overline{k-t|}}}{\ddot{a}_{x,\overline{k|}}}. \tag{6.45} $$

Man bezeichnet (6.44) auch als die mit dem Kostensatz α gezillmerte Prämie und (6.45) als das mit dem Kostensatz α gezillmerte Deckungskapital.

Für Versicherungen, die gegen jährliche Prämien abgeschlossen werden, sind die Abschlußkosten α gegenüber der Jahresprämie verhältnismäßig hoch. In diesem Fall kann, wie aus (6.45) hervorgeht, das Zillmer-Deckungskapital negativ werden. Da $\ddot{a}_{x+t,\overline{k-t|}}$ für die praktisch in Betracht kommenden Alter in t monoton fallend ist[1], muß man vor allem damit rechnen, daß das Deckungskapital nach einem Jahr kleiner als Null wird. Bei Versicherungen gegen Einmalprämie ist, wie aus (6.14) hervorgeht, das Deckungskapital stets positiv. Bei Versicherungen gegen jährlich gleichbleibende Prämien ist ${}_tV_x$ im allgemeinen monoton steigend, so daß auch ${}_tV_x^z$ monoton steigt und aus ${}_1V_x^z \geqq 0$ allgemein ${}_tV_x^z \geqq 0$ folgt.

Welche Bedeutung hat nun das Vorzeichen des Deckungskapitals? In der Bilanz der Versicherungsgesellschaft bedeutet ein negatives Deckungskapital eine

[1] Wegen der hohen Säuglingssterblichkeit gilt etwa für die aus den Kommutationszahlen der Tab. 16 und 17 (Österreichische Sterbetafel 1959/61, 4%) für Männer errechneten Rentenbarwerte $\ddot{a}_{0,\overline{40|}} = 33{,}15 < \ddot{a}_{1,\overline{39|}} = 38{,}11$.

Forderung an den Versicherten. Die Aufnahme einer solchen Forderung in die Bilanz erscheint aber deshalb als problematisch, weil der Versicherte das Recht hat, jederzeit die Versicherung zu beenden. Forderungen, die sich auf zukünftige Prämieneinnahmen beziehen, wie dies bei negativem Deckungskapital der Fall ist, sind also nicht einklagbar und sollen daher auch nicht in die Bilanz aufgenommen werden. Es liegt nun nahe zu prüfen, wie hoch die Abschlußkosten α festgesetzt werden können, ohne daß negative Deckungskapitalien resultieren. Wir behandeln diese Frage am Beispiel einer n-jährigen gemischten Versicherung gegen n-jährige Prämienzahlung. Aus (6.41) folgt unter Verwendung von (6.9) in abgekürzter Schreibweise

$$ {}_tV_x^z(\alpha) = (1+\alpha)\,{}_tV_x - \alpha\,. \tag{6.46}$$

Diese Formel gilt auch für die lebenslängliche Todesfallversicherung gegen lebenslänglich gleichbleibende Prämienzahlung. In der Praxis wird sie aber auch für Erlebensversicherungen gegen gleichbleibende Prämienzahlung während der gesamten Versicherungsdauer sowie für die Versicherung mit fester Laufzeit als Näherungsformel angewendet. Der größte zulässige Wert von α, für den das Deckungskapital noch nicht negativ wird, ergibt sich offenbar für $\bar{\alpha}$ mit ${}_1V_x^z(\bar{\alpha}) = 0$. Aus (6.46) folgt

$$ \bar{\alpha} = \frac{{}_1V_x}{1-{}_1V_x}\,. \tag{6.47}$$

Für $\alpha \leqq \bar{\alpha}$ gilt ${}_1V_x^z(\alpha) \geqq 0$ und daher, wie bereits dargelegt, allgemein ${}_tV_x^z(\alpha) \geqq 0$. Die Abschlußkosten dürfen demnach höchstens mit $\bar{\alpha}$ festgesetzt werden, und man bezeichnet $\bar{\alpha}$ als *Zillmersches Maximum.*

Für die gemischte Versicherung ermittelt man aus (6.47) mit Hilfe von (6.9)

$$ \bar{\alpha} = \frac{\ddot{a}_{x,\overline{n}|}}{\ddot{a}_{x+1,\overline{n-1}|}} - 1 $$

und daraus mit Hilfe von (6.9) und (6.46)

$$ {}_tV_x^z[P_{x,\overline{n}|}^z(A_{x,\overline{n}|})] = \frac{\ddot{a}_{x,\overline{n}|}}{\ddot{a}_{x+1,\overline{n-1}|}}\left(1 - \frac{\ddot{a}_{x+t,\overline{n-t}|}}{\ddot{a}_{x,\overline{n}|}}\right) - \left(\frac{\ddot{a}_{x,\overline{n}|}}{\ddot{a}_{x+1,\overline{n-1}|}} - 1\right) = $$

$$ = 1 - \frac{\ddot{a}_{x+t,\overline{n-t}|}}{\ddot{a}_{x+1,\overline{n-1}|}} = {}_{t-1}V_{x+1}[P_{x+1,\overline{n-1}|}(A_{x+1,\overline{n-1}|})]\,. $$

Für die gemischte Versicherung mit jährlich gleichbleibender Prämienzahlung während der gesamten Versicherungsdauer ist daher das mit dem Zillmerschen Maximum gezillmerte Deckungskapital der Versicherung eines x-jährigen auf n Jahre gleich dem Nettodeckungskapital der Versicherung eines $x+1$-jährigen auf $n-1$ Jahre. Diese Methode der Berechnung des Zillmerschen Deckungskapitals wird auch als $x+1$-*Methode* bezeichnet.

In der Praxis wird die $x+1$-Methode selten angewendet. Der maximale Satz der Abschlußkosten wird häufig durch die Aufsichtsbehörde festgesetzt, etwa in der Größenordnung von 3,5%. Ergibt sich trotz dieser Begrenzung ein negatives Deckungskapital, dann sollte dieses in der Bilanz mit dem Wert Null angesetzt werden.

6. Vollständiges Deckungskapital. Die tatsächlich gezahlte Tarifprämie enthält neben dem Verwaltungskostenzuschlag Sicherheitszuschläge als Ausgleich für zufällige Schwankungen im Versicherungsverlauf. Man nennt das unter Zugrundelegung der Tarifprämie errechnete Deckungskapital *vollständiges Deckungskapital*, in abgekürzter Schreibweise ${}_tV_x^v$.

Verwendet man Rechnungsgrundlagen erster Ordnung, dann wird, wie (5.81) festlegt, die Tarifprämie in der Höhe der ausreichenden Prämie bemessen. Als vollständiges Deckungskapital erhält man daher in diesem Fall das ausreichende Deckungskapital:

$$ {}_tV_x^v = {}_tV_x^a. \tag{6.48}$$

Verwendet man Rechnungsgrundlagen zweiter Ordnung, dann gilt (5.82). Für die Berechnung des vollständigen Deckungskapitals wird angenommen, daß zwei Versicherungen abgeschlossen wurden, und zwar eine gegen die jährliche Prämie $P^a_{x,\overline{k}|}(B_{x,\overline{n}|})$ auf die Versicherungsleistungen und die Verwaltungskosten und eine zweite gegen die jährliche Prämie

$$P^\zeta_{x,\overline{k}|} = \frac{1}{(1-\beta)\ddot{a}_{x,\overline{k}|}} \sum_{t=1}^{n} {}_{t-1}E_x\,\zeta_t.$$

Für diese zweite Versicherung erhält man für $t < k$ das folgende Deckungskapital:

$$ {}_tV_x^{\text{pro}}(P^\zeta_{x,\overline{k}|}) = \sum_{\nu=t+1}^{n} {}_{\nu-t-1}E_{x+t}\,\zeta_\nu - (1-\beta)\,P^\zeta_{x,\overline{k}|}\,\ddot{a}_{x+t,\overline{k-t}|}. \tag{6.49}$$

Daraus folgt für das vollständige Deckungskapital:

$$\begin{aligned} {}_tV_x^{v\,(\text{pro})}(\Pi_{x,\overline{k}|}) &= {}_tV_x^{a\,(\text{pro})}(P^a_{x,\overline{k}|}) + {}_tV_x^{\text{pro}}(P^\zeta_{x,\overline{k}|}) = \\ &= B_{x+t,\overline{n-t}|} - P_{x,\overline{k}|}(B_{x,\overline{n}|})\,\ddot{a}_{x+t,\overline{k-t}|} - \alpha\,\frac{\ddot{a}_{x+t,\overline{k-t}|}}{\ddot{a}_{x,\overline{k}|}} + \gamma\Big(\ddot{a}_{x+t,\overline{n-t}|} - \\ &\quad - \frac{\ddot{a}_{x,\overline{n}|}}{\ddot{a}_{x,\overline{k}|}}\,\ddot{a}_{x+t,\overline{n-t}|}\Big) + \sum_{\nu=t+1}^{n} {}_{\nu-t-1}E_{x+t}\,\zeta_\nu - (1-\beta)\,P^\zeta_{x,\overline{k}|}\,\ddot{a}_{x+t,\overline{k-t}|}. \end{aligned} \tag{6.50}$$

Für $t \geqq k$ erhalten wir in analoger Weise

$$ {}_tV_x^{v\,(\text{pro})}(\Pi_{x,\overline{k}|}) = B_{x+t,\overline{n-t}|} + \gamma\,\ddot{a}_{x+t,\overline{n-t}|} + \sum_{\nu=t+1}^{n} {}_{\nu-t-1}E_{x+t}\,\zeta_\nu. \tag{6.51}$$

Setzen wir wie in Punkt 4 für die bei Erreichung des Alters $x+t$ fällig werdenden Prämien Π_{x+t}, P^a_{x+t} bzw. P^ζ_{x+t}, dann folgt aus (6.50) unter Verwendung von (6.32) und (6.49) wegen

$$ {}_1E_{x+t}\;{}_{t+1}V_x(P^\zeta_{x,\overline{k}|}) = {}_tV_x(P^\zeta_{x,\overline{k}|}) - \zeta_{t+1} + (1-\beta)\,P^\zeta_{x,\overline{k}|}$$

die Beziehung

$$ {}_1E_{x+t}\,({}_{t+1}V_x^v + e_{x+t+1}) = {}_tV_x^v + (1-\beta)\,\Pi_{x+t} - \zeta_{t+1} - q_{x+t}\,a_{x+t}\,v - \gamma. \tag{6.52}$$

Die Tarifprämie Π_{x+t} kann nun folgendermaßen zerlegt werden:

$$\Pi_{x+t} = ({}_{t+1}V_x^v + e_{x+t+1})\,v - {}_tV_x^v + q_{x+t}\,v\,(a_{x+t} - {}_{t+1}V_x^v - e_{x+t+1}) + \beta\,\Pi_{x+t} + \gamma + \zeta_{t+1}. \tag{6.53}$$

Diese Zerlegung entspricht der Zerlegung in Formel (6.34), wenn der Verwaltungskostenzuschlag $P^{aK}_{x+t} = \beta \Pi_{x+t} + \gamma$ gesetzt wird und außerdem ein *Sicherheitszuschlag* $P^{\zeta}_{x+t} = \zeta_{t+1}$ eingeführt wird. (6.53) kann dann in der Kurzform

$$\Pi_{x+t} = P^{aS}_{x+t} + P^{aR}_{x+t} + P^{aK}_{x+t} + P^{\zeta}_{x+t} \tag{6.54}$$

geschrieben werden.

Das *unterjährige vollständige Deckungskapital* wird in Analogie zu (6.36) bzw. (6.37) gefunden. Wie leicht zu sehen ist, gilt jedoch wegen der Sicherheitszuschläge ζ_t

$$_{t+0}V^v_x = {}_{t+0}V^a_x - \zeta_{t+1}$$

und wir erhalten daher statt (6.36) bzw. (6.37) die analogen Gleichungen

$$_{t+\tau}V^v_x = (1-\tau)\,{}_tV^v_x + \tau\,{}_{t+1}V^v_x + (1-\tau)\,[(1-\beta)\,\Pi_{x+t} - \gamma - \zeta_{t+1}] + \tau e_{x+t+1}, \quad t > 0, \tag{6.55}$$

$$_{\tau}V^v_x = \tau\,{}_1V^v_x + (1-\tau)\,[(1-\beta)\,\Pi_x - \alpha - \gamma - \zeta_1] + \tau e_{x+1}. \tag{6.56}$$

In diesem Fall ist also vom Prämienübertrag der aliquote Teil des Sicherheitszuschlages abzuziehen.

Kapitel 7

Gruppen- und Näherungsmethoden zur Berechnung des Deckungskapitales

1. Problemstellung. Das Deckungskapital für einen Versicherungsbestand ist die Summe der Deckungskapitalien der einzelnen Versicherungen. Bei einem größeren Versicherungsbestand ist die Berechnung des Deckungskapitals daher verhältnismäßig langwierig. Zur Vereinfachung der Berechnungen können die Versicherungen in Gruppen gleichartiger Versicherungen zusammengefaßt werden. Eine Gruppe, die etwa aus lauter gemischten Versicherungen besteht, kann nun weiter unterteilt werden in Gruppen von Versicherungen gleichen Anfangsalters x, gleicher Versicherungsdauer n und gleicher bisheriger Laufzeit t. Schreiben wir $v(x, n, t) = {}_tV_{x,\overline{n|}}$ für das Deckungskapital einer Versicherung auf die Summe 1 und $y(x, n, t)$ für die gesamte Versicherungssumme jener Versicherungen von x-jährigen auf n Jahre, die nach t-jähriger Versicherungsdauer noch unter Vertrag stehen, dann kann das Deckungskapital für den Versicherungsbestand durch

$$V = \sum_{(x,n,t)} v(x, n, t)\, y(x, n, t) \tag{7.1}$$

dargestellt werden, wobei über alle auftretenden Kombinationen von (x, n, t) zu summieren ist.

Die Berechnung des Deckungskapitals nach Formel (7.1) ist oft wegen der großen Zahl der auftretenden Gruppen umständlich. Es wurde eine Reihe von Verfahren entwickelt, die Zahl der Gruppen zu vermindern. Wie dies geschehen kann, sei an einem Beispiel erläutert. Das Deckungskapital gestatte die Zerlegung

$$v(x, n, t) = \sum_{r=1}^{m} g_r(t)\, h_r(x, n). \tag{7.2}$$

Da im Verlauf einer Versicherung die Größen x und n unverändert bleiben, genügt es, die Größen $h_r(x, n)$, die sogenannten Hilfszahlen, einmal zu Beginn der Versicherung zu errechnen und im Zeitpunkt der Berechnung des Deckungskapitals die Werte $g_r(t)$ für $r = 1, \ldots, m$ zu ermitteln. Im Zeitpunkt der Berechnung des Deckungskapitals werden mit Hilfe der Hilfszahlen $h_r(x, n)$ und der aufsummierten Versicherungssummen $y(x, n, t)$ die folgenden Hilfszahlensummen gebildet:

$$H_r(t) = \sum_{(x,n)} h_r(x, n)\, y(x, n, t). \tag{7.3}$$

Diese Summen können auf Grund der bereits bei Versicherungsbeginn feststehenden Hilfszahlen $h_r(x, n)$ und der Versicherungssummen ermittelt werden. Im Zeitpunkt der Berechnung des Deckungskapitals werden die Größen $g_r(t)$ für alle r und alle auftretenden t errechnet. Aus (7.1) und (7.3) erhält man dann die folgende Formel für das Deckungskapital:

$$V = \sum_{(t)} \sum_{r=1}^{m} g_r(t)\, H_r(t). \tag{7.4}$$

Bezeichnet $s_i(x, n)$ die Versicherungssumme der i-ten Versicherung aus der Gruppe (x, n), dann werden zunächst zu Beginn der Versicherung die Produkte $h_r(x, n) s_i(x, n)$ gebildet. Im Zeitpunkt der Berechnung des Deckungskapitals bildet man die Hilfszahlensummen $H_r(t)$ nach (7.3), indem diese Produkte über alle nach t Versicherungsjahren noch unter Vertrag stehenden Versicherungen aufsummiert werden. Bei der Berechnung des Deckungskapitals nach (7.4) ist dann über eine viel geringere Zahl von Gruppen zu summieren als bei der Berechnung nach (7.1).

Ist eine Zerlegung nach (7.2) nicht möglich, dann kann noch geprüft werden, ob eine (7.2) entsprechende Zerlegung näherungsweise durchgeführt werden kann. In diesem Fall findet man eine Näherungsformel für das Deckungskapital in Analogie zum Deckungskapital nach (7.4).

Ist anstelle von (7.2) die Zerlegung

$$v(x, n, t) = \sum_{r=1}^{m} g_r(x, t)\, h_r(x, n) \tag{7.5}$$

möglich, dann erhält man mit den Hilfszahlensummen

$$H_r(x, t) = \sum_{(n)} h_r(x, n)\, y(x, n, t) \tag{7.6}$$

die zu (7.4) analoge Darstellung

$$V = \sum_{(x,t)} \sum_{r=1}^{m} g_r(x, t)\, H_r(x, t). \tag{7.7}$$

Ebenso gelangt man von der Zerlegung

$$v(x, n, t) = \sum_{r=1}^{m} g_r(n, t)\, h_r(x, n) \tag{7.8}$$

mit Hilfe von

$$H_r(n, t) = \sum_{(x)} h_r(x, n)\, y(x, n, t) \tag{7.9}$$

zu

$$V = \sum_{(n,t)} \sum_{r=1}^{m} g_r(n, t)\, H_r(n, t). \tag{7.10}$$

Ist eine Zerlegung nach (7.5) oder (7.8) nur näherungsweise möglich, dann treten an die Stelle der Gleichungen (7.7) bzw. (7.10) die entsprechenden Näherungsformeln.

Eine weitere Methode der näherungsweisen Berechnung des Deckungskapitals besteht darin, Gruppenbildungen durch die Verwendung von Durchschnittswerten zu unterdrücken. Ermittelt man etwa auf Grund des Versicherungsbestandes ein Durchschnittsalter $\bar{x}$, welches die näherungsweise Darstellung

$$\sum_{(x)} v(x, n, t)\, y(x, n, t) \sim v(\bar{x}, n, t) \sum_{(x)} y(x, n, t) \tag{7.11}$$

zuläßt, dann ergibt sich für das gesamte Deckungskapital der Näherungswert

$$V \sim \sum_{(n,t)} v(\bar{x}, n, t)\, H(n, t) \tag{7.12}$$

mit der Hilfszahlensumme

$$H(n, t) = \sum_{(x)} y(x, n, t). \tag{7.13}$$

In analoger Weise findet man für eine Durchschnittsdauer $\bar{n}$ mit

$$\sum_{(x)} v(x, n, t)\, y(x, n, t) \sim v(x, \bar{n}, t) \sum_{(n)} y(x, n, t) \tag{7.14}$$

die Näherungsformel

$$V \sim \sum_{(x,t)} v(x, \bar{n}, t)\, H(x, t) \tag{7.15}$$

mit

$$H(x, t) = \sum_{(n)} y(x, n, t) \tag{7.16}$$

oder aus

$$\sum_{(x,n)} v(x, n, t)\, y(x, n, t) \sim v(\bar{x}, \bar{n}, t) \sum_{(x,n)} y(x, n, t) \tag{7.17}$$

die Näherungsformel

$$V \sim \sum_{(t)} v(\bar{x}, \bar{n}, t)\, H(t) \tag{7.18}$$

mit

$$H(t) = \sum_{(x,n)} y(x, n, t). \tag{7.19}$$

Offenbar sind auch andere Durchschnittsbildungen unter Einschluß von t möglich. Im allgemeinen werden die ermittelten Durchschnittswerte, wie z. B. $\bar{x}$

oder $\bar{n}$, von den Versicherungssummen $y(x, n, t)$ abhängen, die in die Formel der Durchschnittsbildung, wie z. B. (7.11), (7.14) oder (7.17) eingehen.

2. Die Methoden von Karup. Die beiden Methoden von KARUP dienen der Ermittlung des Deckungskapitals für gemischte Versicherungen, deren Prämienzahlungsdauer gleich der Versicherungsdauer ist. Lebenslängliche Todesfallversicherungen sind als Grenzfälle der gemischten Versicherungen einbezogen. Für die retrospektive Darstellung des Deckungskapitals solcher gemischten Versicherungen gilt Formel (6.8). Diese Formel gestattet nun eine Zerlegung nach Formel (7.5), wobei $m = 2$ und

$$g_1(x, t) = \frac{\ddot{a}_{x,\overline{t}|}}{{}_tE_x}, \quad g_2(x, t) = -\frac{{}_{|t}A_x}{{}_tE_x},$$

$$h_1(x, n) = P_{x,\overline{n}|}\,(A_{x,\overline{n}|}) = P_{x,\overline{n}|}, \qquad h_2(x, n) = 1$$

gesetzt wird. Daraus und aus (6.8) erhalten wir für das Deckungskapital die (7.5) entsprechende Formel:

$$v(x, n, t) = \frac{1}{{}_tE_x}\,(\ddot{a}_{x,\overline{t}|}\,P_{x,\overline{n}|} - {}_{|t}A_x) = g_1(x, t)\,h_1(x, n) + g_2(x, t)\,h_2(x, n).$$

Bilden wir nun die Hilfszahlensummen nach (7.6) durch

$$H_1(x, t) = \sum_{(n)} h_1(x, n)\,y(x, n, t) = \sum_{(n)} P_{x,\overline{n}|}\,y(x, n, t),$$

$$H_2(x, t) = \sum_{(n)} h_2(x, n)\,y(x, n, t) = \sum_{(n)} y(x, n, t),$$

dann erhalten wir für das gesamte Deckungskapital des Versicherungsbestandes entsprechend (7.7) die Formel

$$V = \sum_{(x,t)} \frac{\ddot{a}_{x,\overline{t}|}}{{}_tE_x}\,H_1(x, t) - \sum_{(x,t)} \frac{{}_{|t}A_x}{{}_tE_x}\,H_2(x, t). \tag{7.20}$$

Mit Hilfe von Kommutationszahlen kann (7.20) unter Berücksichtigung von (5.6), (5.13) und (5.26) auch in der Form

$$V = \sum_{(x,t)} \frac{N_x - N_{x+t}}{D_{x+t}}\,H_1(x, t) - \sum_{(x,t)} \frac{M_x - M_{x+t}}{D_{x+t}}\,H_2(x, t) \tag{7.21}$$

geschrieben werden. In analoger Weise kann versucht werden, aus der prospektiven Darstellung des Deckungskapitals gemäß (6.9) zu einer Formel für das gesamte Deckungskapital zu gelangen. Hier ist es allerdings notwendig, die Gruppierung nach anderen Grundsätzen vorzunehmen. Wir bezeichnen mit $z = x + t$ das im Zeitpunkt der Berechnung des Deckungskapitals erreichte Alter, mit $s = x + n$ das am Ende der Versicherungsdauer erreichte Alter und ersetzen die Parameter (x, n, t) durch die Parameter (x, z, s). Nach der prospektiven Darstellung aus (6.8) gilt

$$v(x, z, s) = A_{z,\overline{s-z}|} - P_{x,\overline{s-x}|}\,\ddot{a}_{z,\overline{s-z}|}$$

und mit Hilfe von

$$g_1(z, s) = A_{z, \overline{s-z}|}, \quad g_2(z, s) = -\ddot{a}_{z, \overline{s-z}|},$$
$$h_1(x, s) = 1, \quad h_2(x, s) = P_{x, \overline{s-x}|}$$

erhalten wir für das gesamte Deckungskapital die Formel

$$V = \sum_{(z,s)} g_1(z, s) H_1(z, s) + \sum_{(z,s)} g_2(z, s) H_2(z, s), \tag{7.22}$$

wobei die Hilfszahlensummen durch

$$H_1(z, s) = \sum_{(x)} h_1(x, s) y(x, s-x, z-x) = \sum_{(x)} y(x, n, t),$$
$$H_2(z, s) = \sum_{(x)} h_2(x, s) y(x, s-x, z-x) = \sum_{(x)} P_{x,\overline{n}|} y(x, n, t)$$

definiert sind.

Sowohl in (7.21) als auch in (7.22) ist es gelungen, eine der drei sonst nach (7.1) notwendigen Summierungen zu unterdrücken.

3. Die Methode von Altenburger. Durch Einführung einer weiteren Hilfszahl in der prospektiven Darstellung des Deckungskapitals kann eine weitere Summierung unterdrückt werden, wie dies in der folgenden Methode von ALTENBURGER der Fall ist. Unter Verwendung von (5.45) erhalten wir zunächst die Umformung

$$A_{x+t, \overline{n-t}|} = A_{x+t} + {}_{n-t}E_{x+t}(1 - A_{x+n}) = A_{x+t} + {}_{n-t}E_{x+t}\, d\, \ddot{a}_{x+n} = A_{x+t} + d\, \frac{N_{x+n}}{D_{x+t}}$$

und wegen

$$\ddot{a}_{x+t, \overline{n-t}|} = \ddot{a}_{x+t} - \frac{N_{x+n}}{D_{x+t}}$$

folgt aus der prospektiven Darstellung des Deckungskapitals für gemischte Versicherungen nach (6.8)

$$v(x, n, t) = {}_tV_{x,\overline{n}|} = A_{x+t,\overline{n-t}|} - P_{x,\overline{n}|}\, \ddot{a}_{x+t,\overline{n-t}|} =$$
$$= A_{x+t} - P_{x,\overline{n}|}\, \ddot{a}_{x+t} + \frac{N_{x+n}}{D_{x+t}}(d + P_{x,\overline{n}|}).$$

Ersetzen wir nun das Abschlußalter x durch das erreichte Alter $z = x + t$, dann erhalten wir für

$$g_1(z) = A_z, \quad g_2(z) = -\ddot{a}_z, \quad g_3(z) = \frac{1}{D_z},$$
$$h_1(x, n) = 1, \quad h_2(x, n) = P_{x,\overline{n}|}, \quad h_3(x, n) = N_{x+n}(d + P_{x,\overline{n}|})$$

und unter Verwendung der Hilfszahlensummen

$$H_1(z) = \sum_{(x,n)} h_1(x, n) y(x, n, z-x) = \sum_{(x,n)} y(x, n, z-x),$$
$$H_2(z) = \sum_{(x,n)} h_2(x, n) y(x, n, z-x) = \sum_{(x,n)} P_{x,\overline{n}|} y(x, n, z-x),$$
$$H_3(z) = \sum_{(x,n)} h_3(x, n) y(x, n, z-x) = \sum_{(x,n)} N_{x+n}(d + P_{x,\overline{n}|}) y(x, n, z-x)$$

die Formel

$$V = \sum_{(z)} g_1(z)\, H_1(z) + \sum_{(z)} g_2(z)\, H_2(z) + \sum_{(z)} g_3(z)\, H_3(z) \tag{7.23}$$

für das gesamte Deckungskapital. Diese Formel entspricht (7.4) und erfordert nur mehr die Summierung über den einzigen Parameter z.

Stimmt die Prämienzahlungsdauer k nicht mit der Versicherungsdauer n überein, dann kann die Formel (7.23) ebenfalls verwendet werden, nur ist in den Hilfszahlen $h_2(x, n)$ und $h_3(x, n)$ die Prämie $P_{x,\overline{n}|}$ durch die Prämie $P_{x,\overline{k}|}(A_{x,\overline{n}|})$ zu ersetzen. Nach Ablauf der Prämienzahlungsdauer, also für $t \geqq k$, gilt (7.23) mit der Maßgabe, daß $h_2(x, n) = 0$ und $h_3(x, n) = d N_{x+n}$ zu setzen ist.

Zur Anwendung der Methode auf temporäre Todesfallversicherungen setzt man

$${}_{|n-t}A_{x+t} = A_{x+t} - {}_{n-t}E_{x+t}\, A_{x+n}$$

und erhält aus (6.7)

$${}_tV_{x,\overline{n}|}\,[P_{x,\overline{n}|}\,({}_{|n}A_x)] = A_{x+t} - P_{x,\overline{n}|}\,({}_{|n}A_x)\,\ddot{a}_{x+t} + \frac{N_{x+n} P_{x,\overline{n}|}({}_{|n}A_x) - M_{x+n}}{D_{x+t}}.$$

Daraus folgt, daß (7.23) angewendet werden kann, wenn man $h_3(x, n)$ durch

$$\overline{h}_3(x, n) = N_{x+n}\, P_{x,\overline{n}|}({}_{|n}A_x) - M_{x+n}$$

und $H_3(z)$ durch

$$\overline{H}_3(z) = \sum_{(x,n)} \overline{h}_3(x, n)\, y(x, n, z - x)$$

ersetzt.

Zur Anwendung der Methode auf eine Versicherung mit fester Laufzeit bringt man die Formel (6.13) in die Form

$${}_tV_x[P_{x,\overline{n}|}(v^n)] = v^{x+n}\, r^{x+t} - \ddot{a}_{x+t}\, P_{x,\overline{n}|}(v^n) + \frac{N_{x+n}}{D_{x+t}}\, P_{x,\overline{n}|}(v^n)$$

und erhält für

$$g_1(z) = r^z, \quad g_2(z) = -\ddot{a}_z, \quad g_3(z) = \frac{1}{D_z},$$

$$h_1(x, n) = v^{x+n}, \quad h_2(x, n) = P_{x,\overline{n}|}(v^n), \quad h_3(x, n) = N_{x+n}\, P_{x,\overline{n}|}(v^n)$$

für das gesamte Deckungskapital wieder die Formel (7.23).

4. Die z-Methode von Lidstone. Diese Methode stellt eine Kombination der Methode der Hilfszahlen, wie sie zu Formel (7.4) geführt hat, und der Methode der Durchschnittswerte, wie sie etwa zu Formel (7.12) geführt hat, dar. Zunächst werden die gemischten Versicherungen in Gruppen gleicher zukünftiger Laufzeit $m = n - t$ zusammengefaßt. Die Parameter (x, n, t) werden durch die Parameter (x, z, m) mit $z = x + t$ ersetzt. Aus (6.9) folgt für gemischte Versicherungen

$${}_tV_{x,\overline{n}|} = {}_{z-x}V_{x,\overline{z+m-x}|} = 1 - \frac{\ddot{a}_{z,\overline{m}|}}{\ddot{a}_{x,\overline{z+m-x}|}}$$

und daraus

$$V = \sum_{(x,n,t)} {}_tV_{x,\overline{n}|}\, y(x, n, t) = \sum_{(x,z,m)} {}_{z-x}V_{x,\overline{z+m-x}|}\, y(x, z+m-x, z-x) =$$

$$= \sum_{(x,z,m)} \left(1 - \frac{\ddot{a}_{z,\overline{m}|}}{\ddot{a}_{x,\overline{z+m-x}|}}\right) y(x, z+m-x, z-x).$$

Sowohl x als auch $z + m - x = n$ sind von der abgelaufenen Versicherungsdauer t unabhängig, so daß $\ddot{a}_{x,\overline{z+m-x}|}$ als Hilfszahl einmal zu Beginn der Versicherung errechnet werden kann. Hingegen hängen sowohl z als auch m von der Versicherungsdauer ab. Um die sonst notwendig werdende Gruppierung nach z zu unterdrücken, ersetzen wir z für festes m in der Summe durch einen Mittelwert $\bar{z}(m)$, der aus der Beziehung

$$\ddot{a}_{\bar{z}(m),\overline{m}|} \sum_{(x,z)} \frac{y(x, z+m-x, z-x)}{\ddot{a}_{x,\overline{z+m-x}|}} = \sum_{(x,z)} \frac{\ddot{a}_{z,\overline{m}|}}{\ddot{a}_{x,\overline{z+m-x}|}} y(x, z+m-x, z-x) \quad (7.24)$$

errechnet wird. Dann gilt

$$V = \sum_{(x,z,m)} \left(1 - \frac{\ddot{a}_{\bar{z}(m),\overline{m}|}}{\ddot{a}_{x,\overline{z+m-x}|}}\right) y(x, z+m-x, z-x).$$

Nun ist es möglich, durch die Verwendung von Hilfszahlen mit einer einzigen Gruppierung, nämlich nach m, das Auslangen zu finden. Für

$$g_1(m) = 1, \qquad g_2(m) = -\ddot{a}_{\bar{z}(m),\overline{m}|},$$

$$h_1(x,z) = 1, \qquad h_2(x,z) = \frac{1}{\ddot{a}_{x,\overline{z+m-x}|}}$$

erhalten wir mit den Hilfszahlensummen

$$H_1(m) = \sum_{(x,z)} h_1(x,z)\, y(x, z+m-x, z-x) = \sum_{(x,z)} y(x, z+m-x, z-x),$$

$$H_2(m) = \sum_{(x,z)} h_2(x,z)\, y(x, z+m-x, z-x) = \sum_{(x,z)} \frac{y(x, z+m-x, z-x)}{\ddot{a}_{x,\overline{z+m-x}|}}$$

die Formel

$$V = \sum_{(m)} g_1(m)\, H_1(m) + \sum_{(m)} g_2(m)\, H_2(m). \quad (7.25)$$

Bei dieser Methode ist die Hilfszahl $h_2(x,z)$ auch von m abhängig. Dies stört weiter nicht, weil sich die Abhängigkeit von m nur in der Abhängigkeit von $z + m - x$ ausdrückt und dieser Wert während der gesamten Versicherungszeit gleich bleibt. Für die Berechnung der Hilfszahlen ist es ja nur wesentlich, daß sie nicht bei jeder Berechnung des Deckungskapitals neu berechnet werden müssen, sondern nur einmal, nämlich zu Beginn der Versicherung.

Die Berechnung des Durchschnittsalters $\bar{z}(m)$ nach (7.24) ist im allgemeinen ziemlich umständlich. Um einen etwas einfacher zu berechnenden Näherungswert zu erhalten, gehen wir von der MAKEHAMschen Formel (4.41) aus, mit deren Hilfe die Formel

$$\frac{D_{z+t}}{D_z} = v^t \frac{l_{z+t}}{l_z} = v^t s^t g^{c^z(c^t-1)} = (vs)^t e^{c^z(c^t-1)\ln g}$$

hergeleitet werden kann. Da stets $|\ln g| << 1$ vorausgesetzt werden kann, ist es zulässig, die Reihenentwicklung der e-Potenz nach dem zweiten Glied abzubrechen und die Näherungsformel

$$\frac{D_{z+t}}{D_z} \sim (vs)^t\,[1 + c^z(c^t - 1)\ln g] \quad (7.26)$$

zu verwenden. Mit ihrer Hilfe erhält man

$$\ddot{a}_{z,\overline{m}|} = \sum_{\nu=0}^{m-1} \frac{D_{z+\nu}}{D_z} \sim \sum_{\nu=0}^{m-1} (v s)^\nu \left[1 + c^z (c^\nu - 1) \ln g\right]$$

und für $vs = a$ und $vsc = b$

$$\ddot{a}_{z,\overline{m}|} \sim \sum_{\nu=0}^{m-1} \left[a^\nu + c^z (b^\nu - a^\nu) \ln g\right] = A(m) + c^z B(m).$$

Wird diese Näherungsformel in (7.24) verwendet, dann folgt

$$[A(m) + c^{\bar{z}(m)} B(m)] \sum_{(x,z)} \frac{y(x, z+m-x, z-x)}{\ddot{a}_{x,\overline{z+m-x}|}} \sim$$

$$\sim \sum_{(x,z)} [A(m) + c^z B(m)] \frac{y(x, z+m-x, z-x)}{\ddot{a}_{x,\overline{z+m-x}|}}$$

und daraus

$$c^{\bar{z}(m)} \sim \frac{\sum\limits_{(x,z)} c^z \dfrac{y(x, z+m-x, z-x)}{\ddot{a}_{x,\overline{z+m-x}|}}}{\sum\limits_{(x,z)} \dfrac{y(x, z+m-x, z-x)}{\ddot{a}_{x,\overline{z+m-x}|}}}. \tag{7.27}$$

Eine weitere Vereinfachung der Berechnung kann durch die Näherungsformel

$$c^{\bar{z}(m)} \sim \frac{\sum\limits_{(x,z)} c^z y(x, z+m-x, z-x)}{\sum\limits_{(x,z)} y(x, z+m-x, z-x)} \tag{7.28}$$

erreicht werden, die mit Hilfe von $\mu_z = a + b c^z$ in

$$\mu_{\bar{z}(m)} \sim \frac{\sum\limits_{(x,z)} \mu_z y(x, z+m-x, z-x)}{\sum\limits_{(x,z)} y(x, z+m-x, z-x)} \tag{7.29}$$

umgeformt werden kann. (7.29) läßt sich auch dann anwenden, wenn die Sterbetafel nicht nach Makeham ausgeglichen ist. Aus der Makehamschen Formel (4.41) folgt weiter die Näherungsformel

$$q_z = 1 - s g^{c^z(c-1)} = 1 - s e^{c^z(c-1)\ln g} \sim 1 - s - s c^z (c-1) \ln g,$$

wenn höhere Potenzen von $\ln g$ in der Entwicklung der e-Potenz vernachlässigt werden. Aus (7.28) folgt unter Verwendung dieser Näherungsformel die folgende Beziehung:

$$q_{\bar{z}(m)} \sim \frac{\sum\limits_{(x,z)} q_z y(x, z+m-x, z-x)}{\sum\limits_{(x,z)} y(x, z+m-x, z-x)}. \tag{7.30}$$

Nach (7.30) kann ein Näherungswert für $\bar{z}(m)$ auch dann gefunden werden, wenn die Sterbetafel nicht nach Makeham ausgeglichen ist.

5. Die t-Methode von Jecklin. Während die z-Methode von Lidstone aus der prospektiven Darstellung des Deckungskapitals abgeleitet wird, beruht die

t-Methode von JECKLIN auf der retrospektiven Darstellung nach (6.8). Stellen wir die Versicherungswerte durch Kommutationszahlen dar, dann folgt für das gesamte Deckungskapital

$$V = \sum_{(x,n,t)} P_{x,\overline{n}|} \frac{N_x - N_{x+t}}{D_{x+t}} y(x, n, t) - \sum_{(x,n,t)} \frac{M_x - M_{x+t}}{D_{x+t}} y(x, n, t).$$

Bildet man nun für jeden Wert t ein Durchschnittsalter $\bar{x}(t)$, welches die Gleichung

$$\begin{aligned} \frac{N_{\bar{x}(t)} - N_{\bar{x}(t)+t}}{D_{\bar{x}(t)+t}} \sum_{(x,n)} P_{x,\overline{n}|}\, y(x, n, t) - \frac{M_{\bar{x}(t)} - M_{\bar{x}(t)+t}}{D_{\bar{x}(t)+t}} \sum_{(x,n)} y(x, n, t) = \\ = \sum_{(x,n)} P_{x,\overline{n}|} \frac{N_x - N_{x+t}}{D_{x+t}} y(x, n, t) - \sum_{(x,n)} \frac{M_x - M_{x+t}}{D_{x+t}} y(x, n, t) \end{aligned} \qquad (7.31)$$

erfüllt, dann kann das gesamte Deckungskapital V für

$$g_1(t) = -\frac{M_{\bar{x}(t)} - M_{\bar{x}(t)+t}}{D_{\bar{x}(t)+t}}, \qquad g_2(t) = \frac{N_{\bar{x}(t)} - N_{\bar{x}(t)+t}}{D_{\bar{x}(t)+t}},$$

$$h_1(x, n) = 1, \qquad h_2(x, n) = P_{x,\overline{n}|}$$

und

$$H_1(t) = \sum_{(x,n)} h_1(x, n)\, y(x, n, t) = \sum_{(x,n)} y(x, n, t),$$

$$H_2(t) = \sum_{(x,n)} h_2(x, n)\, y(x, n, t) = \sum_{(x,n)} P_{x,\overline{n}|}\, y(x, n, t)$$

gemäß der Formel (7.4) in der Form

$$V = \sum_{(t)} g_1(t)\, H_1(t) + \sum_{(t)} g_2(t)\, H_2(t) \qquad (7.32)$$

dargestellt werden. Durch diese Darstellung wird die Zahl der Gruppen stark vermindert. Allerdings hat die Methode in ihrer bisherigen Form den Nachteil, daß die Berechnung des Durchschnittsalters $\bar{x}(t)$ umständlicher ist als die Berechnung des gesamten Deckungskapitals selbst. Es läßt sich jedoch unschwer ein Näherungswert für $\bar{x}(t)$ mit hinreichender Genauigkeit errechnen. Man vernachlässigt dabei in der Bestimmungsgleichung (7.31) für $\bar{x}(t)$ auf beiden Seiten die zweiten Summen und benützt die Näherungsformel

$$\frac{N_{\bar{x}(t)} - N_{\bar{x}(t)+t}}{D_{\bar{x}(t)+t}} \sim \frac{\sum\limits_{(x,n)} P_{x,\overline{n}|} \frac{N_x - N_{x+t}}{D_{x+t}} y(x, n, t)}{\sum\limits_{(x,n)} P_{x,\overline{n}|}\, y(x, n, t)}. \qquad (7.33)$$

Für eine nach MAKEHAM ausgeglichene Sterbetafel kann aus (7.26) die Beziehung

$$\frac{N_x - N_{x+t}}{D_{x+t}} = \sum_{\nu=0}^{t-1} \frac{D_{x+\nu}}{D_{x+t}} \sim \sum_{\nu=0}^{t-1} (vs)^{\nu-t} [1 + c^{x+t} (c^{\nu-t} - 1) \ln g] = C(t) + c^x D(t) \qquad (7.34)$$

gefolgert werden. Setzen wir dies in (7.33) ein, dann folgt

$$C(t) + c^{\bar{x}(t)} D(t) \sim \frac{\sum\limits_{(x,n)} P_{x,\overline{n}|}\, y(x, n, t)\, [C(t) + c^x D(t)]}{\sum\limits_{(x,n)} P_{x,\overline{n}|}\, y(x, n, t)}$$

und daraus

$$c^{\bar{x}(t)} \sim \frac{\sum\limits_{(x,n)} c^x P_{x,\overline{n}|}\, y(x, n, t)}{\sum\limits_{(x,n)} P_{x,\overline{n}|}\, y(x, n, t)}. \tag{7.35}$$

Handelt es sich um eine nicht nach MAKEHAM ausgeglichene Sterbetafel, dann kann (7.35) in gleicher Weise umgeformt werden wie (7.28), und man erhält einen Näherungswert für $\bar{x}(t)$ aus der folgenden zu (7.30) analogen Beziehung:

$$q_{\bar{x}(t)} \sim \frac{\sum\limits_{(x,n)} q_x P_{x,\overline{n}|}\, y(x, n, t)}{\sum\limits_{(x,n)} P_{x,\overline{n}|}\, y(x, n, t)}. \tag{7.36}$$

Das Durchschnittsalter $\bar{x}(t)$ kann auch durch Einführung einer neuen Hilfszahl $h_3(x, n) = {}_{t_0}V_{x,\overline{n}|}$, dem Deckungskapital der Versicherung nach einer festen Laufzeit t_0, abgeschätzt werden. $h_3(x, n)$ wird dabei nach der Formel

$$h_3(x, n) = {}_{t_0}V_{x,\overline{n}|} = \frac{N_x - N_{x+t_0}}{D_{x+t_0}} P_{x,\overline{n}|} - \frac{M_x - M_{x+t_0}}{D_{x+t_0}}$$

errechnet, und zwar rein formal auch für $n < t_0$. Hiebei wird t_0 so gewählt, daß es dem Mittelwert der zu erwartenden t-Werte annähernd entspricht. Für die Berechnung von $\bar{x}(t)$ geht man nun von (7.31) aus, wobei in den Kommutationszahlen t durch t_0 ersetzt wird. Es folgt

$$\frac{N_{\bar{x}(t)} - N_{\bar{x}(t)+t_0}}{D_{\bar{x}(t)+t_0}} \sum_{(x,n)} P_{x,\overline{n}|}\, y(x, n, t) - \frac{M_{\bar{x}(t)} - M_{\bar{x}(t)+t_0}}{D_{\bar{x}(t)+t_0}} \sum_{(x,n)} y(x, n, t) \sim$$

$$\sim \sum_{(x,n)} {}_{t_0}V_{x,\overline{n}|}\, y(x, n, t). \tag{7.37}$$

Wir setzen

$$H_3(t) = \sum_{(x,n)} h_3(x, n)\, y(x, n, t) = \sum_{(x,n)} {}_{t_0}V_{x,\overline{n}|}\, y(x, n, t).$$

Aus (5.45) folgt mit Hilfe von (5.44) und (5.26), wenn wir in diesen Formeln n durch t ersetzen,

$$M_x - M_{x+t} = D_x - D_{x+t} - d(N_x - N_{x+t})$$

und wir können (7.37) folgendermaßen umformen:

$$\frac{N_{\bar{x}(t)} - N_{\bar{x}(t)+t_0}}{D_{\bar{x}(t)+t_0}} \left[\sum_{(x,n)} P_{x,\overline{n}|}\, y(x, n, t) + d \sum_{(x,n)} y(x, n, t)\right] + \left(1 - \frac{D_{\bar{x}(t)}}{D_{\bar{x}(t)+t_0}}\right) \sum_{(x,n)} y(x, n, t) \sim$$

$$\sim H_3(t).$$

Mit Hilfe von (7.26) und (7.34) sowie unter Verwendung der Bezeichnungen

$$E(t_0) = 1 - (vs)^{-t_0},$$

$$F(t_0) = (vs)^{-t_0}(1 - c^{-t_0}) \ln g$$

erhalten wir schließlich nach kurzer Rechnung

$$[C(t_0) + c^{\bar{x}(t)} D(t_0)] [H_2(t) + d H_1(t)] + [E(t_0) + c^{\bar{x}(t)+t_0} F(t_0)] H_1(t) \sim H_3(t)$$

und somit

$$c^{\bar{x}(t)} \sim \frac{H_3(t) - H_1(t)[d C(t_0) + E(t_0)] - H_2(t) C(t_0)}{H_1(t) [d D(t_0) + c^{t_0} F(t_0)] + H_2(t) D(t_0)}. \tag{7.38}$$

Die zuletzt angegebene Methode zur Berechnung des Durchschnittsalters $\bar{x}(t)$ beruht wieder auf einer nach MAKEHAM ausgeglichenen Sterbetafel.

Die retrospektive Darstellung des Deckungskapitals ist, sofern $P_{x,\overline{n}|}$ nicht in Kommutationszahlen aufgelöst wird, für gemischte Versicherungen und für temporäre Todesfallversicherungen gleich. Die t-Methode kann daher auch für temporäre Todesfallversicherungen angewendet werden. Eine Ausnahme bildet die Näherungsformel (7.38) zur Bestimmung des Durchschnittsalters. Diese Formel basiert auf der Formel (5.45) für gemischte Versicherungen und ist daher nicht ohne weiteres auf temporäre Todesfallversicherungen anzuwenden.

6. Die n-Alter-Methode von Henry, Perks und Joseph. Wir behandeln zunächst einen Stock lebenslänglicher Todesfallversicherungen. In diesem Fall entfällt eine Gruppierung nach n, der Versicherungsdauer, und in Formel (7.1) ist lediglich über x und t zu summieren. Um die Summierung über x zu unterdrücken, gehen wir von der folgenden näherungsweisen Darstellung des Deckungskapitals aus:

$${}_tV_x \sim a_1(t) + a_2(t)\, x + a_3(t)\, x^2. \tag{7.39}$$

Daraus folgt

$$V = \sum_{(x,t)} {}_tV_x\, y(x,t) \sim \sum_{(t)} a_1(t) \sum_{(x)} y(x,t) + \sum_{(t)} a_2(t) \sum_{(x)} x y(x,t) + \sum_{(t)} a_3(t) \sum_{(x)} x^2 y(x,t).$$

Setzen wir

$$H_1(t) = \sum_{(x)} y(x,t), \qquad H_2(t) = \sum_{(x)} x y(x,t), \qquad H_3(t) = \sum_{(x)} x^2 y(x,t),$$

dann kann das gesamte Deckungskapital in der zu (7.4) analogen Form

$$V \sim \sum_{(t)} [a_1(t)\, H_1(t) + a_2(t)\, H_2(t) + a_3(t)\, H_3(t)] \tag{7.40}$$

dargestellt werden. Vor Anwendung dieser Formel müssen die Werte $a_1(t)$, $a_2(t)$ und $a_3(t)$ errechnet werden. Zur Vereinfachung der Berechnung werden für jedes t zwei Alter $x_1(t)$ und $x_2(t)$ gewählt, welche die Beziehung

$$\sum_{(x)} {}_tV_x\, y(x,t) = \frac{1}{2} ({}_tV_{x_1(t)} + {}_tV_{x_2(t)}) \sum_{(x)} y(x,t) \tag{7.41}$$

erfüllen. Nun kann das gesamte Deckungskapital für

$$g(t) = \frac{1}{2} ({}_tV_{x_1(t)} + {}_tV_{x_2(t)})$$

in der zu (7.4) analogen Form

$$V = \sum_{(t)} g(t)\, H_1(t) \tag{7.42}$$

dargestellt werden. Zur Bestimmung von $x_1(t)$ und $x_2(t)$ gehen wir von Gleichung (7.41) aus und erhalten mit Hilfe von (7.39) die Beziehung

$$\sum_{(x)} {}_tV_x\, y(x,t) \sim a_1(t)\, H_1(t) + a_2(t)\, H_2(t) + a_3(t)\, H_3(t) \sim$$
$$\sim \frac{1}{2} H_1(t)\,\{2a_1(t) + a_2(t)\,[x_1(t) + x_2(t)] + a_3(t)\,[x_1^2(t) + x_2^2(t)]\}.$$

Diese Beziehung ist für

$$\frac{x_1(t) + x_2(t)}{2} \sim \frac{H_2(t)}{H_1(t)}, \qquad \frac{x_1^2(t) + x_2^2(t)}{2} \sim \frac{H_3(t)}{H_1(t)}$$

erfüllt, und wir erhalten daraus die Werte

$$x_1(t) \sim \frac{H_2(t)}{H_1(t)} + \sqrt{\frac{H_3(t)}{H_1(t)} - \frac{H_2^2(t)}{H_1^2(t)}}, \qquad x_2(t) \sim \frac{H_2(t)}{H_1(t)} - \sqrt{\frac{H_3(t)}{H_1(t)} - \frac{H_2^2(t)}{H_1^2(t)}}.$$

Mit ihrer Hilfe kann nun ein Näherungswert für $g(t)$ und im weiteren ein Näherungswert für das gesamte Deckungskapital nach (7.42) errechnet werden.

Wir gehen nun zu einem Stock gemischter Versicherungen über. Statt nach den Anfangsaltern x gruppieren wir nach den Endaltern $s = x + n$. Für das Deckungskapital verwenden wir die folgende Näherungsformel:

$$ {}_tV_{s-n,\overline{n}|} \sim \frac{1}{n}\, a_1(s,t) + a_2(s,t) + n\, a_3(s,t). \tag{7.43}$$

Setzen wir

$$H_1(s,t) = \sum_{(n)} \frac{1}{n}\, y(s-n,n,t), \quad H_2(s,t) = \sum_{(n)} y(s-n,n,t),$$
$$H_3(s,t) = \sum_{(n)} n\, y(s-n,n,t),$$

dann kann das gesamte Deckungskapital in der zu (7.7) analogen Form

$$V = \sum_{(s,n,t)} {}_tV_{s-n,\overline{n}|}\, y(s-n,n,t) \sim \sum_{(s,t)} [a_1(s,t)\, H_1(s,t) + a_2(s,t)\, H_2(s,t) +$$
$$+ a_3(s,t)\, H_3(s,t)] \tag{7.44}$$

dargestellt werden. Wie im Falle der lebenslänglichen Todesfallversicherung werden nun zur Vereinfachung der Berechnung für jede Kombination (s,t) zwei Versicherungsdauern $n_1(s,t)$ und $n_2(s,t)$ gewählt, welche die Beziehung

$$\sum_{(n)} {}_tV_{s-n,\overline{n}|}\, y(s-n,n,t) = \frac{1}{2}\left({}_tV_{s-n_1(s,t),\overline{n_1(s,t)}|} + {}_tV_{s-n_2(s,t),\overline{n_2(s,t)}|}\right) \sum_{(n)} y(s-n,n,t) \tag{7.45}$$

erfüllen. Für

$$g(s,t) = \frac{1}{2}\left({}_tV_{s-n_1(s,t),\overline{n_1(s,t)}|} + {}_tV_{s-n_2(s,t),\overline{n_2(s,t)}|}\right)$$

kann das gesamte Deckungskapital in der zu (7.7) analogen Form

$$V = \sum_{(s,t)} g(s,t)\, H_2(s,t) \tag{7.46}$$

dargestellt werden. Zur Bestimmung von $n_1(s, t)$ und $n_2(s, t)$ gehen wir von Gleichung (7.45) aus und erhalten mit Hilfe der Näherungsformel (7.43)

$$\sum_{(n)} {}_tV_{s-n,\overline{n}|}\, y(s-n, n, t) \sim a_1(s, t)\, H_1(s, t) + a_2(s, t)\, H_2(s, t) + a_3(s, t)\, H_3(s, t) \sim$$

$$\sim \frac{1}{2} H_2(s, t) \left\{a_1(s, t) \left[\frac{1}{n_1(s, t)} + \frac{1}{n_2(s, t)}\right] + 2a_2(s, t) + a_3(s, t)\,[n_1(s,t) + n_2(s,t)]\right\}.$$

Diese Beziehung ist für

$$\frac{1}{2}\left[\frac{1}{n_1(s, t)} + \frac{1}{n_2(s, t)}\right] \sim \frac{H_1(s, t)}{H_2(s, t)}, \quad \frac{1}{2}\,[n_1(s, t) + n_2(s, t)] \sim \frac{H_3(s, t)}{H_2(s, t)}$$

erfüllt, und wir erhalten daraus die Werte

$$n_1(s, t) \sim \frac{H_3(s, t)}{H_2(s, t)} \left(1 + \sqrt{1 - \frac{H_2^2(s, t)}{H_1(s, t)\, H_3(s, t)}}\right),$$

$$n_2(s, t) \sim \frac{H_3(s, t)}{H_2(s, t)} \left(1 - \sqrt{1 - \frac{H_2^2(s, t)}{H_1(s, t)\, H_3(s, t)}}\right).$$

Mit ihrer Hilfe kann ein Näherungswert für $g(s, t)$ und im weiteren ein Näherungswert für das gesamte Deckungskapital nach (7.46) errechnet werden.

7. Reserveschätzung nach Jecklin. Die in Punkt 6 angegebenen Methoden beruhten auf einer Approximation des Deckungskapitals durch eine Kurve zweiter Ordnung nach (7.39) bzw. auf einer Approximation von $n\, {}_tV_{s-n,\overline{n}|}$ durch eine Kurve zweiter Ordnung nach (7.43). Die *F-Methode von Jecklin* beruht auf einer analogen Approximation, und zwar wird das Deckungskapital ${}_tV_{x,\overline{n}|}$ in einem Intervall $t_0 \leqq t \leqq t_1$ durch die Hyperbel

$$(t + \alpha)\,({}_tV_{x,\overline{n}|} + \beta) + c^2 \sim 0 \tag{7.47}$$

näherungsweise dargestellt. Für $t = t_0$ und $t = t_1$ soll das Deckungskapital durch die Hyperbel (7.47) genau dargestellt werden. Daraus folgt

$$(t_1 + \alpha)\,({}_{t_1}V_{x,\overline{n}|} + \beta) = (t_2 + \alpha)\,({}_{t_2}V_{x,\overline{n}|} + \beta) = -c^2.$$

Mit Hilfe dieser beiden Gleichungen können die Parameter β und c^2 errechnet werden. Setzt man das Ergebnis in (7.47) ein, dann ergibt sich nach kurzer Rechnung mit Hilfe der Bezeichnung

$$F = \frac{\alpha + t_0}{\alpha + t_1}$$

die Darstellung

$${}_tV_{x,\overline{n}|} \sim {}_{t_0}V_{x,\overline{n}|} + \frac{{}_{t_1}V_{x,\overline{n}|} - {}_{t_0}V_{x,\overline{n}|}}{1 + F\,\dfrac{t_1 - t}{t - t_0}}. \tag{7.48}$$

Diese Approximation ist nur dann zulässig, wenn $t_1 - t_0$ nicht zu groß wird. Die gesamte Laufzeit einer Versicherung wird daher in einzelne Intervalle unterteilt. Für jedes Intervall wird das Deckungskapital nach (7.48) durch eine Hyperbel approximiert. Es seien $t_0 = 0, t_1, t_2, \ldots$ die Endpunkte der gleich groß angenommenen Intervalle. In jedem Intervall $t_j \leqq t \leqq t_{j+1}$ bleibt der Parameter

$F = F_j(x, n)$ unverändert. Wir führen in jedem Intervall einen eigenen Zeitparameter τ ein, der etwa für das Intervall $t_j \leqq t \leqq t_{j+1}$ durch $\tau = t - t_j$ gegeben ist. Die Versicherungen werden nun nicht mehr wie bisher nach t, sondern nach τ gruppiert, so daß auch Versicherungen mit unterschiedlichen bisherigen Laufzeiten t in eine Gruppe fallen, wenn die zugehörigen Parameter τ für diese Versicherungen gleich groß sind. Setzen wir

$$ {}_tV_{x,\overline{n}|} = {}_{(\tau)}V^{(j)}_{x,\overline{n}|} $$

und

$$ a_j(x, n) = \frac{{}_{t_{j+1}}V_{x,\overline{n}|} - {}_{t_j}V_{x,\overline{n}|}}{F_j(x, n)\,(t_{j+1} - t_j)}, \qquad b_j(x, n) = \frac{F_j(x, n) - 1}{F_j(x, n)\,(t_{j+1} - t_j)}, $$

dann folgt aus (7.48)

$$ {}_{(\tau)}V^{(j)}_{x,\overline{n}|} \sim {}_{t_j}V_{x,\overline{n}|} + \frac{a_j(x, n)\tau}{1 - b_j(x, n)\tau} $$

und daraus für das gesamte Deckungskapital

$$ \begin{aligned} V = \sum_{(x,n,\tau,j)} {}_{(\tau)}V^{(j)}_{x,\overline{n}|}\, y(x, n, t_j + \tau) \sim \sum_{(x,n,\tau,j)} {}_{t_j}V_{x,\overline{n}|}\, y(x,n,t_j + \tau) + \\ + \sum_{(x,n,\tau,j)} \frac{a_j(x, n)\tau}{1 - b_j(x, n)\tau}\, y(x, n, t_j + \tau). \end{aligned} \tag{7.49} $$

Führt man die Funktionen $\Phi(\tau)$ durch

$$ \sum_{(x,n,j)} \frac{a_j(x, n)\tau}{1 - b_j(x, n)\tau}\, y(x, n, t_j + \tau) = \frac{\tau \sum\limits_{(x,n,j)} a_j(x, n)\, y(x, n, t_j + \tau)}{1 - \Phi(\tau)\tau} $$

ein, dann gilt

$$ \begin{aligned} 1 - \Phi(\tau)\tau &= \frac{\tau \sum\limits_{(x,n,j)} a_j(x, n)\, y(x, n, t_j + \tau)}{\sum\limits_{(x,n,j)} \dfrac{a_j(x, n)\,\tau\, y(x, n, t_j + \tau)}{1 - b_j(x, n)\tau}} = \\ &= \frac{\sum\limits_{(x,n,j)} a_j(x, n)\, y(x, n, t_j + \tau)}{\sum\limits_{(x,n,j)} a_j(x, n)\, y(x, n, t_j + \tau)\left[1 + b_j(x, n)\,\tau + \dfrac{1}{2}\, b_j^2(x, n)\tau^2 + \cdots\right]} \sim \\ &\sim 1 - \tau\, \frac{\sum\limits_{(x,n,j)} a_j(x, n)\, b_j(x, n)\, y(x, n, t_j + \tau)}{\sum\limits_{(x,n,j)} a_j(x, n)\, y(x, n, t_j + \tau)}. \end{aligned} $$

Wir erhalten daher für $\Phi(\tau)$ die Näherungsform

$$ \Phi(\tau) \sim \frac{\sum\limits_{(x,n,j)} a_j(x, n)\, b_j(x, n)\, y(x, n, t_j + \tau)}{\sum\limits_{(x,n,j)} a_j(x, n)\, y(x, n, t_j + \tau)}. $$

Der Näherungswert $\Phi(\tau)$ ist von τ nur insoweit abhängig, als in seiner Bestimmungsformel τ in $y(x, n, t_j + \tau)$ vorkommt. Nun bleibt aber die Versicherungssumme während der gesamten Versicherungsdauer unverändert, und $y(x, n, t_j + \tau)$ bedeutet nur die Summe über jene Versicherungen, die nach Ablauf von $t = t_j + \tau$ der Versicherungszeit noch unter Vertrag stehen. Führen wir nun die

Hilfszahlen

$$h_1(x, n, j) = {}_{t_j}V_{x,\overline{n}|}, \quad h_2(x, n, j) = a_j(x, n), \quad h_3(x, n, j) = a_j(x, n)\, b_j(x, n)$$

mit den Hilfszahlensummen

$$H_1(\tau) = \sum_{(x,n,j)} h_1(x, n, j)\, y(x, n, t_j + \tau) = \sum_{(x,n,j)} {}_{t_j}V_{x,\overline{n}|}\, y(x, n, t_j + \tau),$$

$$H_2(\tau) = \sum_{(x,n,j)} h_2(x, n, j)\, y(x, n, t_j + \tau) = \sum_{(x,n,j)} a_j(x, n)\, y(x, n, t_j + \tau),$$

$$H_3(\tau) = \sum_{(x,n,j)} h_3(x, n, j)\, y(x, n, t_j + \tau) = \sum_{(x,n,j)} a_j(x, n)\, b_j(x, n)\, y(x, n, t_j + \tau)$$

ein, dann erhalten wir aus (7.49) unter Verwendung des ebenfalls durch Hilfszahlensummen ausgedrückten Wertes $\Phi(\tau)$ für das gesamte Deckungskapital nach kurzer Rechnung die folgende Näherungsformel:

$$V \sim \sum_{(\tau)} H_1(\tau) + \sum_{(\tau)} \frac{\tau H_2^2(\tau)}{H_2(\tau) - \tau H_3(\tau)}. \tag{7.50}$$

Für den speziellen Fall, daß die gesamte Versicherungsdauer als einziges Intervall betrachtet wird, gilt $t_0 = 0$, $t_1 = n$ und wegen

$${}_0V_{x,\overline{n}|} = 0, \quad {}_nV_{x,\overline{n}|} = 1$$

folgt aus (7.48)

$${}_tV_{x,\overline{n}|} \sim \frac{1}{1 + F(x, n)\,\dfrac{n - t}{t}} = \frac{t}{t + (n - t)\,F(x, n)}.$$

Wegen

$$a_j(x, n) = a(x, n) = \frac{1}{nF(x, n)}, \quad b_j(x, n) = b(x, n) = \frac{F(x, n) - 1}{nF(x, n)}$$

folgt aus (7.49) die Näherungsformel

$$V \sim \sum_{(t)} t \sum_{(x,n)} \frac{a(x, n)\, y(x, n, t)}{1 - b(x, n)t} \sim \sum_{(t)} \frac{t \sum\limits_{(x,n)} \dfrac{y(x, n, t)}{nF(x,n)}}{1 - t\Phi(t)}. \tag{7.51}$$

$\Phi(t)$ ist ein mit den Gewichten $a(x, n)y(x, n, t)$ gewogenes Mittel der $b(x, n)$. Wählt man als Gewicht lediglich die Werte $y(x, n, t)$, dann erhält man für $\Phi(t)$ den folgenden Näherungswert:

$$\Phi(t) \sim \frac{\sum\limits_{(x,n)} b(x, n)y(x, n, t)}{\sum\limits_{(x,n)} y(x, n, t)} = \frac{\sum\limits_{(x,n)} \left[\dfrac{1}{n} - \dfrac{1}{nF(x, n)}\right] y(x, n, t)}{\sum\limits_{(x,n)} y(x, n, t)}.$$

Führen wir neue Hilfszahlen

$$h_1(x, n) = 1, \quad h_2(x, n) = \frac{1}{nF(x, n)}, \quad h_3(x, n) = \frac{1}{n}$$

mit den Hilfszahlensummen

$$H_1(t) = \sum_{(x,n)} h_1(x,n)\, y(x,n,t) = \sum_{(x,n)} y(x,n,t),$$

$$H_2(t) = \sum_{(x,n)} h_2(x,n)\, y(x,n,t) = \sum_{(x,n)} \frac{y(x,n,t)}{n F(x,n)},$$

$$H_3(t) = \sum_{(x,n)} h_3(x,n)\, y(x,n,t) = \sum_{(x,n)} \frac{y(x,n,t)}{n}$$

ein, dann folgt

$$\Phi(t) \sim \frac{H_3(t) - H_2(t)}{H_1(t)}$$

und weiter aus (7.51) für das gesamte Deckungskapital

$$V \sim \sum_{(t)} \frac{t H_2(t)}{1 - t\,\dfrac{H_3(t) - H_2(t)}{H_1(t)}}. \tag{7.52}$$

In den Näherungsformeln (7.50) und (7.52) konnten zwei Summierungen, nämlich die über x und über n, unterdrückt werden. Hiezu waren je drei Hilfszahlen notwendig. In (7.52) kann die Einführung der Hilfszahlen $h_3(x,n) = \frac{1}{n}$ durch eine weitere Summierung ersetzt werden. In diesem Fall setzt man

$$H_3(t) = \sum_{(x,n)} \frac{y(x,n,t)}{n} = \sum_{(n)} \frac{1}{n} \sum_{(x)} y(x,n,t)$$

und berechnet diesen Wert durch eine weitere Gruppierung nach n. Die Darstellung des Deckungskapitals nach (7.52) wird als *Φ-Methode* bezeichnet.

Nach der F-Methode bzw. nach der Φ-Methode wird das Deckungskapital ${}_tV_{x,\overline{n}|}$ als Funktion von t im Intervall $t_j \leqq t \leqq t_{j+1}$ durch eine gleichseitige Hyperbel (7.48) approximiert. Ein analoges Verfahren verwendet zur Approximation die Summe aus einer Geraden und einer gleichseitigen Hyperbel. Wir setzen wieder ${}_tV_{x,\overline{n}|} = {}_{(\tau)}V^{(j)}_{x,\overline{n}|}$ für $t_j \leqq t \leqq t_{j+1}$ und $t = t_j + \tau$. Es folgt ${}_{(0)}V^{(j)}_{x,\overline{n}|} = {}_{t_j}V_{x,\overline{n}|}$, ${}_{(t_{j+1}-t_j)}V^{(j)}_{x,\overline{n}|} = {}_{t_{j+1}}V_{x,\overline{n}|}$. Zur Approximation verwenden wir die Formel

$$\begin{aligned} {}_tV_{x,\overline{n}|} = {}_{(\tau)}V^{(j)}_{x,\overline{n}|} \sim {}_{t_j}V_{x,\overline{n}|} + \left({}_{t_{j+1}}V_{x,\overline{n}|} - {}_{t_j}V_{x,\overline{n}|}\right) \Bigg[\tau\, \frac{1 - C_j(x,n)}{t_{j+1} - t_j} + \\ + C_j(x,n) \left(\frac{1}{t_{j+1} - t_j} - \varphi\right) \frac{\tau}{1 - \varphi\tau}\Bigg]. \end{aligned} \tag{7.53}$$

Wie man sieht, gibt die Näherungsformel (7.53) das Deckungskapital am Rand des Intervalles $0 \leqq \tau \leqq t_{j+1} - t_j$ genau wieder. Durch passende Wahl von $C_j(x,n)$ kann erreicht werden, daß auch für ein α mit $0 < \alpha < t_{j+1} - t_j$ die Formel (7.53) den Reservewert genau wiedergibt. In diesem Fall muß, wie man sich leicht überzeugt,

$$C_j(x,n) = \frac{1 - \alpha\varphi}{\alpha\varphi(t_{j+1} - t_j - \alpha)} \left[\alpha - (t_{j+1} - t_j)\, \frac{{}_{(\alpha)}V^{(j)}_{x,\overline{n}|} - {}_{t_j}V_{x,\overline{n}|}}{{}_{t_{j+1}}V_{x,\overline{n}|} - {}_{t_j}V_{x,\overline{n}|}}\right]$$

gesetzt werden. Hiedurch wird eine bessere Approximation erreicht als durch Formel (7.48). Der Parameter φ ist nun so zu wählen, daß

$$\sum_{(j)} \sum_{(x,n)} {}_{(\tau)}V^{(j)}_{x,\overline{n}|}$$

durch die Approximation (7.53) genau wiedergegeben wird. Nach ZWINGGI ist $\varphi = 0{,}002 + 0{,}4i$ ein ausreichend genauer Näherungswert. i bedeutet die jährliche Zinsrate. Wie man sieht, ist dieser Näherungswert für φ von τ unabhängig. Bildet man die Hilfszahlen

$$h_1(x, n, j) = {}_{t_j}V_{x,\overline{n}|}, \qquad h_2(x, n, j) = \frac{1 - C_j(x, n)}{t_{j+1} - t_j} \left({}_{t_{j+1}}V_{x,\overline{n}|} - {}_{t_j}V_{x,\overline{n}|}\right),$$

$$h_3(x, n, j) = \left(\frac{1}{t_{j+1} - t_j} - \varphi\right) \left({}_{t_{j+1}}V_{x,\overline{n}|} - {}_{t_j}V_{x,\overline{n}|}\right) C_j(x, n)$$

und die entsprechenden Hilfszahlensummen

$$H_1(\tau) = \sum_{(x,n,j)} h_1(x, n, j)\, y(x, n, t_j + \tau),$$

$$H_2(\tau) = \sum_{(x,n,j)} h_2(x, n, j)\, y(x, n, t_j + \tau),$$

$$H_3(\tau) = \sum_{(x,n,j)} h_3(x, n, j)\, y(x, n, t_j + \tau),$$

dann kann das gesamte Deckungskapital in der Form

$$V = \sum_{(\tau)} \sum_{(x,n,j)} {}_{(\tau)}V^{(j)}_{x,\overline{n}|}\, y(x, n, t_j + \tau) \sim \sum_{(\tau)} \left[H_1(\tau) + \tau\, H_2(\tau) + \frac{\tau}{1 - \varphi\tau} H_3(\tau)\right] \tag{7.54}$$

dargestellt werden.

Für den speziellen Fall, daß wieder die gesamte Versicherungsdauer als ein einziges Intervall betrachtet wird, entfällt die Summierung über j, und wir können ${}_{t_j}V_{x,\overline{n}|} = 0$, ${}_{t_{j+1}}V_{x,\overline{n}|} = 1$ setzen. Dadurch entfallen auch die Hilfszahlen $h_1(x, n, j)$, und die restlichen Hilfszahlen erhalten die einfachere Form

$$h_2(x, n) = \frac{1 - C(x, n)}{n}, \qquad h_3(x, n) = \left(\frac{1}{n} - \varphi\right) C(x, n),$$

während das gesamte Deckungskapital die Gestalt

$$V \sim \sum_{(\tau)} \left[\tau H_2(\tau) + \frac{\tau}{1 - \varphi\tau} H_3(\tau)\right] \tag{7.55}$$

erhält, wobei $H_2(\tau)$ und $H_3(\tau)$ wie früher nach (7.3) berechnet werden.

Ein weiteres Verfahren von JECKLIN, die sogenannte *n-Methode,* beruht auf dem Gedanken der Durchschnittsbildung für die Gruppierungsmerkmale x und n, wie sie der Formel (7.17) zugrunde liegt. Für jedes t wird ein durchschnittliches Deckungskapital ${}_tV_{\bar{x},\overline{\bar{n}}|}$ mit Hilfe eines Durchschnittsalters $\bar{x}$ und einer Durchschnittsdauer $\bar{n}$ errechnet, welche die Näherungsformel

$${}_tV_{\bar{x}(t),\overline{\bar{n}(t)}|} \sum_{(x,n,)} y(x, n, t) \sim \sum_{(x,n)} {}_tV_{x,\overline{n}|}\, y(x, n, t)$$

erfüllen sollen. Für die Berechnung des Durchschnittsalters wird hiebei entsprechend der z-Methode von LIDSTONE Formel (7.30) verwendet, woraus

$$q_{\bar{x}(t)} = \frac{H_2(t)}{H_1(t)}$$

mit

$$H_1(t) = \sum_{(x,n)} y(x, n, t), \qquad H_2(t) = \sum_{(x,n)} q_x y(x, n, t)$$

folgt. Für die Berechnung der durchschnittlichen Versicherungsdauer $\bar{n}$ wird in Analogie zur Bestimmung von $\Phi(t)$ aus (7.51) der Reziprokwert $h_3(x, n) = \frac{1}{n}$ herangezogen. Unter Verwendung von

$$H_3(t) = \sum_{(x,n)} \frac{y(x, n, t)}{n}$$

erhalten wir so den Wert

$$\bar{n}(t) = \frac{H_1(t)}{H_3(t)}.$$

Nun kann das gesamte Deckungskapital in Analogie zu (7.18) in der Form

$$V \sim \sum_{(t)} {}_tV_{\bar{x}(t), \overline{\bar{n}(t)|}} H_1(t) \tag{7.56}$$

dargestellt werden.

8. Die Methoden von Pöttker. Eine (7.56) entsprechende Näherungsformel für das Deckungskapital wird nach PÖTTKER durch die Hilfszahlen

$$h_1(x, n) = 1, \qquad h_2(x, n) = P_{x,\overline{n|}}, \qquad h_3(x, n) = n P_{x,\overline{n|}}$$

unter Verwendung der nach (7.3) errechenbaren Hilfszahlensummen $H_1(t)$, $H_2(t)$ und $H_3(t)$ errechnet. Die durchschnittliche Versicherungsdauer wird durch

$$\bar{n}(t) = \frac{\sum\limits_{(x,n)} n P_{x,\overline{n|}} y(x, n, t)}{\sum\limits_{(x,n)} P_{x,\overline{n|}} y(x, n, t)} = \frac{H_3(t)}{H_2(t)}$$

bestimmt. Zur Ermittlung des Durchschnittsalters $\bar{x}(t)$ wird zunächst eine Durchschnittsprämie durch

$$\bar{P}(t) = \frac{\sum\limits_{(x,n)} P_{x,\overline{n|}} y(x, n, t)}{\sum\limits_{(x,n)} y(x, n, t)} = \frac{H_2(t)}{H_1(t)}$$

und weiter ein Durchschnittsalter durch

$$P_{\bar{x}(t), \overline{\bar{n}(t)|}} = \bar{P}(t)$$

errechnet. Das gesamte Deckungskapital kann nun wieder nach Formel (7.56) dargestellt werden.

Bei einem weiteren Näherungsverfahren, der sogenannten Skalarmethode, geht PÖTTKER von der Näherungsformel (7.26) aus, welche zur Darstellung

$$\ddot{a}_{x+t,\overline{n-t}|} = \sum_{\nu=0}^{n-t-1} \frac{D_{x+t+\nu}}{D_{x+t}} \sim \sum_{\nu=0}^{n-t-1} (vs)^\nu [1 + c^{x+t}(c^\nu - 1)\ln g] =$$

$$= \frac{1-(vs)^{n-t}}{1-vs}(1 - c^{x+t}\ln g) + c^{x+t}\ln g \,\frac{1-(vsc)^{n-t}}{1-vsc} =$$

$$= a_1(x,n) + a_2(x,n)\left(\frac{1}{vs}\right)^t + a_3(x,n)\,c^t + a_4(x,n)\left(\frac{c}{vs}\right)^t$$

führt. Aus (6.9) erhält man für

$$A_1(x,n) = 1 - \frac{a_1(x,n)}{\ddot{a}_{x,\overline{n}|}},\; A_i(x,n) = \frac{-a_i(x,n)}{\ddot{a}_{x,\overline{n}|}},\; (i = 2, 3, 4)$$

die analoge Näherungsformel für das Deckungskapital einer gemischten Versicherung:

$$_tV_{x,\overline{n}|} \sim A_1(x,n) + A_2(x,n)\left(\frac{1}{vs}\right)^t + A_3(x,n)c^t + A_4(x,n)\left(\frac{c}{vs}\right)^t. \tag{7.57}$$

Für jede Versicherung, also für feste x und n, werden die Parameter $A_i(x,n)$, $(i = 1, 2, 3, 4)$, dadurch bestimmt, daß vier feste Zeitpunkte T_1, T_2, T_3 und T_4 vorgegeben werden, für welche die Näherungsformel (7.57) das Deckungskapital genau wiedergeben soll. Setzt man etwa die Zeitpunkte in einem Abstand von je 10 Jahren fest — wie die Praxis zeigt, erweist sich dies als ausreichend —, dann kann mit dieser Methode ein Zeitraum von 40 Jahren überbrückt werden, wenn T_i jeweils in die Mitte eines 10-Jahres-Zeitraumes gelegt wird.

Es sei $V_{x,\overline{n}|}(T_i)$ das Deckungskapital für eine bestimmte Versicherung im Zeitpunkt T_i. In diesem Zeitpunkt betrage die bisherige Laufzeit der Versicherung t_i, so daß $_{t_i}V_{x,\overline{n}|} = V_{x,\overline{n}|}(T_i)$, $(i = 1, 2, 3, 4)$, gilt. Ist T_0 der Zeitpunkt, in dem die betrachtete Versicherung abgeschlossen wurde, dann gilt $T_i = T_0 + t_i$. Aus (7.57) folgt dann

$$V_{x,\overline{n}|}(T_i) = B_1(x,n,T_0) + B_2(x,n,T_0)\left(\frac{1}{vs}\right)^{T_i} + B_3(x,n,T_0)\,c^{T_i} + B_4(x,n,T_0)\left(\frac{c}{vs}\right)^{T_i} \tag{7.58}$$

mit

$$B_1(x,n,T_0) = A_1(x,n),\; B_2(x,n,T_0) = A_2(x,n)\left(\frac{1}{vs}\right)^{-T_0},\; B_3(x,n,T_0) = A_3(x,n)c^{-T_0},$$

$$B_4(x,n,T_0) = A_4(x,n)\left(\frac{c}{vs}\right)^{-T_0},$$

da in den Zeitpunkten T_i die Näherungsformel den genauen Wert des Deckungskapitals wiedergeben soll. (7.57) kann daher in der Form

$$V_{x,\overline{n}|}(T) \sim B_1(x,n,T_0) + B_2(x,n,T_0)\left(\frac{1}{vs}\right)^T + B_3(x,n,T_0)\,c^T + B_4(x,n,T_0)\left(\frac{c}{vs}\right)^T \tag{7.59}$$

dargestellt werden. Um die weiteren Berechnungen zu vereinfachen, führen wir die folgende Matrix und die folgenden Vektoren ein:

$$C = \begin{Vmatrix} 1, \left(\frac{1}{vs}\right)^{T_1}, c^{T_1}, \left(\frac{c}{vs}\right)^{T_1} \\ 1, \left(\frac{1}{vs}\right)^{T_2}, c^{T_2}, \left(\frac{c}{vs}\right)^{T_2} \\ 1, \left(\frac{1}{vs}\right)^{T_3}, c^{T_3}, \left(\frac{c}{vs}\right)^{T_3} \\ 1, \left(\frac{1}{vs}\right)^{T_4}, c^{T_4}, \left(\frac{c}{vs}\right)^{T_4} \end{Vmatrix},$$

$$\mathfrak{b} = \{B_1(x, n, T_0),\ B_2(x, n, T_0),\ B_3(x, n, T_0),\ B_4(x, n, T_0)\},$$

$$\mathfrak{c}(T) = \left\{1, \left(\frac{1}{vs}\right)^T, c^T, \left(\frac{c}{vs}\right)^T\right\},$$

$$\mathfrak{v} = \{V_{x,\overline{n}|}(T_1),\ V_{x,\overline{n}|}(T_2),\ V_{x,\overline{n}|}(T_3),\ V_{x,\overline{n}|}(T_4)\}.$$

Aus (7.58) und (7.59) folgt dann

$$\mathfrak{v}' = C\mathfrak{b}',$$

$$V_{x,\overline{n}|}(T) \sim \mathfrak{c}\mathfrak{b}'.$$

Wir multiplizieren die erste Gleichung links mit C^{-1} und setzen den erhaltenen Wert $\mathfrak{b}'$ in die zweite Gleichung ein:

$$V_{x,\overline{n}|}(T) \sim \mathfrak{c}C^{-1}\mathfrak{v}'.$$

Der Vektor $\mathfrak{c}$ sowie die Matrix C^{-1} sind von x, n und T_0 unabhängig. Das Deckungskapital $V_{x,\overline{n}|}(T)$ im Zeitpunkt T hängt also nur mehr von $\mathfrak{v}$ ab, also von den vier Werten des Deckungskapitals in den fest vorgegebenen Zeitpunkten T_1, T_2, T_3 und T_4. Wir bemerken, daß T nicht die Laufzeit der Versicherung, sondern den Zeitparameter $T = T_0 + t$ darstellt, wobei T_0 der Zeitpunkt des Beginns der Versicherung und t die bisherige Laufzeit ist.

Setzen wir

$$\mathfrak{d} = \{D_1(T),\ D_2(T),\ D_3(T),\ D_4(T)\} = \mathfrak{c}C^{-1},$$

dann kann für das Deckungskapital die Näherungsformel

$$V_{x,\overline{n}|}(T) \sim \mathfrak{d}\mathfrak{v}' = D_1(T)\,V_{x,\overline{n}|}(T_1) + D_2(T)\,V_{x,\overline{n}|}(T_2) + \\ + D_3(T)\,V_{x,\overline{n}|}(T_3) + D_4(T)\,V_{x,\overline{n}|}(T_4) \quad (7.60)$$

angewendet werden. Für das gesamte Deckungskapital im Zeitpunkt T erhält man

$$V \sim D_1(T)\,H_1(T) + D_2(T)\,H_2(T) + D_3(T)\,H_3(T) + D_4(T)\,H_4(T) \quad (7.61)$$

mit

$$H_i(T) = \sum_{(x,n,T_0)} h_i(x, n, T_0)\,y(x, n, T - T_0), \qquad i = 1, 2, 3, 4$$

und

$$h_i(x, n, T_0) = V_{x,\overline{n}|}(T_i), \qquad i = 1, 2, 3, 4.$$

Die angegebene Methode vermeidet jede Gruppierung des Versicherungsbestandes. Sie erfordert lediglich die Wahl von vier festen Zeitpunkten und die Berechnung der einzelnen Deckungskapitalien für jeden dieser Zeitpunkte bei jeder einzelnen Versicherung. Die Näherungsformel setzt zwar das Vorliegen einer nach MAKEHAM ausgeglichenen Sterbetafel voraus, doch kann (7.60) näherungsweise auch in anderen Fällen angewendet werden.

9. Die Methode von J. Meier. Auch dieses Verfahren beruht auf einer Interpolation zwischen bestimmten vorausberechneten Werten des Deckungskapitals. Die Versicherungsdauer wird in Intervalle von je 15 Jahren eingeteilt. Der Parameter τ bezeichne die im jeweiligen Intervall verflossene Zeit, und es sei $V_{x,\overline{n}|}(\tau)$ das Deckungskapital für die Versicherung eines x-jährigen auf n Jahre, bei welcher in dem in Betracht kommenden Intervall τ Jahre vergangen sind. Zu Beginn werde das Deckungskapital für $\tau = 0$, 5 und 10 vorausberechnet. Da dies für alle Intervalle geschehen muß, müssen alle Werte des Deckungskapitals in Abständen von 5 Jahren errechnet werden, also die Werte ${}_0V_{x,\overline{n}|}, {}_5V_{x,\overline{n}|}, \ldots, {}_{5r}V_{x,\overline{n}|}, \ldots$ Für das Deckungskapital wird nun die Näherungsformel

$$V_{x,\overline{n}|}(\tau) \sim V_{x,\overline{n}|}(0) + \ddot{s}_{\overline{\tau}|}\, P_1(x, n) + \tau P_2(x, n) \tag{7.62}$$

verwendet, wobei $\ddot{s}_{\overline{\tau}|}$ den Endwert der ganzjährigen, jährlich gleichbleibenden, vorschüssigen, τ Jahre hindurch zahlbaren Zeitrente gemäß (2.5) bedeutet und die Parameter $P_1(x, n)$ und $P_2(x, n)$ so gewählt werden, daß (7.62) für $\tau = 0$, 5 und 10 das Deckungskapital genau wiedergibt. Die Zinsrate bei der Ermittlung der Zeitrenten soll bei dieser Methode nicht dem Kapitalmarkt entsprechend gewählt werden, sondern so, daß die errechneten Parameter $P_1(x, n)$ und $P_2(x, n)$ nicht negativ werden. Im allgemeinen kann etwa $i \sim 6\%$ angenommen werden. Für die Parameter erhält man

$$P_1(x, n) = \frac{5\, V_{x,\overline{n}|}(10) - 10\, V_{x,\overline{n}|}(5) + 5\, V_{x,\overline{n}|}(0)}{5\ddot{s}_{\overline{10}|} - 10\ddot{s}_{\overline{5}|}},$$

$$P_2(x, n) = \frac{\ddot{s}_{\overline{10}|}\, V_{x,\overline{n}|}(5) - \ddot{s}_{\overline{5}|}\, V_{x,\overline{n}|}(10) - V_{x,\overline{n}|}(0)\, (\ddot{s}_{\overline{10}|} - \ddot{s}_{\overline{5}|})}{5\ddot{s}_{\overline{10}|} - 10\ddot{s}_{\overline{5}|}}.$$

Endet die Versicherung im Zeitpunkt $\bar{\tau} < 10$, dann soll für $6 \leqq \bar{\tau} < 10$ Formel (7.62) die Werte $V_{x,\overline{n}|}(0)$, $V_{x,\overline{n}|}(5)$ und $V_{x,\overline{n}|}(\bar{\tau})$ genau wiedergeben, so daß sich die Werte

$$P_1(x, n) = \frac{5\, V_{x,\overline{n}|}(\bar{\tau}) - \bar{\tau}\, V_{x,\overline{n}|}(5) + V_{x,\overline{n}|}(0)\, (\bar{\tau} - 5)}{5\ddot{s}_{\overline{\bar{\tau}}|} - \bar{\tau}\,\ddot{s}_{\overline{5}|}},$$

$$P_2(x, n) = \frac{\ddot{s}_{\overline{\bar{\tau}}|}\, V_{x,\overline{n}|}(5) - \ddot{s}_{\overline{5}|}\, V_{x,\overline{n}|}(\bar{\tau}) - V_{x,\overline{n}|}(0)\, (\ddot{s}_{\overline{\bar{\tau}}|} - \ddot{s}_{\overline{5}|})}{5\ddot{s}_{\overline{\bar{\tau}}|} - \bar{\tau}\ddot{s}_{\overline{5}|}}$$

ergeben. Für $1 \leqq \bar{\tau} \leqq 5$ wird zwischen $V_{x,\overline{n}|}(0)$ und $V_{x,\overline{n}|}(\bar{\tau})$ nach der Näherungsformel

$$V_{x,\overline{n}|}(\bar{\tau}) \sim V_{x,\overline{n}|}(0) + P_1(x, n)\, \ddot{s}_{\overline{\bar{\tau}}|} \tag{7.63}$$

interpoliert, woraus

$$P_1(x, n) = \frac{V_{x,\overline{n}|}(\overline{\tau}) - V_{x,\overline{n}|}(0)}{\ddot{s}_{\overline{\tau}|}}$$

folgt. Für $P_2(x, n) = 0$ folgt (7.63) aus (7.62).

Zur Anwendung der Methode von MEIER werden also zunächst für jede Versicherung die Hilfszahlen

$$h_1(x, n) = V_{x,\overline{n}|}(0),\ h_2(x, n) = P_1(x, n),\ h_3(x, n) = P_2(x, n)$$

errechnet, wobei im Falle der Formel (7.63) formal $P_2(x, n) = 0$ gesetzt wird. Es sei nun $\overline{y}(x, n, \tau)$ die gesamte Versicherungssumme für alle Versicherungen von x-jährigen über n Jahre, für welche im Zeitpunkt der Berechnung des Deckungskapitals in dem betrachteten Zeitintervall τ Jahre vergangen sind. Handelt es sich um das m^{te} Intervall der Versicherung, dann gilt offenbar $\tau = t - 15(m - 1)$, wenn t die abgelaufene Versicherungszeit ist. Nun werden die Hilfszahlensummen

$$H_i(\tau) = \sum_{(x,n)} h_i(x, n)\, \overline{y}(x, n, \tau), \qquad i = 1, 2, 3$$

errechnet. Das gesamte Deckungskapital kann nun wegen (7.62) durch die (7.4) entsprechende Formel

$$V \sim \sum_{(\tau)} [H_1(\tau) + \ddot{s}_{\overline{\tau}|} H_2(\tau) + \tau H_3(\tau)] \tag{7.64}$$

näherungsweise dargestellt werden.

Das eben behandelte Verfahren erfordert nur mehr eine Gruppierung nach τ, also die Bildung von höchstens 15 Gruppen. Auch diese Gruppenbildung kann durch Einführung weiterer Hilfszahlen unterdrückt werden. Man wählt zunächst einen weit in der Zukunft gelegenen Zeitpunkt T. Nun sei $K(x, n, t)$ der Zeitraum vom Beginn des Intervalles, in dem das Deckungskapital (7.62) berechnet wird, bis zum Zeitpunkt T. Den Zeitraum vom Stichtag der Berechnung des Deckungskapitals bis T bezeichnen wir mit k. Offenbar gilt $K(x, n, t) - k = \tau$. Der Zeitpunkt T muß so weit in der Zukunft liegend angenommen werden, daß stets ein positiver Wert $k \geqq 0$ resultiert. Aus (2.2) und (2.5) folgt

$$\ddot{s}_{\overline{\tau}|} = \ddot{s}_{\overline{K(x,n,t)}|}\, v^k - \ddot{a}_{\overline{k}|},$$

wobei v den Abzinsungsfaktor bedeutet, welcher der der Berechnung von $\ddot{s}_{\overline{\tau}|}$ zugrunde gelegten Zinsrate entspricht. Für

$$h_4(x, n, t) = \ddot{s}_{\overline{K(x,n,t)}|}\, P_1(x, n), \quad h_5(x, n, t) = K(x, n, t)\, P_2(x, n)$$

erhält man

$$\ddot{s}_{\overline{\tau}|} P_1(x, n) = h_4(x, n, t)\, v^k - \ddot{a}_{\overline{k}|} h_2(x, n),$$

$$\tau P_2(x, n) = h_5(x, n, t) - k h_3(x, n).$$

Setzt man nun

$$H_i = \sum_{(x,n,t)} h_i(x, n)\, y(x, n, t), \qquad i = 1, 2, 3$$

$$H_i = \sum_{(x,n,t)} h_i(x, n, t)\, y(x, n, t), \qquad i = 4, 5,$$

dann erhält man die folgende Näherungsformel für das gesamte Deckungskapital:

$$V \sim H_1 - \ddot{a}_{\overline{k}|} H_2 - k H_3 + v^k H_4 + H_5. \tag{7.65}$$

Dieses Verfahren erfordert keine Gruppierung mehr, doch findet eine große Anzahl von Hilfszahlen Verwendung. Insbesondere sind die Werte für das Deckungskapital in zeitlichen Abständen von fünf zu fünf Jahren zu berechnen. Andererseits erhöht der geringe Zeitraum von fünf Jahren, der jeweils durch die Interpolation überbrückt werden muß, die Genauigkeit der Näherungsformel.

Kapitel 8

Rückkauf und Umwandlung von Versicherungen

1. Rückkauf einer Versicherung. Im allgemeinen steht es dem Versicherten frei, während der Laufzeit einer Versicherung vom Vertrag zurückzutreten. Die Versicherungsgesellschaft soll aus diesem Grunde dafür sorgen, daß keine negativen Deckungskapitalien auftreten, die bilanzmäßig eine Schuld des Versicherten gegenüber der Gesellschaft bedeuten würden. Ein positives Deckungskapital bedeutet ein für die weitere Durchführung der Versicherung notwendiges Kapital. Im Falle des freiwilligen Rücktrittes eines Versicherten vom Vertrag ist nun zu prüfen, ob bzw. in welcher Höhe dem Versicherten auf Grund seiner bisherigen Prämienzahlungen ein Anspruch auf Rückerstattung eingeräumt werden kann. Keineswegs könnte der Versicherte mehr als die eingezahlten Prämien zurückerhalten. Von diesen Prämien sind auch die bisherigen Versicherungsleistungen und die Verwaltungskosten abzuziehen. Die Leistung der Versicherungsgesellschaft besteht aber nicht nur in der Auszahlung der fälligen Versicherungssummen. Auch wenn keine Versicherungssummen fällig geworden sind, wie etwa bei einer Ablebensversicherung im Falle des Überlebens des Versicherten, hat die Versicherungsgesellschaft eine Leistung erbracht. Sie hat nämlich das Risiko gedeckt, im Ablebensfalle die Versicherungssumme zahlen zu müssen, und hiefür gebührt ihr als Gegenleistung ein Betrag, der dem Erwartungswert der Versicherungsleistung entspricht. Der Versicherte kann also bei Auflösung des Vertrages keinesfalls mehr zurückverlangen als die eingezahlten Prämien abzüglich der Verwaltungskosten und abzüglich des Erwartungswertes der auf den bisherigen Versicherungsverlauf entfallenden Versicherungsleistungen. Auch in diesem Fall bleibt der Grundsatz gewahrt, daß der Erwartungswert des Barwertes der Prämieneinnahmen dem Erwartungswert des Barwertes der Versicherungsleistungen einschließlich der Verwaltungskosten und allfälliger Sicherheitszuschläge gleich sein muß.

Man betrachtet die beim Rücktritt des Versicherten geleistete Zahlung als Rückkauf der dem Versicherten aus dem Vertrag bereits zustehenden Anwartschaften und bezeichnet sie daher auch als *Rückkaufwert* der Versicherung. Der Höchstbetrag für den Rückkaufwert ist offenbar gerade das Deckungskapital. Wie aus der retrospektiven Darstellung (6.16) hervorgeht, ist der Erwartungswert des Barwertes des Deckungskapitals gleich dem Erwartungswert des Barwertes der eingezahlten Prämien abzüglich des Erwartungswertes des Barwertes der Versicherungsleistungen für die bereits verflossene Versicherungszeit. Erwartungswert und Barwert sind hiebei auf den Versicherungsbeginn bezogen. In (6.20) sind die Beträge auf den Zeitpunkt der Berechnung des Deckungskapitals bezogen, und aus dieser Gleichung geht hervor, daß Versicherte höchstens die bisher eingezahlten Sparprämien abzüglich der bereits ausbezahlten Erlebensleistungen, beide bezogen auf den Zeitpunkt des Rückkaufes, beanspruchen kann. Die eingezahlten Risikoprämien dienten der Deckung des von der Gesellschaft getragenen Risikos für Ablebensversicherungen. Der in (6.20) nicht enthaltene Kostenzuschlag, wie er etwa in (6.34) dargestellt wird, muß ebenfalls der Gesellschaft zur Deckung der Verwaltungskosten verbleiben. Das gleiche gilt für allfällige Sicherheitszuschläge, wie sie in (6.53) enthalten sind.

Als Höchstbetrag für den Rückkaufwert einer Versicherung kann daher das vollständige Deckungskapital ${}_tV_x^v$ angesehen werden. Verwendet man Rechnungsgrundlagen erster Ordnung, dann stellt das ausreichende Deckungskapital ${}_tV_x^a$, im Falle der Zillmerung das Zillmer-Deckungskapital ${}_tV_x^z$, den Höchstbetrag des Rückkaufwertes dar. Allerdings sind diesen Berechnungen die tatsächlichen Abschlußkosten zugrunde zu legen, auch wenn zur Vermeidung eines negativen Deckungskapitals ${}_1V_x^a$ bzw. ${}_1V_x^z$ ursprünglich mit niedrigeren Abschlußkosten gerechnet wurde.

Jeder Rückkauf einer Versicherung bedeutet für die Versicherungsgesellschaft aus verschiedenen Gründen eine Belastung. Zunächst führt jede Verringerung des Versichertenstandes zu einer Vergrößerung der zu erwartenden relativen zufälligen Schwankungen im Versicherungsverlauf, so daß auch relativ höhere Sicherheitsreserven notwendig werden. Dann kann bei freiwilligem Austreten eine negative Selektion auftreten, das heißt gerade die „guten Risken" scheiden aus. Schließlich werden die Mittel der Versicherungsgesellschaft so veranlagt, daß sie bei möglichst großer Sicherheit möglichst hohe Zinsen abwerfen. Die Veräußerung solcher Anlagen kann zu Verlusten führen.

Aus allen diesen Gründen wird der theoretische Höchstbetrag für den Rückkaufwert ${}_tV_x^v$ nicht zur Gänze bezahlt. Für die ersten Jahre nach Abschluß einer Versicherung — etwa für die ersten drei Jahre bei länger dauernden Versicherungen — wird ein Rückkauf überhaupt ausgeschlossen, es sei denn, es handelt sich um Versicherungen gegen Einmalprämie. Schließlich wird der Rückkauf oft auch dann ausgeschlossen, wenn der Eintritt des Versicherungsfalles ungewiß ist, wie etwa bei temporären Ablebensversicherungen oder bei Erlebens-Kapital-Versicherungen.

Es sei $Rkf(t)$ der Rückkaufwert der untersuchten Versicherung je Einheit der Versicherungssumme bei einem Rücktritt im Zeitpunkt t der Versicherung. Beispiele für die Wahl von $Rkf(t)$ sind etwa

$$Rkf(t) = 0{,}75\ {}_tV_x^a \tag{8.1}$$

oder

$$Rkf(t) = \begin{cases} 0{,}8\ {}_tV_x^a & \text{für}\quad {}_tV_x^a \leqq 0{,}2\,, \\ \dfrac{3 + {}_tV_x^a}{4}\ {}_tV_x^a & \text{für}\quad {}_tV_x^a \geqq 0{,}2\,. \end{cases} \tag{8.2}$$

Eine andere Methode, die von der Höhe des Deckungskapitals weitgehend unabhängig ist, besteht darin, den Rückkaufwert je Einheit der Versicherungssumme mit

$$Rkf(t) = \frac{s_t}{s_k}\, v'^{k-t} \tag{8.3}$$

festzusetzen. Darin bedeutet s_t die nominelle Summe aller bereits eingezahlten Prämien und s_k die nominelle Summe aller vereinbarten Prämien. v' wird dabei mit einer höheren Zinsrate berechnet als die Versicherungswerte. Zum Beispiel kann für $i = 3\%$ die Zinsrate $i' = 5\%$ mit $v' = \frac{1}{1{,}05}$ gewählt werden. Bei der Festsetzung des Rückkaufwertes durch (8.3) wird dieser außerdem noch mit ${}_tV_x^a$ nach oben begrenzt. (8.3) ist natürlich nur bei begrenzter Versicherungsdauer anwendbar.

2. Prämienfreie Reduktion von Versicherungen. Kann der Versicherte die vereinbarten Prämienzahlungen nicht mehr leisten und will er trotzdem nicht vom Vertrag zur Gänze zurücktreten, dann besteht die Möglichkeit, die Versicherungssummen so zu reduzieren, daß die weitere Finanzierung der Versicherung durch die bisher gezahlten Prämien gedeckt ist. Der Versicherte leistet keine Prämienzahlung mehr, und die Versicherung wird *prämienfrei gestellt.*

Zur Deckung der zukünftigen Versicherungsleistungen steht im Zeitpunkt der Prämienfreistellung gerade das Deckungskapital zur Verfügung. Wir wollen im folgenden wieder annehmen, das vollständige Deckungskapital werde auf Grund von Rechnungsgrundlagen erster Ordnung als ausreichendes Deckungskapital berechnet. Der Erwartungswert des Barwertes der zukünftigen Versicherungsleistungen einschließlich der Verwaltungskosten kann also bei Prämienfreistellung gerade die Höhe des ausreichenden Deckungskapitals erreichen. Die Art der Versicherung (Erlebensversicherung, Ablebensversicherung, gemischte Versicherung usw.) soll durch die Prämienfreistellung unberührt bleiben und nur die Versicherungssummen mit dem Faktor λ reduziert werden. Statt einer Erlebenszahlung e_t im Zeitpunkt t werde λe_t, statt einer Ablebenszahlung a_t im Zeitpunkt $t+1$ werde λa_t vorgesehen. Den Faktor λ nennen wir *Reduktionswert* der Versicherung und bezeichnen ihn für eine Prämienfreistellung im Zeitpunkt t mit $Red(t)$.

Es wird angenommen, daß nach einer Prämienfreistellung von den Verwaltungskosten nur mehr die laufenden Verwaltungskosten γ anfallen. Soll das ausreichende Deckungskapital dem Erwartungswert des Barwertes der zukünftigen Versicherungsleistungen und der Verwaltungskosten gleich sein, dann muß die folgende Gleichung erfüllt sein:

$${}_tV_x^a\,[P^a_{x,\overline{k}|}\ (B_{x,\overline{n}|})] = \lambda\,(B_{x+t,\overline{n-t}|} + \gamma\,\ddot{a}_{x+t,\overline{n-t}|})\,. \tag{8.4}$$

Man bezeichnet

$$B'_{x+t,\overline{n-t}|} = B_{x+t,\overline{n-t}|} + \gamma\,\ddot{a}_{x+t,\overline{n-t}|}\,, \tag{8.5}$$

die Einmalprämie, welche von den Verwaltungskosten nur die laufenden Verwaltungskosten deckt, als *einmalige Inventarprämie*. Für den Reduktionswert erhalten wir daraus

$$\lambda = Red(t) = \frac{{}_tV_x^a}{B'_{x+t,\,\overline{n-t}|}} \tag{8.6}$$

und wegen (6.29)

$$Red(t) = \frac{B'_{x+t,\,\overline{n-t}|} - (1-\beta)\,P^a_{x,\overline{k}|}(B_{x,\overline{n}|})\,\ddot{a}_{x+t,\,\overline{k-t}|}}{B'_{x+t,\,\overline{n-t}|}} = 1 - (1-\beta)\frac{P^a_{x,\overline{k}|}(B_{x,\overline{n}|})\,\ddot{a}_{x+t,\,\overline{k-t}|}}{B'_{x+t,\,\overline{n-t}|}}. \tag{8.7}$$

Bezeichnen wir nun die ausschließlich unter Berücksichtigung der laufenden Verwaltungskosten errechnete *laufende Inventarprämie* allgemein mit

$$P'_{x,\overline{k}|}(B_{x,\overline{n}|}) = \frac{B_{x,\overline{n}|} + \gamma\,\ddot{a}_{x,\overline{n}|}}{\ddot{a}_{x,\overline{k}|}} = \frac{B'_{x,\overline{n}|}}{\ddot{a}_{x,\overline{k}|}}, \tag{8.8}$$

dann folgt aus (8.7)

$$Red(t) = 1 - (1-\beta)\,\frac{P^a_{x,\overline{k}|}(B_{x,\overline{n}|})}{P'_{x+t,\,\overline{k-t}|}\,(B_{x+t,\,\overline{n-t}|})}. \tag{8.9}$$

In der Praxis werden häufig anstelle des Reduktionswertes (8.6) bzw. (8.9) etwas abweichende Werte verwendet. Unter Zugrundelegung des Rückkaufwertes lautet eine Berechnungsmethode

$$Red(t) = \frac{Rkf(t)}{B_{x+t,\,\overline{n-t}|}}. \tag{8.10}$$

Eine andere Methode besteht darin, die Nettoreserve als einmalige Tarifprämie für die zukünftige Versicherung anzusetzen, woraus sich die Formel

$$Red(t) = \frac{{}_tV_r}{\Pi_{x+t,\,\overline{n-t}|}} \tag{8.11}$$

ergibt. In Analogie zu (8.3) steht die folgende häufig verwendete Methode zur Berechnung eines Reduktionswertes:

$$Red(t) = \frac{s_t}{s_k}. \tag{8.12}$$

s_t bzw. s_k bedeuten wieder die nominellen Summen der bis zum Zeitpunkt t bereits eingezahlten bzw. bis zum Zeitpunkt k, dem Ende der vorgesehenen Prämienzahlung, ursprünglich erwarteten Prämien. Wurde die Versicherung gegen gleichbleibende Prämien abgeschlossen, dann folgt aus (8.12) die vereinfachte Formel

$$Red(t) = \frac{t}{k}. \tag{8.13}$$

Die prämienfreie Reduktion wird im allgemeinen nur für solche Versicherungen vorgesehen, für welche bereits ein Rückkauf zugelassen ist.

3. Umwandlung von Versicherungen. Wir behandeln drei Arten der Umwandlung von Versicherungen, und zwar die Verminderung der Versicherungssumme, die Erhöhung der Versicherungssumme und die Änderung der Versicherungskombination bei gleichbleibender Versicherungssumme.

Bei der *Verminderung der Versicherungssumme* gehen wir von einer Versicherung $B_{x,\overline{n}|}$ eines x-jährigen auf n Jahre mit k-jähriger Prämienzahlung aus. Die jährliche Prämie ist $\Pi_{x,\overline{k}|}(B_{x,\overline{n}|})$. Die letzte Prämie sei im Zeitpunkt $t-1$, also bei Erreichung des Alters $x+t-1$, gezahlt worden. Im Zeitpunkt t möchte der Versicherte die Versicherungssumme reduzieren. Wir behandeln zwei Fälle:

Fall 1:

Der Versicherte möchte die Versicherungssumme im Verhältnis $1:\lambda$ mit $0<\lambda<1$ reduzieren. Welche Prämie ist vom Zeitpunkt t ab zu zahlen? Es sei

a) $\lambda \geqq Red\,(t)$. Die Versicherung wird im Verhältnis $\varkappa_1:\varkappa_2$ mit $\varkappa_1+\varkappa_2=1$ in zwei Versicherungen geteilt. Nun wird der Teil $\varkappa_1$ der Versicherung prämienfrei gestellt, während der Teil $\varkappa_2$ weiter aufrechtbleibt. Soll die Versicherungssumme dadurch im Verhältnis $1:\lambda$ vermindert werden, dann muß

$$\varkappa_1\,Red(t)+\varkappa_2=\varkappa_1\,Red(t)+1-\varkappa_1=\lambda$$

gelten. Daraus folgt

$$\varkappa_1=\frac{1-\lambda}{1-Red\,(t)},\qquad \varkappa_2=\frac{\lambda-Red\,(t)}{1-Red\,(t)}. \tag{8.14}$$

Von t ab ist daher noch die Prämie $\varkappa_2\Pi_{x,\overline{k}|}(B_{x,\overline{n}|})$ weiterzuzahlen. Ist der Rückkauf der Versicherung noch nicht zugelassen, dann gilt $Rkf\,(t)=0$, und daraus folgt $Red\,(t)=0$. In diesem Fall ist $\varkappa_1=1-\lambda$ und $\varkappa_2=\lambda$ zu setzen, also die Prämie $\lambda\Pi_{x,\overline{k}|}(B_{x,\overline{n}|})$ weiterzuzahlen. Nun sei

b) $0<\lambda<Red\,(t)$. Die Versicherung wird wieder im Verhältnis $\varkappa_1:\varkappa_2$ mit $\varkappa_1+\varkappa_2=1$ in zwei Versicherungen geteilt. Der Teil $\varkappa_1$ wird prämienfrei gestellt und der Teil $\varkappa_2$ rückgekauft, das heißt, es gilt $\varkappa_1\,Red\,(t)=\lambda$ oder

$$\varkappa_1=\frac{\lambda}{Red\,(t)},\qquad \varkappa_2=\frac{Red\,(t)-\lambda}{Red\,(t)}. \tag{8.15}$$

Der Versicherte hat keine weitere Prämie zu entrichten, sondern er erhält den Rückkaufwert

$$\varkappa_2\,Rkf(t)=Rkf(t)\,\frac{Red\,(t)-\lambda}{Red\,(t)}.$$

Fall 2:

Der Versicherte möchte die Prämie im Verhältnis $1:\lambda$ reduzieren. Wie hoch ist die neue Versicherungssumme? In diesem Fall wird die Versicherung in die Teile $\varkappa_1=1-\lambda$ und $\varkappa_2=\lambda$ geteilt. Der Teil $\varkappa_1$ wird prämienfrei gestellt, und der Teil $\varkappa_2$ bleibt aufrecht. Die neue Versicherungssumme ist $\varkappa_1\,Red\,(t)$ aus der ersten und $\varkappa_2$ aus der zweiten Versicherung, das ist zusammen

$$(1-\lambda)\,Red(t)+\lambda. \tag{8.16}$$

Eine *Erhöhung der Versicherungssumme* ist bei Erlebensversicherungen im allgemeinen nur nach neuerlicher ärztlicher Untersuchung zulässig. Wir nehmen an, der Versicherte wolle die bisherige Versicherungssumme 1 auf $1+\varkappa$ erhöhen. Zur Lösung dieses Problems geben wir drei Methoden an:

1. Methode:

Im Zeitpunkt t wird eine neue Versicherung auf $\varkappa$ für die restliche Versicherungsdauer abgeschlossen. Die neue Prämie, die ab dem Zeitpunkt t zu zahlen ist, lautet dann:

$$\Pi_{x,\overline{k|}}\,(B_{x,\overline{n|}}) + \varkappa\,\Pi_{x+t,\overline{k-t|}}\,(B_{x+t,\overline{n-t|}})\,. \tag{8.17}$$

2. Methode:

Die Erhöhung wird so vorgenommen, als ob die Versicherung von Anfang an auf die Summe $1+\varkappa$ gelautet hätte. Der Versicherte hat das Deckungskapital aufzufüllen, die Abschlußkosten für die Differenz der Versicherungssumme zu bezahlen und im Zeitpunkt der Umwandlung eine höhere Prämie zu entrichten. Die Erhöhung des Deckungskapitals und die Abschlußkosten erfordern einen Betrag von $\varkappa({}_tV_x^v + \alpha)$, so daß unter Berücksichtigung der Inkassokosten eine einmalige Nachzahlung in der Höhe von

$$S = \varkappa\,\frac{{}_tV_x^v + \alpha}{1-\beta} \tag{8.18}$$

zu leisten ist, während die weiteren laufenden Prämien $(1+\varkappa)\Pi_{x,\overline{k|}}(B_{x,\overline{n|}})$ betragen.

3. Methode:

Die Erhöhung wird so vorgenommen, als ob die Versicherung zu einem späteren Zeitpunkt abgeschlossen worden wäre, jedoch von Anfang an auf die Summe $1+\varkappa$ gelautet hätte. Man sucht also ein fiktives Abschlußalter $x+t$, für welches

$${}_tV_x^v\,[\Pi_{x,\overline{k|}}\,(B_{x,\overline{n|}})] = (1+\varkappa)\;{}_{t-T}V_{x+T}^v\,[\Pi_{x+T,\overline{k-T|}}\,(B_{x+T,\overline{n-T|}})] + \alpha\varkappa \tag{8.19}$$

gilt. Das im Zeitpunkt der Umwandlung vorhandene vollständige Deckungskapital soll also gerade ausreichen, die zusätzlichen Abschlußkosten zu decken und das vollständige Deckungskapital für eine mit dem Alter $x+T$ beginnende Versicherung der Dauer $n-T$ und der Prämienzahlungsdauer $k-T$ auf die Summe $1+\varkappa$ aufzubauen. Gleichung (8.19) wird im allgemeinen unlösbar sein, weil das Deckungskapital eine unstetige Funktion ist und nicht jeden beliebigen Zwischenwert annimmt. Man setzt daher auf der rechten Seite von (8.19) nicht das unterjährige vollständige Deckungskapital ein, sondern das interpolierte vollständige Deckungskapital und sieht den folgenden Prämienübertrag, wie er etwa in (6.55) enthalten ist, als einmalige Nachzahlung vor. Von der Berücksichtigung eines Rentenübertrages wird man in der Praxis absehen können, da kaum Erlebenskapitalien während der Prämienzahlungszeit auftreten. Der verhältnismäßig geringe Prämienübertrag ersetzt die stärker ins Gewicht fallende Nachzahlung (8.18).

Im allgemeinen wird T keine ganze Zahl sein. Es würde daher in (8.19) ein nicht ganzzahliges Abschlußalter $x+T$ auftreten. Um dies zu vermeiden, setzen wir voraus, daß die Versicherungswerte stets für gerundete Abschlußalter berechnet werden. Insbesondere soll das Abschlußalter $x+T$ gerundet das ganzzahlige Alter x^* ergeben. Weiters setzen wir $t - T = t^* + \tau$ mit ganzzahligem t^* und $0 \leqq \tau < 1$. Von der Versicherung auf die Summe $1+\varkappa$ sind also bei Umwandlung t^* volle Jahre verflossen. Zur Interpolation sind daher die Deckungskapitalien nach t^* und $t^* + 1$ Jahren heranzuziehen. Weiters sei $k^* = k - (x^* - -x) = k - t^*$ die Dauer der Prämienzahlung und $n^* = n - (x^* - x) = n - t^*$ die Versicherungsdauer für die Versicherung auf die Summe $1 + \varkappa$. Dann soll die folgende Beziehung erfüllt sein:

$$\begin{aligned} &{}_tV_x[\Pi_{x,\overline{k|}}\,(B_{x,\overline{n|}})] - \alpha\varkappa = \\ &= (1+\varkappa)\,\{(1-\tau)\,{}_{t^*}V^v_{x^*}[\Pi_{x^*,\overline{k^*|}}\,(B_{x^*,\overline{n^*|}})] + \tau\,{}_{t^*+1}V^v_{x^*}\,[\Pi_{x^*\overline{k^*|}}\,(B_{x^*,\overline{n^*|}})]\}. \end{aligned} \tag{8.20}$$

Aus dieser Gleichung sollen die gesuchten Werte t^*, τ und x^* errechnet werden. Bei der Auflösung der Gleichung ist zu beachten, daß x^*, k^* und n^* selbst von t^* und τ abhängen. Man geht daher bei der Auflösung schrittweise vor. Unter Verwendung der vereinfachenden Bezeichnung

$${}_tV^v_x[\Pi_{x,\overline{k|}}\,(B_{x,\overline{n|}})] = V(x, k, n; t)$$

wird zunächst die Gleichung

$$V(x, k, n; t) - \alpha\varkappa = (1+\varkappa)\,[(1-\tau_1)\,V(x, k, n; t_1) + \tau_1\,V(x, k, n; t_1+1)]$$

nach t_1 und τ_1 aufgelöst. Hierauf bildet man mit Hilfe der Werte t_1 und τ_1 einen neuen Wert $x_1 = x + t_1$ als geändertes Alter, setzt $k_1 = k - t_1$ und $n_1 = n - t_1$ und löst die Gleichung

$$V(x, k, n; t) - \alpha\varkappa = (1+\varkappa)\,[(1-\tau_2)\,V(x_1, k_1, n_1; t_2) + \tau_2\,V(x_1, k_1, n_1; t_2+1)]$$

nach t_2 und τ_2 auf. Hierauf bildet man einen neuen Wert $x_2 = x + t_2$ als geändertes Alter, errechnet $k_2 = k - t_2$ und $n_2 = n - t_2$ und setzt dies so lange fort, bis ein Wertepaar t_m und τ_m mit $t_m = t_{m+1}$ und $\tau_m = \tau_{m+1}$ gefunden wird. $t^* = t_m$, $\tau = \tau_m$, $x^* = x_m$, $k^* = k_m$ und $n^* = n_m$ sind dann die Daten für die gesuchte Versicherung auf die Summe $1 + \varkappa$. In der Praxis führt dieses Verfahren meist schon nach ein bis zwei Schritten zum Ziel.

Nach Auflösung von (8.20) ist noch die Höhe der einmaligen Nachzahlung zu bestimmen. Nach (6.55) beträgt der Prämienübertrag

$$(1+\varkappa)\,(1-\tau)\,[(1-\beta)\,\Pi_{x^*,\overline{k^*|}}\,(B_{x^*,\overline{n^*|}}) - \gamma - \zeta_{t^*+1}],$$

wobei ζ_{t^*+1} den Sicherheitszuschlag für die neue Versicherung bedeutet, der bei früherem Bestand dieser Versicherung bei Erreichung des Alters $x^* + t^*$ fällig geworden wäre. Die Berechnung des unterjährigen vollständigen Deckungskapitals nach (6.55) geht davon aus, daß die laufenden Verwaltungskosten und der Sicherheitszuschlag bereits zu Beginn des Jahres für das ganze Jahr gezahlt wurden. Bei der hier betrachteten Versicherung wurden diese Kosten aber nur bis zum Alter $x + t$ bzw. bis zum Alter $x^* + t^* + \tau$ bezahlt, so daß sie für den verbleibenden Teil des Versicherungsjahres der Länge $1 - \tau$ in der Höhe $(1+\varkappa)(1-\tau)(\gamma + \zeta_{t^*+1})$ nachzuzahlen sind. Zusammen mit dem Prämienübertrag und unter Berücksichtigung der Inkassokosten ist daher im Zeitpunkt der Umwandlung die folgende einmalige Nachzahlung zu leisten:

$$S = (1+\varkappa)\,(1-\tau)\,\Pi_{x^*,\overline{k^*|}}\,(B_{x^*,\overline{n^*|}}). \tag{8.21}$$

Die nächste Prämie wird nach einem Zeitraum von $1 - \tau$ fällig und ist in der Höhe

$$(1 + \varkappa)\, \Pi_{x^*, \overline{k^*|}}\, (B_{x^*, \overline{n^*|}}) \tag{8.22}$$

für die restliche Prämienzahlungszeit, also bis zur Erreichung des Alters $x^* + k^* - 1$ zu zahlen.

Die *Änderung der Versicherungskombination bei gleichbleibender Versicherungssumme* soll an einem Beispiel gezeigt werden. Die Versicherung eines x-jährigen durch n Jahre bei k-jähriger Prämienzahlung soll nach t Jahren bei Erreichung des Alters $x^* = x + t$ auf die neue restliche Prämienzahlungsdauer k^* und die neue restliche Versicherungsdauer n^* geändert werden. Das Deckungskapital zuzüglich des Erwartungswertes des Barwertes der zukünftigen Prämieneinnahmen muß gleich sein dem Erwartungswert des Barwertes der zukünftigen Ausgaben, das heißt, es muß

$$ {}_tV_x^v\, [\Pi_{x, \overline{k|}}\, (B_{x, \overline{n|}})] + (1 - \beta)\, \Pi_{x^*, \overline{k^*|}}\, (B_{x^*, \overline{n^*|}})\, \ddot{a}_{x^*, \overline{k^*|}} =$$

$$= B_{x^*, \overline{n^*|}} + \gamma\, \ddot{a}_{x,^* \overline{n^*|}} = B'_{x^*, \overline{n^*|}}$$

gelten, wobei $B'_{x^*, \overline{n^*|}}$ die einmalige Inventarprämie ist. Für die Prämie der geänderten Versicherung folgt daraus

$$\Pi_{x^*, \overline{k^*|}}\, (B_{x^*, \overline{n^*|}}) = \frac{B'_{x^*, \overline{n^*|}} - {}_tV_x^v [\Pi_{x, \overline{k|}}\, (B_{x, \overline{n|}})]}{(1 - \beta)\, \ddot{a}_{x^*, \overline{k^*|}}}. \tag{8.23}$$

In analoger Weise können Änderungen der Versicherungsart behandelt werden. Soll die Versicherung $B_{x, \overline{n|}}$ mit k-jähriger Prämienzahlung nach t Jahren in eine Versicherung $B^*_{x^*, \overline{n^*|}}$ mit $x^* = x + t$ und k^*-jähriger Prämienzahlung umgewandelt werden, dann folgt in Analogie zu (8.23):

$$\Pi_{x^*, \overline{k^*|}}\, (B^*_{x^*, \overline{n^*|}}) = \frac{B^*_{x^*, \overline{n^*|}} - {}_tV_x^v [\Pi_{x, \overline{k|}}\, (B_{x, \overline{n|}})]}{(1 - \beta)\, \ddot{a}_{x^*, \overline{k^*|}}}. \tag{8.24}$$

4. Belehnung von Versicherungen. Ist bereits ein Anspruch auf Rückkauf der Versicherung gegeben, dann kann dieser Anspruch belehnt werden. Der Versicherte kann ein Darlehen auf diesen Anspruch aufnehmen. Es sei $D(t)$ die Höhe des Darlehens je Einheit der Versicherungssumme nach t Versicherungsjahren. Offenbar muß $D(t) \leqq Rkf\,(t)$ gelten. Für dieses Darlehen sind Zinsen zu zahlen, die üblicherweise über den der Berechnung von Versicherungswerten zugrunde gelegten Zinsen liegen. Die im vorhinein fällig werdenden Zinsen sind jährlich in der Höhe $d'D(t)$ zu zahlen, wobei $d' > d$ die für die Verzinsung des Darlehens maßgebende jährliche Diskontrate darstellt.

Ist der Versicherte nun nach einiger Zeit nicht mehr in der Lage, den Zinsendienst für das Darlehen zu leisten, dann muß der dem Darlehen entsprechende Teil der Versicherung zurückgekauft werden. Die Versicherung wird im Verhältnis $\varkappa_1 : \varkappa_2$ mit $\varkappa_1 + \varkappa_2 = 1$ in zwei Versicherungen geteilt, von denen die $\varkappa_1$ entsprechende zurückgekauft wird. Für den Rückkauf im Zeitpunkt t_1 erhalten wir $\varkappa_1\, Rkf\,(t_1) = D(t)$ oder

$$\varkappa_1 = \frac{D(t)}{Rkf\,(t_1)} \tag{8.25}$$

und für die verbleibende Versicherungssumme

$$\varkappa_2 = \frac{Rkf(t_1) - D(t)}{Rkf(t_1)}. \tag{8.26}$$

Wird nun im Zeitpunkt t_2 auch die Prämienzahlung für den verbleibenden Teil der Versicherung eingestellt, dann muß dieser Versicherungsteil prämienfrei gestellt werden. Die dann noch verbleibende Versicherungssumme je Einheit der ursprünglichen Versicherungssumme beträgt

$$\varkappa_2 \, Red(t_2) = Red(t_2) \frac{Rkf(t_1) - D(t)}{Rkf(t_1)}. \tag{8.27}$$

Kapitel 9

Versicherungen auf verbundene Leben

1. Gruppen, die beim ersten Tod erlöschen. Die bisherigen Untersuchungen bezogen sich auf eine Personengesamtheit, aus der das Ausscheiden (durch Tod oder durch freiwilligen Austritt) mit vorgegebener Wahrscheinlichkeit erfolgt. Statt Einzelpersonen können nun Personengruppen untersucht werden, wenn für diese Gruppen ein Ausscheiden, analog dem Tod der Einzelperson, definiert wird. Man kann etwa die Gruppe solange als ,,lebend" ansehen, als sämtliche Mitglieder der Gruppe leben. Das ,,Erlöschen" der Gruppe, also das Ausscheiden aus dem Stande der lebenden Gruppen, tritt durch den ersten Todesfall eines Mitgliedes der Gruppe ein. Die Gruppe lebt also genau so lange, als sämtliche Mitglieder der Gruppe leben.

Wir nehmen an, die Gruppe bestehe aus s Personen der Einzelalter $x_1, \ldots, x_s$. Die Wahrscheinlichkeit, daß alle Mitglieder der Gruppe t Jahre überleben, kann in Analogie zu (5.4) durch

$${}_tp_{x_1,\ldots,x_s} = \prod_{i=1}^{s} {}_tp_{x_i} = \frac{l_{x_1+t}\, l_{x_2+t} \cdots l_{x_s+t}}{l_{x_1}\, l_{x_2} \cdots l_{x_s}} \tag{9.1}$$

ausgedrückt werden, wenn man annimmt, daß die einzelnen Todesfälle voneinander unabhängig sind. Man kann nun für die Gruppe ein beliebiges Basisalter $\bar{x}$ wählen, z. B. durch $\bar{x} = \min\limits_{(j)} x_j$ und für $x_i - \bar{x} = a_i$ die folgende *Ausscheideordnung für die Gruppe* aufstellen:

$$\begin{aligned}
l_0^G &= l_{a_1} \cdots l_{a_s},\\
l_1^G &= l_{a_1+1}\, l_{a_2+1} \cdots l_{a_s+1},\\
&\;\;\vdots\\
l_{\bar{x}}^G &= l_{x_1}\, l_{x_2} \cdots l_{x_s},\\
&\;\;\vdots\\
l_{\bar{\omega}}^G &= l_{x_1+\bar{\omega}-\bar{x}}\, l_{x_2+\bar{\omega}-\bar{x}} \cdots l_{x_s+\bar{\omega}-\bar{x}}.
\end{aligned} \tag{9.2}$$

Das Höchstalter $\overline{\omega}$ der Gruppe wird für $\overline{\omega} = \omega - \left(\max_{(j)} x_j - \overline{x}\right)$ erreicht, und wegen $l_\omega = 0$ gilt $l^G_{\overline{\omega}} = 0$.

Offenbar gibt es genau so viele verschiedene Ausscheideordnungen für Gruppen von s Personen, die beim ersten Tod erlöschen, als es verschiedene Anordnungen von ganzzahligen Altern $x_1, \ldots, x_s$ mit $0 \leqq x_i < \omega$ gibt, also ω^s. Können die Sterbewahrscheinlichkeiten für alle s Personen nach ein und derselben Sterbetafel berechnet werden, dann kommt es auf die Reihenfolge der x_i nicht mehr an, und die Anzahl der möglichen Ausscheideordnungen verringert sich. Setzen wir für

$$0 \leqq x_1 \leqq x_2 \leqq \cdots \leqq x_s \leqq \omega - 1$$

vorübergehend

$$x_i + i - 1 = y_i,$$

dann folgt

$$0 \leqq y_1 < y_2 < \cdots < y_s \leqq \omega + s - 2.$$

Wählen wir als Basisalter der Gruppe $x_1 = y_1 = 0$, dann können die restlichen $s - 1$ Werte y_i auf $\omega + s - 2$ Plätze verteilt werden, ohne daß ein Platz doppelt besetzt wird. Dies ist bekanntlich auf $\binom{\omega+s-2}{s-1}$ verschiedene Arten möglich, wenn die Reihenfolge der y_i keine Rolle spielt. Es sind daher bis zu $\binom{\omega+s-2}{s-1}$ verschiedene Ausscheideordnungen für eine Gruppe von s Personen möglich.

Mit Hilfe der Ausscheideordnung können die Überlebenswahrscheinlichkeiten der Gruppe durch

$$_tp^G_{\overline{x}} = \frac{l^G_{\overline{x}+t}}{l^G_{\overline{x}}} \tag{9.3}$$

berechnet werden. Die Gruppe kann nun ebenso wie ein einzelner Versicherter behandelt werden, und sämtliche Versicherungswerte lassen sich mit Hilfe von (9.3) auch für Gruppen darstellen. Die entsprechenden Kommutationszahlen lauten für Erlebensversicherungen

$$D^G_{\overline{x}} = l^G_{\overline{x}}\, v^{\overline{x}}, \quad N^G_{\overline{x}} = \sum_{\nu=0}^{\overline{\omega}-\overline{x}} D^G_{\overline{x}+\nu}, \quad S^G_{\overline{x}} = \sum_{\nu=0}^{\overline{\omega}-\overline{x}} N^G_{\overline{x}+\nu} \tag{9.4}$$

und für Ablebensversicherungen wegen $d^G_{\overline{x}} = l^G_{\overline{x}} - l^G_{\overline{x}+1}$ bzw. $C^G_{\overline{x}} = d^G_{\overline{x}}\, v^{\overline{x}+1}$

$$C^G_{\overline{x}} = D^G_{\overline{x}} v - D^G_{\overline{x}+1}, \quad M^G_{\overline{x}} = \sum_{\nu=0}^{\overline{\omega}-\overline{x}} C^G_{\overline{x}+\nu}, \quad R^G_{\overline{x}} = \sum_{\nu=0}^{\overline{\omega}-\overline{x}} M^G_{\overline{x}+\nu}. \tag{9.5}$$

Insbesondere erhält man etwa für die vorschüssige n-jährige Leibrente an die Gruppe G in Analogie zu (5.26)

$$\ddot{a}_{x_1, \ldots, x_s, \overline{n|}} = \ddot{a}^G_{\overline{x}, \overline{n|}} = \frac{N^G_{\overline{x}} - N^G_{\overline{x}+n}}{D^G_{\overline{x}}}, \tag{9.6}$$

für die gemischte Versicherung in Analogie zu (5.44)

$$A_{x_1, \ldots, x_s, \overline{n|}} = A^G_{\overline{x}, \overline{n|}} = \frac{M^G_{\overline{x}} - M^G_{\overline{x}+n} + D^G_{\overline{x}+n}}{D^G_{\overline{x}}}, \tag{9.7}$$

aus (9.6) und (9.7) in Analogie zu (5.45)

$$A^G_{\overline{x}, \overline{n|}} = 1 - d\,\ddot{a}^G_{\overline{x}, \overline{n|}}, \tag{9.8}$$

für die allgemeine Versicherung in Analogie zu (5.60)

$$B_{x_1, \ldots, x_s} = B_{\bar{x}}^G = \frac{\sum_{\nu=1}^{\bar{\omega}-\bar{x}} (D_{\bar{x}+\nu}^G e_\nu + C_{\bar{x}+\nu-1}^G a_\nu)}{D_{\bar{x}}^G} \tag{9.9}$$

und in Analogie zu (5.61)

$$P_{x_1, \ldots, x_s, \overline{k|}} (B_{x_1, \ldots, x_s}) = P_{\bar{x}, \overline{k|}}^G (B_{\bar{x}}^G) = \frac{\sum_{\nu=1}^{\bar{\omega}-\bar{x}} (D_{\bar{x}+\nu}^G e_\nu + C_{\bar{x}+\nu-1}^G a_\nu)}{N_{\bar{x}}^G - N_{\bar{x}+k}^G}. \tag{9.10}$$

Für eine Gruppe von zwei Personen wären ω verschiedene Ausscheideordnungen zu betrachten. Praktisch werden in diesem Fall aber nur jene Ausscheideordnungen berechnet, für welche $y - x = 0(5)$, das heißt $y = x + 5g$ mit ganzzahligem (positivem oder negativem) g. Das Basisalter der Gruppe sei $\bar{x} = x - a_1 = y - a_2$, und die Ausscheideordnung werde analog zu (9.2) aufgebaut. Für die Kommutationszahlen erhält man nach (9.4)

$$D_{\bar{x}}^G = D_{x,y} = l_{\bar{x}}^G v^{\bar{x}} = l_x l_y v^{x-a_1} = l_x l_y v^{y-a_2} = D_x l_y v^{-a_1} = l_x D_y v^{-a_2}.$$

Der Einfachheit halber setzt man in der Praxis möglichst $\bar{x} = x$ oder $\bar{x} = y$, das heißt

$$D_{x,y} = l_x l_y v^x = D_x l_y \tag{9.11}$$

oder

$$D_{x,y} = l_x l_y v^y = l_x D_y. \tag{9.12}$$

Die übrigen Kommutationszahlen werden dann wie in (9.4) gerechnet.

Für die Zwischenwerte $y = x + 5g + t$ mit $t = 1, 2, 3, 4$ kann man Versicherungswerte näherungsweise für $B_{x,y}$ mit linearer Interpolation durch

$$B_{x,y} = \left(1 - \frac{t}{5}\right) B_{x,x+5g} + \frac{t}{5} B_{x,x+5g+5} \tag{9.13}$$

oder genauer mit einer Interpolation zweiter Ordnung durch

$$\begin{aligned} B_{x,y} = B_{x,x+5g} &+ \frac{t}{5} (B_{x,x+5g+5} - B_{x,x+5g}) + \\ &+ \frac{t(t-5)}{50} (B_{x,x+5g-5} + B_{x,x+5g+5} - 2B_{x,x+5g}) \end{aligned} \tag{9.14}$$

finden. Mit Hilfe der Kommutationszahlen $D_{x,y}$ bzw. der übrigen nach (9.4) zu errechnenden Kommutationszahlen können alle gewünschten Versicherungswerte wie in den Kapiteln 5 bis 8 errechnet werden. Zum Beispiel erhält man für die allgemeine Versicherung mit k-jähriger Prämienzahlung aus (5.61)

$$P_{x,y,\overline{k|}}(B_{x,y}) = \frac{\sum_{\nu=1}^{\omega-x} (D_{x+\nu,y+\nu} e_\nu + C_{x+\nu-1,y+\nu-1} a_\nu)}{N_{x,y} - N_{x+k,y+k}}. \tag{9.15}$$

Für $y > x$ genügt es, in (9.15) bis $\omega - y$ zu summieren.

Sind die Sterbetafeln der l_{x_i} nach GOMPERTZ (4.39) oder nach MAKEHAM (4.40) ausgeglichen, dann kann die Ausscheideordnung für Gruppen, die beim ersten

Tod erlöschen, einfacher dargestellt werden. Für die Ausgleichung nach GOMPERTZ folgt aus (4.39)

$$_tp_{x_i} = g^{c^{x_i}(c^t-1)}. \tag{9.16}$$

Aus (9.1) erhalten wir daher

$$_tp_{x_1,\ldots,x_s} = \prod_{i=1}^{s} g^{c^{x_i}(c^t-1)} = g^{(c^t-1)\sum_{i=1}^{s} c^{x_i}}. \tag{9.17}$$

Wählt man nun ein Basisalter $\bar{x}$ für die Gruppe durch

$$c^{\bar{x}} = \sum_{i=1}^{s} c^{x_i}, \tag{9.18}$$

dann folgt aus (9.17)

$$_tp_{x_1,\ldots,x_s} = g^{(c^t-1)c^{\bar{x}}} = {}_tp_{\bar{x}}. \tag{9.19}$$

Die Gruppe kann daher wie eine einzelne Person des Alters $\bar{x}$ betrachtet werden. Alle Versicherungswerte für die Gruppe sind den Versicherungswerten für einen einzelnen $\bar{x}$-jährigen gleich. Es ist daher nicht notwendig, eine eigene Ausscheideordnung für die Gruppe aufzustellen.

Bei der verfeinerten MAKEHAMschen Formel (4.40) läßt sich die Darstellung der Versicherungswerte für Gruppen ebenfalls vereinfachen, wenn auch nicht so stark wie im Falle der GOMPERTZ-Formel. Um Verwechslungen mit dem Parameter der MAKEHAMschen Formel auszuschließen, bezeichnen wir vorübergehend die Zahl der Personen der Gruppe mit r statt mit s, während s den Parameter der MAKEHAMschen Formel darstellt. Aus (4.40) folgt

$$_tp_{x_i} = s^t g^{c^{x_i}(c^t-1)} \tag{9.20}$$

und damit aus (9.1)

$$_tp_{x_1,\ldots,x_r} = \prod_{i=1}^{r} {}_tp_{x_i} = s^{rt} g^{(c^t-1)\sum_{i=1}^{r} c^{x_i}}. \tag{9.21}$$

Wählt man nun das Basisalter $\bar{x}$ für die Gruppe durch

$$c^{\bar{x}} = \frac{1}{r} \sum_{i=1}^{r} c^{x_i}, \tag{9.22}$$

dann folgt aus (9.21)

$$_tp_{x_1,\ldots,x_r} = \left[s^t g^{(c^t-1)c^{\bar{x}}}\right]^r = {}_tp_{\bar{x}}^r = {}_tp_{\bar{x},\ldots,\bar{x}}. \tag{9.23}$$

Die Gruppe kann daher auf die Normalform einer Gruppe von gleichaltrigen Personen mit dem Alter $\bar{x}$ zurückgeführt werden. Die Ausscheideordnung hat die Gestalt

$$l_{\bar{x}}^G = l_{\bar{x}} l_{\bar{x}}, \ldots, l_{\bar{x}} = l_{\bar{x}}^r \tag{9.24}$$

und die Kommutationszahlen werden nach (9.4) mit $D_{\bar{x}}^G = l_{\bar{x}}^r v^{\bar{x}}$ berechnet.

Anstelle von (9.22) kann mit Hilfe von (4.33) und (4.40) wegen

$$\mu_x = -\frac{1}{l_x}\frac{d}{dx}\,l_x = -\frac{1}{l_x}(k s^x \ln s\, g^{c^x} + k s^x g^{c^x} c^x \ln g \ln c) =$$

$$= \ln s + c^x \ln g \ln c = A + Bc^x \tag{9.25}$$

die Formel

$$\mu_{\bar{x}} = A + Bc^{\bar{x}} = \frac{1}{r}\sum_{i=1}^{r}(A + Bc^{x_i}) = \frac{1}{r}\sum_{i=1}^{r}\mu_{x_i} \qquad (9.26)$$

zur Berechnung des Basisalters $\bar{x}$ herangezogen werden.

2. Gruppen, die bei späterem als dem ersten Tod erlöschen. Es sei wieder eine Gruppe von s Personen der Alter $x_1, \ldots, x_s$ gegeben. Die Gruppe existiere so lange, als mindestens r Personen der Gruppe überleben. Wir bezeichnen die Wahrscheinlichkeit, daß die Gruppe nach t Jahren noch existiert, mit

$$_tp_{\overline{\overset{r}{x_1,\ldots,x_s}}}. \qquad (9.27)$$

Offenbar ist $_tp_{\overline{\overset{s}{x_1,\ldots,x_s}}} = {}_tp_{x_1,\ldots,x_s}$. Es können also für solche Gruppen bis zu $s-r$ Todesfälle eintreten, ohne daß die Gruppe erlöscht, wobei es gleichgültig ist, welche Personen sterben bzw. überleben. Wir wollen zunächst die Wahrscheinlichkeit untersuchen, daß nach t Jahren genau r Personen überleben, daß also genau $s-r$ Todesfälle eintreten. Diese Wahrscheinlichkeit bezeichnen wir mit $_tP(r)$. Dann gilt

$$_tp_{\overline{\overset{r}{x_1,\ldots,x_s}}} = \sum_{i=r}^{s} {}_tP(i). \qquad (9.28)$$

Den genau r überlebenden Personen seien die Altersindizes $i_1, \ldots, i_r$ zugeordnet. Es gibt $\binom{s}{r}$ verschiedene Möglichkeiten, diese r Indizes aus den s zur Verfügung stehenden Indizes auszuwählen. Die Wahrscheinlichkeit dafür, daß genau die Personen mit den Indizes $i_1, \ldots, i_r$ überleben, ist $_tp_{x_{i_1}} \cdots {}_tp_{x_{i_r}}\, {}_tq_{x_{i_{r+1}}} \cdots {}_tq_{x_{i_s}}$. Für $_tP(r)$ erhalten wir daher

$$_tP(r) = \sum_{(i_1,\ldots,i_r)} {}_tp_{x_{i_1}} \cdots {}_tp_{x_{i_r}}\, {}_tp_{x_{i_{r+1}}} \cdots {}_tp_{x_{i_s}}. \qquad (9.29)$$

Um die Funktionen (9.29) zu berechnen, verwenden wir vorübergehend die vereinfachte Schreibweise

$$_tp_{x_i} = p_i, \qquad {}_tq_{x_i} = q_i$$

und führen die Hilfsfunktionen

$$F(u) = \prod_{r=1}^{s}(q_r + p_r u) \qquad (9.30)$$

ein. Der Faktor von u^r in (9.30) ist offenbar gleich $_tP(r)$, und es gilt

$$F(u) = \sum_{r=0}^{s} {}_tP(r)\, u^r. \qquad (9.31)$$

Führen wir jetzt die symmetrischen Grundfunktionen S_k durch

$$\begin{aligned} S_k &= S_k({}_tp_x) = \sum_{(i_1,\ldots,i_k)} p_{i_1} \cdots p_{i_k}, \quad k = 1, \ldots, s, \\ S_0 &= S_0({}_tp_x) = 1 \end{aligned} \qquad (9.32)$$

ein, dann können die Hilfsfunktionen (9.30) wegen $p_i + q_i = 1$ folgendermaßen umgeformt werden:

$$F(u) = \prod_{r=1}^{s} [1 + p_r(u-1)] = 1 + \sum_{k=1}^{s} (u-1)^k \sum_{(i_1,\ldots,i_k)} p_{i_1} \cdots p_{i_k} = \sum_{k=0}^{s} (u-1)^k S_k =$$

$$= \sum_{k=0}^{s} S_k \sum_{r=0}^{s} (-1)^{k-r} \binom{k}{r} u^r = \sum_{r=0}^{s} u^r \sum_{k=r}^{s} (-1)^{k-r} \binom{k}{r} S_k =$$

$$= \sum_{r=0}^{s} u^r \sum_{l=0}^{s-r} (-1)^l \binom{r+l}{r} S_{r+l}.$$

Die Koeffizienten von u^r in dieser Darstellung müssen mit jenen aus (9.31) übereinstimmen. Daraus folgt

$$_tP(r) = \sum_{l=0}^{s-r} (-1)^l \binom{r+l}{r} S_{r+l}. \tag{9.33}$$

Diese Formel kann nun in symbolischer Schreibweise besonders einfach dargestellt werden. Wegen

$$\binom{-r-1}{l} = \frac{(-r-1)(-r-2)\cdots(-r-l)}{l!} = (-1)^l \frac{(r+1)\cdots(r+l)}{l!} = (-1)^l \binom{r+l}{l}$$

gilt für $0 < S < 1$

$$\frac{S^r}{(1+S)^{r+1}} = S^r (1+S)^{-r-1} = S^r \sum_{l=0}^{\infty} \binom{-r-1}{l} S^l = \sum_{l=0}^{\infty} (-1)^l \binom{r+l}{l} S^{r+l}.$$

Führt man nun die symbolische Zuordnung $S^r \leftrightarrow S_r$ für $0 \leqq r \leqq s$ und $S^r \leftrightarrow 0$ für $r > s$ ein, dann folgt daraus wegen (9.33)

$$_tP(r) \leftrightarrow \frac{S^r}{(1+S)^{r+1}}. \tag{9.34}$$

Die Wahrscheinlichkeit, daß mindestens r Personen überleben, also die Überlebenswahrscheinlichkeit der Gruppe, kann nun wegen (9.28) symbolisch folgendermaßen dargestellt werden:

$$_tp_{\overline{x_1,\ldots,x_s}}^{\;r} \leftrightarrow \sum_{i=r}^{s} \frac{S^i}{(1+S)^{i+1}}.$$

Da allen S^i mit $i > s$ der Wert Null zugeordnet ist, gilt auch

$$_tp_{\overline{x_1,\ldots,x_s}}^{\;r} \leftrightarrow \sum_{i=r}^{\infty} \frac{S^i}{(1+S)^{i+1}} = \frac{S^r}{(1+S)^{r+1}} \sum_{k=0}^{\infty} \left(\frac{S}{1+S}\right)^k =$$

$$= \frac{S^r}{(1+S)^{r+1}} \frac{1}{1 - \frac{S}{1+S}} = \left(\frac{S}{1+S}\right)^r. \tag{9.35}$$

Daraus folgt

$$_tp_{\overline{x_1,\ldots,x_s}}^{\;r} = \sum_{l=0}^{s-r} (-1)^l \binom{l+r-1}{l} S_{l+r}. \tag{9.36}$$

Die Überlebenswahrscheinlichkeit für Gruppen, die beim letzten Tod erlöschen, wird durch das Symbol $\overline{x_1,\ldots,x_s}$ anstelle von $\dfrac{1}{x_1,\ldots,x_s}$ bezeichnet:

$$ {}_tp_{\frac{1}{x_1,\ldots,x_s}} = {}_tp_{\overline{x_1,\ldots,x_s}}. $$

Aus (9.35) bzw. (9.36) erhalten wir beispielsweise die folgenden Werte:

$$ {}_tp_{\overline{x,y}} \leftrightarrow \frac{S}{1+S} \leftrightarrow S_1 - S_2 = {}_tp_x + {}_tp_y - {}_tp_{x,y}, $$

$$ {}_tp_{\frac{2}{x,y}} \leftrightarrow \frac{S^2}{(1+S)^2} \leftrightarrow S_2 = {}_tp_{x,y}, $$

$$ {}_tp_{\overline{x_1x_2x_3}} \leftrightarrow \frac{S}{1+S} \leftrightarrow S_1 - \binom{1}{1} S_2 + \binom{2}{2} S_3 = $$

$$ = {}_tp_{x_1} + {}_tp_{x_2} + {}_tp_{x_3} - {}_tp_{x_1x_2} - {}_tp_{x_1x_3} - {}_tp_{x_2x_3} + {}_tp_{x_1x_2x_3}, $$

$$ {}_tp_{\frac{2}{x_1x_2x_3}} \leftrightarrow \frac{S^2}{(1+S)^2} \leftrightarrow S_2 - \binom{2}{1} S_3 = {}_tp_{x_1x_2} + {}_tp_{x_1x_3} + {}_tp_{x_2x_3} - 2{}_tp_{x_1x_2x_3}, $$

usw. Für die t-jährige Erlebensversicherung der Gruppe erhalten wir den Barwert

$$ \begin{aligned} {}_tE_{\frac{r}{x_1,\ldots,x_s}} &= {}_tp_{\frac{r}{x_1,\ldots,x_s}}\, v^t = \sum_{l=0}^{s-r} (-1)^l \binom{l+r-1}{l} S_{l+r} v^t = \\ &= \sum_{l=0}^{s-r} (-1)^l \binom{l+r-1}{l} \sum_{(i_1,\ldots,i_{l+r})} {}_tp_{x_{i_1},\ldots,x_{i_{l+r}}}\, v^t = \\ &= \sum_{l=0}^{s-r} (-1)^l \binom{l+r-1}{l} \sum_{(i_1,\ldots,i_{l+r})} {}_tE_{x_{i_1},\ldots,x_{i_{l+r}}}. \end{aligned} \tag{9.37} $$

Daraus folgt wegen

$$ {}_{t-1|1}A_{x_{i_1},\ldots,x_{i_{l+r}}} = v\, {}_{t-1}E_{x_{i_1},\ldots,x_{i_{l+r}}} - {}_tE_{x_{i_1},\ldots,x_{i_{l+r}}} $$

die analoge Darstellung der Ablebensversicherung des t^{ten} Versicherungsjahres:

$$ \begin{aligned} {}_{t-1|1}A_{\frac{r}{x_1,\ldots,x_s}} &= v\, {}_{t-1}E_{\frac{r}{x_1,\ldots,x_s}} - {}_tE_{\frac{r}{x_1,\ldots,x_s}} = \\ &= \sum_{l=0}^{s-r} (-1)^l \binom{l+r-1}{l} \sum_{(i_1,\ldots,i_{l+r})} {}_{t-1|1}A_{x_{i_1},\ldots,x_{i_{l+r}}}. \end{aligned} \tag{9.38} $$

Man kann nun in Analogie zu (5.60) eine allgemeine Versicherung mit den Erlebenszahlungen $e_1, e_2, \ldots, e_n$ und den Ablebenszahlungen $a_1, a_2, \ldots, a_n$ in den Zeitpunkten $t = 1, 2, \ldots, n$ nach Versicherungsabschluß aus einzelnen Erlebens- und Ablebensversicherungen der eben behandelten Art zusammensetzen. Es gilt

$$ \begin{aligned} B_{\frac{r}{x_1,\ldots,x_s,\overline{n}|}} &= \sum_{\nu=1}^{n} \left({}_\nu E_{\frac{r}{x_1,\ldots,x_s}}\, e_\nu + {}_{\nu-1|1}A_{\frac{r}{x_1,\ldots,x_s}}\, a_\nu \right) = \\ &= \sum_{l=0}^{s-r} (-1)^l \binom{l+r-1}{l} \sum_{(i_1,\ldots,i_{l+r})} \sum_{\nu=1}^{n} \left({}_\nu E_{x_{i_1},\ldots,x_{i_{l+r}}}\, e_\nu + {}_{\nu-1|1}A_{x_{i_1},\ldots,x_{i_{l+r}}}\, a_\nu \right) = \\ &= \sum_{l=0}^{s-r} (-1)^l \binom{l+r-1}{l} \sum_{(i_1,\ldots,i_{l+r})} B_{x_{i_1},\ldots,x_{i_{l+r}},\overline{n}|}. \end{aligned} \tag{9.39} $$

Führt man nun in Analogie zu (9.32) die symmetrischen Grundfunktionen der Versicherungswerte durch

$$S_k = S_k\,(B_{x,\overline{n}|}) = \sum_{(i_1,\ldots,i_k)} B_{x_{i_1},\ldots,x_{i_k},\overline{n}|} \tag{9.40}$$

ein, dann können wir durch Verwendung der Symbole $S^k \leftrightarrow S_k$ für $0 \leqq k \leqq s$ und $S^k \leftrightarrow 0$ für $k > s$ den allgemeinen Versicherungswert folgendermaßen darstellen:

$$B_{\overset{r}{\overline{x_1,\ldots,x_s,\overline{n}|}}} = \frac{S^r(B_{x,\overline{n}|})}{[1 + S(B_{x,\overline{n}|})]^r}\,. \tag{9.41}$$

Als Beispiel für die Anwendung von Formel (9.39) bzw. (9.41) betrachten wir die folgenden Rentenbarwerte:

$$\ddot{a}_{\overline{x,y,\overline{n}|}} \leftrightarrow \frac{S(\ddot{a}_{x,\overline{n}|})}{1 + S(\ddot{a}_{x,\overline{n}|})} \leftrightarrow S_1(\ddot{a}_{x,\overline{n}|}) - S_2(\ddot{a}_{x,\overline{n}|}) = \ddot{a}_{x,\overline{n}|} + \ddot{a}_{y,\overline{n}|} - \ddot{a}_{x,y,\overline{n}|}\,.$$

In abgekürzter Schreibweise erhält man analog

$$\ddot{a}_{\overset{2}{\overline{x,y,\overline{n}|}}} \leftrightarrow \frac{S^2}{(1+S)^2} \leftrightarrow S_2 = \ddot{a}_{x,y,\overline{n}|}\,,$$

$$\begin{aligned} \ddot{a}_{\overline{x_1 x_2 x_3,\overline{n}|}} &\leftrightarrow \frac{S}{1+S} \leftrightarrow S_1 - S_2 + S_3 = \\ &= \ddot{a}_{x_1,\overline{n}|} + \ddot{a}_{x_2,\overline{n}|} + \ddot{a}_{x_3,\overline{n}|} - \ddot{a}_{x_1 x_2,\overline{n}|} - \ddot{a}_{x_1 x_3,\overline{n}|} - \ddot{a}_{x_2 x_3,\overline{n}|} + \ddot{a}_{x_1 x_2 x_3,\overline{n}|}\,, \\ \ddot{a}_{\overset{2}{\overline{x_1 x_2 x_3}}} &\leftrightarrow \frac{S^2}{(1+S)^2} \leftrightarrow S_2 - 2S_3 = \ddot{a}_{x_1 x_2} + \ddot{a}_{x_1 x_3} + \ddot{a}_{x_2 x_3} - 2\ddot{a}_{x_1 x_2 x_3}\,, \end{aligned} \tag{9.42}$$

usw. Für Ablebensversicherungen erhält man analog

$$\begin{aligned} A_{\overline{x,y}} &= A_x + A_y - A_{x,y}\,, \\ A_{\overset{2}{\overline{x,y}}} &= A_{x,y}\,, \\ A_{\overline{x_1 x_2 x_3}} &= A_{x_1} + A_{x_2} + A_{x_3} - A_{x_1 x_2} - A_{x_1 x_3} - A_{x_2 x_3} + A_{x_1 x_2 x_3}\,, \\ A_{\overset{2}{\overline{x_1 x_2 x_3}}} &= A_{x_1 x_2} + A_{x_1 x_3} + A_{x_2 x_3} - 2A_{x_1 x_2 x_3}\,. \end{aligned} \tag{9.43}$$

Für die gemischte Versicherung läßt sich leicht die (5.45) entsprechende allgemeine Gleichung herleiten. Aus (9.39) folgt wegen (9.8)

$$\begin{aligned} A_{\overset{r}{\overline{x_1,\ldots,x_s,\overline{n}|}}} &= \sum_{l=0}^{s-r} (-1)^l \binom{l+r-1}{l} \sum_{(i_1,\ldots,i_{l+r})} A_{x_{i_1},\ldots,x_{i_{l+r}},\overline{n}|} = \\ &= \sum_{l=0}^{s-r} (-1)^l \binom{l+r-1}{l} \sum_{(i_1,\ldots,i_{l+r})} \left(1 - d\ddot{a}_{x_{i_1},\ldots,x_{i_{l+r}},\overline{n}|}\right). \end{aligned} \tag{9.44}$$

Setzen wir in (9.37) $t = 0$, dann folgt

$$1 = \sum_{l=0}^{s-r} (-1)^l \binom{l+r-1}{l} \sum_{(i_1,\ldots,i_{l+r})} 1. \tag{9.45}$$

Wenden wir nun (9.39) auf $\ddot{a}_{\overset{r}{\overline{x_1,\ldots,x_s,n}|}}$ an, dann erhalten wir aus (9.44) und (9.45) allgemein

$$A_{\overset{r}{\overline{x_1,\ldots,x_s,n}|}} = 1 - d\ddot{a}_{\overset{r}{\overline{x_1,\ldots,x_s,n}|}}. \tag{9.46}$$

3. Jährliche Prämie für Gruppen. Bei laufender Prämienzahlung kann die jährliche Prämie an das Überleben der ganzen Gruppe oder an das Überleben von Untergruppen bzw. von Einzelpersonen geknüpft werden. Grundsätzlich ist jedoch die Prämienzahlungsdauer mit der Versicherungsdauer zu begrenzen. Eine einfache Form der jährlichen Prämienzahlung wäre etwa die folgende:

$$P_{\overset{r'}{\overline{x_1,\ldots,x_s,k}|}}\left(B_{\overset{r}{\overline{x_1,\ldots,x_s,n}|}}\right) = \frac{B_{\overset{r}{\overline{x_1,\ldots,x_s,n}|}}}{\ddot{a}_{\overset{r'}{\overline{x_1,\ldots,x_s,k}|}}}. \tag{9.47}$$

Damit die Prämienzahlungsdauer nicht länger als die Versicherungsdauer wird, muß $r' \geqq r$ sein. Die jährliche Prämienzahlung für eine Ablebensversicherung der Gruppe $(x_1x_2x_3)$ kann z. B. wegen (9.42) und (9.43) für $r = 1$ und $r' = 2$ durch

$$P_{\overset{2}{\overline{x_1x_2x_3}}}\left(A_{\overline{x_1x_2x_3}}\right) = \frac{A_{x_1} + A_{x_2} + A_{x_3} - A_{x_1x_2} - A_{x_1x_3} - A_{x_2x_3} + A_{x_1x_2x_3}}{\ddot{a}_{x_1x_2} + \ddot{a}_{x_1x_3} + \ddot{a}_{x_2x_3} - 2\ddot{a}_{x_1x_2x_3}}, \tag{9.48}$$

für $r = r' = 2$ durch

$$P_{\overset{2}{\overline{x_1x_2x_3}}}\left(A_{\overset{2}{\overline{x_1x_2x_3}}}\right) = \frac{A_{x_1x_2} + A_{x_1x_3} + A_{x_2x_3} - 2A_{x_1x_2x_3}}{\ddot{a}_{x_1x_2} + \ddot{a}_{x_1x_3} + \ddot{a}_{x_2x_3} - 2\ddot{a}_{x_1x_2x_3}} \tag{9.49}$$

dargestellt werden.

Die nach (9.47) berechnete Prämie ist unabhängig von der Anzahl der überlebenden Personen, soweit nur mindestens r' Personen überleben. Diese Methode kann daher zu einer starken Belastung führen, wenn nur mehr wenige Überlebende mit der vollen Prämienzahlung belastet werden. Wir wollen daher im folgenden eine Methode angeben, die diesen Nachteil vermeidet. Man geht dabei von einer Zerlegung der Ausgangsgruppe $G = (x_1, \ldots, x_s)$ in Untergruppen, die beim ersten Tod erlöschen und mindestens je r' Personen umfassen, aus. Die Anzahl der möglichen Untergruppen sei N. Offenbar gilt

$$N = \binom{s}{r'} + \binom{s}{r'+1} + \cdots + \binom{s}{s-1} + \binom{s}{s}, \tag{9.50}$$

da aus s Personen gerade $\binom{s}{r'+\nu}$ verschiedene Gruppen von $r' + \nu$ Personen gebildet werden können. Wir numerieren die Gruppen von 1 bis N. Es sei G_i die i^{te} Gruppe mit $G_i = (x_{i_1}, \ldots, x_{i_{r+l}})$, und wir bezeichnen

$$P_{G_i,\overline{k}|} = \frac{B_{G_i,\overline{n}|}}{\ddot{a}_{G_i,\overline{k}|}} = \frac{B_{x_{i_1},\ldots,x_{i_{l+r}},\overline{n}|}}{\ddot{a}_{x_{i_1},\ldots,x_{i_{l+r}},\overline{k}|}} \tag{9.51}$$

als Grundprämie der Gruppe G_i. Die von der Gruppe G_i tatsächlich zu zahlende Prämie sei nun $h_i P_{G_i,\overline{k}|}$. Diese Prämie ist von der Gruppe, solange sie existiert, längstens durch k Jahre, jährlich vorschüssig zu entrichten. Werden die Prämienzahlungen gleichmäßig auf die Mitglieder jeder Gruppe aufgeteilt, dann wird eine

Person, die mehreren Gruppen angehört, mit einer entsprechenden Vielzahl von Prämienanteilen belastet. Wir wollen daher auch negative Faktoren h_i zulassen, wenn sichergestellt wird, daß die Summe der eine Person belastenden Prämienzahlungen positiv bleibt. Diese Forderung ist allerdings nicht denknotwendig. Im übrigen können die Faktoren insoweit frei gewählt werden, als der Erwartungswert des Barwertes der Prämienzahlung gleich dem Versicherungswert ist:

$$B_{\overset{r}{\overline{x_1,\ldots,x_s,\overline{n}|}}} = \sum_{i=1}^{N} h_i P_{G_i,\overline{k}|}\, \ddot{a}_{G_i,\overline{k}|}\,. \tag{9.52}$$

Gilt $r = r'$, dann kann etwa

$$h_i = (-1)^l \binom{l+r-1}{l} \tag{9.53}$$

gewählt werden. Setzt man den aus (9.51) gewonnenen Versicherungswert $B_{x_{i_1},\ldots,x_{i_{l+r}},\overline{n}|}$ und die Faktoren (9.53) in (9.39) ein, dann erhält man gerade die Beziehung (9.52).

Wir wollen diese Methode der Prämienberechnung am Beispiel einer Ablebensversicherung für die Gruppe $(x_1x_2x_3)$ mit $r = r' = 2$ erläutern. Die möglichen Untergruppen sind

$$G_1 = (x_1x_2), \quad G_2 = (x_1x_3), \quad G_3 = (x_2x_3), \quad G_4 = (x_1x_2x_3).$$

Für die Prämien folgt aus (9.51)

$$P_{G_1} = \frac{A_{x_1x_2}}{\ddot{a}_{x_1x_2}}, \quad P_{G_2} = \frac{A_{x_1x_3}}{\ddot{a}_{x_1x_3}}, \quad P_{G_3} = \frac{A_{x_2x_3}}{\ddot{a}_{x_2x_3}}, \quad P_{G_4} = \frac{A_{x_1x_2x_3}}{\ddot{a}_{x_1x_2x_3}}$$

und für die Faktoren aus (9.53)

$$h_1 = h_2 = h_3 = 1, \quad h_4 = (-1)\binom{2}{1} = -2.$$

Solange alle drei Personen leben, lautet die Prämie

$$P(x_1x_2x_3) = P_{G_1} + P_{G_2} + P_{G_3} - 2P_{G_4}.$$

Stirbt die erste Person, ihr Alter zu Versicherungsbeginn sei x_1, dann ist noch die Prämie

$$P(x_2x_3) = P_{G_3}$$

zu zahlen. Stirbt eine weitere Person, dann erlischt die Gruppe G, und die Versicherung ist beendet.

Ein weiteres Beispiel: Die Gruppe $(x_1x_2x_3)$ erhält beim ersten Tod am Jahresende den Betrag 1 und ebenso beim zweiten Tod. Beim dritten Tod werden keine Versicherungsleistungen mehr fällig. Der Barwert einer derartigen Versicherung ist offenbar wegen (9.43) gleich

$$A = A_{x_1x_2x_3} + A_{\overset{2}{\overline{x_1x_2x_3}}} = A_{x_1x_2} + A_{x_1x_3} + A_{x_2x_3} - A_{x_1x_2x_3}\,. \tag{9.54}$$

Die möglichen Untergruppen sind die gleichen wie im vorhergehenden Beispiel. Das selbe gilt für die Grundprämien P_{G_1} bis P_{G_4}. Bei der Wahl der Faktoren h_i

ist zu berücksichtigen, daß die Versicherung aus zwei Versicherungen der Gestalt (9.39) zusammengesetzt ist, nämlich aus $A_{x_1x_2x_3}$ und $A_{\underset{x_1x_2x_3}{\overline{2}}}$, da im ersten Fall $r = 3$ und im zweiten Fall $r = 2$ gilt, kann $r' = r$ nicht für beide Versicherungen gelten, so daß die Faktoren h_i nicht ohne weiteres nach (9.53) gebildet werden können. Wählt man jedoch in Analogie zu (9.54)

$$h_1 = h_2 = h_3 = 1\,, \qquad h_4 = -1\,,$$

dann folgt wegen (9.54)

$$\sum_{i=1}^{4} h_i P_{G_i} \ddot{a}_{G_i} = \frac{A_{x_1x_2}}{\ddot{a}_{x_1x_2}} \ddot{a}_{x_1x_2} + \frac{A_{x_1x_3}}{\ddot{a}_{x_1x_3}} \ddot{a}_{x_1x_3} + \frac{A_{x_2x_3}}{\ddot{a}_{x_2x_3}} \ddot{a}_{x_2x_3} - \frac{A_{x_1x_2x_3}}{\ddot{a}_{x_1x_2x_3}} \ddot{a}_{x_1x_2x_3} = A\,.$$

Der Barwert der Summe der Prämieneinnahmen ist also wieder gleich dem Barwert der Versicherung, so daß diese Wahl der Faktoren h_i zulässig war. Die Prämie beträgt, solange alle drei Personen leben,

$$P(x_1x_2x_3) = P_{G_1} + P_{G_2} + P_{G_3} - P_{G_4}$$

und wenn die Person, die zu Versicherungsbeginn das Alter x_1 hatte, stirbt,

$$P(x_2x_3) = P_{G_3}\,.$$

Sterben mehr als eine Person, dann ist die Versicherung beendet. Offenbar können, wie aus (9.51) und (9.52) hervorgeht, aus jeder Zerlegung

$$B_{G,\overline{n}|} = \sum_{i=1}^{N} B_{G_i,\overline{n}|} \bar{h}_i$$

zulässige Faktoren $h_i = \bar{h}_i$ gefunden werden.

4. Deckungskapital für Gruppen. Das Deckungskapital für Gruppen, die beim ersten Tod erlöschen, kann so wie das Deckungskapital für Versicherungen auf ein Leben behandelt werden. In Analogie zu (6.15) und (6.16) gilt für die prospektive bzw. die retrospektive Darstellung:

$$\begin{aligned} {}_tV_{x_1,\ldots,x_s} &= B_{x_1+t,\ldots,x_s+t,\overline{n-t}|} - \ddot{a}_{x_1+t,\ldots,x_s+t,\overline{k-t}|}\, P_{x_1,\ldots,x_s,\overline{k}|} = \\ &= \frac{1}{{}_tE_{x_1,\ldots x_s}} (\ddot{a}_{x_1,\ldots,x_s,\overline{t}|}\, P_{x_1,\ldots,x_s,\overline{k}|} - B_{x_1,\ldots,x_s,\overline{t}|})\,. \end{aligned} \tag{9.55}$$

Das Deckungskapital für Gruppen, die bei späterem als dem ersten Tod erlöschen, wollen wir in prospektiver Form herleiten. Es sei G die versicherte Gruppe $\left(\frac{r}{x_1,\ldots,x_s}\right)$ die solange existiert, als mindestens r Personen überleben, und G' die prämienzahlende Gruppe $\left(\frac{r'}{x_1,\ldots,x_s}\right)$, die solange existiert, als mindestens r' Personen überleben. Wir zerlegen G und G' in alle möglichen Untergruppen G_i bzw. G_i', bestehend aus mindestens r bzw. r' Personen. Wir bezeichnen mit $G(t)$ bzw. $G'(t)$, $G_i(t)$ oder $G_i'(t)$ die betreffende Gruppe t Jahre nach Abschluß der Versicherung. So ist etwa $G(t)$ die Gruppe $(x_1 + t, \ldots, x_s + t)$ und für $G_i = (x_{i_1}, \ldots, x_{i_{1+r}})$ gilt $G_i(t) = (x_{i_1} + t, \ldots, x_{i_{1+r}} + t)$.

Das Deckungskapital nach t Jahren ist davon abhängig, in welcher Form die Ausgangsgruppen G und G' nach t Jahren existieren. Wir nehmen an, die versicherte Gruppe existiere nach t Jahren in der Gestalt G_i, und G' existiere nach t Jahren in der Gestalt G_i'. Der Erwartungswert des Barwertes zukünftiger Versicherungsleistungen für die Gruppe $G_i(t)$ ist

$$B_{G_i(t),\,\overline{n-t}|}. \tag{9.56}$$

In diesem Ausdruck sind die einzelnen Personen mit ihrem Alter im Zeitpunkt t der Versicherung zu berücksichtigen. Die Beiträge sollen nach (9.51) mit Hilfe der Faktoren h_i aus (9.52) bemessen werden. Der Erwartungswert des Barwertes aller zukünftigen Beiträge ist daher

$$\sum_{G_j' \in G_i'} h_j P_{G_j'(0),\,\overline{k}|}\, \ddot{a}_{G_j'(t),\,\overline{k-t}|}, \tag{9.57}$$

wobei über alle Gruppen G_j' zu summieren ist, die in G_i' enthalten sind, also aus Personen der Gruppe G_i' gebildet werden können.

Das Deckungskapital ist wieder als Differenz zwischen dem Erwartungswert des Barwertes der zukünftigen Versicherungsleistungen und dem Erwartungswert des Barwertes der zukünftigen Prämien zu bilden. Um die Abhängigkeit von G_i und G_i' zu zeigen, bezeichnen wir es mit ${}_tV(G_i, G_i')$, und es gilt wegen (9.56) und (9.57) die folgende Beziehung:

$${}_tV(G_i, G_i') = B_{G_i(t),\,\overline{n-t}|} - \sum_{G_j' \in G_i'} h_j P_{G'_j(0),\,\overline{k}|}\, \ddot{a}_{G_j'(t),\,\overline{k-t}|}. \tag{9.58}$$

Ist die prämienzahlende Gruppe bereits erloschen, dann ist das Deckungskapital gleich dem Erwartungswert des Barwertes der zukünftigen Versicherungsleistungen (9.56).

Als Beispiel betrachten wir zunächst den Fall $r = r' = s$, also den Fall von Gruppen, die beim ersten Tod erlöschen. Es ist leicht einzusehen, daß nur eine einzige Gruppe auftritt, und $G_1 = G_1' = (x_1, \ldots, x_s)$ sowie $h_1 = 1$ gilt. Aus (9.58) erhalten wir unmittelbar die bereits bekannte Formel (9.55) in ihrer prospektiven Form.

Ein weiteres Beispiel sei die Versicherung aus (9.54). Das Deckungskapital beträgt, solange alle drei Personen noch leben,

$$\begin{aligned} {}_tV_{x_1x_2x_3} = {} & A_{x_1+t,\,x_2+t} + A_{x_1+t,\,x_3+t} + A_{x_2+t,\,x_3+t} - A_{x_1+t,\,x_2+t,\,x_3+t} - \\ & - P_{G_1}\ddot{a}_{x_1+t,\,x_2+t} - P_{G_2}\ddot{a}_{x_1+t,\,x_3+t} - P_{G_3}\ddot{a}_{x_2+t,\,x_3+t} + P_{G_4}\ddot{a}_{x_1+t,\,x_2+t,\,x_3+t}, \end{aligned}$$

und wenn x_1 gestorben ist,

$${}_tV_{x_2x_3} = A_{x_2+t,\,x_3+t} - P_{G_3}a_{x_2+t,\,x_3+t}.$$

5. Überlebensversicherungen. Eine *allgemeine Überlebensversicherung* liegt dann vor, wenn die Versicherungsleistung davon abhängig ist, ob eine Personengruppe G_1 eine andere Personengruppe G_2 überlebt. Wir wollen voraussetzen, daß G_1 und G_2 keine Personen gemeinsam haben, so daß die Ausscheidewahrscheinlichkeiten beider Gruppen voneinander unabhängig sind. Die Gruppe G_1 bestehe aus s_1 Personen und existiere, solange r_1 ihrer Mitglieder überleben. Die Gruppe G_2 bestehe aus s_2 Personen und existiere, solange r_2 ihrer Mitglieder überleben. In symbolischer Schreibweise können wir jeweils G_1 durch $\left(\frac{r_1}{x_1, \ldots, x_{s_1}}\right)$ und G_2 durch $\left(\frac{r_2}{y_1, \ldots, y_{s_2}}\right)$ ersetzen.

Zunächst betrachten wir den Fall einer Rente, die, solange G_1 oder G_2 existiert, jährlich vorschüssig gezahlt wird. Die Höhe der Zahlung im Zeitpunkt ν ist, solange G_1 und G_2 existieren, $e_\nu(G_1, G_2)$, wenn nur mehr G_1 existiert, $e_\nu(G_1)$, und wenn nur mehr G_2 existiert, $e_\nu(G_2)$. Wenn weder G_1 noch G_2 existieren, fällt die Rente weg. Die Wahrscheinlichkeit, daß im Zeitpunkt ν die Zahlung $e_\nu(G_1, G_2)$ geleistet wird, ist offenbar ${}_\nu p_{G_1}\, {}_\nu p_{G_2}$. Die Wahrscheinlichkeit, daß $e_\nu(G_1)$ geleistet wird, ist ${}_\nu p_{G_1}(1 - {}_\nu p_{G_2})$, und die Wahrscheinlichkeit, daß $e_\nu(G_2)$ geleistet wird, ${}_\nu p_{G_2}(1 - {}_\nu p_{G_1})$. Der Barwert dieser Rente kann daher durch

$$B_{G_1G_2} = \sum_{\nu \geq 0} \left[{}_\nu p_{G_1}\, {}_\nu p_{G_2} e_\nu(G_1 G_2) + {}_\nu p_{G_1}(1 - {}_\nu p_{G_2})\, e_\nu(G_1) + (1 - {}_\nu p_{G_1})\, {}_\nu p_{G_2} e_\nu(G_2)\right] v^\nu \tag{9.59}$$

dargestellt werden. Ist die Höhe der einzelnen Leistung vom Zeitpunkt der Zahlung unabhängig, gilt also

$$e_\nu(G_1 G_2) = e^{(1)}, \quad e_\nu(G_1) = e^{(2)}, \quad e_\nu(G_2) = e^{(3)},$$

dann folgt aus (9.59)

$$B_{G_1G_2} = \ddot{a}_{G_1G_2}(e^{(1)} - e^{(2)} - e^{(3)}) + \ddot{a}_{G_1} e^{(2)} + \ddot{a}_{G_2} e^{(3)}. \tag{9.60}$$

Darin bedeuten wieder $\ddot{a}_{G_1}$, $\ddot{a}_{G_2}$ bzw. $\ddot{a}_{G_1G_2}$ jährlich vorschüssige Renten, die solange gezahlt werden, als G_1, G_2 bzw. G_1 und G_2 existieren.

Eine *einseitige Überlebensversicherung* liegt dann vor, wenn erst durch das Ausscheiden einer Gruppe die Leistung an die zweite Gruppe ausgelöst wird. Wir betrachten eine Überlebensversicherung der Gruppe G_1 zugunsten der Gruppe G_2. Eine solche erhalten wir etwa aus (9.59), wenn wir $e_\nu(G_1 G_2) = e_\nu(G_1) = 0$ setzen. Für den speziellen Fall (9.60) ist $e^{(1)} = e^{(2)} = 0$ zu setzen, und der Barwert der Versicherung wird

$$B_{G_1|G_2} = e^{(3)}(\ddot{a}_{G_2} - \ddot{a}_{G_1G_2}). \tag{9.61}$$

Anstelle dieser *einseitigen Überlebensrente* können wir auch eine *einseitige Überlebenskapitalversicherung* folgendermaßen einführen: Existiert die Gruppe G_2 am Ende des Ausscheidejahres der Gruppe G_1, dann erhält sie den vom Ausscheidejahr ν abhängigen Betrag a_ν. Die Wahrscheinlichkeit, daß am Ende des Jahres ν der Betrag a_ν ausgezahlt wird, ist offenbar gleich dem Produkt der Wahrscheinlichkeiten, daß G_1 im ν-ten Jahr ausscheidet und G_2 am Ende des ν-ten Jahres existiert, also gleich $({}_{\nu-1}p_{G_1} - {}_\nu p_{G_1})\, {}_\nu p_{G_2}$. Den Barwert der Überlebenskapitalversicherung der Gruppe G_1 zugunsten der Gruppe G_2 können wir daher in der Form

$$B_{G_1|G_2} = \sum_{\nu \geq 1} ({}_{\nu-1}p_{G_1} - {}_\nu p_{G_1})\, {}_\nu p_{G_2}\, a_\nu v^\nu \tag{9.62}$$

darstellen.

Wir führen nun zwei Beispiele für einseitige Überlebensversicherungen an, wobei wir der Einfachheit halber $s_1 = s_2 = 1$ annehmen. Beide Gruppen bestehen also aus je einer Person des Alters x bzw. y. Als erstes Beispiel betrachten wir eine einseitige Überlebensrente, die an y nach dem Tode von x jährlich vorschüssig längstens bis zum Ende der Versicherung gezahlt wird. Die Versicherungsdauer betrage n Jahre. Setzen wir in (9.61) unter Berücksichtigung der Versicherungsdauer ein, dann folgt

$$_{|n}\ddot{a}^{(1)}_{x|y} = \ddot{a}_{y,\overline{n}|} - \ddot{a}_{x,y,\overline{n}|}.$$

Als nächstes Beispiel betrachten wir eine n-jährige einseitige Überlebenskapitalversicherung von x zugunsten y auf die Summe 1. Aus (9.62) folgt

$$_{|n}A_{x|y} = \sum_{\nu=1}^{n} ({}_{\nu-1}p_x - {}_{\nu}p_x)\, {}_{\nu}p_y v^{\nu} = {}_1E_y \ddot{a}_{x,y+1,\overline{n}|} - a_{x,y,\overline{n}|}.$$

Auch allgemeinere Versicherungen lassen sich in Analogie zu den Darstellungen (9.59) und (9.62) behandeln. Wir zeigen dies an weiteren Beispielen:

Als erstes betrachten wir eine Überlebensrente zugunsten y. Stirbt x innerhalb von n Jahren, dann erhält y durch m Jahre eine vorschüssige Leibrente. Zunächst setzen wir $m \leqq n$ voraus. Man geht wieder von der Wahrscheinlichkeit aus, daß im Zeitpunkt ν eine Rentenzahlung geleistet wird. Diese Wahrscheinlichkeit ist offenbar gleich

$$(1 - {}_{\nu}p_x)\,{}_{\nu}p_y \quad \text{für} \quad 0 \leqq \nu \leqq m,$$

$$({}_{\nu-m}p_x - {}_{\nu}p_x)\,{}_{\nu}p_y \quad \text{für} \quad m \leqq \nu \leqq n,$$

$$({}_{\nu-m}p_x - {}_{n}p_x)\,{}_{\nu}p_y \quad \text{für} \quad n \leqq \nu \leqq n+m.$$

Für den Barwert der Überlebensrente folgt daraus:

$$_{|n}\ddot{a}^{(2)}_{x|y} = \sum_{\nu=0}^{m-1} (1 - {}_{\nu}p_x)\, {}_{\nu}p_y v^{\nu} + \sum_{\nu=m}^{n-1} ({}_{\nu-m}p_x - {}_{\nu}p_x)\,{}_{\nu}p_y v^{\nu} + \sum_{\nu=n}^{n+m-1} ({}_{\nu-m}p_x - {}_{n}p_x)\, {}_{\nu}p_y v^{\nu} =$$

$$= \ddot{a}_{y,\overline{m}|} - \ddot{a}_{x,y,\overline{m}|} + {}_mE_y\, \ddot{a}_{x,y+m,\overline{n-m}|} - {}_{m|}\ddot{a}_{x,y,\overline{n-m}|} + {}_mE_y\; {}_{n-m|}\ddot{a}_{x,y+m,\overline{m}|} -$$

$$- {}_nE_{x,y}\, \ddot{a}_{y+n,\overline{m}|} = \ddot{a}_{y,\overline{m}|} - \ddot{a}_{x,y,\overline{n}|} + {}_mE_y\, \ddot{a}_{x,y+m,\overline{n}|} - {}_nE_{x,y}\, \ddot{a}_{y+n,\overline{m}|}.$$

Als nächstes untersuchen wir eine leicht modifizierte Form einer Überlebenskapitalversicherung der Gestalt $_{|n}A_{x|y}$. Die Versicherungssumme werde fällig, wenn x innerhalb von n Jahren vor y stirbt. Den Barwert dieser Versicherung bezeichnet man mit $_{|n}A^{1}_{x,y}$. Offenbar stimmt diese Versicherung mit der Versicherung $_{|n}A_{x|y}$ überein, bis auf jene Fälle, in denen beide Personen im selben Jahr sterben, jedoch x vor y. Die Wahrscheinlichkeit, daß sowohl x als auch y im ν^{ten} Jahr sterben, ist $({}_{\nu-1}p_x - {}_{\nu}p_x)({}_{\nu-1}p_y - {}_{\nu}p_y)$. Man kann annehmen, daß in der Hälfte der Fälle x vor y und in der anderen Hälfte y vor x stirbt. Es gilt daher:

$$_{|n}A^{1}_{x,y} = {}_{|n}A_{x|y} + \frac{1}{2}\sum_{\nu=1}^{n} ({}_{\nu-1}p_x - {}_{\nu}p_x)\,({}_{\nu-1}p_y - {}_{\nu}p_y) v^{\nu} = {}_1E_y\ddot{a}_{x,y+1,\overline{n}|} - a_{x,y,\overline{n}|} +$$

$$+ \frac{v}{2}\,\ddot{a}_{x,y,\overline{n}|} - \frac{1}{2}\,{}_1E_y\ddot{a}_{x,y+1,\overline{n}|} - \frac{1}{2}\,{}_1E_x\ddot{a}_{x+1,y,\overline{n}|} + \frac{1}{2}\,a_{x,y,\overline{n}|} =$$

$$= \frac{1}{2}\,({}_{|n}A_{x,y} + {}_1E_y\ddot{a}_{x,y+1,\overline{n}|} - {}_1E_x\ddot{a}_{x+1,y,\overline{n}|}).$$

Der Ausdruck $_{|n}A_{x,y}$ stammt dabei aus der Umformung

$$_{|n}A_{x,y} = \sum_{\nu=1}^{n} {}_{\nu-1}\,p_{x,y}(1 - p_{x+\nu-1,y+\nu-1})\; v^{\nu} = v\ddot{a}_{x,y,\overline{n}|} - a_{x,y,\overline{n}|}.$$

Als letztes Beispiel untersuchen wir eine *Aussteuerversicherung mit Prämienrückgewähr*. Erreicht y das Ende der Versicherungsdauer, also das Alter $y+n$, dann wird die Summe 1 fällig. Stirbt y früher, dann werden die eingezahlten Prämien rückvergütet. Die Prämien werden so lange gezahlt, als x und y am Leben sind, längstens jedoch durch n Jahre. Die Wahrscheinlichkeit, daß eine Prämie im μ-ten Jahr gezahlt und im ν-ten Jahr ($\nu \geqq \mu$) rückvergütet wird, ist offenbar gleich

$$_{\mu-1}p_{x,y}\ _{\nu-\mu}p_{y+\mu-1}\,(1 - p_{y+\nu-1}).$$

Bezeichnen wir die jährliche Prämie dieser Versicherung mit $P_{x|y}$, dann ist $P_{x|y}\ddot{a}_{x,y,\overline{n}|}$ der Erwartungswert des Barwertes der Prämieneinnahmen. Soll dieser Betrag dem Erwartungswert des Barwertes aller Versicherungsleistungen gleich sein, dann muß die folgende Beziehung erfüllt sein.

$$P_{x|y}\ddot{a}_{x,y,\overline{n}|} = {}_nE_y + P_{x|y}\sum_{\nu=1}^{n}\sum_{\mu=1}^{\nu} {}_{\mu-1}p_{x,y}\,({}_{\nu-\mu}p_{y+\mu-1} - {}_{\nu-\mu+1}p_{y+\mu-1})\,v^{\nu} =$$

$$= {}_nE_y + P_{x|y}\sum_{\mu=1}^{n} {}_{\mu-1}p_{x,y}v^{\mu-1}\sum_{\nu=\mu}^{n}({}_{\nu-\mu}p_{y+\mu-1} - {}_{\nu-\mu+1}p_{y+\mu-1})\,v^{\nu-\mu+1} =$$

$$= {}_nE_y + P_{x|y}\sum_{k=0}^{n-1} {}_kE_{x,y}\ {}_{|n-k}A_{y+k}.$$

Daraus folgt

$$P_{x|y} = \frac{{}_nE_y}{\sum\limits_{k=0}^{n-1} {}_kE_{x,y}(1 - {}_{|n-k}A_{y+k})}.$$

Die Versicherungen auf verbundene Leben wurden in diesem Kapitel so weit diskutiert, daß es unschwer möglich ist, auch andere hier nicht explizit angegebene Versicherungswerte zu errechnen. Insbesondere sind die hier nicht angeführten Sonderfälle der unterjährigen Versicherungen analog den Kapiteln 5 und 6 zu behandeln. Das gleiche gilt für die Ermittlung der ausreichenden Prämie bzw. der Tarifprämie sowie des ausreichenden und des vollständigen Deckungskapitals.

Kapitel 10

Versicherung für erhöhtes Risiko

1. Die Übersterblichkeit. Der Abschluß einer Ablebensversicherung wird seitens der Versicherungsgesellschaften im allgemeinen vom Ergebnis einer ärztlichen Untersuchung abhängig gemacht. Personen, deren Gesundheitszustand eine höhere Sterbewahrscheinlichkeit erwarten läßt, werden vom Abschluß einer Ablebensversicherung zu den sonst üblichen Bedingungen ausgeschlossen. Damit soll einer negativen Risikoauslese von seiten der Versicherungswerber durch eine positive Risikoauslese von seiten der Versicherungsgesellschaft entgegengewirkt werden. Um auch jenen Personen, die bei der ärztlichen Untersuchung ausgeschieden werden, den Abschluß einer Versicherung zu ermöglichen, können für sie eigene Versicherungstarife aufgestellt werden. Diese Versicherungstarife beruhen auf der erhöhten Sterblichkeit, die für die betreffenden Personen zu erwarten ist. Zur Berechnung der Versicherungswerte in solchen Tarifen müssen zunächst Sterbetafeln für den in Betracht kommenden Personenkreis ermittelt werden. Es kann angenommen werden, daß die Sterbewahrscheinlichkeiten $\bar{q}_x$ für die bei der ärztlichen Untersuchung zurückgewiesenen Personen höher sind als die allgemeinen Sterbewahrscheinlichkeiten q_x. Das Ausmaß der Übersterblichkeit wird jedoch von der ärztlichen Diagnose abhängen. Man wird daher eine Klasseneinteilung der Personen vornehmen, wobei in eine Klasse alle Personen einzureihen sind, deren Diagnose eine Erhöhung der Sterbewahrscheinlichkeit in etwa dem gleichen Ausmaß erwarten läßt.

Die Frage, welche Diagnosen zu einer Einreihung in ein und dieselbe Klasse führen können, muß anhand der Statistiken über die Todesfälle von Personen, welche eine entsprechende Diagnose aufweisen, untersucht werden. Wir wollen hier auf diese Frage nicht näher eingehen, sondern uns der Frage zuwenden, wie für eine Personengesamtheit mit erhöhter Sterblichkeit die Sterbewahrscheinlichkeiten $\bar{q}_x$ ermittelt werden können. Hiebei können wir offenbar in gleicher Weise wie in Kapitel 4 vorgehen. Es sei L_x die Anzahl der x-jährigen, für welche eine Übersterblichkeit erwartet wird, und T_x die entsprechende Anzahl der Todesfälle zwischen den Altern x und $x+1$. Setzt man L_x als nicht zufällige Größe voraus, dann ist der Erwartungswert der zufälligen Größe T_x gleich $E(T_x) = L_x \bar{q}_x$. Daher ist

$$\hat{\bar{q}}_x = \frac{T_x}{L_x} \tag{10.1}$$

eine erwartungstreue Schätzfunktion für die Sterbewahrscheinlichkeiten $\bar{q}_x$. Von (10.1) ausgehend kann nun eine Sterbetafel in gleicher Weise errechnet werden wie in Kapitel 4 auf Grund von (4.3). Diese Vorgangsweise erfordert für jede Klasse der Übersterblichkeit die Errechnung einer eigenen Sterbetafel, eigener Kommutationszahlen und eigener Versicherungswerte. Die Genauigkeit der Berechnung wird aber im allgemeinen dadurch beeinträchtigt, daß die Zahl der Personen in den einzelnen Klassen der Übersterblichkeit nicht sehr groß ist, jedenfalls bedeutend kleiner als die Zahl der Personen, die zur Berechnung der Sterbewahrscheinlichkeiten q_x herangezogen werden können. Es erscheint daher gerechtfertigt, wenn man bei der Berechnung der Sterbewahrscheinlichkeiten $\bar{q}_x$ gewisse Vereinfachungen vornimmt. Wir wollen drei Beispiele anführen.

Von *multiplikativer Übersterblichkeit* spricht man, wenn die Sterbewahrscheinlichkeiten bei Übersterblichkeit stets um den selben Faktor größer sind als die allgemeinen Sterbewahrscheinlichkeiten, wenn also

$$\bar{q}_x = \alpha q_x \tag{10.2}$$

gilt. Mit Hilfe von (10.1) kann eine Schätzfunktion für α gefunden werden,

$$\hat{\alpha} = \frac{\hat{\bar{q}}_x}{q_x} = \frac{T_x}{L_x q_x}, \tag{10.3}$$

die wegen $E(\hat{\alpha}) = \frac{1}{q_x} E(\hat{\bar{q}}_x) = \alpha$ erwartungstreu ist. α ist von x unabhängig. Eine Schätzfunktion für α, welche alle Alter x berücksichtigt, kann etwa als gewogenes Mittel der Schätzfunktionen (10.3) erhalten werden, wobei die auf Grund der allgemeinen Sterblichkeit zu erwartenden Zahlen der Todesfälle $L_x q_x$ als Gewichte dienen:

$$\hat{\alpha} = \frac{\sum\limits_{(x)} T_x}{\sum\limits_{(x)} L_x q_x}. \tag{10.4}$$

Diese Schätzfunktion ist erwartungstreu, wie man leicht unter Verwendung von (10.3) nachweist. Allerdings ist (10.4) nicht die einzige erwartungstreue Schätzfunktion für α, welche sich auf Grund der beobachteten Werte T_x und L_x bilden läßt.

Von *additiver Übersterblichkeit* spricht man, wenn die Sterbewahrscheinlichkeiten bei Übersterblichkeit stets um den gleichen Betrag höher sind als die allgemeinen Sterbewahrscheinlichkeiten, wenn also

$$\bar{q}_x = q_x + \beta \tag{10.5}$$

gilt. Wie aus (10.1) folgt, ist

$$\hat{\beta} = \hat{\bar{q}}_x - q_x = \frac{T_x}{L_x} - q_x \tag{10.6}$$

eine erwartungstreue Schätzfunktion für β. Auch β ist von x unabhängig, und in Analogie zu (10.4) kann die folgende Schätzfunktion gefunden werden, welche alle Alter x berücksichtigt:

$$\hat{\beta} = \frac{\sum\limits_{(x)} q_x(T_x - L_x q_x)}{\sum\limits_{(x)} L_x q_x}. \tag{10.7}$$

Die Erwartungstreue von (10.7) ist wegen der Erwartungstreue von (10.1) leicht zu zeigen.

Eine weitere Methode, die Übersterblichkeit zu berücksichtigen, ist die der *Alterserhöhung*. Anstelle des Alters x wird für die Berechnung der Versicherungswerte ein höheres Alter $\bar{x} = x + \Delta$ angesetzt. Der Übersterblichkeit wird also durch eine Altersverschiebung mit einem Übergang auf Alter mit höherer Sterblichkeit Rechnung getragen. Man setzt somit

$$\bar{q}_x = q_{\bar{x}} = q_{x+\Delta}. \tag{10.8}$$

Zur Gewinnung einer Schätzfunktion für $\bar{x}$ gehen wir von der GOMPERTZschen Formel (4.40) aus, welche zur Darstellung

$$q_x = 1 - p_x = 1 - g^{c^x(c-1)}$$

führt. Daraus folgt

$$\bar{q}_x = 1 - \bar{p}_x = 1 - g^{c^x(c-1)c^\Delta} = 1 - (p_x)^{c^\Delta} \tag{10.9}$$

und wir erhalten

$$c^\Delta = \frac{c^{\bar{x}}}{c^x} = \frac{\ln \bar{p}_x}{\ln p_x}. \tag{10.10}$$

Aus der Potenzreihenzerlegung

$$\ln(1-x) = -x - \frac{x^2}{2} - \frac{x^3}{3} - \cdots$$

folgen für genügend kleine q_x bzw. $\overline{q}_x$ die Näherungsformeln

$$\begin{aligned} \ln \overline{p}_x &= \ln(1-\overline{q}_x) \sim -\overline{q}_x, \\ \ln p_x &= \ln(1-q_x) \sim -q_x. \end{aligned} \tag{10.11}$$

Aus (10.10) folgt somit

$$c^{\Delta} \sim \frac{\overline{q}_x}{q_x}. \tag{10.12}$$

c^{Δ} ist von x unabhängig. Es kann daher in Analogie zu (10.4) die folgende Schätzfunktion gefunden werden, welche alle Alter x berücksichtigt:

$$c^{\Delta} \sim \frac{\sum\limits_{(x)} T_x}{\sum\limits_{(x)} L_x q_x}. \tag{10.13}$$

(10.13) ist, wie man auf Grund der Erwartungstreue von (10.1) leicht einsieht, eine erwartungstreue Schätzfunktion für c^{Δ}. Offenbar stimmt der Ausdruck (10.13) mit dem Ausdruck (10.4) überein, und es gilt

$$\alpha \sim c^{\Delta}. \tag{10.14}$$

Die Alterserhöhung kann daher gegebenenfalls in eine multiplikative Übersterblichkeit mit dem Faktor c^{Δ} umgewandelt werden und umgekehrt.

Wir haben die Übersterblichkeit bisher durch eine entsprechende Wahl der Sterbewahrscheinlichkeiten $\overline{q}_x$ berücksichtigt. In gleicher Weise kann ihr aber auch durch eine entsprechende Wahl der Sterbeintensitäten μ_x Rechnung getragen werden. Aus (4.33) folgt

$$\int_0^1 \mu_{x+t}\,dt = -\int_0^1 \frac{d}{dt} \ln l_{x+t}\,dt = -\ln \frac{l_{x+1}}{l_x} = -\ln(1-q_x).$$

Mit Hilfe der Näherungsformel (10.11) erhalten wir daraus die Näherungsformel

$$\int_0^1 \mu_{x+t}\,dt \sim q_x. \tag{10.15}$$

Für die Sterbeintensität gilt daher bei multiplikativer Übersterblichkeit mit dem Parameter α

$$\overline{\mu}_x \sim \alpha\,\mu_x, \tag{10.16}$$

bei additiver Übersterblichkeit mit dem Parameter β

$$\overline{\mu}_x \sim \mu_x + \beta \tag{10.17}$$

und im Falle der Alterserhöhung

$$\bar{\mu}_x \sim \mu_{x+\Delta} \tag{10.18}$$

Die Parameter α, β und Δ können wie in den Formeln (10.2), (10.5) und (10.8) durch die Schätzfunktionen (10.4), (10.7) und (10.13) bestimmt werden.

2. Prämienzuschläge bei Übersterblichkeit. Die Prämien werden im Falle der Übersterblichkeit entweder für die erhöhte Sterblichkeit eigens nach den üblichen Formeln errechnet, oder man geht von den für den Fall der allgemeinen Sterblichkeit errechneten Prämien aus und ermittelt Prämienzuschläge, welche dem erhöhten Risiko bei Übersterblichkeit entsprechen. Da die gemischte Versicherung die weitaus häufigste Versicherungsform im Falle der Übersterblichkeit darstellt, werden wir uns speziell mit dieser Versicherung befassen.

Es sei $l_x^{(*)}$ die Zahl der x-jährigen in einer auf Grund der Übersterblichkeit errechneten Sterbetafel. Dann gilt

$$l_{x+1}^{(*)} = l_x^{(*)}\,(1 - \bar{q}_x). \tag{10.19}$$

Bezeichnen wir die mit Hilfe dieser Sterbetafel errechneten Versicherungswerte mit einem Stern (*), dann folgt aus (5.45) und (5.52) für die laufenden Prämien einer gemischten Versicherung bei Übersterblichkeit

$$P_{x,\overline{n}|}^{(*)} = P_{x,\overline{n}|}\left(A_{x,\overline{n}|}^{(*)}\right) = \frac{1}{\ddot{a}_{x,\overline{n}|}} - d. \tag{10.20}$$

Der Prämienzuschlag, der zur allgemeinen Prämie zu zahlen ist, beträgt dann

$$\Delta P_{x,\overline{n}|} = P_{x,\overline{n}|}^{(*)} - P_{x,\overline{n}|} = \frac{1}{\ddot{a}_{x,\overline{n}|}^{(*)}} - \frac{1}{\ddot{a}_{x,\overline{n}|}}. \tag{10.21}$$

Im Falle der *multiplikativen Übersterblichkeit* ersetzen wir die Bezeichnung (*) durch die Bezeichnung (α), und es gilt

$$\ddot{a}_{x,\overline{n}|}^{(\alpha)} = \sum_{\nu=0}^{n-1} {}_\nu p_x^{(\alpha)} v^\nu = \sum_{\nu=0}^{n-1} e^{-\int_0^\nu (\bar{\mu}_{x+t}+\delta)\,dt}, \tag{10.22}$$

wobei $\bar{\mu}_{x+t}$ die auf Grund der Übersterblichkeit errechnete Sterbeintensität und δ die Zinsintensität darstellt. Aus (10.16) folgt nun

$$\ddot{a}_{x,\overline{n}|}^{(\alpha)} \sim \sum_{\nu=0}^{n-1} e^{-\int_0^\nu (\alpha\mu_{x+t}+\delta)dt} = \sum_{\nu=0}^{n-1} ({}_\nu p_x)^\alpha v^\nu. \tag{10.23}$$

Bezeichnen wir mit ${}_\nu q_x = 1 - {}_\nu p_x$ die ν-jährige Ablebenswahrscheinlichkeit eines x-jährigen, dann folgt aus (10.23)

$$\ddot{a}_{x,\overline{n}|}^{(\alpha)} \sim \sum_{\nu=0}^{n-1} (1 - {}_\nu q_x)^\alpha\, v^\nu \sim \sum_{\nu=0}^{n-1} (1 - \alpha\, {}_\nu q_x) v^\nu = \sum_{\nu=0}^{n-1} (1 - \alpha + \alpha\, {}_\nu p_x) v^\nu$$

und wir erhalten die Näherungsform

$$\ddot{a}_{x,\overline{n}|}^{(\alpha)} \sim \alpha\, \ddot{a}_{x,\overline{n}|} - (\alpha - 1)\ddot{a}_{\overline{n}|}. \tag{10.24}$$

Setzen wir nun näherungsweise $\ddot{a}^{(\alpha)}_{x,\overline{n}|} \sim \varphi(\alpha)$ mit

$$\varphi(\alpha) = \alpha\varphi(1) - (\alpha - 1)\,\varphi(0), \tag{10.25}$$

dann gilt $\varphi(0) \sim \ddot{a}_{\overline{n}|}$ und $\varphi(1) \sim \ddot{a}_{x,\overline{n}|}$. Aus (10.23) folgt insbesondere $\varphi(2) \sim \ddot{a}_{xx,\overline{n}|}$, wobei $\ddot{a}_{xx,\overline{n}|}$ den Barwert einer Rente auf verbundene Leben zweier x-jähriger gemäß (9.6) darstellt. Nun folgt

$$\frac{1}{\varphi(\alpha)} = \frac{1}{\varphi(1)\left[1 - (\alpha - 1)\left(\frac{\varphi(0)}{\varphi(1)} - 1\right)\right]} \sim \frac{1}{\varphi(1)} + (\alpha - 1)\left(\frac{\varphi(0)}{\varphi^2(1)} - \frac{1}{\varphi(1)}\right). \tag{10.26}$$

Da $\varphi(\alpha)$ eine lineare Funktion ist, gilt $\varphi(2) = \varphi(1) + \varphi'(1)$ sowie $\varphi(0) = \varphi(1) - \varphi'(1)$. Daraus folgt $\varphi(0)\varphi(2) = \varphi^2(1) - \varphi'^2(1)$ und weiter

$$\frac{\varphi(0)}{\varphi^2(1)} = \frac{1}{\varphi(2)} - \frac{\varphi'^2(1)}{\varphi(2)\varphi^2(1)} \sim \frac{1}{\varphi(2)}, \tag{10.27}$$

da, wie man sich leicht überlegt, im allgemeinen $\varphi'^2(1) \sim (\ddot{a}_{x,\overline{n}|} - \ddot{a}_{\overline{n}|})^2 << \varphi(2)\,\varphi^2(1) \sim \ddot{a}_{xx,\overline{n}|}\ddot{a}^2_{x,\overline{n}|}$ gilt. Aus (10.26) erhalten wir also die Näherungsformel

$$\frac{1}{\varphi(\alpha)} \sim \frac{1}{\varphi(1)} + (\alpha - 1)\left(\frac{1}{\varphi(2)} - \frac{1}{\varphi(1)}\right) \tag{10.28}$$

und daraus

$$\frac{1}{\ddot{a}^{(\alpha)}_{x,\overline{n}|}} - \frac{1}{\ddot{a}_{x,\overline{n}|}} \sim (\alpha - 1)\left(\frac{1}{\ddot{a}_{xx,\overline{n}|}} - \frac{1}{\ddot{a}_{x,\overline{n}|}}\right). \tag{10.29}$$

Der Prämienzuschlag nach (10.21) wird daraus in der Höhe

$$\Delta P_{x,\overline{n}|} \sim (\alpha - 1)\,(P_{xx,\overline{n}|} - P_{x,\overline{n}|}) \tag{10.30}$$

errechnet, wobei $P_{xx,\overline{n}|}$ die laufende Prämie für eine gemischte Versicherung auf verbundene Leben zweier x-jähriger durch n Jahre bedeutet. Da $\varphi(\alpha)$ eine lineare Funktion ist, kann aus (10.26) unter Verwendung von (10.27) auch die Formel

$$\frac{1}{\varphi(\alpha)} \sim \frac{1}{\varphi(1)} + (\alpha - 1)\,\frac{\varphi(0) - \varphi(1)}{\varphi^2(1)} = \frac{1}{\varphi(1)} + (\alpha - 1)\,\frac{\varphi(1) - \varphi(2)}{\varphi^2(1)} \sim$$
$$\sim \frac{1}{\varphi(1)} + (\alpha - 1)\left(\frac{1}{\varphi(1)} - \frac{1}{\varphi(0)}\right)$$

hergeleitet werden, welche zu folgenden Darstellungen führt:

$$\begin{gathered}\frac{1}{\ddot{a}^{(\alpha)}_{x,\overline{n}|}} - \frac{1}{\ddot{a}_{x,\overline{n}|}} \sim (\alpha - 1)\left(\frac{1}{\ddot{a}_{x,\overline{n}|}} - \frac{1}{\ddot{a}_{\overline{n}|}}\right),\\ \Delta P_{x,\overline{n}|} \sim (\alpha - 1)\,(P_{x,\overline{n}|} - P_{\overline{n}|}).\end{gathered} \tag{10.31}$$

Hierbei bedeutet $P_{\overline{n}|}$ die Prämie für eine gemischte Versicherung auf n Jahre, welche auf Grund der Sterblichkeit 0 errechnet wurde.

Im Falle der *additiven Übersterblichkeit* ersetzen wir die Bezeichnung (*) durch die Bezeichnung (β), und es gilt wegen (10.17)

$$\ddot{a}^{(\beta)}_{x,\overline{n}|} = \sum_{\nu=0}^{n-1} {}_\nu p^{(\beta)}_x v^\nu \sim \sum_{\nu=0}^{n-1} e^{-\int\limits_0^\nu (\mu_{x+t}+\beta+\delta)\, dt}. \tag{10.32}$$

Daraus ist zunächst ersichtlich, daß die Sterblichkeitserhöhung β auch als eine Erhöhung der Zinsintensität δ aufgefaßt werden kann. Setzt man

$$\ln(1+\bar{i}) = \bar{\delta} = \beta + \delta = \beta + \ln(1+i),$$

dann erhält man wegen

$$\frac{1+\bar{i}}{1+i} = e^\beta \sim 1 + \beta$$

die Näherungsformel

$$\bar{i} \sim i + \beta(1+i). \tag{10.33}$$

Sämtliche Versicherungswerte können daher für die Übersterblichkeit aus den Versicherungswerten für die allgemeine Sterblichkeit gewonnen werden, wenn man von der verwendeten Zinsrate i zur Zinsrate $\bar{i}$ aus (10.33) übergeht.

Aus (10.32) folgt

$$\ddot{a}^{(\beta)}_{x,\overline{n}|} = \sum_{\nu=0}^{n-1} {}_\nu p_x v^\nu e^{-\nu\beta} \sim \sum_{\nu=0}^{n-1} {}_\nu p_x v^\nu - \beta \sum_{\nu=0}^{n-1} \nu\, {}_\nu p_x v^\nu = \ddot{a}_{x,\overline{n}|} - \beta (I_{\overline{n-1}|}\, a)_{x,\overline{n-1}|} \tag{10.34}$$

und weiter

$$\frac{1}{\ddot{a}^{(\beta)}_{x,\overline{n}|}} \sim \frac{1}{\ddot{a}_{x,\overline{n}|} - \beta (I_{\overline{n-1}|}\, a)_{x,\overline{n-1}|}} \sim \frac{1}{\ddot{a}_{x,\overline{n}|}} + \beta \frac{(I_{\overline{n-1}|}\, a)_{x,\overline{n-1}|}}{(\ddot{a}_{x,\overline{n}|})^2}.$$

Für den Prämienzuschlag nach (10.21) erhalten wir daher die folgende Näherungsformel:

$$\Delta P_{x,\overline{n}|} \sim \beta \frac{(I_{\overline{n-1}|}\, a)_{x,\overline{n-1}|}}{(\ddot{a}_{x,\overline{n}|})^2}. \tag{10.35}$$

Im Falle der *Alterserhöhung* gilt $\ddot{a}^{(*)}_{x,\overline{n}|} = \ddot{a}_{x+\Delta,\overline{n}|}$, und die Prämien werden zweckmäßigerweise nach Formel (10.20) errechnet.

3. Das Deckungskapital bei Übersterblichkeit. Das Deckungskapital für eine gemischte Versicherung wird nach Formel (6.9) berechnet. Liegt eine eigene Sterbetafel für Übersterblichkeit nach (10.19) vor und wird die Prämie nach (10.20) berechnet, dann ist für das Deckungskapital die Formel

$${}_tV^{(*)}_{x,\overline{n}|} = {}_tV_x\left[P_{x,\overline{n}|}\left(A^{(*)}_{x,\overline{n}|}\right)\right] = 1 - \frac{\ddot{a}^{(*)}_{x+t,\overline{n-t}|}}{\ddot{a}^{(*)}_{x,\overline{n}|}} \tag{10.36}$$

heranzuziehen. Im Falle der *multiplikativen Übersterblichkeit* ersetzen wir wieder die Bezeichnung (*) durch die Bezeichnung (α) und verwenden für das Deckungskapital Formel (6.8) in der prospektiven Variante. Mit Hilfe der Näherungsformeln (10.24) und (10.31) erhalten wir die folgende Darstellung:

$$
\begin{aligned}
{}_tV^{(\alpha)}_{x,\overline{n}|} &= 1 - d\ddot{a}^{(\alpha)}_{x+t,\overline{n-t}|} - P^{(\alpha)}_{x,\overline{n}|}\,\ddot{a}^{(\alpha)}_{x+t,\overline{n-t}|} \sim \\
&\sim \alpha\left(1 - d\ddot{a}_{x+t,\overline{n-t}|} - P^{(1)}_{x,\overline{n}|}\,\ddot{a}_{x+t,\overline{n-t}|}\right) - \alpha\left(P^{(\alpha)}_{x,\overline{n}|} - P^{(1)}_{x,\overline{n}|}\right)\ddot{a}_{x+t,\overline{n-t}|} + \\
&+ (1-\alpha)\,(1 - d\ddot{a}_{\overline{n-t}|} - P_{\overline{n}|}\ddot{a}_{\overline{n-t}|}) - (1-\alpha)\,(P^{(\alpha)}_{x,\overline{n}|} - P_{\overline{n}|})\,\ddot{a}_{\overline{n-t}|} \sim \\
&\sim \alpha\;{}_tV^{(1)}_{x,\overline{n}|} + (1-\alpha)\;{}_tV^{(0)}_{x,\overline{n}|} - \alpha(\alpha-1)(P^{(1)}_{x,\overline{n}|} - P_{\overline{n}|})\,\ddot{a}_{x+t,\overline{n-t}|} - \\
&- \alpha(1-\alpha)\,(P^{(1)}_{x,\overline{n}|} - P_{\overline{n}|})\,\ddot{a}_{\overline{n-t}|}.
\end{aligned}
$$

Setzen wir nun ${}_tV^{(1)}_{x,\overline{n}|} = {}_tV_{x,\overline{n}|}$, ${}_tV^{(0)}_{x,\overline{n}|} = {}_tV_{\overline{n}|}$ und $P^{(1)}_{x,\overline{n}|} = P_{x,\overline{n}|}$, dann folgt

$$
{}_tV^{(\alpha)}_{x,\overline{n}|} \sim \alpha\;{}_tV_{x,\overline{n}|} - (\alpha-1)\;{}_tV_{\overline{n}|} + \alpha(\alpha-1)\,(P_{x,\overline{n}|} - P_{\overline{n}|})\,(\ddot{a}_{\overline{n-t}|} - \ddot{a}_{x+t,\overline{n-t}|}). \tag{10.37}
$$

Der letzte Ausdruck auf der rechten Seite kann praktisch ebenfalls vernachlässigt werden, da, wie man leicht zeigt, die Differenz der Prämien sowie die Differenz der Rentenbarwerte beide in der Größenordnung von ${}_vq_x$ sind, so daß ihr Produkt nur die Größenordnung $({}_vq_x)^2$ besitzt. Vernachlässigen wir diesen Ausdruck, dann erhalten wir die Näherungsformel

$$
{}_tV^{(\alpha)}_{x,\overline{n}|} \sim \alpha\;{}_tV_{x,\overline{n}|} - (\alpha-1)\;{}_tV_{\overline{n}|}, \tag{10.38}
$$

welche für die Praxis ausreicht und wegen des Wegfalles des letzten Ausdruckes aus (10.37) immer einen etwas zu niedrigen Wert des Deckungskapitals angibt.

Im Falle der *additiven Übersterblichkeit* kann das Deckungskapital zunächst nach (10.36) unter Verwendung der Näherungsformel (10.34) berechnet werden. Einfacher ist es aber, mit der allgemeinen Sterbetafel zu arbeiten und der Übersterblichkeit durch die Verwendung der höheren Zinsrate $\overline{i}$ aus (10.33) Rechnung zu tragen. Es gilt dann

$$
{}_tV^{(\beta)}_{x,\overline{n}|}(i) \sim {}_tV_{x,\overline{n}|}(\overline{i}). \tag{10.39}
$$

Analog ist im Falle der *Alterserhöhung* vorzugehen, wobei ${}_tV^{(*)}_{x,\overline{n}|} = {}_tV_{x+\Delta,\overline{n}|}$ gesetzt wird.

Abschnitt III

Gewinnermittlung und Gewinnverwendung

Kapitel 11

Gewinnermittlungsschema

1. Das Bilanzschema. Die Tarifprämie berücksichtigt nicht nur die zur Deckung der Versicherungsleistungen notwendigen Zahlungen und die Verwaltungskosten, sondern beinhaltet auch einen Sicherheitszuschlag. Werden Rechnungsgrundlagen erster Ordnung verwendet, dann ist der Sicherheitszuschlag im allgemeinen bereits in der ausreichenden Prämie enthalten (vgl. Kapitel 5). Der Sicherheitszuschlag dient dazu, Abweichungen vom vorausberechneten Versicherungsverlauf, die für die Versicherungsgesellschaft ungünstig sind, auszugleichen. Die Vorausberechnung des Versicherungsverlaufes beruht in der Lebensversicherung vor allem auf Annahmen über die Verzinsung der veranlagten Kapitalien, die Sterblichkeit und die Verwaltungskosten. Bei Verwendung von Rechnungsgrundlagen erster Ordnung wird im allgemeinen ein günstigerer Verlauf vermutet. Der günstigere Verlauf wirkt sich dahin aus, daß die Einnahmen höher bzw. die Ausgaben niedriger werden, als auf Grund der Vorausberechnung angenommen wurde. Wir wollen im folgenden jede Abweichung vom vorausberechneten Versicherungsverlauf als Gewinn ansehen, und zwar höhere Einnahmen bzw. niedrigere Ausgaben als positiven Gewinn, niedrigere Einnahmen und höhere Ausgaben als negativen Gewinn.

Für die Versicherungsgesellschaft ist es wichtig festzustellen, ob und in welcher Höhe ein Gewinn erzielt wurde. Im weiteren muß untersucht werden, auf welche Ursachen dieser Gewinn zurückzuführen ist.

Wir wollen den Gewinn für den Zeitraum (T_0, T_1) untersuchen, das heißt, es soll festgestellt werden, in welcher Weise die Einnahmen und Ausgaben der Versicherungsgesellschaft im Zeitraum (T_0, T_1) durch Abweichungen von den Rechnungsgrundlagen beeinflußt worden sind. Dazu werden die im Zeitraum (T_0, T_1) tatsächlich erzielten Einnahmen und Ausgaben den rechnungsmäßig erwarteten Einnahmen und Ausgaben gegenübergestellt. Als *Einnahmen* sind zunächst die vollständigen Deckungskapitalien im Zeitpunkt T_0 zu nennen. Dazu kommen die im Intervall (T_0, T_1) vereinnahmten Tarifprämien sowie die Zinsenerträgnisse für die Aufzinsung der Deckungskapitalien und der vereinnahmten Prämien auf den Zeitpunkt T_1. Als *Ausgaben* sind zu nennen die im Intervall (T_0, T_1) gezahlten

Versicherungsleistungen, die Verwaltungskosten, laufende Zuwendungen an den Sicherheitsfonds, die vollständigen Deckungskapitalien im Zeitpunkt T_1 sowie die Zinsen zur Aufzinsung dieser Ausgaben auf den Zeitpunkt T_1. Entspricht der Versicherungsverlauf den Vorausberechnungen, dann muß der Saldo aus den erwähnten Einnahmen und Ausgaben gleich Null sein. Abweichungen können durch Änderungen der Zinsrate, der Sterblichkeit und der Verwaltungskosten eintreten. Abweichungen liegen aber auch dann vor, wenn eine Versicherung rückgekauft, umgewandelt oder prämienfrei gestellt wird. Im Falle des Rückkaufes sind die Zahlungen als Ausgaben einzusetzen und auf den Zeitpunkt T_1 aufzuzinsen. Im Falle der Umwandlung oder der Prämienfreistellung sind die entsprechend geänderten Deckungskapitalien für den Zeitpunkt T_1 einzusetzen. Der Überschuß der so ermittelten Einnahmen über die so ermittelten Ausgaben ist der Gewinn aus dem Zeitraum (T_0, T_1). Einen Überblick vermittelt das folgende Bilanzschema:

Einnahmen		Ausgaben
Vollständige Deckungskapitalien in T_0		Versicherungsleistungen in (T_0, T_1)
Tarifprämien in (T_0, T_1)		Verwaltungskosten in (T_0, T_1)
Zinsen bis zum Zeitpunkt T_1		Zahlungen an den Sicherheitsfonds in (T_0, T_1)
		Rückkaufzahlungen in (T_0, T_1)
		Vollständige Deckungskapitalien in T_1
		Zinsen bis zum Zeitpunkt T_1
		Gewinn
Σ	$=$	Σ

Ein negativer Gewinn, das heißt ein Verlust, muß aus dem Sicherheitsfonds gedeckt werden. Zahlungen aus dem Sicherheitsfonds werden also dann notwendig, wenn die Einnahmen ansonsten zur Deckung der Ausgaben nicht ausreichen. Werden solche Zahlungen geleistet, dann sind sie im Bilanzschema unter den Einnahmen zu verbuchen. Die Höhe der Zahlungen an den und aus dem Sicherheitsfonds wird nach den Grundsätzen der Risikotheorie bestimmt. Wir wollen von diesen Zahlungen hier im weiteren absehen und verweisen auf die entsprechenden Ausführungen im Abschnitt VIII.

Von den im Bilanzschema enthaltenen Gebarungspositionen führt besonders die Summe der Deckungskapitalien wegen des großen Arbeitsaufwandes zu verwaltungstechnischen Schwierigkeiten. Wir behandeln daher im folgenden Methoden zur Vereinfachung dieser Berechnungen.

2. Die Ermittlung der Summe der Deckungskapitalien. Die Summe der Deckungskapitalien ist für die Zeitpunkte T_0 und T_1 zu ermitteln. Bezeichnet ${}_tV_x^a$ das ausreichende Deckungskapital für eine Versicherung eines x-jährigen nach t-jähriger Laufzeit und beträgt im Zeitpunkt T_0 die Laufzeit der Versicherung t_0, im Zeitpunkt T_1 die Laufzeit der Versicherung t_1, dann bezeichnet ${}_{t_0}V_x^a$ bzw. ${}_{t_1}V_x^a$ das ausreichende Deckungskapital in den Zeitpunkten T_0 bzw. T_1. Im Bilanzschema ist das ausreichende Deckungskapital ${}_{t_0}V_x^a$ auf den Zeitpunkt T_1 aufzuzinsen, wobei nicht die rechnungsmäßige Zinsrate i, sondern die tatsächlich erzielte Zinsrate, welche mit i' bezeichnet wird, zugrunde zu legen ist. Für das ausreichende Deckungskapital im Zeitpunkt T_0 ist daher ein Betrag von $(1 + i')^{T_1-T_0}\,{}_{t_0}V_x^a$ in Rechnung zu stellen.

Die Zeitpunkte T_0 und T_1 werden im allgemeinen mit dem Ende eines Kalenderjahres zusammenfallen, also jeweils am 31. Dezember liegen. Zwischenbilanzen zu unterjährigen Zeitpunkten werden nur in außergewöhnlichen Fällen vorgenommen. Der Versicherungsbeginn liegt jedoch in den seltensten Fällen am Jahresende. Viel häufiger wird er bei Lebensversicherungen mit dem Geburtstag des Versicherten zusammenfallen. Jedenfalls wird man annehmen müssen, daß t_0 und t_1 keine ganzen Zahlen sind. Bei den ausreichenden Deckungskapitalien ${}_{t_0}V_x^a$ und ${}_{t_1}V_x^a$ wird es sich daher im allgemeinen um unterjährige Deckungskapitalien handeln. Nun ist die Berechnung des unterjährigen Deckungskapitals etwa nach Formel (6.36) für einen größeren Versichertenstock sehr umständlich, und man bedient sich daher gewisser Näherungsverfahren, welche den Arbeitsaufwand für die Berechnungen außerordentlich vermindern.

Ein häufig angewendetes Verfahren beruht darauf, daß für Versicherungen, die im ersten Kalenderhalbjahr beginnen, der Versicherungsbeginn rechnungsmäßig auf den 1. Januar vorverlegt wird, während er für Versicherungen, die im zweiten Kalenderhalbjahr beginnen, auf den 31. Dezember verschoben wird. Setzen wir $t_0 = \bar{t}_0 + \tau_0$, wobei $\bar{t}_0$ ganz ist und τ_0 der Ungleichung $0 \leqq \tau_0 < 1$ genügt, dann ist für Versicherungen mit einem Beginn im ersten Kalenderhalbjahr und bei einem Bilanztermin 31. Dezember der Wert τ_0 größer oder gleich $\frac{1}{2}$. Man ersetzt daher das Deckungskapital ${}_{t_0}V_x^a$ durch das Deckungskapital ${}_{\bar{t}_0+1-0}V_x^a = {}_{\bar{t}_0+1}V_x^a + e_{\bar{t}_0+1}$, wobei $e_{\bar{t}_0+1}$ das Erlebenskapital bei Erreichung des Alters $x_0 + \bar{t}_0 + 1$ bedeutet. Für Versicherungen mit einem Beginn im zweiten Kalenderhalbjahr ist bei einem Bilanztermin 31. Dezember der Wert τ_0 kleiner als $\frac{1}{2}$. Man ersetzt das Deckungskapital ${}_{t_0}V_x^a$ durch das Deckungskapital ${}_{\bar{t}_0+0}V_x^a = {}_{\bar{t}_0}V_x^a + (1-\beta)P_{x+\bar{t}_0}^a - \gamma$.

Um die Summe der Deckungskapitalien zu erhalten, können die Deckungskapitalien ${}_{\bar{t}_0}V_x^a$ bzw. ${}_{\bar{t}_0+1}V_x^a$ mit Hilfe der Näherungsmethoden aus Kapitel 7 aufsummiert werden. Die Erlebenskapitalien $e_{\bar{t}_0}$, also die Rentenüberträge sowie die Prämienüberträge $(1-\beta)P_{x+\bar{t}_0}^a - \gamma$ können als Hilfszahlen aufgefaßt werden und sind gesondert zu summieren.

In die Bilanz zum Zeitpunkt T_0 bzw. T_1 sind alle jeweils in diesem Zeitpunkt unter Vertrag stehenden Versicherungen einzubeziehen. Versicherungen, die zwischen den Zeitpunkten T_0 und T_1 enden, sind daher nur in die Bilanz zum Zeitpunkt T_0, solche, die zwischen T_0 und T_1 beginnen, nur in die Bilanz zum Zeitpunkt T_1 aufzunehmen. Außer Betracht bleiben Versicherungen, die zwischen den Zeitpunkten T_0 und T_1 beginnen und enden.

3. Bohlmannsche Formel. Mit Hilfe der Näherungsformel von BOHLMANN, die im folgenden diskutiert wird, kann das aufsummierte Deckungskapital von Bilanztermin zu Bilanztermin fortgeschrieben werden. Man erspart sich auf diese Weise einen Großteil der sonst notwendig werdenden Berechnungsarbeiten, indem man die einmal errechnete Summe des Deckungskapitals schrittweise weiterentwickelt.

Ausgangspunkt der Überlegungen ist die Annahme, jeder Bilanztermin falle stets in die Mitte eines Versicherungsjahres. Wir bezeichnen wieder mit ${}_{t_0}V_x^a$ das ausreichende Deckungskapital für die Versicherung eines x-jährigen im Zeitpunkt T_0 mit $t_0 = \bar{t}_0 + \tau_0$ und mit ${}_{t_1}V_x^a$ das entsprechende Deckungskapital im Zeitpunkt T_1. Es sei nun der Zeitraum (T_0, T_1) das Kalenderjahr M. Der Zeitpunkt T_0 ist der 31. Dezember des Kalenderjahres $M - 1$ und der Zeitpunkt T_1 der 31. Dezember des Kalenderjahres M. Offenbar gilt dann $t_1 = t_0 + 1$. Die Annahme, der Bilanztermin falle in die Mitte eines Versicherungsjahres, ist gleichbedeutend mit der Annahme, die Versicherung beginne in der Mitte eines Kalenderjahres. Im Beispiel der Versicherung, deren ausreichendes Deckungskapital im Zeitpunkt T_0 durch ${}_{t_0}V_x^a$ ausgedrückt wird, nimmt man also an, daß die Versicherung in der Mitte des Kalenderjahres $M - \bar{t}_0 - 1 = M - \bar{t}_1$ begonnen hat. Man bezeichnet $G = M - \bar{t}_1 - x$ als das *technische Geburtsjahr* des Versicherten.

Hiefür ein Beispiel: Es sei M das Jahr 1970. Der erste Bilanztermin T_0 ist der 31. Dezember 1969, der zweite Bilanztermin T_1 der 31. Dezember 1970. Die Versicherung sei am 17. April 1963 abgeschlossen worden. Dann ist offenbar t_0, die Laufzeit der Versicherung im Zeitpunkt T_0, gleich 6 Jahre 8 Monate und 13 Tage, t_1, die Laufzeit der Versicherung im Zeitpunkt T_1, gleich 7 Jahre 8 Monate und 13 Tage. Daher gilt $\bar{t}_0 = 6$, $\bar{t}_1 = 7$, und man nimmt an, die Versicherung habe in der Mitte des Kalenderjahres $M - t_1 = 1970 - 7 = 1963$ begonnen. War der Versicherte bei Abschluß der Versicherung $x = 36$ Jahre alt, dann ist $G = M - \bar{t}_1 - x = 1970 - 7 - 36 = 1927$ das technische Geburtsjahr des Versicherten.

Nimmt man an, daß der Versicherungsbeginn jeweils in der Mitte eines Kalenderjahres liegt, dann wird ${}_{t_0}V_x^a$ durch ${}_{\bar{t}_0+1/2}V_x^a$ und ${}_{t_1}V_x^a$ durch ${}_{\bar{t}_1+1/2}V_x^a$ ersetzt. Zur Bilanzierung in T_0 bzw. T_1 werden daher die Deckungskapitalien

$$ {}_{t_0}V_x^a \sim {}_{\bar{t}_0+1/2}V_x^a = {}_{\bar{t}_1-1/2}V_x^a \quad \text{bzw.} \quad {}_{t_1}V_x^a \sim {}_{\bar{t}_1+1/2}V_x^a \tag{11.1} $$

herangezogen. Nun gilt für das Deckungskapital im Zeitpunkt T_0

$$ {}_{\bar{t}_1-1/2}V_x^a = \frac{1}{2}\left[{}_{\bar{t}_1-1}V_x^a + (1-\beta)\,P_x^a - \gamma + {}_{\bar{t}_1}V_x^a + e_{\bar{t}_1}\right]. $$

Dieses Deckungskapital ist bis zum Zeitpunkt T_1 um ein Jahr aufzuzinsen. Im Zeitpunkt $T_1 = T_0 + 1$ ergibt sich ein Betrag von $(1 + i')\,{}_{\bar{t}_1-1/2}V_x^a$. Jene Personen, die den Zeitpunkt der nächsten Prämienzahlung $\bar{t}_1 + 1$ erleben, zahlen in diesem Zeitpunkt die Prämie P_x^a, von welcher nach Abzug der Kosten ein Betrag von $(1-\beta)P_x^a - \gamma$ verbleibt und bis zum Zeitpunkt T_1 noch um ein halbes Jahr aufzuzinsen ist. Die Sterbewahrscheinlichkeit soll für das Kalenderjahr M, also für das Altersintervall $\left(x + \bar{t}_1 - \frac{1}{2},\ x + \bar{t}_1 + \frac{1}{2}\right)$ mit durchschnittlich

$$ q = \frac{q_{x+\bar{t}_1-1} + q_{x+\bar{t}_1}}{2} \tag{11.2} $$

angenommen werden. Der Erwartungswert für die Prämieneinnahmen im Zeitpunkt $T_1 - \frac{1}{2}$, aufgezinst auf den Zeitpunkt T_1, beträgt daher für den im Zeitpunkt T_0 lebenden Versicherten annähernd $\left(1 - \frac{q}{2}\right)\left[(1-\beta)\,P_x^a - \gamma\right]\left(1 + \frac{i'}{2}\right)$.

Der erste Faktor bedeutet die Wahrscheinlichkeit, den Zeitpunkt der Prämienzahlung zu erleben, und der letzte Faktor ist der Aufzinsungsfaktor für die einfache Verzinsung. An die das Alter $x + \bar{t}_1$ erlebenden Personen ist die Erlebenszahlung $e_{\bar{t}_1}$ auszuzahlen. Der Erwartungswert dieser Zahlung, wieder auf den Zeitpunkt T_1 bezogen, beträgt $\left(1 - \frac{q}{2}\right) e_{\bar{t}_1} \left(1 + \frac{i'}{2}\right)$. Schließlich sind die Ablebenszahlungen zu berücksichtigen, deren Höhe wir mit 1 annehmen. Stirbt der Versicherte vor Erreichung des Alters $x + \bar{t}_1$, also im Zeitintervall $\left(T_0, T_0 + \frac{1}{2}\right)$, das heißt, in der ersten Hälfte des Kalenderjahres M, dann wird das Ablebenskapital im Zeitpunkt $T_0 + \frac{1}{2}$ fällig. Stirbt der Versicherte nach Erreichung des Alters $x + \bar{t}_1$ im Zeitintervall $\left(T_0 + \frac{1}{2}, T_1\right)$, das heißt, in der zweiten Hälfte des Kalenderjahres M, dann wird das Ablebenskapital im Zeitpunkt $T_1 + \frac{1}{2}$ fällig. Man kann nun den Erwartungswert der Ablebenszahlungen, bezogen auf den Zeitpunkt T_1, durch $\frac{q}{2}\left(1 + \frac{i'}{2}\right) + \frac{q}{2}\left(1 - \frac{i'}{2}\right) = q$ ausdrücken.

Gehen wir von dem auf den einzelnen Versicherten entfallenden Deckungskapital ${}_{\bar{t}_1 - 1/2}V_x^a$ zu Beginn des Jahres M aus und berücksichtigen alle im Kalenderjahr M zu erwartenden Zahlungen und Zinsenerträgnisse, dann erhalten wir am Ende des Kalenderjahres M das Deckungskapital, bezogen auf die dann noch lebenden Versicherten, dessen Erwartungswert wegen der Sterbewahrscheinlichkeit q durch $(1 - q)\ {}_{\bar{t}_1 + 1/2}V_x^a$ gegeben ist.

Fassen wir die bisherigen Überlegungen formelmäßig zusammen, dann folgt:

$$(1 + i')\,{}_{\bar{t}_1 - 1/2}V_x^a + \left(1 - \frac{q}{2}\right) [(1 - \beta)\, P_x^a - \gamma - e_{\bar{t}_1}] \left(1 + \frac{i'}{2}\right) - q = (1 - q)\,{}_{\bar{t}_1 + 1/2}V_x^a. \tag{11.3}$$

Wegen

$$\left(1 - \frac{q}{2}\right)\left(1 + \frac{i'}{2}\right) = 1 - \frac{q}{2} + \frac{i'}{2} - \frac{qi'}{4} \sim \frac{1 - q}{2} + \frac{1 + i'}{2}$$

folgt aus (11.3)

$$\left[{}_{\bar{t}_1 - 1/2}V_x^a + \frac{(1 - \beta) P_x^a - \gamma - e_{\bar{t}_1}}{2}\right] \frac{1 + i'}{1 - q} + \frac{(1 - \beta) P_x^a - \gamma - e_{\bar{t}_1}}{2} - \frac{q}{1 - q} \sim {}_{\bar{t}_1 + 1/2}V_x^a. \tag{11.4}$$

Mit Hilfe dieser als *Bohlmannsche Formel* bezeichneten Gleichung kann ${}_{\bar{t}_1 + 1/2}V_x^a$ aus ${}_{\bar{t}_1 - 1/2}V_x^a$ errechnet werden. Setzen wir zur Abkürzung

$${}_{t_0}V_x^a = V_0, \quad {}_{t_1}V_x^a = V_1, \quad (1 - \beta)\, P_x^a - \gamma - e_{\bar{t}_1} = P,$$

dann folgt aus (11.1) und (11.4) die folgende Näherungsformel:

$$\left(V_0 + \frac{P}{2}\right) \frac{1 + i'}{1 - q} + \frac{P}{2} - \frac{q}{1 - q} \sim V_1. \tag{11.5}$$

Die mittlere Sterbewahrscheinlichkeit q im Kalenderjahr M ist nach (11.2) zu errechnen. Bezeichnen wir mit $z = M - G$ die Differenz zwischen dem Kalenderjahr und dem technischen Geburtsjahr, das sogenannte technische Alter in der Mitte des Kalenderjahres M, dann kann q auch näherungsweise durch

$$q \sim \frac{q_{z-1} + q_z}{2} \tag{11.6}$$

berechnet werden. Die nach (11.6) errechnete Sterbewahrscheinlichkeit ist nur mehr vom technischen Alter abhängig.

Zur Anwendung der BOHLMANNschen Formel werden die Versicherten nach ihren technischen Geburtsjahren G gruppiert. Es sei

$B_0(G)$ der Teilbestand von Versicherungen am 31. Dezember des Jahres $M-1$, welche das technische Geburtsjahr G besitzen,

$B_1(G)$ der Teilbestand von Versicherungen am 31. Dezember des Jahres M, welche das technische Geburtsjahr G besitzen,

$A(G)$ der Teilbestand von Versicherungen am 31. Dezember des Jahres $M-1$, welche das technische Geburtsjahr G besitzen, und im Laufe des Jahres M wegen Tod, Ablauf der Versicherungszeit, Rückkauf oder aus sonstigen Gründen beendet werden,

$Z(G)$ der Teilbestand von Versicherungen am 31. Dezember des Jahres M, welche das technische Geburtsjahr G besitzen und im Laufe des Jahres M abgeschlossen wurden.

Offenbar gilt

$$B_1(G) = B_0(G) - A(G) + Z(G). \tag{11.7}$$

Es war V_0 bzw. V_1 das Deckungskapital, bezogen auf die Einheit der Versicherungssumme auf Ableben des Versicherten. Bezeichnen wir die tatsächliche Versicherungssumme auf Ableben mit y, dann ist

$$\sum_{B_0(G)} y V_0$$

das gesamte Deckungskapital im Zeitpunkt T_0 für den Teilbestand $B_0(G)$. Am Ende des Jahres M ist nun für sämtliche beendeten Versicherungen die Summe

$$\sum_{A(G)} y V_0$$

zu bilden. Setzen wir $B_0(G) - A(G) = B_0'(G)$, dann ist

$$\sum_{B_0'(G)} y V_0$$

das gesamte Deckungskapital im Zeitpunkt T_0 für den Teilbestand der Versicherungen am 31. Dezember des Jahres $M-1$, welche das technische Geburtsjahr G besitzen und am 31. Dezember des Jahres M noch unter Vertrag stehen. Auf diesen Teilbestand kann die BOHLMANNsche Formel angewendet werden:

$$\left(\sum_{B_0'(G)} y V_0 + \frac{1}{2} \sum_{B_0'(G)} y P\right) \frac{1+i'}{1-q} + \frac{1}{2} \sum_{B_0'(G)} y P - \frac{q}{1-q} \sum_{B_0'(G)} y \sim \sum_{B_0'(G)} y V_1. \tag{11.8}$$

Zusammenfassend kann das Verfahren folgendermaßen beschrieben werden: Der Bestand an Versicherungen wird nach technischen Geburtsjahren G gruppiert. Man geht von dem als bekannt vorausgesetztem Deckungskapital $\sum_{B_0'(G)} y V_0$ im Zeitpunkt T_0, also am 31. Dezember des Jahres $M-1$, aus. Für den Zeitpunkt T_1, also am Ende des Jahres M, wird zunächst für die beendeten Versicherungen die Summe $\sum_{A(G)} y V_0$ gebildet und von der ersten Summe abgezogen. Man erhält so für den Bestand $B_0'(G) = B_0(G) - A(G)$ die Summe $\sum_{B_0'(G)} y V_0$. Nun werden noch die Summen $\sum_{B_0'(G)} y P$ und $\sum_{B_0'(G)} y$ gebildet. Mit Hilfe der nach (11.6) errechneten Sterbewahrscheinlichkeit q wird nun nach der Formel (11.8) die Summe der Deckungskapitalien für den Bestand $B_0'(G)$ im Zeitpunkt T_1 gebildet. Addiert man zu dieser Summe für den Bestand der im Laufe des Jahres M abgeschlossenen Versicherungen die Summe $\sum_{Z(G)} y V_1$, dann erhält man wegen (11.7) das gesamte Deckungskapital im Zeitpunkt T_1:

$$\sum_{B_1(G)} y V_1 = \sum_{B_0'(G)} y V_1 + \sum_{Z(G)} y V_1 . \tag{11.9}$$

Bei dieser Methode ist es nur für die Teilbestände $A(G)$ und $Z(G)$ notwendig, das Deckungskapital der Einzelversicherungen aufzusummieren. Für die Mehrzahl der Versicherungen, nämlich für den gesamten Stock $B_0'(G)$, wird das Dekkungskapital vom Bilanztermin T_0 zum Bilanztermin T_1 mit Hilfe der Formel (11.8) weiterentwickelt. Eine weitere Zusammenfassung der Versicherungsbestände in Formel (11.8) ist im allgemeinen nicht möglich, da sowohl q als auch P von G abhängen.

Kapitel 12

Die Kontributionsformel

1. Gewinn- und Verlustursachen. Wir wollen davon ausgehen, daß die Rechnungsgrundlagen eine ausgeglichene Gebarung erwarten lassen. Prämien und Leistungen, Zinsen und Deckungskapitalien sollen den Rechnungsgrundlagen entsprechend ermittelt werden. Im Gewinnermittlungsschema aus Kapitel 11 ist dann ein Gleichgewicht von Einnahmen und Ausgaben für den Zeitraum (T_0, T_1) — also ein Gewinn Null — zu erwarten, wenn die tatsächliche Entwicklung mit den Rechnungsgrundlagen übereinstimmt. Die Rechnungsgrundlagen waren die Sterbewahrscheinlichkeiten q_x, die Zinsrate i sowie die Kostensätze α, β und γ. Im Zeitraum (T_0, T_1) seien nun tatsächlich Sterbewahrscheinlichkeiten q_x', eine Zinsrate i' sowie Kostensätze α', β' und γ' beobachtet worden. Weichen die tatsächlich beobachteten Werte von den in Rechnung gestellten Werten ab, dann ist im Gewinnermittlungsschema kein Gleichgewicht von Einnahmen und Ausgaben zu erwarten. Solche Abweichungen sind auch im Falle des Rückkaufes bzw. der Prämienfreistellung oder der Umwandlung von Versicherungen zu erwarten.

Es sei nun $T_1 = T_0 + 1$ und wir betrachten die Versicherung eines x-jährigen, der im Zeitpunkt T_0 das Alter $x + t$ erreicht hat. Im beobachteten Zeitintervall durchlebt der Versicherte daher das Alter von $x + t$ bis $x + t + 1$. Unter Berücksichtigung der tatsächlich beobachteten Rechnungsgrundlagen ergeben sich für l_{x+t} Versicherte die folgenden *Einnahmen*, bezogen auf den Zeitpunkt T_1, also auf das Alter $x + t + 1$:

$$l_{x+t}\,({}_tV_x^a + P_x^a)\,(1 + i'). \tag{12.1}$$

Hiebei bedeutet P_x^a die jährlich gleichbleibende Prämie für die in Rede stehende Versicherung und ${}_tV_x^a$ das ausreichende Deckungskapital im Zeitpunkt T_0, also bei Erreichung des Alters $x + t$.

An *Ausgaben* sind zunächst die Versicherungsleistungen in Rechnung zu stellen, also im Todesfall eine Ablebensleistung der Höhe 1, und im Erlebensfall eine Erlebensleistung der Höhe e_{t+1}, die beide im Zeitpunkt T_1 fällig werden. Im weiteren sind die tatsächlichen Verwaltungskosten in Rechnung zu stellen und, da sie im Zeitpunkt T_0, also zu Beginn des Versicherungsjahres, fällig werden, auf den Zeitpunkt T_1 mit der tatsächlichen Zinsrate i' aufzuzinsen. Wir wollen annehmen, daß es sich um eine Versicherung handelt, die in dem betrachteten Versicherungsjahr nicht rückgekauft oder umgewandelt wird, so daß nach dem Gewinnermittlungsschema am Jahresende, also im Zeitpunkt T_1, das ausreichende Deckungskapital ${}_{t+1}V_x^a$ vorhanden sein muß, das den Ausgaben zugerechnet wird. Insgesamt ergeben sich daher für l_{x+t} Versicherte im Zeitpunkt T_0 die folgenden Ausgaben, bezogen auf den Zeitpunkt T_1, also auf das Alter $x + t + 1$:

$$l_{x+t}(1 - q'_{x+t})\,e_{t+1} + q'_{x+t}\,l_{x+t} + l_{x+t}\alpha'(1 + i') + P_x^a l_{x+t}\beta'(1 + i') + \\ + l_{x+t}\gamma'(1 + i') + l_{x+t}(1 - q'_{x+t})\,{}_{t+1}V_x^a. \tag{12.2}$$

Die Abschlußkosten α' sind dabei nur für das erste Versicherungsjahr, also für $t = 0$, in Rechnung zu stellen. Die Differenz zwischen den Einnahmen (12.1) und den Ausgaben (12.2) ist der Gesamtgewinn für die überlebenden Versicherten, also für $l_{x+t}(1 - q'_{x+t})$ Personen. Bezeichnen wir den Gewinn aus dem betrachteten Versicherungsjahr, also dem $(t+1)^{\text{ten}}$ Versicherungsjahr, je Versicherten mit g_{t+1}, dann folgt aus einer Gegenüberstellung von (12.1) und (12.2):

$$({}_tV_x^a + P_x^a - \alpha' - \beta' P_x^a - \gamma')\,(1 + i') - (1 - q'_{x+t})\,e_{t+1} - q'_{x+t} - (1 - q'_{x+t})\,{}_{t+1}V_x^a = \\ = (1 - q'_{x+t})\,g_{t+1}. \tag{12.3}$$

Stimmen die beobachteten Rechnungsgrundlagen mit den in Rechnung gestellten überein, dann ist der Gewinn Null. Es gilt also:

$$({}_tV_x^a + P_x^a - \alpha - \beta P_x^a - \gamma)\,(1 + i) - (1 - q_{x+t})\,e_{t+1} - q_{x+t} - (1 - q_{x+t})\,{}_{t+1}V_x^a = 0. \tag{12.4}$$

Zieht man Gleichung (12.4) von Gleichung (12.3) ab, dann folgt:

$$(i' - i)\,({}_tV_x^a + P_x^a - \alpha' - \beta' P_x^a - \gamma') + (1 + i)\,[(\alpha - \alpha') + (\beta - \beta')P_x^a + (\gamma - \gamma')] + \\ + (q_{x+t} - q'_{x+t})\,(1 - e_{t+1} - {}_{t+1}V_x^a) = (1 - q'_{x+t})\,g_{t+1}. \tag{12.5}$$

In dieser als *Kontributionsformel* bezeichneten Gleichung wird der Gewinn zerlegt in

den *Zinsengewinn* $(i' - i)\,({}_tV_x^a + P_x^a - \alpha' - \beta' P_x^a - \gamma') = (1 - q'_{x+t})g_{t+1}^J$,

den *Kostengewinn* $(1 + i)\,[(\alpha - \alpha') + (\beta - \beta')P_x^a + (\gamma - \gamma')] = (1 - q'_{x+t})g_{t+1}^K$

und den *Sterblichkeitsgewinn* $(q_{x+t} - q'_{x+t})\,(1 - e_{t+1} - {}_{t+1}V_x^a) = (1 - q'_{x+t})g_{t+1}^T$,

wobei der Ausdruck $(\alpha - \alpha')$ im Kostengewinn nur im ersten Versicherungsjahr, also in g_1^K, auftritt. Der Gesamtgewinn ist die Summe der Teilgewinne:

$$g_{t+1} = g_{t+1}^J + g_{t+1}^K + g_{t+1}^T. \tag{12.6}$$

Werden Rechnungsgrundlagen zweiter Ordnung verwendet, dann hebt man in der Tarifprämie Π_x zu der ausreichenden Prämie P_x^a Zuschläge Z ein. Die Tarifprämie wird nach (5.82) berechnet. Wird anstelle des für das t^{te} Versicherungsjahr vorgesehenen Betrages ζ_t tatsächlich ein Betrag ζ_t' verwendet, dann kann die Differenz, bezogen auf das Ende des t^{ten} Versicherungsjahres in der Höhe von

$$(\zeta_t - \zeta_t')\,(1 + i) = (1 - q'_{x+t})\,g_{t+1}^Z$$

als *Zuschlaggewinn* verbucht werden. In diesem Fall wird der Gesamtgewinn durch

$$g_{t+1} = g_{t+1}^J + g_{t+1}^K + g_{t+1}^T + g_{t+1}^Z \tag{12.7}$$

ausgedrückt, wobei in g_{t+1}^J, g_{t+1}^K und g_{t+1}^G jeweils die ausreichende Prämie P_x^a durch die Tarifprämie Π_x und die ausreichenden Deckungskapitalien ${}_tV_x^a$ bzw. ${}_{t+1}V_x^a$ durch die vollständigen Deckungskapitalien ${}_tV_x^v$ bzw. ${}_{t+1}V_x^v$, die nach (6.50) berechnet werden, zu ersetzen sind.

Nach Ablauf der Prämienzahlungszeit sind in den Formeln die Prämien P_x^a bzw. Π_x gleich Null zu setzen.

Geht man statt von der ausreichenden Prämie P_x^a von der Zillmer-Prämie P_x^z nach (6.44) aus, dann ist es üblich, die Kostensätze β und γ aus dem in der Tarifprämie Π_x enthaltenen Zuschlag zu decken. Der Zuschlag Z wird dann so bemessen, daß die Inkassokosten $\beta \Pi_x$, die laufenden Verwaltungskosten γ und die Beträge ζ_t gedeckt sind. Es sei nun

$$\zeta_t = Z - \beta \Pi_x - \gamma,$$

das heißt, der nach Abzug der Inkassokosten und der laufenden Verwaltungskosten vom Zuschlag Z verbleibende Betrag werde als Sicherheitszuschlag eingeführt. Die Tarifprämie betrage $\Pi_x = P_x^z + Z$. Da der Zuschlag Z in jedem Versicherungsjahr zur Gänze verbraucht wird, geht er nicht in die Berechnung des Deckungskapitals ein. Dieses wird vielmehr als gezillmertes Deckungskapital ${}_tV_x^z$ angesetzt. Die zu (12.3) analoge Gleichung, welche aus dem Gewinnermittlungsschema erhalten wird, lautet dann

$$\begin{aligned}({}_tV_x^z + \Pi_x - \alpha' - \beta' \Pi_x - \gamma' - \zeta'_t)\,(1 + i') - (1 - q'_{x+t})\,e_{t+1} - q'_{x+t} - \\ - (1 - q'_{x+t})\,{}_{t+1}V_x^z = (1 - q'_{x+t})\,g_{t+1},\end{aligned} \tag{12.8}$$

wobei ζ_t' den tatsächlich als Sicherheitszuschlag verwendeten Teil des Zuschlages Z darstellt. In Analogie zu (12.4) gilt:

$$({}_tV_x^z + \Pi_x - \alpha - Z)(1+i) - (1 - q_{x+t})\, e_{t+1} - q_{x+t} - (1 - q_{x+t})\, {}_{t+1}V_x^z = 0 \quad (12.9)$$

und wir erhalten die folgende Darstellung des Gewinnes:

$$(i' - i)({}_tV_x^z + \Pi_x - \alpha' - \beta'\Pi_x - \gamma' - \zeta_t') + (q_{x+t} - q_{x+t}')(1 - e_{t+1} - {}_{t+1}V_x^z) +$$
$$+ (1+i)[(\alpha - \alpha') + (Z - \beta'\Pi_x - \gamma' - \zeta_t')] = (1 - q_{x+t}')\, g_{t+1}. \quad (12.10)$$

Auch hier treten die Abschlußkosten α bzw. α' nur im ersten Versicherungsjahr, also in g_1 auf. Der erste Summand in (12.10) ist der Zinsengewinn, der zweite der Sterblichkeitsgewinn und der dritte der Zuschlagsgewinn, der allfällige Kostengewinne beinhaltet.

Wir wollen im folgenden zeigen, wie die einzelnen Teilgewinne aus den Bilanzzahlen ermittelt werden. Hiebei sind zwei Verfahren zu unterscheiden. Die in Kapitel 11 hergeleiteten Näherungsmethoden zur Ermittlung der Summe der Deckungskapitalien gehen von der vereinfachenden Annahme aus, daß entweder alle Versicherungen am 1. Januar eines Kalenderjahres begonnen haben (Punkt 2) oder alle Versicherungen genau in der Mitte eines Kalenderjahres begonnen haben (Punkt 3). Diese vereinfachenden Annahmen werden auch den folgenden Untersuchungen zugrunde gelegt. Beobachtungszeitraum ist das Kalenderjahr vom 1. Januar bis 31. Dezember des Jahres M.

2. Der Zinsengewinn. Wir gehen zunächst von der Annahme aus, daß alle Versicherungen am 1. Januar eines Kalenderjahres begonnen haben, und führen die folgenden Bezeichnungen ein:

$y_0(x, t)$ ist die gesamte Versicherungssumme für alle Versicherungen, die mit dem Alter x abgeschlossen wurden, am 1. Januar des Jahres M eine Laufzeit von t Jahren aufweisen und an diesem Tag in Kraft waren.

$y_E(x, t)$ ist die gesamte Versicherungssumme für alle Versicherungen, die mit dem Alter x abgeschlossen wurden, am 1. Januar des Jahres M eine Laufzeit von t Jahren aufweisen, aber erst im Laufe des Jahres M hinzugekommen sind. Da, wie angenommen, Versicherungen nur am 1. Januar eines Kalenderjahres beginnen, werden im allgemeinen Versicherungen, die am 1. Januar des Jahres M eine Laufzeit $t \geqq 0$ aufweisen, bereits an diesem Tag in Kraft gewesen sein, so daß ihre Versicherungssumme zu $y_0(x, t)$ gerechnet wird. Im Falle der Umwandlung von Versicherungen im Laufe des Jahres M ist es aber möglich, daß neue Versicherungen entstehen, die in dieser Form am 1. Januar des Jahres M noch nicht existierten. Solche Versicherungen sind bei der Errechnung von $y_E(x, t)$ einzubeziehen. Es sei

$$y_S(x, t) = y_0(x, t) + y_E(x, t). \quad (12.11)$$

$y_T(x, t)$ ist jener Teil von $y_S(x, t)$, der auf Versicherungen entfällt, die im Laufe des Jahres M durch Tod des Versicherten erlöschen.

$y_A(x, t)$ ist jener Teil von $y_S(x, t)$, der auf Versicherungen entfällt, die im Laufe des Jahres M durch andere Ursachen als durch den Tod vor Ablauf der Versicherungsdauer erlöschen.

$y_1(x, t + 1)$ ist die gesamte Versicherungssumme für alle Versicherungen, die mit dem Alter x abgeschlossen wurden, am Ende des Jahres M, also am 31. Dezember, eine Laufzeit von $t + 1$ Jahren aufweisen und an diesem Tag in Kraft waren.

Offenbar gilt

$$y_1(x, t + 1) = y_S(x, t) - y_T(x, t) - y_A(x, t). \tag{12.12}$$

Weiters sei

$$V_0 = \sum_{(x,t)} y_0(x, t)\, {}_tV_x^v$$

die Summe der vollständigen Deckungskapitalien zu Beginn des Jahres M und

$$V_1 = \sum_{(x,t)} y_1(x, t + 1)\, {}_{t+1}V_x^v$$

die Summe der vollständigen Deckungskapitalien am Ende des Jahres M. Diese Summen können mit Hilfe der in Kapitel 7 hergeleiteten Näherungsverfahren errechnet werden. Aus den Aufzeichnungen im Laufe des Jahres M werden noch die gesamten Prämieneinnahmen Π, die gesamten Ablebenszahlungen T, die Summe aller Erlebenszahlungen E, die Summe aller übrigen Versicherungszahlungen A, die Summe der tatsächlich gezahlten Verwaltungskosten K', die tatsächlich verwendeten Zuschläge Z' und die Summe der tatsächlich vereinnahmten Zinsen J' verbucht. Für den Gewinn G erhalten wir die folgende Gleichung:

$$G = V_0 + \Pi + J' - T - A - K' - Z' - E - V_1. \tag{12.13}$$

Als nächstes müssen wir auf Grund der tatsächlichen Zinseneinnahmen J' die tatsächliche Zinsrate i' errechnen. Dies kann mit der Zinsformel von Hardy geschehen. Es sei zu Beginn eines Jahres ein Kapital K_0 vorhanden, das sich im Laufe des Jahres um ΔK erhöht. Hinzu treten im Laufe des Jahres Zinseneinnahmen der Höhe J, so daß ein Kapital K_1 mit

$$K_1 = K_0 + \Delta K + J$$

am Ende des Jahres resultiert. Nehmen wir im Laufe des Jahres eine einfache Verzinsung mit der Zinsrate i an und setzen wir weiters voraus, daß sich die Kapitalerhöhung ΔK gleichmäßig über das ganze Jahr verteilt, so daß im Zeitintervall der Länge dt das Kapital $\Delta K dt$ zufließt, dann erhalten wir für die Zinsen J die folgende Formel:

$$J = K_0 i + \int_0^1 \Delta K (1 - t)\, i\, dt = K_0 i + \Delta K \frac{i}{2} = \frac{i}{2}(2K_0 + K_1 - K_0 - J).$$

Daraus folgt die Zinsformel von Hardy:

$$i = \frac{2J}{K_0 + K_1 - J}. \tag{12.14}$$

Im Beobachtungsjahr M haben wir ein Anfangskapital von $K_0 = V_0$, eine Kapitalvermehrung von $\Delta K = \Pi - T - A - K' - Z'$, Zinsen von J' und, da die Erlebenszahlungen am Ende des Jahres fällig werden, ein Endkapital von $K_1 = E + V_1 + G$. Aus (12.14) folgt daher für die tatsächliche Zinsrate i' die Formel

$$i' = \frac{2J'}{V_0 + E + V_1 + G - J'}. \qquad (12.15)$$

Mit Hilfe von (12.13) und (12.15) kann der Zinsengewinn direkt dargestellt werden. Aus (12.13) folgt $E + V_1 + G - J' = V_0 + \Pi - T - A - K' - Z'$ und wir erhalten aus (12.15)

$$J' = i'\left(V_0 + \frac{\Pi - T - A - K' - Z'}{2}\right). \qquad (12.16)$$

Im Falle der rechnungsmäßigen Zinsrate gilt

$$J = i\left(V_0 + \frac{\Pi - T - A - K' - Z'}{2}\right).$$

Der Zinsengewinn G^J ist offenbar gleich der Differenz zwischen J' und J:

$$G^J = J' - J = (i' - i)\left(V_0 + \frac{\Pi - T - A - K' - Z'}{2}\right). \qquad (12.17)$$

Zur Errechnung des Zinsengewinnes sind daher zunächst die Summen V_0, Π, J, T, A, K', Z', E und V_1 zu ermitteln. Im weiteren ist der Gewinn G nach (12.13) und die tatsächliche Zinsrate i' nach (12.15) zu errechnen. Anschließend kann der Zinsengewinn nach (12.17) dargestellt werden.

3. Der Sterblichkeitsgewinn. Für $i' = i$, $\alpha' = \alpha$, $\beta' = \beta, \gamma' = \gamma$ und $Z' = Z$ werden Zinsengewinn, Kostengewinn und Zuschlagsgewinn gleich Null. Der verbleibende Gewinn ist, wie aus (12.7) hervorgeht, gleich dem Sterblichkeitsgewinn. Der Sterblichkeitsgewinn könnte daher aus (12.13) für $J' = J$, $K' = K$ und $Z' = Z$ errechnet werden. Diese Berechnungsart ist aber nicht zulässig, wenn Versicherungen auch durch andere Ursachen als durch den Tod vorzeitig erlöschen können. Auch im Falle des Rückkaufes, der Umwandlung oder der Prämienfreistellung von Versicherungen können Gewinne auftreten. Diese „Stornogewinne" sind aber in der Kontributionsformel, die sich nur auf eine laufende Versicherung bezieht, nicht berücksichtigt. Zur Ermittlung des Sterblichkeitsgewinnes sind daher aus dem Gewinn (12.13) nicht nur der Zinsengewinn, der Kostengewinn und der Zuschlagsgewinn, sondern auch der Stornogewinn, zu eliminieren. Das bedeutet aber, daß alle stornierten Versicherungen auszuscheiden sind. Stornierte Versicherungen waren solche, die aus anderen Ursachen als durch den Tod vorzeitig erlöschen. Die Versicherungssumme für derartige Versicherungen war $y_A(x, t)$. Das Deckungskapital zu Beginn des Jahres M ist daher um das Deckungskapital

$$V_A = \sum_{(x,t)} y_A(x, t)\, {}_tV_x^v$$

zu vermindern. Das Ausscheiden der Stornofälle erfordert natürlich auch, daß die auf sie entfallenden Zahlungen A, wie etwa Rückkaufwerte und Erstprämien für umgewandelte oder prämienfrei gestellte Versicherungen, außer Betracht bleiben müssen. Eine Änderung von V_1 ist nicht notwendig, da im Falle von Umwandlungen oder Prämienfreistellungen die entsprechenden Deckungskapitalien als Prämieneinnahmen für die neue Versicherung in Rechnung gestellt werden können.

Wir ersetzen also A durch V_A, setzen $J' = J_0$, $K' = K$, $Z' = Z$ und erhalten aus (12.13) die folgende Darstellung des Sterblichkeitsgewinnes:

$$G^T = V_0 - V_A + \Pi + J_0 - T - K - Z - E - V_1. \qquad (12.18)$$

Die Zinseneinnahmen J_0 sind für den Sterblichkeitsgewinn unter der Voraussetzung zu berechnen, daß sowohl die Kosten K als auch die Zuschläge Z den Vorausberechnungen entsprechen. J_0 kann daher in Analogie zu (12.10) errechnet werden, indem man i' durch i, A durch V_A, K' durch K und Z' durch Z ersetzt. Daraus folgt:

$$G^T = V_0 - V_A + \Pi - T - K - Z + i\left(V_0 + \frac{\Pi - T - V_A - K - Z}{2}\right) - E - V_1 =$$

$$= V_0(1 + i) + (\Pi - T - V_A - K - Z)\left(1 + \frac{i}{2}\right) - E - V_1. \qquad (12.19)$$

4. Kostengewinn, Zuschlagsgewinn und Stornogewinn. Aus (12.13), (12.16) und (12.19) folgt

$$G - G^J - G^T = V_A - A + J - J_0 + K - K' + Z - Z' =$$

$$= (V_A - A)\left(1 + \frac{i}{2}\right) + (K - K')\left(1 + \frac{i}{2}\right) + (Z - Z')\left(1 + \frac{i}{2}\right). \qquad (12.20)$$

Nun ist

$$G^K = (K - K')\left(1 + \frac{i}{2}\right) \qquad (12.21)$$

der Kostengewinn,

$$G^Z = (Z - Z')\left(1 + \frac{i}{2}\right) \qquad (12.22)$$

der Zuschlagsgewinn und

$$G^{St} = (V_A - A)\left(1 + \frac{i}{2}\right) \qquad (12.23)$$

der Stornogewinn. Wie man sieht, werden die Nominalgewinne mit einfacher Verzinsung über ein halbes Jahr aufgezinst. Dies entspricht der Annahme, daß sich die Gewinne gleichmäßig über das Jahr verteilen. Sämtliche Gewinne hängen von den Rechnungsgrundlagen, insbesondere von der Rechnungszinsrate i ab. Während jedoch der Sterblichkeitsgewinn, der Kostengewinn, der Zuschlagsgewinn und der Stornogewinn nur von in Rechnung gestellten Rechnungsgrundlagen abhängen, treten in der Formel des Zinsengewinnes neben der tatsächlichen Zinsrate i' auch die tatsächlichen Ablebenszahlungen T, die tatsächlichen Kosten K', die tatsächlichen Zuschläge Z' und die tatsächlichen sonstigen Versicherungszahlungen A auf.

Der Gesamtgewinn G kann daher nach der Formel

$$G = G^J + G^T + G^K + G^Z + G^{St} \tag{12.24}$$

zerlegt werden, wobei G^J nach (12.17), G^T nach (12.19), G^K nach (12.21), G^Z nach (12.22) und G^{St} nach (12.23) zu berechnen ist. Wie aus diesen Formeln hervorgeht, sind die einzelnen Gewinne von den verwendeten Rechnungsgrundlagen i, q_x, α, β, γ und Z abhängig.

5. Verschiebung des Bilanztermines. Die bisherigen Untersuchungen über die Ermittlung der einzelnen Teilgewinne aus (12.24) gingen von der Annahme aus, daß sämtliche Versicherungen jeweils am 1. Januar eines Kalenderjahres begonnen wurden. Dies war auch die Voraussetzung für die in Punkt 2 aus Kapitel 11 dargelegte Methode. In Punkt 3 des Kapitels 11, bei Darlegung der Bohlmannschen Formel, wurde angenommen, daß der Bilanztermin jeweils in die Mitte eines Versicherungsjahres fällt. Für einen Bilanztermin am 31. Dezember eines Kalenderjahres bedeutet dies die Annahme eines Versicherungsbeginnes in der Jahresmitte. Wir wollen im folgenden ganz allgemein zeigen, wie der Gewinn ermittelt werden kann, wenn der Bilanztermin nicht mit dem Jahrestag des Versicherungsbeginnes zusammenfällt. Hiebei ist es offenbar gleichgültig, ob wir den Bilanztermin oder den Jahrestag des Versicherungsbeginnes verschieben.

Der Bilanztermin sei T_0. Wir wollen wieder annehmen, daß alle Versicherungen am selben Jahrestag, wenn auch in verschiedenen Kalenderjahren, begonnen haben. Dieser Jahrestag liege im Zeitpunkt $T_0 + \tau$ mit $0 \leqq \tau < 1$. Für $\tau = 0$ fällt der Jahrestag auf das Jahresende bzw. auf den Jahresbeginn und wir haben den eben betrachteten Fall vor uns. Für $\tau = \frac{1}{2}$ liegen die Voraussetzungen der Bohlmannschen Formel vor. Die zeitliche Lagerung zeigt Abb. 7.

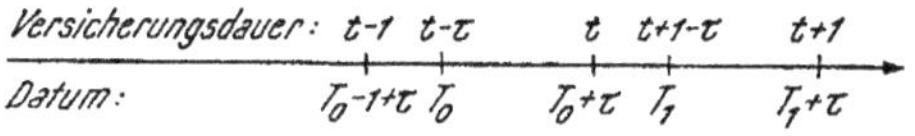

Abb. 7

Wie bisher wollen wir voraussetzen, daß die Versicherungssummen jeweils zu den Zeitpunkten ganzzahliger Versicherungsdauer bekannt sind. In Analogie zu Punkt 2 führen wir die folgenden Bezeichnungen ein:

${}_\tau y_0(x, t)$ ist die gesamte Versicherungssumme für alle Versicherungen, die mit dem Alter x abgeschlossen wurden, im Zeitpunkt $T_0 + \tau$ ein Laufzeit von t Jahren aufweisen und in diesem Zeitpunkt in Kraft waren.

Bei den Zu- und Abgängen im Laufe eines Versicherungsjahres müssen wir unterscheiden, ob sie vor oder nach dem Bilanztermin stattfinden. Wir bezeichnen Zu- und Abgänge im Intervall $(T_0, T_0 + \tau)$ mit dem Symbol 0 und im Intervall $(T_0 + \tau, T_0 + 1)$ mit dem Symbol 1. Dies führt zu folgenden Bezeichnungen:

${}_\tau y_E^0(x, t)$ ist die gesamte Versicherungssumme für alle Versicherungen, die mit dem Alter x abgeschlossen wurden, im Zeitpunkt $T_0 + \tau$ ein Laufzeit von t Jahren aufweisen, aber erst im Zeitraum $(T_0, T_0 + \tau)$ hinzugekommen sind.

${}_\tau y_E^1(x, t)$ ist die gesamte Versicherungssumme für alle Versicherungen, die mit dem Alter x abgeschlossen wurden, im Zeitpunkt $T_0 + \tau$ eine Laufzeit von t Jahren aufweisen, aber erst im Zeitraum $(T_0 + \tau, T_0 + 1)$ hinzugekommen sind.

Die zuletzt genannten Versicherungen beruhen, wie bereits in Punkt 2 erläutert, auf Versicherungsumwandlungen. Weiters sei

${}_\tau y_T^0(x, t)$ die gesamte Versicherungssumme für alle Versicherungen, die mit dem Alter x abgeschlossen wurden, im Zeitpunkt $T_0 + \tau$ eine Laufzeit von t Jahren aufweisen und im Zeitraum $(T_0, T_0 + \tau)$ durch Tod des Versicherten erlöschen,

${}_\tau y_T^1(x, t)$ die gesamte Versicherungssumme für alle Versicherungen, die mit dem Alter x abgeschlossen wurden, im Zeitpunkt $T_0 + \tau$ eine Laufzeit von t Jahren aufweisen und im Zeitraum $(T_0 + \tau, T_0 + 1)$ durch Tod des Versicherten erlöschen,

${}_\tau y_A^0(x, t)$ die gesamte Versicherungssumme für alle Versicherungen, die mit dem Alter x abgeschlossen wurden, im Zeitpunkt $T_0 + \tau$ eine Laufzeit von t Jahren aufweisen und im Zeitraum $(T_0, T_0 + \tau)$ durch andere Ursachen als durch den Tod vor Ablauf der Versicherungsdauer erlöschen,

${}_\tau y_A^1(x, t)$ die gesamte Versicherungssumme für alle Versicherungen, die mit dem Alter x abgeschlossen wurden, im Zeitpunkt $T_0 + \tau$ eine Laufzeit von t Jahren aufweisen und im Zeitraum $(T_0 + \tau, T_0 + 1)$ durch andere Ursachen als durch den Tod vor Ablauf der Versicherungsdauer erlöschen.

Für unsere Berechnungen benötigen wir die gesamte Versicherungssumme zum Bilanztermin T_0. Es sei

$y_0(x, t - \tau)$ die gesamte Versicherungssumme für alle Versicherungen, die mit dem Alter x abgeschlossen wurden, im Zeitpunkt T_0 eine Laufzeit von $t - \tau$ Jahren aufweisen und in diesem Zeitpunkt in Kraft waren.

Offenbar gilt

$$y_0(x, t - \tau) = y_0(x, t) - {}_\tau y_E^0(x, t) + {}_\tau y_T^0(x, t) + {}_\tau y_A^0(x, t). \tag{12.25}$$

Die zur Darstellung von (12.25) notwendigen Versicherungssummen lassen sich immer dann bilden, wenn eine Zerlegung der Zu- und Abgänge in solche vor und solche nach dem Bilanzstichtag T_0 für jedes Versicherungsjahr möglich ist.

Nun setzen wir

$$\begin{aligned} V_0 &= \sum_{(x,t)} y_0(x, t - \tau)\, {}_{t-\tau}V_x^v, \\ {}_\tau V_0 &= \sum_{(x,t)} y_0(x, t)\, {}_t V_x^v. \end{aligned} \tag{12.26}$$

Offenbar ist V_0 das gesamte Deckungskapital im Zeitpunkt T_0, dem Zeitpunkt der Bilanzierung, und ${}_\tau V_0$ das gesamte Deckungskapital im Zeitpunkt $T_0 + \tau$.

Wir wollen zunächst die Gewinne für den Zeitraum $(T_0, T_0 + \tau)$ errechnen. Für ein Anfangskapital K_0, einen Kapitalzuwachs von ΔK im Zeitintervall $(0, \tau)$, einen Zinsenertrag J_τ und ein Endkapital K_τ gilt unter der Annahme einer linearen Kapitalerhöhung die Formel:

$$J_\tau = K_0 i \tau + \int_0^\tau \frac{\Delta K}{\tau} (\tau - t)\, i\, dt = K_0 i \tau + \frac{\tau \Delta K}{2}\, i = \frac{\tau i}{2} (2 K_0 + K_\tau - K_0 - J_\tau)$$

und daraus folgt in Analogie zu (12.14)

$$\tau i = \frac{2 J_\tau}{K_0 + K_\tau - J_\tau}. \tag{12.27}$$

Wir können daher die Berechnungen wie in Punkt 2 weiterführen. Die Bezeichnungen Π_τ, T_τ, E_τ, A_τ, K_τ, Z_τ, J_τ und G_τ beziehen sich immer auf den Zeitraum $(T_0, T_0 + \tau)$ und statt i bzw. i' wird τi bzw. $\tau i'$ geschrieben. Für den Zinsengewinn G_τ^J erhalten wir in Analogie zu (12.17)

$$G_\tau^J = \tau(i' - i)\left(V_0 + \frac{\Pi_\tau - T_\tau - A_\tau - K'_\tau - Z'_\tau}{2}\right). \tag{12.28}$$

Bezeichnen wir mit

$$V_A^0 = \sum_{(x,t)} {}_\tau y_A^0(x, t)_{t-\tau} V_x^v$$

das Deckungskapital im Zeitpunkt T_0 für jene Versicherungen, die im Zeitraum $(T_0, T_0 + \tau)$ durch andere Ursachen als durch den Tod erlöschen, dann kann der Sterblichkeitsgewinn G_τ^T in Analogie zu (12.19) wie folgt dargestellt werden:

$$G_\tau^T = V_0(1 + \tau i) + (\Pi_\tau - T_\tau - V_A^0 - K_\tau - Z_\tau)\left(1 + \frac{\tau i}{2}\right) - E_\tau - {}_\tau V_0. \tag{12.29}$$

Ebenso leicht erhält man für den Kostengewinn

$$G_\tau^K = (K_\tau - K'_\tau)\left(1 + \frac{\tau i}{2}\right), \tag{12.30}$$

für den Zuschlagsgewinn

$$G_\tau^Z = (Z_\tau - Z'_\tau)\left(1 + \frac{\tau i}{2}\right) \tag{12.31}$$

und für den Stornogewinn

$$G_\tau^{St} = (V_A^0 - A_\tau)\left(1 + \frac{\tau i}{2}\right). \tag{12.32}$$

Sollen die Gewinne für den Zeitraum $(T_0 + \tau, T_0 + 1)$ berechnet werden, dann sind die Prämieneinnahmen Π, die Ablebenszahlungen T, die Erlebenszahlungen E, die übrigen Versicherungszahlungen A, die Verwaltungskosten K, die Zuschläge Z und die Zinsen J auf den Zeitraum $(T_0 + \tau, T_0 + 1)$ zu beziehen.

Wir bezeichnen nun mit

$$V_A^1 = \sum_{(x,t)} {}_\tau y_A^1(x, t)_t V_x^v$$

das Deckungskapital im Zeitpunkt $T_0 + \tau$ für jene Versicherungen, die im Zeitraum $(T_0 + \tau, T_0 + 1)$ durch andere Ursachen als durch den Tod erlöschen, und mit

$$V_1 = \sum_{(x,t)} [{}_\tau y_0(x, t) + {}_\tau y_E^1(x, t) - {}_\tau y_T^1(x, t) - {}_\tau y_A^1(x, t)]_{t+1-\tau} V_x^v \tag{12.33}$$

das Deckungskapital im Zeitpunkt $T_0 + 1$.

Die Gewinne können nun nach den Formeln (12.27) bis (12.32) berechnet werden, wobei τ durch $1 - \tau$, V_0 durch ${}_\tau V_0$, V_A^0 durch V_A^1 und ${}_\tau V_0$ durch V_1 zu ersetzen ist.

Wir haben bei der Ermittlung der Gewinne stets vorausgesetzt, daß die Beginne aller Versicherungen auf ein und denselben Jahrestag fallen. Im übrigen kann mit der zuletzt in Punkt 5 angegebenen Methode der Gewinn für einen beliebigen unterjährigen Zeitraum berechnet werden, wobei lediglich vorausgesetzt werden muß, daß die Zu- und Abgänge von Versicherungen sowie alle Einnahmen und Ausgaben für den Bilanzzeitraum gesondert erfaßt werden.

Kapitel 13

Die Dividendenzahlung

1. Natürliches Dividendensystem. Sicherheitszuschläge, die von der Versicherungsgesellschaft bei der Verwendung von Rechnungsgrundlagen erster Ordnung implizit, bei der Verwendung von Rechnungsgrundlagen zweiter Ordnung als eigener Prämienteil eingehoben werden, haben eine zweifache Aufgabe. Einmal dienen sie dazu, zufällige Schwankungen im Schadensverlauf auszugleichen. In diesem Fall rechnet die Gesellschaft damit, daß Verlust und Gewinn aus solchen zufälligen Schwankungen einander über längere Zeiträume hinweg die Waage halten. Zum anderen werden die Sicherheitszuschläge aber auch dazu dienen, Fehleinschätzungen der Rechnungsgrundlagen auszugleichen. Die Frage, welche Zuschläge zum Ausgleich zufälliger Schwankungen einzuheben sind und wie groß der für diese Zwecke vorgesehene Sicherheitsfonds sein muß, wird im Abschnitt „Risikotheorie" behandelt. Jene Zuschläge oder jene Teile der Zuschläge, die zur Absicherung gegen eine Änderung der Rechnungsgrundlagen eingehoben worden sind, können, wenn es die tatsächliche Entwicklung zuläßt, den Versicherten in Form einer Gewinnbeteiligung oder in Form von Dividenden gutgebracht werden. Die Frage der Gewinnbeteiligung soll hier nicht allgemein untersucht werden, sondern nur die Frage der Dividendenzahlung, die ja ebenfalls als eine Form der Gewinnbeteiligung angesehen werden kann.

Die Unterscheidung, welche Abweichungen vom vorausberechneten Verlauf, also von den verwendeten Rechnungsgrundlagen, als „zufällig" anzusehen sind und welche Abweichungen auf einer tatsächlichen Veränderung der Rechnungsgrundlagen beruhen, ist nicht leicht und auch nicht immer eindeutig zu treffen. Sie ist jedoch für die Gebarung des Sicherheitsfonds von entscheidender Bedeutung. Wir wollen im folgenden annehmen, daß die Gebarung des Sicherheitsfonds zum Ausgleich zufälliger Schwankungen bereits gesondert untersucht worden ist. Von jeder Prämie werde ein Betrag ζ_t, wie er etwa in Formel (5.82) enthalten ist, für die Gebarung des Sicherheitsfonds herangezogen.

Als System der natürlichen Dividendenzahlungen wird nun jenes System bezeichnet, in dem der auf einen Versicherten entfallende Gewinn diesem im nächsten Jahr von seiner Prämie abgezogen wird. Bezeichnen wir die Bruttoprämie mit Π_x und die aus dem t^{ten} Versicherungsjahr resultierende Dividende mit Δ_t, dann ist die Barprämie B_{t+1}, welche der Versicherte bei Erreichung des Alters $x + t$ zu zahlen hat, durch

$$B_{t+1} = \Pi_x - \Delta_t \tag{13.1}$$

gegeben. Von diesem Betrag verbleibt der Gesellschaft nach Abzug der Inkassokosten ein Betrag von

$$(1 - \beta')B_{t+1} = (1 - \beta')\Pi_x - (1 - \beta')\Delta_t.$$

Auf die Dividende entfällt daher ein Anteil an den Einnahmen von $(1 - \beta')\Delta_t$. Dieser Anteil an den Einnahmen kann nun in der Höhe des Gewinnes g_t für das t^{te} Versicherungsjahr festgesetzt werden, da dieser Gewinn bereits im Besitz der Gesellschaft ist und Einhebungskosten daher nicht fällig werden. Es gilt also

$$\Delta_t = \frac{g_t}{1 - \beta'}. \tag{13.2}$$

Die nach dieser Formel berechnete Dividende heißt *natürliche Dividende*. Es sei nun Π_x die gemäß (5.82) errechnete Bruttoprämie und ${}_tV_x^v$ das vollständige Deckungskapital. Für den Gewinn g_t erhalten wir daher in Analogie zu Gleichung (12.8) die folgende Darstellung:

$$\begin{aligned}({}_{t-1}V_x^v + \Pi_x - \alpha' - \beta'\Pi_x - \gamma' - \zeta'_{t-1})\,(1 + i') - (1 - q'_{x+t-1})\,e_t - q'_{x+t-1} - {}\\ - (1 - q'_{x+t-1})\,{}_tV_x^v = (1 - q'_{x+t-1})g_t.\end{aligned} \tag{13.3}$$

α' tritt wieder nur im ersten Versicherungsjahr, also für $t = 1$, auf. Aus (13.2) und (13.3) erhalten wir die folgende Darstellung für die natürliche Dividende:

$$\begin{aligned}(1 - \beta')\Delta_t = ({}_{t-1}V_x^v + \Pi_x - \alpha' - \beta'\Pi_x - \gamma' - \zeta'_{t-1})\,\frac{1 + i'}{1 - q'_{x+t-1}} - \frac{q'_{x+t-1}}{1 - q'_{x+t-1}} - {}\\ - e_t - {}_tV_x^v.\end{aligned} \tag{13.4}$$

Während die einzelnen Teilgewinne, wie in Kapitel 12 gezeigt worden ist, von den Rechnungsgrundlagen abhängig sind, und auch die einzelnen Dividenden Δ_t wegen der Abhängigkeit der Deckungskapitalien von den Rechnungsgrundlagen abhängen, kann man leicht zeigen, daß der Erwartungswert des Barwertes aller Dividenden, also des gesamten Gewinnes, von den verwendeten Rechnungsgrundlagen unabhängig ist und nur von den Prämieneinnahmen und Schadenszahlungen abhängt.

Zum Beweis bilden wir den Erwartungswert des Barwertes

$$\sum_{t=1}^{n} {}_tE'_x\Delta_t, \tag{13.5}$$

berechnet auf Grund der tatsächlich beobachteten Zinsrate i' und der tatsächlich beobachteten Sterbewahrscheinlichkeiten q'_{x+t-1}. Wegen

$${}_tE'_x = \prod_{\tau=1}^{t} (1 - q'_{x+\tau-1})v'^{\tau} = {}_{t-1}E'_x\,\frac{1 - q'_{x+t-1}}{1 + i'}$$

mit $v' = \frac{1}{1+i'}$ folgt aus (13.4)

$$(1-\beta')\sum_{t=1}^{n} {}_tE'_x\Delta_t = \sum_{t=1}^{n} {}_{t-1}V^v_x\,{}_{t-1}E'_x + (1-\beta')\Pi_x\sum_{t=1}^{n} {}_{t-1}E'_x - \alpha' - \gamma'\sum_{t=1}^{n} {}_{t-1}E'_x -$$

$$-\sum_{t=1}^{n} {}_{t-1}E'_x\,\zeta'_{t-1} - \sum_{t=1}^{n} {}_{t-1}E'_x q'_{x+t-1}\,v' - \sum_{t=1}^{n} {}_tE'_x\,(e_t + {}_tV^v_x) =$$

$$= [(1-\beta')\,\Pi_x - \gamma']\,\ddot{a}'_{x,\overline{n}|} - \alpha' - \sum_{t=1}^{n} {}_{t-1}E'_x\,\zeta'_{t-1} - {}_{|n}A'_x - \sum_{t=1}^{n} {}_tE'_x\,e_t - {}_nE'_x.$$

Die einzigen nicht von den tatsächlichen Rechnungsgrundlagen abhängigen Größen, nämlich die Deckungskapitalien, heben sich bis auf ${}_nV^v_x = 1$ weg. Wie man sieht, ist also der Erwartungswert des Barwertes der Dividendenzahlungen (13.5) von den verwendeten Rechnungsgrundlagen unabhängig und hängt nur von den tatsächlich eingehobenen Prämien Π_x, von der tatsächlichen Zinsrate i' und von den tatsächlich beobachteten Sterbewahrscheinlichkeiten q'_{x+t-1}, den tatsächlichen Kostensätzen α', β' und γ' sowie den tatsächlichen an den Sicherheitsfonds gezahlten Beträgen ζ'_t ab.

Die Tatsache, daß ein natürliches Dividendensystem von den Berechnungsgrundlagen unabhängig ist, wird bei der sogenannten *Erfahrungstarifierung* genützt. Fehlen ausreichende statistische Angaben, um die Prämien für eine Versicherung zu berechnen, dann werden diese Prämien zunächst in einer voraussichtlich mehr oder weniger stark überhöhten Form festgesetzt. Auf Grund der Erfahrung über den tatsächlichen Schadensverlauf wird dann die Prämie nachträglich neu festgesetzt, wobei der zuviel gezahlte Betrag in Form einer natürlichen Dividende auf die Prämienzahlung des nächsten Versicherungsjahres gutgeschrieben wird.

2. Mechanische Dividendensysteme. Man geht hier im allgemeinen von Rechnungsgrundlagen zweiter Ordnung aus, trachtet also, die Rechnungsgrundlagen soweit als möglich den tatsächlichen Verhältnissen entsprechend zu wählen. Neben den allgemeinen Rechnungsgrundlagen wollen wir eine jährliche Zuweisung an den Sicherheitsfonds in der Höhe von ζ_t für das t^{te} Versicherungsjahr voraussetzen. Im weiteren werde eine jährliche Dividendenzahlung vorgesehen, und zwar soll am Ende des t^{ten} Versicherungsjahres die Dividende Δ_t gezahlt werden. Die Bruttoprämie für eine derartige Versicherung mit dem Versicherungsbarwert $B_{x,\overline{n}|}$ wird nach der folgenden Gleichung bemessen:

$$\Pi_x\ddot{a}_{x,\overline{n}|} = B_{x,\overline{n}|} + \alpha + \beta\Pi_x\ddot{a}_{x,\overline{n}|} + \gamma\ddot{a}_{x,\overline{n}|} + \sum_{t=1}^{n} {}_tE_x\zeta_t + \sum_{t=1}^{n} {}_tE_x\Delta_t. \quad (13.6)$$

Wegen

$$P^a_x = \frac{B_{x,\overline{n}|} + \alpha + \gamma\ddot{a}_{x,\overline{n}|}}{(1-\beta)\,\ddot{a}_{x,\overline{n}|}}$$

folgt daraus

$$\Pi_x = P^a_x + \frac{\sum_{t=1}^{n} {}_tE_x\zeta_t + \sum_{t=1}^{n} {}_tE_x\Delta_t}{(1-\beta)\,\ddot{a}_{x,\overline{n}|}} = P^a_x + Z_\zeta + Z_\Delta \quad (13.7)$$

mit

$$Z_\zeta = \frac{\sum_{t=1}^{n} {}_tE_x \zeta_t}{(1-\beta)\ddot{a}_{x,\overline{n}|}}, \quad Z_\Delta = \frac{\sum_{t=1}^{n} {}_tE_x \Delta_t}{(1-\beta)\ddot{a}_{x,\overline{n}|}}.$$

Bei einer nach (13.7) bemessenen Bruttoprämie ist also eine jährliche Dividendenzahlung in der fest vorgegebenen Höhe Δ_t bereits vorgesehen. Für das vollständige Deckungskapital einer derartigen Versicherung erhalten wir für $t > 0$ die folgende Formel:

$$ {}_tV_x^v = B_{x+t,\overline{n-t}|} + \beta \Pi_x \ddot{a}_{x+t,\overline{n-t}|} + \gamma \ddot{a}_{x+t,\overline{n-t}|} + \sum_{\tau=t+1}^{n} {}_{\tau-t}E_{x+t}\,\zeta_\tau + \\ + \sum_{\tau=t+1}^{n} {}_{\tau-t}E_{x+t}\,\Delta_t - \Pi_x \ddot{a}_{x+t,\overline{n-t}|}. \tag{13.8}$$

Wegen

$$ {}_tV_x^a = B_{x+t,\overline{n-t}|} + \beta P_x^a \ddot{a}_{x+t,\overline{n-t}|} + \gamma \ddot{a}_{x+t,\overline{n-t}|} - P_x^a \ddot{a}_{x+t,\overline{n-t}|}$$

folgt daraus

$$ {}_tV_x^v = {}_tV_x^a + \sum_{\tau=t+1}^{n} {}_{\tau-t}E_{x+t}\,\zeta_t - (1-\beta)\, Z_\zeta\, \ddot{a}_{x+t,\overline{n-t}|} + \sum_{\tau=t+1}^{n} {}_{\tau-t}E_{x+t}\,\Delta_t - \\ - (1-\beta) Z_\Delta \ddot{a}_{x+t,\overline{n-t}|}.$$

Bezeichnen wir

$$ {}_tV_x^\zeta = \sum_{\tau=t+1}^{n} {}_{\tau-t}E_{x+t}\,\zeta_t - (1-\beta) Z_\zeta \ddot{a}_{x+t,\overline{n-t}|}$$

als Deckungskapital für den Sicherheitszuschlag und

$$ {}_tV_x^\Delta = \sum_{\tau=t+1}^{n} {}_{\tau-t}E_{x+t}\,\Delta_t - (1-\beta)\, Z_\Delta\, \ddot{a}_{x+t,\overline{n-t}|}$$

als Dividenden-Deckungskapital, dann folgt

$$ {}_tV_x^v = {}_tV_x^a + {}_tV_x^\zeta + {}_tV_x^\Delta. \tag{13.9}$$

Die Bruttoprämie Π_x setzt sich nach (13.7) aus einer Prämie P_x^a für die Versicherung selbst, einem Zuschlag Z_ζ für die an den Sicherheitsfonds zu zahlenden Beträge ζ_t und einem Zuschlag Z_Δ für die Dividendenzahlungen Δ_t zusammen. In gleicher Weise besteht das vollständige Deckungskapital ${}_tV_x^v$ aus dem ausreichenden Deckungskapital ${}_tV_x^a$, dem Deckungskapital ${}_tV_x^\zeta$ für die Versicherung auf die Sicherheitszuschläge ζ_t und dem Deckungskapital ${}_tV_x^\Delta$ für die Dividendenzahlungen Δ_t.

Die Frage, ob die vorgesehenen Dividenden Δ_t tatsächlich gezahlt werden, kann erst nach Ablauf des Geschäftsjahres beantwortet werden, für welches die Dividendenzahlung vorgesehen ist. Ergibt die Bilanzierung keinen Verlust, dann können die Dividenden gezahlt werden. Ergeben sich Verluste, die nicht auf zufällige Schwankungen zurückzuführen sind und aus Mitteln des Sicherheitsfonds abgedeckt werden können, dann sind die Dividenden in geringerer Höhe oder überhaupt nicht zu zahlen. Ergeben sich Überschüsse, die nicht auf zufällige Schwankungen zurückzuführen sind und daher an den Sicherheitsfonds zu zahlen wären, dann können die Dividendenzahlungen erhöht werden, etwa in Form eines zusätzlichen, natürlichen Dividendensystems.

Abschnitt IV

Krankenversicherung

Kapitel 14

Personengesamtheiten

1. Die Übergangswahrscheinlichkeiten. Beobachten wir eine Anzahl von Personen einen Zeitraum hindurch, dann können wir in jedem Zeitpunkt die Überlebenden zu einer Personengesamtheit der Lebenden und die bis zu dem Zeitpunkt Gestorbenen zu einer Personengesamtheit der Toten zusammenfassen. Jedes Mitglied der Ausgangsgesamtheit kann dann in jedem zukünftigen Zeitpunkt eindeutig einer der beiden Personengesamtheiten zugeordnet werden. Die beiden Personengesamtheiten der Lebenden und der Toten bilden die Grundlage für die Untersuchungen in der Lebensversicherung. Neben ihnen lassen sich noch andere Personengesamtheiten bilden, so z. B. die Personengesamtheiten der Aktiven, der Invaliden, der Ledigen, der Verheirateten, der Geschiedenen, der Gesunden, der Kranken usw. Jedes Mitglied kann einer oder mehreren dieser Personengesamtheiten zugeordnet werden, so etwa gleichzeitig den Gesamtheiten der Aktiven, der Verheirateten und der Gesunden oder den Gesamtheiten der Ledigen und der Kranken. Wir bilden nun aus den als Mengen aufgefaßten Personengesamtheiten alle möglichen Durchschnitte und führen diese als neue Personengesamtheiten ein. So bilden wir z. B. die Personengesamtheiten der aktiven verheirateten Gesunden, der invaliden verheirateten Gesunden, der aktiven geschiedenen Kranken usw. Durch die Betrachtung der Durchschnitte entstehen Personengesamtheiten, denen das einzelne Mitglied stets eindeutig zugeordnet werden kann. Es gibt daher in jedem Zeitpunkt genau eine Personengesamtheit, der das Mitglied angehört. Daß es höchstens eine solche Personengesamtheit gibt, folgt aus der Durchschnittsbildung. Daß es mindestens eine solche Personengesamtheit gibt, ist ein zusätzliches Postulat, durch welches das Ausscheiden eines Mitglieds aus den betrachteten Gesamtheiten verhindert wird. Im Falle der Personengesamtheiten der Lebensversicherung geschieht dies z. B. durch die Einführung der Personengesamtheit der Toten. Ein System von Personengesamtheiten, für welches in jedem Zeitpunkt die eindeutige Zuordnung jedes Mitgliedes der Ausgangsgesamtheit zu einer Personengesamtheit möglich ist, bezeichnen wir als *vollständig*.

Wir wollen im folgenden annehmen, daß ein vollständiges System von m Personengesamtheiten vorliege. Jedes Mitglied werde durch sein Alter und durch die Personengesamtheit, der es angehört, gekennzeichnet. Da wir uns den Vorgang des Alterns in der Zeit ablaufend vorstellen, sprechen wir statt vom Alter x auch vom Zeitpunkt x. Die Personengesamtheiten seien durch Indizes gekennzeichnet. Jedem Mitglied wird daher in jedem Zeitpunkt sein Alter x und der Index $\xi(x) = j$, $(j = 1, \ldots, m)$ seiner Personengesamtheit zugeordnet. Wegen der Forderung der Vollständigkeit wird es stets notwendig sein, eine Personengesamtheit der Toten vorzusehen. Diese wollen wir mit dem letzten Index m kennzeichnen. Faßt man $\xi(x)$ als einen zufälligen Prozeß auf, mit dem Parameter x und dem Zustandsraum der Menge $\{j\}$, dann bedeutet der Zustand m einen absorbierenden Rand des Prozesses. Ist der Prozeß einmal auf diesem Rand angelangt, dann verharrt er dort. Ein Übergang vom Zustand m in einen der $m - 1$ anderen Zustände ist ausgeschlossen.

Zur Beschreibung eines zufälligen Prozesses kann man sich der *Übergangswahrscheinlichkeiten* bedienen. Für einen y-jährigen, der zuletzt im Zeitpunkt x in die Personengesamtheit j eingetreten ist und seither dieser Personengesamtheit angehört, sei die Wahrscheinlichkeit, im Zeitpunkt z der Personengesamtheit k anzugehören, durch $p_{jk}(y, z \mid x)$ gegeben. Für genügend kleines $\varepsilon > 0$ gilt daher für $z \geqq y \geqq x \geqq 0$

$$p_{jk}(y,z \mid x) = W\left\{\xi(z) = k \mid \xi(\tau) \begin{cases} = j \text{ für } x \leqq \tau \leqq y \\ \neq j \text{ für } \tau = x - \varepsilon \end{cases}\right\}. \tag{14.1}$$

Wegen der Vollständigkeit muß $\xi(z)$ eine der Zahlen $1, \ldots, m$ annehmen. Es gilt daher

$$\sum_{k=1}^{m} p_{jk}(y, z \mid x) = 1. \tag{14.2}$$

Da $\xi(z) = m$ einen absorbierenden Rand darstellt, sind die Übergangswahrscheinlichkeiten in andere Personengesamtheiten Null und das Verbleiben in der Personengesamtheit m ein sicheres Ereignis. Daraus folgt

$$p_{mk}(y, z \mid x) = \delta_{mk}, \tag{14.3}$$

mit $\delta_{mm} = 1$ und $\delta_{mk} = 0$ für $k \neq m$. Schließlich können wir allgemein

$$p_{jk}(y, y \mid x) = \delta_{jk} \tag{14.4}$$

setzen.

Im Falle $m = 2$, wenn also nur die Personengesamtheiten der Lebenden und der Toten betrachtet werden, sind die Übergangswahrscheinlichkeiten offenbar nur von y, nicht aber von x abhängig. $p_{jk}(y, z \mid x)$ ist dann von x unabhängig. Zufällige Prozesse dieser Art werden als Markoff-Prozesse bezeichnet. Wir nennen nun eine Übergangswahrscheinlichkeit *rein altersabhängig*, wenn für sie

$$p_{jk}(y, z \mid x) \equiv p_{jk}(y, z) \tag{14.5}$$

gilt. Die Gleichungen (14.2), (14.3) und (14.4) können dann in der Form

$$\sum_{k=1}^{m} p_{jk}(y, z) = 1, \quad p_{mk}(y, z) = \delta_{mk}, \quad p_{jk}(y, y) = \delta_{jk} \tag{14.6}$$

geschrieben werden.

Betrachten wir nun die Personengesamtheiten der Lebenden (1) und der Toten (2), dann können unter Verwendung der Bezeichnungen aus Kapitel 5 die n-jährigen Erlebens- bzw. Ablebenswahrscheinlichkeiten folgendermaßen durch die Übergangswahrscheinlichkeiten dargestellt werden:

$$\begin{aligned} {}_np_x &= W\{\xi(x+n) = 1 \mid \xi(x) = 1\} = p_{11}(x, x+n), \\ {}_nq_x &= W\{\xi(x+n) = 2 \mid \xi(x) = 1\} = p_{12}(x, x+n). \end{aligned} \tag{14.7}$$

Im allgemeinen werden wir nicht voraussetzen können, daß $\xi(x)$ einen Markoff-Prozeß bildet. Betrachten wir etwa die Personengesamtheiten der Kranken und der Gesunden, dann wird der Übergang von der Personengesamtheit der Kranken in die Personengesamtheit der Gesunden offenbar von der bereits verflossenen Dauer der Erkrankung abhängen. Dieser Übergang muß daher durch eine Wahrscheinlichkeit der Gestalt (14.1) beschrieben werden.

2. Die Übergangsintensitäten. Im Bereiche $0 \leqq x \leqq y \leqq z$ wird man die Übergangswahrscheinlichkeiten im allgemeinen als stetig in x, y und z annehmen können. Eine Ausnahme liegt dann vor, wenn ein *festes Übergangsalter* definiert ist. Hängt z. B. der Übergang von der Personengesamtheit j der Aktiven zur Personengesamtheit k der Altersrentner von der Erreichung des Anfallsalters z_0 für Altersrenten ab, dann gilt offenbar

$$p_{jk}(y, z \mid x) \begin{cases} = 0 \text{ für } z < z_0, \\ > 0 \text{ für } z \geqq z_0. \end{cases} \tag{14.8}$$

Die Übergangswahrscheinlichkeit ist daher in $z = z_0$ unstetig.

Neben der Stetigkeit mit Ausnahme der Fälle, die durch (14.8) beschrieben werden, wollen wir jetzt voraussetzen, daß der Grenzwert

$$\lim_{\Delta y \to 0} \frac{1}{\Delta y} p_{jk}(y, y + \Delta y \mid x) = \mu_{jk}(y \mid x) \tag{14.9}$$

für $j \neq k$ im gesamten Bereich $0 \leqq x \leqq y$ existiert. Wir nennen $\mu_{jk}(y \mid x)$ die *Übergangsintensität*. Im Falle der rein altersabhängigen Übergangswahrscheinlichkeiten (14.5) kann sie in der Form

$$\lim_{\Delta y \to 0} \frac{1}{\Delta y} p_{jk}(y, y + \Delta y) = \mu_{jk}(y) \tag{14.10}$$

dargestellt werden.

Im Falle der beiden Personengesamtheiten der Lebenden und der Toten erhalten wir unter Verwendung der Bezeichnung aus (4.33) die folgende Darstellung:

$$\mu_{12}(y) = \lim_{\Delta y \to 0} \frac{1}{\Delta y} p_{12}(y, y + \Delta y) = \lim_{\Delta y \to 0} \frac{1}{\Delta y} \frac{l_y - l_{y+\Delta y}}{l_y} = \mu_y. \tag{14.11}$$

Die Übergangsintensität ist also in diesem Fall gleich der Sterbeintensität.

Wegen (14.9) gilt

$$p_{jk}(y, y + \Delta y \mid x) = \Delta y \, \mu_{jk}(y \mid x) + o(\Delta y), \tag{14.12}$$

wobei $o(\Delta y)$ der Bedingung $\lim\limits_{\Delta y \to 0} \frac{o(\Delta y)}{\Delta y} = 0$ genügt. Aus (14.2) folgt in Verbindung mit (14.12) die Beziehung

$$p_{jj}(y, y + \Delta y \mid x) = 1 - \sum_{k \neq j} p_{jk}(y, y + \Delta y \mid x) = 1 - \Delta y \sum_{k \neq j} \mu_{jk}(y \mid x) + o(\Delta y) \tag{14.13}$$

und daraus

$$\lim_{\Delta y \to 0} \frac{1 - p_{jj}(y, y + \Delta y \mid x)}{\Delta y} = \sum_{k \neq j} \mu_{jk}(y \mid x). \tag{14.14}$$

Setzen wir

$$-\sum_{k \neq j} \mu_{jk}(y \mid x) = \mu_{jj}(y \mid x), \tag{14.15}$$

dann können wir wegen (14.4) die Gleichungen (14.9) und (14.14) allgemein in der Form

$$\frac{d}{dz} p_{jk}(y, z \mid x)\big|_{z=y} = \mu_{jk}(y \mid x) \tag{14.16}$$

schreiben. Wir bezeichnen $\mu_{jj}(y \mid x)$ als *Verbleibsintensität.*

3. Die Verbleibswahrscheinlichkeiten. Der Ausdruck (14.1) ist die Wahrscheinlichkeit für einen y-jährigen, der seit dem Alter x der Personengesamtheit j angehört, mit dem Alter z der Personengesamtheit k anzugehören. Welchen Personengesamtheiten er zwischen y und z angehört, ist dabei ohne Bedeutung. In der Versicherungsmathematik ist es häufig wichtig zu wissen, wie lange ein Versicherter einer bestimmten Personengesamtheit, etwa der Personengesamtheit der Lebenden, angehört. Nicht der Übergang von einer Personengesamtheit in die andere, sondern das Verbleiben in einer Personengesamtheit soll untersucht werden. Wir bezeichnen die Wahrscheinlichkeit für einen y-jährigen, der zuletzt im Zeitpunkt x in die Personengesamtheit j eingetreten ist und seither dieser Personengesamtheit angehört, bis zum Zeitpunkt z weiter dieser Personengesamtheit anzugehören, als Verbleibswahrscheinlichkeit $\overline{p}_{jj}(y, z \mid x)$. Es muß

$$\overline{p}_{jj}(y, z \mid x) \leqq p_{jj}(y, z \mid x) \tag{14.17}$$

gelten, da auch Fälle mit $\xi(x) = \xi(y) = \xi(z) = j$, $\xi(\tau) \neq j$ für ein τ mit $y < \tau < z$ eintreten können. Für die in der Versicherung zu betrachtenden Personengesamtheiten wird man voraussetzen können, daß die Übertritte von einer Personengesamtheit in eine andere den Charakter von „seltenen Ereignissen" haben. Ist ein Zeitintervall genügend klein und enthält es keine Unstetigkeitsstellen nach (14.8), wie wir im weiteren voraussetzen wollen, dann wird die Wahrscheinlichkeit für einen Übertritt proportional der Länge des Intervalles sein, während die Wahrscheinlichkeit für zwei oder mehr Übertritte proportional der zweiten oder einer höheren Potenz der Länge des Intervalles ist. Soll $\xi(y) = \xi(y + \Delta y) = j$ und $\xi(\tau) \neq j$ für ein τ mit $y < \tau < y + \Delta y$ gelten, dann müssen im Intervall $(y, y + \Delta y)$ mindestens zwei Übertritte stattfinden. Die Wahrscheinlichkeit hiefür ist proportional $(\Delta y)^2 = o(\Delta y)$. Daraus folgt

$$\overline{p}_{jj}(y, y + \Delta y \mid x) = p_{jj}(y, y + \Delta y \mid x) + o(\Delta y). \tag{14.18}$$

Zusammen mit (14.13) und (14.15) erhalten wir

$$\begin{aligned}\overline{p}_{jj}(y, y + \Delta y \mid x) &= 1 - \Delta y \sum_{k \neq j} \mu_{jk}(y \mid x) + o(\Delta y) = \\ &= 1 + \Delta y \mu_{jj}(y \mid x) + o(\Delta y).\end{aligned} \tag{14.19}$$

Wir betrachten nun das Intervall (y, z) und teilen es in n gleich lange Abschnitte der Länge $\frac{z-y}{n}$. Für ein solches Intervall folgt aus (14.19)

$$\overline{p}_{jj}\left[y + (\nu - 1)\frac{z-y}{n}, y + \nu\frac{z-y}{n} \,\middle|\, x\right] = 1 + \frac{z-y}{n}\mu_{jj}\left[y + (\nu - 1)\frac{z-y}{n} \,\middle|\, x\right] + o\left(\frac{1}{n}\right). \tag{14.20}$$

Offenbar gilt

$$\overline{p}_{jj}(y, z \mid x) = \prod_{\nu=1}^{n} \overline{p}_{jj}\left[y + (\nu - 1)\frac{z-y}{n}, y + \nu\frac{z-y}{n} \,\middle|\, x\right] + o(1).$$

Wir bilden den Logarithmus dieses Ausdruckes und erhalten

$$\ln \overline{p}_{jj}(y, z \mid x) = \sum_{\nu=1}^{n} \ln \overline{p}_{jj}\left[y + (\nu - 1)\frac{z-y}{n}, y + \nu\frac{z-y}{n} \,\middle|\, x\right] + o(1). \tag{14.21}$$

Wegen $\ln(1 + x) = x + o(x)$ folgt aus (14.20) und (14.21) die Beziehung

$$\ln \overline{p}_{jj}(y, z \mid x) = \sum_{\nu=1}^{n} \frac{z-y}{n} \mu_{jj}\left[y + (\nu - 1)\frac{z-y}{n} \,\middle|\, x\right] + o(1).$$

Dieser Ausdruck kann als RIEMANNsche Summe eines Integrales aufgefaßt werden. Wir setzen $y + \nu\frac{z-y}{n} = \tau$, lassen n gegen Unendlich gehen und erhalten unter der Annahme der Stetigkeit von $\overline{p}_{jj}(y, \zeta \mid x)$ im Intervall (y, z) die Beziehung

$$\ln \overline{p}_{jj}(y, z \mid x) = \int_y^z \mu_{jj}(\tau \mid x)\, d\tau.$$

Daraus folgt

$$\overline{p}_{jj}(y, z \mid x) = e^{\int_y^z \mu_{jj}(\tau \mid x)\, d\tau} \tag{14.22}$$

Damit sind die Verbleibswahrscheinlichkeiten $\overline{p}_{jj}(y, z \mid x)$ durch die Verbleibsintensitäten $\mu_{jj}(\tau \mid x)$ ausgedrückt. Wegen (14.15) kann (14.22) auch in der Form

$$\overline{p}_{jj}(y, z \mid x) = \prod_{k \neq j} e^{-\int_y^z \mu_{jk}(\tau \mid x)\, d\tau} \tag{14.23}$$

geschrieben werden.

Wir betrachten nun die Wahrscheinlichkeit dafür, daß die im Zeitpunkt x in die Personengesamtheit j eingetretene Person, die bis zum Zeitpunkt y in dieser Personengesamtheit verblieben ist, bis zum Zeitpunkt z in eine andere Personengesamtheit übertritt und der erste Übertritt in die Personengesamtheit $k \neq j$ führt. Diese Wahrscheinlichkeit bezeichnen wir mit $\overline{p}_{jk}(y, z \mid x)$, und es gilt

$$\overline{p}_{jk}(y, z \mid x) = W\left\{\xi(\tau)\begin{cases} = j & \text{für } y \leqq \tau < t \leqq z, \\ = k & \text{für } \tau = t, \end{cases} \,\middle|\, \xi(\tau) = j \text{ für } x \leqq \tau \leqq y\right\}. \tag{14.24}$$

Da die Wahrscheinlichkeit für zwei Übertritte in einem Intervall der Länge Δy von der Größenordnung $o(\Delta y)$ ist, können wir unter Verwendung von (14.12) in Analogie zu (14.19)

$$\overline{p}_{jk}(y, y + \Delta y \mid x) = p_{jk}(y, y + \Delta y \mid x) + o(\Delta y) = \Delta y \mu_{jk}(y \mid x) + o(\Delta y) \qquad (14.25)$$

schreiben. Die Wahrscheinlichkeit dafür, daß die im Zeitpunkt x in die Personengesamtheit j eingetretene Person, die bis zum Zeitpunkt y in dieser Personengesamtheit verblieben ist, bis zum Zeitpunkt $\tau > y$ in dieser Personengesamtheit verbleibt und im Intervall $(\tau, \tau + \Delta \tau)$ in die Personengesamtheit k übertritt, kann mit Hilfe von (14.25) in der Form

$$\overline{p}_{jj}(y, \tau \mid x)\, \mu_{jk}(\tau \mid x)\, \Delta \tau + o(\Delta \tau)$$

dargestellt werden. Setzen wir wieder $y + \nu \frac{z - y}{n} = \tau$, dann erhalten wir für $k \neq j$

$$\overline{p}_{jk}(y, z \mid x) = \sum_{\nu=1}^{n} \overline{p}_{jj}\left(y, y + \nu \frac{z-y}{n} \,\middle|\, x\right) \mu_{jk}\left(y + \nu \frac{z-y}{n} \,\middle|\, x\right) \frac{z-y}{n} + o(1)$$

und dieser Ausdruck geht für gegen Unendlich strebendes n in das folgende Integral über:

$$\overline{p}_{jk}(y, z \mid x) = \int_{y}^{z} \overline{p}_{jj}(y, \tau \mid x)\, \mu_{jk}(\tau \mid x)\, d\tau. \qquad (14.26)$$

Ersetzen wir in (14.26) die Integrationsvariable τ durch t, dann erhalten wir mit Hilfe von (14.22) die Darstellung

$$\overline{p}_{jk}(y, z \mid x) = \int_{y}^{z} e^{\int_{y}^{t} \mu_{jj}(\tau \mid x)\, d\tau} \mu_{jk}(t \mid x)\, dt, \qquad k \neq j. \qquad (14.27)$$

Wegen (14.15) kann dies auch in der Form

$$\overline{p}_{jk}(y, z \mid x) = \int_{y}^{z} \prod_{l \neq j} e^{-\int_{y}^{t} \mu_{jl}(\tau \mid x)\, d\tau} \mu_{jk}(t \mid x)\, dt, \qquad k \neq j \qquad (14.28)$$

geschrieben werden. Es ist leicht zu zeigen, daß in Analogie zur Vollständigkeitsrelation (14.2) die Beziehung

$$\sum_{k=1}^{m} \overline{p}_{jk}(y, z \mid x) = 1 \qquad (14.29)$$

gelten muß. Mit Hilfe von (14.22) und (14.27) wird zunächst gezeigt, daß (14.29) für $z = y$ gilt. Bilden wir die Ableitung nach z, dann folgt weiters wegen (14.15)

$$\frac{d}{dz} \sum_{k=1}^{m} \overline{p}_{jk}(y, z \mid x) = \overline{p}_{jj}(y, z \mid x)\, \mu_{jj}(z \mid x) + \sum_{k \neq j} \overline{p}_{jj}(y, z \mid x)\, \mu_{jk}(z \mid x) = 0$$

und damit ist (14.29) bewiesen.

Aus (14.29) kann die folgende Darstellung der Verbleibswahrscheinlichkeit aus den Übergangswahrscheinlichkeiten gebildet werden:

$$\overline{p}_{jj}(y, z \mid x) = 1 - \sum_{k \neq j} \overline{p}_{jk}(y, z \mid x). \qquad (14.30)$$

Neben den Übergangswahrscheinlichkeiten $\overline{p}_{jk}(y, z \mid x)$ werden auch die sogenannten partiellen Übergangswahrscheinlichkeiten betrachtet. Man geht zunächst davon aus, daß alle von j ausgehenden Übergangsintensitäten, außer $\mu_{jk}(y \mid x)$, gleich Null gesetzt werden. Es wird also angenommen, daß von der Personengesamtheit j aus ein Übergang nur in die Personengesamtheit $k \neq j$ möglich ist. Die so erhaltenen *partiellen*[1] *Übergangswahrscheinlichkeiten* $^*\overline{p}_{jk}(y, z \mid x)$ können aus (14.28) wie folgt errechnet werden:

$$^*\overline{p}_{jk}(y, z \mid x) = \int_y^z e^{-\int_y^t \mu_{jk}(\tau \mid x)\, d\tau} \mu_{jk}(t \mid x)\, dt = -\int_y^z d_t \left\{ e^{-\int_y^t \mu_{jk}(\tau \mid x)\, d\tau} \right\} =$$
$$= 1 - e^{-\int_y^z \mu_{jk}(\tau \mid x)\, d\tau}. \qquad (14.31)$$

Von (14.23) ausgehend gelangt man mit Hilfe von (14.31) zur folgenden Darstellung der Verbleibswahrscheinlichkeit durch die partiellen Übergangswahrscheinlichkeiten:

$$\overline{p}_{jj}(y, z \mid x) = \prod_{k \neq j} [1 - {}^*\overline{p}_{jk}(y, z \mid x)]. \qquad (14.32)$$

Wir haben in Punkt 3 bisher stets vorausgesetzt, daß im betrachteten Intervall (y, z) keine Unstetigkeitsstelle gemäß (14.8) liegt. Haben wir es in diesem Intervall mit einer Sprungstelle der Höhe $\Delta_{jk}(z_0 \mid x)$ zu tun, dann gilt

$$\lim_{\Delta z \to 0} p_{jk}(z_0 - \Delta z, z_0 \mid x) = \Delta_{jk}(z_0 \mid x) \qquad (14.33)$$

und anstelle von Formel (14.22) ist die Formel

$$\overline{p}_{jj}(y, z \mid x) = e^{\int_y^z \mu_{jj}(\tau \mid x)\, d\tau} \prod_{k \neq j} [1 - \Delta_{jk}(z_0 \mid x)], \qquad (14.34)$$

anstelle von Formel (14.26) die Formel

$$\overline{p}_{jk}(y, z \mid x) = \int_y^z \overline{p}_{jj}(y, \tau \mid x)\, \mu_{jk}(\tau \mid x)\, d\tau + \overline{p}_{jj}(y, z_0 - 0 \mid x)\, \Delta_{jk}(z_0 \mid x) \qquad (14.35)$$

zu setzen. Die Formeln (14.27) und (14.28) sind analog zu modifizieren. Ebenso ist Formel (14.31) in

$$^*\overline{p}_{jk}(y, z \mid x) = 1 - e^{-\int_y^z \mu_{jk}(\tau \mid x) d\tau} [1 - \Delta_{jk}(z_0 \mid x)] \qquad (14.36)$$

zu ändern.

[1] Wir folgen der Bezeichnung von W. SAXER: „Versicherungsmathematik", Erster Teil, Springer-Verlag, Berlin-Göttingen-Heidelberg 1955.

Mit Hilfe der Übergangsintensitäten können wir jetzt auch die Übergangswahrscheinlichkeiten $p_{jk}(y, z \mid x)$ aus (14.1) errechnen, die sich von den Übergangswahrscheinlichkeiten $\overline{p}_{jk}(y, z \mid x)$ aus (14.24) dadurch unterscheiden, daß nicht der erste Übergang im Intervall (y, z), sondern der Index $\xi(z)$ im Zeitpunkt z allein untersucht wird. Hiebei gehen wir von der Wahrscheinlichkeit ${}_n p_{jk}(y, z \mid x)$ aus, daß der y-jährige aus der Personengesamtheit j, der zuletzt im Zeitpunkt x in diese Personengesamtheit eingetreten ist, im Zeitpunkt z der Personengesamtheit k angehört und diese Personengesamtheit durch insgesamt n Übergänge von der Personengesamtheit j aus erreicht hat. Die Wahrscheinlichkeit, daß der erste Übergang von der Personengesamtheit j in die Personengesamtheit l im Zeitintervall $(t, t + \Delta t)$ vor sich geht, kann wegen (14.25) in der Form

$$\overline{p}_{jj}(y, t \mid x)\, \mu_{jl}(t \mid x)\, \Delta t + o(\Delta t)$$

dargestellt werden. Die Wahrscheinlichkeit, daß im verbleibenden Zeitintervall $z - t$ der Übergang aus der Personengesamtheit l in die Personengesamtheit k in genau $n - 1$ Schritten vor sich geht, ist ${}_{n-1}p_{lk}(t, z \mid t)$. Setzen wir wieder $t = y + \nu \dfrac{z-y}{n}$ und summieren wir über alle $\nu = 1, \ldots, n$, dann erhalten wir für die Wahrscheinlichkeit, daß der erste Übergang aus der Personengesamtheit j in irgendeinem Zeitpunkt des Intervalles (y, z) in die Personengesamtheit l führt und im verbleibenden Zeitintervall die Personengesamtheit k in genau $n - 1$ Übergängen erreicht wird, den Ausdruck

$$\int_y^z \overline{p}_{jj}(y, t \mid x)\, \mu_{jl}(t \mid x)\, {}_{n-1}p_{lk}(t, z \mid t)\, dt .$$

Um die Personengesamtheit k in genau n Schritten von der Personengesamtheit j zu erreichen, ist für $n \geqq 2$ jede Personengesamtheit $l \neq j$ als Übergangsgesamtheit zulässig. Unter Verwendung von (14.22) erhält man daher die folgenden Darstellungen:

$$\begin{aligned}
{}_0p_{jk}(y, z \mid x) &= 0 \quad \text{für } k \neq j, \\
{}_0p_{jj}(y, z \mid x) &= e^{\int_y^z \mu_{jj}(\tau \mid x)\, d\tau}, \\
{}_np_{jk}(y, z \mid x) &= \sum_{l \neq j} \int_y^z e^{\int_y^t \mu_{jj}(\tau \mid x)\, d\tau}\, \mu_{jl}(t \mid x)\, {}_{n-1}p_{lk}(t, z \mid t)\, dt, \quad n \geqq 1 .
\end{aligned} \tag{14.37}$$

Die Funktionen ${}_np_{jk}(y, z \mid x)$ können nun schrittweise mit steigendem n berechnet werden. Für die Übergangswahrscheinlichkeiten $p_{jk}(y, z \mid x)$ gilt offenbar

$$p_{jk}(y, z \mid x) = \sum_{n=0}^{\infty} {}_np_{jk}(y, z \mid x) . \tag{14.38}$$

Für den Fall rein altersabhängiger Übergangsintensitäten können die selben Formeln verwendet werden, wenn $\mu_{jk}(y \mid x)$ durch $\mu_{jk}(y)$ und ${}_np_{jk}(y, z \mid x)$ bzw. $p_{jk}(y, z \mid x)$ durch ${}_np_{jk}(y, z)$ bzw. $p_{jk}(y, z)$ ersetzt werden. Aus (14.37) und (14.38) erhält man für $k \neq j$ die folgende Integralgleichung:

$$p_{jk}(y, z \mid x) = \sum_{l \neq j} \int_y^z e^{\int_y^t \mu_{jj}(\tau \mid x)\,d\tau} \mu_{jl}(t \mid x)\, p_{lk}(t, z \mid t)\,dt, \quad k \neq j. \tag{14.39}$$

Zur Ermittlung der Übergangswahrscheinlichkeit von j nach k ist über alle Übergangswahrscheinlichkeiten von j nach l und weiter von l nach k zu integrieren, wobei $l = k$ zugelassen ist.

Wir setzen jetzt voraus, es sei eine Anordnung der m Personengesamtheiten so möglich, daß stets $\mu_{jk}(t \mid x) = 0$ für $k < j$ gilt. Die Personengesamtheiten können daher nur in der Reihenfolge ihrer Anordnung, gegebenenfalls unter Überspringung einzelner Personengesamtheiten, durchlaufen werden. Ist eine solche Anordnung möglich, dann ist die Rückkehr in eine Personengesamtheit, wenn diese einmal verlassen wurde, ausgeschlossen. Offenbar gilt dann

$$p_{jj}(y, z \mid x) = \bar{p}_{jj}(y, z \mid x) = e^{\int_y^z \mu_{jj}(t \mid x)\,dt}$$

und

$$p_{jk}(y, z \mid x) = 0 \qquad \text{für } k < j.$$

Die Funktionen $p_{jk}(y, z \mid x)$ können nun mit Hilfe von (14.39) schrittweise berechnet werden. Man beginnt mit $p_{k-1,k}(y, z \mid x)$ und berechnet der Reihe nach die Funktionen $p_{jk}(y, z \mid x)$ mit fallendem Index j. Da Übertritte nur in Richtung auf Personengesamtheiten mit höherem Index möglich sind, gilt

$$\sum_{l \neq j} \mu_{jl}(t \mid x)\, p_{lk}(t, z \mid t) = \sum_{l=j+1}^{k} \mu_{jl}(t \mid x)\, p_{lk}(t, z \mid t)$$

und auf der rechten Seite von (14.39) treten nur bereits berechnete Funktionen $p_{lk}(t, z \mid t)$ für $l \geqq j + 1$ auf. Gleichung (14.39) eignet sich daher zur expliziten Darstellung der Übergangswahrscheinlichkeiten $p_{jk}(y, z \mid x)$.

Im Falle der rein altersabhängigen Übergangsintensitäten kann Gleichung (14.39), wieder mit entsprechender Modifikation der Funktionen, in gleicher Weise verwendet werden.

Analog den Funktionen ${}_n p_{jk}(y, z \mid x)$ können auch die Wahrscheinlichkeiten $p_{jk}^{(n)}(y, z \mid x)$ gebildet werden, daß im Zeitintervall (y, z) genau n Übergänge *in* die Personengesamtheit k stattfinden. In Analogie zu (14.39) erhält man unschwer die folgenden Gleichungen:

$$p_{jk}^{(0)}(y, z \mid x) = \bar{p}_{jj}(y, z \mid x) + \sum_{\substack{l \neq j \\ l \neq k}} \int_y^z e^{\int_y^t \mu_{jj}(\tau \mid x)\,d\tau} \mu_{jl}(t \mid x)\, p_{lk}^{(0)}(t, z \mid t)\,dt,$$

$$\left.\begin{aligned} p_{jk}^{(n)}(y, z \mid x) &= \int_y^z e^{\int_y^t \mu_{jj}(\tau \mid x)\,d\tau} \mu_{jk}(t \mid x)\, p_{kk}^{(n-1)}(t, z \mid t)\,dt \,+ \\ &+ \sum_{\substack{l \neq j \\ l \neq k}} \int_y^z e^{\int_y^t \mu_{jj}(\tau \mid x)\,d\tau} \mu_{jl}(t \mid x)\, p_{lk}^{(n)}(t, z \mid t)\,dt, \quad k \neq j, \quad n \geqq 1, \end{aligned}\right\} \tag{14.40}$$

$$p_{jj}^{(n)}(y, z \mid x) = \sum_{l \neq j} \int_y^z e^{\int_y^t \mu_{jj}(\tau \mid x)\,d\tau} \mu_{jl}(t \mid x)\, p_{lj}^{(n)}(t, z \mid t)\,dt, \quad n \geqq 1.$$

Diese Gleichungen können folgendermaßen interpretiert werden. $p_{jk}^{(0)}(y,z\,|\,x)$ ist die Wahrscheinlichkeit, daß überhaupt kein Austritt aus der Personengesamtheit j erfolgt zuzüglich der Wahrscheinlichkeit, daß der erste Übergang im Zeitpunkt t in die Personengesamtheit $l \neq k$ stattfindet und bis zum Zeitpunkt z kein Eintritt in die Personengesamtheit k vorkommt. $p_{jk}^{(n)}(y,z\,|\,x)$ wird für $k \neq j$ als die Summe der Wahrscheinlichkeiten dargestellt, daß der erste Übergang im Zeitpunkt t in die Personengesamtheit k führt und im weiteren bis zum Zeitpunkt z noch $n-1$ Übergänge in diese Personengesamtheit auftreten bzw. daß der erste Übergang im Zeitpunkt t in die Personengesamtheit $l \neq k$ führt und im weiteren bis zum Zeitpunkt z noch n Übergänge in die Personengesamtheit k auftreten.

Lassen sich die Personengesamtheiten so anordnen, daß Übergänge nur in Richtung steigender Indizes möglich sind, gilt also $\mu_{jk}(t\,|\,x) = 0$ für $k < j$, dann ist offenbar $p_{kk}^{(n)}(y,z\,|\,x) = 0$ für $n \geqq 1$ und $p_{kk}^{(0)}(y,z\,|\,x) = 1$. Die Funktionen $p_{jk}^{(n)}(y,z\,|\,x)$ lassen sich dann nach den Formeln (14.40) ebenso errechnen wie die Funktionen $p_{jk}(y,z\,|\,x)$ aus (14.39), indem man den Index k festhält und den Index j schrittweise vermindert.

Ist eine solche Anordnung der Personengesamtheiten nicht möglich, dann geht man zur Lösung des Gleichungssystems (14.40) von den Wahrscheinlichkeiten ${}_N p_{jk}^{(n)}(y,z\,|\,x)$ aus, daß im Zeitintervall (y,z) genau N Übergänge stattfinden und davon genau n in die Personengesamtheit k führen. Offenbar gilt

$$
{}_N p_{jk}^{(0)}(y,z\,|\,x) = \sum_{\substack{l \neq j\\ l \neq k}} \int_y^z e^{\int_y^t \mu_{jj}(\tau|x)\,d\tau} \mu_{jl}(t|x)\,{}_{N-1}p_{lk}^{(0)}(t,z|t)\,dt,\; N \geqq 1,\; {}_0 p_{jk}^{(0)}(y,z|x) = e^{\int_y^z \mu_{jj}(t|x)\,dt},
$$

$$
\begin{aligned}
{}_N p_{jk}^{(n)}(y,z\,|\,x) &= \int_y^z e^{\int_y^t \mu_{jj}(\tau|x)\,d\tau} \mu_{jk}(t\,|\,x)\,{}_{N-1}p_{kk}^{(n-1)}(t,z\,|\,t)\,dt \,+ \\
&+ \sum_{\substack{l \neq j\\ l \neq k}} \int_y^z e^{\int_y^t \mu_{jj}(\tau|x)\,d\tau} \mu_{jl}(t\,|\,x)\,{}_{N-1}p_{lk}^{(n)}(t,z\,|\,t)\,dt, \quad k \neq j, \quad N \geqq n \geqq 1,
\end{aligned} \tag{14.41}
$$

$$
{}_N p_{jj}^{(n)}(y,z\,|\,x) = \sum_{l \neq j} \int_y^z e^{\int_y^t \mu_{jj}(\tau|x)\,d\tau} \mu_{jl}(t\,|\,x)\,{}_{N-1}p_{lj}^{(n)}(t,z\,|\,t)\,dt, \quad N \geqq n \geqq 1.
$$

Von den ersten Gleichungen ausgehend kann man zunächst die Funktionen ${}_N p_{jj}^{(0)}(y,z\,|\,x)$ für alle N errechnen. Anschließend wird der Index n schrittweise erhöht, indem die Funktionen ${}_N p_{jk}^{(n)}(y,z\,|\,x)$ zunächst aus der zweiten Gleichung für $j \neq k$ und anschließend aus der dritten Gleichung für $j = k$ errechnet werden. Die Wahrscheinlichkeiten $p_{jk}^{(n)}(y,z\,|\,x)$ aus (14.40) sind dann nach der folgenden Formel zu berechnen:

$$
p_{jk}^{(n)}(y,z\,|\,x) = \sum_{N=n}^{\infty} {}_N p_{jk}^{(n)}(y,z\,|\,x).
$$

4. Der Umfang der Personengesamtheiten. Wir wollen annehmen, daß die Ausgangsgesamtheit aus L Personen besteht. Im Zeitpunkt y seien in der Personengesamtheit j jeweils $l_j(y)$ Personen vorhanden, und es gilt wegen der Vollständigkeit

$$\sum_{j=1}^{m} l_j(y) = L. \tag{14.42}$$

Die Numerierung haben wir so gewählt, daß $l_m(y)$ die Zahl der bis zum Zeitpunkt y gestorbenen Personen bedeutet. Es kann daher $l_m(0) = 0$ vorausgesetzt werden. Im Falle der nicht rein altersabhängigen Übergangswahrscheinlichkeiten ist es notwendig, die Altersstruktur der Personengesamtheiten zu untersuchen. Als Altersstruktur bezeichnen wir hier eine Aufgliederung der Personengesamtheiten nach der seit dem Übertritt in die betreffende Personengesamtheit verflossenen Zeit. Wir wollen dabei annehmen, daß die tatsächlichen Übertritte genau den Wahrscheinlichkeiten entsprechen, so daß auch die Umfänge der Personengesamtheiten stets ihren Erwartungswerten entsprechen. Es sei

$$l_j(y \mid x)\,\Delta x + o(\Delta x) \tag{14.43}$$

die Zahl der zwischen dem Alter x und dem Alter $x + \Delta x$ in die Personengesamtheit j eingetretenen Personen, die bei Erreichung des Alters y noch dieser Personengesamtheit angehören. Weiters seien die Übergangswahrscheinlichkeiten zunächst als stetig vorausgesetzt. Dann gilt

$$l_j(y) = l_j(0)\,\overline{p}_{jj}(0, y \mid 0) + \int_0^y l_j(y \mid x)\,dx. \tag{14.44}$$

Diese Formel gibt die Altersgliederung der Personengesamtheit j an.

Wir wollen annehmen, daß uns die Übergangsintensitäten und die Umfänge der Personengesamtheiten $l_j(0)$ in der Ausgangsgesamtheit bekannt sind. Unsere Aufgabe wird es sein, für jeden Zeitpunkt y die Umfänge $l_j(y)$ der Personengesamtheit j anzugeben. Im weiteren wollen wir auch die Altersstruktur gemäß (14.44) angeben, also die Funktionen $l_j(y \mid x)$ bestimmen.

Der Einfachheit halber beginnen wir mit der Untersuchung von *rein altersabhängigen Übergangsintensitäten*. Da wir angenommen haben, die Personengesamtheiten entwickeln sich genau den Übergangsintensitäten entsprechend, erhalten wir mit Hilfe der Beziehung (14.12) die folgende Gleichung:

$$l_j(y + \Delta y) = l_j(y) + \Delta y \left\{ \sum_{k \neq j} l_k(y)\,\mu_{kj}(y) - \sum_{k \neq j} l_j(y)\,\mu_{jk}(y) \right\} + o(\Delta y).$$

Daraus folgt unter Verwendung von (14.5)

$$\frac{d}{dy}\,l_j(y) = l_j(y)\,\mu_{jj}(y) + \sum_{k \neq j} l_k(y)\,\mu_{kj}(y). \tag{14.45}$$

Im weiteren beschränken wir uns zunächst auf *homogene* Übergangsintensitäten, das sind solche, bei denen die Wahrscheinlichkeit für einen Übergang nur von der Personengesamtheit abhängt, in welche der Übergang vorgenommen wird, und nicht von der Personengesamtheit, aus welcher der Übergang erfolgt. Es muß also die Homogenitätsbedingung

$$\mu_{kj}(\tau) \equiv \mu_j(\tau), \qquad k = 1, \ldots, m-1,\; k \neq j, \tag{14.46}$$

erfüllt sein. Da m der Index der Personengesamtheit der Gestorbenen ist, muß $\mu_{mj}(\tau)$ stets gleich Null sein. Für $j = m$ erhalten wir nun aus (14.45) unter Berücksichtigung von (14.42) die Beziehung

$$\frac{d}{dy}\, l_m(y) = [L - l_m(y)]\,\mu_m(y)$$

und daraus wegen $l_m(0) = 0$ nach kurzer Rechnung

$$l_m(y) = L\left(1 - e^{-\int\limits_0^y \mu_m(\tau)\,d\tau}\right). \tag{14.47}$$

Für $j \neq m$ folgt aus (14.45) weiters

$$\frac{d}{dy}\, l_j(y) = -l_j(y) \sum_{k \neq j} \mu_k(y) + \mu_j(y)\,[L - l_m(y) - l_j(y)] =$$

$$= -l_j(y) \sum_{k=1}^{m} \mu_k(y) + L\mu_j(y)\, e^{-\int\limits_0^y \mu_m(\tau)\,d\tau}$$

Wird der Wert $l_j(0)$ vorgegeben, dann kann die Lösung dieser Differentialgleichung unschwer in der folgenden Form gefunden werden:

$$l_j(Y) = L\int\limits_0^Y e^{-\int\limits_y^Y \sum\limits_{k=1}^{m} \mu_k(\tau)\,d\tau - \int\limits_0^y \mu_m(\tau)\,d\tau}\, \mu_j(y)\,dy + l_j(0)\, e^{-\int\limits_0^Y \sum\limits_{k=1}^{m} \mu_k(\tau)\,d\tau}. \tag{14.48}$$

Diese Formel kann noch etwas vereinfacht werden, wenn man den Anteil der einzelnen Personengesamtheiten an der Gesamtheit der überlebenden Personen $L(y) = L - l_m(y)$ betrachtet. Wegen (14.47) gilt

$$L(y) = L\, e^{-\int\limits_0^y \mu_m(\tau)\,d\tau}.$$

Bezeichnen wir den Anteil der Personengesamtheiten j an der Gesamtheit der Überlebenden für $j = 1, \ldots, m-1$ mit $\lambda_j(y)$, dann gilt

$$l_j(y) = L(y)\,\lambda_j(y) = L\lambda_j(y)\, e^{-\int\limits_0^y \mu_m(\tau)\,d\tau}.$$

Setzen wir diesen Ausdruck in (14.48) ein, dann erhalten wir

$$\lambda_j(Y) = \int\limits_0^Y e^{-\int\limits_y^Y \sum\limits_{k=1}^{m-1} \mu_k(\tau)\,d\tau}\, \mu_j(y)\,dy + \lambda_j(0)\, e^{-\int\limits_0^Y \sum\limits_{k=1}^{m-1} \mu_k(\tau)\,d\tau}. \tag{14.49}$$

Sind die Übergangsintensitäten konstante Werte, dann kann (14.49) unschwer integriert werden, und es ergeben sich die folgenden Werte:

$$\lambda_j(Y) = \frac{\mu_j}{\sum\limits_{i=1}^{m-1} \mu_k}\left(1 - e^{-Y \sum\limits_{k=1}^{m-1} \mu_k}\right) + \lambda_j(0)\, e^{-Y \sum\limits_{k=1}^{m-1} \mu_k}. \tag{14.50}$$

Nun behandeln wir den *inhomogenen* Fall, wobei wir jedoch wie bereits einmal im Punkt 3 voraussetzen, es sei eine Anordnung der m Personengesamtheiten so möglich, daß stets $\mu_{jk}(y) = 0$ für $k < j$ gilt. Aus (14.45) erhalten wir

$$\frac{d}{dy} l_j(y) = l_j(y)\, \mu_{jj}(y) + \sum_{k=1}^{j-1} l_k(y)\, \mu_{kj}(y). \tag{14.51}$$

Für $j = 1$ folgt daraus

$$\frac{d}{dy} l_1(y) = -l_1(y) \sum_{k=2}^{m} \mu_{1k}(y)$$

und man löst diese Gleichung unter Vorgabe von $l_1(0)$ leicht in der Form

$$l_1(y) = l_1(0)\, e^{-\int\limits_0^y \sum\limits_{k=2}^{m} \mu_{1k}(\tau)\, d\tau}. \tag{14.52}$$

Nehmen wir an, wir hätten bereits Formeln für die ersten $j-1$ Personengesamtheiten angegeben, dann können wir auch eine Formel für $l_j(y)$ angeben. Aus (14.51) folgt nämlich nach kurzer Rechnung

$$l_j(Y) = \int\limits_0^Y e^{\int\limits_y^Y \mu_{jj}(\tau)\, d\tau} \sum_{k=1}^{j-1} l_k(y)\, \mu_{kj}(y)\, dy + l_j(0) e^{\int\limits_0^Y \mu_{jj}(\tau)\, d\tau} \tag{14.53}$$

und dieser Ausdruck läßt sich, da $l_k(y)$ für $k = 1, \ldots, j-1$ als bekannt vorausgesetzt wurde, berechnen.

Etwas komplizierter werden die Berechnungen, wenn sogenannte *Wiederholungsgesamtheiten* auftreten, das sind Personengesamtheiten, die mehrmals hintereinander aufgesucht werden können. Für solche Personengesamtheiten ist eine Anordnung mit $\mu_{jk} = 0$ für $k < j$ nicht vollständig möglich. Wir fassen nun alle Personengesamtheiten, zwischen denen Übergänge in beiden Richtungen möglich sind, zu je einer Gruppe zusammen. Es ist dann offenbar möglich, diese Gruppen in der gewünschten Weise anzuordnen, nämlich so, daß Übergänge nur in Richtung auf Gruppen mit einem höheren Index möglich sind. Als zusätzliche Voraussetzung nehmen wir an, daß die Übergangsintensitäten für Übergänge aus den in einer Gruppe zusammengefaßten Personengesamtheiten homogen sind. Bilden etwa die Personengesamtheiten $j, j+1, \ldots, j+r$ die erste Gruppe, dann gelte

$$\mu_{j+\nu,\, l}(\tau) \equiv \mu_l^{(j)}(\tau), \qquad \nu = 0, \ldots, r, \qquad l \neq j + \nu.$$

Es ist leicht zu sehen, daß die Gruppe der Personengesamtheiten

$$\bar{l}_j(y) = l_j(y) + l_{j+1}(y) + \cdots + l_{j+r}(y)$$

als eine Einheit aufgefaßt werden kann und sich nach Formel (14.53) berechnen läßt, wenn man $l_j(y)$ durch $\bar{l}_j(y)$ und $\mu_{jj}(y)$ durch

$$\bar{\mu}_{jj}(y) = -\sum_{k=j+r+1}^{m} \mu_{jk}(y)$$

ersetzt. In gleicher Weise lassen sich auch die übrigen Gruppen und Personengesamtheiten berechnen.

Um den Umfang etwa der Personengesamtheit $l_{j+\nu}(y)$ aus $\bar{l}_j(y)$ zu berechnen, gehen wir wieder von Formel (14.45) aus, die für $j+\nu$ folgendermaßen lautet:

$$\frac{d}{dy}\,l_{j+\nu}(y) = l_{j+\nu}(y)\,\mu_{j+\nu,\,j+\nu}(y) + \sum_{k=1}^{j+\nu-1} l_k(y)\,\mu_{k,\,j+\nu}(y) + \sum_{k=j+\nu+1}^{j+r} l_k(y)\,\mu_{k,\,j+\nu}(y)\,.$$

Wegen der Homogenität innerhalb der Gruppe kann diese Gleichung folgendermaßen umgeformt werden:

$$\frac{d}{dy}\,l_{j+\nu}(y) = l_{j+\nu}(y)\,[\mu_{j+\nu,\,j+\nu}(y) - \mu^{(j)}_{j+\nu}(y)] + \sum_{k=1}^{j-1} l_k(y)\,\mu_{k,\,j+\nu}(y) + \bar{l}_j(y)\,\mu^{(j)}_{j+\nu}(y)\,.$$

Diese Differentialgleichung kann leicht in der Form

$$l_{j+\nu}(Y) = \int_0^Y e^{\int_y^Y [\mu_{j+\nu,\,j+\nu}(\tau) - \mu^{(j)}_{j+\nu}(\tau)]\,d\tau} \left[\sum_{k=1}^{j-1} l_k(y)\,\mu_{k,\,j+\nu}(y) + \bar{l}_j(y)\,\mu^{(j)}_{j+\nu}(y)\right] dy +$$

$$+\ l_{j+\nu}(0)\,e^{\int_0^Y [\mu_{j+\nu,\,j+\nu}(\tau) - \mu^{(j)}_{j+\nu}(\tau)]\,d\tau}$$

aufgelöst werden. Man berechnet nun zunächst die ersten $j-1$ Personengesamtheiten nach (14.13) und sodann $\bar{l}_j(y)$. Anschließend wird nach der vorstehenden Formel $l_{j+\nu}(Y)$ der Reihe nach für $\nu = 0, 1, \ldots, r$ berechnet. In analoger Weise geht man vor, um die restlichen Personengesamtheiten zu berechnen.

Im allgemeinen inhomogenen Fall erhalten wir aus (14.45) ein System von m linearen homogenen Differentialgleichungen der Gestalt $\frac{d}{dy}\,l_j(y) = \sum_{k=1}^{m} l_k(y)\,\mu_{kj}(y)$, welches auf Grund vorgegebener Anfangswerte $l_j(0)$ eindeutig lösbar ist. Eine Lösungsmöglichkeit beruht auf der Bildung der Funktionen ${}_np_{jk}(y,z)$ aus Punkt 3. Die Wahrscheinlichkeit für einen Nulljährigen, aus der Personengesamtheit k mit dem Alter x in der Personengesamtheit j zu sein und genau n Übergänge mitgemacht zu haben, ist ${}_np_{kj}(0,x)$. Es ist leicht zu sehen, daß $l_j(x)$ in der Form

$$l_j(x) = l_j(0)\,\bar{p}_{jj}(0,x) + \sum_{n=1}^{\infty}\sum_{k=1}^{m} {}_np_{kj}(0,x)\,l_k(0)$$

dargestellt werden kann.

Soll auch die Altersstruktur der Personengesamtheit berücksichtigt werden, dann ist von der Gleichung

$$l_j(x\,|\,x)\,\Delta x = \sum_{k\neq j} l_k(x)\,\mu_{kj}(x)\,\Delta x + o(\Delta x) \tag{14.54}$$

auszugehen, die mit Hilfe von (14.10) und (14.43) erhalten wird. Es folgt wegen (14.22)

$$l_j(y\,|\,x) = \sum_{k\neq j} l_k(x)\,\mu_{kj}(x)\,e^{\int_x^y \mu_{jj}(\tau)\,d\tau}\,. \tag{14.55}$$

Mit dieser Formel kann die Altersstruktur der Personengesamtheiten auf Grund der vorher berechneten Funktionen $l_k(x)$ ermittelt werden.

Im Falle der nicht rein altersabhängigen Übergangsintensitäten schließen wir zunächst Wiederholungsgesamtheiten aus. Es soll also stets eine Anordnung möglich sein, für welche $\mu_{jk} = 0$ für $k < j$ gilt. Unter Berücksichtigung von (14.12) und (14.43) ist leicht zu sehen, daß die Zahl der im Durchschnitt je Zeiteinheit mit dem Alter z in die Personengesamtheit j eintretenden Personen durch

$$\sum_{k \neq j} l_k(z \mid 0)\, \mu_{kj}(z \mid 0) + \int_0^z \sum_{k \neq j} l_k(z \mid y)\, \mu_{kj}(z \mid y)\, dy$$

gegeben ist. Da keine Wiederholungsgesamtheiten auftreten, erhalten wir wegen (14.22) für $l_j(z \mid y)$ die folgende Formel:

$$\begin{aligned} l_j(z \mid y) = {} & \sum_{k=1}^{j-1} l_k(0)\, \mu_{kj}(y \mid 0)\, e^{\int_0^y \mu_{kk}(\tau \mid 0)\, d\tau + \int_y^z \mu_{jj}(\tau \mid y)\, d\tau} + \\ & + \sum_{k=1}^{j-1} \int_0^y l_k(x \mid x)\, e^{\int_x^y \mu_{kk}(\tau \mid x)\, d\tau + \int_y^z \mu_{jj}(\tau \mid y)\, dt} \mu_{kj}(y \mid x)\, dx. \end{aligned} \tag{14.56}$$

Wie im Falle der rein altersabhängigen homogenen Übergangsintensitäten kann nun der Reihe nach $l_1(x \mid x)$, $l_2(x \mid x)$ usw. errechnet werden. Die Funktionen $l_j(y)$ sind mit Hilfe der nach (14.56) errechneten Funktionen aus der Formel (14.44) zu berechnen.

Werden Wiederholungsgesamtheiten zugelassen, dann ist in Formel (14.56) über alle $k \neq j$ zu summieren. Um eine Lösung dieses Gleichungssystems zu erhalten, führen wir Funktionen ${}_n l_j(y)$ ein. Es sei

$${}_n l_j(y)\, \Delta y + o(\Delta y)$$

die Zahl der Personen, die zwischen dem Alter y und $y + \Delta y$ durch den n^{ten} Übergang in die Personengesamtheit j eintreten. Dann ist

$${}_{n-1} l_k(x)\, \overline{p}_{kk}(x, y \mid x)\, \mu_{kj}(y \mid x)\, \Delta x\, \Delta y + o(\Delta x) + o(\Delta y)$$

die Zahl der Personen, die zwischen den Altern x und $x + \Delta x$ durch den $n-1^{\text{ten}}$ Übergang in die Personengesamtheit k eingetreten sind, in dieser Personengesamtheit bis zum Alter y verblieben und zwischen y und $y + \Delta y$ in die Personengesamtheit j eintreten. Offenbar gilt

$${}_n l_j(y) = \sum_{k \neq j} \int_0^y {}_{n-1} l_k(x)\, \overline{p}_{kk}(x, y \mid x)\, \mu_{kj}(y \mid x)\, dx, \qquad n \geqq 2, \tag{14.57}$$

mit

$${}_1 l_j(y) = \sum_{k \neq j} l_k(0)\, \overline{p}_{kk}(0, y \mid 0)\, \mu_{kj}(y \mid 0). \tag{14.58}$$

Die Funktionen ${}_n l_j(y)$ können mit Hilfe dieser Gleichungen schrittweise mit steigendem n berechnet werden. Wegen (14.43) können wir dann die Funktion $l_j(z \mid y)$ in der Form

$$l_j(z \mid y) = l_j(y \mid y)\, \overline{p}_{jj}(y, z \mid y) = \sum_{n=1}^{\infty} {}_n l_j(y)\, \overline{p}_{jj}(y, z \mid y) \tag{14.59}$$

aus den Funktionen (14.57) und (14.58) berechnen.

Unstetigkeitsstellen in den Übergangswahrscheinlichkeiten nach (14.8) sind in analoger Weise wie bei den Verbleibs- und Übergangswahrscheinlichkeiten aus Punkt 3 zu behandeln. Eine Sprungstelle der Höhe $\Delta_{jk}(z_0 | x)$ ist bei Berechnung der Personengesamtheit $l_k(y)$ in der Weise zu berücksichtigen, daß die nach (14.44) gefundenen Werte durch

$$l_k(z) = l_k(0)\,\overline{p}_{kk}(0, z\,|\,0) + \int_0^z l_k(z\,|\,y)\,dy + \sum_{j \neq k} \int_0^{z_0} l_j(z_0 - 0\,|\,x)\,\Delta_{jk}(z_0\,|\,x)\,\overline{p}_{kk}(z_0, z\,|\,z_0)\,dx$$

zu ersetzen sind. Hiebei bedeutet $l_j(z_0 - 0 | x) = \lim_{\varepsilon \to 0} l_j(z_0 - \varepsilon | x)$, also den Umfang von l_j im Augenblick vor dem Übergang der Personen in die Personengesamtheit k im Zeitpunkt z_0. Bei der Berechnung von $l_j(z|y)$ ist zu beachten, daß für $y < z_0 \leqq z$ die Funktionen $\overline{p}_{jj}(y, z|y)$ statt nach den Formeln (14.22), (14.23), oder (14.32) nach der Formel (14.34) zu berechnen sind.

Auch im rein altersabhängigen Fall können bei Auftreten von Unstetigkeitsstellen in den Übergangswahrscheinlichkeiten die Funktionen $l_j(y)$ nach (14.48), (14.53) usw. berechnet werden, wenn man berücksichtigt, daß $l_j(y)$ in $y = z_0$ eine Unstetigkeitsstelle der Gestalt

$$l_j(z_0) - l_j(z_0 - 0) = \sum_{k \neq j} l_k(z_0 - 0)\,\Delta_{kj}(z_0) - l_j(z_0 - 0) \sum_{k \neq j} \Delta_{jk}(z_0) \qquad (14.60)$$

aufweist.

Es sei hervorgehoben, daß im Falle der unstetigen Übergangswahrscheinlichkeiten die Funktionen $l_j(y)$ bzw. $l_j(y|x)$ in y *rechtsseitig* stetig sind. Die Übergangswahrscheinlichkeiten erfüllen daher auch im unstetigen Fall die Beziehung (14.12).

5. Der diskrete Fall. Die bisherigen Untersuchungen beruhten auf der Annahme, daß stets ein Grenzwert der Gestalt (14.9) existiert. Dadurch ist es möglich, die Übergangswahrscheinlichkeiten sowie die Umfänge der Personengesamtheiten als kontinuierliche Funktionen darzustellen. Dies erleichtert auch die formelmäßigen Darstellungen, da der formale Apparat für kontinuierliche Funktionen übersichtlichere Ableitungen gestattet als für diskontinuierliche Funktionen. In der Praxis ist allerdings auf das vorhandene statistische Material Rücksicht zu nehmen, das eine kontinuierliche Betrachtungsweise zunächst nicht gestattet. Erst durch Interpolation von Werten der Übergangswahrscheinlichkeiten, die für diskrete Funktionen gewonnen wurden, ist es möglich, zu den Übergangsintensitäten zu gelangen.

Wir wollen uns daher noch mit dem Fall befassen, daß die Übergangswahrscheinlichkeiten lediglich für diskrete Werte vorliegen, und berücksichtigen hiebei gleichzeitig die Möglichkeit der statistischen Erfassung. Die auftretenden Funktionen sollen stets für ganzzahlige Alter bzw. ganzzahlige Zeitpunkte untersucht werden. Es sei $l_{jk}(y, z|x)$ die Anzahl der Personen, die im ganzzahligen Zeitpunkt x in die Personengesamtheit j eingetreten sind, dort bis zum ganzzahligen Zeitpunkt y verblieben und im ganzzahligen Zeitpunkt z der Personengesamtheit k angehören. Die Funktionen $l_{jk}(y, z|x)$ können offenbar aus der Beobachtung gewonnen werden. In gleicher Weise können die Funktionen $l_j(y|x)$, die Zahl der y-jährigen der Personengesamtheit j, die zuletzt im Zeitpunkt x in die Personengesamtheit j eingetreten sind, für ganzzahlige x und y gefunden werden. Die

Übergangswahrscheinlichkeiten lassen sich nun nach der Formel

$$p_{jk}(y, z \mid x) = \frac{l_{jk}(y, z \mid x)}{l_j(y \mid x)}, \tag{14.61}$$

berechnen. Im rein altersabhängigen Fall gilt mit analogen Definitionen

$$p_{jk}(y, z) = \frac{l_{jk}(y, z)}{l_j(y)}. \tag{14.62}$$

Anstelle der Differentialgleichung (14.45) erhalten wir die Differenzengleichung

$$l_j(y+1) = l_j(y) + \sum_{k \neq j} l_k(y)\, p_{kj}(y, y+1) - l_j(y) \sum_{k \neq j} p_{jk}(y, y+1).$$

Wegen der ersten Gleichung aus (14.6) folgt daraus

$$l_j(y+1) = \sum_{k=1}^{m} l_k(y)\, p_{kj}(y, y+1). \tag{14.63}$$

Auf Grund der vorgegebenen Werte $l_j(0)$, $j = 1, \ldots, m$, können mit Hilfe von (14.63) die Werte $l_j(y)$ schrittweise für aufsteigende y berechnet werden.

Sind die Übergangswahrscheinlichkeiten nicht rein altersabhängig, dann erhalten wir mit Hilfe der Gleichungen (14.61) anstelle der Integralgleichung (14.56) die folgende Gleichung

$$l_j(y+1 \mid x) = l_j(y \mid x)\left[1 - \sum_{k \neq j} p_{jk}(y, y+1 \mid x)\right] \tag{14.64}$$

mit

$$l_j(x \mid x) = \sum_{k \neq j} \sum_{\nu=0}^{x-1} l_k(x-1 \mid \nu)\, p_{kj}(x-1, x \mid \nu), \tag{14.65}$$

wobei $l_j(0 \mid 0) = l_j(0)$ zu setzen ist. Aus (14.64) und (14.65) sind nun die Funktionen $l_j(y \mid x)$ bzw. $l_j(x \mid x)$ nach steigendem x und steigendem y zu berechnen.

Ausgangspunkt für Untersuchungen über den Umfang von Personengesamtheiten werden in der Praxis die nach (14.61) bzw. (14.62) errechneten Übergangswahrscheinlichkeiten sein. $l_j(y)$ ist dann mit Hilfe von (14.63) oder mit Hilfe von (14.64) und (14.65) in Verbindung mit einer (14.44) entsprechenden Summierung zu berechnen. Durch eine Interpolation von $p_{jk}(y, z \mid x)$ bzw. $p_{jk}(y, z)$ als Funktion von z können die Übergangsintensitäten $\mu_{jk}(z \mid x)$ bzw. $\mu_{jk}(z)$ nach (14.9) bzw. (14.10) berechnet werden. Nun ist es möglich, die Funktionen $\overline{p}_{jj}(y, z \mid x)$ nach (14.23), $\overline{p}_{jk}(y, z \mid x)$ nach (14.28), ${}^*\overline{p}_{jk}(y, z \mid x)$ nach (14.31), ${}_n p_{jk}(y, z \mid x)$ nach (14.37), $p_{jk}^{(n)}(y, z \mid x)$ nach (14.40) bzw. ${}_N p_{jk}^{(n)}(y, z \mid x)$ nach (14.41) zu errechnen. Die analogen Ausdrücke für den Fall reiner Altersabhängigkeit werden mit Hilfe der gleichen Formeln gefunden, wenn $\mu_{jk}(z \mid x)$ jeweils durch $\mu_{jk}(z)$ ersetzt wird.

6. Prämien- und Leistungsbarwerte. In diesem Punkt wollen wir die Erwartungswerte der Barwerte von Prämienzahlungen und Versicherungsleistungen berechnen. Zunächst behandeln wir den kontinuierlichen Fall. Es sei $b_j(y \mid x)\Delta y + o(\Delta y)$ die Prämienzahlung eines y-jährigen der Personengesamtheit j, der zuletzt im Zeitpunkt x in diese Personengesamtheit eingetreten ist, für den Zeitraum $(y, y+\Delta y)$. Weiters sei $a_j(y \mid x)\Delta y + o(\Delta y)$ die Versicherungsleistung für einen y-jährigen der Personengesamtheit j, der zuletzt im Zeitpunkt x in diese Personengesamtheit eingetreten ist, für den Zeitraum $(y, y+\Delta y)$. Schließlich sei $A_{kl}(y)$ eine Versicherungsleistung, die in dem Augenblick fällig wird, in dem der y-jährige aus der Personengesamtheit k in die Personengesamtheit l übertritt.

Im Falle der reinen Altersabhängigkeit bezeichnen wir mit $b_j(y)\Delta y + o(\Delta y)$ die Prämienzahlung eines y-jährigen der Personengesamtheit j im Zeitraum $(y, y+\Delta y)$ und mit $a_j(y)\Delta y + o(\Delta y)$ die entsprechende Versicherungsleistung.

Im weiteren wollen wir annehmen, daß die Versicherung von einem x_0-jährigen aus der Personengesamtheit j abgeschlossen wird und bis zum Zeitpunkt x_1 dauert. Prämienzahlung und Leistungsgewährung sollen grundsätzlich für die gesamte Versicherungsdauer vorgesehen werden. Ein früheres Ende der Prämienzahlung oder ein späterer Beginn der Leistungszahlung kann durch entsprechende Wahl der Funktionen $b_j(y|x)$, $a_j(y|x)$, $A_{kl}(y)$, $b_j(y)$ bzw. $a_j(y)$ berücksichtigt werden.

Wir beginnen mit dem rein altersabhängigen Fall. Die Wahrscheinlichkeit für einen x_0-jährigen der Personengesamtheit j, im Zeitpunkt y der Personengesamtheit k anzugehören, ist $p_{jk}(x_0, y)$. Der Erwartungswert der Prämien, die im Durchschnitt von einem x_0-jährigen der Personengesamtheit j im Zeitintervall $(y, y+\Delta y)$ gezahlt werden, beträgt dann offenbar

$$\sum_{k=1}^{m} p_{jk}(x_0, y)\, b_k(y)\, \Delta y + o(\Delta y). \tag{14.66}$$

Die Personengesamtheit m ist die Personengesamtheit der Gestorbenen. Man kann daher $b_m(y) = a_m(y) = 0$ voraussetzen bzw. die Summierung in (14.66) nur bis $m-1$ vornehmen. Aus Symmetriegründen wollen wir aber davon absehen. Soll der vorstehende Ausdruck auf den Zeitpunkt x_0 diskontiert werden, dann muß mit dem Diskontfaktor v^{y-x_0} multipliziert werden. Teilen wir nun das Intervall (x_0, x_1) in n gleichlange Intervalle der Gestalt $\left[x_0 + (\nu-1)\frac{x_1-x_0}{n},\ x_0 + \nu\frac{x_1-x_0}{n}\right]$, dann kann der Erwartungswert des Barwertes der gesamten Prämienzahlungen in der Form

$$\sum_{\nu=1}^{n}\sum_{k=1}^{m} p_{jk}\left(x_0, x_0+\nu\frac{x_1-x_0}{n}\right) b_k\left(x_0+\nu\frac{x_1-x_0}{n}\right) v^{\nu\frac{x_1-x_0}{n}}\,\frac{x_1-x_0}{n} + o(1)$$

dargestellt werden. Setzt man $y = x_0 + \nu\frac{x_1-x_0}{n}$ und läßt n gegen Unendlich streben, dann strebt die Summe gegen das folgende Integral:

$$B_j(x_0, x_1) = \int_{x_0}^{x_1}\sum_{k=1}^{m} p_{jk}(x_0, y)\, b_k(y)\, v^{y-x_0}\, dy. \tag{14.67}$$

Dieser Ausdruck ist der Erwartungswert des Barwertes der Prämienzahlung, die im Durchschnitt von einem x_0-jährigen der Personengesamtheit j bis zum Zeitpunkt x_1 geleistet wird.

Den Erwartungswert des Barwertes der kontinuierlichen Versicherungsleistungen $a_j(y)$ können wir in analoger Weise berechnen, indem wir die Funktionen $b_k(y)$ durch die Funktionen $a_k(y)$ ersetzen. Wir erhalten für den Barwert das folgende Integral:

$$\int_{x_0}^{x_1} \sum_{k=1}^{m} p_{jk}(x_0, y)\, a_k(y)\, v^{y-x_0}\, dy. \tag{14.68}$$

Die einmaligen Zahlungen $A_{kl}(y)$ beim Übertritt von der Personengesamtheit k in die Personengesamtheit l im Zeitpunkt y erfordern eine gesonderte Untersuchung. Die Wahrscheinlichkeit für einen y-jährigen der Personengesamtheit l, im Zeitintervall $(y, y + \Delta y)$ in die Personengesamtheit k einzutreten, ist $\mu_{lk}(y)\Delta y + o(\Delta y)$. Die Wahrscheinlichkeit für einen x_0-jährigen der Personengesamtheit j im Zeitintervall $(y, y + \Delta y)$ aus der Personengesamtheit l in die Personengesamtheit k überzutreten, ist daher durch

$$p_{jl}(x_0, y)\, \mu_{lk}(y)\, \Delta y + o(\Delta y)$$

gegeben. Der Erwartungswert des Barwertes der Versicherungsleistungen für diesen Fall ist

$$p_{jl}(x_0, y)\, \mu_{lk}(y)\, A_{lk}(y)\, v^{y-x_0}\, \Delta y + o(\Delta y).$$

Der Erwartungswert des Barwertes der Versicherungsleistungen für alle möglichen Übertritte im Zeitintervall $(y, y + \Delta y)$ für einen x_0-jährigen der Personengesamtheit j kann daher durch

$$\sum_{k=1}^{m} \sum_{l \neq k} p_{jl}(x_0, y)\, \mu_{lk}(y)\, A_{lk}(y)\, v^{y-x_0}\, \Delta y + o(\Delta y) \tag{14.69}$$

ausgedrückt werden. Teilen wir wieder das Intervall (x_0, x_1) in n gleiche Teile, dann können wir (14.69) in gleicher Weise behandeln wie früher (14.66). Lassen wir n gegen Unendlich streben, dann strebt (14.69) gegen das folgende Integral:

$$\int_{x_0}^{x_1} \sum_{k=1}^{m} \sum_{l \neq k} p_{jl}(x_0, y)\, \mu_{lk}(y)\, A_{lk}(y)\, v^{y-x_0}\, dy. \tag{14.70}$$

Der gesamte Erwartungswert des Barwertes der Versicherungsleistungen, die im Durchschnitt auf einen x_0-jährigen der Personengesamtheit j entfallen, beträgt daher

$$\begin{aligned} A_j(x_0, x_1) = {} & \int_{x_0}^{x_1} \sum_{k=1}^{m} p_{jk}(x_0, y)\, a_k(y)\, v^{y-x_0}\, dy + \\ & + \int_{x_0}^{x_1} \sum_{k=1}^{m} \sum_{l \neq k} p_{jl}(x_0, y)\, \mu_{lk}(y)\, A_{lk}(y)\, v^{y-x_0}\, dy. \end{aligned} \tag{14.71}$$

Für die Äquivalenz von Prämienzahlungen und Versicherungsleistungen ist $A_j(x_0, x_1) = B_j(x_0, x_1)$ zu fordern.

Treten Unstetigkeitsstellen gemäß (14.8) auf, dann sind diese unter Bedachtnahme auf (14.33) in der Weise zu berücksichtigen, daß der Ausdruck auf der rechten Seite von (14.71) um

$$\sum_{k=1}^{m} \sum_{l \neq k} p_{jl}(x_0, z_0 - 0)\, \Delta_{lk}(z_0)\, A_{lk}(z_0)\, v^{z_0-x_0} \tag{14.72}$$

erhöht wird. Treten mehrere Alter $z = z_0$ auf, an denen die Funktionen $p_{jk}(y, z)$ unstetig sind, dann ist der Ausdruck (14.72) für jedes dieser Alter zu bilden und die Summe der rechten Seite von (14.71) hinzuzurechnen.

Sind die Übergangswahrscheinlichkeiten nicht rein altersabhängig, dann ist auf die Altersstruktur Bedacht zu nehmen. Im Punkt 4 haben wir in Formel (14.59) in Verbindung mit (14.57) und (14.58) die Altersstruktur der Personengesamtheit unter der Voraussetzung angegeben, daß die Anfangswerte $l_j(0)$ bekannt sind. Für die Berechnung von Versicherungswerten, wie sie die Prämien- und Leistungsbarwerte darstellen, sind jedoch nicht alle Personen der m Gesamtheiten heranzuziehen. Wir sind davon ausgegangen, daß ein Versicherter der Personengesamtheit j mit dem Alter x_0 die Versicherung abschließt. Für unsere Untersuchungen sind daher nur jene Personen maßgebend, die im Alter von x_0 der Personengesamtheit j angehörten. Die Altersstruktur dieser Personengruppe kann nach (14.44) in Verbindung mit (14.59) errechnet werden. Um die Weiterentwicklung dieser Personengruppe zu beobachten, nehmen wir an, daß im Zeitpunkt x_0 alle anderen Personengruppen, außer der Personengruppe j, leer sind, das heißt, wir setzen $l_k(x_0) = 0$ für $k \neq j$. Im weiteren bezeichnen wir mit

$$l_k^{(j)}(y \| x_0)\, \Delta y + o(\Delta y)$$

die Zahl der Personen aus der Personengesamtheit $l_j(x_0)$, die im Intervall $(y, y + \Delta y)$ in die Personengesamtheit k eingetreten sind. Weiters sei

$$l_k^{(j)}(z \mid y \| x_0)\, \Delta y + o(\Delta y) \tag{14.73}$$

die Zahl der Personen aus der Personengesamtheit $l_j(x_0)$, die im Intervall $(y, y + \Delta y)$ in die Personengesamtheit k eingetreten sind und bis zum Zeitpunkt z in dieser Personengesamtheit verblieben sind. (14.73) kann nun wieder nach (14.59) in Verbindung mit (14.57) und (14.58) berechnet werden, wobei wir mit n die Anzahl der ab dem Zeitpunkt x_0 aufgetretenen Übergänge bezeichnen. Um jedoch den Anfangsbedingungen $l_k(x_0) = 0$ für $k \neq j$ sowie der im Zeitpunkt x_0 gegebenen Altersstruktur der Personengesamtheit j zu genügen, ist hiebei in Abweichung von (14.57) und (14.58)

$$\begin{aligned}
{}_1l_j^{(j)}(y \| x_0) &= 0, \\
{}_1l_k^{(j)}(y \| x_0) &= l_j(0)\, \bar{p}_{jj}(0, y \mid 0)\, \mu_{jk}(y \mid 0) + \int_0^{x_0} l_j(y \mid x)\, \mu_{jk}(y \mid x)\, dx, \quad k \neq j \qquad (14.74) \\
{}_nl_k^{(j)}(y \| x_0) &= \sum_{l \neq k} \int_{x_0}^{y} {}_{n-1}l_l^{(j)}(x \| x_0)\, \bar{p}_{ll}(x, y \mid x)\, \mu_{lk}(y \mid x)\, dx, \qquad n \geqq 2
\end{aligned}$$

zu setzen. Nun kann (14.73) in Analogie zu (14.59) nach der Formel

$$l_k^{(j)}(z \mid y \| x_0) = \sum_{n=1}^{\infty} {}_nl_k^{(j)}(y \| x_0)\, \bar{p}_{kk}(y, z \mid y) \tag{14.75}$$

berechnet werden. Bezeichnen wir mit

$$p_k^{(j)}(z \mid y \| x_0)\, \Delta y + o(\Delta y) \tag{14.76}$$

die Wahrscheinlichkeit für einen x_0-jährigen aus der Personengesamtheit j, im Intervall $(y, y+\Delta y)$ in die Personengesamtheit k einzutreten und dort bis zum Zeitpunkt z zu bleiben, dann gilt offenbar

$$p_k^{(j)}(z \mid y \| x_0) = \frac{l_k^{(j)}(z \mid y \| x_0)}{l_j(x_0)}. \tag{14.77}$$

Die Wahrscheinlichkeit für einen x_0-jährigen der Personengesamtheit j, im Zeitpunkt z der Personengesamtheit k anzugehören, kann dann durch die Formel

$$p_{jk}(x_0, z) = \int_{y=x_0}^{z} p_k^{(j)}(z \mid y \| x_0)\, dy \tag{14.78}$$

dargestellt werden. Für den Erwartungswert der Prämienzahlungen, die im Intervall $(z, z+\Delta z)$ von einem x_0-jährigen der Personengesamtheit j geleistet werden, ergibt sich unter Berücksichtigung der in der Personengesamtheit k bereits verbrachten Dauer in Analogie zu (14.66) der folgende Ausdruck:

$$\sum_{k=1}^{m} \int_{y=x_0}^{z} p_k^{(j)}(z \mid y \| x_0)\, b_k(z \mid y)\, dy\, \Delta z + o(\Delta z). \tag{14.79}$$

(14.79) kann nun in gleicher Weise behandelt werden wie (14.66), und wir erhalten für den Erwartungswert des Barwertes der Prämienzahlungen eines x_0-jährigen der Personengesamtheit j in Analogie zu (14.67) den folgenden Wert:

$$B_j(x_0, x_1) = \int_{z=x_0}^{x_1} \sum_{k=1}^{m} \int_{y=x_0}^{z} p_k^{(j)}(z \mid y \| x_0)\, b_k(z \mid y)\, v^{z-x_0}\, dy\, dz. \tag{14.80}$$

Der Erwartungswert des Barwertes der Versicherungsleistungen kann entsprechend (14.71) in analoger Weise wie folgt gefunden werden:

$$\begin{aligned} A_j(x_0, x_1) = {} & \int_{z=x_0}^{x_1} \sum_{k=1}^{m} \int_{y=x_0}^{z} p_k^{(j)}(z \mid y \| x_0)\, a_k(z \mid y)\, v^{z-x_0}\, dy\, dz + \\ & + \int_{z=x_0}^{x_1} \sum_{k=1}^{m} \int_{y=x_0}^{z} \sum_{l \neq k} p_l^{(j)}(z \mid y \| x_0)\, \mu_{lk}(z \mid y)\, A_{lk}(z \mid y)\, v^{z-x_0}\, dy\, dz. \end{aligned} \tag{14.81}$$

Eine entsprechende Erweiterung dieser Formeln zur Berücksichtigung von Unstetigkeitsstellen gemäß (14.8) ist unschwer möglich, wenn für die Funktionen $l_k^{(j)}(z \mid y \| x_0)$ die gleichen Unstetigkeiten eingeführt werden wie am Ende von Punkt 4 für die Funktionen $l_k(z)$ bzw. $l_j(z \mid y)$.

Im diskreten Fall (Punkt 5) bezeichnen wir bei rein altersabhängigen Übergangswahrscheinlichkeiten für ganzzahlige y mit $b_k(y)$ die Prämienzahlung des y-jährigen aus der Personengesamtheit k, mit $a_k(y)$ die Versicherungsleistung für diesen Versicherten und mit $A_{lk}(y)$ die Versicherungsleistung bei Übertritt von der Personengesamtheit l in die Personengesamtheit k im Zeitpunkt y. Die Wahrscheinlichkeit für einen x_0-jährigen aus der Personengesamtheit j, im Zeitpunkt y Mitglied der Personengesamtheit k zu sein, ist $p_{jk}(x_0, y)$. Die Wahrscheinlichkeit für den x_0-jährigen der Personengesamtheit j, im Zeitpunkt y aus der Personengesamtheit l in die Personengesamtheit k überzutreten, ist

$$p_{jl}(x_0, y-1)\, p_{lk}(y-1, y).$$

Die Erwartungswerte der Prämien- bzw. Leistungsbarwerte lassen sich daher in den folgenden zu (14.67) bzw. (14.71) analogen Formeln darstellen:

$$B_j(x_0, x_1) = \sum_{y=x_0}^{x_1} \sum_{k=1}^{m} p_{jk}(x_0, y)\, b_k(y)\, v^{y-x_0},$$

$$A_j(x_0, x_1) = \sum_{y=x_0}^{x_1} \sum_{k=1}^{m} p_{jk}(x_0, y)\, a_k(y)\, v^{y-x_0} + \qquad (14.82)$$

$$+ \sum_{y=x_0+1}^{x_1} \sum_{k=1}^{m} \sum_{l \neq k} p_{jl}(x_0, y-1)\, p_{lk}(y-1, y)\, A_{lk}(y)\, v^{y-x_0}.$$

Für nicht rein altersabhängige Übergangswahrscheinlichkeiten bezeichnen wir mit $b_k(z \mid y)$ die Prämienzahlung des z-jährigen aus der Personengesamtheit k, der im Zeitpunkt y zuletzt in diese Personengesamtheit eingetreten ist. $a_k(z \mid y)$ ist die entsprechende Versicherungsleistung und $A_{lk}(z \mid y)$ die entsprechende Übergangsleistung. Nun gehen wir vom Gleichungssystem (14.64) und (14.65) aus. Da wir uns auf Personen aus der Personengesamtheit $l_j(x_0)$ beschränken, bezeichnen wir wieder mit $l_k^{(j)}(z \mid y \,\|\, x_0)$ die Anzahl der Personen aus dieser Personengesamtheit, die im Zeitpunkt y in die Personengesamtheit k übergetreten sind und bis zum Zeitpunkt z dieser Personengesamtheit angehören. Das Gleichungssystem lautet nun folgendermaßen:

$$l_k^{(j)}(z+1 \mid y \,\|\, x_0) = l_k^{(j)}(z \mid y \,\|\, x_0) \left[1 - \sum_{l \neq k}' p_{kl}(z, z+1 \mid y)\right] \qquad (14.83)$$

mit

$$l_k^{(j)}(y \mid y \,\|\, x_0) = \sum_{l \neq k} \sum_{\nu=x_0+1}^{y-1} l_l^{(j)}(y-1 \mid \nu \,\|\, x_0)\, p_{lk}(y-1, y \mid \nu) + \qquad (14.84)$$

$$+ (1-\delta_{jk}) \sum_{\nu=0}^{x_0} l_j(y-1 \mid \nu)\, p_{jk}(y-1, y \mid \nu).$$

Der erste Ausdruck auf der rechten Seite von (14.84) ist die Wahrscheinlichkeit für einen Übertritt in die Personengesamtheit k aus einer Personengesamtheit l mit $l \neq k$. Für Personengesamtheiten l mit $l \neq j$ sind aber nur Eintritte nach dem Zeitpunkt x_0 zu berücksichtigen, da wir ja nur Personen aus $l_j(x_0)$ betrachten. Ist $k \neq j$, dann ist der letzte Ausdruck auf der rechten Seite von (14.84) von Null verschieden und gibt die Wahrscheinlichkeit für einen Übertritt aus der Personengesamtheit j in die Personengesamtheit k an, wenn es sich um Personen handelt, die im Zeitpunkt $\nu \leq x_0$ in die Personengesamtheit j eingetreten sind und bis zum Zeitpunkt $y-1$ in dieser Personengesamtheit verblieben sind.

Ausgehend von (14.84) für $y = x_0 + 1$ sind die Funktionen $l_k^{(j)}(y \mid y \,\|\, x_0)$ und $l_k^{(j)}(z+1 \mid y \,\|\, x_0)$ nach steigendem y und steigendem z zu berechnen.

Kapitel 15

Versicherungswerte der Krankenversicherung

1. Erkrankungs- und Gesundungsintensitäten. Für die Berechnung von Versicherungswerten in der Krankenversicherung ist der Stand der lebenden Personen in die Personengesamtheit der Gesunden und in die Personengesamtheit der Kranken zu unterteilen. Wir haben es also mit drei Personengesamtheiten zu tun, und zwar mit der Personengesamtheit 1 der Gesunden, der Personengesamtheit 2 der Kranken und der Personengesamtheit 3 der Gestorbenen. Bezeichnen wir mit $l_j(y)$ die Zahl der y-jährigen aus der Personengesamtheit j und mit $l_{jk}(y, z)$ die Zahl der y-jährigen aus der Personengesamtheit j, die im Zeitpunkt z der Personengesamtheit k angehören, dann können die Übergangswahrscheinlichkeiten (14.5) in der Form

$$p_{jk}(y, z) = \frac{l_{jk}(y, z)}{l_j(y)} \tag{15.1}$$

dargestellt werden. Mit Hilfe von (14.10) können die Übergangsintensitäten aus der Formel

$$\mu_{jk}(y) = \lim_{\Delta y \to 0} \frac{l_{jk}(y, y + \Delta y)}{\Delta y \, l_j(y)} \tag{15.2}$$

gewonnen werden. Bei den Funktionen $l_j(y)$ bzw. $l_{jk}(y, z)$ handelt es sich um beobachtbare Größen. Insbesondere bezeichnen wir die Übergangsintensitäten $\mu_{12}(y)$ als *Erkrankungsintensität* und $\mu_{21}(y)$ als *Gesundungsintensität*. $\mu_{13}(y)$ ist die Sterbeintensität der Gesunden und $\mu_{23}(y)$ die Sterbeintensität der Kranken.

Versicherungswerte können nun nach den Grundsätzen aus Kapitel 14 errechnet werden. Die Übergangsintensitäten sind offenbar bezüglich des Eintrittes in die Personengesamtheiten 1 und 2 homogen, und zwar trivialerweise, da in diese Personengesamtheiten der Übergang nur jeweils aus der anderen Personengesamtheit möglich ist. Anders verhält es sich mit der Personengesamtheit 3 der Gestorbenen. Hier kann die Homogenität nicht ohne weiteres vorausgesetzt werden.

Bei den Personengesamtheiten 1 und 2 handelt es sich offenbar um Wiederholungsgesamtheiten, da Übergänge zwischen den Personengesamtheiten der Gesunden und der Kranken in beiden Richtungen möglich sind. In einem solchen Fall erweist sich die Berechnung für homogene Übergangsintensitäten als weitaus einfacher. Wir wollen daher zunächst voraussetzen, es seien auch die Sterbeintensitäten homogen, und es gelte

$$\mu_{13}(y) = \mu_{23}(y) = \mu_3(y). \tag{15.3}$$

Nun lassen sich die Ergebnisse aus Kapitel 14, Punkt 4, übertragen. Insbesondere gelten die Formeln (14.48) und (14.49). Wir bezeichnen mit $g(y) = \lambda_1(y)$ den Anteil der y-jährigen Gesunden am Gesamtstand der Lebenden und mit $k(y) = \lambda_2(y)$ den Anteil der y-jährigen Kranken am Gesamtstand der Lebenden. Nehmen wir jetzt an, daß die Versicherung mit dem Alter x_0 abgeschlossen wird, und zwar von allen gesunden x_0-jährigen, so daß $g(x_0) = 1$ und $k(x_0) = 0$ gilt, dann erhalten wir in Analogie zu (14.49) unschwer die folgenden Gleichungen:

$$\begin{aligned} g(Y) &= \int_{x_0}^{Y} e^{-\int_y^Y [\mu_{21}(\tau)+\mu_{12}(\tau)]\,d\tau} \mu_{21}(y)\,dy + e^{-\int_{x_0}^Y [\mu_{21}(\tau)+\mu_{12}(\tau)]\,d\tau} \\ k(Y) &= \int_{x_0}^{Y} e^{-\int_y^Y [\mu_{21}(\tau)+\mu_{12}(\tau)]\,d\tau} \mu_{12}(y)\,dy. \end{aligned} \tag{15.4}$$

Diese beiden Gleichungen lassen sich mit Hilfe der Anfangsbedingung $k(x_0) = 0$ aus (14.45) in gleicher Weise herleiten wie (14.49).

Aus (15.4) folgt

$$\frac{d}{dY} k(Y) = \mu_{12}(Y) - [\mu_{12}(Y) + \mu_{21}(Y)]\,k(Y).$$

Setzen wir jetzt

$$K(Y) = \frac{\mu_{12}(Y)}{\mu_{12}(Y) + \mu_{21}(Y)},$$

dann gilt

$$\frac{d}{dY} k(Y) = [\mu_{12}(Y) + \mu_{21}(Y)]\,[K(Y) - k(Y)].$$

$k(Y)$ ist also genau dann steigend, wenn es kleiner ist als $K(Y)$, und genau dann fallend, wenn es größer ist als $K(Y)$. Man bezeichnet $K(Y)$ als *kritische Funktion.* Der Anteil der Erkrankten einer Personengesamtheit wird genau dann steigen, wenn er kleiner ist als die kritische Funktion, und genau dann sinken, wenn er größer ist.

Für die Gesamtzahl der lebenden Versicherten gilt in Analogie zu (14.47)

$$l_3(y) = L(x_0)\left(1 - e^{-\int_{x_0}^{y} \mu_3(\tau)\,d\tau}\right)$$

und daraus

$$L(y) = L(x_0) - l_3(y) = L(x_0)\, e^{-\int_{x_0}^{y} \mu_3(\tau)\,d\tau}. \tag{15.5}$$

Im allgemeinen ist es nicht zulässig, die Homogenitätsbedingung (15.3) vorauszusetzen. Wir wollen jedoch eine vereinfachende Annahme machen, die praktisch keine ins Gewicht fallende Beschränkung der Allgemeinheit enthält. Es wurde vorausgesetzt, daß die Versicherung nur von gesunden x_0-jährigen abgeschlossen wird. Wir wollen jetzt annehmen, daß die Sterbeintensität für jenen Personenkreis bekannt sei, und wir bezeichnen sie mit $\mu_3(y)$. Praktisch wird dieser Wert $\mu_3(y)$ nur unwesentlich von der Sterbeintensität $\mu(y)$ der Gesamtbevölkerung abweichen, so daß er als Näherungswert durch $\mu(y) \sim \mu_3(y)$ ersetzt werden kann. Wir gehen nun wieder von (14.45) aus und erhalten wegen $L(y) = l_1(y) + l_2(y)$ die Gleichung

$$\begin{aligned} \frac{d}{dy} l_1(y) &= -l_1(y)\,[\mu_{12}(y) + \mu_{13}(y)] + l_2(y)\,\mu_{21}(y) = \\ &= -l_1(y)[\mu_{12}(y) + \mu_{13}(y) + \mu_{21}(y)] + L(y)\,\mu_{21}(y). \end{aligned} \tag{15.6}$$

Da wir vorausgesetzt haben, daß die Sterbeintensität unserer Personengesamtheit $L(y)$ durch $\mu_3(y)$ dargestellt wird, gilt wieder (15.5). Lösen wir (15.6) auf, dann erhalten wir in Analogie zu (14.48)

$$l_1(Y) = L(x_0)\int_{x_0}^{Y} e^{-\int_y^Y[\mu_{12}(\tau)+\mu_{13}(\tau)+\mu_{21}(\tau)]\,d\tau-\int_{x_0}^{y}\mu_3(\tau)\,d\tau}\mu_{21}(y)\,dy + \\ + L(x_0)e^{-\int_{x_0}^{Y}[\mu_{12}(\tau)+\mu_{13}(\tau)+\mu_{21}(\tau)]\,d\tau}$$

Gehen wir auf die Anteile der Gesunden bzw. der Kranken an der Personengesamtheit $L(y)$ über, dann gilt wegen $g(y) = \frac{l_1(y)}{L(y)}$ und wegen (15.5) die Gleichung

$$g(Y) = \int_{x_0}^{Y} e^{-\int_y^Y[\mu_{12}(\tau)+\mu_{21}(\tau)+\mu_{13}(\tau)-\mu_3(\tau)]\,d\tau}\mu_{21}(y)\,dy + \\ + e^{-\int_{x_0}^{Y}[\mu_{12}(\tau)+\mu_{21}(\tau)+\mu_{13}(\tau)-\mu_3(\tau)]\,d\tau} \tag{15.7}$$

Ebenso erhalten wir für $j = 2$ in Analogie zu (14.48) die Darstellung

$$l_2(Y) = L(x_0)\int_{x_0}^{Y} e^{-\int_y^Y[\mu_{12}(\tau)+\mu_{23}(\tau)+\mu_{21}(\tau)]\,d\tau-\int_{x_0}^{y}\mu_3(\tau)\,d\tau}\mu_{12}(y)\,dy$$

und daraus wegen $k(y) = \frac{l_2(y)}{L(y)}$ und wegen (15.5) die Gleichung

$$k(Y) = \int_{x_0}^{Y} e^{-\int_{x_0}^{Y}[\mu_{12}(\tau)+\mu_{21}(\tau)+\mu_{23}(\tau)-\mu_3(\tau)]\,d\tau}\mu_{12}(y)\,dy. \tag{15.8}$$

Mit Hilfe von (15.7) und (15.8) kann der Anteil der Gesunden und der Anteil der Kranken auf Grund der Erkrankungsintensität, der Gesundungsintensität sowie der Sterbeintensitäten für Gesunde, Kranke und für die Gesamtbevölkerung für jedes Alter Y berechnet werden.

Bisher haben wir freiwillige Austritte aus der Versicherung nicht berücksichtigt. Diese können jedoch unschwer einbezogen werden. Es ist dann lediglich notwendig, anstelle der Sterbeintensitäten $\mu_{13}(y)$, $\mu_{23}(y)$ bzw. $\mu_3(y)$ allgemeine Ausscheideintensitäten zu setzen, welche das Ausscheiden durch Tod oder durch freiwilligen Austritt mitberücksichtigen.

2. Die Höhe der Prämien. Den Erwartungswert des Barwertes der Prämienzahlungen haben wir in Kapitel 14 Punkt 6 berechnet und durch (14.67) ausgedrückt. In unserem Fall nehmen wir an, daß die Prämien von Gesunden und Kranken in konstanter durchschnittlicher Höhe zu zahlen sind, und zwar sei für eine Versicherung vom Alter x_0 bis zum Alter x_1 die im Durchschnitt je Zeiteinheit vom Versicherten gezahlte Prämie gleich $\overline{P}(x_0, x_1)$. Im Zeitintervall $(y, y+\Delta y)$ werden daher von den Versicherten insgesamt $L(y)\Delta y\overline{P}(x_0, x_1) + o(\Delta y)$ an

Prämien gezahlt. Teilen wir wieder das Intervall (x_0, x_1) in n gleiche Teile, setzen $y = x_0 + v \frac{x_1 - x_0}{n}$ und lassen n gegen Unendlich streben, dann erhalten wir analog dem Übergang von (14.66) auf (14.67) für den Erwartungswert des Barwertes der Prämienzahlungen aller Versicherten den Ausdruck

$$\int_{x_0}^{x_1} L(y)\, \overline{P}(x_0, x_1)\, v^{y-x_0}\, dy .$$

Der Erwartungswert des Barwertes der im Durchschnitt auf einen Versicherten entfallenden Prämienzahlungen kann daraus mit Hilfe von (15.5) in der Form

$$B(x_0, x_1) = \overline{P}(x_0, x_1) \int_{x_0}^{x_1} e^{-\int_{x_0}^{y} \mu_3(\tau)\, d\tau}\, v^{y-x_0}\, dy \tag{15.9}$$

dargestellt werden. Um den Leistungsaufwand zu ermitteln, nehmen wir an, daß für einen erkrankten y-jährigen im Durchschnitt je Zeiteinheit $a(y)$ an Leistungen aufzuwenden ist. Im Zeitintervall $(y, y + \Delta y)$ werden daher insgesamt $l_2(y) a(y) \Delta y + o(\Delta y)$ an Leistungen aufgewendet, und der Erwartungswert des gesamten Barwertes ist

$$\int_{x_0}^{x_1} l_2(y)\, a(y)\, v^{y-x_0}\, dy .$$

Mit Hilfe von (15.5) und (15.8) erhalten wir daraus für den Erwartungswert des Barwertes der Leistungen, die im Durchschnitt auf einen Versicherten entfallen, die folgende Formel

$$A(x_0, x_1) = \int_{x_0}^{x_1} \int_{x_0}^{Y} e^{-\int_{y}^{Y} [\mu_{12}(\tau) + \mu_{21}(\tau) + \mu_{23}(\tau)]\, d\tau - \int_{x_0}^{y} \mu_3(\tau)\, d\tau}\, \mu_{12}(y)\, dy\, a(Y)\, v^{Y-x_0}\, dY . \tag{15.10}$$

Aus der Bedingung $B(x_0, x_1) = A(x_0, x_1)$ folgt daher:

$$\overline{P}(x_0, x_1) = \frac{A(x_0, x_1)}{\int_{x_0}^{x_1} e^{-\int_{x_0}^{y} \mu_3(\tau)\, d\tau}\, v^{y-x_0}\, dy} . \tag{15.11}$$

$A(x_0, x_1)$ im Zähler von (15.11) ist dabei nach (15.10) zu berechnen.

3. Die Berücksichtigung der Erkrankungsdauer. Die bisherigen Untersuchungen beruhten auf rein altersabhängigen Übergangswahrscheinlichkeiten. Vielfach erscheint es jedoch notwendig, auch die Erkrankungsdauer zu berücksichtigen, so etwa, wenn für die Inanspruchnahme einer Leistung eine Mindestdauer der Erkrankung (Karenzzeit) oder eine Höchstdauer vorgesehen ist. Es sei $\mu_{21}(y \mid x)$ die Gesundungsintensität eines y-jährigen, der im Alter x erkrankt ist. Es sei $l_2(y \mid x) \Delta x + o(\Delta x)$ die Zahl der kranken y-jährigen, die im Zeitintervall $(x, x + \Delta x)$ erkrankten. Weiters sei $l_{21}(y, z \mid x) \Delta x + o(\Delta x)$ die Zahl der kranken y-jährigen, die im Zeitintervall $(x, x + \Delta x)$ erkrankten und im Zeitpunkt z wieder gesund sind. Offenbar können die Funktionen $l_2(y\,|\,x)$ bzw. $l_{21}(y, z\,|\,x)$ aus der Beobachtung gewonnen werden, und es gilt

$$\mu_{21}(y\,|\,x) = \lim_{\Delta y \to 0} \frac{l_{21}(y, y + \Delta y\,|\,x)}{l_2(y\,|\,x)} \tag{15.12}$$

Nun müssen wir die Wahrscheinlichkeiten $p_2^{(1)}(z\,|\,y\,\|\,x_0)$ aus (14.76) berechnen. Es ist $p_2^{(1)}(z\,|\,y\,\|\,x_0)\Delta y + o(\Delta y)$ die Wahrscheinlichkeit für einen im Alter x_0 gesunden Versicherten, im Zeitintervall $(y, y + \Delta y)$ zu erkranken und bis zum Zeitpunkt z krank zu sein. Die Erkrankungswahrscheinlichkeit für das Zeitintervall $(y, y + \Delta y)$ ist offenbar durch

$$\frac{l(y)g(y)\mu_{12}(y)\,\Delta y}{l(x_0)} + o(\Delta y) = g(y)\,e^{-\int\limits_{x_0}^{y}\mu_3(\tau)\,d\tau}\,\mu_{12}(y)\,\Delta y + o(\Delta y)$$

gegeben. Daraus folgt

$$p_2^{(1)}(z\,|\,y\,\|\,x_0) = g(y)\,e^{-\int\limits_{x_0}^{y}\mu_3(\tau)\,d\tau}\,\mu_{12}(y)\,e^{-\int\limits_{y}^{z}[\mu_{21}(\tau\,|\,y)+\mu_{23}(\tau\,|\,y)]\,d\tau} \tag{15.13}$$

Der Erwartungswert des Barwertes der Versicherungsleistungen kann nun nach Formel (14.81) berechnet werden. Beschränkt man sich auf die Versicherungsleistungen $a_2(z\,|\,y)$, dann gilt

$$A_2(x_0, x_1) = \int\limits_{z=x_0}^{x_1}\int\limits_{y=x_0}^{z} p_2^{(1)}(z\,|\,y\,\|\,x_0)\,a_2(z\,|\,y)\,v^{z-x_0}\,dy\,dz =$$

$$= \int\limits_{y=x_0}^{x_1}\int\limits_{z=y}^{x_1} p_2^{(1)}(z\,|\,y\,\|\,x_0)\,a_2(z\,|\,y)\,v^{z-x_0}\,dz\,dy.$$

Berücksichtigen wir eine Karenzzeit von δ und eine Höchstdauer Δ der Erkrankung, während derer Leistungen gewährt werden, dann erhalten wir den folgenden Ausdruck:

$$A_2(x_0, x_1) = \int\limits_{y=x_0}^{x_1}\int\limits_{z=y+\delta}^{\min(x_1, y+\Delta)} p_2^{(1)}(z\,|\,y\,\|\,x_0)\,a_2(z\,|\,y)\,v^{z-x_0}\,dz\,dy. \tag{15.14}$$

Wir wollen noch den Erwartungswert $A_2(y\,|\,x_0)$ des Barwertes der Aufwendungen für einen Erkrankungsfall im Alter y berechnen. Die Wahrscheinlichkeit für einen im Zeitpunkt y erkrankten Versicherten, im Zeitpunkt z noch krank zu sein, ist

$$e^{-\int\limits_{y}^{z}[\mu_{21}(\tau\,|\,y)+\mu_{23}(\tau\,|\,y)]\,d\tau}$$

und wir erhalten unter Berücksichtigung einer Karenzzeit δ und einer Höchstdauer Δ die folgende Darstellung:

$$A_2(y\,|\,x_0) = \int\limits_{z=y+\delta}^{\min(x_1, y+\Delta)} e^{-\int\limits_{y}^{z}[\mu_{21}(\tau\,|\,y)+\mu_{23}(\tau\,|\,y)]\,d\tau}\,a_2(z\,|\,y)\,v^{z-y}\,dz. \tag{15.15}$$

Aus (15.13), (15.14) und (15.15) folgt nun

$$A_2(x_0, x_1) = \int_{x_0}^{x_1} g(y) e^{-\int_{x_0}^{y} \mu_3(\tau)\, d\tau} \mu_{12}(y)\, A_2(y \mid x_0)\, v^{y-x_0}\, dy. \qquad (15.16)$$

(15.15) und (15.16) geben eine Zerlegung des Gesamtaufwandes nach Durchschnittskosten des Leistungsfalles und nach Leistungshäufigkeit.

Kapitel 16

Die Methode der altersabhängigen Durchschnittskosten

1. Kommutationszahlen und Versicherungswerte der Krankenversicherung. Die Kosten der Krankenversicherung sollen in diesem Kapitel in ihrer Abhängigkeit von Geschlecht und Alter untersucht werden. Die durchschnittlichen Kosten für einen krankenversicherten Mann zwischen dem Alter x und dem Alter $x + 1$ seien K_x. Die durchschnittlichen Kosten für eine krankenversicherte Frau zwischen dem Alter y und dem Alter $y + 1$ seien K_y. Da der Formalismus in beiden Fällen der gleiche ist, beschränken wir uns auf die Untersuchung für männliche Versicherte.

Bei der Methode der altersabhängigen Durchschnittskosten werden verschiedene vereinfachende Annahmen gemacht. Die erste Vereinfachung besteht darin, anzunehmen, daß die Kosten in der Mitte des Jahres zur Gänze anfallen. Diese Annahme trifft vor allem deshalb nicht genau zu, weil in der Krankenversicherung eine saisonelle Abhängigkeit der Kosten beobachtet werden kann, doch wird diese üblicherweise vernachlässigt. Weiters nimmt man an, daß die Zahl der Versicherten, die sich Jahr für Jahr vom Alter x bis zum Alter $x + 1$ vermindert, im Durchschnitt dem arithmetischen Mittel zwischen den Versichertenständen im Alter x und im Alter $x + 1$ gleich ist. Nehmen wir an, daß von l_x Versicherten des Alters x nach einem Jahr noch l_{x+1} versichert sind, dann werden die Gesamtkosten mit

$$\frac{K_x}{2}\,(l_x + l_{x+1}) \qquad (16.1)$$

angenommen, und es wird vorausgesetzt, daß diese Kosten in der Mitte des Jahres anfallen.

Die Verhältnisse liegen ähnlich wie in der Lebensversicherung (Abschnitt II) für Erlebensversicherungen. Dort wurden die Erlebensleistungen jeweils bei Erreichung des vollen Lebensalters fällig. Hier werden sie als im Durchschnitt in der Mitte des Jahres anfallend vorausgesetzt. Denken wir uns eine lebenslängliche Krankenversicherung, die von l_x männlichen Personen des Alters x abgeschlossen wird, dann kann der Erwartungswert des Barwertes aller Versicherungsleistungen unter Berücksichtigung von (16.1) und unter der Annahme, daß diese Aufwendungen jeweils in der Jahresmitte fällig werden, in der folgenden Form dargestellt werden:

$$l_x A(x) = \sum_{\nu=0}^{\omega-x} \frac{K_{x+\nu}}{2}\,(l_{x+\nu} + l_{x+\nu+1})\, v^{\nu+1/2}. \qquad (16.2)$$

Hiebei bezeichnet $A(x)$ den Erwartungswert des Barwertes der lebenslänglichen Versicherungsleistung für einen x-jährigen. Wir führen nun die Kommutationszahlen

$$O_x = \frac{K_x}{2} (l_x + l_{x+1}) v^{x+1/2} \tag{16.3}$$

ein. Multiplizieren wir (16.2) mit v^x, dann erhalten wir daraus unter Verwendung der Kommutationszahlen (5.5) die folgende Gleichung:

$$A(x) = \frac{1}{D_x} \sum_{\nu=0}^{\omega-x} O_{x+\nu}. \tag{16.4}$$

Die aufsummierten Kommutationszahlen O_x führen wir als neue Kommutationszahlen ein,

$$U_x = \sum_{\nu=0}^{\omega-x} O_{x+\nu}, \tag{16.5}$$

und erhalten

$$A(x) = \frac{U_x}{D_x}. \tag{16.6}$$

Für eine Versicherung mit der Dauer n erhalten wir statt (16.4)

$$A(x, x+n) = \frac{1}{D_x} \sum_{\nu=0}^{n-1} O_{x+\nu}, \tag{16.7}$$

da nur über n Jahre zu summieren ist. Wegen (16.5) gilt

$$A(x, x+n) = \frac{U_x - U_{x+n}}{D_x}. \tag{16.8}$$

Sehen wir jährliche Prämienzahlungen durch k Jahre in der Höhe von $P_{x,\overline{k|}}[A(x, x+n)]$ vor, dann ist der Erwartungswert des Barwertes aller Prämienzahlungen gleich $P_{x,\overline{k|}}[A(x, x+n)]\ddot{a}_{x,\overline{k|}}$. Dieser Ausdruck muß dem Erwartungswert des Barwertes der Versicherungsleistungen (16.8) gleich sein. Daraus folgt

$$P_{x,\overline{k|}}[A(x, x+n)] = \frac{A(x, x+n)}{\ddot{a}_{x,\overline{k|}}}. \tag{16.9}$$

Stellen wir $A(x, x+n)$ und $\ddot{a}_{x,\overline{k|}}$ durch Kommutationszahlen dar — vgl. (5.26) —, dann folgt

$$P_{x,\overline{k|}}[A(x, x+n)] = \frac{U_x - U_{x+n}}{N_x - N_{x+k}}. \tag{16.10}$$

Diese Formel stellt die *Nettoprämie* dar. Neben der Nettoprämie ist so wie in der Lebensversicherung die *ausreichende Prämie* bzw. die *Tarifprämie* zu untersuchen. Zur Ermittlung dieser Prämien ist die Nettoprämie aus (16.10) in gleicher Weise umzuformen wie die laufende Prämie für eine Rentenversicherung in der Lebensversicherung. Wir verweisen auf Kapitel 5, Punkt 7. Für die ausreichende Einmalprämie erhalten wir in Analogie zu (5.71) aus

$$P_x^a[A(x, x+n)] = A(x, x+n) + \alpha P_x^a[A(x, x+n)] + \gamma \ddot{a}_{x,\overline{n|}}$$

die Gleichung

$$P_x^a[A(x, x+n)] = \frac{A(x, x+n) + \gamma \ddot{a}_{x,\overline{n}|}}{1-\alpha} \tag{16.11}$$

und für die laufenden Prämien bei k-jähriger Prämienzahlung in Analogie zu (5.76) aus

$$P_{x,\overline{k}|}^a [A(x, x+n)] \ddot{a}_{x,\overline{k}|} = A(x, x+n) + \alpha P_{x,\overline{k}|}^a [A(x, x+n)] + \\ + \beta P_{x,\overline{k}|}^a [A(x, x+n)] \ddot{a}_{x,\overline{n}|} + \gamma \ddot{a}_{x,\overline{n}|}$$

die Gleichung

$$P_{x,\overline{k}|}^a [A(x, x+n)] = \frac{A(x, x+n) + \gamma \ddot{a}_{x,\overline{n}|}}{(1-\beta)\ddot{a}_{x,\overline{k}|} - \alpha}. \tag{16.12}$$

In diesem Fall werden die Abschlußkosten von der ersten Prämie berechnet. Bei der Verwendung von Rechnungsgrundlagen zweiter Ordnung ist die Tarifprämie in Analogie zu (5.82) zu ermitteln.

2. Das Deckungskapital und die Versicherung auf Geburtenbeihilfe. Das Deckungskapital in der Krankenversicherung kann so wie in der Lebensversicherung (Kapitel 6) berechnet werden. Wir gehen aus von einer n-jährigen Krankenversicherung mit k-jähriger Prämienzahlung. Nach t Jahren ($t < k$) ist

$$\sum_{\nu=t}^{k-1} l_{x+\nu} P_{x,\overline{k}|} [A(x, x+n)] v^{\nu-t}$$

der Erwartungswert des Barwertes der zukünftigen Prämieneinnahmen und

$$\sum_{\nu=t}^{n-1} \frac{K_{x+\nu}}{2} (l_{x+\nu} + l_{x+\nu+1}) v^{\nu-t+1/2}$$

der Erwartungswert des Barwertes der zukünftigen Versicherungsleistungen. Die Summe der für l_{x+t} Versicherte vorhandenen Deckungskapitalien

$${}_tV_x\{P_{x,\overline{k}|}[A(x, x+n)]\}$$

muß dann gleich der Differenz zwischen dem Erwartungswert des Barwertes der zukünftigen Versicherungsleistungen und dem Erwartungswert des Barwertes der zukünftigen Prämienzahlungen sein:

$$l_{x+t}\,{}_tV_x\{P_{x,\overline{k}|}[A(x, x+n)]\} = \\ = \sum_{\nu=t}^{n-1} \frac{K_{x+\nu}}{2} (l_{x+\nu} + l_{x+\nu+1}) v^{\nu-t+1/2} - \sum_{\nu=t}^{k-1} l_{x+\nu} P_{x,\overline{k}|} [A(x, x+n)] v^{\nu-t}. \tag{16.13}$$

Multiplizieren wir diese Gleichung mit v^{x+t}, dann erhalten wir unter Verwendung der Kommutationszahlen die folgende prospektive Darstellung des Deckungskapitals:

$${}_tV_x^{\text{pro}} \{P_{x,\overline{k}|}[A(x, x+n)]\} = \frac{1}{D_{x+t}} \sum_{\nu=t}^{n-1} O_{x+\nu} - \frac{1}{D_{x+t}} \sum_{\nu=t}^{k-1} D_{x+\nu} P_{x,\overline{k}|} [A(x, x+n)] = \\ = \frac{U_{x+t} - U_{x+n}}{D_{x+t}} - \frac{N_{x+t} - N_{x+k}}{D_{x+t}} P_{x,\overline{k}|} [A(x, x+n)] = \\ = A(x+t, x+n) - P_{x,\overline{k}|} [A(x, x+n)] \ddot{a}_{x+t,\overline{k-t}|}. \tag{16.14}$$

Diese Gleichung entspricht der Darstellung (6.2). Wir formen (16.14) folgendermaßen um:

$$ {}_tV_x\{P_{x,\overline{k|}}[A(x, x+n)]\} = \frac{U_{x+t} - U_{x+n}}{D_{x+t}} - \frac{N_{x+t} - N_{x+k}}{D_{x+t}} \frac{U_x - U_{x+n}}{N_x - N_{x+k}} = $$

$$ = \frac{U_{x+t} - U_{x+n}}{D_{x+t}} - \frac{U_x - U_{x+n}}{D_{x+t}} + \frac{N_x - N_{x+t}}{D_{x+t}} \frac{U_x - U_{x+n}}{N_x - N_{x+k}} = $$

$$ = \frac{D_x}{D_{x+t}} \left\{ \frac{N_x - N_{x+t}}{D_x} P_{x,\overline{k|}}[A(x, x+n)] - \frac{U_x - U_{x+t}}{D_x} \right\}. $$

Daraus erhalten wir die folgende zu (6.4) analoge retrospektive Darstellung des Deckungskapitals:

$$ {}_tV_x^{\text{retro}}\{P_{x,\overline{k|}}[A(x, x+n)]\} = \frac{1}{{}_tE_x}\{P_{x,\overline{k|}}[A(x, x+n)]\,\ddot{a}_{x,\overline{t|}} - A(x, x+t)\}. \quad (16.15) $$

Im allgemeinen sind die Krankheitskosten mit zunehmendem Alter steigend, so daß eine gegen jährlich gleichbleibende Prämien abgeschlossene Krankenversicherung stets zu positiven Deckungskapitalien führt. Eine Ausnahme bildet jedoch die der Krankenversicherung zuzuordnende *Versicherung auf Geburtenbeihilfe.* Als Funktion des Alters nimmt die Geburtenhäufigkeit für weibliche Versicherte zunächst zu, im weiteren jedoch wieder ab, um etwa um das Alter von 45 Jahren auf Null abzusinken. Diese, den allgemeinen Krankheitskosten entgegenlaufende Risikoentwicklung bringt es mit sich, daß in einer Versicherung auf Geburtenbeihilfe in den ersten Jahren die höchsten Aufwendungen zu erwarten sind. Wird eine solche Versicherung gegen gleichbleibende Prämien abgeschlossen, dann ergeben sich negative Deckungskapitalien, da die höheren Aufwendungen der ersten Versicherungsjahre zum Teil aus den Prämien späterer Versicherungsjahre zu decken sind. Ein freiwilliger Austritt einer Versicherten in einem Zeitpunkt, in dem das Deckungskapital negativ ist, bedeutet aber einen Verlust für die Versicherungsgesellschaft. Wir werden zeigen, wie ein solcher Verlust vermieden werden kann.

Es sei g_x die Wahrscheinlichkeit für den Eintritt einer Geburt bei einer x-jährigen Versicherten. Wie bei den Krankheitskosten wollen wir annehmen, daß die Leistung der Geburtenbeihilfe im Durchschnitt in der Mitte des Jahres fällig wird. Die Summe der zwischen den Altern x und $x+1$ fällig werdenden Geburtenbeihilfen beträgt daher

$$ \frac{g_x}{2}(l_x + l_{x+1}). \quad (16.16) $$

Es sei G_x der Erwartungswert des Barwertes der Leistungen bei lebenslänglicher Versicherung auf Geburtenbeihilfe. In Analogie zu (16.2) gilt

$$ l_x G_x = \sum_{\nu=0}^{45-x} \frac{g_{x+\nu}}{2}(l_{x+\nu} + l_{x+\nu+1})\, v^{\nu+1/2}. \quad (16.17) $$

Wir führen neue Kommutationszahlen ein:

$$ H_x = \frac{g_x}{2}(l_x + l_{x+1})\, v^{x+1/2}. \quad (16.18) $$

Multiplizieren wir (16.17) mit v^x, dann erhalten wir mit Hilfe der Kommutationszahlen (16.18) die folgende Darstellung:

$$G_x = \frac{1}{D_x} \sum_{\nu=0}^{45-x} H_{x+\nu}. \tag{16.19}$$

Im allgemeinen ist es üblich, die Geburtenbeihilfe erst nach Ablauf einer bestimmten Karenzzeit δ zu gewähren. Wir bezeichnen den Erwartungswert des Barwertes der Versicherungsleistungen mit Berücksichtigung der Karenzzeit δ mit $G_{[x]}$. Schließen wir die Geburtenbeihilfen während der Karenzzeit aus, dann haben wir in (16.17) von $\nu = \delta$ an zu summieren. Anstelle von (16.19) erhalten wir:

$$G_{[x]} = \frac{1}{D_x} \sum_{\nu=\delta}^{45-x} H_{x+\nu}. \tag{16.20}$$

Um trotz der in x fallenden Häufigkeiten g_x das Auftreten negativer Deckungskapitalien zu vermeiden, kann vorgesehen werden, die Geburtenbeihilfe in steigender Höhe zu gewähren. Bei Eintritt der Geburt zwischen den Altern $x + \nu$ und $x + \nu + 1$ soll eine Geburtenbeihilfe der Höhe $S_{x+\nu}$ geleistet werden. In Analogie zu (16.20) erhält man für den Erwartungswert des Barwertes dieser Versicherung die folgende Gleichung:

$$G_{[x]}(S_{x+\delta}, S_{x+\delta+1}, \ldots, S_{45}) = \frac{1}{D_x} \sum_{\nu=\delta}^{45-x} H_{x+\nu} S_{x+\nu}. \tag{16.21}$$

Die jährliche Prämie für eine derartige Versicherung sei bei k-jähriger Prämienzahlung $P_{x,\overline{k}|}[G_{[x]}(S_{x+\delta}, \ldots, S_{45})]$, und es gilt in Analogie zu (16.9)

$$P_{x,\overline{k}|}[G_{[x]}(S_{x+\delta}, \ldots, S_{45})] = \frac{G_{[x]}(S_{x+\delta}, \ldots, S_{45})}{\ddot{a}_{x,\overline{k}|}}. \tag{16.22}$$

Für das Deckungskapital nach t Jahren ($\delta \leq t < k$) erhalten wir in Analogie zu (16.14) in prospektiver Darstellung:

$$\begin{aligned} {}_tV_x^{\text{pro}} \{P_{x,\overline{k}|} [G_{[x]}(S_{x+\delta}, \ldots, S_{45})]\} &= \frac{1}{D_{x+t}} \sum_{\nu=t}^{45-x} H_{x+\nu} S_{x+\nu} - \\ - \frac{1}{D_{x+t}} \sum_{\nu=t}^{k-1} D_{x+\nu} P_{x,\overline{k}|} [G_{[x]}(S_{x+\delta} \ldots, S_{45})]. \end{aligned} \tag{16.23}$$

Die Versicherungssummen sind nun so zu wählen, daß das Deckungskapital aus (16.23) für alle t stets größer als Null bleibt.

Wird eine Krankheitskostenversicherung zugleich mit einer Versicherung auf Geburtenbeihilfe abgeschlossen, dann genügt es, wenn die Summe beider Deckungskapitalien nicht negativ wird. Da die Krankheitskostenversicherung jährlich steigende Aufwendungen vorsieht, können in diesem Fall auch negative Deckungskapitalien für die Teilversicherung auf Geburtenbeihilfe in Aussicht genommen werden, sofern nur die Summe der beiden Deckungskapitalien positiv bleibt und die Versicherungen als Einheit angesehen werden, das heißt nicht einzeln gekündigt werden können.

Ausreichendes und vollständiges Deckungskapital kann unter Zugrundelegung der ausreichenden Prämie bzw. der Tarifprämie in Analogie zu den Ableitungen in Kapitel 6, Punkte 4 bis 6, gewonnen werden.

3. Die Berücksichtigung der Rücktrittswahrscheinlichkeit. Im Hinblick auf die verhältnismäßig häufigen freiwilligen Austritte in der Krankenversicherung erscheint es zweckmäßig, die Rücktrittswahrscheinlichkeit bereits bei der Erstellung der Ausscheideordnung durch eine eigene Ausscheideursache zu berücksichtigen. Bezeichnen wir mit r_x die Wahrscheinlichkeit für den freiwilligen Austritt eines x-jährigen Versicherten im Zeitintervall $(x, x+1)$, dann kann die Zahl l_x^r der unter Berücksichtigung der freiwilligen Austritte verbliebenen x-jährigen Versicherten nach der Formel

$$l_{x+1}^r = l_x^r(1 - q_x - r_x) \tag{16.24}$$

berechnet werden. Ausgehend von einem festen Anfangsalter x_0 mit vorgegebener Ausgangsgesamtheit von $l_{x_0}^r$ Personen kann mit Hilfe von (16.24) die Zahl der verbleibenden Versicherten für jedes Alter $x > x_0$ berechnet werden. Mit Hilfe von (16.24) können daher die folgenden Kommutationszahlen errechnet werden:

$$\begin{gathered} D_x^r = l_x^r\, v^x, \quad N_x^r = \sum_{\nu=0}^{\omega-x} D_{x+\nu}^r, \quad C_x^r = l_x^r q_x v^{x+1}, \quad O_x^r = \frac{K_x}{2}\,(l_x^r + l_{x+1}^r)\, v^{x+1/2}, \\ U_x^r = \sum_{\nu=0}^{\omega-x} O_{x+\nu}^r, \quad H_x^r = \frac{g_x}{2}\,(l_x^r + l_{x+1}^r)\, v^{x+1/2}. \end{gathered} \tag{16.25}$$

Die mit Hilfe der Kommutationszahlen (16.25) errechneten Versicherungswerte berücksichtigen bereits die freiwilligen Austritte. Der Versicherte hat daher im Fall eines freiwilligen Austrittes keinen Anspruch auf einen Anteil am Deckungskapital, so daß die Berechnung von Rückkaufwerten entfällt.

4. Die Methode der Teilkopfschäden. Die Methode der Berechnung von Versicherungswerten unter Zugrundelegung der durchschnittlichen Jahreskosten für einen Versicherten zwischen den Altern x und $x+1$ wird auch als Methode der Kopfschäden bezeichnet, da sie auf den durchschnittlichen Schäden je Kopf der Versicherten beruht. Für manche Zwecke, insbesondere für die Tarifgestaltung, ist es aber zweckmäßig, die Versicherungskosten nicht als Gesamtheit, sondern nach Kostenarten getrennt zu untersuchen. So kann man etwa aus den gesamten Kosten K_x die Spitalkosten K_x^{sk} oder, wenn im Tarif gesondert angeführt, dazu die Operationskosten K_x^{op} usw. als Teilkosten erfassen. Wir verwenden die folgenden Symbole für die durchschnittlichen Teilkosten, die auch als Teilkopfschäden bezeichnet werden:

Symbol	Teilkosten	Symbol	Teilkosten
K_x^{kk}	Krankheitskosten	K_x^{gh}	Geburtenbeihilfekosten
K_x^{sk}	Spitalkosten	K_x^{st}	Sterbegeldkosten
K_x^{ht}	Krankenhaus-Taggeldkosten	K_x^{ak}	Arztkosten
K_x^{op}	Operationskosten	K_x^{mk}	Medikamentenkosten
K_x^{tg}	Taggeldkosten außerhalb des Krankenhauses		

Die Sterbegeldkosten lassen sich offenbar direkt aus der Sterbetafel durch $K_x^{st} = s_x^{st} q_x$ berechnen, wenn s_x^{st} das Sterbegeld bezeichnet, welches beim Tode des x-jährigen Versicherten fällig wird. Die Gesamtkosten K_x sind die Summe der Teilkosten K_x^{kk}, K_x^{sk} usw., wobei über alle jene Teilkosten zu summieren ist, die getrennt im Tarif aufscheinen.

Liegt genügend statistisches Material über die Häufigkeit der Inanspruchnahme von Leistungen eines Tarifes vor, dann ist es unschwer möglich, die Durchschnittskosten K_x zu errechnen und die Kommutationszahlen (16.3), (16.5), (16.18) bzw. (16.25) zu bilden. Schwierigkeiten treten aber dann auf, wenn es sich darum handelt, einen neuen Tarif aufzustellen und seine Kosten abzuschätzen. Die Häufigkeit der Inanspruchnahme von Leistungen wird zwar im allgemeinen bei der Geburtenbeihilfe und beim Sterbegeld unabhängig vom Tarif, also von der Summe, die die Versicherungsgesellschaft leistet, sein. Dies gilt aber nur mehr in beschränktem Maße von den Operationskosten. Leistungen an ärztlicher Hilfe und an Medikamenten werden jedoch um so häufiger in Anspruch genommen, je höher der im Tarif vorgesehene Rückersatz der Versicherungsgesellschaft ist. Erhöht die Versicherungsgesellschaft z. B. die für die Kosten ärztlicher Hilfe vorgesehenen Tarifsätze, dann steigen die Aufwendungen überproportional an, das heißt, die Häufigkeit der Inanspruchnahme nimmt zu.

Die auf Grund eines bestimmten Tarifes errechneten statistischen Daten über die Häufigkeit der Inanspruchnahme von Leistungen können daher nicht ohne weiteres auf andere Tarife übertragen werden. Von A. Tosberg stammt eine Methode, welche es unter gewissen Voraussetzungen gestattet, Aussagen über die Höhe der Teilkosten K_x^{ak}, K_x^{mk} und K_x^{sk} zu machen, ohne daß für den betreffenden Tarif bereits statistische Unterlagen vorliegen. Voraussetzung ist allerdings, daß bereits statistisches Material für einige andere Tarife, die sich auf den selben Personenkreis beziehen, vorhanden ist. Bei den hier betrachteten Teilkosten K_x^{ak}, K_x^{mk} und K_x^{sk} handelt es sich gerade um jene Leistungen, deren Häufigkeit besonders stark vom Tarif abhängig ist.

Wir beginnen mit der Untersuchung der Teilkosten K_x^{ak}. Im Rahmen der Arztkosten werden verschiedene Einzelleistungen, wie etwa Ordinationen beim praktischen Arzt, Hausbesuche des praktischen Arztes, Ordinationen beim Facharzt, Sonderleistungen usw. tarifmäßig vergütet. Es seien n Einzelleistungen vorgesehen und die Vergütungssätze für die n Leistungspositionen seien die Beträge $b_1, b_2, \ldots, b_n$. Die Menge $\{b_i\}$ kennzeichnet einen Tarif.

Wie die Erfahrung zeigt, ist die Häufigkeit der Inanspruchnahme der einzelnen Leistungen der ärztlichen Hilfe tarifabhängig und kann daher nicht von vornherein angegeben werden. Manchmal zeigt sich jedoch — und diese Fälle werden hier betrachtet —, daß die relative Häufigkeit der Inanspruchnahme der einzelnen Leistungen, also der Anteil der Anzahl der verrechneten einzelnen Leistungspositionen an der Gesamtzahl der betrachteten Leistungen, weitgehend tarifunabhängig ist. So wird etwa der Prozentsatz der verrechneten Ordinationen beim praktischen Arzt für einen bestimmten Personenkreis in einzelnen Tarifen annähernd der gleiche sein. Unter dieser Voraussetzung bezeichnen wir mit p_i die relative Häufigkeit der Inanspruchnahme der i^{ten} Leistungsposition, also die Anzahl der in einem bestimmten Zeitraum $(x, x+1)$ verrechneten i^{ten} Leistungspositionen, geteilt durch die Gesamtzahl der in diesem Zeitraum verrechneten

Leistungspositionen. Es wird also vorausgesetzt, daß die relativen Häufigkeiten p_i vom Alter und vom Tarif unabhängig sind. Offenbar gilt $\sum_{i=1}^{n} p_i = 1$.

Zur Erläuterung diene ein einfaches Beispiel. Es sei $H_{x,i}^{ak}(T)$ die Zahl der für einen Tarif T in einem bestimmten Versicherungsbestand von durchschnittlich $L_{x+1/2}$ Personen im Intervall $(x, x+1)$ verrechneten i^{ten} Leistungsposition der ärztlichen Hilfe. Dann ist

$$h_{x,i}^{ak}(T) = \frac{H_{x,i}^{ak}(T)}{L_{x+1/2}} \tag{16.26}$$

die Häufigkeit der Inanspruchnahme dieser Leistungsposition. Die relative Häufigkeit der Inanspruchnahme ist offenbar gleich

$$p_i = \frac{h_{x,i}^{ak}(T)}{\sum_{j=1}^{n} h_{x,j}^{ak}(T)}. \tag{16.27}$$

Die Größen (16.26) sind noch vom Alter x abhängig. Setzen wir

$$p_x(T) = \sum_{j=1}^{n} h_{x,j}^{ak}(T), \tag{16.28}$$

dann gilt

$$h_{x,i}^{ak}(T) = p_i p_x(T). \tag{16.29}$$

$p_x(T)$ ist alters- und tarifabhängig und stellt ein Maß für die Häufigkeit der Inanspruchnahme der Leistungen des Tarifes T dar.

Weiters setzen wir nun voraus, daß $p_x(T)$ in der Form

$$p_x(T) = p(T) h_x^g \tag{16.30}$$

dargestellt werden kann, wobei der Faktor $p(T)$, der sogenannte *Schadenshäufigkeitsparameter*, tarifabhängig aber altersunabhängig ist, der Faktor h_x^g hingegen tarifunabhängig, aber altersabhängig. Man bezeichnet h_x^g als *Grundschadenshäufigkeit*. Die Tarifabhängigkeit der Schadenshäufigkeit $p_x(T)$ ist daher in allen Altern gleich und wird durch den Faktor $p(T)$ ausgedrückt. Aus (16.29) und (16.30) folgt

$$h_{x,i}^{ak}(T) = p_i p(T) h_x^g. \tag{16.31}$$

Um die praktische Anwendung der Methode von Tosberg zu zeigen, nehmen wir zunächst an, es seien bereits die statistischen Ergebnisse von m Tarifen $T_1, \ldots, T_m$ bekannt. Wir berechnen aus dem ersten Tarif die relativen Häufigkeiten p_i nach (16.26) und (16.27) sowie die Werte $p_x(T_1)$ nach (16.28). Nun wählen wir einen *beliebigen* Wert $p(T_1)$ und berechnen die Grundschadenshäufigkeiten h_x^g nach (16.30). Wir bemerken, daß für den ersten Tarif T_1 noch eine freie Wahl des Parameters $p(T_1)$ möglich ist. Im weiteren berechnen wir die Werte $p_x(T_j)$ für die Tarife $T_2, \ldots, T_m$ und mit Hilfe der bereits bekannten Grundschadenshäufigkeiten h_x^g aus (16.30) die Werte $p(T_j)$. Für jeden Wert $p(T_j)$ erhalten wir aus (16.30) gerade so viele Gleichungen, als Alter x auftreten. Theoretisch müßten alle diese Gleichungen den selben Wert $p(T_j)$ ergeben, wenn unsere

Voraussetzungen, daß die Grundschadenshäufigkeiten h_x^g tarifunabhängig und die Werte $p(T)$ altersunabhängig sind, zutreffen. In der Praxis werden kleinere Schwankungen um einen Mittelwert unvermeidlich sein.

Anhand der Tarifsätze $\{b_i\}$ werden mit Hilfe der relativen Häufigkeiten p_i Durchschnittskosten

$$d(T) = \sum_{i=1}^{n} p_i b_i \tag{16.32}$$

gebildet. $d(T)$ ist offenbar der durchschnittliche Aufwand je Einzelleistung ärztlicher Hilfe für den Tarif T. Liegen die Vergütungssätze des Tarifes über den tatsächlichen Vergütungssätzen, dann ist ein Abschlagsprozentsatz zu berücksichtigen, der aus der Erfahrung gewonnen werden muß. Wie bereits erwähnt, wird die Häufigkeit der Inanspruchnahme der Leistungen mit steigenden Vergütungssätzen, also mit steigendem $d(T)$, zunehmen. Es wird nun angenommen, daß eine Art funktioneller Zusammenhang zwischen den Durchschnittskosten $d(T)$ und dem Schadenhäufigkeitsparameter $p(T)$ besteht. Auf Grund der vorliegenden statistischen Daten über die m Tarife kann dieser funktionelle Zusammenhang abgeschätzt werden. Wir tragen in einem Diagramm auf der Abszisse die Durchschnittskosten und auf der Ordinate den Schadenshäufigkeitsparameter auf (Abb. 8).

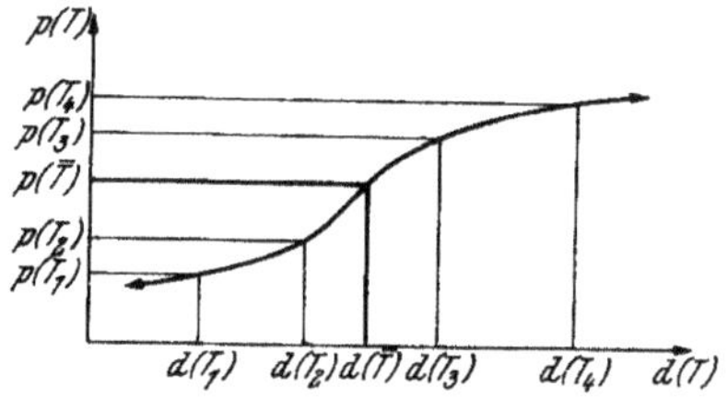

Abb. 8

Durch Interpolation bzw. Extrapolation der auf Grund der bekannten Tarife gefundenen Punkte $(d(T_j), p(T_j))$ erhalten wir eine Kurve, auf welcher die Punkte $(d(T), p(T))$ aller Tarife liegen. Da die Schadenshäufigkeit ein bestimmtes Minimum nicht unterschreiten und ein bestimmtes Maximum nicht übersteigen wird, ist anzunehmen, daß die Kurve in Abb. 8 sich für fallende $d(T)$ einem kleinsten Wert $p_{\inf}$ und für steigende $d(T)$ asymptotisch einem größten Wert $p_{\sup}$ nähern wird.

Wollen wir nun einen neuen Tarif $\overline{T}$ aufstellen, dann berechnen wir mit Hilfe von (16.32) die durchschnittlichen Kosten $d(\overline{T})$. Dies ist schon vor der praktischen Anwendung des Tarifes möglich, da ja angenommen wurde, die relativen Häufigkeiten p_i seien tarifunabhängig. Nun ermitteln wir aus Abb. 8 den zu $d(\overline{T})$ gehörenden Wert $p(\overline{T})$ und können mit Hilfe der tarifunabhängigen Grundschadenshäufigkeiten h_x^g aus (16.31) die Häufigkeiten $h_{x,i}^{ak}(\overline{T})$ errechnen. Diese Häufigkeiten werden nun mit den Kostensätzen b_i — gegebenenfalls unter Abzug des für die Ermittlung der tatsächlichen Vergütungssätze notwendigen Abschlages — multipliziert. Bildet man die Summe über alle i, dann erhält man die Teilkosten K_x^{ak} für den neuen Tarif:

$$K_x^{ak} = \sum_{i=1}^{n} h_{x,i}^{ak}(\overline{T}) b_i = \sum_{i=1}^{n} p_i b_i p(\overline{T}) h_x^g = d(\overline{T})\, p(\overline{T}) h_x^g. \tag{16.33}$$

In analoger Weise können die Teilkosten K_x^{mk} für den Medikamentenaufwand ermittelt werden, wobei meist $K_x^{mk} = c\,K_x^{ak}$ gesetzt werden kann, da die Grundschadenshäufigkeiten für beide Arten der Teilkosten in gleicher Höhe angenommen werden dürfen. Für eine Versicherung auf Arztkosten und Medikamentenkosten kann dann

$$K_x = (1 + c)\,d(\overline{T})\,p(\overline{T})\,h_x^g \tag{16.34}$$

gesetzt werden. Nun bildet man die Kommutationszahlen

$$O_x^g = \frac{h_x^g}{2}\,(l_x + l_{x+1})\,v^{x+1/2}, \qquad U_x^g = \sum_{\nu=0}^{\omega-x} O_{x+\nu}^g, \tag{16.35}$$

mit Hilfe der Grundschadenshäufigkeiten. Die Kommutationszahlen O_x und U_x können dann aus

$$\begin{aligned} O_x &= (1 + c)\,d(\overline{T})\,p(\overline{T})\,O_x^g, \\ U_x &= (1 + c)\,d(\overline{T})\,p(\overline{T})\,U_x^g \end{aligned} \tag{16.36}$$

errechnet werden. Wir haben die Versicherungswerte $A(x, x + n)$, $P_{x,\overline{k}|}[A(x, x + n)]$ und ${}_tV_x\{P_{x,\overline{k}|}[A(x, x + n)]\}$ in (16.8), (16.10) und (16.14) durch Kommutationszahlen dargestellt. Ersetzen wir in diesen Formeln die Kommutationszahlen (16.3) und (16.5) durch die Kommutationszahlen (16.35), dann können wir *Grundversicherungswerte*

$$\begin{aligned} &A^g(x, x + n) = \frac{U_x^g - U_{x+n}^g}{D_x}, \qquad P_{x,\overline{k}|}^g[A^g(x, x + n)] = \frac{U_x^g - U_{x+n}^g}{N_x - N_{x+k}}, \\ &{}_tV_x^g\{P_{x,\overline{k}|}^g[A^g(x, x + n)]\} = \frac{U_{x+t}^g - U_{x+n}^g}{D_{x+t}} - \frac{N_{x+t} - N_{x+k}}{D_{x+t}}\,P_{x,\overline{k}|}^g[A^g(x, x + n)] \end{aligned} \tag{16.37}$$

errechnen. Für jeden neuen Tarif $\overline{T}$ lassen sich nun wegen (16.36) die entsprechenden Versicherungswerte durch Multiplikation der Werte aus (16.37) mit dem Proportionalitätsfaktor $(1 + c)\,d(\overline{T})\,p(\overline{T})$ gewinnen:

$$\begin{aligned} A(x, x + n) &= (1 + c)\,d(\overline{T})\,p(\overline{T})\,A^g(x, x + n), \\ P_{x,\overline{k}|}[A(x, x + n)] &= (1 + c)\,d(\overline{T})\,p(\overline{T})\,P_{x,\overline{k}|}^g[A^g(x, x + n)], \\ {}_tV_x\{P_{x,\overline{k}|}[A(x, x + n)]\} &= (1 + c)\,d(\overline{T})\,p(\overline{T})\,{}_tV_x^g\{P_{x,\overline{k}|}^g[A^g(x, x + n)]\}. \end{aligned} \tag{16.38}$$

Grundsätzlich läßt sich die hier für ärztliche Hilfe und für Medikamente angegebene Methode auch auf andere Teilkosten anwenden. Es muß lediglich hervorgehoben werden, daß eine derartige Berechnung von Versicherungswerten nur dort zulässig ist, wo die hier gemachten Voraussetzungen, insbesondere die Tarifunabhängigkeit der Grundschadenshäufigkeiten h_x^g und der relativen Häufigkeiten p_i, tatsächlich zutreffen.

5. Normierte Kopfschäden. Es seien zwei Tarife T_1 und T_2 gegeben. Die jährlichen Durchschnittskosten bezeichnen wir mit $K_x(T_1)$ und $K_x(T_2)$. Sind die in Punkt 4 gemachten Voraussetzungen erfüllt, dann folgt aus (16.34)

$$\frac{K_x(T_2)}{K_x(T_1)} = \frac{d(T_2)\,p(T_2)}{d(T_1)\,p(T_1)} = k(T_1, T_2). \tag{16.39}$$

Dieser Ausdruck ist also unabhängig von x. Wir wollen allgemein solche Tarife betrachten, für welche $\frac{K_x(T_2)}{K_x(T_1)}$ *altersunabhängig* ist. Die hier geforderten Voraussetzungen sind also weniger einschränkend als die in Punkt 4, da etwa die Existenz eines funktionellen Zusammenhanges zwischen $d(T)$ und $p(T)$ nicht vorausgesetzt wird. Wählt man ein beliebiges, festes Basisalter x_0, dann folgt aus (16.39)

$$\frac{K_x(T_2)}{K_x(T_1)} = \frac{K_{x_0}(T_2)}{K_{x_0}(T_1)}$$

und daraus

$$\frac{K_x(T_2)}{K_{x_0}(T_2)} = \frac{K_x(T_1)}{K_{x_0}(T_1)} = k(x). \tag{16.40}$$

$k(x)$ ist also tarifunabhängig. Man bezeichnet $k(x)$ als *Profil* der Kurve der Durchschnittskosten. Wie man sieht, übernimmt hier $k(x)$ die Rolle der Grundschadenshäufigkeiten. Werden Kommutationszahlen

$$\begin{aligned} O_x^k &= \frac{k(x)}{2}\,(l_x + l_{x+1})\,v^{x+1/2}, \\ U_x^k &= \sum_{\nu=0}^{\omega-x} O_{x+\nu}^k \end{aligned} \tag{16.41}$$

errechnet, dann gilt für einen Tarif $\overline{T}$

$$O_x = K_{x_0}(\overline{T})\,O_x^k, \qquad U_x = K_{x_0}(\overline{T})\,U_x^k. \tag{16.42}$$

Mit Hilfe der Kommutationszahlen (16.41) können nun Grundversicherungswerte in Analogie zu (16.37) errechnet werden. Die tatsächlichen Versicherungswerte lassen sich in Analogie zu (16.38) gewinnen, wenn der Proportionalitätsfaktor $(1 + c)\,d(\overline{T})\,p(\overline{T})$ durch den Faktor $K_{x_0}(\overline{T})$ ersetzt wird.

Dieses Verfahren, das auch als Verfahren von F. Rusam bekannt ist, ermöglicht es allerdings im allgemeinen nicht, Versicherungswerte für *neue* Tarife zu finden. Ist jedoch das Profil der Kurve der Durchschnittskosten einmal bekannt, dann genügt es, den Proportionalitätsfaktor $K_{x_0}(\overline{T})$ für einen neuen Tarif $\overline{T}$ zu finden, um alle Versicherungswerte für den neuen Tarif zur Verfügung zu haben. $K_{x_0}(\overline{T})$ kann aber aus der Untersuchung der Kosten eines einzigen Jahres leicht gefunden werden. Bezeichnen wir mit S_x die gesamten Jahreskosten für durchschnittlich $L_{x+1/2}$ Versicherte, dann folgt aus $S_x = L_{x+1/2}\,k(x)\,K_{x_0}(\overline{T})$

$$K_{x_0}(\overline{T}) = \frac{S_x}{k(x)\,L_{x+1/2}}. \tag{16.43}$$

Abschnitt V

Pensionsversicherung

Kapitel 17

Ausscheideordnungen in der Pensionsversicherung

1. Personengesamtheiten in der Pensionsversicherung. Ein System der Pensionsversicherung wird meist für eine Gesamtheit von aktiven (erwerbstätigen) Personen eingeführt. Diese Personen entrichten während sie aktiv sind, Beiträge an das System und erhalten bei Eintritt der Versicherungsfälle der Invalidität oder des Alters die entsprechenden Leistungen, Invaliditätspensionen bzw. Alterspensionen. Im Falle des Todes sind für allfällige Hinterbliebene Witwenpensionen bzw. Waisenpensionen vorgesehen.

Zur Beschreibung des Versicherungsverlaufes ist es notwendig, mehrere Personengesamtheiten zu unterscheiden. Als erstes ist die Personengesamtheit der Aktiven anzuführen, also die Gesamtheit der aktiven Versicherten. Es kann nun der Fall eintreten, daß die Arbeitsfähigkeit eines Aktiven so weit absinkt, daß er keine weitere Erwerbstätigkeit ausüben kann. Ein solches Absinken der Arbeitsfähigkeit stellt ein zufälliges Ereignis dar. Wir bezeichnen es als Eintritt der Invalidität und die Gesamtheit der Personen, für welche die Invalidität eingetreten ist, als Personengesamtheit der Invaliden. Das Absinken der Arbeitsfähigkeit muß nicht unbedingt völlige Erwerbsunfähigkeit zur Folge haben. Es kann vielmehr eine auch nur teilweise Erwerbsunfähigkeit die Invalidität auslösen. Eine Person kann etwa als invalide bezeichnet werden, wenn ihre Erwerbsfähigkeit auf weniger als die Hälfte der einer gesunden Person gesunken ist. Eine andere Definition der Invalidität ist auf die Verdienstmöglichkeit abgestellt und bezeichnet eine Person dann als invalid, wenn sie nicht mehr imstande ist, die Hälfte dessen zu erwerben, was ein Gesunder an Einkommen erzielen kann.

Als dritte Personengesamtheit haben wir schließlich wieder die Personengesamtheit der Toten einzuführen, doch ist hier eine weitere Unterscheidung zu treffen. Da im allgemeinen im Falle des Todes Hinterbliebenenpensionen fällig werden, ist zu unterscheiden, ob bzw. welche Hinterbliebenen beim Tode des Versicherten vorhanden sind. Da der Erwartungswert des Barwertes der Hinterbliebenenpensionen vom Alter der Hinterbliebenen abhängt, ist die Personengesamtheit der Toten nach Art und Zahl der Hinterbliebenen sowie nach deren Alter beim Tode des Versicherten aufzuspalten.

Schließlich ist auch noch der freiwillige Austritt von Personen aus der Personengesamtheit der Aktiven zu berücksichtigen. In diesem Fall können die geleisteten Beiträge ganz oder zum Teil rückerstattet werden.

Die Theorie der Personengesamtheiten haben wir verhältnismäßig allgemein in Kapitel 14 untersucht. Genau genommen stellt die Pensionsversicherung nur einen Spezialfall der dort behandelten Versicherungen dar. Es ist jedoch üblich, die Personengesamtheiten der Pensionsversicherung gesondert zu untersuchen. Bei den Systemen der Pensionsversicherung handelt es sich meist um Pflichtversicherungen, das heißt, es steht dem Aktiven nicht frei, der Versicherung beizutreten oder nicht, sondern die Mitgliedschaft zur Pensionsversicherung ist bereits mit der Aufnahme der betreffenden Erwerbstätigkeit verbunden. Dementsprechend sind auch freiwillige Austritte lediglich aus der Versicherung nicht möglich, wenn nicht gleichzeitig auch die zugrunde liegende Erwerbstätigkeit aufgegeben wird. Man kann daher im Gegensatz zur Lebensversicherung das Auftreten eines negativen Deckungskapitals in Kauf nehmen.

Geht man von einer fest vorgegebenen Personengesamtheit von Aktiven aus, deren Mitglieder im Laufe der Zeit in die übrigen Personengesamtheiten der Invaliden, der freiwillig Ausgetretenen, der Alterspensionisten oder der Toten übertreten und schließt Neuzugänge zu der Personengesamtheit der Aktiven aus, dann spricht man von einer *geschlossenen Personengesamtheit*. In diesem Fall ist es allerdings notwendig, daß die Zahl der freiwillig austretenden Personen bestimmten stochastischen Gesetzmäßigkeiten genügt und etwa altersabhängige relative Häufigkeiten für diese Austritte bekannt sind. Einer strengeren Auffassung nach sind freiwillige Austritte bei geschlossenen Personengesamtheiten nicht zulässig. Werden Neueintritte in die Personengesamtheit der Aktiven zugelassen bzw. freiwillige Austritte ohne Einschränkung einbezogen, dann spricht man von einer *offenen Personengesamtheit*. Offenbar ist es in diesem Fall notwendig, Angaben über die Neueintritte zur Verfügung zu haben, um den Umfang der Personengesamtheiten abschätzen zu können.

2. Übergangswahrscheinlichkeiten und Ausscheideordnungen für Aktive. In Kapitel 4 haben wir uns ausführlich mit den Sterbewahrscheinlichkeiten befaßt, also mit den altersabhängigen Wahrscheinlichkeiten für den Übergang einer Person aus der Personengesamtheit der Lebenden in die Personengesamtheit der Toten. In Kapitel 14 haben wir ganz allgemein Übergangswahrscheinlichkeiten $\overline{p}_{jk}(y, z)$ bzw. $\overline{p}^*_{jk}(y, z)$ untersucht. In der Pensionsversicherung haben wir es vor allem mit den Übergangswahrscheinlichkeiten aus der Personengesamtheit der Aktiven in die Personengesamtheit der Invaliden zu tun sowie mit den Übergangswahrscheinlichkeiten aus der Personengesamtheit der Aktiven oder der Personengesamtheit der Invaliden in die Personengesamtheit der Toten. Wir wollen annehmen, daß keine Reaktivierung von Invaliden möglich ist und somit ein Übergang von der Personengesamtheit der Invaliden in die Personengesamtheit der Aktiven ausgeschlossen ist. Wie in Kapitel 4 werden wir die Übergangswahrscheinlichkeiten zunächst jeweils für ein Jahr ermitteln, und zwar für den Zeitraum vom Alter x bis zum Alter $x + 1$. In der Terminologie von Kapitel 14 nehmen wir an, daß es sich um den rein altersabhängigen Fall handelt und wir setzen in den Wahrscheinlichkeiten $\overline{p}_{jk}(y, z)$ bzw. $\overline{p}^*_{jk}(y, z)$ jeweils $z = y + 1$.

Wir führen die folgenden Bezeichnungen ein:

q_x^{aa} = Wahrscheinlichkeit, daß ein aktiver x-jähriger vor Erreichung des Alters $x + 1$ als Aktiver stirbt;

i_x = Wahrscheinlichkeit, daß ein aktiver x-jähriger vor Erreichung des Alters $x + 1$ invalide wird;

p_x^{aa} = Wahrscheinlichkeit, daß ein aktiver x-jähriger das Alter $x + 1$ als Aktiver lebend erreicht;

q_x^i = Wahrscheinlichkeit, daß ein invalider x-jähriger vor Erreichung des Alters $x + 1$ stirbt;

p_x^i = Wahrscheinlichkeit, daß ein invalider x-jähriger das Alter $x + 1$ lebend erreicht.

Bezeichnen wir die Personengesamtheit der Aktiven mit dem Index 1, die Personengesamtheit der Invaliden mit dem Index 2 und die Personengesamtheit der Toten mit dem Index 3, dann gilt in der Terminologie von Kapitel 14

$$\begin{aligned} q_x^{aa} &= \overline{p}_{13}(x, x+1), \quad i_x = \overline{p}_{12}(x, x+1), \quad p_x^{aa} = \overline{p}_{11}(x, x+1), \\ q_x &= \overline{p}_{23}(x, x+1), \quad p_x^i = \overline{p}_{22}(x, x+1). \end{aligned} \tag{17.1}$$

Lassen wir freiwillige Austritte zu, dann bezeichnen wir die entsprechende Wahrscheinlichkeit, daß ein aktiver x-jähriger vor Erreichung des Alters $x + 1$ freiwillig aus dem Stande der Aktiven austritt, mit w_x.

Die hier eingeführten Wahrscheinlichkeiten müssen aus der Beobachtung gewonnen werden. Betrachten wir eine Gesamtheit von L_x^a aktiven Personen des Alters x während eines Jahres und beobachten aus dieser Gesamtheit L_x^{ad} Personen, die vor Erreichung des Alters $x + 1$ als Aktive sterben, L_x^{ai} Personen, die vor Erreichung des Alters $x + 1$ invalide werden und L_x^{aw} Personen, die vor Erreichung des Alters $x + 1$ freiwillig austreten, dann sind die relativen Häufigkeiten

$$\hat{q}_x^{aa} = \frac{L_x^{ad}}{L_x^a}, \quad \hat{i}_x = \frac{L_x^{ai}}{L_x^a}, \quad \hat{w}_x = \frac{L_x^{aw}}{L_x^a} \tag{17.2}$$

Schätzwerte für q_x^{aa}, i_x und w_x. Betrachten wir eine Personengesamtheit von L_x^i Invaliden des Alters x während eines Jahres und beobachten L_x^{id} Todesfälle, dann sind

$$\hat{q}_x^i = \frac{L_x^{id}}{L_x^i}, \quad \hat{p}_x^i = 1 - \hat{q}_x^i \tag{17.3}$$

Schätzwerte für q_x^i und p_x^i. In der Praxis wird man die „rohen“ Wahrscheinlichkeiten (17.2) bzw. (17.3) nach den in Kapitel 4 angegebenen Verfahren ausgleichen, wobei vor allem die mechanischen Ausgleichungsverfahren den Vorzug verdienen.

Die Frage der Zeitabhängigkeit der Übergangswahrscheinlichkeiten (17.1) kann so wie in Kapitel 4 behandelt werden. Die Sterbewahrscheinlichkeiten für Aktive und für Invalide weisen ähnliche Eigenschaften auf wie die allgemeinen Sterbewahrscheinlichkeiten aus Kapitel 4. Die Invalidisierungswahrscheinlichkeiten i_x ändern sich hingegen im Laufe der Zeit in anderer Weise. Das Merkmal der Invalidität läßt sich trotz ärztlicher Untersuchung nie so völlig objektiv feststellen, wie etwa das Merkmal des Todes. Die Folge davon ist, daß die Invalidisierungshäufigkeiten nicht nur von medizinischen Gegebenheiten, sondern auch von wirtschaftlichen Verhältnissen abhängen. Die Invalidisierungshäufigkeiten können aus arbeitsmarktpolitischen Gründen steigen oder fallen. Bei Vorausberechnungen auf Grund von Annahmen über die zukünftigen Invalidisierungswahrscheinlichkeiten ist daher stets eine gewisse Vorsicht am Platz und es ist oft zweckmäßig, auf allgemeine wirtschaftliche und arbeitsmarktpolitische Entwicklungen Bedacht zu nehmen.

Die Wahrscheinlichkeit, als Aktiver zu überleben, kann offenbar durch den Wert

$$p_x^{aa} = 1 - q_x^{aa} - i_x - w_x \tag{17.4}$$

ausgedrückt werden. Wir können nun eine Ausscheideordnung für Aktive einer geschlossenen Personengesamtheit darstellen. Wir gehen dabei von einer Gesamtheit von $l_{x_0}^a$ aktiven Personen des Alters x_0 aus. Diese Personengesamtheit vermindert sich um die als Aktive gestorbenen, um die invalid gewordenen und um die freiwillig ausgetretenen Personen. Da p_x^{aa} die Überlebenswahrscheinlichkeit für Aktive ist, gilt $l_{x+1}^a = l_x^a p_x^{aa}$ oder

$$l_{x+1}^a = l_x^a(1 - q_x^{aa} - i_x - w_x) = l_x^a p_x^{aa}. \tag{17.5}$$

l_{x+1}^a ist der Erwartungswert der Zahl der aktiven $(x+1)$-jährigen unter der Voraussetzung, daß l_x^a aktive x-jährige vorhanden waren und es sich um eine geschlossene Personengesamtheit handelt. Die n-jährige Überlebenswahrscheinlichkeit als Aktiver bezeichen wir mit ${}_np_x^{aa}$ und es gilt

$${}_np_x^{aa} = \frac{l_{x+n}^a}{l_x^a} = \prod_{\nu=1}^{n} p_{x+\nu-1}^{aa}. \tag{17.6}$$

Die n-jährige Sterbewahrscheinlichkeit als Aktiver bezeichnen wir mit ${}_nq_x^{aa}$. Die Wahrscheinlichkeit für einen x-jährigen Aktiven zwischen dem Alter $x + \nu - 1$ und dem Alter $x + \nu$ als Aktiver zu sterben, ist offenbar gleich ${}_{\nu-1}p_x^{aa}\, q_{x+\nu-1}^{aa}$ und die Wahrscheinlichkeit ${}_nq_x^{aa}$ erhält man, wenn man über alle ν von $\nu = 1$ bis $\nu = n$ summiert:

$${}_nq_x^{aa} = \sum_{\nu=1}^{n} {}_{\nu-1}p_x^{aa}\, q_{x+\nu-1}^{aa}. \tag{17.7}$$

Für Invalide erhalten wir die Formeln der n-jährigen Überlebenswahrscheinlichkeit in Analogie zu (17.6) durch

$${}_np_x^i = \prod_{\nu=1}^{n} p_{x+\nu-1}^i \tag{17.8}$$

und für die n-jährige Sterbewahrscheinlichkeit durch

$${}_nq_x^i = \sum_{\nu=1}^{n} {}_{\nu-1}p_x^i\, q_{x+\nu-1}^i. \tag{17.9}$$

Da ein Ausscheiden aus der Personengesamtheit der Invaliden nur durch den Tod vorgesehen ist, muß auch

$$ {}_np_x^i + {}_nq_x^i = 1 \tag{17.10}$$

gelten.

In analoger Weise erhält man für die n-jährige Invalidisierungswahrscheinlichkeit ${}_ni_x$ die Formel

$$ {}_ni_x = \sum_{\nu=1}^{n} {}_{\nu-1}p_x^{aa}\, i_{x+\nu-1} \tag{17.11}$$

und für die n-jährige Wahrscheinlichkeit des freiwilligen Austrittes ${}_nw_x$ die Formel

$$ {}_nw_x = \sum_{\nu=1}^{n} {}_{\nu-1}p_x^{aa}\, w_{x+\nu-1}\,. \tag{17.12}$$

3. Ausscheideordnungen für Invalide. Auf die Personengesamtheit der Invaliden wirkt nur die Ausscheideursache des Todes. Gehen wir von einer geschlossenen Personengesamtheit von $l_{x_0}^i$ lebenden Invaliden des Alters x_0 aus, dann gilt allgemein

$$ l_{x+1}^i = l_x^i(1 - q_x^i), \qquad x \geqq x_0. \tag{17.13}$$

Im allgemeinen werden wir jedoch die Personengesamtheit der Invaliden nicht als geschlossen voraussetzen können. Die Personengesamtheit der Invaliden wird vielmehr aus der Personengesamtheit der Aktiven durch die Invalidisierungsfälle aufgebaut. Der Erwartungswert der Zahl der jährlichen Invalidisierungsfälle kann auf Grund der Ausscheideordnung der l_x^a sowie mit Hilfe der Wahrscheinlichkeiten i_x errechnet werden. Wir wissen jedoch nicht wie sich die Invalidisierungsfälle auf den Zeitraum x bis $x + 1$ verteilen und wie groß die Wahrscheinlichkeit ist, daß ein im Zeitpunkt $x + \tau$ $(0 < \tau < 1)$ invalid Gewordener den Zeitpunkt $x + 1$ als Invalider lebend erreicht. Um den Erwartungswert der Zahl der jeweils überlebenden Invaliden berechnen zu können, führen wir noch die folgenden Bezeichnungen ein:

q_x^{ai} = Wahrscheinlichkeit, daß ein aktiver x-jähriger vor Erreichung des Alters $x + 1$ *als Invalider* stirbt;

p_x^{ai} = Wahrscheinlichkeit, daß ein aktiver x-jähriger das Alter $x + 1$ *als Invalider* lebend erreicht.

Offenbar gilt

$$ q_x^{ai} + p_x^{ai} = i_x, \tag{17.14}$$

da ein aktiver x-jähriger, der vor Erreichung des Alters $x + 1$ invalide wird, entweder dieses Alter als Invalider erleben oder vorher als Invalider sterben muß. Zur Berechnung der Wahrscheinlichkeiten q_x^{ai} und p_x^{ai} können wir auf die Darstellungen in Kapitel 14 zurückgreifen. Ordnen wir wieder der Personengesamtheit der Aktiven den Index 1, der Personengesamtheit der Invaliden den Index 2 und der Personengesamtheit der Toten den Index 3 zu, dann gilt in der Terminologie aus Kapitel 14

$$ p_{xi}^a = p_{12}(x, x + 1) \tag{17.15}$$

und wegen (17.1) und (17.14)

$$q_x^{ai} = \overline{p}_{12}(x, x+1) - p_{12}(x, x+1). \tag{17.16}$$

Die Berechnung nach den Grundsätzen aus Kapitel 14 erfordert zunächst die Ermittlung der Übergangsintensitäten $\mu_{jk}(x)$ und ist verhältnismäßig umständlich. Für die Praxis findet man mit einem Näherungsverfahren das Auslangen. Man nimmt nämlich an, daß sämtliche Invalidisierungsfälle im Durchschnitt in der Mitte des Jahres eintreten, daß also $l_x^a i_x$ Invalidisierungsfälle im Zeitpunkt $x + \frac{1}{2}$ auftreten. Weiters nimmt man an, daß die Sterbewahrscheinlichkeit für die Invaliden im Halbjahr $x + \frac{1}{2}$ bis $x + 1$ gerade halb so groß ist wie für das ganze Jahr, also gleich $\frac{q_x^i}{2}$. Unter diesen vereinfachenden Voraussetzungen ist die Wahrscheinlichkeit für einen aktiven x-jährigen, vor Erreichung des Alters $x + 1$ als Invalider zu sterben, gleich

$$q_x^{ai} = i_x \frac{q_x^i}{2}. \tag{17.17}$$

Aus (17.14) und (17.17) folgt

$$p_x^{ai} = i_x \left(1 - \frac{q_x^i}{2}\right). \tag{17.18}$$

Die Gleichungen (17.17) und (17.18) gelten nur näherungsweise, doch reichen sie für praktische Berechnungen aus.

Wir können nun noch zwei weitere Bezeichnungen einführen:

p_x^a = Wahrscheinlichkeit, daß ein aktiver x-jähriger das Alter $x + 1$ lebend erreicht;

q_x^a = Wahrscheinlichkeit, daß ein aktiver x-jähriger vor Erreichung des Alters $x + 1$ stirbt.

Offenbar gilt:

$$\begin{aligned} p_x^a &= p_x^{aa} + p_x^{ai}, \\ q_x^a &= q_x^{aa} + q_x^{ai}, \\ p_x^a + q_x^a &= p_x^{aa} + p_x^{ai} + q_x^{aa} + q_x^{ai} = 1. \end{aligned} \tag{17.19}$$

Nun können wir eine Ausscheideordnung für Invalide aufstellen. Der Stand an Invaliden vermindert sich durch die Gestorbenen und erhöht sich durch neue Invalidisierungsfälle. Gehen wir von L_x^i Invaliden des Alters x aus, dann sterben von ihnen $L_x^i q_x^i$ vor Erreichung des Alters $x + 1$. Zwischen x und $x + 1$ werden $l_x^a i_x$ aktive Personen invalid. Von ihnen erreichen $l_x^a p_x^{ai}$ das Alter $x + 1$. Betrachten wir daher eine offene Personengesamtheit von Invaliden, dann gilt im Gegensatz zu (17.13)

$$L_{x+1}^i = L_x^i p_x^i + l_x^a p_x^{ai} = L_x^i (1 - q_x^i) + l_x^a i_x \left(1 - \frac{q_x^i}{2}\right), \quad x \geqq x_0. \tag{17.20}$$

Aus (17.20) kann daher mit Hilfe der Ausscheideordnung (17.5) eine Ausscheideordnung für Invalide aufgestellt werden, die für jedes Alter x den Erwartungswert der Zahl der Invaliden angibt.

4. Wahrscheinlichkeiten für Hinterbliebenenpensionen. Besaß der Versicherte bei seinem Tode Familienangehörige, dann kann die Leistung von Hinterbliebenenpensionen vorgesehen werden. Der Erwartungswert des Barwertes solcher Pensionen ist von der Wahrscheinlichkeit abhängig, daß im Zeitpunkt des Todes leistungsberechtigte Angehörige vorhanden sind, sowie von der voraussichtlichen Zahlungsdauer der Pensionen, die wiederum vom Alter der Angehörigen abhängt. Es sind daher die Wahrscheinlichkeiten zu untersuchen, daß ein Versicherter Familienangehörige eines bestimmten Alters besitzt. Wir führen die folgenden Definitionen ein:

h_{xy} = Wahrscheinlichkeit für einen x-jährigen, eine y-jährige Ehegattin zu haben;

k_{xz} = Wahrscheinlichkeit für einen x-jährigen, ein z-jähriges Kind zu haben.

In analoger Weise bezeichnen wir mit

$$h_x = \sum_{(y)} h_{xy} \tag{17.21}$$

die Wahrscheinlichkeit für einen x-jährigen, verheiratet zu sein. Beobachten wir einen Versichertenstand von L_x Personen des Alters x, auf welche L_{xy} Ehegattinnen des Alters y entfallen, dann ist

$$\hat{h}_{xy} = \frac{L_{xy}}{L_x} \tag{17.22}$$

ein Schätzwert für die Wahrscheinlichkeiten h_{xy} und

$$\hat{h}_x = \frac{1}{L_x} \sum_{(y)} L_{xy} \tag{17.23}$$

ein Schätzwert für die Wahrscheinlichkeit h_x. Bezeichnen wir die Zahl der auf die Personengesamtheit L_x entfallenden z-jährigen Kinder mit K_{xz}, dann ist

$$\hat{k}_{xz} = \frac{K_{xz}}{L_x} \tag{17.24}$$

ein Schätzwert für die Wahrscheinlichkeit k_{xz}.

5. Schaertlinsche Ausscheideordnung. In der Pensionsversicherung wird auch die Frage gestellt, wieviele Aktive und wieviele Invalide eines bestimmten Alters insgesamt zu erwarten sind, wenn von einer Personengesamtheit von $L_{x_0} = L^a_{x_0}$ aktiven Personen ausgegangen wird. Bezeichnen wir die Gesamtzahl der aktiven x-jährigen mit L^a_x und die Gesamtzahl der invaliden x-jährigen mit L^i_x, dann gilt zunächst $L^i_{x_0} = 0$. Berücksichtigen wir, daß L^a_x (17.5) genügt, dann können wir mit Hilfe von (17.20) die Gesamtzahl der lebenden x-jährigen

$$L_x = L^a_x + L^i_x \tag{17.25}$$

rekursiv berechnen und die folgende Ausscheideordnung bilden:

$$\begin{aligned} L_{x_0} \quad &= L^a_{x_0}, \\ L_{x_0+1} &= L^a_{x_0+1} + L^i_{x_0+1}, \\ \vdots \quad &\quad \vdots \qquad\quad \vdots \\ L_x \quad &= L^a_x \quad + L^i_x \\ \vdots \quad &\quad \vdots \qquad\quad \vdots \end{aligned} \tag{17.26}$$

(17.26) wird als *Schaertlinsche Ausscheideordnung* bezeichnet. ${}_\nu p^a_x$ ist die Wahrscheinlichkeit, daß ein x-jähriger Aktiver das Alter $x + \nu$ als Aktiver oder als Invalider erreicht. Für ${}_\nu p_x = \frac{L_{x+\nu}}{L_x}$ folgt wegen $L_{x+\nu} = L^a_{x+\nu} + L^i_{x+\nu}$

$$L_{x+\nu} = L_x \, {}_\nu p_x = L^a_x \, {}_\nu p^a_x + L^i_x \, {}_\nu p^i_x$$

und daraus

$${}_\nu p^a_x = \frac{1}{L^a_x} \left(L_x \, {}_\nu p_x - L^i_x \, {}_\nu p^i_x\right). \tag{17.27}$$

Für die ν-jährige Erlebensversicherung erhalten wir daher

$${}_\nu E^a_x = \frac{1}{L^a_x} \left(L_x \, {}_\nu E_x - L^i_x \, {}_\nu E^i_x\right), \tag{17.28}$$

wobei ${}_\nu E_x$ nach einer allgemeinen Sterbetafel zu rechnen ist, die für eine Gesamtheit von Aktiven und Invaliden gilt, während ${}_\nu E^i_x$ nach einer Invalidensterbetafel berechnet wird. Wegen ${}_{\nu-1|1}A_x = v \, {}_{\nu-1}E_x - {}_\nu E_x$ folgt aus (17.28)

$${}_{\nu-1|1}A^a_x = \frac{1}{L^a_x} \left(L_x \, {}_{\nu-1|1}A_x - L^i_x \, {}_{\nu-1|1}A^i_x\right). \tag{17.29}$$

Nun kann jede beliebige Lebensversicherung aus Erlebensversicherungen und Ablebensversicherungen zusammengesetzt werden. Bezeichnet

$$B_x = \sum_{\nu=1}^{\omega-x} \left(e_\nu \, {}_\nu E_x + a_\nu \, {}_{\nu-1|1}A_x\right) \tag{17.30}$$

den Barwert einer allgemeinen Lebensversicherung, dann gilt für diesen Barwert wegen (17.28) und (17.29) die Darstellung:

$$B^a_x = \frac{1}{L^a_x} \left(L_x B_x - L^i_x B^i_x\right). \tag{17.31}$$

B^a_x ist der Barwert einer Lebensversicherung für einen x-jährigen Aktiven, für den die Erlebens- und Ablebenszahlungen unabhängig davon fällig werden, ob der Versicherte aktiv oder invalid ist. Es genügt daher, die Versicherungswerte einmal für die Gesamtheit aller Lebenden (B_x) und einmal für die Gesamtheit der Invaliden (B^i_x) zu berechnen. Mit Hilfe der Schaertlinschen Ausscheideordnung (17.26) kann dann der gesuchte Versicherungswert B^a_x nach (17.31) berechnet werden.

Kapitel 18

Direktpensionen

1. Aktivitätsrenten. Zum Unterschied von den Leibrenten der Lebensversicherung wollen wir die laufenden Leistungen der Pensionsversicherung als Pensionen bezeichnen, obwohl es sich, technisch gesehen, ebenfalls um Rentenzahlungen handelt. Die Prämien der Versicherten bezeichnen wir als Beiträge; sie werden im allgemeinen nur von den aktiven Personen gezahlt. Es handelt sich also dabei um laufende Zahlungen der aktiven Personen. Diese Zahlungen bezeichnen wir als *Aktivitätsrenten.*

In der Lebensversicherung wird der Erwartungswert des Barwertes einer Leibrente auf Grund von Zinsrate und Sterbetafel errechnet. In der Pensionsversicherung errechnen wir den Erwartungswert des Barwertes einer Aktivitätsrente auf Grund von Zinsrate und Ausscheideordnung für Aktive. Wir gehen also von einer Ausscheideordnung für Aktive der Gestalt (17.5) aus und berechnen den Erwartungswert des Barwertes einer vorschüssigen Aktivitätsrente auf den Betrag 1 für einen x-jährigen Aktiven. Die Wahrscheinlichkeit, daß ein x-jähriger Aktiver das Alter $x + \nu$ als Aktiver erlebt, ist ${}_\nu p_x^{aa}$, zu berechnen nach (17.6) in Verbindung mit (17.4). Für den x-jährigen Aktiven ist daher der Erwartungswert des Barwertes einer Zahlung in der Höhe 1 im Zeitpunkt $x + \nu$ durch ${}_\nu p_x^{aa} v^\nu$ gegeben. Wegen (17.6) kann dieser Wert auch durch $\frac{l_{x+\nu}^a v^\nu}{l_x^a}$ ausgedrückt werden und wir bezeichnen ihn mit

$$ {}_\nu E_x^{aa} = {}_\nu p_x^{aa} v^\nu . \tag{18.1}$$

Diese Formel entspricht offenbar der Formel (5.3) aus Kapitel 5. Wir werden auch bei den weiteren Formeln in diesem Kapitel jeweils die Analogie zu Kapitel 5 herstellen können. Führen wir die Kommutationszahlen

$$ l_x^a v^x = D_x^a \tag{18.2}$$

ein, dann kann ${}_\nu E_x^{aa}$ auch in der Form

$$ {}_\nu E_x^{aa} = \frac{D_{x+\nu}^a}{D_x^a} \tag{18.3}$$

dargestellt werden. Der Erwartungswert des Barwertes aller Zahlungen einer Aktivitätsrente für einen x-jährigen Aktiven besteht aus der Summe der Erwartungswerte der Barwerte der Zahlungen in den Zeitpunkten $x + \nu$, wobei der Index ν bei der nachschüssigen Aktivitätsrente von 1 bis $\omega - x$ läuft. Wir bezeichnen die nachschüssige Aktivitätsrente mit a_x^{aa} und es gilt

$$ a_x^{aa} = \sum_{\nu=1}^{\omega-x} {}_\nu E_x^{aa} = \frac{1}{D_x^a} \sum_{\nu=1}^{\omega-x} D_{x+\nu}^a . \tag{18.4}$$

Mit Hilfe der Kommutationszahlen

$$ N_x^a = \sum_{\nu=0}^{\omega-x} D_{x+\nu}^a \tag{18.5}$$

erhalten wir die Formel

$$a_x^{aa} = \frac{N_{x+1}^a}{D_a^a}. \tag{18.6}$$

Für die vorschüssige Aktivitätsrente durchläuft der Index ν die Werte von 0 bis $\omega - x$ und wir erhalten analog

$$\ddot{a}_x^{aa} = \frac{N_x^a}{D_x^a}. \tag{18.7}$$

Für die *temporäre Aktivitätsrente*, deren Zahlungsdauer höchstens n Jahre beträgt, erhält man unschwer die Darstellung

$$\begin{aligned} a_{x,\overline{n}|}^{aa} &= \sum_{\nu=1}^{n} {}_\nu E_x^{aa} = \frac{N_{x+1}^a - N_{x+n+1}^a}{D_x^a}, \\ \ddot{a}_{x,\overline{n}|}^{aa} &= \sum_{\nu=0}^{n-1} {}_\nu E_x^{aa} = \frac{N_x^a - N_{x+n}^a}{D_x^a}. \end{aligned} \tag{18.8}$$

Die Formeln (18.6), (18.7) und (18.8) entsprechen den Formeln (5.24), (5.25) und (5.26) aus Kapitel 5, Punkt 3. Wir können die übrigen Ergebnisse aus Kapitel 5, Punkt 3, über Leibrenten auf Aktivitätsrenten übertragen, wenn wir jeweils l_x durch l_x^a, ${}_\nu E_x$ durch ${}_\nu E_x^{aa}$ usw. ersetzen. Wir wollen dies für die unterjährigen Renten sowie für steigende und fallende Renten definieren.

Näherungswerte für *unterjährige Aktivitätsrenten* erhalten wir durch Übertragung der Formeln (5.36):

$$\begin{aligned} \ddot{a}_x^{aa(m)} &\sim \ddot{a}_x^{aa} - \frac{m-1}{2m} - \frac{m^2-1}{12m^2}(\mu_x^a + \delta) \\ a_x^{aa(m)} &\sim a_x^{aa} + \frac{m-1}{2m} - \frac{m^2-1}{12m^2}(\mu_x^a + \delta). \end{aligned} \tag{18.9}$$

In diesen Formeln bedeutet δ die Zinsintensität. μ_x^a ist in Analogie zu (4.33) durch

$$\mu_x^a = -\frac{d}{dx}\ln l_x^a \tag{18.10}$$

definiert und wird als Ausscheideintensität der Aktiven bezeichnet. In Analogie zu (5.37) können auch unter der Voraussetzung $\mu_x^a << 1$ und $\delta << 1$ die Näherungsformeln

$$\begin{aligned} \ddot{a}_x^{aa(m)} &\sim \ddot{a}_x^{aa} - \frac{m-1}{2m}, \\ a_x^{aa(m)} &\sim a_x^{aa} + \frac{m-1}{2m} \end{aligned} \tag{18.11}$$

verwendet werden. Für *temporäre unterjährige Aktivitätsrenten* erhalten wir in Analogie zu (5.34) für die vorschüssige Rente

$$\ddot{a}_{x,\overline{n}|}^{aa(m)} \sim \ddot{a}_{x,\overline{n}|}^{aa} - \frac{m-1}{2m}(1 - {}_nE_x^{aa}) - \frac{m^2-1}{12m^2}[\mu_x^a + \delta - {}_nE_x^{aa}(\mu_{x+n}^a + \delta)] \tag{18.12}$$

und in Analogie zu (5.35) für die nachschüssige Rente

$$a_{x,\overline{n}|}^{aa(m)} \sim a_{x,\overline{n}|}^{aa} + \frac{m-1}{2m}\,(1 - {}_nE_x^{aa}) - \frac{m^2-1}{12m^2}\,[\mu_x^a + \delta - {}_nE_x^{aa}(\mu_{x+n}^a + \delta)]. \quad (18.13)$$

In der Pensionsversicherung treten unterjährige Zahlungen besonders häufig auf. Da die Versicherungsbeiträge vielfach vom Erwerbseinkommen berechnet werden oder nach der Höhe des Erwerbseinkommens in Beitragsklassen gestaffelt sind, werden auch häufig unterjährige, meist monatliche Beitragszahlungen vorgesehen. Wir haben es daher bei der Berechnung des Erwartungswertes des Barwertes oft mit monatlichen Aktivitätsrenten zu tun. Auch bei den Pensionsleistungen werden wir unterjährige Zahlungen berücksichtigen müssen. Die Abhängigkeit der Beitragsleistung vom Erwerbseinkommen führt aber auch dazu, daß nicht nur gleichbleibende Aktivitätsrenten, sondern auch veränderliche, insbesondere *steigende Aktivitätsrenten* betrachtet werden müssen.

Es sei $(I_{\overline{m}|}a)_{x,\overline{n}|}^{aa}$ der Erwartungswert des Barwertes der Zahlungen für eine nachschüssige Aktivitätsrente eines x-jährigen, die mit dem Betrag 1 beginnt, jährlich um 1 bis zum Betrag m ansteigt und aus höchstens n Zahlungen besteht. Der analoge Wert der vorschüssigen Aktivitätsrente sei $(I_{\overline{m}|}\ddot{a})_{x,\overline{n}|}^{aa}$. Offenbar gilt in Analogie zu (5.38)

$$\begin{aligned}(I_{\overline{m}|}a)_{x,\overline{n}|}^{aa} &= \sum_{\nu=1}^{m} \nu\, {}_\nu E_x^{aa} + m \sum_{\nu=m+1}^{n} {}_\nu E_x^{aa}, \\ (I_{\overline{m}|}\ddot{a})_{x,\overline{n}|}^{aa} &= \sum_{\nu=0}^{m-1} (\nu+1)\, {}_\nu E_x^{aa} + m \sum_{\nu=m}^{n-1} {}_\nu E_x^{aa}.\end{aligned} \quad (18.14)$$

Führen wir nun die Kommutationszahlen

$$S_x^a = \sum_{\nu=0}^{\omega-x} N_{x+\nu}^a \quad (18.15)$$

ein, dann können wir aus (18.14) in Verbindung mit (18.3) und (18.5) die folgenden zu (5.40) analogen Formeln herleiten:

$$\begin{aligned}(I_{\overline{m}|}a)_{x,\overline{n}|}^{aa} &= \frac{S_{x+1}^a - S_{x+m+1}^a - m N_{x+n+1}^a}{D_x^a}, \\ (I_{\overline{m}|}\ddot{a})_{x,\overline{n}|}^{aa} &= \frac{S_x^a - S_{x+m}^a - m N_{x+n}^a}{D_x^a}.\end{aligned} \quad (18.16)$$

Ebenso erhält man unschwer die folgenden zu (5.42) analogen Formeln für den Erwartungswert des Barwertes *abnehmender Aktivitätsrenten*:

$$\begin{aligned}(D_{\overline{m}|}a)_{x,\overline{n}|}^{aa} &= (m+1)\, a_{x,\overline{n}|}^{aa} - (I_{\overline{m}|}a)_{x,\overline{n}|}^{aa}, \\ (D_{\overline{m}|}\ddot{a})_{x,\overline{n}|}^{aa} &= (m+1)\, \ddot{a}_{x,\overline{n}|}^{aa} - (I_{\overline{m}|}\ddot{a})_{x,\overline{n}|}^{aa}.\end{aligned} \quad (18.17)$$

Dies sind die Erwartungswerte der Barwerte nachschüssiger und vorschüssiger Aktivitätsrenten eines x-jährigen, die mit dem Betrag m beginnen, jährlich um 1 bis auf 1 fallen und aus höchstens n Zahlungen bestehen.

2. Invaliditätspensionen. Wir betrachten zunächst den Erwartungswert des Barwertes einer *lebenslänglichen Invaliditätspension* für einen x-jährigen Invaliden. Da aus der Personengesamtheit der Invaliden ein Ausscheiden nur durch den Tod möglich ist — eine Reaktivierung, also die Wiedererlangung der Erwerbsfähigkeit haben wir ausgeschlossen — können wir die Invaliditätspensionen in gleicher Weise berechnen wie in Kapitel 5 Punkt 3 die Leibrenten. Es ist lediglich die Sterbetafel der l_x durch die Sterbetafel der l_x^i zu ersetzen. Eine solche Sterbetafel ist nach (17.13) zu berechnen. Die nach (17.20) berechnete Ausscheideordnung ist für unsere Zwecke nicht heranzuziehen, da in ihr neue Invalidisierungsfälle berücksichtigt werden. In einer Sterbetafel für Invalide darf jedoch nur die Ausgangsgesamtheit der x-jährigen Invaliden betrachtet werden, ohne daß Neuzugänge zu berücksichtigen sind.

Der Erwartungswert des Barwertes einer Zahlung der Höhe 1, die ein x-jähriger Invalider bei Erreichung des Alters $x + \nu$ leistet bzw. erhält, wird durch

$$ {}_\nu E_x^i = \frac{l_{x+\nu}^i}{l_x^i} v^\nu = {}_\nu p_x^i v^\nu \tag{18.18} $$

bezeichnet. Mit Hilfe der Kommutationszahlen

$$ l_x^i v^x = D_x^i \tag{18.19} $$

erhalten wir aus (18.18) die Formel

$$ {}_\nu E_x^i = \frac{D_{x+\nu}^i}{D_x^i}. \tag{18.20} $$

Invaliditätspensionen lassen sich nun unschwer durch Summierung der Versicherungswerte (18.20) berechnen, wobei der Index ν für nachschüssige Pensionen von 1 bis n und für vorschüssige Pensionen von 0 bis $n - 1$ läuft. Im Falle von lebenslänglichen Invaliditätspensionen ist bis zum Höchstalter, also bis $\nu = \omega - x$, zu summieren. Führen wir noch die Kommutationszahlen

$$ N_x^i = \sum_{\nu=0}^{\omega-x} D_{x+\nu}^i \tag{18.21} $$

ein, dann können wir den Erwartungswert des Barwertes von Invaliditätspensionen für die lebenslängliche nachschüssige Invaliditätspension durch

$$ a_x^i = \frac{N_{x+1}^i}{D_x^i}, \tag{18.22} $$

für die lebenslängliche vorschüssige Invaliditätspension durch

$$ \ddot{a}_x^i = \frac{N_x^i}{D_x^i}, \tag{18.23} $$

für die n-jährige nachschüssige Invaliditätspension durch

$$ a_{x,\overline{n}|}^i = \frac{N_{x+1}^i - N_{x+n+1}^i}{D_x^i} \tag{18.24} $$

und für die n-jährige vorschüssige Invaliditätspension durch

$$\ddot{a}^i_{x,\overline{n}|} = \frac{N^i_x - N^i_{x+n}}{D^i_x} \tag{18.25}$$

darstellen. Wie man sieht, entsprechen die Gleichungen (18.22) bis (18.25) für Invaliditätspensionen den Gleichungen (18.6) bis (18.8) für Aktivitätsrenten.

Die Formeln für *unterjährige Invaliditätspensionen* lassen sich in Analogie zu (18.9) in der Form

$$\begin{aligned} \ddot{a}^{i(m)}_x &\sim \ddot{a}^i_x - \frac{m-1}{2m} - \frac{m^2-1}{12m^2}(\mu^i_x + \delta), \\ a^{i(m)}_x &\sim a^i_x + \frac{m-1}{2m} - \frac{m^2-1}{12m^2}(\mu^i_x + \delta) \end{aligned} \tag{18.26}$$

darstellen, wobei wieder δ die Zinsintensität und

$$\mu^i_x = -\frac{d}{dx}\ln l^i_x$$

die Sterbeintensität für Invalide bedeutet. Sofern $\mu^i_x << 1$ und $\delta << 1$ vorausgesetzt werden kann, finden auch die zu (18.11) analogen Formeln Anwendung:

$$\begin{aligned} \ddot{a}^{i(m)}_x &\sim \ddot{a}^i_x - \frac{m-1}{2m}, \\ a^{i(m)}_x &\sim a^i_x + \frac{m-1}{2m}. \end{aligned} \tag{18.27}$$

Für *temporäre unterjährige Invaliditätspensionen* erhalten wir die zu (18.12) und (18.13) analogen Formeln:

$$\begin{aligned} \ddot{a}^{i(m)}_{x,\overline{n}|} &\sim \ddot{a}^i_{x,\overline{n}|} - \frac{m-1}{2m}(1 - {}_nE^i_x) - \frac{m^2-1}{12m^2}[\mu^i_x + \delta - {}_nE^i_x(\mu^i_{x+n} + \delta)], \\ a^{i(m)}_{x,\overline{n}|} &\sim a^i_{x,\overline{n}|} + \frac{m-1}{2m}(1 - {}_nE^i_x) - \frac{m^2-1}{12m^2}[\mu^i_x + \delta - {}_nE^i_x(\mu^i_{x+n} + \delta)]. \end{aligned} \tag{18.28}$$

Für *steigende Invaliditätspensionen* führen wir die Kommutationszahlen

$$S^i_x = \sum_{\nu=0}^{\omega-x} N^i_{x+\nu} \tag{18.29}$$

ein. Es sei $(I_{\overline{m}|}a)^i_{x,\overline{n}|}$ der Erwartungswert des Barwertes der Zahlungen für eine nachschüssige Invaliditätspension an einen x-jährigen, die mit dem Betrag 1 beginnt, jährlich um 1 bis zum Betrag m ansteigt und aus höchstens n Zahlungen besteht. Der analoge Wert für die vorschüssige steigende Invaliditätspension sei $(I_{\overline{m}|}\ddot{a})^i_{x,\overline{n}|}$. Für die Pensionsbarwerte gelten offenbar die Formeln (18.14), wobei ${}_\nu E^{aa}_x$ durch ${}_\nu E^i_x$ ersetzt wird und wir erhalten in Analogie zu (18.16):

$$\begin{aligned} (I_{\overline{m}|}a)^i_{x,\overline{n}|} &= \frac{S^i_{x+1} - S^i_{x+m+1} - m N^i_{x+n+1}}{D^i_x}, \\ (I_{\overline{m}|}\ddot{a})^i_{x,\overline{n}|} &= \frac{S^i_x - S^i_{x+m} - m N^i_{x+n}}{D^i_x}. \end{aligned} \tag{18.30}$$

In gleicher Weise lassen sich die (18.17) entsprechenden Barwerte für *abnehmende Invaliditätspensionen* wie folgt errechnen:

$$\begin{aligned}(D_{\overline{m|}}a)^i_{x,\overline{n|}} &= (m+1)\,a^i_{x,\overline{n|}} - (I_{\overline{m|}}a)^i_{x,\overline{n|}},\\ (D_{\overline{m|}}\ddot{a})^i_{x,\overline{n|}} &= (m+1)\,\ddot{a}^i_{x,\overline{n|}} - (I_{\overline{m|}}\ddot{a})^i_{x,\overline{n|}}.\end{aligned} \tag{18.31}$$

Dies sind die Erwartungswerte der Barwerte einer nachschüssigen und einer vorschüssigen Invaliditätspension für einen x-jährigen, die mit dem Betrag m beginnen, jährlich um 1 bis auf 1 fallen und aus höchstens n Zahlungen bestehen.

3. Anwartschaft eines Aktiven auf Invaliditätspension. Im allgemeinen wird in einem System der Pensionsversicherung eine Invaliditätspension fällig, sobald ein aktiver Versicherter invalid wird. Die Wahrscheinlichkeit, daß ein x-jähriger Aktiver im Zeitraum $x+\nu-1$ bis $x+\nu$ invalid wird, ist der Wahrscheinlichkeit gleich, daß er das Alter $x+\nu-1$ als Aktiver erlebt und im darauffolgenden Jahr invalid wird. Diese Wahrscheinlichkeit wird durch ${}_{\nu-1}p^{aa}_x\, i_{x+\nu-1}$ ausgedrückt. Der Einfachheit halber wollen wir annehmen, daß alle Invalidisierungsfälle des Zeitraumes $(x+\nu-1,\ x+\nu)$ im Zeitpunkt $x+\nu-\frac{1}{2}$ eintreten. Für sie werden daher im Zeitpunkt der Invalidisierung Invaliditätspensionen mit einem Barwert von $\ddot{a}^i_{x+\nu-1/2}$ zu erwarten sein. Der Erwartungswert des Barwertes der Invaliditätspension für einen x-jährigen Aktiven bei Invalidisierung im Zeitraum $(x+\nu-1,$ $x+\nu)$ kann daher durch

$${}_{\nu-1}p^{aa}_x\, i_{x+\nu-1}\, \ddot{a}^i_{x+\nu-1/2}\, v^{\nu-1/2} \tag{18.32}$$

ausgedrückt werden. Wir wollen nun annehmen, daß alle Invalidisierungsfälle bis zu einem Höchstalter $x+n$, dem Anfallsalter für die Alterspensionen, zu einer Invaliditätspension führen. Den Erwartungswert des Barwertes aller Leistungen erhalten wir durch Summierung von (18.32) über alle ν von 1 bis n, also in der Gestalt

$$\sum_{\nu=1}^{n} {}_{\nu-1}p^{aa}_x\, i_{x+\nu-1}\, \ddot{a}^i_{x+\nu-1/2}\, v^{\nu-1/2}. \tag{18.33}$$

Dies ist die Anwartschaft eines x-jährigen Aktiven auf lebenslängliche Invaliditätspension, wenn die Invalidität vor Erreichung des Alters $x+n$ eintritt. Wir bezeichnen diese Anwartschaft mit $\ddot{a}^{ai}_{x,\overline{n|}}$ und wegen (18.1) und (18.3) gilt:

$$\ddot{a}^{ai}_{x,\overline{n|}} = \frac{1}{D^a_x} \sum_{\nu=1}^{n} D^a_{x+\nu-1}\, i_{x+\nu-1}\, \ddot{a}^i_{x+\nu-1/2}\, v^{1/2}. \tag{18.34}$$

Man kann nun näherungsweise

$$\ddot{a}^i_{x+\nu-1/2} \sim \frac{\ddot{a}^i_{x+\nu-1} + \ddot{a}^i_{x+\nu}}{2} \tag{18.35}$$

setzen. Führt man die Kommutationszahlen

$$\begin{aligned} D^{ai}_x &= D^a_x\, i_x\, \ddot{a}^i_{x+1/2}\, v^{1/2},\\ N^{ai}_x &= \sum_{\nu=0}^{\omega-x} D^{ai}_{x+\nu}\end{aligned} \tag{18.36}$$

ein, dann folgt aus (18.34) die Darstellung

$$\ddot{a}^{ai}_{x,\overline{n|}} = \frac{1}{D^a_x} \sum_{\nu=1}^{\omega-x} D^{ai}_{x+\nu-1} = \frac{N^{ai}_x - N^{ai}_{x+n}}{D^a_x}. \tag{18.37}$$

Um unterjährige Pensionszahlungen zu berücksichtigen, ersetzen wir $\ddot{a}^i_x$ durch $\ddot{a}^{i(m)}_x$. Anstelle von (18.35) verwenden wir daher die Näherungsformel

$$\ddot{a}^{i(m)}_{x+\nu-1/2} \sim \frac{\ddot{a}^{i(m)}_{x+\nu-1} + \ddot{a}^{i(m)}_{x+\nu}}{2}, \tag{18.38}$$

wobei wir mit Hilfe von (18.26) auch

$$\ddot{a}^{i(m)}_{x+\nu-1/2} \sim \ddot{a}^i_{x+\nu-1/2} - \frac{m-1}{2m} - \frac{m^2-1}{12m^2}\left(\frac{\mu^i_{x+\nu-1} + \mu^i_{x+\nu}}{2} + \delta\right) \tag{18.39}$$

setzen können. Nun lassen sich die Kommutationszahlen

$$\begin{aligned} D^{ai(m)}_x &= D^a_x i_x \ddot{a}^{i(m)}_{x+1/2} v^{1/2}, \\ N^{ai(m)}_x &= \sum_{\nu=0}^{\omega-x} D^{ai(m)}_{x+\nu} \end{aligned} \tag{18.40}$$

bilden, mit deren Hilfe der Wert der Anwartschaft eines x-jährigen Aktiven auf lebenslängliche m^{tel}-jährliche Invaliditätspension bei Invalidisierung vor Erreichung des Alters $x+n$ durch

$$\ddot{a}^{ai(m)}_{x,\overline{n|}} = \frac{N^{ai(m)}_x - N^{ai(m)}_{x+n}}{D^a_x} \tag{18.41}$$

ausgedrückt werden kann.

In der Praxis wird die Invaliditätspension meist um so höher festgesetzt, je länger die Versicherungszeit ist. Die einmal festgesetzte Invaliditätspension bleibt dann zwar gleich — steigende Invaliditätspensionen werden wir im Kapitel über die Dynamisierung kennenlernen — doch ist ihr Wert um so höher, je länger die Versicherungszeit gedauert hat. Das Pensionssystem kann etwa vorsehen, daß bei Invalidisierung im ersten Jahr ein Grundbetrag R jährlich als Invaliditätspension gewährt wird, während sich die Pension für jedes weitere Versicherungsjahr um einen Steigerungsbetrag ε erhöht. Bei Invalidisierung im ν^{ten} Jahr der Versicherung beträgt dann die Invaliditätspension $R + (\nu - 1)\varepsilon$. Wie man sieht, treten hier steigende Anwartschaften (nicht Pensionen) auf. In Analogie zur Terminologie der steigenden Renten bezeichnen wir die Anwartschaft eines x-jährigen Aktiven auf eine vorschüssige Invaliditätspension, die bei Invalidität im ν-ten Versicherungsjahr jährlich ν beträgt und dabei einen Höchstbetrag von m erreichen kann, lebenslänglich gezahlt wird und in allen jenen Fällen gebührt, in denen die Invalidität vor Erreichung des Alters $x+n$ eingetreten ist, mit $(I_{\overline{m|}}\ddot{a})^{ai}_{x,\overline{n|}}$. Offenbar gilt

$$(I_{\overline{m|}}\ddot{a})^{ai}_{x,\overline{n|}} = \frac{1}{D^a_x} \sum_{\nu=1}^{m} \nu D^{ai}_{x+\nu-1} + \frac{m}{D^a_x} \sum_{\nu=m+1}^{n} D^{ai}_{x+\nu-1}.$$

Daraus erhalten wir bei Einführung der Kommutationszahlen

$$S^{ai}_x = \sum_{\nu=0}^{\omega-x} N^{ai}_{x+\nu} \tag{18.42}$$

die Formel

$$(I_{\overline{m}|}\ddot{a})^{ai}_{x,\overline{n}|} = \frac{S^{ai}_x - S^{ai}_{x+m} - m\,N^{ai}_{x+n}}{D^a_x}. \tag{18.43}$$

Wird die Invaliditätspension unterjährig, etwa $\overline{m}$-mal jährlich, ausgezahlt, dann bildet man mit Hilfe der Kommutationszahlen (18.40) die Kommutationszahlen

$$S^{ai(\overline{m})}_x = \sum_{\nu=0}^{\omega-x} N^{ai(\overline{m})}_{x+\nu} \tag{18.44}$$

und erhält für die m Jahre hindurch steigende Anwartschaft eines x-jährigen Aktiven auf lebenslängliche vorschüssige $\overline{m}$-mal jährlich zahlbare gleichbleibende Invaliditätspension bei Eintritt der Invalidität vor Erreichung des Alters $x+n$ in Analogie zu (18.43) die Formel

$$(I_{\overline{m}|}\ddot{a})^{ai(\overline{m})}_{x,\overline{n}|} = \frac{S^{ai(\overline{m})}_x - S^{ai(\overline{m})}_{x+m} - m\,N^{ai(\overline{m})}_{x+n}}{D^a_x}. \tag{18.45}$$

4. Anwartschaft eines Aktiven auf Alterspension. Als Anwartschaft eines Aktiven auf Alterspension bezeichnet man den Erwartungswert des Barwertes aller Leistungen, die fällig werden, wenn der x-jährige Aktive das Anfallsalter $x+n$ für die Alterspension als Aktiver erreicht und von diesem Zeitpunkt an Anspruch auf eine lebenslängliche Leibrente hat. Die Wahrscheinlichkeit für einen x-jährigen Aktiven, das Anfallsalter als Aktiver zu erreichen, ist ${}_np^{aa}_x$ und der Barwert einer lebenslänglichen Leibrente, die m^{tel}-jährlich vorschüssig zu zahlen ist, beträgt für den $(x+n)$-jährigen Versicherten $\ddot{a}^{(m)}_{x+n}$. Die Anwartschaft eines x-jährigen Aktiven auf Alterspension kann daher wie folgt berechnet werden:

$$\ddot{a}^{aA(m)}_x = {}_np^{aa}_x v^n \ddot{a}^{(m)}_{x+n} = {}_nE^{aa}_x \ddot{a}^{(m)}_{x+n}. \tag{18.46}$$

Zur Berechnung dieser Anwartschaft müssen Kommutationszahlen der Sterbetafel und Kommutationszahlen der Ausscheideordnung für Aktive verwendet werden. Im allgemeinen stimmt der Personenkreis, für den eine Sterbetafel errechnet worden ist, nicht mit dem Personenkreis, für den eine Ausscheideordnung für Aktive bzw. für Invalide errechnet worden ist, überein. Die gesuchte Anwartschaft läßt sich aber auch allein mit Hilfe der Kommutationszahlen (18.2) bzw. (18.36) errechnen. Die Personengesamtheit der Lebenden setzt sich aus der Personengesamtheit der Aktiven und der Personengesamtheit der Invaliden zusammen. Die Alterspension wird nun an alle jene Personen lebenslänglich gezahlt, welche das Anfallsalter als Aktive erreichen, und zwar unabhängig davon, ob sie im folgenden invalid werden oder nicht. Eine solche Pension kann aber auch aus zwei Pensionen zusammengesetzt werden, und zwar einer Aktivitätspension für die weitere Dauer der Aktivität bzw. der Arbeitsfähigkeit und einer Invaliditätspension für die invalid durchlebte Zeit. Für einen $(x+n)$-jährigen Aktiven kann daher der Anspruch auf Alterspension zusammengesetzt werden aus einem Anspruch auf eine Aktivitätspension und einer Anwartschaft eines Aktiven auf Invaliditätspension. Die Anwartschaft eines x-jährigen auf Alterspension bei Erreichung des Alters $x+n$ als Aktiver kann daher als Summe einer um n Jahre aufgeschobenen Anwartschaft auf Aktivitätspension und einer um n Jahre aufgeschobenen Anwartschaft eines Aktiven auf Invaliditätspension angesehen werden und man erhält den folgenden Wert:

$$\ddot{a}_x^{aA(m)} = {}_{n|}\ddot{a}_x^{aa(m)} + {}_{n|}\ddot{a}_x^{ai(m)} = {}_nE_x^{aa}\,(\ddot{a}_{x+n}^{aa(m)} + \ddot{a}_{x+n}^{ai(m)}). \tag{18.47}$$

Gehen wir zur Berechnung der unterjährigen Invaliditätspensionen von der ersten Gleichung in (18.9) aus, dann erhalten wir wegen (18.7)

$${}_{n|}\ddot{a}_x^{aa(m)}\ \frac{1}{D_x^a}\left\{N_{x+n}^a - D_{x+n}^a\left[\frac{m-1}{2m} + \frac{m^2-1}{12m^2}\,(\mu_{x+n}^a + \delta)\right]\right\}.$$

Führen wir nun die Kommutationszahlen

$$N_x^{a(m)} = N_x^a - D_x^a\left[\frac{m-1}{2m} + \frac{m^2-1}{12m^2}\,(\mu_x^a + \delta)\right] \tag{18.48}$$

ein, dann erhalten wir die Formel

$${}_{n|}\ddot{a}_x^{aa(m)} = \frac{N_{x+n}^{a(m)}}{D_x^a}. \tag{18.49}$$

Für die Anwartschaft eines x-jährigen Aktiven auf Alterspension ergibt sich nunmehr mit Hilfe von (18.41), (18.47) und (18.49) die folgende Darstellung

$$\ddot{a}_x^{aA(m)} = \frac{N_{x+n}^{a(m)} + N_{x+n}^{ai(m)}}{D_x^a}, \tag{18.50}$$

wobei die Kommutationszahlen nach (18.2), (18.40) und (18.48) zu berechnen sind.

5. Steigende Anwartschaft eines Aktiven auf Invaliditätspension und Alterspension. Zahlreiche Pensionssysteme enthalten etwa die folgenden Bestimmungen: Nach dem Eintritt des aktiven Versicherten mit dem Alter x ist zunächst eine *Karenzzeit* von l Jahren abzuwarten, während der kein Anspruch auf Invaliditätspension entstehen kann. Nach Ablauf der Karenzzeit entsteht bei Invalidität ein Anspruch auf Invaliditätspension, deren Höhe von der Versicherungszeit abhängt. Bei Invalidität im ersten Jahr nach Ablauf der Karenzzeit beträgt die Invaliditätspension jährlich R. Für jedes weitere Versicherungsjahr wird ein jährlicher Steigerungsbetrag von ε gewährt. Die Invaliditätspension beträgt jedoch höchstens $R + n\varepsilon$ jährlich, das heißt, es werden höchstens n Steigerungsbeträge zur Grundpension R gezahlt. Bei Erreichung des Anfallsalters $x + p$ für die Alterspension als Aktiver wird die Alterspension in der Höhe jener Invaliditätspension fällig, die bei Eintritt der Invalidität unmittelbar nach Erreichung des Anfallsalters für die Alterspension fällig geworden wäre. Ist $l + n \leqq p$, dann erreicht die Alterspension den Höchstbetrag $R + n\varepsilon$ der Invaliditätspension. Ist hingegen $l + n > p$, dann kann die Invaliditätspension höchstens den Betrag $R + (p - l - 1)\varepsilon$ und die Alterspension höchstens den Betrag $R + (p - l)\varepsilon$ erreichen.

Die eben beschriebene Anwartschaft, ihren Barwert bezeichnen wir mit B_x^0, kann daher für $l + n \leqq p$ dargestellt werden als Summe einer um l Jahre aufgeschobenen Anwartschaft eines x-jährigen auf lebenslängliche Invaliditätspension der Höhe R, einer $l + 1$ Jahre aufgeschobenen n Jahre hindurch steigenden Anwartschaft auf lebenslängliche Invaliditätspension der Höhe ε im ersten Jahr und einer Anwartschaft auf eine p Jahre aufgeschobene Aktivitätspension der Höhe $R + n\varepsilon$:

$$B_x^0 = R\,{}_{l|}\ddot{a}_x^{ai(m)} + \varepsilon\,{}_{l+1|}(I_{\overline{n}|}\ddot{a})_x^{ai(m)} + (R + n\varepsilon)\,{}_{p|}\ddot{a}_x^{aa(m)}. \quad (18.51)$$

Hiebei wurde vorausgesetzt, daß die Pensionen m^{tel}- jährlich ausgezahlt werden. Die einzelnen Pensionen lassen sich folgendermaßen durch Kommutationszahlen ausdrücken:

$${}_{l|}\ddot{a}_x^{ai(m)} = \frac{N_{x+l}^{ai(m)}}{D_x^a},$$

$${}_{l+1|}(I_{\overline{n}|}\ddot{a})_x^{ai(m)} = \frac{S_{x+l+1}^{ai(m)} - S_{x+n+l+1}^{ai(m)}}{D_x^a},$$

$${}_{p|}\ddot{a}_x^{aa(m)} = \frac{N_{x+p}^{a(m)}}{D_x^a}.$$

Hiebei errechnet man die Anwartschaft für eine um l Jahre aufgeschobene Pension eines x-jährigen Aktiven, indem man die Anwartschaft eines $(x + l)$-jährigen Aktiven mit der l-jährigen Überlebenswahrscheinlichkeit für einen x-jährigen Aktiven und mit dem Diskontfaktor für l Jahre, zusammen also mit ${}_lE_x^{aa} = \frac{D_{x+l}^a}{D_x^a}$ multipliziert. In Kommutationszahlen kann der Barwert der gesuchten Anwartschaft demnach wie folgt dargestellt werden:

$$B_x^0 = \frac{1}{D_x^a}\,[R N_{x+l}^{ai(m)} + \varepsilon(S_{x+l+1}^{ai(m)} - S_{x+n+l+1}^{ai(m)}) + (R + n\varepsilon)\,N_{x+p}^{a(m)}]. \quad (18.52)$$

Den Fall $l + n > p$ können wir ebenfalls mit Hilfe dieser Formeln behandeln, wenn wir n durch $p - l$ ersetzen. Es gilt offenbar

$$B_x^0 = R\,{}_{l|}\ddot{a}_x^{ai(m)} + \varepsilon\,{}_{l+1|}(I_{\overline{p-l}|}\ddot{a})_x^{ai(m)} + [R + (p - l)\varepsilon]_{p|}\ddot{a}_x^{aa(m)} \quad (18.53)$$

und daraus folgt die Darstellung durch Kommutationszahlen:

$$B_x^0 = \frac{1}{D_x^a}\,\{R N_{x+l}^{ai(m)} + \varepsilon(S_{x+l+1}^{ai(m)} - S_{x+p+1}^{ai(m)}) + [R + (p - l)\varepsilon]\,N_{x+p}^{a(m)}\}. \quad (18.54)$$

Wir haben bisher den Barwert der Anwartschaften unter der Voraussetzung ermittelt, daß mit dem Beitritt des Versicherten im Alter x die Karenzzeit zu laufen beginnt. Wir wollen nun den Barwert der Anwartschaften für einen Aktiven des Alters x unter der Voraussetzung berechnen, daß bereits t Versicherungsjahre verflossen sind. Hiebei ist zu unterscheiden, ob der Zeitpunkt, für den der Barwert der Anwartschaften berechnet wird, in die Karenzzeit fällt $(0 \leqq t < l)$, in die Zeit der steigenden Anwartschaft $(l \leqq t < l + n)$, in die Zeit der gleichbleibenden Anwartschaft auf Invaliditätspension $(l + n \leqq t < p)$ oder in die Zeit der Alterspension $(p \leqq t)$. Bezeichnen wir den Barwert der Anwartschaften mit B_x^t, dann erhalten wir unter der Voraussetzung $l + n < p$ für die vier in Betracht kommenden Fälle die folgenden Darstellungen:

1. $0 \leqq t < l$. In diesem Fall sind offenbar l und p durch $l - t$ und $p - t$ zu ersetzen:

$$B_x^t = R\,{}_{l-t|}\ddot{a}_x^{ai(m)} + \varepsilon\,{}_{l-t+1|}(I_{\overline{n}|}\ddot{a})_x^{ai(m)} + (R + n\varepsilon)_{p-t|}\ddot{a}_x^{aa(m)} =$$

$$= \frac{1}{D_x^a}\,[R N_{x+l-t}^{ai(m)} + \varepsilon(S_{x+l-t+1}^{ai(m)} - S_{x+l+n-t+1}^{ai(m)}) + (R + n\varepsilon)\, N_{x+p-t}^{a(m)}]. \quad (18.55)$$

2. $l \leqq t < l + n$. In diesem Fall beginnt die Anwartschaft mit dem Betrag $R + (t - l)\varepsilon$ und steigt durch längstens $n - t + l$ Jahre:

$$B_x^t = [R + (t - l)\varepsilon]\,\ddot{a}_x^{ai(m)} + \varepsilon(I_{\overline{n-t+l}|}\ddot{a})_x^{ai(m)} + (R + n\varepsilon)_{p-t|}\,\ddot{a}_x^{aa(m)} = \quad (18.56)$$

$$= \frac{1}{D_x^a}\,\{[R + (t - l)\varepsilon] N_x^{ai(m)} + \varepsilon(S_{x+1}^{ai(m)} - S_{x+l+n-t+1}^{ai(m)}) + (R + n\varepsilon)\, N_{x+p-t}^{a(m)}\}.$$

3. $l + n \leqq t < p$. In diesem Fall beträgt die Pension stets den Höchstbetrag $R + n\varepsilon$:

$$B_x^t = (R + n\varepsilon)\,(\ddot{a}_x^{ai(m)} + {}_{p-t|}\ddot{a}_x^{aa(m)}) = \frac{R + n\varepsilon}{D_x^a}\,(N_x^{ai(m)} + N_{x+p-t}^{a(m)}). \quad (18.57)$$

4. $p \leqq t$. In diesem Fall ist bereits ein Anspruch auf Alterspension gegeben:

$$B_x^t = (R + n\varepsilon)\,(\ddot{a}_x^{ai(m)} + \ddot{a}_x^{aa(m)}) = \frac{R + n\varepsilon}{D_x^a}\,(N_x^{ai(m)} + N_x^{a(m)}). \quad (18.58)$$

Unter der Voraussetzung $l + n \geqq p$ erhalten wir nun ganz analog die folgenden Darstellungen:

5. $0 \leqq t < l$:

$$B_x^t = R\,{}_{l-t|}\ddot{a}_x^{ai(m)} + \varepsilon\,{}_{l-t+1|}(I_{\overline{p-l}|}\ddot{a})_x^{ai(m)} + [R + (p - l)\varepsilon]_{p-t|}\ddot{a}_x^{aa(m)} =$$

$$= \frac{1}{D_x^a}\,\{R N_{x+l-t}^{ai(m)} + \varepsilon(S_{x+l-t+1}^{ai(m)} - S_{x+p-t+1}^{ai(m)}) + [R + (p - l)\varepsilon]\, N_{x+p-t}^{a(m)}\}. \quad (18.59)$$

6. $l \leqq t < p$:

$$B_x^t = [R + (t - l)\varepsilon]\ddot{a}_x^{ai(m)} + \varepsilon(I_{\overline{p-t}|}\ddot{a})_x^{ai(m)} + [R + (p - l)\varepsilon]_{p-t|}\ddot{a}_x^{aa(m)} =$$

$$= \frac{1}{D_x^a}\,\{[R + (t - l)\varepsilon]\, N_x^{ai(m)} + \varepsilon(S_{x+1}^{ai(m)} - S_{x+p-t+1}^{ai(m)}) + [R + (p - l)\varepsilon]\, N_{x+p-t}^{a(m)}\}. \quad (18.60)$$

7. $p \leqq t$:

$$B_x^t = [R + (p - l)\varepsilon]\,(\ddot{a}_x^{ai(m)} + \ddot{a}_x^{aa(m)}) = \frac{R + (p - l)\varepsilon}{D_x^a}\,(N_x^{ai(m)} + N_x^{a(m)}). \quad (18.61)$$

Kapitel 19

Hinterbliebenenpensionen

1. Witwenpension nach der Individualmethode. Eine Versicherung auf Witwenpension berechtigt die Ehegattin des Versicherten zum Bezug einer vorschüssigen lebenslänglichen Leibrente, die erstmals beim Tode des Versicherten fällig wird. Errechnet man die Witwenpension nach der Individualmethode, dann sind nur verheiratete Versicherte in die Versicherung einbezogen und der Barwert der Anwartschaft hängt u. a. auch vom Alter der Ehegattin des Versicherten ab. Wir betrachten im folgenden die Anwartschaft eines x-jährigen Versicherten mit einer y-jährigen Ehegattin auf eine unterjährige Witwenpension mit dem Jahresbetrag 1.

Zunächst untersuchen wir die *Anwartschaft eines Invaliden auf Witwenpension.* Die y-jährige Ehegattin des x-jährigen Invaliden hat nach dem Tode ihres Gatten Anspruch auf eine m^{tel}-jährlich vorschüssig zahlbare lebenslängliche Leibrente mit dem Jahresbetrag 1. Wir bezeichnen den Barwert dieser Anwartschaft mit $\ddot{a}_{x|y}^{iw(m)}$. Es handelt sich offenbar um eine einseitige Überlebensrente zugunsten der y-jährigen Ehegattin, wie wir sie in Kapitel 9 behandelt haben. In Analogie zu Formel (9.61) gilt offenbar

$$\ddot{a}_{x|y}^{iw(m)} = \ddot{a}_{y}^{(m)} - \ddot{a}_{x,y}^{i(m)}. \tag{19.1}$$

Hiebei bedeutet $\ddot{a}_{x,y}^{i(m)}$ den Barwert einer Rente, die so lange gezahlt wird, als sowohl der x-jährige Invalide als auch seine y-jährige Ehegattin leben. Verwendet man für die unterjährige Rente die Näherungsformel (5.37), die entsprechend der Schlußbemerkung aus Kapitel 9 analog für die Rente auf verbundene Leben x und y gilt, dann heben sich die Korrekturglieder $\frac{m-1}{2m}$ für die unterjährige Zahlung weg und man erhält die Näherungsformel

$$\ddot{a}_{x|y}^{iw(m)} \sim \ddot{a}_y - \ddot{a}_{x,y}^{i}, \tag{19.2}$$

wobei $\ddot{a}_{x,y}^{i}$ für den x-jährigen nach einer Invalidensterbetafel, für die y-jährige nach einer Volkssterbetafel folgendermaßen berechnet wird:

$$\ddot{a}_{x,y}^{i} = \frac{1}{l_x^i l_y} \sum_{\nu=1}^{\omega-x} l_{x+\nu-1}^{i}\, l_{y+\nu-1}\, v^{\nu-1}. \tag{19.3}$$

Führen wir die Kommutationszahlen

$$\begin{aligned} D_{x,y}^{i} &= l_x^i l_y v^x, \\ N_{x,y}^{i} &= \sum_{\nu=0}^{\omega-x} D_{x+\nu,\,y+\nu}^{i} \end{aligned} \tag{19.4}$$

ein, dann erhalten wir die folgende Darstellung:

$$\ddot{a}_{x,y}^{i} = \frac{N_{x,y}^{i}}{D_{x,y}^{i}}. \tag{19.5}$$

Mit Hilfe dieser Formel kann der gesuchte Barwert der Anwartschaft nach (19.2) errechnet werden.

Eine andere häufig angewendete Berechnungsmethode geht von einer Invalidensterbetafel der Gestalt (17.13) aus. Es wird angenommen, daß sämtliche l_x^i Invalide eine y-jährige Ehegattin haben. Von den l_x^i Invaliden des Alters x sterben im ν^{ten} Versicherungsjahr $l_{x+\nu-1}^i - l_{x+\nu}^i = d_{x+\nu-1}^i$ Personen. Unter der Annahme, daß die Todesfälle im Durchschnitt in der Mitte des ν^{ten} Versicherungsjahres eintreten, fallen so viele Witwenpensionen an, als überlebende Ehegattinnen in der Mitte des ν^{ten} Versicherungsjahres vorhanden sind, das sind $d_{x+\nu-1}^i \frac{l_{y+\nu-1/2}}{l_y}$ Witwenpensionen. Für jede dieser Witwenpensionen beträgt der Barwert der lebenslänglichen Leistung, bezogen auf den Zeitpunkt des Beginns der Versicherung, also auf den Zeitpunkt, in dem der versicherte Invalide x Jahre alt war, $\ddot{a}_{y+\nu-1/2}^{(m)} v^{\nu-1/2}$. Die Summe der Barwerte der Anwartschaften auf Witwenpensionen für alle l_x^i versicherte Invalide des Alters x beträgt demnach

$$l_x^i \ddot{a}_{x|y}^{iw(m)} = \sum_{\nu=1}^{\omega-x} d_{x+\nu-1}^i \frac{l_{y+\nu-1/2}}{l_y} \ddot{a}_{y+\nu-1/2}^{(m)} v^{\nu-1/2}. \tag{19.6}$$

Multiplizieren wir (19.6) mit v^x und führen wir die Kommutationszahlen

$$\begin{aligned} D_{x|y}^{iw(m)} &= d_x^i l_{y+1/2} \ddot{a}_{y+1/2}^{(m)} v^{x+1/2}, \\ N_{x|y}^{iw(m)} &= \sum_{\nu=0}^{\omega-x} D_{x+\nu|y+\nu}^{iw(m)}, \end{aligned} \tag{19.7}$$

ein, dann erhalten wir unter Berücksichtigung von (19.4) die folgende Formel für den Barwert der Anwartschaft eines x-jährigen Invaliden auf vorschüssige m^{tel}-jährliche Witwenpension für seine y-jährige Ehegattin:

$$\ddot{a}_{x|y}^{iw(m)} = \frac{N_{x|y}^{iw(m)}}{D_{x,y}^i}. \tag{19.8}$$

Zur Berechnung der Werte mit nicht ganzzahligem Index können die folgenden Näherungsformeln durch lineare Interpolation gewonnen werden:

$$l_{y+1/2} \sim \frac{l_y + l_{y+1}}{2}, \qquad \ddot{a}_{y+1/2}^{(m)} \sim \frac{1}{2}\left(\ddot{a}_y^{(m)} + \ddot{a}_{y+1}^{(m)}\right). \tag{19.9}$$

Nun untersuchen wir die *Anwartschaft eines Aktiven auf Witwenpension.* Vorerst betrachten wir jene Witwenpension, die gezahlt wird, wenn der Versicherte als Aktiver stirbt. Im weiteren untersuchen wir die Witwenpension nach einem Versicherten, der vor dem Tod invalid geworden ist. Den Barwert der Anwartschaft eines x-jährigen Aktiven auf eine Witwenpension für seine y-jährige Ehegattin bei Eintritt des Todes während der Aktivität bezeichnen wir mit $\ddot{a}_{x|y}^{aaw(m)}$. Gehen wir von einer Personengesamtheit von l_x^a aktiven x-jährigen aus, dann ist $d_{x+\nu-1}^{aa} = l_{x+\nu-1}^a q_{x+\nu-1}^{aa}$ die Zahl jener Personen aus dieser Gesamtheit, die im ν^{ten} Jahr als Aktive sterben. Auf Grund der selben Überlegungen, die zu Formel (19.6) geführt haben, erhält man die folgende analoge Formel:

$$l_x^a \ddot{a}_{x|y}^{aaw(m)} = \sum_{\nu=1}^{\omega-x} d_{x+\nu-1}^{aa} \frac{l_{y+\nu-1/2}}{l_y} \ddot{a}_{y+\nu-1/2}^{(m)} v^{\nu-1/2}. \tag{19.10}$$

Nun bilden wir die Kommutationszahlen

$$D^a_{x,y} = l^a_x l_y v^x, \tag{19.11}$$

die $D^i_{x,y}$ aus (19.4) entsprechen und die Kommutationszahlen

$$\begin{aligned} D^{aaw(m)}_{x|y} &= d^{aa}_x \, l_{y+1/2} \, \ddot{a}^{(m)}_{y+1/2} \, v^{x+1/2}, \\ N^{aaw(m)}_{x|y} &= \sum_{\nu=0}^{\omega-x} D^{aaw(m)}_{x+\nu|y+\nu}, \end{aligned} \tag{19.12}$$

die zu (19.7) analog sind. Multiplizieren wir (19.10) mit v^x, dann erhalten wir mit Hilfe von (19.11) und (19.12) die folgende Darstellung:

$$\ddot{a}^{aaw(m)}_{x|y} = \frac{N^{aaw(m)}_{x|y}}{D^a_{x,y}}. \tag{19.13}$$

Als nächstes ist der Fall zu betrachten, daß der Aktive invalid wird und als Invalider stirbt. Den Barwert dieser Anwartschaft auf Witwenpension bezeichnen wir mit $\ddot{a}^{aiw(m)}_{x|y}$. Schließen l^a_x Versicherte des Alters x mit einer Ehegattin des Alters y eine derartige Versicherung ab, dann werden $l^a_{x+\nu-1} \, i_{x+\nu-1}$ von diesen Versicherten im ν^{ten} Versicherungsjahr invalid. Wir nehmen an, daß die Invalidität im Durchschnitt in der Mitte des Jahres eintritt. In diesem Zeitpunkt leben daher noch $l^a_{x+\nu-1} \, i_{x+\nu-1} \frac{l_{y+\nu-1/2}}{l_y}$ Ehegattinnen von Versicherten, die im ν^{ten} Jahr invalid werden. Reservieren wir für alle diese Ehepaare den Barwert einer Anwartschaft auf Witwenpension für einen Invaliden, dann müssen wir insgesamt einen Betrag von $l^a_{x+\nu-1} \, i_{x+\nu-1} \frac{l_{y+\nu-1/2}}{l_y} \, \ddot{a}^{iw(m)}_{x+\nu-1/2|y+\nu-1/2}$ aufbringen. Diskontieren wir diesen Betrag auf den Zeitpunkt des Versicherungsbeginnes, summieren über alle Versicherungsjahre und berücksichtigen, daß die Summe der Barwerte dieser Anwartschaften auf l^a_x Versicherte entfällt, dann erhalten wir die folgende Gleichung:

$$l^a_x \, \ddot{a}^{aiw(m)}_{x|y} = \sum_{\nu=1}^{\omega-x} l^a_{x+\nu-1} \, i_{x+\nu-1} \frac{l_{y+\nu-1/2}}{l_y} \, \ddot{a}^{iw(m)}_{x+\nu-1/2|y+\nu-1/2} \, v^{\nu-1/2}. \tag{19.14}$$

Wir multiplizieren (19.14) mit v^x. Mit Hilfe der Kommutationszahlen

$$\begin{aligned} D^{aiw(m)}_{x|y} &= l^a_x \, i_x \, l_{y+1/2} \, \ddot{a}^{iw(m)}_{x+1/2|y+1/2} \, v^{x+1/2}, \\ N^{aiw(m)}_{x|y} &= \sum_{\nu=0}^{\omega-x} D^{aiw(m)}_{x+\nu|y+\nu} \end{aligned} \tag{19.15}$$

erhalten wir dann wegen (19.11) die folgende Darstellung:

$$\ddot{a}^{aiw(m)}_{x|y} = \frac{N^{aiw(m)}_{x|y}}{D^a_{x,y}}. \tag{19.16}$$

Die Anwartschaft eines Aktiven auf Witwenpension kann nun zusammengesetzt werden aus der Anwartschaft eines Aktiven auf Witwenpension beim Tode als Aktiver und aus der Anwartschaft eines Aktiven auf Witwenpension beim Tod als Invalider. Bezeichnen wir den Barwert dieser Anwartschaft mit $\ddot{a}^{aw(m)}_{x|y}$, dann gilt:

$$\ddot{a}^{aw(m)}_{x|y} = \ddot{a}^{aaw(m)}_{x|y} + \ddot{a}^{aiw(m)}_{x|y}. \tag{19.17}$$

Führen wir die Kommutationszahlen

$$\begin{aligned} D^{aw(m)}_{x|y} &= D^{aaw(m)}_{x|y} + D^{aiw(m)}_{x|y} = (d^{aa}_x l_{y+1/2}\, \ddot{a}^{(m)}_{y+1/2} + l^a_x i_x l_{y+1/2}\, \ddot{a}^{iw(m)}_{x+1/2|y+1/2})\, v^{x+1/2}, \\ N^{aw(m)}_{x|y} &= N^{aaw(m)}_{x|y} + N^{aiw(m)}_{x|y} = \sum_{\nu=0}^{\omega-x} D^{aw(m)}_{x+\nu|y+\nu}, \end{aligned} \tag{19.18}$$

ein, dann erhalten wir aus (19.13), (19.16) und (19.17) die Darstellung:

$$\ddot{a}^{aw(m)}_{x|y} = \frac{N^{aw(m)}_{x|y}}{D^a_{x,y}}. \tag{19.19}$$

Die Anwartschaft eines Aktiven auf Witwenpension kann daher auf Grund der Kommutationszahlen (19.18) in einfacher Weise berechnet werden. Die Kommutationszahlen (19.15) und (19.18) sind mit Hilfe der interpolierten Barwerte $\ddot{a}^{(m)}_{y+1/2}$ aus (19.9) bzw. nach

$$\ddot{a}^{iw(m)}_{x+1/2|y+1/2} \sim \frac{1}{2}\,(\ddot{a}^{iw(m)}_{x|y} + \ddot{a}^{iw(m)}_{x+1|y+1}) \tag{19.20}$$

darzustellen. Die Kommutationszahlen sind für alle Kombinationen (x, y) zu berechnen. In der Praxis begnügt man sich häufig damit, diese Kommutationszahlen nur für die Werte $y = x \pm 5g$ mit ganzzahligem g zu berechnen und die Kommutationszahlen für andere y-Werte durch Interpolation zu ermitteln.

Vielfach ist eine *Karenzzeit* für die Inanspruchnahme der Witwenpension vorgesehen, das heißt, die Witwenpension wird nur dann fällig, wenn der Versicherte mindestens die Karenzzeit hindurch als Aktiver versichert war. Wir bezeichnen die Karenzzeit mit l und den Barwert der Anwartschaft einer Witwenpension mit l-jähriger Karenzzeit mit ${}_{l|}\ddot{a}^{aw(m)}_{x|y}$. Wie man sieht, gilt dann

$${}_{l|}\ddot{a}^{aw(m)}_{x|y} = \frac{N^{aw(m)}_{x+l|y+l}}{D^a_{x,y}}, \tag{19.21}$$

da eine Witwenpension nur dann anfällt, wenn der Tod oder die Invalidität nach Ablauf von l Jahren eingetreten ist, so daß die Kommutationszahlen $D^{aw(m)}_{x+\nu|y+\nu}$ erst von $\nu = l$ an aufzusummieren sind.

2. Witwenpension nach der Kollektivmethode. Bei der in Punkt 1 behandelten Methode muß für jeden Versicherten geprüft werden, ob er verheiratet ist und welches Alter seine Ehegattin hat. Danach bemißt sich der Barwert seiner Anwartschaft auf Witwenpension. In vielen Systemen der Pensionsversicherung, insbesondere in den Systemen der Sozialversicherung, fällt diese Unterscheidung weg. Grundsätzlich haben alle Versicherten Anspruch auf Witwenpension, wenn sie im Falle des Todes eine Witwe hinterlassen. Es wird nicht mehr im einzelnen Fall untersucht, ob der Versicherte verheiratet ist, sondern es werden für verheiratete und ledige Versicherte die gleichen durchschnittlichen Anwartschaften, deren Wert nur mehr vom Alter des Versicherten abhängt, berechnet.

Um den Wert dieser Anwartschaften berechnen zu können, ist es notwendig zu wissen, wie groß die Wahrscheinlichkeit ist, daß der Versicherte bei seinem Tode verheiratet ist und mit welcher Wahrscheinlichkeit ein x-jähriger verheirateter Versicherter eine y-jährige Witwe hinterläßt. Wir wollen annehmen, daß in dem betrachteten System der Pensionsversicherung auf l_x Versicherte des Alters x insgesamt $l_{x,y}$ Ehegattinnen des Alters y entfallen. Stirbt der Versicherte mit dem Alter x, dann ist also die Wahrscheinlichkeit dafür, daß er eine y-jährige Witwe hinterläßt, gleich

$$h_{x,y} = \frac{l_{x,y}}{l_x}. \tag{19.22}$$

Beobachten wir in einem Versichertenbestand L_x Versicherte des Alters x und für diese $L_{x,y}$ Ehegattinnen des Alters y, dann ist

$$\hat{h}_{x,y} = \frac{L_{x,y}}{L_x} \tag{19.23}$$

ein Schätzwert für $h_{x,y}$. Kommen für y die Werte $y_0 \leqq y \leqq y_1$ in Betracht, dann ist

$$h_x = \sum_{y=y_0}^{y_1} h_{x,y} \tag{19.24}$$

die Wahrscheinlichkeit, daß ein x-jähriger verheiratet ist. Der Erwartungswert des Barwertes der beim Tod eines x-jährigen fällig werdenden Witwenpension ist das mit den Wahrscheinlichkeiten $h_{x,y}$ gewogene Mittel der Witwenpensionen $\ddot{a}_y^{(m)}$. Wir bezeichnen ihn mit

$$\ddot{a}_x^{w(m)} = \sum_{y=y_0}^{y_1} h_{x,y}\, \ddot{a}_y^{(m)}. \tag{19.25}$$

Mit Hilfe der Versicherungswerte (19.25) lassen sich nun die Anwartschaften von Versicherten auf Witwenpension berechnen. Wir beginnen mit der Anwartschaft von l_x^i invaliden x-jährigen auf Witwenpension. Wir wollen annehmen, daß alle Todesfälle eines Versicherungsjahres im Durchschnitt in der Mitte des Jahres eintreten. Stirbt der Versicherte im ν^{ten} Versicherungsjahr, dann nehmen wir an, daß der Tod mit dem Alter $x + \nu - \frac{1}{2}$ eingetreten ist. Der Erwartungswert des Barwertes der Witwenpensionen, die in diesem Zeitpunkt anfallen, beträgt, bezogen auf den Zeitpunkt des Versicherungsbeginnes, $\ddot{a}_{x+\nu-1/2}^{w(m)} v^{\nu-1/2}$. Da insgesamt mit $d_{x+\nu-1}^i$ Todesfällen zu rechnen ist, beträgt der Erwartungswert des Barwertes der Witwenpensionen für alle im ν^{ten} Versicherungsjahr eingetretenen Todesfälle, bezogen auf den Versicherungsbeginn, $d_{x+\nu-1}^i \ddot{a}_{x+\nu-1/2}^{w(m)} v^{\nu-1/2}$. Summieren wir nun über alle Versicherungsjahre, beachten, daß insgesamt l_x^i Personen versichert waren und bezeichnen wir den Barwert der Anwartschaft für eine solche Versicherung eines x-jährigen Invaliden mit $\ddot{a}_x^{iw(m)}$, dann erhalten wir in Analogie zu (19.6)

$$l_x^i \ddot{a}_x^{iw(m)} = \sum_{\nu=1}^{\omega-x} d_{x+\nu-1}^i\, \ddot{a}_{x+\nu-1/2}^{w(m)}\, v^{\nu-1/2}. \tag{19.26}$$

Multiplizieren wir diese Gleichung mit v^x und führen die Kommutationszahlen

$$D_x^{iw(m)} = d_x^i \ddot{a}_{x+1/2}^{w(m)} v^{x+1/2},$$
$$N_x^{iw(m)} = \sum_{\nu=0}^{\omega-x} D_{x+\nu}^{iw(m)} \tag{19.27}$$

ein, dann folgt aus (19.26):

$$\ddot{a}_x^{iw(m)} = \frac{N_x^{iw(m)}}{D_x^i}. \tag{19.28}$$

In völlig analoger Weise kann nun die Anwartschaft eines Aktiven auf eine Witwenpension, die beim Tode während der Aktivität fällig wird, berechnet werden. Anstelle der Personengesamtheit l_x^i der Invaliden ist die Personengesamtheit l_x^a der Aktiven zu betrachten, so daß d_x^i durch d_x^{aa} und D_x^i durch D_x^a zu ersetzen ist. Mit Hilfe der Kommutationszahlen

$$D_x^{aaw(m)} = d_x^{aa} \ddot{a}_{x+1/2}^{w(m)} v^{x+1/2},$$
$$N_x^{aaw(m)} = \sum_{\nu=0}^{\omega-x} D_{x+\nu}^{aaw(m)} \tag{19.29}$$

erhalten wir die Formel

$$\ddot{a}_x^{aaw(m)} = \frac{N_x^{aaw(m)}}{D_x^a}, \tag{19.30}$$

wobei $\ddot{a}_x^{aaw(m)}$ den Barwert der Anwartschaft eines x-jährigen Aktiven auf Witwenpension, die beim Tode während der Aktivität anfällt, darstellt.

Als letztes haben wir noch die Anwartschaft eines Aktiven auf Witwenpension, die beim Tode während der Invalidität anfällt, zu untersuchen. Schließen l_x^a Aktive eine derartige Versicherung ab, dann werden von ihnen $l_{x+\nu-1}^a i_{x+\nu-1}$ im ν^{ten} Versicherungsjahr invalid. Die Invalidität wird im Durchschnitt auf die Mitte des Jahres bezogen, das heißt auf den Zeitpunkt $x + \nu - \frac{1}{2}$. In diesem Zeitpunkt ist für jeden Invalidisierungsfall eine Anwartschaft der Gestalt $\ddot{a}_{x+\nu-1/2}^{iw(m)}$ zu reservieren. Der Barwert dieser Anwartschaften, bezogen auf den Versicherungsbeginn, ist dann $l_{x+\nu-1}^a i_{x+\nu-1} \ddot{a}_{x+\nu-1/2}^{iw(m)} v^{\nu-1/2}$. Summieren wir über alle Versicherungsjahre und bezeichnen den Barwert der Anwartschaft eines x-jährigen Aktiven auf Witwenpension, die nur beim Tode während der Invalidität anfällt, mit $\ddot{a}_x^{aiw(m)}$, dann folgt daraus in Analogie zu (19.14)

$$l_x^a \ddot{a}_x^{aiw(m)} = \sum_{\nu=1}^{\omega-x} l_{x+\nu-1}^a \, i_{x+\nu-1} \, \ddot{a}_{x+\nu-1/2}^{iw(m)} \, v^{\nu-1/2}. \tag{19.31}$$

Wir multiplizieren wieder mit v^x und führen die Kommutationszahlen

$$D_x^{aiw(m)} = l_x^a i_x \ddot{a}_{x+1/2}^{iw(m)} v^{x+1/2},$$
$$N_x^{aiw(m)} = \sum_{\nu=0}^{\omega-x} D_{x+\nu}^{aiw(m)} \tag{19.32}$$

ein. Es folgt dann aus (19.31):

$$\ddot{a}_x^{aiw(m)} = \frac{N_x^{aiw(m)}}{D_x^a}. \tag{19.33}$$

Die Anwartschaft eines Aktiven auf Witwenpension kann nun wieder aus einer Anwartschaft auf Witwenpension beim Tode während der Invalidität und einer Anwartschaft auf Witwenpension beim Tode als Aktiver zusammengesetzt werden:

$$\ddot{a}_x^{aw(m)} = \ddot{a}_x^{aaw(m)} + \ddot{a}_x^{aiw(m)}. \tag{19.34}$$

Führen wir die Kommutationszahlen

$$\begin{aligned} D_x^{aw(m)} &= D_x^{aaw(m)} + D_x^{aiw(m)} = v^{x+1/2}\left(d_x^{aa}\,\ddot{a}_{x+1/2}^{w(m)} + l_x^a i_x \ddot{a}_{x+1/2}^{iw(m)}\right), \\ N_x^{aw(m)} &= N_x^{aaw(m)} + N_x^{aiw(m)} = \sum_{\nu=0}^{\omega-x} D_{x+\nu}^{aw(m)} \end{aligned} \tag{19.35}$$

ein, dann erhalten wir aus (19.30), (19.33) und (19.34) die Darstellung:

$$\ddot{a}_x^{aw(m)} = \frac{N_x^{aw(m)}}{D_x^a}. \tag{19.36}$$

Für die Berechnung der Kommutationszahlen (19.27), (19.29), (19.32) und (19.35) können die Näherungsformeln

$$\ddot{a}_{x+1/2}^{w(m)} \sim \frac{1}{2}\left(\ddot{a}_x^{w(m)} + \ddot{a}_{x+1}^{w(m)}\right), \qquad \ddot{a}_{x+1/2}^{iw(m)} \sim \frac{1}{2}\left(\ddot{a}_x^{iw(m)} + \ddot{a}_{x+1}^{iw(m)}\right) \tag{19.37}$$

verwendet werden.

Sieht das System eine l-jährige *Karenzzeit* vor, dann gilt die zu (19.21) analoge Formel:

$$_{l|}\ddot{a}_x^{aw(m)} = \frac{N_{x+l}^{aw(m)}}{D_x^a}. \tag{19.38}$$

3. Waisenpension nach der Individualmethode. Wie im Falle der Witwenpensionen wird die Anwartschaft auf Waisenpensionen bei der Individualmethode nach dem tatsächlichen Alter des Kindes berechnet. Wir nehmen an, der x-jährige Versicherte habe ein Kind des Alters z und die Waisenpension werde nach dem Ableben des Versicherten an das Kind bis zu einem Höchstalter von s Jahren gezahlt. Wie im Falle der Witwenpension handelt es sich um eine einseitige Überlebensrente, die hier allerdings temporär ist, nämlich mit der Höchstdauer $s - z$ begrenzt. Wir untersuchen zunächst die *Anwartschaft eines Invaliden auf Waisenpension.* Das z-jährige Kind des x-jährigen Invaliden habe nach dem Ableben des Vaters Anspruch auf eine m^{tel}-jährliche vorschüssige Leibrente der Höhe 1, zahlbar bis zum Alter s. Den Barwert der Anwartschaft bezeichnen wir mit $\ddot{a}_{x|z}^{ik(m)}$ und es gilt in Analogie zu (19.1) die Formel:

$$\ddot{a}_{x|z}^{ik(m)} = {}_{|s-z}\ddot{a}_z^{(m)} - {}_{|s-z}\ddot{a}_{x,z}^{i(m)}. \tag{19.39}$$

Unter Verwendung der Näherungsformel (5.37) können wir die zu (19.2) analoge Näherungsformel

$$\ddot{a}_{x|z}^{ik(m)} \sim {}_{|s-z}\ddot{a}_z - {}_{|s-z}\ddot{a}_{x,z}^i \tag{19.40}$$

bilden. Hiebei ist ${}_{|s-z}\ddot{a}_{x,z}^i$ für den x-jährigen nach einer Invalidensterbetafel, für den z-jährigen nach einer Volkssterbetafel zu berechnen:

$${}_{|s-z}\ddot{a}_{x,z}^i = \frac{1}{l_x^i l_z} \sum_{\nu=1}^{s-z} l_{x+\nu-1}^i \, l_{z+\nu-1} \, v^{\nu-1}. \tag{19.41}$$

Mit Hilfe der Kommutationszahlen

$$\begin{aligned} D_{x,z}^i &= l_x^i l_z v^x, \\ N_{x,z}^i &= \sum_{\nu=0}^{\omega-x} D_{x+\nu,z+\nu}^i \end{aligned} \tag{19.42}$$

erhalten wir daraus

$${}_{|s-z}\ddot{a}_{x,z}^i = \frac{N_{x,z}^i - N_{x+s-z,s}^i}{D_{x,z}^i}. \tag{19.43}$$

Nun kann $\ddot{a}_{x|z}^{ik(m)}$ nach (19.40) berechnet werden.

Im Hinblick auf die sehr geringe Sterblichkeit in den für Waisenpensionen in Frage kommenden Altern ist es unter Umständen zulässig, die temporäre Leibrente für das z-jährige Kind durch eine temporäre Zeitrente zu ersetzen, das heißt es wird die Sterblichkeit in den für Waisenrenten in Betracht kommenden Altern gleich Null gesetzt.

In diesem Fall setzt man ${}_{|s-z}\ddot{a}_z \sim \ddot{a}_{\overline{s-z|}}$ und ${}_{|s-z}\ddot{a}_{x,z}^i \sim \ddot{a}_{x,\overline{s-z|}}^i$ und erhält aus (19.40) die Näherungsformel:

$$\ddot{a}_{x|z}^{ik(m)} \sim \ddot{a}_{\overline{s-z|}} - \ddot{a}_{x,\overline{s-z|}}^i. \tag{19.44}$$

Schließlich läßt sich der Barwert der Anwartschaft auf Waisenpension auch in Analogie zu der zweiten für die Witwenpension angewendeten Methode errechnen. Wir verweisen auf die dort gemachten Ausführungen und geben lediglich die entsprechenden Formeln an, deren Gültigkeit unschwer einzusehen ist. In Analogie zu (19.6) gilt zunächst:

$$l_x^i \, {}_{|s-z}\ddot{a}_{x|z}^{ik(m)} = \sum_{\nu=1}^{s-z} d_{x+\nu-1}^i \frac{l_{z+\nu-1/2}}{l_z} \, {}_{|s-z-\nu+1/2}\ddot{a}_{z+\nu-1/2}^{(m)} \, v^{\nu-1/2}. \tag{19.45}$$

Mit Hilfe der Kommutationszahlen

$$\begin{aligned} D_{x|z}^{ik(m)} &= d_x^i l_{z+1/2} \, {}_{|s-z-1/2}\ddot{a}_{z+1/2}^{(m)} \, v^{x+1/2}, \\ N_{x|z}^{ik(m)} &= \sum_{\nu=1}^{s-z} D_{x+\nu-1|z+\nu-1}^{ik(m)} \end{aligned} \tag{19.46}$$

erhält man die Darstellung:

$${}_{|s-z}\ddot{a}_{x|z}^{ik(m)} = \frac{N_{x|z}^{ik(m)}}{D_{x,z}^i}, \tag{19.47}$$

wobei zu beachten ist, daß die Kommutationszahlen (19.46) von s, dem Höchstalter für den Bezug von Waisenpension, abhängen. Zur Berechnung der Kommutationszahlen (19.46) kann die Näherungsformel

$$_{|s-z-1/2}\ddot{a}^{(m)}_{z+1/2} \sim \frac{1}{2}\left(_{|s-z}\ddot{a}^{(m)}_{z} + {}_{|s-z-1}\ddot{a}^{(m)}_{z+1}\right) \tag{19.48}$$

herangezogen werden.

Auch die *Anwartschaft eines Aktiven auf Waisenpension* kann in Analogie zu der entsprechenden Anwartschaft auf Witwenpension hergeleitet werden. Es sei zunächst $_{|s-z}\ddot{a}^{aak(m)}_{x|z}$ der Barwert der Anwartschaft eines x-jährigen Aktiven auf Waisenpension bis zum Höchstalter s der Waise für ein z-jähriges Kind, wobei die Waisenpension nur anfällt, wenn der Versicherte als Aktiver stirbt. Auf Grund der selben Überlegungen, die zu Formel (19.10) geführt haben, erhält man die folgende analoge Formel:

$$l^a_x\ {}_{|s-z}\ddot{a}^{aak(m)}_{x|z} = \sum_{\nu=1}^{s-z} d^{aa}_{x+\nu-1}\,\frac{l_{z+\nu-1/2}}{l_z}\ {}_{|s-z-\nu+1/2}\ddot{a}^{(m)}_{z+\nu-1/2}\,v^{\nu-1/2}. \tag{19.49}$$

Nun bilden wir die Kommutationszahlen

$$D^a_{x,z} = l^a_x l_z v^x, \tag{19.50}$$

die $D^a_{x,y}$ aus (19.11) entsprechen und die Kommutationszahlen

$$\begin{aligned} D^{aak(m)}_{x|z} &= d^{aa}_x\, l_{z+1/2}\ {}_{|s-z-1/2}\ddot{a}^{(m)}_{z+1/2}\, v^{x+1/2}, \\ N^{aak(m)}_{x|z} &= \sum_{\nu=1}^{s-z} D^{aak(m)}_{x+\nu-1|z+\nu-1}, \end{aligned} \tag{19.51}$$

die zu (19.12) analog sind. Multiplizieren wir (19.49) mit v^x, dann erhalten wir mit Hilfe von (19.50) und (19.51) die folgende Darstellung:

$$_{|s-z}\ddot{a}^{aak(m)}_{x|z} = \frac{N^{aak(m)}_{x|z}}{D^a_{x,z}}. \tag{19.52}$$

Auch die Kommutationszahlen (19.51) hängen vom Höchstalter s ab.

Nun ist noch die Anwartschaft eines Aktiven auf Waisenpension, die fällig wird, wenn der Versicherte als Invalider stirbt, zu berechnen. Wir bezeichnen den Barwert der Anwartschaft eines aktiven x-jährigen auf m^{tel}-jährliche vorschüssige Waisenpension bis zum s^{ten} Lebensjahr seines z-jährigen Kindes, die im Falle des Todes als Invalider fällig wird, mit $_{|s-z}\ddot{a}^{aik(m)}_{x|z}$. Hier können wir wie im Falle der Witwenpension vorgehen. In Analogie zu (19.14) gilt:

$$l^a_x\ {}_{|s-z}\ddot{a}^{aik(m)}_{x|z} = \sum_{\nu=1}^{s-z} l^a_{x+\nu-1}\, i_{x+\nu-1}\,\frac{l_{z+\nu-1/2}}{l_z}\ {}_{|s-z-\nu+1/2}\ddot{a}^{ik(m)}_{x+\nu-1/2|z+\nu-1/2}\, v^{\nu-1/2}. \tag{19.53}$$

Mit Hilfe der Kommutationszahlen

$$\begin{aligned} D^{aik(m)}_{x|z} &= l^a_x i_x l_{z+1/2|s-z-1/2}\ \ddot{a}^{ik(m)}_{x+1/2|z+1/2}\, v^{x+1/2}, \\ N^{aik(m)}_{x|z} &= \sum_{\nu=1}^{s-z} D^{aik(m)}_{x+\nu-1|z+\nu-1} \end{aligned} \tag{19.54}$$

erhält man in Analogie zu (19.16) die Formel:

$$_{|s-z}\ddot{a}^{aik(m)}_{x|z} = \frac{N^{aik(m)}_{x|z}}{D^a_{x,z}}. \tag{19.55}$$

Zur Berechnung der Kommutationszahlen (19.54) kann die Näherungsformel

$$_{|s-z-1/2}\ddot{a}^{ik(m)}_{x+1/2|z+1/2} \sim \frac{1}{2}\left(_{|s-z}\ddot{a}^{ik(m)}_{x|z} + {}_{|s-z-1}\ddot{a}^{ik(m)}_{x+1|z+1}\right)$$

verwendet werden.

Die Anwartschaft eines Aktiven auf Waisenpensionen kann nun aus den Anwartschaften (19.52) und (19.55) zusammengesetzt werden:

$$_{|s-z}\ddot{a}^{ak(m)}_{x|z} = {}_{|s-z}\ddot{a}^{aak(m)}_{x|z} + {}_{|s-z}\ddot{a}^{aik(m)}_{x|z}. \tag{19.56}$$

In Analogie zu (19.18) lassen sich aus (19.51) und (19.54) die Kommutationszahlen

$$\begin{aligned} D^{ak(m)}_{x|z} &= D^{aak(m)}_{x|z} + D^{aik(m)}_{x|z}, \\ N^{ak(m)}_{x|z} &= \sum_{\nu=1}^{s-z} D^{ak(m)}_{x+\nu-1|z+\nu-1} \end{aligned} \tag{19.57}$$

bilden, mit deren Hilfe (19.56) in der Form

$$_{|s-z}\ddot{a}^{ak(m)}_{x|z} = \frac{N^{ak(m)}_{x|z}}{D^a_{x,z}} \tag{19.58}$$

dargestellt werden kann.

Auch im Falle der Waisenpensionen kann man der Einfachheit halber die Kommutationszahlen (19.57) nur für $z = x - 5g$ berechnen, wobei g eine ganze Zahl ist, und die übrigen Werte durch Interpolation gewinnen.

Ist eine *Karenzzeit* der Dauer l für die Inanspruchnahme von Waisenpension vorgesehen, fällt also die Waisenpension nur an, wenn der Tod oder die Invalidität nach l Jahren eintreten, dann bezeichnen wir den entsprechenden Barwert mit $_{l|s-z-l}\ddot{a}^{ak(m)}_{x|z}$ und in Analogie zu (19.21) gilt:

$$_{l|s-z-l}\ddot{a}^{ak(m)}_{x|z} = \frac{N^{ak(m)}_{x+l|z+l}}{D^a_{x,z}}. \tag{19.59}$$

4. Waisenpension nach der Kollektivmethode. Die Berechnung von Anwartschaften auf Waisenpensionen nach der Kollektivmethode verläuft vorläufig analog zu der Berechnung der Witwenpension, wie sie in Punkt 2 enthalten ist. Wir verweisen daher bezüglich der Einzelheiten auf die dort angegebenen Ableitungen und begnügen uns mit einer kurzen Darstellung.

Es sei $l_{x,z}$ die Zahl der auf l_x Versicherte des Alters x entfallenden z-jährigen Kinder. Sterben alle l_x Personen, dann ist

$$\sum_{z=z_0}^{z_1} l_{x,z}\ {}_{|s-z}\ddot{a}^{(m)}_z$$

die Summe der Barwerte aller fällig werdenden m^{tel}-jährlichen vorschüssigen Waisenpensionen, wenn diese für alle Kinder zwischen den Altern z_0 und z_1 und jeweils bis zum Alter s gezahlt werden. Der Barwert der im Durchschnitt beim Tode des einzelnen x-jährigen Versicherten fällig werdenden Waisenpensionen beträgt demnach

$$\ddot{a}_x^{k(m)} = \frac{1}{l_x} \sum_{z=z_0}^{z_1} l_{x,z} \; {}_{|s-z}\ddot{a}_z^{(m)}. \tag{19.60}$$

Wir untersuchen zunächst die *Anwartschaft eines x-jährigen Invaliden auf Waisenpension.* Bezeichnen wir den Barwert mit $\ddot{a}_x^{ik(m)}$, dann gilt

$$l_x^i \ddot{a}_x^{ik(m)} = \sum_{\nu=1}^{\omega-x} d_{x+\nu-1}^i \; \ddot{a}_{x+\nu-1/2}^{k(m)} \, v^{\nu-1/2}, \tag{19.61}$$

wobei die Näherungsformel $\ddot{a}_{x+1/2}^{k(m)} \sim \frac{1}{2} (\ddot{a}_x^{k(m)} + \ddot{a}_{x+1}^{k(m)})$ verwendet werden kann. Mit Hilfe der Kommutationszahlen

$$\begin{aligned} D_x^{ik(m)} &= d_x^i \ddot{a}_{x+1/2}^{k(m)} \, v^{x+1/2}, \\ N_x^{ik(m)} &= \sum_{\nu=0}^{\omega-x} D_{x+\nu}^{ik(m)} \end{aligned} \tag{19.62}$$

erhalten wir nun die Formel

$$\ddot{a}_x^{ik(m)} = \frac{N_x^{ik(m)}}{D_x^i}. \tag{19.63}$$

Für $\ddot{a}_x^{aak(m)}$, den *Barwert der Anwartschaft eines x-jährigen Aktiven auf Waisenpension* im Falle des Todes als Aktiver, erhalten wir mit Hilfe der Kommutationszahlen

$$\begin{aligned} D_x^{aak(m)} &= d_x^{aa} \ddot{a}_{x+1/2}^{k(m)} \, v^{x+1/2}, \\ N_x^{aak(m)} &= \sum_{\nu=0}^{\omega-x} D_{x+\nu}^{aak(m)} \end{aligned} \tag{19.64}$$

in analoger Weise die Darstellung

$$\ddot{a}_x^{aak(m)} = \frac{N_x^{aak(m)}}{D_x^a}. \tag{19.65}$$

Für $\ddot{a}_x^{aik(m)}$, den Barwert der Anwartschaft eines x-jährigen Aktiven auf Waisenpension im Falle des Todes nach Eintritt der Invalidität, erhalten wir die Formel

$$l_x^a \ddot{a}_x^{aik(m)} = \sum_{\nu=1}^{\omega-x} l_{x+\nu-1}^a \; i_{x+\nu-1} \; \ddot{a}_{x+\nu-1/2}^{ik(m)} \, v^{\nu-1/2} \tag{19.66}$$

und daraus mit Hilfe der Kommutationszahlen

$$\begin{aligned} D_x^{aik(m)} &= l_x^a i_x \ddot{a}_{x+1/2}^{ik(m)} \, v^{x+1/2}, \\ N_x^{aik(m)} &= \sum_{\nu=0}^{\omega-x} D_{x+\nu}^{aik(m)} \end{aligned} \tag{19.67}$$

die Gleichung

$$\ddot{a}_x^{aik(m)} = \frac{N_x^{aik(m)}}{D_x^a}. \tag{19.68}$$

Bei der Berechnung der Kommutationszahlen (19.67) kann wieder eine Näherungsformel

$$\ddot{a}^{ik(m)}_{x+1/2} \sim \frac{1}{2}\left(\ddot{a}^{ik(m)}_{x} + \ddot{a}^{ik(m)}_{x+1}\right)$$

verwendet werden.

Die Anwartschaft eines Aktiven auf Waisenpension kann als Summe der Anwartschaften (19.65) und (19.68) dargestellt werden. Ihr Barwert ist

$$\ddot{a}^{ak(m)}_{x} = \ddot{a}^{aak(m)}_{x} + \ddot{a}^{aik(m)}_{x}. \tag{19.69}$$

Mit Hilfe der Kommutationszahlen

$$\begin{aligned} D^{ak(m)}_{x} &= D^{aak(m)}_{x} + D^{aik(m)}_{x} = v^{x+1/2}\left(d^{aa}_{x}\,\ddot{a}^{k(m)}_{x+1/2} + l^{a}_{x}\,i_{x}\,\ddot{a}^{ik(m)}_{x+1/2}\right), \\ N^{ak(m)}_{x} &= N^{aak(m)}_{x} + N^{aik(m)}_{x} = \sum_{\nu=0}^{\omega-x} D^{ak(m)}_{x+\nu} \end{aligned} \tag{19.70}$$

erhalten wir:

$$\ddot{a}^{ak(m)}_{x} = \frac{N^{ak(m)}_{x}}{D^{a}_{x}}. \tag{19.71}$$

Wird eine Waisenpension nur dann fällig, wenn der Tod während der Aktivität oder die Invalidität nach einer Karenzzeit von l Jahren eintreten, dann gilt in Analogie zu (19.38):

$${}_{l|}\ddot{a}^{ak(m)}_{x} = \frac{N^{ak(m)}_{x+l}}{D^{a}_{x}}. \tag{19.72}$$

Es ist zu beachten, daß die Kommutationszahlen (19.62), (19.64), (19.67) und (19.70) von den Mindest- und Höchstaltern z_0 und z_1 sowie vom Höchstalter s abhängen.

5. Steigende Anwartschaft auf Hinterbliebenenpension. Wie im Falle der Direktpension ist auch die Hinterbliebenenpension häufig um so höher, je später der Aktive stirbt oder invalid wird, mit anderen Worten, je länger seine Versicherungszeit als Aktiver gedauert hat. Wie aus den Kommutationszahlen (19.18) hervorgeht, kann für einen x-jährigen Aktiven mit einer y-jährigen Ehegattin der Barwert der Anwartschaft auf eine Witwenpension, die nur dann fällig wird, wenn der Versicherte im ν^{ten} Versicherungsjahr als Aktiver stirbt oder wenn er in diesem Versicherungsjahr invalid wird und später stirbt, in der Form $\frac{D^{aw(m)}_{x+\nu-1|y+\nu-1}}{D^{a}_{x,y}}$ dargestellt werden. Bezeichnen wir den Barwert der Anwartschaft auf *Witwenpension,* die beim Tode als Aktiver bzw. bei Invalidisierung im ν^{ten} Versicherungsjahr die Jahressumme ν beträgt, höchstens aber den Betrag n erreicht, mit $(I_{\overline{n|}}\ddot{a})^{aw(m)}_{x|y}$, dann gilt offenbar

$$(I_{\overline{n|}}\ddot{a})^{aw(m)}_{x|y} = \frac{1}{D^{a}_{x,y}}\left(\sum_{\nu=1}^{n} \nu\, D^{aw(m)}_{x+\nu-1|y+\nu-1} + n \sum_{\nu=n+1}^{\omega-x} D^{aw(m)}_{x+\nu-1|y+\nu-1}\right). \tag{19.73}$$

Führen wir die Kommutationszahlen

$$S^{aw(m)}_{x|y} = \sum_{\nu=0}^{\omega-x} N^{aw(m)}_{x+\nu|y+\nu} \tag{19.74}$$

ein, dann erhalten wir mit Hilfe der Kommutationszahlen (19.11) die folgende Darstellung:

$$({I_{\overline{n}|}}\ddot{a})^{aw(m)}_{x|y} = \frac{S^{aw(m)}_{x|y} - S^{aw(m)}_{x+n|y+n}}{D^a_{x,y}}. \tag{19.75}$$

Wollen wir die Kollektivmethode anwenden, dann gehen wir von den Kommutationszahlen (19.35) aus. Der Barwert der Anwartschaft für einen x-jährigen Aktiven auf eine Witwenpension, die nur dann fällig wird, wenn der Versicherte im ν^{ten} Versicherungsjahr als Aktiver stirbt oder wenn er in diesem Jahr invalid wird und später stirbt, kann mit Hilfe dieser Kommutationszahlen in der Form $\frac{D^{aw(m)}_{x+\nu-1}}{D^a_x}$ dargestellt werden. Bezeichnen wir den Barwert der Anwartschaft auf Witwenpension, die beim Tode des Aktiven bzw. bei Invalidisierung im ν^{ten} Versicherungsjahr die Jahressumme ν beträgt, höchstens aber den Betrag n erreicht, mit $({I_{\overline{n}|}}\ddot{a})^{aw(m)}_x$, dann gilt:

$$({I_{\overline{n}|}}\ddot{a})^{aw(m)}_x = \frac{1}{D^a_x}\left(\sum_{\nu=1}^{n} \nu D^{aw(m)}_{x+\nu-1} + n \sum_{\nu=n+1}^{\omega-x} D^{aw(m)}_{x+\nu-1}\right). \tag{19.76}$$

Mit Hilfe der aus den Kommutationszahlen (19.35) zu bildenden Kommutationszahlen

$$S^{aw(m)}_x = \sum_{\nu=0}^{\omega-x} N^{aw(m)}_{x+\nu} \tag{19.77}$$

erhalten wir die folgende Darstellung:

$$({I_{\overline{n}|}}\ddot{a})^{aw(m)}_x = \frac{S^{aw(m)}_x - S^{aw(m)}_{x+n}}{D^a_x}. \tag{19.78}$$

Für die analoge um $l+1$ Jahre aufgeschobene Pension läßt sich unschwer die Formel

$$_{l+1|}({I_{\overline{n}|}}\ddot{a})^{aw(m)}_x = \frac{S^{aw(m)}_{x+l+1} - S^{aw(m)}_{x+l+n+1}}{D^a_x} \tag{19.79}$$

herleiten.

Zumeist wird ein unmittelbarer Zusammenhang zwischen der Höhe der Direktpension und der Höhe der Hinterbliebenenpension eines Versicherten hergestellt. Die Hinterbliebenenpension wird mit einem festen Prozentsatz jener Direktpension festgesetzt, auf die der Versicherte im Zeitpunkt seines Todes Anspruch gehabt hat oder, im Falle der Invalidisierung im Zeitpunkt des Todes, Anspruch gehabt hätte. Wir nehmen an, daß der Prozentsatz der Witwenpension λ beträgt. In der Praxis wird meist $\lambda = 50\%$ oder auch $\lambda = 60\%$ gelten. Die Direktpension des Versicherten soll nun in Analogie zu (18.51) festgesetzt sein. Nach Ablauf einer Karenzzeit l werde bei Invalidisierung im $(l+1)^{\text{ten}}$ Versicherungsjahr eine Invaliditätspension mit dem Jahresbetrag R gezahlt, und zwar m^{tel} jährlich vorschüssig. Mit jedem weiteren vollen Versicherungsjahr, das der Versicherte als Aktiver zurücklegt, erhöht sich die Invaliditätspension um den Betrag ε bis auf einen Höchstbetrag $R + n\varepsilon$. Nach Ablauf von p Jahren, bei Erreichung des Alters $x + p$ als Aktiver, wird eine Alterspension fällig. Wir setzen zunächst wieder $p \geqq l + n$ voraus, so daß die Alterspension den Betrag $R + n\varepsilon$

erreicht. In Analogie zu (18.51) erhalten wir für den Barwert der Anwartschaft auf Witwenpension in der Höhe des λ-fachen der vorher beschriebenen Direktpension die folgende Formel:

$$^{aw}B_x^0 = \lambda R \; {}_{l|}\ddot{a}_x^{aw(m)} + \lambda \varepsilon \; {}_{l+1|}(I_{\overline{n|}}\ddot{a})_x^{aw(m)}. \tag{19.80}$$

In Kommutationszahlen läßt sich diese Formel mit Hilfe von (19.38) und (19.79) folgendermaßen darstellen:

$$^{aw}B_x^0 = \frac{\lambda}{D_x^a} \left[R N_{x+l}^{aw(m)} + \varepsilon \left(S_{x+l+1}^{aw(m)} - S_{x+l+n+1}^{aw(m)}\right)\right]. \tag{19.81}$$

Im Falle $p < l + n$ erreicht die Direktpension des Versicherten höchstens den Betrag $R + (p - l)\varepsilon$, und zwar genau dann, wenn der Versicherte das Anfallsalter $x + p$ für die Alterspension als Aktiver erreicht. Die zugehörige Witwenpension kann in Analogie zu (18.53) wie folgt dargestellt werden:

$$^{aw}B_x^0 = \lambda R \; {}_{l|}\ddot{a}_x^{aw(m)} + \lambda \varepsilon \; {}_{l+1|}(I_{\overline{p-l|}}\ddot{a})_x^{aw(m)}. \tag{19.82}$$

Mit Hilfe von (19.38) und (19.39) folgt daraus:

$$^{aw}B_x^0 = \frac{\lambda}{D_x^a} \left[R N_{x+l}^{aw(m)} + \varepsilon \left(S_{x+l+1}^{aw(m)} - S_{x+p+1}^{aw(m)}\right)\right]. \tag{19.83}$$

Die beiden letzten Summanden in den Formeln (18.51) und (18.53), welche die Anwartschaft auf eine Alterspension darstellen, entfallen in den analogen Formeln (19.80) und (19.82), da die Witwenpension im Falle des Todes während der Aktivität oder während der Invalidität in diesen Formeln auch für den Fall des Todes des Versicherten nach Erreichung des Anfallsalters für die Alterspension als Aktiver bereits berücksichtigt sind.

So wie in Kapitel 18, Punkt 5, wollen wir den Barwert der Anwartschaft eines Aktiven auf Witwenpension auch unter der Voraussetzung errechnen, daß für einen Versicherten des Alters x bereits t Jahre der Versicherung abgelaufen sind. In Analogie zu den Formeln (18.55) bis (18.61) erhalten wir die folgenden Darstellungen:

1. $0 \leqq t < l, \; l + n < p$:

$$^{aw}B_x^t = \frac{\lambda}{D_x^a} \left[R N_{x+l-t}^{aw(m)} + \varepsilon \left(S_{x+l-t+1}^{aw(m)} - S_{x+l+n-t+1}^{aw(m)}\right)\right]. \tag{19.84}$$

2. $l \leqq t < l + n < p$:

$$^{aw}B_x^t = \frac{\lambda}{D_x^a} \left\{[R + (t - l)\varepsilon] \, N_x^{aw(m)} + \varepsilon \left(S_{x+1}^{aw(m)} - S_{x+l+n-t+1}^{aw(m)}\right)\right\}. \tag{19.85}$$

3. $l + n \leqq t < p$:

$$^{aw}B_x^t = \frac{\lambda}{D_x^a} (R + n\varepsilon) \, N_x^{aw(m)}. \tag{19.86}$$

4. $t \geqq p, \; l + n < p$:

In diesem Fall ist bereits ein Anspruch auf Alterspension gegeben. Für den aktiven Versicherten gilt dann (19.86). Ist der Versicherte invalid, dann gilt:

$$^{iw}B_x^t = \frac{\lambda}{D_x^i} (R + n\varepsilon) \, N_x^{iw(m)}. \tag{19.87}$$

5. $0 \leqq t < l,\ l + n \geqq p$:

$$^{aw}B_x^t = \frac{\lambda}{D_x^a}\left[R N_{x+l-t}^{aw(m)} + \varepsilon\left(S_{x+l-t+1}^{aw(m)} - S_{x+p-t+1}^{aw(m)}\right)\right]. \tag{19.88}$$

6. $l \leqq t < p,\ l + n \geqq p$:

$$^{aw}B_x^t = \frac{\lambda}{D_x^a}\left\{[R + (t-l)\varepsilon]\, N_x^{aw(m)} + \varepsilon\left(S_{x+1}^{aw(m)} - S_{x+p-t+1}^{aw(m)}\right)\right\}. \tag{19.89}$$

7. $t \geqq p,\ l + n \geqq p$:

In diesem Fall ist bereits ein Anspruch auf Alterspension gegeben, und es gilt für den aktiven Versicherten:

$$^{aw}B_x^t = \frac{\lambda}{D_x^a}\,[R + (p-l)\varepsilon]\, N_x^{aw(m)}. \tag{19.90}$$

Ebenso gilt für den invaliden Versicherten

$$^{iw}B_x^t = \frac{\lambda}{D_x^i}\,[R + (p-l)\varepsilon]\, N_x^{iw(m)}. \tag{19.91}$$

In analoger Weise können die Barwerte für Anwartschaften auf Witwenpensionen in jenen Fällen berechnet werden, in denen der Versicherte eine Invaliditätspension bezieht. Hier gilt allgemein für eine Direktpension der Höhe R bei einem x-jährigen invaliden Pensionisten die Formel:

$$^{iw}B_x = \lambda R \ddot{a}_x^{iw(m)} = \frac{\lambda}{D_x^i}\, R N_x^{iw(m)}. \tag{19.92}$$

Die Berechnung der Barwerte von Anwartschaften auf steigende *Waisenpensionen* kann nun ganz analog den Berechnungen für Witwenpensionen vorgenommen werden. Wir führen mit Hilfe der Kommutationszahlen (19.57) und (19.70) die folgenden Kommutationszahlen ein:

$$\begin{aligned} S_{x|z}^{ak(m)} &= \sum_{\nu=0}^{\omega-x} N_{x+\nu|z+\nu}^{ak(m)}, \\ S_x^{ak(m)} &= \sum_{\nu=0}^{\omega-x} N_{x+\nu}^{ak(m)}. \end{aligned} \tag{19.93}$$

Nun lassen sich sämtliche Formeln für Witwenpensionen von (19.73) bis (19.92) in analoger Form auf Waisenpensionen übertragen, wenn die Kommutationszahlen $D_{x|y}^{aw(m)}$, $N_{x|y}^{aw(m)}$ und $S_{x|y}^{aw(m)}$ bzw. $D_x^{aw(m)}$, $N_x^{aw(m)}$, $N_x^{iw(m)}$ und $S_x^{aw(m)}$ durch die Kommutationszahlen $D_{x|z}^{ak(m)}$, $N_{x|z}^{ak(m)}$ und $S_{x|z}^{ak(m)}$ bzw. $D_x^{ak(m)}$, $N_x^{ak(m)}$, $N_x^{ik(m)}$ und $S_x^{ak(m)}$ ersetzt werden. Insbesondere gilt

$$(I_{\overline{n}|}\ddot{a})_{x|z}^{ak(m)} = \frac{S_{x|z}^{ak(m)} - S_{x+n|z+n}^{ak(m)}}{D_{x,z}^a}, \tag{19.94}$$

$$(I_{\overline{n}|}\ddot{a})_x^{ak(m)} = \frac{S_x^{ak(m)} - S_{x+n}^{ak(m)}}{D_x^a}. \tag{19.95}$$

Wir verzichten hier auf eine ins Einzelne gehende Gesamtdarstellung der Anwartschaften auf steigende Waisenpensionen.

In der formelmäßigen Darstellung wird der Prozentsatz, der von der Direktpension als Waisenpension gebührt, mit $\varkappa$ bezeichnet und tritt in den Formeln (19.80) bis (19.92) an die Stelle von λ. Im allgemeinen darf die Summe aller Hinterbliebenenpensionen den Betrag der jeweiligen Direktpension nicht übersteigen, das heißt, wenn Waisenpensionen für r Kinder fällig werden, muß $\lambda + r\varkappa \leqq 100\%$ gelten. Andernfalls sind die Hinterbliebenenpensionen anteilmäßig zu kürzen. Fällt anschließend eine Hinterbliebenenpension weg, dann können die übrigen im Rahmen des zur Verfügung stehenden Höchstbetrages erhöht werden. Dies wird aber in der Kollektivmethode und meistens auch in der Individualmethode praktisch nie berücksichtigt.

Kapitel 20

Sterbegeld

1. Abfindung. In den Kapiteln 18 und 19 haben wir Pensionssysteme betrachtet, bei denen Pensionsleistungen erst nach Ablauf einer Karenzzeit der Dauer l fällig werden. Stirbt der Versicherte während der Karenzzeit oder wird er in der Karenzzeit invalid, dann werden keine Hinterbliebenenpensionen bzw. Invaliditätspensionen fällig. In diesem Fall kann das System die Gewährung einer Abfindung vorsehen. Die Abfindung für den Versicherten selbst, der noch während der Karenzzeit invalid wird, soll bei Invalidisierung im ν^{ten} Versicherungsjahr den Betrag α_ν erreichen. Die Wahrscheinlichkeit für die Invalidisierung im ν^{ten} Versicherungsjahr ist ${}_{\nu-1}p_x^{aa}\, i_{x+\nu-1}$. Nehmen wir an, daß die Invalidisierungsfälle im Durchschnitt in der Mitte des Jahres eintreten, dann ist der Erwartungswert des Barwertes der auf den Versicherungsbeginn diskontierten Abfindung bei Invalidisierung im ν^{ten} Versicherungsjahr gleich ${}_{\nu-1}p_x^{aa}\, i_{x+\nu-1}\, \alpha_\nu v^{\nu-1/2}$. Der Erwartungswert ${}^{i}B_{x,\overline{l|}}$ des Barwertes aller Abfindungszahlungen, die bei Invalidisierung in der Karenzzeit, also in den ersten l Versicherungsjahren, fällig werden, kann demnach mit Hilfe von (18.1) und (18.3) in der Form

$$ {}^{i}B_{x,\overline{l|}} = \frac{1}{D_x^a} \sum_{\nu=1}^{l} D_{x+\nu-1}^a\, i_{x+\nu-1}\, \alpha_\nu v^{1/2} \tag{20.1} $$

geschrieben werden. Führen wir die Kommutationszahlen

$$ C_x^I = D_x^a i_x v \tag{20.2} $$

ein, dann folgt für den Erwartungswert des Barwertes der Abfindung:

$$ {}^{i}B_{x,\overline{l|}} = \frac{1}{D_x^a v^{1/2}} \sum_{\nu=1}^{l} C_{x+\nu-1}^I\, \alpha_\nu . \tag{20.3} $$

Als nächstes behandeln wir die Abfindung für Witwen, wenn der Tod des aktiven Versicherten während der Karenzzeit eingetreten ist. Wir nehmen an, daß beim Tod des Aktiven im ν^{ten} Versicherungsjahr eine Abfindung für die

Witwe in der Höhe β_ν fällig wird. Die Wahrscheinlichkeit für einen x-jährigen Versicherten, im ν^{ten} Versicherungsjahr als Aktiver zu sterben, beträgt ${}_{\nu-1}p_x^{aa}\, q_{x+\nu-1}^{aa}$. Die Wahrscheinlichkeit für einen x-jährigen, verheiratet zu sein, kann nach der Kollektivmethode gemäß (19.24) durch h_x ausgedrückt werden. Nehmen wir wieder an, daß die Todesfälle im Durchschnitt in der Mitte des Jahres eintreten, dann kann die Wahrscheinlichkeit dafür, daß ein x-jähriger Aktiver im ν^{ten} Versicherungsjahr stirbt und beim Tode verheiratet ist, durch ${}_{\nu-1}p_x^{aa} q_{x+\nu-1}^{aa} h_{x+\nu-1/2}$ ausgedrückt werden. Nehmen wir weiter an, daß die Abfindung in der Höhe β_ν ebenfalls in der Mitte des Jahres fällig wird, dann kann der Erwartungswert des Barwertes der Zahlung durch ${}_{\nu-1}p_x^{aa}\, q_{x+\nu-1}^{aa}\, h_{x+\nu-1/2}\, \beta_\nu v^{\nu-1/2}$ ausgedrückt werden. Wir setzen nun $l_x^a q_x^{aa} = d_x^{aa}$, führen in Analogie zu (5.10) die Kommutationszahlen

$$C_x^{aa} = l_x^a q_x^{aa} v^{x+1} = d_x^{aa} v^{x+1} \tag{20.4}$$

ein und erhalten mit Hilfe von (18.1) und (18.3):

$${}_{\nu-1}p_x^{aa}\, q_{x+\nu-1}^{aa}\, v^{\nu-1/2} = \frac{C_{x+\nu-1}^{aa}}{D_x^a v^{1/2}}. \tag{20.5}$$

Der Erwartungswert ${}^{dw}B_{x,\overline{l}|}$ des Barwertes aller Abfindungen an Witwen beim Tode des aktiven Versicherten während der Karenzzeit beträgt daher

$${}^{dw}B_{x,\overline{l}|} = \frac{1}{D_x^a v^{1/2}} \sum_{\nu=1}^{l} C_{x+\nu-1}^{aa}\, h_{x+\nu-1/2}\, \beta_\nu. \tag{20.6}$$

2. Sterbegeld beim Tod als Aktiver. Es war ${}_{\nu-1}p_x^a q_{x+\nu-1}^{aa} = {}_{\nu-1|1}q_x^{aa}$ die Wahrscheinlichkeit für einen x-jährigen Aktiven, im ν^{ten} Versicherungsjahr als Aktiver zu sterben. Unter der Annahme, daß die Todesfälle im Durchschnitt in der Mitte des Jahres eintreten, stellt somit (20.5) den Erwartungswert des Barwertes einer im Zeitpunkt des Ablebens zu leistenden Zahlung der Höhe 1 dar, wenn der Tod des x-jährigen Aktiven im ν^{ten} Versicherungsjahr während der Dauer der Aktivität eingetreten ist. Der Erwartungswert des Barwertes der Sterbegeldzahlung für einen x-jährigen Aktiven, die im Zeitpunkt des Todes während der Dauer der Aktivität in der Höhe 1 zu leisten ist, beträgt daher für die gesamte Versicherungszeit

$$\bar{A}_x^{aa} = \frac{1}{D_x^a v^{1/2}} \sum_{\nu=1}^{\omega-x} C_{x+\nu-1}^{aa}. \tag{20.7}$$

Mit Hilfe der Kommutationszahlen

$$M_x^{aa} = \sum_{\nu=0}^{\omega-x} C_{x+\nu}^{aa} \tag{20.8}$$

erhalten wir daraus

$$\bar{A}_x^{aa} = \frac{M_x^{aa}}{D_x^a v^{1/2}}. \tag{20.9}$$

Wird das Sterbegeld nicht im Zeitpunkt des Todes, sondern erst am Ende des Versicherungsjahres ausgezahlt, in dem der Versicherte als Aktiver gestorben ist, dann ist der Erwartungswert des Barwertes der Zahlung beim Tod im ν^{ten} Versicherungsjahr ${}_{\nu-1}p_x^{aa} q_{x+\nu-1}^{aa} v^\nu$. Er unterscheidet sich demnach vom Erwartungswert der Zahlung, die im Zeitpunkt des Todes geleistet wird, um den Faktor $v^{1/2}$. Der Erwartungswert des Barwertes der Sterbegeldzahlung für einen x-jährigen Aktiven, die im Falle des Todes während des ν^{ten} Versicherungsjahres und während der Aktivität am Ende dieses Jahres zu zahlen ist, beträgt demnach

$$A_x^{aa} = \frac{1}{D_x^a} \sum_{\nu=1}^{\omega-x} C_{x+\nu-1}^{aa} = \frac{M_x^{aa}}{D_x^a}. \tag{20.10}$$

3. Sterbegeld beim Tod als Pensionist. Wir behandeln zunächst das Sterbegeld im Falle des Todes eines Invaliden. Die Wahrscheinlichkeit für einen x-jährigen Invaliden, im ν^{ten} Versicherungsjahr zu sterben, ist ${}_{\nu-1}p_x^i q_{x+\nu-1}^i$. Führen wir die Kommutationszahlen

$$C_x^i = l_x^i q_x^i v^{x+1}, \qquad M_x^i = \sum_{\nu=0}^{\omega-x} C_{x+\nu}^i \tag{20.11}$$

ein, dann können wir mit Hilfe von (18.19) in Analogie zu Punkt 2 den Erwartungswert des Barwertes der Sterbegeldzahlung für einen x-jährigen Invaliden für den Fall, daß die Zahlung im Zeitpunkt des Todes geleistet wird, durch

$$\bar{A}_x^i = \frac{M_x^i}{D_x^i v^{1/2}} \tag{20.12}$$

und für den Fall, daß die Zahlung am Ende des Sterbejahres geleistet wird, durch

$$A_x^i = \frac{M_x^i}{D_x^i} \tag{20.13}$$

darstellen. Man braucht dabei nur zu beachten, daß in Analogie zu (20.5) der Erwartungswert des Barwertes der Sterbegeldzahlung beim Tod im ν^{ten} Versicherungsjahr durch ${}_{\nu-1}p_x^i q_{x+\nu-1}^i v^{\nu-1/2}$ gegeben ist und (18.19) sowie (20.11) anwenden.

Die Wahrscheinlichkeit für einen x-jährigen Aktiven, im ν^{ten} Versicherungsjahr invalid zu werden und im μ^{ten} Jahr der Invalidität zu sterben, ist unter der Voraussetzung, daß die Invalidität im Durchschnitt in der Mitte des Jahres eintritt, durch

$${}_{\nu-1}p_x^{aa}\, i_{x+\nu-1}\; {}_{\mu-1}p_{x+\nu-1/2}^i\, q_{x+\nu+\mu-3/2}^i$$

gegeben. Multiplizieren wir diesen Ausdruck mit $v^{\nu+\mu-1}$, dann erhalten wir unter der Voraussetzung, daß der Tod im Durchschnitt in der Mitte des μ^{ten} Jahres der Invalidität eintritt, den Erwartungswert des Barwertes der Sterbegeldzahlung, die im Zeitpunkt des Todes fällig wird. Summieren wir über alle in Betracht kommenden Versicherungsjahre ν und Jahre der Invalidität μ, dann erhalten wir den Erwartungswert des Barwertes einer Versicherung auf Sterbegeld der Höhe 1 für einen x-jährigen Aktiven, wobei die Sterbegeldleistung im Zeitpunkt des Todes als Invalider fällig wird. Wir bezeichnen diesen Wert mit $\bar{A}_x^{ai}$ und erhalten mit Hilfe der Kommutationszahlen (20.2) und (20.11) die folgende Darstellung:

$$\bar{A}_x^{ai} = \sum_{\nu=1}^{\omega-x} \sum_{\mu=1}^{\omega-x-\nu+1} {}_{\nu-1}p_x^{aa}\, i_{x+\nu-1}\, {}_{\mu-1}p_{x+\nu-1/2}^{i}\, q_{x+\nu+\mu-3/2}\, v^{\nu+\mu-1} =$$

$$= \sum_{\nu=1}^{\omega-x} \frac{C_{x+\nu-1}^{I}}{D_x^a v^{1/2}} \sum_{\mu=1}^{\omega-x-\nu+1} \frac{C_{x+\nu+\mu-3/2}^{i}}{D_{x+\nu-1/2}\, v^{1/2}} = \frac{1}{D_x^a v^{1/2}} \sum_{\nu=1}^{\omega-x} C_{x+\nu-1}^{I}\, \bar{A}_{x+\nu-1/2}^{i}.$$

Führen wir die Kommutationszahlen

$$C_x^{ai} = C_x^I \bar{A}_{x+1/2}^i, \qquad M_x^{ai} = \sum_{\nu=0}^{\omega-x} C_{x+\nu}^{ai} \tag{20.14}$$

ein, dann folgt:

$$\bar{A}_x^{ai} = \frac{M_x^{ai}}{D_x^a v^{1/2}}. \tag{20.15}$$

Die Werte $\bar{A}_{x+1/2}^i$ können hiebei durch lineare Interpolation nach der Näherungsformel

$$\bar{A}_{x+1/2}^i \sim \frac{1}{2} (\bar{A}_x^i + \bar{A}_{x+1}^i) \tag{20.16}$$

gewonnen werden. Wird das Sterbegeld nicht beim Tode des Versicherten, sondern erst am Ende des Sterbejahres (vom Zeitpunkt der Invalidisierung an gerechnet) fällig, dann wird es im Durchschnitt um ein halbes Jahr später ausgezahlt, und es gilt:

$$A_x^{ai} = \frac{M_x^{ai}}{D_x^a}. \tag{20.17}$$

4. Allgemeine Anwartschaft auf Sterbegeld. Die Anwartschaft eines Aktiven auf Sterbegeld läßt sich nun aus einer Anwartschaft auf Sterbegeld beim Tod während der Aktivität und einer Anwartschaft auf Sterbegeld beim Tod als Invalider zusammensetzen. Wir bezeichnen den Erwartungswert des Barwertes der Leistungen mit $\bar{A}_x^a$, wenn die Leistung im Zeitpunkt des Todes fällig wird, und mit A_x^a, wenn sie am Ende des Sterbejahres fällig wird. Mit Hilfe von (20.9) und (20.15) erhalten wir

$$\bar{A}_x^a = \bar{A}_x^{aa} + \bar{A}_x^{ai} = \frac{1}{D_x^a v^{1/2}} (M_x^{aa} + M_x^{ai}) \tag{20.18}$$

und mit Hilfe von (20.10) und (20.17)

$$A_x^a = A_x^{aa} + A_x^{ai} = \frac{1}{D_x^a} (M_x^{aa} + M_x^{ai}). \tag{20.19}$$

Zur Beschreibung von Anwartschaften auf Sterbegeld, das im Zeitpunkt des Todes fällig wird, können auch die Kommutationszahlen

$$\bar{C}_x^{aa} = \frac{C_x^{aa}}{v^{1/2}}, \quad \bar{M}_x^{aa} = \frac{M_x^{aa}}{v^{1/2}}, \quad \bar{C}_x^{ai} = \frac{C_x^{ai}}{v^{1/2}}, \quad \bar{M}_x^{ai} = \frac{M_x^{ai}}{v^{1/2}} \tag{20.20}$$

herangezogen werden. Offenbar gilt dann

$$\bar{A}_x^a = \frac{1}{D_x^a} (\bar{M}_x^{aa} + \bar{M}_x^{ai}). \tag{20.21}$$

Eine Zusammenfassung der Kommutationszahlen (20.4) bzw. (20.8) und (20.14) in der Form

$$\begin{aligned} C_x^a &= C_x^{aa} + C_x^{ai}, \\ M_x^a &= M_x^{aa} + M_x^{ai} \end{aligned} \tag{20.22}$$

gestattet die Darstellung

$$A_x^a = \frac{M_x^a}{D_r^a}. \tag{20.23}$$

In analoger Weise erhält man für

$$\bar{C}_x^a = \frac{C_x^a}{v^{1/2}}, \qquad \bar{M}_x^a = \frac{M_x^a}{v^{1/2}} \tag{20.24}$$

die Formel

$$\bar{A}_x^a = \frac{\bar{M}_x^a}{D_x^a}. \tag{20.25}$$

5. Steigende Anwartschaft auf Sterbegeld. Wir haben bisher ein gleichbleibendes Sterbegeld der Höhe 1 vorausgesetzt. Nun wollen wir annehmen, das Sterbegeld steige jährlich, und zwar betrage es beim Tod im ersten Jahr 1 und erhöhe sich für jedes Jahr der Aktivität um den Betrag 1. Für einen Invaliden wird das Sterbegeld hiebei in jener Höhe gewährt, die vorgesehen wäre, wenn der Versicherte im Zeitpunkt der Invalidisierung gestorben wäre. Mit Hilfe von (20.5) und (20.20) ist leicht zu sehen, daß der Erwartungswert des Barwertes der Sterbegeldzahlung der Höhe ν, welche beim Tode während der Aktivität im ν^{ten} Versicherungsjahr fällig wird, durch

$$\nu \frac{C_{x+\nu-1}^{aa}}{D_x^a v^{1/2}} = \nu \frac{\bar{C}_{x+\nu-1}^{aa}}{D_x^a}$$

gegeben ist. Bezeichnen wir den Erwartungswert des Barwertes der steigenden Sterbegeldleistung, die im Falle des Todes während der Invalidität fällig wird, etwa in Analogie zu (19.73) mit $(I\bar{A})_x^{aa}$, dann folgt

$$(I\bar{A})_x^{aa} = \frac{1}{D_x^a} \sum_{\nu=1}^{\omega-x} \nu \bar{C}_{x+\nu-1}^{aa} = \frac{1}{D_x^a} \sum_{\nu=1}^{\omega-x} \bar{M}_{x+\nu-1}^{aa}. \tag{20.26}$$

Steigt das Sterbegeld nur bis zu einem Höchstbetrag n an, dann folgt für den analog bezeichneten Barwert die Formel:

$$(I_{\overline{n|}}\bar{A})_x^{aa} = \frac{1}{D_x^a} \sum_{\nu=1}^{n} \nu \bar{C}_{x+\nu-1}^{aa} + \frac{n}{D_x^a} \sum_{\nu=n+1}^{\omega-x} \bar{C}_{x+\nu-1}^{aa} = \frac{1}{D_x^a} \sum_{\nu=1}^{n} \bar{M}_{x+\nu-1}^{aa}. \tag{20.27}$$

Wird das Sterbegeld erst am Ende des Sterbejahres fällig, dann erhalten wir die folgenden zu (20.26) und (20.27) analogen Formeln:

$$(I\,A)_x^{aa} = \frac{1}{D_x^a} \sum_{\nu=1}^{\omega-x} M_{x+\nu-1}^{aa}, \qquad (I_{\overline{n}|}A)_x^{aa} = \frac{1}{D_x^a} \sum_{\nu=1}^{n} M_{x+\nu-1}^{aa}. \tag{20.28}$$

Mit Hilfe der Kommutationszahlen

$$R_x^{aa} = \sum_{\nu=0}^{\omega-x} M_{x+\nu}^{aa}, \qquad \bar{R}_x^{aa} = \sum_{\nu=0}^{\omega-x} \bar{M}_{x+\nu}^{aa} \tag{20.29}$$

erhalten wir nun die folgenden Darstellungen:

$$(I\,A)_x^{aa} = \frac{R_x^{aa}}{D_x^a}, \qquad (I\,\bar{A})_x^{aa} = \frac{\bar{R}_x^{aa}}{D_x^a}, \qquad (I_{\overline{n}|}A)_x^{aa} = \frac{R_x^{aa} - R_{x+n}^{aa}}{D_x^a}, \qquad (I_{\overline{n}|}\bar{A})_x^{aa} = \frac{\bar{R}_x^{aa} - \bar{R}_{x+n}^{aa}}{D_x^a}. \tag{20.30}$$

Bei der Berechnung der Anwartschaft auf Sterbegeldzahlung, die beim Tod während der Invalidität fällig wird, gehen wir von den Kommutationszahlen (20.14) aus. Der Erwartungswert des Barwertes des Sterbegeldes für einen x-jährigen Aktiven, das beim Tode während der Invalidität fällig wird, wenn die Invalidität im ν^{ten} Versicherungsjahr eintritt, und das die Höhe ν erreicht, beträgt

$$\nu\,\frac{C_{x+\nu-1}^{ai}}{D_x^a v^{1/2}} = \nu\,\frac{\bar{C}_{x+\nu-1}^{ai}}{D_x^a}.$$

Für den Erwartungswert des Barwertes der Versicherung auf steigendes Sterbegeld erhalten wir nun in Analogie zu (20.26) die folgende Darstellung:

$$(I\,\bar{A})_x^{ai} = \frac{1}{D_x^a} \sum_{\nu=1}^{\omega-x} \nu\,\bar{C}_{x+\nu-1}^{ai} = \frac{1}{D_x^a} \sum_{\nu=1}^{\omega-x} \bar{M}_{x+\nu-1}^{ai}. \tag{20.31}$$

Steigt das Sterbegeld nur bis zu einem Höchstbetrag n an, dann folgt:

$$(I_{\overline{n}|}\bar{A})_x^{ai} = \frac{1}{D_x^a} \sum_{\nu=1}^{n} \nu\,\bar{C}_{x+\nu-1}^{ai} + \frac{n}{D_x^a} \sum_{\nu=n+1}^{\omega-x} \bar{C}_{x+\nu-1}^{ai} = \frac{1}{D_x^a} \sum_{\nu=1}^{n} \bar{M}_{x+\nu-1}^{ai}. \tag{20.32}$$

Wird das Sterbegeld erst am Ende des Sterbejahres fällig, dann erhalten wir die folgenden analogen Formeln:

$$(I\,A)_x^{ai} = \frac{1}{D_x^a} \sum_{\nu=1}^{\omega-x} M_{x+\nu-1}^{ai}, \qquad (I_{\overline{n}|}A)_x^{ai} = \frac{1}{D_x^a} \sum_{\nu=1}^{n} M_{x+\nu-1}^{ai}. \tag{20.33}$$

Mit Hilfe der Kommutationszahlen

$$R_x^{ai} = \sum_{\nu=0}^{\omega-x} M_{x+\nu}^{ai}, \qquad \bar{R}_x^{ai} = \sum_{\nu=0}^{\omega-x} \bar{M}_{x+\nu}^{ai} \tag{20.34}$$

erhalten wir aus (20.31), (20.32) und (20.33) die folgende Darstellung:

$$(IA)_x^{ai} = \frac{R_x^{ai}}{D_x^a}, \qquad (I\bar{A})_x^{ai} = \frac{\bar{R}_x^{ai}}{D_x^a},$$
$$(I_{\overline{n|}}A)_x^{ai} = \frac{R_x^{ai} - R_{x+n}^{ai}}{D_x^a}, \qquad (I_{\overline{n|}}\bar{A})_x^{ai} = \frac{\bar{R}_x^{ai} - \bar{R}_{x+n}^{ai}}{D_x^a}. \tag{20.35}$$

Die allgemeine Anwartschaft auf steigendes Sterbegeld kann nun in Analogie zu Punkt 4 berechnet werden. Wir bezeichnen für den x-jährigen Aktiven den Erwartungswert des Barwertes der Sterbegeldzahlung, die im Zeitpunkt des Todes oder am Ende des Sterbejahres fällig wird und nach der Invalidisierung im ν^{ten} Jahr oder beim Tod als Aktiver im ν^{ten} Jahr die Höhe ν erreicht, mit $(I\bar{A})_x^a$ bzw. $(IA)_x^a$ und erhalten mit Hilfe von (20.30) und (20.35) die folgenden Darstellungen:

$$(I\bar{A})_x^a = (I\bar{A})_x^{aa} + (I\bar{A})_x^{ai} = \frac{\bar{R}_x^{aa} + \bar{R}_x^{ai}}{D_x^a},$$
$$(IA)_x^a = (IA)_x^{aa} + (IA)_x^{ai} = \frac{R_x^{aa} + R_x^{ai}}{D_x^a}.$$

Mit Hilfe der Kommutationszahlen

$$R_x^a = R_x^{aa} + R_x^{ai}, \qquad \bar{R}_x^a = \bar{R}_x^{aa} + \bar{R}_x^{ai} \tag{20.36}$$

erhalten wir aus (20.30) und aus (20.35) die Formeln:

$$(IA)_x^a = \frac{R_x^a}{D_x^a}, \qquad (I\bar{A})_x^a = \frac{\bar{R}_x^a}{D_x^a},$$
$$(I_{\overline{n|}}A)_x^a = \frac{R_x^a - R_{x+n}^a}{D_x^a}, \qquad (I_{\overline{n|}}\bar{A})_x^a = \frac{\bar{R}_x^a - \bar{R}_{x+n}^a}{D_x^a}. \tag{20.37}$$

Wegen (20.20) folgen aus (20.29), (20.34) und (20.36) die Bezeichnungen:

$$\bar{R}_x^{aa} = \frac{R_x^{aa}}{v^{1/2}}, \qquad \bar{R}_x^{ai} = \frac{R_x^{ai}}{v^{1/2}}, \qquad \bar{R}_x^a = \frac{R_x^a}{v^{1/2}}. \tag{20.38}$$

Kapitel 21

Finanzierungsverfahren

1. Das Anwartschaftsdeckungsverfahren. In den Kapiteln 18 bis 20 haben wir Anwartschaften auf Direktpensionen, auf Hinterbliebenenpensionen und auf Sterbegeld untersucht, wobei wir Barwerte für gleichbleibende und für steigende Anwartschaften betrachteten. Vielfach wird in Systemen der Pensionsversicherung ein Zusammenhang zwischen dem bezogenen Gehalt (Lohn), den Beiträgen und den Anwartschaften auf Versicherungsleistungen hergestellt. Die Beiträge werden mit einem Prozentsatz des jeweiligen Gehaltes bemessen, und die Pensionen sowie das Sterbegeld werden mit einem mitunter von der Versicherungszeit abhängenden Prozentsatz des letzten Gehaltes festgesetzt. Wir wollen nun die Beiträge und die Deckungskapitalien für ein derartiges allgemeines Pensionssystem berechnen.

Es sei x das Beitrittsalter des Versicherten zur Versicherung und G_ν sein Gehalt im ν^{ten} Versicherungsjahr. Wir nehmen an, das Gehalt werde m^{tel}-jährlich vorschüssig ausgezahlt. Dann bezeichnen wir mit

$$\ddot{a}^{aa(m)}_{x,\overline{n}|}(G_1, \ldots, G_n)$$

den Erwartungswert des Barwertes aller in n Jahren bezogenen Gehaltszahlungen. Im Falle der jährlichen Gehaltszahlung folgt unter Verwendung der Bezeichnungsweise aus Kapitel 18 die Beziehung:

$$\ddot{a}^{aa}_{x,\overline{n}|}(G_1, \ldots, G_n) = \sum_{\nu=1}^{n} {}_{\nu-1}p^{aa}_x G_\nu v^{\nu-1} = \frac{1}{D^a_x} \sum_{\nu=1}^{n} D^a_{x+\nu-1} G_\nu . \tag{21.1}$$

Für den Fall der m^{tel}-jährlichen Auszahlung gehen wir von der Näherungsformel (18.12) aus, die für eine gleichbleibende Aktivitätsrente mit dem Jahresbetrag 1 hergeleitet wurde. Wir vernachlässigen bei dieser Näherungsformel das letzte Glied und multiplizieren das Korrekturglied $\frac{m-1}{2m}(1 - {}_nE^{aa}_x)$ mit dem mittleren jährlichen Rentenbetrag $\overline{G} = \frac{1}{n}\sum_{\nu=1}^{n} G_\nu$. Daraus folgt:

$$\ddot{a}^{aa(m)}_{x,\overline{n}|}(G_1, \ldots, G_n) \sim \frac{1}{D^a_x} \sum_{\nu=1}^{n} D^a_{x+\nu-1} G_\nu - \frac{m-1}{2m}\left(1 - \frac{D^a_{x+n}}{D^a_x}\right) \frac{1}{n} \sum_{\nu=1}^{n} G_\nu . \tag{21.2}$$

Für eine genaue Berechnung des Barwertes der unterjährigen Renten müßten die einzelnen Zahlungen auf den Zeitpunkt 0 bzw. auf das Alter x diskontiert werden, wobei die jeweilige unterjährige Erlebenswahrscheinlichkeit zu berücksichtigen ist. In der Praxis reicht jedoch die Näherungsformel (21.2) meist aus.

Die Direktpension für den Versicherten soll nun mit einem Prozentsatz des jeweiligen Gehaltes festgesetzt sein. Es sei π_ν der Prozentsatz des Gehaltes G_ν, der im Falle der Invalidisierung im ν^{ten} Versicherungsjahr als Invaliditätspension gezahlt wird. Mit Hilfe der Bezeichnungen aus Kapitel 18 erhalten wir für die Anwartschaft auf Invaliditätspension den folgenden Barwert:

$$\ddot{a}_{x,\overline{n}|}^{ai(m)}(\pi_1 G_1, \ldots, \pi_n G_n) = \sum_{\nu=1}^{n} {}_{\nu-1}p_x^{aa}\, i_{x+\nu-1}\, \ddot{a}_{x+\nu-1/_2}^{i(m)}\, v^{\nu-1/_2}\, \pi_\nu G_\nu = \frac{1}{D_x^a} \sum_{\nu=1}^{n} D_{x+\nu-1}^{ai(m)} \pi_\nu G_\nu . \tag{21.3}$$

Das Anfallsalter für die Alterspension sei $x+n$ und die Höhe der Alterspension betrage $\pi_n G_n$. Für die Anwartschaft auf Alterspension erhalten wir daher den Barwert

$$\ddot{a}_x^{aA(m)}(\pi_n G_n) = \frac{N_{x+n}^{a(m)} + N_{x+n}^{ai(m)}}{D_x^a}\, \pi_n G_n . \tag{21.4}$$

Die Hinterbliebenenpensionen seien mit einem festen Prozentsatz λ für Witwenpensionen und $\varkappa$ für Waisenpensionen bemessen. Wir berechnen die Anwartschaften nach der Kollektivmethode analog zu den Ableitungen in Kapitel 19. Mit Hilfe der Kommutationszahlen (19.35) erhalten wir für die Anwartschaft auf Witwenpension den Barwert

$$\ddot{a}_x^{aw(m)}(\lambda; \pi_1 G_1, \ldots, \pi_n G_n) = \frac{\lambda}{D_x^a}\left(\sum_{\nu=1}^{n} D_{x+\nu-1}^{aw(m)} \pi_\nu G_\nu + N_{x+n}^{aw(m)} \pi_n G_n\right) \tag{21.5}$$

und mit Hilfe der Kommutationszahlen (19.70) für die Anwartschaft auf Waisenpension den Barwert

$$\ddot{a}_x^{ak(m)}(\varkappa; \pi_1 G_1, \ldots, \pi_n G_n) = \frac{\varkappa}{D_x^a}\left(\sum_{\nu=1}^{n} D_{x+\nu-1}^{ak(m)} \pi_\nu G_\nu + N_{x+n}^{ak(m)} \pi_n G_n\right). \tag{21.6}$$

Das Sterbegeld sei mit einem festen Prozentsatz μ des letzten Aktivbezuges bemessen. Mit Hilfe der Bezeichnungen aus Kapitel 20 erhalten wir für die Anwartschaft auf Sterbegeld den folgenden Barwert:

$$\bar{A}_x^a(\mu; G_1, \ldots, G_n) = \frac{\mu}{D_x^a}\left(\sum_{\nu=1}^{n} \bar{C}_{x+\nu-1}^a G_\nu + \bar{M}_{x+n}^a G_n\right). \tag{21.7}$$

Für ein System der Pensionsversicherung, das Direktpensionen, Hinterbliebenenpensionen und Sterbegeld in dem hier betrachteten Ausmaß vorsieht und das durch Beiträge finanziert wird, die mit einem festen Prozentsatz π des jeweiligen Gehaltes festgesetzt sind, muß die folgende Äquivalenzgleichung erfüllt sein:

$$\begin{aligned} \pi \ddot{a}_{x,\overline{n}|}^{aa(m)}(G_1, \ldots, G_n) = {} & \ddot{a}_{x,\overline{n}|}^{ai(m)}(\pi_1 G_1, \ldots, \pi_n G_n) + \ddot{a}_x^{aA(m)}(\pi_n G_n) + \\ & + \ddot{a}_x^{aw(m)}(\lambda; \pi_1 G_1, \ldots, \pi_n G_n) + \ddot{a}_x^{ak(m)}(\varkappa; \pi_1 G_1, \ldots, \pi_n G_n) + \\ & + \bar{A}_x^a(\mu; G_1, \ldots, G_n). \end{aligned} \tag{21.8}$$

Daraus folgt mit Hilfe der Formeln (21.2) bis (21.7):

$$\begin{aligned} \pi = {} & \frac{1}{\sum_{\nu=1}^{n}\left[D_{x+\nu-1}^a - \frac{m-1}{2mn}(D_x^a - D_{x+n}^a)\right] G_\nu} \left\{\sum_{\nu=1}^{n} [(D_{x+\nu-1}^{ai(m)} + \lambda D_{x+\nu-1}^{aw(m)} + \varkappa D_{x+\nu-1}^{ak(m)})\pi_\nu + \right. \\ & \left. + \mu \bar{C}_{x+\nu-1}^a] G_\nu + [(N_{x+n}^{a(m)} + N_{x+n}^{ai(m)} + \lambda N_{x+n}^{aw(m)} + \varkappa N_{x+n}^{ak(m)})\pi_n + \mu \bar{M}_{x+n}^a] G_n\right\}. \end{aligned} \tag{21.9}$$

Zur Berechnung des Deckungskapitals verwenden wir die prospektive Methode, und zwar aus folgendem Grund: Die Finanzierungspläne für ein Pensionssystem erstrecken sich im allgemeinen über einen verhältnismäßig langen Zeitraum, in dem sich die Rechnungsgrundlagen, insbesondere die Ausscheidewahrscheinlichkeiten, ändern. Nimmt man aber für die Zukunft geänderte Ausscheidewahrscheinlichkeiten an, dann ergibt sich ein anderes Deckungskapital, als wenn diese geänderten Ausscheidewahrscheinlichkeiten für die Vergangenheit zugrunde gelegt worden wären. Da es Aufgabe des Deckungskapitals ist, die notwendigen Mittel für den zukünftigen Versicherungsverlauf zu sichern, ist hier die prospektive Methode zu verwenden.

Mit Hilfe der Formeln (21.3) bis (21.7) kann der Erwartungswert des Barwertes des zukünftigen Aufwandes nach t Versicherungsjahren für einen Aktiven folgendermaßen dargestellt werden:

$$B_x^t(a \mid i;\, A;\, w;\, k;\, \mu) = \frac{1}{D_{x+t}^a} \Bigg\{ \sum_{\nu=t+1}^{n} [(D_{x+\nu-1}^{ai(m)} + \lambda D_{x+\nu-1}^{aw(m)} + \varkappa D_{x+\nu-1}^{ak(m)})\pi_\nu + \mu \overline{C}_{x+\nu-1}^a] G_\nu + \tag{21.10}$$
$$+ [(N_{x+n}^{a(m)} + N_{x+n}^{ai(m)} + \lambda N_{x+n}^{aw(m)} + \varkappa N_{x+n}^{ak(m)})\pi_n + \mu \overline{M}_{x+n}^a] G_n \Bigg\}.$$

Der Erwartungswert des Barwertes der zukünftigen Beitragseinnahmen ergibt sich in Analogie zu (21.2) wie folgt:

$$\pi \ddot{a}_{x+t,\overline{n-t}|}^{aa(m)}(G_{t+1}, \ldots, G_n) \sim \frac{\pi}{D_{x+t}^a} \sum_{\nu=t+1}^{n} [D_{x+\nu-1}^a - \frac{m-1}{2m(n-t)}(D_{x+t}^a - D_{x+n}^a)] G_\nu. \tag{21.11}$$

Das Deckungskapital nach t Versicherungsjahren kann daher für das hier betrachtete Pensionssystem als Differenz von (21.10) und (21.11) folgendermaßen dargestellt werden:

$$_tV_x(a \mid i;\, A;\, w;\, k;\, \mu) = \frac{1}{D_{x+t}^a} \sum_{\nu=t+1}^{n} [(D_{x+\nu-1}^{ai(m)} + \lambda D_{x+\nu-1}^{aw(m)} + \varkappa D_{x+\nu-1}^{ak(m)})\pi_\nu + \mu \overline{C}_{x+\nu-1}^a +$$
$$+ \pi \frac{m-1}{2m(n-t)}(D_{x+t}^a - D_{x+n}^a) - \pi D_{x+\nu-1}^a] G_\nu + \tag{21.12}$$
$$+ \frac{1}{D_{x+t}^a} [(N_{x+n}^{a(m)} + N_{x+n}^{ai(m)} + \lambda N_{x+n}^{aw(m)} + \varkappa N_{x+n}^{ak(m)})\pi_n + \mu \overline{M}_{x+n}^a] G_n.$$

Ist der Versicherte bereits invalid, dann bezieht er eine Invaliditätspension, und es sind keine Beitragseinnahmen mehr zu erwarten. In diesem Fall muß das Deckungskapital alle weiteren zukünftigen Leistungen, also Invaliditätspension, Hinterbliebenenpensionen und Sterbegeld, decken. Ist R der Betrag der Invaliditätspension und μR das versicherte Sterbegeld, dann erhalten wir für das Deckungskapital der Versicherung eines $(x+t)$-jährigen Invaliden den folgenden Wert:

$$_tV_x(i \mid i;\, w;\, k;\, \mu) = R(\ddot{a}_{x+t}^{i(m)} + \lambda \ddot{a}_{x+t}^{iw(m)} + \varkappa \ddot{a}_{x+t}^{ik(m)} + \mu \overline{A}_{x+t}^i). \tag{21.13}$$

Die hier auftretenden Rentenbarwerte sind nach den Formeln (18.26) bzw. (18.27), (19.28) und (19.63) zu berechnen. Für die Todesfallversicherung des Invaliden ist die Formel (20.12) zu verwenden.

Werden die Beiträge nach (21.9) berechnet, dann sind in die Bilanz die Deckungskapitalien (21.12) bzw. (21.13) als Passiva einzusetzen. In diesem Fall sind in jedem Zeitpunkt die Anwartschaften auf die zukünftigen Leistungen jedes einzelnen Versicherten gedeckt, und zwar unabhängig davon, ob neue Versicherte in das System der Pensionsversicherung eintreten oder nicht. Man nennt dieses Verfahren der Beitrags- und Deckungskapitalbemessung das *Anwartschaftsdeckungsverfahren*. Es beruht auf den in der allgemeinen Lebensversicherung gültigen Grundsätzen.

2. Das Rentendeckungsverfahren. Ein System der Pensionsversicherung, in dem sich Neueintritte und Abgänge annähernd die Waage halten, wird ständig über ein gewisses Deckungskapital verfügen. Die Zinsenerträge dieses Deckungskapitals werden zwar für die Leistungszahlungen notwendig, doch die Gesamtsumme der Deckungskapitalien verändert sich nur insoweit, als sich die Altersstruktur der Versicherten und die Struktur ihrer Gehälter ändert. Die Funktion der Deckungskapitalien liegt in diesem Fall darin, Zinsen zu tragen. Man kann nun die Beiträge so bemessen, daß Deckungskapitalien nur in geringerem Maße angesammelt werden, hingegen die entfallenden Zinsenerträge aus den jeweiligen Beiträgen gedeckt werden. Ein derartiges Finanzierungsverfahren ist das sogenannte *Rentendeckungsverfahren*, manchmal auch als *Kapitaldeckungsverfahren* bezeichnet. Hiebei werden nicht die gesamten Anwartschaften, sondern nur die Barwerte bereits angefallener Pensionen in die Passivseite der Bilanz aufgenommen. Die Beiträge sind nun Jahr für Jahr so festzusetzen, daß sie zur Deckung der Barwerte der neu anfallenden Pensionen sowie der einmaligen Leistungen ausreichen.

Für jedes Jahr wird die Summe der Barwerte $\ddot{a}_x^{i(m)}$, $\ddot{a}_y^{w(m)}$, $\ddot{a}_z^{k(m)}$ für Pensionen gebildet, die auf Grund der Invalidisierungswahrscheinlichkeiten sowie auf Grund der Sterbewahrscheinlichkeiten in diesem Jahr neu anfallen. Hiezu werden die einmaligen Zahlungen gerechnet. Der so erhaltene Gesamtbetrag, das ist der Erwartungswert der Pensionsbarwerte für neu anfallende Pensionen zuzüglich dem Erwartungswert der Sterbegeldzahlungen, muß durch die Beiträge dieses Jahres gedeckt werden, wobei ein Verwaltungskostenzuschlag zu den Nettobeiträgen eingehoben werden kann.

Ein wesentlicher Unterschied gegenüber dem Anwartschaftsdeckungsverfahren liegt darin, daß die Höhe der Beiträge für einen Versicherten nicht von der Versicherung dieses Versicherten allein abhängt, sondern von der Struktur des gesamten Versichertenbestandes. Hat die Mehrzahl der Versicherten ein niedriges Alter, dann werden in den ersten Jahren nach Einführung des Systems nur sehr wenig Pensionen anfallen, und die Beiträge werden zu Beginn sehr gering angesetzt werden können. Dadurch wird es aber andererseits möglich, auch jenen Versicherten, die bei Einführung des Systems kurz vor Erreichung des Anfallsalters für die Alterspension stehen und die daher nicht mehr in der Lage sind, ausreichende Versicherungszeiten für eine volle Pension zu erwerben, die Pension in voller Höhe auszuzahlen. Das Pensionssystem kann daher für alle Aktiven zugleich mit seiner Einführung mit den vollen Leistungen einsetzen. Dazu müssen nur die Beiträge von Beginn an so bemessen werden, daß sie zur Deckung der Barwerte jener Pensionen ausreichen, die nach Einführung des Systems anfallen. Nimmt man eine zeitlich unveränderliche Alters- und Gehaltsstruktur an, dann kann sogar mit einem ständig gleichbleibenden Beitragssatz gerechnet werden, wie dies auch im Falle des Anwartschaftsdeckungsverfahrens der Fall ist.

Sofern die Altersstruktur des Versichertenbestandes keine allzu großen Veränderungen aufweist, ist eine Finanzierung nach dem Rentendeckungsverfahren möglich, wenn die Beiträge den jeweiligen Erfordernissen angepaßt werden. Nimmt man jedoch an, daß keine neuen Versicherten eintreten und der Stand der Aktiven langsam kleiner wird, und zwar so lange, bis entweder alle das Anfallsalter für die Alterspension erreicht haben oder vorher wegen Tod bzw. wegen Invalidität ausgeschieden sind, dann entfallen im Durchschnitt auf den einzelnen Aktiven immer höhere Beiträge. Im Extremfall, wenn nur mehr ein einziger Aktiver versichert ist, müßte dieser bei Erreichung des Anfallsalters für die Alterspension den gesamten Barwert seiner Pension als Beitrag entrichten und dazu noch die Barwerte aller in diesem Jahr anfallenden Hinterbliebenenpensionen sowie Sterbegelder. Für seine allfälligen Hinterbliebenen sowie für alle übrigen später anfallenden Hinterbliebenenpensionen und Sterbegelder könnten keine Beiträge mehr eingehoben werden. Man sieht also, daß dieses Deckungsverfahren unbrauchbar ist, wenn nicht ständig neue Versicherte dem System beitreten. Das Rentendeckungsverfahren kann daher nur dort angewendet werden, wo durch die Einführung einer Pflichtversicherung der weitere Bestand an Versicherten gesichert ist, also etwa in Systemen der Sozialversicherung oder in der Pensionsversicherung ganzer Berufszweige.

3. Das Umlageverfahren. Abweichend von den Finanzierungsgrundsätzen der Anwartschaftsdeckung werden beim Rentendeckungsverfahren jene Mittel jährlich durch Beiträge aufgebracht, die den Barwerten für in diesem Jahr angefallene Pensionen und Sterbegeldzahlungen entsprechen. Zukünftige Aufwendungen sind daher nur insoweit durch bereits gezahlte Beiträge gedeckt, als sie auf bereits angefallene Pensionen zurückgehen. Gegenüber dem Anwartschaftsdeckungsverfahren kann beim Rentendeckungsverfahren mit einem weitaus geringeren Deckungskapital das Auslangen gefunden werden. Die konsequente Weiterführung dieser Gedanken leitet schließlich zu einem Deckungsverfahren über, bei dem überhaupt kein Deckungskapital angesammelt wird und die Beiträge jeweils in einer Höhe festgesetzt werden, die den im Geschäftsjahr tatsächlich ausgezahlten Leistungen — Pensions- und Sterbegeldzahlungen — entspricht. Man legt also die Gesamtaufwendungen eines Jahres auf die Beiträge um. Dieses Finanzierungsverfahren heißt *Umlageverfahren*. Es darf nur dort angewendet werden, wo durch eine Pflichtversicherung der Fortbestand des Pensionssystems gesichert ist und wo die Fortzahlung der Leistungen auf alle Fälle garantiert werden kann.

Für die Berechnung der Beiträge nach dem Umlageverfahren wird für das in Betracht kommende Geschäftsjahr einerseits die Summe der an Aktive gezahlten Gehälter ermittelt und andererseits die Summe der in diesem Jahr fällig werdenden Pensionszahlungen für Invaliditäts-, Alters- und Hinterbliebenenpensionen sowie die Sterbegelder. Der Beitragsprozentsatz wird dann so bemessen, daß diese Leistungen sowie die Verwaltungskosten unter Berücksichtigung der zu erwartenden Gehaltssumme gerade gedeckt sind.

Theoretisch kann bei einem Umlageverfahren die Ansammlung jeglicher Reserven entfallen. Praktisch wird man aber vor allem aus zwei Gründen auf die

Reservenbildung nicht völlig verzichten können: Zunächst läßt sich die finanzielle Entwicklung nicht so genau voraussehen, daß nicht mit Abweichungen vom vorausberechneten Verlauf gerechnet werden müßte. Für den Ausgleich zufälliger Schwankungen ist aber eine gewisse Sicherheitsreserve nötig. Weiters ist es aus praktischen Erwägungen nicht angebracht, die Beiträge Jahr für Jahr in unterschiedlicher Höhe festzusetzen. Man wird vielmehr versuchen, mit einem Beitragssatz längere Zeit hindurch das Auslangen zu finden. Dabei kann es natürlich zur Ansammlung von Reserven kommen, die in einem späteren Zeitraum wieder abgebaut werden. Das Umlageverfahren muß sich nicht unbedingt auf das Kalenderjahr als Basiszeitraum beziehen. Es ist vielmehr möglich, einen längeren Zeitabschnitt, etwa fünf oder zehn Jahre, zu wählen und die Beiträge so festzusetzen, daß in diesem Zeitabschnitt die Ausgaben durch die Einnahmen gedeckt sind. Innerhalb des Zeitabschnittes werden entweder Reserven angesammelt, oder es werden durch Kreditoperationen spätere Einnahmen vorweggenommen. Ein solches Verfahren, bei dem die Aufwendungen nicht für ein Kalenderjahr, sondern für einen längeren Zeitabschnitt auf die Beiträge umgelegt werden, wird als *Zeitabschnittsverfahren* bezeichnet.

Bei der Finanzierung eines Pensionssystems nach dem Umlageverfahren ist es möglich, die Leistungen vom Zeitpunkt der Einführung des Systems an auch an alle jene Personen zu zahlen, bei denen der Versicherungsfall vor Einführung des Systems bereits eingetreten ist. Wird für eine Personengesamtheit aus Invaliden, Aktiven, Personen, die das Anfallsalter für die Alterspension erreicht haben, und Hinterbliebenen ein Pensionssystem eingeführt, das nach dem Umlageverfahren finanziert wird, dann kann dieses System von Beginn an in vollem Ausmaß Invaliditäts-, Alters- und Hinterbliebenenpensionen garantieren. Die entsprechenden Aufwendungen werden auf die Beiträge umgelegt, ohne daß es, von den vorhin angeführten Ausnahmen abgesehen, zur Ansammlung von Deckungskapitalien kommt.

Das Umlageverfahren eignet sich vor allem für Systeme der Sozialversicherung. Hier ist es oft wünschenswert, wenn die Leistungen nicht erst Jahrzehnte nach der Einführung der Beitragspflicht gezahlt werden können, sondern wenn das System gleich mit der vollen Leistungsgewährung einsetzen kann. Darüber hinaus hat das Umlageverfahren den Vorteil, daß es mangels ins Gewicht fallender Reserven gegenüber säkularen Geldentwertungen, denen die nach dem Anwartschaftsdeckungsverfahren eingerichteten Systeme besonders stark ausgesetzt sind, praktisch unempfindlich ist. Dies folgt insbesondere aus den Untersuchungen des nächsten Kapitels über dynamische Pensionssysteme.

4. Tarifbeiträge in der Pensionsversicherung. Zum Unterschied von der Nettoprämie, die dem Erwartungswert der Versicherungsleistungen entspricht, sind in der ausreichenden Prämie die Verwaltungskosten und in der Tarifprämie außerdem noch Sicherheitszuschläge berücksichtigt. In Kapitel 5 haben wir die ausreichende Prämie und die Tarifprämie für eine Reihe von Versicherungen angegeben.

In der Pensionsversicherung wird man im allgemeinen von den Abschlußkosten absehen können, da der Beitritt zum Pensionssystem meist automatisch mit der Aufnahme der entsprechenden Erwerbstätigkeit verbunden ist. Werbungskosten und Abschlußprovisionen fallen somit weg. Die laufenden Verwaltungskosten legen wir der Einfachheit halber auf den Zeitraum der Aktivität um. Es muß dann allerdings berücksichtigt werden, daß bei einem Auslaufen des Systems, das heißt beim Ausbleiben weiterer Beitritte zum System, die Verwaltungskosten für die Pensionszahlungen nicht mehr gedeckt sind. Will man die Verwaltungskosten bis zum Auslaufen der letzten Pensionszahlung berücksichtigen, dann ist es zweckmäßig, einen entsprechenden Zuschlag bereits in die Pensionshöhe einzuplanen.

Bezeichnet π den vom Gehalt zu berechnenden Beitragsprozentsatz für den Nettobeitrag, dann ist $\pi \ddot{a}_{x,\overline{n}|}^{aa(m)}(G_1, \ldots, G_n)$ der Erwartungswert des Barwertes dieser Beitragseinnahmen. Bezeichnen wir den Beitragsprozentsatz für den *Tarifbeitrag*, also für den Beitrag unter Berücksichtigung der Verwaltungskosten und der Sicherheitszuschläge mit Π, dann gilt:

$$\Pi \ddot{a}_{x,\overline{n}|}^{aa(m)}(G_1, \ldots, G_n) = \ddot{a}_{x,\overline{n}|}^{aa(m)}(G_1, \ldots, G_n)(\pi + \gamma + \beta\Pi + \zeta). \qquad (21.14)$$

Neben den Leistungen werden daher auch Verwaltungskosten mit dem Satz γ, Sicherheitszuschläge mit dem Satz ζ und Einhebungskosten mit dem Satz β berechnet. Für den Tarifbeitrag erhalten wir daher die folgende Formel:

$$\Pi = \frac{\pi + \gamma + \zeta}{1 - \beta}. \qquad (21.15)$$

Kapitel 22

Dynamische Pensionssysteme

1. Grundsätze der Pensionsdynamik. In Systemen der Pensionsversicherung vergeht vom ersten Eintritt in die Versicherung bis zum Ende des Leistungsbezuges ein Zeitraum von vielen Jahrzehnten. Die Voraussage von Gehaltsentwicklungen über einen so langen Zeitraum ist problematisch. Die Änderungen der wirtschaftlichen Verhältnisse bringen es mit sich, daß selbst in ruhigen Zeiten Änderungen des Geldwertes zu einer Veränderung des Realwertes von Gehältern und Leistungen führen, und zwar meist zu einer Verminderung des Realwertes, während Änderungen der Produktivität häufig zu einer Erhöhung der Löhne und Gehälter führen, einer Erhöhung, welche über die Realwertminderung durch Geldentwertung hinausgeht. In den meisten Ländern kann heute durch eine ständige Verbesserung der Produktionsprozesse bei nicht allzustarkem Kapitalmangel eine reale Steigerung des Bruttonationalproduktes erreicht werden, und in den meisten Ländern geht diese Entwicklung auch Hand in Hand mit einer Geldwertverminderung. Systeme der Pensionsversicherung können sich dem Einfluß solcher Entwicklungen nicht ständig entziehen. Eine Möglichkeit, den geänderten Verhältnissen Rechnung zu tragen, liegt darin, abzuwarten, bis entweder der Realwert der Pensionen oder der Rücklagen so gering geworden ist, daß eine Anpassung des ganzen Pensionssystems nicht mehr länger hinausgeschoben werden kann. Eine andere Möglichkeit liegt aber darin, zu versuchen, bereits bei der Einführung des Systems auf mögliche bzw. zu erwartende Änderungen Rücksicht zu nehmen. So hat z. B. eine Reihe von Systemen der Sozialversicherung eine preis- oder lohnorientierte, automatische bzw. halbautomatische Leistungsanpassung vorgesehen, und ebenso kennen die meisten Pensionssysteme für Beamte eine direkte Bindung der Pension an jede Änderung der Gehälter der aktiven Beamten. Wir wollen im folgenden untersuchen, auf welche Weise bereits bei Einführung eines Systems der Pensionsversicherung auf mögliche Änderungen der wirtschaftlichen Verhältnisse Bedacht genommen werden kann.

Zunächst wollen wir zwei Entwicklungsreihen unterscheiden. Die eine ist die Entwicklung des Geldwertes, also die Entwicklung des Realwertes eines bestimmten Nominalbetrages, und die andere ist die Entwicklung des Gehaltsniveaus der im Pensionssystem zusammengefaßten Versicherten. Der Geldwert wird meist unter Verwendung eines sogenannten Warenkorbes gemessen, indem festgestellt wird, wieviele Prozente eines solchen Warenkorbes mit der Währungseinheit bezahlt werden können. Auf die Problematik solcher Messungen soll hier nicht eingegangen werden. In den meisten Ländern existieren derartige Erhebungen, die zur Errechnung eines sogenannten *Preisindexes* führen, dessen Reziprokwert ein Maß für den Geldwert darstellt. Komplizierter ist die Errechnung der Veränderung des Gehaltsniveaus. Wo ein festes Gehaltsschema vorliegt, dessen Ansätze von Zeit zu Zeit mit einem festen Aufwertungsfaktor vervielfacht werden, können diese Aufwertungsfaktoren als Maß für die Änderung des Gehaltsniveaus herangezogen werden. Ändert sich allerdings die Struktur des Gehaltsschemas durch nivellierende oder entnivellierende Verschiebungen, dann wird man versuchen müssen, ein mittleres Gehalt zu errechnen und die Entwicklung dieses mittleren Gehaltes als Entwicklung des Gehaltsniveaus interpretieren. Wir wollen annehmen, daß mit Hilfe einer solchen Entwicklungsreihe ein *Lohnindex* analog dem oben erwähnten Preisindex in bestimmten Zeitabständen gebildet wird.

In Kapitel 21 haben wir Pensionssysteme behandelt, in denen die Höhe der anfallenden Pension vom letzten Gehalt des Versicherten abhängig war. Dieser Zusammenhang bindet somit die anfallende Pension an einen Lohnindex. Wir sprechen aber erst dann von einem System der Pensionsdynamik, wenn die einmal angefallene Pension in ihrem weiteren Verlauf geändert wird. In den in Kapitel 21 behandelten Pensionssystemen blieb jede einmal angefallene Pension während ihrer gesamten Laufzeit der Höhe nach unverändert. Nunmehr wollen wir annehmen, daß die Pension nach ihrem Anfall einer Indexreihe folgt, ,,dynamisch" verändert wird, und bezeichnen ein derartiges System als ein System der Pensionsdynamik. Offenbar bieten sich für die Dynamisierung vor allem zwei Indexreihen an, und zwar der Preisindex und der Lohnindex. Welches sind nun die Auswirkungen einer derartigen Pensionsdynamik für den Pensionisten?

Wird die Pension entsprechend dem Preisindex dynamisiert, dann bleibt nach der Definition des Preisindex ihr Realwert konstant. Folgt die Pension dem Lohnindex, dann ändert sich ihr Realwert in gleicher Weise, wie sich der Realwert der Gehälter der aktiven Versicherten ändert. Während also bei einer Dynamisierung nach dem Preisindex die Pensionisten vom wirtschaftlichen Schicksal der Aktiven unabhängig sind und eine Pension mit ständig gleichbleibender Kaufkraft garantiert wird, teilen sie bei einer Dynamisierung nach dem Lohnindex das Schicksal der Aktiven, und zwar zu ihrem Vor- oder Nachteil, je nachdem, ob der Lohnindex stärker oder schwächer steigt als der Preisindex. Gegenwärtig ist in den meisten Industrieländern damit zu rechnen, daß, auf lange Sicht gesehen, der Lohnindex stärker steigt als der Preisindex, das heißt, daß der Lebensstandard der aktiven Versicherten steigt. Es muß allerdings davor gewarnt werden, derartige Indexreihen, die ja nur für ganz bestimmte Durchschnittsfälle gelten, kritiklos als für den Einzelfall gültig anzusehen. Der Realwert der einzelnen Pension kann sich unterschiedlich von dem unter Zugrundelegung eines ganz bestimmten Warenkorbes berechneten Geldwert entwickeln, und das gleiche gilt für das einzelne Gehalt, dessen Entwicklung von der des allgemeinen Lohnindex abweichen kann.

Im folgenden werden Systeme mit Pensionsdynamik untersucht, wobei sowohl eine Dynamisierung nach dem Preisindex als auch eine Dynamisierung nach dem Lohnindex behandelt wird.

2. Das Anwartschaftsdeckungsverfahren für ein dynamisches System. Der Einfachheit halber beschränken wir uns auf ganzjährige Gehalts- und Pensionszahlungen und gehen davon aus, daß sich sowohl der Preisindex als auch der Lohnindex jährlich um konstante Prozentsätze erhöhen. Der Lohnindex erhöhe sich jährlich mit dem Faktor α. Gehen wir von einem Anfangsgehalt G_1 im ersten Versicherungsjahr aus, dann beträgt das Gehalt im ν^{ten} Versicherungsjahr unter Zugrundelegung eines gleichbleibenden Lohnniveaus G_ν. Infolge der Erhöhung des Lohnindex ist jedoch mit einem Gehalt in der Höhe $G_\nu \alpha^{\nu-1}$ zu rechnen. Ist π_ν der Prozentsatz des Gehaltes, der bei Eintritt des Versicherungsfalles der Invalidität oder des Alters im ν^{ten} Jahr als Pension gezahlt wird, dann beträgt die Pension im ersten Jahr des Bezuges, also im ν^{ten} Versicherungsjahr, $\pi_\nu G_\nu \alpha^{\nu-1}$.

In einem dynamischen Pensionssystem wird diese Pension einer Indexreihe entsprechend weiterentwickelt. Wir nehmen an, die Indexreihe führe zu einer jährlichen Erhöhung der Pension mit dem konstanten Faktor β. Im μ^{ten} Jahr nach ihrem Anfall beträgt die Pension dann $\pi_\nu G_\nu \alpha^{\nu-1} \beta^{\mu-1}$. Handelt es sich bei β um den Faktor der Preiserhöhung, dann haben wir eine Anpassung der Pensionen nach dem Preisindex vor uns. Handelt es sich um den Faktor der Lohnerhöhung, gilt also $\alpha = \beta$, dann wird die Pension der Lohnentwicklung angepaßt, und ihre Höhe beträgt im μ^{ten} Jahr des Bezuges $\pi_\nu G_\nu \alpha^{\nu+\mu-2}$.

Im allgemeinen wird man $\alpha \geqq 1$ und $\beta \geqq 1$ voraussetzen können. In diesem Fall sind das Gehaltsschema und die Pensionsleistungen gleichbleibend oder steigend. Es sind aber auch die Fälle $\alpha < 1$ bzw. $\beta < 1$ möglich, die einem sinkenden Gehaltsschema bzw. einer sinkenden Pensionsleistung entsprechen.

Die hier betrachtete dynamische Pensionserhöhung kann bereits in den Kommutationszahlen berücksichtigt werden. Wir beginnen mit einer Darstellung der Invaliditätspension. Der Erwartungswert des Barwertes einer mit dem Jahresbetrag 1 beginnenden und jährlich mit dem Faktor β steigenden vorschüssigen Invaliditätspension an einen x-jährigen Invaliden kann mit Hilfe der Kommutationszahlen (18.19) in der Form

$$\overset{<}{\ddot{a}}{}^{i}_{x} = \frac{1}{D^{i}_{x}} \sum_{\nu=1}^{\omega-x} D^{i}_{x+\nu-1} \beta^{\nu-1} \tag{22.1}$$

dargestellt werden. Führen wir nun die Kommutationszahlen

$$\overset{<}{D}{}^{i}_{x} = D^{i}_{x} \beta^{x} = l^{i}_{x} v^{x} \beta^{x}, \qquad \overset{<}{N}{}^{i}_{x} = \sum_{\nu=0}^{\omega-x} \overset{<}{D}{}^{i}_{x+\nu} \tag{22.2}$$

ein, dann gilt offenbar in Analogie zu (18.23):

$$\hat{\ddot{a}}_x^i = \frac{\hat{N}_x^i}{\hat{D}_x^i}. \tag{22.3}$$

Ebenso erhalten wir für die reine Alterspension mit Hilfe der Kommutationszahlen

$$\begin{aligned} \hat{D}_x &= D_x \beta^x = l_x v^x \beta^x, \\ \hat{N}_x &= \sum_{\nu=0}^{\omega-x} \hat{D}_{x+\nu} \end{aligned} \tag{22.4}$$

die entsprechende Formel

$$\hat{\ddot{a}}_x = \frac{1}{D_x} \sum_{\nu=1}^{\omega-x} D_{x+\nu-1} \beta^{\nu-1} = \frac{\hat{N}_x}{\hat{D}_x}. \tag{22.5}$$

Für die dynamisierten Hinterbliebenenpensionen folgt mit Hilfe der Kommutationszahlen

$$\begin{aligned} \hat{D}_y &= D_y \beta^y = l_y v^y \beta^y, & \hat{D}_z &= D_z \beta^z = l_z v^z \beta^z, \\ \hat{N}_y &= \sum_{\nu=0}^{\omega-y} \hat{D}_{y+\nu}, & \hat{N}_z &= \sum_{\nu=0}^{s-z-1} \hat{D}_{z+\nu} \end{aligned} \tag{22.6}$$

die Darstellung

$$\hat{\ddot{a}}_y = \frac{\hat{N}_y}{\hat{D}_y}, \quad \hat{\ddot{a}}_{z,\overline{s-z}|} = \frac{\hat{N}_z}{\hat{D}_z}. \tag{22.7}$$

Wie man sieht, treten in allen Kommutationszahlen für steigende Pensionen anstelle der Diskontfaktoren v^x die Diskontfaktoren $(v\beta)^x$ auf. Die Dynamisierung der Pensionen wirkt demnach in gleicher Weise, wie der Übergang von einem Diskontfaktor v zu einem Diskontfaktor $v\beta$. Wegen $v = \frac{1}{1+i}$ bzw. $i = \frac{1}{v} - 1$ bedeutet dies den Übergang von einer Verzinsung mit der Rate i zu einer Verzinsung mit der Rate

$$i^{(\beta)} = \frac{1}{v\beta} - 1. \tag{22.8}$$

Für $v\beta > 1$, das heißt für $\beta > r = \frac{1}{v}$, entspricht dies einer negativen Zinsrate $i^{(\beta)} < 0$. Für den Normalfall $\beta > 1$ gilt stets $i^{(\beta)} < i$. Die Dynamisierung der Pensionsleistungen mit einem Faktor $\beta > 1$ wirkt daher im Sinne einer Verringerung der Verzinsung des Deckungskapitals.

Bisher haben wir nur die Dynamisierung der bereits angefallenen Pensionen untersucht. Nun wollen wir die Dynamisierung betrachten, der die Pensionen im ersten Jahr durch ihre Bindung an das Gehaltsschema unterworfen sind. Wir haben angenommen, daß sich das Gehaltsniveau jährlich mit dem Faktor $\alpha > 1$ erhöht. Anstelle der Gehälter $G_1, G_2, \ldots, G_n$ müssen wir daher mit Gehältern $G_1, \alpha G_2, \ldots, \alpha^{n-1} G_n$ rechnen. Der Barwert der sich daraus ergebenden vorschüssigen Aktivitätsrente beträgt in Analogie zu (21.1):

$$\ddot{a}^{aa}_{x,\overline{n}|}(G_1, \ldots, G_n; \alpha) = \frac{1}{D_x^a} \sum_{\nu=1}^{n} D^a_{x+\nu-1} \alpha^{\nu-1} G_\nu. \tag{22.9}$$

Bei dieser Berechnung haben wir allerdings angenommen, daß das Gehalt jährlich vorschüssig zu zahlen ist, während wir im weiteren annehmen, daß die Invaliditätspension bzw. die Hinterbliebenenpension im Zeitpunkt der Invalidisierung bzw. im Zeitpunkt des Todes anfällt. In der Praxis wird meist mit monatlichen oder wöchentlichen Gehalts- bzw. Lohnzahlungen zu rechnen sein, so daß z. B. bei einer Invalidisierung in der Mitte eines Jahres die Beiträge nur mehr vom halben Gehalt berechnet werden. Um den Verhältnissen genauer Rechnung zu tragen, kann man daher im Rentenbarwert (22.9) ein Korrekturglied für unterjährige Zahlung, etwa in Analogie zu Formel (5.37), anfügen.

Da das Gehalt nur bis zum Anfallsalter $x + n$ der Alterspension einer Dynamisierung, das heißt einer jährlichen Erhöhung mit dem Faktor α unterworfen ist, führen wir die Kommutationszahlen

$$\begin{aligned} \overset{\leq}{D}{}^{a}_{x+\nu} &= \begin{cases} D^{a}_{x+\nu}\,\alpha^{x+\nu} = l^{a}_{x+\nu}\,v^{x+\nu}\,\alpha^{x+\nu} & \text{für} \quad \nu \leqq n, \\ D^{a}_{x+\nu}\,\alpha^{x+n} = l^{a}_{x+\nu}\,v^{x+\nu}\,\alpha^{x+n} & \text{für} \quad \nu > n, \end{cases} \\ \overset{\leq}{N}{}^{a}_{x} &= \sum_{\nu=0}^{\omega-x} \overset{\leq}{D}{}^{a}_{x+\nu} \end{aligned} \tag{22.10}$$

ein und erhalten:

$$\overset{\leq}{\ddot{a}}{}^{aa}_{x,\overline{n}|}(G_1, \ldots, G_n; \alpha) = \frac{\overset{\leq}{N}{}^{a}_{x} - \overset{\leq}{N}{}^{a}_{x+n}}{\overset{\leq}{D}{}^{a}_{x}}. \tag{22.11}$$

Auch hier wirkt die Dynamisierung während der Zeit der Aktivität für $\alpha > 1$ wie eine Verringerung der Zinsrate auf

$$i^{(\alpha)} = \frac{1}{v\alpha} - 1 < i. \tag{22.12}$$

Nunmehr untersuchen wir die Anwartschaften eines aktiven x-jährigen auf dynamisierte Direkt- und Hinterbliebenenpensionen, wobei wir zunächst annehmen, daß die Pensionen auf Grund eines dynamisierten Gehaltsschemas, also auf Grund von Gehältern der Höhe $G_\nu \alpha^{\nu-1}$ berechnet werden, jedoch nach ihrem Anfall unverändert bleiben, also nicht einer Anpassung mit dem Faktor β unterworfen sind. Dabei ist aber zu beachten, daß der Steigerungsfaktor α nur das Gehalt während der Aktivität verändert, also nur bis zum Beginn der Pension, längstens bis zum Anfallsalter $x + n$ der Alterspension wirksam bleibt. Wir führen daher die folgenden Kommutationszahlen ein, die dieser Tatsache Rechnung tragen:

$$\begin{aligned} \overset{\leq}{D}{}^{ai}_{x+\nu} &= \begin{cases} D^{ai}_{x+\nu}\,\alpha^{x+\nu} & \text{für} \quad \nu \leqq n, \\ D^{ai}_{x+\nu}\,\alpha^{x+n} & \text{für} \quad \nu > n, \end{cases} & \overset{\leq}{N}{}^{ai}_{x} &= \sum_{\nu=0}^{\omega-x} \overset{\leq}{D}{}^{ai}_{x+\nu}, \\ \overset{\leq}{D}{}^{aw}_{x+\nu} &= \begin{cases} D^{aw}_{x+\nu}\,\alpha^{x+\nu} & \text{für} \quad \nu \leqq n, \\ D^{aw}_{x+\nu}\,\alpha^{x+n} & \text{für} \quad \nu > n, \end{cases} & \overset{\leq}{N}{}^{aw}_{x} &= \sum_{\nu=0}^{\omega-x} \overset{\leq}{D}{}^{aw}_{x+\nu}, \\ \overset{\leq}{D}{}^{ak}_{x+\nu} &= \begin{cases} D^{ak}_{x+\nu}\,\alpha^{x+\nu} & \text{für} \quad \nu \leqq n, \\ D^{ak}_{x+\nu}\,\alpha^{x+n} & \text{für} \quad \nu > n, \end{cases} & \overset{\leq}{N}{}^{ak}_{x} &= \sum_{\nu=0}^{\omega-x} \overset{\leq}{D}{}^{ak}_{x+\nu}. \end{aligned} \tag{22.13}$$

Man sieht nun leicht, daß sich anstelle der Anwartschaften (21.3), (21.4), (21.5) und (21.6) unter Verwendung der Kommutationszahlen (22.10) und (22.13) für ein Pensionssystem mit dynamisiertem Gehaltsschema die folgenden Anwartschaften ergeben:

$$\begin{aligned} \overset{\leq}{\ddot{a}}{}^{ai}_{x,\overline{n}|}(\pi_1 G_1, \ldots, \pi_n G_n; \alpha) &= \frac{1}{\overset{\leq}{D}{}^a_x} \sum_{\nu=1}^{n} \overset{\leq}{D}{}^{ai}_{x+\nu-1} \pi_\nu G_\nu, \\ \overset{\leq}{\ddot{a}}{}^{aA}_x(\pi_n G_n; \alpha) &= \frac{\overset{\leq}{N}{}^a_{x+n} + \overset{\leq}{N}{}^{ai}_{x+n}}{\overset{\leq}{D}{}^a_x} \pi_n G_n, \\ \overset{\leq}{\ddot{a}}{}^{aw}_x(\lambda; \pi_1 G_1, \ldots, \pi_n G_n; \alpha) &= \frac{\lambda}{\overset{\leq}{D}{}^a_x} \sum_{\nu=1}^{n} \overset{\leq}{D}{}^{aw}_{x+\nu-1} \pi_\nu G_\nu, \\ \overset{\leq}{\ddot{a}}{}^{ak}_x(\varkappa; \pi_1 G_1, \ldots, \pi_n G_n; \alpha) &= \frac{\varkappa}{\overset{\leq}{D}{}^a_x} \sum_{\nu=1}^{n} \overset{\leq}{D}{}^{ak}_{x+\nu-1} \pi_\nu G_\nu. \end{aligned} \tag{22.14}$$

In gleicher Weise erhalten wir für die Versicherung auf Sterbegeld in einem Pensionssystem mit dynamisiertem Gehaltsschema mit Hilfe der Kommutationszahlen

$$\begin{aligned} \overset{\leq}{C}{}^a_{x+\nu} &= \begin{cases} \overline{C}{}^a_{x+\nu} \alpha^{x+\nu} & \text{für} \quad \nu \leqq n, \\ \overline{C}{}^a_{x+\nu} \alpha^{x+n} & \text{für} \quad \nu > n, \end{cases} \\ \overset{\leq}{M}{}^a_x &= \sum_{\nu=0}^{\omega-x} \overset{\leq}{C}{}^a_{x+\nu}, \end{aligned} \tag{22.15}$$

in Analogie zu (21.7) den Versicherungswert

$$\overset{\leq}{A}{}^a_x(\mu; G_1, \ldots, G_n, \alpha) = \frac{\mu}{\overset{\leq}{D}{}^a_x} \left(\sum_{\nu=1}^{n} \overset{\leq}{C}{}^a_{x+\nu-1} G_\nu + \overset{\leq}{M}{}^a_{x+n} G_n \right), \tag{22.16}$$

wobei $x+n$ wieder das Anfallsalter für die Alterspension bezeichnet.

Die Formeln (22.1) bis (22.7) bezogen sich auf Pensionen, die jährlich mit dem Faktor β angepaßt werden, während sich die Formeln (22.13) bis (22.16) auf Pensionen und Leistungen beziehen, die von einem jährlich mit dem Faktor α steigenden Gehaltsschema abhängen. Wir wollen nun die beiden Formelgruppen kombinieren und ein Pensionssystem betrachten, in dem sich das zugrunde liegende Gehaltsschema jährlich mit dem Faktor α verändert, während die laufenden Pensionszahlungen jährlich mit dem Faktor β vervielfacht werden.

Wir beginnen mit der Anwartschaft eines Aktiven auf Invaliditätspension. Tritt die Invalidität im ν^{ten} Versicherungsjahr ein, dann beträgt die Pensionszahlung im μ^{ten} Jahr des Bezuges $\pi_\nu G_\nu \alpha^{\nu-1} \beta^{\mu-1}$. Der Erwartungswert des Barwertes dieser Zahlungen ist offenbar gleich dem Nominalbetrag der Zahlung, vervielfacht mit der Invalidisierungswahrscheinlichkeit ${}_{\nu-1}p^{aa}_x i_{x+\nu}$ und mit der Überlebenswahrscheinlichkeit ${}_{\mu-1}p^i_{x+\mu-1/2}$ sowie diskontiert mit dem Faktor $v^{\nu+\mu-3/2}$. Summieren wir über alle ν und μ, dann können wir die Anwartschaft eines Aktiven x-jährigen auf Invaliditätspension in einem voll dynamisierten Pensionssystem, das heißt in einem System, in dem sowohl das zugrunde gelegte Gehaltsschema als auch die einzelnen Pensionsleistungen dynamisiert sind, unschwer in der Form

$$\overset{\ll}{\ddot a}{}^{ai}_{x,\overline{n}|}(\pi_1 G_1, \ldots, \pi_n G_n; \alpha; \beta) = \frac{1}{\overset{\leq}{D}{}^a_x} \sum_{\nu=1}^{n} \overset{\leq}{D}{}^a_{x+\nu-1}\, i_{x+\nu-1}\, \overset{\leq}{\ddot a}{}^i_{x+\nu-1/2}\, v^{1/2}$$

darstellen. Hiebei findet die Näherungsformel

$$\overset{\leq}{\ddot a}{}^i_{x+\nu-1/2} \sim \frac{1}{2}\left(\overset{\leq}{\ddot a}{}^i_{x+\nu-1} + \overset{\leq}{\ddot a}{}^i_{x+\nu}\right) \tag{22.17}$$

Verwendung. Zur Darstellung der Versicherungswerte in einem voll dynamisierten Pensionssystem führen wir wieder Kommutationszahlen ein. Bei der Darstellung der Alterspension in Kapitel 18 und der Hinterbliebenenpensionen in Kapitel 19 haben wir die reine Alterspension sowie den Anspruch auf Hinterbliebenenpensionen nach einem Alterspensionisten stets zusammengesetzt aus einem Anspruch für den Aktiven und aus einem Anspruch für den Invaliden. Diese Vorgangsweise hat den Vorteil, daß man mit den Ausscheideordnungen für Aktive und für Invalide das Auslangen findet und nicht eine dritte Ausscheideordnung für Pensionisten einführen muß. In einem voll dynamisierten Pensionssystem bildet jedoch das Anfallsalter für die Alterspension die Grenze, an welcher der Faktor α durch den Faktor β ersetzt wird, da die Alterspension und mit ihr die Bemessungsgrundlage für die Hinterbliebenenpensionen vom Alter $x+n$ an mit dem Faktor β verändert wird, während das Gehaltsschema der Veränderung durch den Faktor α unterliegt. Um diesem Umstand Rechnung zu tragen, führen wir die folgenden Kommutationszahlen ein:

$$\begin{aligned}
\overset{\ll}{D}{}^a_{x+\nu} &= \begin{cases} \overset{\leq}{D}{}^a_{x+\nu} = D^a_{x+\nu}\alpha^\nu & \text{für} \quad \nu \leqq n, \\ \overset{\leq}{D}{}^a_{x+\nu}\beta^{\nu-n} = D^a_{x+\nu}\alpha^n\beta^{\nu-n} & \text{für} \quad \nu > n, \end{cases} \\
\overset{\ll}{N}{}^a_x &= \sum_{\nu=0}^{\omega-x} \overset{\ll}{D}{}^a_{x+\nu}, \\
\overset{\ll}{D}{}^{ai}_x &= \overset{\ll}{D}{}^a_x\, i_x\, \overset{\leq}{\ddot a}{}^i_{x+1/2}\, v^{1/2}, \\
\overset{\ll}{N}{}^{ai}_x &= \sum_{\nu=0}^{\omega-x} \overset{\ll}{D}{}^{ai}_{x+\nu}.
\end{aligned} \tag{22.18}$$

Die Anwartschaften eines Aktiven auf Invaliditätspension und auf Alterspension können wir nun in einem voll dynamisierten Pensionssystem in Analogie zu (21.3) und (21.4) in der Form

$$\begin{aligned}
\overset{\ll}{\ddot a}{}^{ai}_{x,\overline{n}|}(\pi_1 G_1, \ldots, \pi_n G_n; \alpha; \beta) &= \frac{1}{\overset{\leq}{D}{}^a_x} \sum_{\nu=1}^{n} \overset{\ll}{D}{}^{ai}_{x+\nu-1}\, \pi_\nu G_\nu, \\
\overset{\ll}{\ddot a}{}^{aA}_x(\pi_n G_n; \alpha; \beta) &= \frac{\overset{\ll}{N}{}^a_{x+n} + \overset{\ll}{N}{}^{ai}_{x+n}}{\overset{\leq}{D}{}^a_x}\, \pi_n G_n
\end{aligned} \tag{22.19}$$

darstellen.

Die Berechnung der Anwartschaften auf Hinterbliebenenpension kann nun ganz analog vor sich gehen. Zunächst bilden wir mit Hilfe der Barwerte (22.7) die zu (19.25) und (19.60) analogen Formeln:

$$\overset{<}{\ddot{a}}{}_x^w = \sum_{y=y_0}^{y_1} h_{x,y} \overset{<}{\ddot{a}}_y, \qquad \overset{<}{\ddot{a}}{}_x^k = \sum_{z=z_0}^{z_1} \frac{l_{x,z}}{l_x} \overset{<}{\ddot{a}}_{z,\overline{s-z}|}. \tag{22.20}$$

Diese Barwerte beinhalten die jährliche Veränderung der Pensionen mit dem Faktor β. Durch Interpolation erhalten wir die Näherungswerte:

$$\overset{<}{\ddot{a}}{}_{x+1/2}^w \sim \frac{1}{2}\left(\overset{<}{\ddot{a}}{}_x^w + \overset{<}{\ddot{a}}{}_{x+1}^w\right), \qquad \overset{<}{\ddot{a}}{}_{x+1/2}^k \sim \frac{1}{2}\left(\overset{<}{\ddot{a}}{}_x^k + \overset{<}{\ddot{a}}{}_{x+1}^k\right). \tag{22.21}$$

Wir betrachten zunächst die Anwartschaft eines Invaliden auf Hinterbliebenenpension. Hier handelt es sich bereits um einen Pensionisten, und für die Dynamisierung kommt nur der Faktor β in Betracht. Mit Hilfe der Kommutationszahlen

$$\begin{aligned} \overset{<}{D}{}_x^{iw} &= d_x^i \beta^x \overset{<}{\ddot{a}}{}_{x+1/2}^w v^{x+1/2}, & \overset{<}{D}{}_x^{ik} &= d_x^i \beta^x \overset{<}{\ddot{a}}{}_{x+1/2}^k v^{x+1/2}, \\ \overset{<}{N}{}_x^{iw} &= \sum_{\nu=0}^{\omega-x} \overset{<}{D}{}_{x+\nu}^{iw}, & \overset{<}{N}{}_x^{ik} &= \sum_{\nu=0}^{\omega-x} \overset{<}{D}{}_{x+\nu}^{ik} \end{aligned} \tag{22.22}$$

erhalten wir die folgenden Formeln für die Anwartschaft eines Invaliden auf Hinterbliebenenpension in einem dynamisierten System:

$$\overset{<}{\ddot{a}}{}_x^{iw} = \frac{\overset{<}{N}{}_x^{iw}}{\overset{<}{D}{}_x^i}, \qquad \overset{<}{\ddot{a}}{}_x^{ik} = \frac{\overset{<}{N}{}_x^{ik}}{\overset{<}{D}{}_x^i}. \tag{22.23}$$

Im weiteren werden die Näherungsformeln

$$\overset{<}{\ddot{a}}{}_{x+1/2}^{iw} \sim \frac{1}{2}\left(\overset{<}{\ddot{a}}{}_x^{iw} + \overset{<}{\ddot{a}}{}_{x+1}^{iw}\right), \qquad \overset{<}{\ddot{a}}{}_{x+1/2}^{ik} \sim \frac{1}{2}\left(\overset{<}{\ddot{a}}{}_x^{ik} + \overset{<}{\ddot{a}}{}_{x+1}^{ik}\right) \tag{22.24}$$

Verwendung finden.

Bei der Berechnung der Anwartschaft eines Aktiven auf Hinterbliebenenpension müssen wir wieder berücksichtigen, daß die Dynamisierung bis zum Anfall einer Pension, längstens bis zum Alter $x+n$, mit dem Faktor α und im weiteren mit dem Faktor β vorgenommen wird. Wir führen daher die folgenden Kommutationszahlen ein:

$$\begin{aligned}
\overset{\ll}{D}{}_{x+\nu}^{aaw} &= \begin{cases} d_{x+\nu}^{aa} \alpha^{x+\nu} \overset{<}{\ddot{a}}{}_{x+\nu+1/2}^w v^{x+\nu+1/2} & \text{für } \nu \leqq n, \\ d_{x+\nu}^{aa} \alpha^{x+n} \beta^{\nu-n} \overset{<}{\ddot{a}}{}_{x+\nu+1/2}^w v^{x+\nu+1/2} & \text{für } \nu > n, \end{cases} & \overset{\ll}{N}{}_x^{aaw} &= \sum_{\nu=0}^{\omega-x} \overset{\ll}{D}{}_{x+\nu}^{aaw}, \\
\overset{\ll}{D}{}_{x+\nu}^{aak} &= \begin{cases} d_{x+\nu}^{aa} \alpha^{x+\nu} \overset{<}{\ddot{a}}{}_{x+\nu+1/2}^k v^{x+\nu+1/2} & \text{für } \nu \leqq n, \\ d_{x+\nu}^{aa} \alpha^{x+n} \beta^{\nu-n} \overset{<}{\ddot{a}}{}_{x+\nu+1/2}^k v^{x+\nu+1/2} & \text{für } \nu > n, \end{cases} & \overset{\ll}{N}{}_x^{aak} &= \sum_{\nu=0}^{\omega-x} \overset{\ll}{D}{}_{x-\nu}^{aak}, \\
\overset{\ll}{D}{}_{x+\nu}^{aiw} &= \begin{cases} l_{x+\nu}^a i_{x+\nu} \alpha^{x+\nu} \overset{<}{\ddot{a}}{}_{x+\nu+1/2}^{iw} v^{x+\nu+1/2} & \text{für } \nu \leqq n, \\ l_{x+\nu}^a i_{x+\nu} \alpha^{x+n} \beta^{\nu-n} \ddot{a}_{x+\nu+1/2}^{iw} v^{x+\nu+1/2} & \text{für } \nu > n. \end{cases} & \overset{\ll}{N}{}_x^{aiw} &= \sum_{\nu=0}^{\omega-x} \overset{\ll}{D}{}_{x+\nu}^{aiw}, \\
\overset{\ll}{D}{}_{x+\nu}^{aik} &= \begin{cases} l_{x+\nu}^a i_{x+\nu} \alpha^{x+\nu} \overset{<}{\ddot{a}}{}_{x+\nu+1/2}^{ik} v^{x+\nu+1/2} & \text{für } \nu \leqq n, \\ l_{x+\nu}^a i_{x+\nu} \alpha^{x+n} \beta^{\nu-n} \overset{<}{\ddot{a}}{}_{x+\nu+1/2}^{ik} v^{x+\nu+1/2} & \text{für } \nu > n, \end{cases} & \overset{\ll}{N}{}_x^{aik} &= \sum_{\nu=0}^{\omega-x} \overset{\ll}{D}{}_{x+\nu}^{aik}.
\end{aligned} \tag{22.25}$$

Mit ihrer Hilfe bilden wir die zu (19.35) und (19.70) analogen Kommutationszahlen:

$$\begin{aligned} \overset{\ll}{D}{}^{aw}_x &= \overset{\ll}{D}{}^{aaw}_x + \overset{\ll}{D}{}^{aiw}_x, & \overset{\ll}{D}{}^{ak}_x &= \overset{\ll}{D}{}^{aak}_x + \overset{\ll}{D}{}^{aik}_x, \\ \overset{\ll}{N}{}^{aw}_x &= \overset{\ll}{N}{}^{aaw}_x + \overset{\ll}{N}{}^{aiw}_x, & \overset{\ll}{N}{}^{ak}_x &= \overset{\ll}{N}{}^{aak}_x + \overset{\ll}{N}{}^{aik}_x. \end{aligned} \tag{22.26}$$

Nun ist leicht zu sehen, daß die zu (21.5) und (21.6) analogen Anwartschaften auf Hinterbliebenenpension in einem voll dynamisierten System in der Form

$$\begin{aligned} \overset{\ll}{\ddot a}{}^{aw}_x(\lambda; \pi_1 G_1, \ldots, \pi_n G_n; \alpha; \beta) &= \frac{\lambda}{\overset{<}{D}{}^a_x}\left(\sum_{\nu=1}^{n} \overset{\ll}{D}{}^{aw}_{x+\nu-1}\, \pi_\nu G_\nu + \overset{\ll}{N}{}^{aw}_{x+n} \pi_n G_n\right), \\ \overset{\ll}{\ddot a}{}^{ak}_x(\varkappa; \pi_1 G_1, \ldots, \pi_n G_n; \alpha; \beta) &= \frac{\varkappa}{\overset{<}{D}{}^a_x}\left(\sum_{\nu=1}^{n} \overset{\ll}{D}{}^{ak}_{x+\nu-1}\, \pi_\nu G_\nu + \overset{\ll}{N}{}^{ak}_{x+n} \pi_n G_n\right) \end{aligned} \tag{22.27}$$

dargestellt werden können.

In analoger Weise werden die für die Versicherung von Sterbegeld maßgebenden Kommutationszahlen hergeleitet. Wir betrachten zunächst den Barwert der Anwartschaft eines invaliden x-jährigen auf Sterbegeld, welches beim Tod im ersten Jahr mit dem Betrag 1 fällig wird und das sich für jedes weitere Lebensjahr mit dem Faktor β erhöht. Mit Hilfe der Kommutationszahlen

$$\overset{<}{C}{}^i_x = \bar C^i_x \beta^x, \qquad \overset{<}{M}{}^i_x = \sum_{\nu=0}^{\omega-x} \overset{<}{C}{}^i_{x+\nu} \tag{22.28}$$

erhalten wir unter Berücksichtigung von (22.2) unschwer die zu (20.12) analoge Formel:

$$\overset{<}{A}{}^i_x = \frac{\overset{<}{M}{}^i_x}{\overset{<}{D}{}^i_x}. \tag{22.29}$$

Zur Berechnung des Sterbegeldes, das beim Tod während der Aktivität in einem voll dynamisierten System fällig wird, erhalten wir in analoger Weise mit Hilfe der Kommutationszahlen

$$\overset{\ll}{C}{}^{aa}_{x+\nu} = \begin{cases} \bar C^{aa}_{x+\nu} \alpha^{x+\nu} & \text{für } \nu \leq n, \\ \bar C^{aa}_{x+\nu} \alpha^{x+n} \beta^{\nu-n} & \text{für } \nu > n \end{cases} \qquad \overset{\ll}{M}{}^{aa}_x = \sum_{\nu=0}^{\omega-x} \overset{\ll}{C}{}^{aa}_{x+\nu} \tag{22.30}$$

die Formel:

$$\overset{\ll}{A}{}^{aa}_x(\mu; G_1, \ldots, G_n; \alpha; \beta) = \frac{\mu}{\overset{<}{D}{}^a_x}\left(\sum_{\nu=1}^{n} \overset{\ll}{C}{}^{aa}_{x+\nu-1} G_\nu + \overset{\ll}{M}{}^{aa}_{x+n} G_n\right). \tag{22.31}$$

Wie man sieht, sind in den Kommutationszahlen (22.30) zum Unterschied von den Kommutationszahlen (22.15) auch die Aufwertungen ab dem Anfallsalter für die Alterspension mit dem Faktor $\beta^{\nu-n}$ berücksichtigt.

Zur Ermittlung der Anwartschaft eines Aktiven auf Sterbegeld, das nur beim Tod während der Invalidität fällig wird, müssen wir in einem voll dynamisierten System berücksichtigen, daß die Dynamisierung während der Dauer der Aktivität jährlich mit dem Faktor α, während der Dauer der Invalidität bzw. während der Dauer des Bezuges von Alterspension jährlich mit dem Faktor β vorzunehmen ist. Wir führen daher die folgenden Kommutationszahlen ein, die diesen Dynamisierungsvorschriften Rechnung tragen:

$$\overset{\ll}{\bar{C}}{}^{ai}_{x+\nu} = \begin{cases} \dfrac{C^I_{x+\nu}}{v^{1/2}}\, \alpha^{x+\nu}\, \overset{\leq}{\bar{A}}{}^{i}_{x+\nu+1/2} & \text{für} \quad \nu \leqq n, \\ \dfrac{C^I_{x+\nu}}{v^{1/2}}\, \alpha^{x+n}\beta^{\nu-n}\, \overset{\leq}{\bar{A}}{}^{i}_{x+\nu+1/2} & \text{für} \quad \nu > n. \end{cases} \qquad \overset{\ll}{\bar{M}}{}^{ai}_{x} = \sum_{\nu=0}^{\omega-x} \overset{\ll}{\bar{C}}{}^{ai}_{x+\nu}. \tag{22.32}$$

Für die Anwartschaft eines Aktiven auf voll dynamisiertes Sterbegeld, das nur beim Tod während der Invalidität fällig wird, erhalten wir daraus die folgende Formel:

$$\overset{\ll}{\bar{A}}{}^{ai}_{x}(\mu; G_1, \ldots, G_n; \alpha; \beta) = \frac{\mu}{\overset{\leq}{D}{}^{a}_{x}} \left(\sum_{\nu=1}^{n} \overset{\ll}{\bar{C}}{}^{ai}_{x+\nu-1} G_\nu + \overset{\ll}{\bar{M}}{}^{ai}_{x+n} G_n \right). \tag{22.33}$$

Die Anwartschaft eines Aktiven auf Sterbegeld kann nun zusammengesetzt werden aus der Anwartschaft eines Aktiven auf Sterbegeld beim Tod als Aktiver und einer Anwartschaft auf Sterbegeld beim Tod als Invalider. Dazu führen wir die folgenden Kommutationszahlen ein:

$$\overset{\ll}{\bar{C}}{}^{a}_{x} = \overset{\ll}{\bar{C}}{}^{aa}_{x} + \overset{\ll}{\bar{C}}{}^{ai}_{x}, \qquad \overset{\ll}{\bar{M}}{}^{a}_{x} = \overset{\ll}{\bar{M}}{}^{aa}_{x} + \overset{\ll}{\bar{M}}{}^{ai}_{x}. \tag{22.34}$$

Für den gesuchten Barwert der Anwartschaft eines Aktiven auf Sterbegeld in einem voll dynamisierten Pensionssystem erhalten wir daher:

$$\overset{\ll}{\bar{A}}{}^{a}_{x}(\mu; G_1, \ldots, G_n; \alpha; \beta) = \frac{\mu}{\overset{\leq}{D}{}^{a}_{x}} \left(\sum_{\nu=1}^{n} \overset{\ll}{\bar{C}}{}^{a}_{x+\nu-1} G_\nu + \overset{\ll}{\bar{M}}{}^{a}_{x+n} G_n \right). \tag{22.35}$$

Mit Hilfe der Formeln (22.11), (22.19), (22.27) und (22.35) kann nun der als Beitrag in Anwartschaftsdeckungsverfahren vom Gehalt zu entrichtende Prozentsatz in Analogie zu (21.9) nach der folgenden Formel berechnet werden:

$$\begin{aligned} \overset{\ll}{\pi} = \frac{1}{\sum\limits_{\nu=1}^{n} \overset{\leq}{D}{}^{a}_{x+\nu-1} G_\nu} \Bigg\{ & \sum_{\nu=1}^{n} \Big[\Big(\overset{\ll}{D}{}^{ai}_{x+\nu-1} + \lambda \overset{\ll}{D}{}^{aw}_{x+\nu-1} + \varkappa \overset{\ll}{D}{}^{ak}_{x+\nu-1} \Big) \pi_\nu + \mu \overset{\ll}{\bar{C}}{}^{a}_{x+\nu-1} \Big] G_\nu + \\ & + \Big[\Big(\overset{\ll}{N}{}^{a}_{x+n} + \overset{\ll}{N}{}^{ai}_{x+n} + \lambda \overset{\ll}{N}{}^{aw}_{x+n} + \varkappa \overset{\ll}{N}{}^{ak}_{x+n} \Big) \pi_n + \mu \overset{\ll}{\bar{M}}{}^{a}_{x+n} \Big] G_n \Bigg\}. \end{aligned} \tag{22.36}$$

Für das Deckungskapital erhalten wir in Analogie zu (21.12) nach kurzer Rechnung den folgenden Wert:

$$\begin{aligned} & {}_t\overset{\ll}{V}_x(a \mid i; A; w; k; \mu) = \\ & = \frac{1}{\overset{\leq}{D}{}^{a}_{x+t}} \Bigg\{ \sum_{\nu=t+1}^{n} \Big[\Big(\overset{\ll}{D}{}^{ai}_{x+\nu-1} + \lambda \overset{\ll}{D}{}^{aw}_{x+\nu-1} + \varkappa \overset{\ll}{D}{}^{ak}_{x+\nu-1} \Big) \pi_\nu + \mu \overset{\ll}{\bar{C}}{}^{a}_{x+\nu-1} - \overset{\ll}{\pi}\, \overset{\leq}{D}{}^{a}_{x+\nu-1} \Big] G_\nu + \\ & \qquad + \Big[\Big(\overset{\ll}{N}{}^{a}_{x+n} + \overset{\ll}{N}{}^{ai}_{x+n} + \lambda \overset{\ll}{N}{}^{aw}_{x+n} + \varkappa \overset{\ll}{N}{}^{ak}_{x+n} \Big) \pi_n + \mu \overset{\ll}{\bar{M}}{}^{a}_{x+n} \Big] G_n \Bigg\}. \end{aligned} \tag{22.37}$$

Wie wir gesehen haben, wirkt sowohl die Dynamisierung der laufenden Pensionszahlungen mit einem jährlichen Faktor $\beta > 1$ als auch die Dynamisierung der anfallenden Pension mit einem jährlichen Faktor $\alpha > 1$ wie eine Verringerung der Verzinsung [vgl. (22.8) und (22.12)]. Jedes Deckungsverfahren, das die Ansammlung von Reserven etwa als Summe der Deckungskapitalien vorsieht, wird daher im Falle der Dynamisierung einen höheren Beitragssatz erfordern, da mit relativ geringeren Zinsenerträgnissen der Reserven gerechnet werden muß. Wird ein Pensionssystem unter der Voraussetzung $\alpha = \beta = 1$ nach dem Anwartschaftsdeckungsverfahren finanziert und geht man auf ein voll dynamisiertes Pensionssystem mit $\alpha > 1$ und $\beta > 1$ über, dann muß der Beitragssatz erhöht werden.

3. Rentendeckungsverfahren und Umlageverfahren für ein dynamisches System. Während im *Anwartschaftsdeckungsverfahren* neben den Barwerten der Anwartschaften auf bereits angefallene Pensionen auch die Deckungskapitalien für Aktive in die Passivseite der Bilanz aufgenommen werden, sind nach dem *Rentendeckungsverfahren* nur Pensionsbarwerte für bereits angefallene Pensionen zu berücksichtigen. Wir nehmen an, ein Pensionssystem werde nach dem Rentendeckungsverfahren finanziert, und es sei das finanzielle Gleichgewicht durch entsprechende Wahl der Beitragssätze gesichert. Bleibt das zugrunde gelegte Gehaltsschema unverändert und will man eine Dynamisierung der laufenden Pensionsleistungen mit dem Faktor $\beta > 1$ erreichen, dann müssen sämtliche Pensionsbarwerte für Invaliditätspensionen $\ddot{a}_x^i$, für Alterspensionen $\ddot{a}_x$, für Witwenpensionen $\ddot{a}_y$ und für Waisenpensionen $\ddot{a}_{z,\overline{s-z}|}$ durch die entsprechenden Werte $\hat{\ddot{a}}_x^i$, $\hat{\ddot{a}}_x$, $\hat{\ddot{a}}_y$ und $\hat{\ddot{a}}_{z,\overline{s-z}|}$ ersetzt werden. Da es sich hier um steigende Leistungen handelt — der Faktor β wird größer als Eins vorausgesetzt —, müssen die Beiträge erhöht werden, da die Jahr für Jahr zu deckenden Aufwendungen, nämlich die Pensionsbarwerte und die Sterbegeldzahlungen, höher sind als im nicht dynamisierten System, für welches das finanzielle Gleichgewicht vorausgesetzt wurde.

Werden das zugrunde gelegte Gehaltsschema und zugleich die Höhe der jeweils angefallenen Pensionen mit dem Faktor $\alpha > 1$ dynamisiert, dann bleibt das finanzielle Gleichgewicht nach dem Rentendeckungsverfahren erhalten. Jahr für Jahr werden nämlich die Einnahmen und die Ausgaben gegenüber dem nicht dynamisierten System mit dem Faktor α erhöht, so daß die Äquivalenzgleichungen stets erfüllt sind.

In einem nach dem Rentendeckungsverfahren finanzierten Pensionssystem ist daher eine Dynamisierung der jährlich neu anfallenden Pensionen nach dem Lohnindex $\alpha > 1$ jederzeit ohne Änderung der Beitragssätze möglich. Eine Dynamisierung der bereits angefallenen Pensionsleistungen mit einem Faktor $\beta > 1$ erfordert dagegen bei gleichbleibendem Gehaltsschema eine Erhöhung der Beitragssätze.

Bei der Finanzierung nach dem *Umlageverfahren* werden die Beiträge so bemessen, daß die gesamten Aufwendungen eines Geschäftsjahres durch die Beiträge dieses Geschäftsjahres gedeckt sind. Eine Dynamisierung der laufenden Pensionsleistungen mit dem Faktor $\beta > 1$ erfordert, sofern das zugrunde gelegte Gehaltsschema unverändert bleibt, ebenso eine Erhöhung der Beitragssätze, wie dies bei den beiden anderen Finanzierungsverfahren der Fall war. Verändert sich hingegen das zugrunde gelegte Gehaltsschema jährlich mit dem Faktor $\alpha > 1$, dann steigen die Einnahmen im selben Verhältnis, und es ist möglich, sämtliche Leistungen, also nicht nur die neu anfallenden Pensionen, sondern auch die laufenden Pensionen, jährlich mit dem Faktor α zu erhöhen.

Zusammenfassend kann gesagt werden, daß eine Dynamisierung eines Systems der Pensionsversicherung bei allen drei Finanzierungsverfahren dann eine Erhöhung der Beitragssätze erfordert, wenn das zugrunde gelegte Gehaltsschema unverändert bleibt. Verändert sich das Gehaltsschema jährlich mit dem Faktor $\alpha > 1$, dann gestattet das Umlageverfahren eine Erhöhung der laufenden und der neu anfallenden Pensionen mit dem selben Faktor. Bei einer Finanzierung nach dem Rentendeckungsverfahren können in diesem Fall nur die neu anfallenden Pensionen ohne Erhöhung der Beitragssätze jährlich mit dem Faktor α erhöht werden, während bei einer Finanzierung nach dem Anwartschaftsdeckungsverfahren sowohl für eine Erhöhung der laufenden Pensionen als auch für eine Erhöhung der neu anfallenden Pensionen mit dem Faktor α die Beitragssätze erhöht werden müssen. Um das Ausmaß einer solchen Erhöhung der Beitragssätze zu bestimmen, ist die Formel (22.36) heranzuziehen. Eine Begründung für die unterschiedliche Auswirkung einer Dynamisierung des Gehaltsschemas auf die drei Finanzierungsverfahren liegt in der unterschiedlichen Bedeutung der Reserve. Während nach dem Umlageverfahren überhaupt keine Reservenbildung notwendig ist, wird bei einer Finanzierung nach dem Rentendeckungsverfahren eine bedeutend niedrigere Reserve gebildet als bei einer Finanzierung nach dem Anwartschaftsdeckungsverfahren. Nun wirkt aber die Dynamisierung wie eine Verringerung der Zinsrate. Das Anwartschaftsdeckungsverfahren, in dem die Kapitalerträgnisse aus der Verzinsung der Deckungskapitalien die größte Rolle spielen, wird daher durch die relative Verminderung des Zinsenertrages am stärksten betroffen.

4. Ad-hoc-Anpassung von Pensionssystemen. Die bisherigen Untersuchungen sind davon ausgegangen, daß ein dynamisiertes Gehaltsschema vorliegt, das heißt, die Ansätze des Gehaltsschemas wurden Jahr für Jahr mit dem konstanten Faktor α vervielfacht. Nunmehr wollen wir untersuchen, wie ein Pensionssystem auf eine einmalige Erhöhung der Ansätze des Gehaltsschemas mit dem Faktor $\alpha > 1$ reagiert. Wir nehmen also an, daß mit Jahresbeginn eine einmalige Erhöhung der Ansätze des Gehaltsschemas mit dem Faktor $\alpha > 1$ vorgenommen wurde und fragen, in welcher Weise das Pensionssystem den geänderten Verhältnissen „ad hoc" angepaßt werden kann. Unter der Annahme, daß das Pensionssystem nach dem *Anwartschaftsdeckungsverfahren* finanziert wird, steht für jeden aktiven Versicherten ein Deckungskapital ${}_tV_x(a\,|\,i; A; w; k; \mu)$, berechnet nach (21.12), zur Verfügung. Für Pensionisten stehen Pensionsbarwerte der Gestalt $\ddot{a}_x^i$ für Invaliditätspensionen, $\ddot{a}_x$ für reine Alterspensionen, $\ddot{a}_y$ für Witwenpensionen und $\ddot{a}_{z,\overline{s-z}|}$ für Waisenpensionen zur Verfügung. Eine Erhöhung der Gehälter der aktiven Versicherten ermöglicht nun, bei gleichbleibendem Beitragssatz die Leistungen gegenüber dem ursprünglichen Finanzierungsplan zu erhöhen. Da das Anwartschaftsdeckungsverfahren auf dem Grundsatz beruht, daß jeder Versicherte die für ihn zu erwartenden Pensionsleistungen durch seine eigenen Beiträge finanziert, erscheint es nicht gerechtfertigt, bereits angefallene Pensionen mit Hilfe der höheren Beitragszahlungen der aktiven Versicherten zu erhöhen. Bereits angefallene Pensionen werden unverändert gelassen.

Für jeden aktiven Versicherten ist nun eine neue Äquivalenzgleichung aufzustellen. Wir nehmen an, daß die für ihn zu erwartende Pensionsleistung auf Grund der Erhöhung des Gehaltsschemas mit dem Faktor $\alpha > 1$ gegenüber dem ursprünglichen Finanzplan mit einem Faktor $\bar{\alpha}$ vervielfacht werden kann. Unter der Voraussetzung, daß für jeden aktiven Versicherten ein Deckungskapital der Gestalt (21.12) zur Verfügung steht, erhalten wir dann die folgende Äquivalenzgleichung:

$$\begin{aligned} &{}_tV_x(a\,|\,i;A;w;k;\mu) + \frac{\alpha\pi}{D^a_{x+t}} \sum_{v=t+1}^{n} D^a_{x+v-1} G_v = \\ &= \frac{\bar{\alpha}}{D^a_{x+t}} \left\{ \sum_{v=t+1}^{n} [(D^{ai}_{x+v-1} + \lambda D^{aw}_{x+v-1} + \varkappa D^{ak}_{x+v-1})\pi_v + \mu \bar{C}^a_{x+v-1}] G_v + \right. \\ &\left. + [(N^a_{x+n} + N^{ai}_{x+n} + \lambda N^{aw}_{x+n} + \varkappa N^{ak}_{x+n})\pi_n + \mu \bar{M}^a_{x+n}] G_n \right\}. \end{aligned} \tag{22.38}$$

Bezeichnen wir das Deckungskapital nach t Versicherungsjahren kurz mit $V(t)$, den Erwartungswert des Barwertes der zukünftigen Beitragseinnahmen nach dem ursprünglichen Finanzplan mit $E(t)$ und den Erwartungswert des Barwertes der zukünftigen Leistungsaufwendungen nach diesem Finanzplan mit $A(t)$, dann können wir (22.38) in der Kurzform

$$V(t) + \alpha E(t) = \bar{\alpha} A(t)$$

schreiben, und für den gesuchten Faktor $\bar{\alpha}$ erhalten wir die Formel:

$$\alpha = \frac{V(t) + \alpha E(t)}{A(t)}. \tag{22.39}$$

$V(t)$ kann hiebei nach (21.12), $E(t)$ und $A(t)$ nach der in (22.38) verwendeten Form berechnet werden.

Wie man sieht, hängt $\bar{\alpha}$ von der verflossenen Versicherungszeit t ab. Je länger der Versicherte die höheren Beiträge auf Grund des mit dem Faktor α erhöhten Gehaltsschemas bezahlt, um so höher können die für ihn vorgesehenen Pensionsleistungen angesetzt werden. Im Extremfall für $t = 0$, also für den im Zeitpunkt der Gehaltserhöhung eintretenden Versicherten, gilt offenbar

$${}_0V_x(a\,|\,i;A;w;k;\mu) = V(0) = 0.$$

Es folgt $A(0) = E(0)$ und daher erwartungsgemäß $\bar{\alpha} = \alpha$. Im Extremfall $t = n$, also nach Ablauf der Zeit der Aktivität und damit der Beitragszahlung, gilt $E(t) = 0$ und $V(t) = A(t)$. Es folgt $\bar{\alpha} = 1$, das heißt es ist keine Erhöhung der Pensionsleistungen gegenüber dem ursprünglichen Finanzplan möglich. Im Falle $0 < t < n$ gilt, wie aus (21.12) folgt, $V(t) = A(t) - E(t)$. Daraus folgt weiter:

$$\bar{\alpha} = 1 + (\alpha - 1)\frac{E(t)}{A(t)}. \tag{22.40}$$

Wegen $V(t) > 0$ gilt $A(t) > E(t)$ und daher $1 < \bar{\alpha} < \alpha$. Im allgemeinen wird $V(t)$ mit steigendem t monoton wachsen und $E(t)$ mit steigendem t monoton fallen, so daß auch $\bar{\alpha}$ mit steigendem t monoton fällt.

Bei einer Finanzierung nach dem *Rentendeckungsverfahren* wird ein Deckungskapital erst dann gebildet, wenn eine Pension anfällt. Nach einer einmaligen Erhöhung des Gehaltsschemas mit dem Faktor $\alpha > 1$ steht gegenüber dem ursprünglichen Finanzplan jedes Jahr das α-fache an Mitteln zur Verfügung, so daß vom Zeitpunkt der Erhöhung an die neuanfallenden Pensionsleistungen mit dem selben Faktor α erhöht werden können. Bereits laufende Pensionen werden in der bisherigen Höhe weitergezahlt.

Wird das Pensionssystem nach dem *Umlageverfahren* finanziert, dann können vom Zeitpunkt der Erhöhung des Gehaltsschemas an sämtliche Leistungen, also nicht nur die neuanfallenden, sondern auch die laufenden Pensionen, mit dem Faktor α erhöht werden, da vom Zeitpunkt der Erhöhung an das α-fache an Mitteln zur Verfügung steht.

Wie man sieht, läßt lediglich ein nach dem Umlageverfahren finanziertes Pensionssystem eine uneingeschränkte Anpassung aller Leistungen an eine Erhöhung des Gehaltsschemas zu. Im Falle des Rentendeckungsverfahrens können nur die neuanfallenden Pensionen voll an die Erhöhung des Gehaltsschemas angepaßt werden, während im Falle des Anwartschaftsdeckungsverfahrens die Leistungen nur für neu eintretende Versicherte in voll angepaßter Höhe vorzusehen sind. Will man für das Rentendeckungsverfahren oder für das Anwartschaftsdeckungsverfahren eine weitergehende ad-hoc-Anpassung vornehmen, dann müssen zusätzliche Mittel in Form einer einmaligen Erhöhung der Reserven, das heißt der Pensionsbarwerte und der angesammelten Deckungskapitalien, aufgebracht werden.

Auch im Falle der ad-hoc-Anpassung erweist sich das Umlageverfahren als flexibler als das Rentendeckungsverfahren oder als das am schwersten zu modifizierende Anwartschaftsdeckungsverfahren. Diese Flexibilität ist allerdings nur dadurch möglich, daß im Umlageverfahren mit einem annähernd gleichbleibenden Stand an aktiven Versicherten gerechnet wird, eine Voraussetzung, die nur im Falle einer Pflichtversicherung zutreffen wird, für welche der Weiterbestand des versicherten Personenkreises stets als gesichert angenommen werden kann.

Abschnitt VI

Unfallversicherung

Kapitel 23

Versicherungswerte der Unfallversicherung

1. Leistungen der Unfallversicherung. Im Rahmen der Unfallversicherung sind vor allem zwei verschiedene Leistungsarten zu unterscheiden: einmal die Unfallheilbehandlung, das ist eine Krankenbehandlung mit dem Ziel, die Unfallfolgen zu mildern bzw. die Gesundheit völlig wiederherzustellen, und zum anderen die Unfallrentenleistungen bei länger dauernden Unfallfolgen bzw. die Hinterbliebenenrenten und das Sterbegeld im Falle des Todes des Versicherten. Die gesonderte Betrachtung der Unfallheilbehandlung, getrennt von der Krankenversicherung, erscheint nicht nur deshalb gerechtfertigt, weil sich der Kreis der unfallversicherten Personen meist nicht mit dem Kreis der krankenversicherten Personen deckt, sondern auch deshalb, weil die Unfallheilbehandlung eine spezifische Art der Krankenbehandlung notwendig macht und sowohl die ärztliche Behandlung als auch die Spitalpflege bzw. die Versorgung mit Medikamenten von der in der allgemeinen Krankenversicherung abweicht. Trotzdem werden wir die für die Leistungen der Krankenversicherung verwendeten mathematischen Modelle auch für den Bereich der Unfallheilbehandlung verwenden können.

Bei den Unfallrenten handelt es sich um Renten für den Fall der Minderung der Arbeitsfähigkeit über einen längeren Zeitraum. Hier können die für Invalidenpensionen entwickelten mathematischen Modelle verwendet werden, doch ist zu beachten, daß in der Unfallversicherung nicht die Invalidität an sich, sondern der Grad der Minderung der Arbeitsfähigkeit mit ein Maß für die Höhe der Unfallrente ist. Bei den Hinterbliebenenrenten und beim Sterbegeld können hingegen die für die Pensionsversicherung hergeleiteten mathematischen Modelle direkt übernommen werden.

Da nicht alle Personen einem Unfallrisiko in gleicher Weise ausgesetzt sind, ist eine Unterscheidung der Versicherten nach Risikoklassen notwendig. Eine solche Unterscheidung wird in der Privatversicherung praktisch stets vorgenommen. Eine Reiseunfallversicherung für eine Flugreise wird zum Beispiel andere Prämien erfordern als für eine Eisenbahnfahrt oder für eine Schiffsreise. In Systemen der Sozialversicherung kann eine Unterscheidung sowohl nach der Tätigkeit des Versicherten als auch nach dem Betrieb, in dem er tätig ist, vorgenommen werden. Alle diese Einteilungen in Risikoklassen gehen von der Voraussetzung aus, daß verschiedene Gruppen von Versicherten dem Unfallrisiko in unterschiedlicher Stärke unterworfen sind und daher eine Gruppierung nach dem Merkmal des gleichartigen Unfallrisikos notwendig ist.

Die Versicherungswerte der Unfallversicherung erfordern eine ständige Überprüfung, da das Unfallrisiko oft ziemlich starken Veränderungen unterliegt. Eine Änderung der maschinellen Ausrüstung eines Betriebes kann die Unfallhäufigkeit ebenso beeinflussen wie eine Änderung der Verkehrsdichte im Straßenverkehr.

Im folgenden behandeln wir mathematische Modelle, die sich zur Ermittlung von Versicherungswerten der Unfallversicherung eignen.

2. Versicherungswerte für die Unfallheilbehandlung. Im Rahmen der Unfallheilbehandlung werden die Kosten für ärztliche Hilfe, Heilmittel, Aufenthalt in einem Unfallkrankenhaus oder in einem Erholungsheim usw. übernommen. Es sei u_x die Unfallhäufigkeit für einen x-jährigen Versicherten, also die durchschnittliche Zahl der Unfälle je Versicherten und Jahr. Die Durchschnittskosten für die Unfallheilbehandlung je Unfall sollen für den x-jährigen Verunfallten s_x betragen. Dann können die durchschnittlichen Jahreskosten der Unfallheilbehandlung nach der Formel

$$K_x^u = u_x s_x \tag{23.1}$$

berechnet werden. Nun läßt sich die aus der Krankenversicherung bekannte Methode der altersabhängigen Durchschnittskosten, wie sie in Kapitel 16 erläutert wurde, übertragen. Wir führen in Analogie zu (16.3) und (16.5) die Kommutationszahlen

$$\begin{aligned} O_x^u &= \frac{K_x^u}{2}(l_x + l_{x+1})v^{x+1/2}, \\ U_x^u &= \sum_{\nu=0}^{\omega-x} O_{x+\nu}^u \end{aligned} \tag{23.2}$$

ein und erhalten für den Erwartungswert des Barwertes der zwischen x und $x+n$ fällig werdenden Versicherungsleistungen in Analogie zu (16.8) die Formel:

$$A^u(x, x+n) = \frac{U_x^u - U_{x+n}^u}{D_x}. \tag{23.3}$$

Bei k-jähriger Prämienzahlung folgt für die jährliche Prämie in Analogie zu (16.10) die Darstellung:

$$P_{x,\overline{k|}}[A^u(x, x+n)] = \frac{U_x^u - U_{x+n}^u}{N_x - N_{x+k}}. \tag{23.4}$$

Durch Übertragung der Formeln (16.12), (16.14) und (16.15) erhalten wir für die ausreichende Prämie die Gleichung

$$P_{x,\overline{k|}}^a[A^u(x, x+n)] = \frac{A^u(x, x+n) + \gamma \ddot{a}_{x,\overline{n|}}}{(1-\beta)\ddot{a}_{x,\overline{k|}} - \alpha} \tag{23.5}$$

und für das Deckungskapital die Darstellung

$$
\begin{aligned}
{}_tV_x^{\text{pro}}\{P_{x,\overline{k}|}[A^u(x, x+n)]\} &= A^u(x+t, x+n) - \ddot{a}_{x+t,\overline{k-t}|}P_{x,\overline{k}|}[A^u(x, x+n)],\\
{}_tV_x^{\text{retro}}\{P_{x,\overline{k}|}[A^u(x, x+n)]\} &= \frac{1}{{}_tE_x}\{\ddot{a}_{x,\overline{t}|}P_{x,\overline{k}|}[A^u(x, x+n)] - A^u(x, x+t)\}.
\end{aligned}
\tag{23.6}
$$

Wird eine Unterteilung der Versicherten nach Risikoklassen vorgenommen, dann sind die durchschnittlichen Jahreskosten an Unfallheilbehandlung gemäß (23.1) für jede Risikoklasse gesondert zu ermitteln. Im weiteren müssen auch die Kommutationszahlen (23.2) für jede Risikoklasse gesondert errechnet werden, und das gleiche gilt für die Versicherungswerte (23.3) bis (23.6), die mit Hilfe dieser Kommutationszahlen zu berechnen sind.

3. Versicherungswerte für Unfallrenten. In der Unfallversicherung ist zwischen Renten, die bei gänzlicher Arbeitsunfähigkeit, und Renten, die bei teilweiser Minderung der Arbeitsfähigkeit gezahlt werden, zu unterscheiden. Im allgemeinen kann man annehmen, daß die Rente bei einer Minderung der Arbeitsfähigkeit um den Prozentsatz p mit dem p-fachen der Vollrente bemessen wird, wobei als Vollrente jene Rente gilt, die bei gänzlicher Arbeitsunfähigkeit zu zahlen ist. Der Prozentsatz p kann im Einzelfall nicht immer eindeutig festgesetzt werden. Es darf vorausgesetzt werden, daß nur endlich viele Werte von p, etwa in ganzzahligen Vielfachen von 5% abgestuft, in Betracht kommen.

Hat ein Unfall zu einer Minderung der Arbeitsfähigkeit geführt, dann kann die Arbeitsfähigkeit im Laufe der Zeit durch geeignete Maßnahmen der Unfallheilbehandlung wieder zunehmen. Es ist denkbar, daß sich der Prozentsatz p wenig vermindert, aber auch, daß der Versicherte die volle Arbeitsfähigkeit wiedererlangt. Das statistische Material wird in den meisten Fällen nicht ausreichen, die Übergangswahrscheinlichkeiten von einem niedrigen Grad der Arbeitsfähigkeit auf einen höheren Grad abzuschätzen. Wir nehmen daher der Einfachheit halber an, daß entweder die einmal festgesetzte Minderung der Arbeitsfähigkeit bestehen bleibt oder daß der Versicherte die volle Arbeitsfähigkeit zurückerlangt.

Zur Beschreibung der Vorgänge verwenden wir das Modell der Personengesamtheiten (vgl. Kapitel 14). Die Anzahl der Personengesamtheiten hängt von der Anzahl der in Betracht kommenden Prozentsätze p ab. Wir unterscheiden die Personengesamtheit ${}^{u}l_x^a$ der x-jährigen voll arbeitsfähigen Versicherten, die Personengesamtheiten ${}^{p}l_x^u$ der x-jährigen, die infolge eines Unfalles eine Minderung der Arbeitsfähigkeit um den Prozentsatz p erlitten haben, und die Personengesamtheit der Toten. Die Übergangswahrscheinlichkeiten sind nicht rein altersabhängig, da sowohl die Sterbewahrscheinlichkeit als auch die Wahrscheinlichkeit für die Wiedererlangung der vollen Arbeitsfähigkeit von der seit dem Unfall verflossenen Zeit abhängen. Wir bilden nun Ausscheideordnungen für die Personengesamtheiten der Lebenden.

Es sei ${}^{p}u_x$ die Wahrscheinlichkeit, daß ein x-jähriger arbeitsfähiger Versicherter durch einen Unfall eine Minderung der Arbeitsfähigkeit um den Prozentsatz p erleidet und eine Unfallrente erhält. ${}^{R}u_x = \sum_{(p)} {}^{p}u_x$ ist dann die Wahrscheinlichkeit, daß der x-jährige arbeitsfähige Versicherte auf Grund eines Unfalles eine Unfallrente erhält. $\bar{i}_x$ sei die Wahrscheinlichkeit, daß der x-jährige arbeitsfähige Versicherte seine Arbeitsfähigkeit aus anderen Gründen als wegen eines Unfalles verliert. Schließlich sei ${}^{u}q_x^a$ die Sterbewahrscheinlichkeit für einen x-jährigen arbeitsfähigen Versicherten. Dann ist durch

$$ {}^{u}l_{x+1}^{a} = {}^{u}l_x^a(1 - {}^{R}u_x - \bar{i}_x - {}^{u}q_x^a) \tag{23.7} $$

eine Ausscheideordnung für die Personengesamtheit der voll arbeitsfähigen Versicherten definiert. Dabei wird angenommen, daß Versicherte, die infolge eines Unfalles eine zur Berentung führende Minderung der Arbeitsfähigkeit erlitten haben, im Falle der Wiedererlangung der vollen Arbeitsfähigkeit nicht wieder in den Stand der arbeitsfähigen Versicherten zurückkehren. Sollen solche Personen wieder in den Stand der Versicherten aufgenommen werden, dann muß eine Versicherung abgeschlossen werden.

Wir bezeichnen mit

$$ {}^{u}p_x^{aa} = 1 - {}^{R}u_x - \bar{i}_x - {}^{u}q_x^a \tag{23.8} $$

die einjährige Überlebenswahrscheinlichkeit als voll arbeitsfähiger Versicherter. Die durch (23.7) definierte Ausscheideordnung stimmt nicht mit der Ausscheideordnung nach (17.5) überein, da nicht jede Minderung der Arbeitsfähigkeit, die zur Berentung in der Unfallversicherung führt, bereits zur Invalidität im Sinne der Pensionsversicherung führen muß.

Bei der Bildung der Ausscheideordnung der x-jährigen Unfallrentner ist die Selektion in der seit dem Unfall verflossenen Zeit zu berücksichtigen. Wir betrachten einen $(x+\nu)$-jährigen Unfallrentner, der vor ν Jahren, also mit dem Alter x, einen Unfall erlitten hat, durch den seine Arbeitsfähigkeit um das p-fache gesunken ist. Es sei ${}^{p}q_{[x]+\nu}^{u}$ die einjährige Sterbewahrscheinlichkeit für diesen Unfallrentner und ${}^{p}p_{[x]+\nu}^{ua}$ die Wahrscheinlichkeit, daß er innerhalb eines Jahres seine volle Arbeitsfähigkeit wiedererlangt und überlebt. Bezeichnet ${}^{p}l_{[x]+\nu}^{u}$ die Zahl der $(x+\nu)$-jährigen Unfallrentner, deren Arbeitsfähigkeit durch einen Unfall mit dem Alter x um das p-fache gesunken ist, dann gilt

$$ {}^{p}l_{[x]+\nu+1}^{u} = {}^{p}l_{[x]+\nu}^{u}(1 - {}^{p}q_{[x]+\nu}^{u} - {}^{p}p_{[x]+\nu}^{ua}), \tag{23.9} $$

und wir setzen

$$ {}^{p}p_{[x]+\nu}^{uu} = 1 - {}^{p}q_{[x]+\nu}^{u} - {}^{p}p_{[x]+\nu}^{ua}. \tag{23.10} $$

Mit Hilfe der durch (23.7) bzw. (23.9) definierten Ausscheideordnung sowie unter Verwendung der Wahrscheinlichkeiten (23.8) und (23.10) lassen sich nun Versicherungswerte aus der Unfallversicherung nach den selben Grundsätzen herleiten, wie sie in Abschnitt V über die Pensionsversicherung erörtert wurden. Wir führen zunächst die folgenden Kommutationszahlen ein:

$$ \begin{aligned} {}^{p}D_{[x]+\nu}^{u} &= {}^{p}l_{[x]+\nu}^{u}\, v^{x+\nu}, \\ {}^{p}N_{[x]+\nu}^{u} &= \sum_{\mu=0}^{\omega-x-\nu} {}^{p}D_{[x]+\nu+\mu}^{u}. \end{aligned} \tag{23.11} $$

Nun können wir den Barwert der Anwartschaft eines $(x+\nu)$-jährigen, der im Alter x einen Unfall mit einer Minderung der Arbeitsfähigkeit um das p-fache erlitten hat, auf lebenslängliche vorschüssige Unfallrente von jährlich 1 in Analogie zu (5.86) in der Form

$$ {}^{p}\ddot{a}^{u}_{[x]+\nu} = \frac{{}^{p}N^{u}_{[x]+\nu}}{{}^{p}D^{u}_{[x]+\nu}} \tag{23.12} $$

darstellen. Diese Formel kann auch zur Berechnung des Deckungskapitals nach ν Jahren verwendet werden und im Falle der Abfindung der Unfallrente durch eine einmalige Zahlung zur Berechnung des Abfindungsbetrages dienen.

Legt man eine Ausscheideordnung der Gestalt (23.7) zugrunde, dann ist der Erwartungswert der Zahl der x-jährigen, die innerhalb eines Jahres durch einen Unfall eine Minderung der Arbeitsfähigkeit um das p-fache erleiden, durch ${}^{u}l^{a}_{x}\,{}^{p}u_{x}$ gegeben. Nimmt man an, daß die Unfälle im Durchschnitt in der Mitte des Jahres eintreten, dann ist der auf das Alter x diskontierte Barwert der Anwartschaft auf Unfallrente bei einer Minderung der Arbeitsfähigkeit um das p-fache für ${}^{u}l^{a}_{x}$ Personen durch

$$ {}^{u}l^{a}_{x}\,{}^{p}u_{x}\,{}^{p}\ddot{a}^{u}_{[x+1/2]}\,v^{1/2} \tag{23.13} $$

gegeben, wobei die Näherungsformel

$$ {}^{p}\ddot{a}^{u}_{[x+1/2]} \sim \frac{1}{2}\left({}^{p}\ddot{a}^{u}_{[x]} + {}^{p}\ddot{a}^{u}_{[x+1]}\right) \tag{23.14} $$

Verwendung findet. Wir bilden nun die folgenden zu (18.2), (18.5) und (18.36) analogen Kommutationszahlen:

$$ \begin{aligned} {}^{u}D^{a}_{x} &= {}^{u}l^{a}_{x}v^{x}, \quad {}^{u}N^{a}_{x} = \sum_{\nu=0}^{\omega-x} {}^{u}D^{a}_{x+\nu}, \\ {}^{p}D^{au}_{x} &= {}^{u}l^{a}_{x}\,{}^{p}u_{x}\,{}^{p}\ddot{a}^{u}_{[x+1/2]}\,v^{x+1/2}, \quad {}^{p}N^{au}_{x} = \sum_{\nu=0}^{\omega-x} {}^{p}D^{au}_{x+\nu}. \end{aligned} \tag{23.15} $$

Für die Anwartschaft eines x-jährigen auf lebenslängliche vorschüssige Unfallrente der Höhe 1, die bei einer durch einen Unfall verursachten Minderung der Arbeitsfähigkeit um das p-fache fällig wird, erhalten wir nun den Wert

$$ {}^{p}\ddot{a}^{au}_{x} = \frac{{}^{p}N^{au}_{x}}{{}^{u}D^{a}_{x}}. \tag{23.16} $$

Für die allgemeine Anwartschaft auf Unfallrente ist über alle auftretenden Prozentsätze p zu summieren. Unter der Voraussetzung, daß die Vollrente, die bei gänzlicher Arbeitsunfähigkeit gezahlt wird, den Jahresbetrag 1 erreicht, während die Teilrente bei Minderung der Arbeitsfähigkeit um das p-fache mit dem Jahresbetrag p bemessen wird, kann der Barwert der Anwartschaft eines x-jährigen auf Unfallrente allgemein in der Form

$$ \ddot{a}^{au}_{x} = \sum_{(p)} p\,{}^{p}\ddot{a}^{au}_{x} \tag{23.17} $$

dargestellt werden. Führen wir die Kommutationszahlen

$$ \begin{aligned} D^{au}_{x} &= \sum_{(p)} p\,{}^{p}D^{au}_{x}, \\ N^{au}_{x} &= \sum_{\nu=0}^{\omega-x} D^{au}_{x+\nu} = \sum_{(p)} p\,{}^{p}N^{au}_{x} \end{aligned} \tag{23.18} $$

ein, dann folgt aus (23.16) und (23.17) die Formel:

$$\ddot{a}_x^{au} = \frac{N_x^{au}}{{}^uD_x^a}. \tag{23.19}$$

Für eine temporäre Unfallversicherung, die auf n Jahre abgeschlossen wird, folgt in Analogie zu (18.37):

$$\ddot{a}_{x,\overline{n}|}^{au} = \frac{N_x^{au} - N_{x+n}^{au}}{{}^uD_x^a}. \tag{23.20}$$

Die jährlich gleichbleibende Prämie für eine derartige Versicherung kann bei k-jähriger Prämienzahlung nach der Formel

$$P_{x,\overline{k}|}(\ddot{a}_{x,\overline{n}|}^{au}) = \frac{\ddot{a}_{x,\overline{n}|}^{au}}{{}^u\ddot{a}_{x,\overline{k}|}^{aa}} \tag{23.21}$$

berechnet werden, wobei ${}^u\ddot{a}_{x,\overline{k}|}^{aa}$ den Barwert der Anwartschaft auf eine vorschüssige Leibrente an einen x-jährigen Arbeitsfähigen darstellt, die während der Dauer der vollen Arbeitsfähigkeit, längstens k Jahre hindurch, zu zahlen ist. Wegen der zu (18.8) analogen Darstellung

$${}^u\ddot{a}_{x,\overline{k}|}^{aa} = \frac{{}^uN_x^a - {}^uN_{x+k}^a}{{}^uD_x^a} \tag{23.22}$$

gilt somit

$$P_{x,\overline{k}|}(\ddot{a}_{x,\overline{n}|}^{au}) = \frac{N_x^{au} - N_{x+n}^{au}}{{}^uN_x^a - {}^uN_{x+k}^a}. \tag{23.23}$$

Im Falle einer Unterteilung nach Risikoklassen sind die Wahrscheinlichkeiten ${}^pu_x$ für jede Risikoklasse gesondert zu ermitteln. In gleicher Weise sind dann auch die Kommutationszahlen (23.15) und (23.18) sowie die mit Hilfe dieser Kommutationszahlen errechneten Versicherungswerte in jeder Risikoklasse gesondert zu bilden.

4. Versicherungswerte für Hinterbliebenenrenten. Die Versicherungswerte für Hinterbliebenenrenten aus der Unfallversicherung können in Analogie zu den Darstellungen in Kapitel 19 gebildet werden. Die Untersuchungen beruhen auf den Ausscheideordnungen, die durch (23.7) und (23.9) definiert sind. Wir beschränken uns hier auf die Kollektivmethode und gehen von den Erwartungswerten $\ddot{a}_x^w$ bzw. $\ddot{a}_x^k$ aus, die nach (19.25) bzw. (19.60) gebildet werden. Der Einfachheit halber setzen wir $m = 1$, nehmen also eine jährliche Rentenauszahlung an. Hinterbliebenenrenten aus der Unfallversicherung fallen nur an, wenn der Tod des Versicherten auf einen Unfall zurückzuführen ist oder wenn der Versicherte bereits selbst Unfallrentner war. Hiebei soll die Witwenrente stets mit einem festen Prozentsatz λ, die Waisenrente mit einem festen Prozentsatz $\varkappa$ der Unfallrente bemessen werden, auf die der Versicherte Anspruch hatte. War der Versicherte im Zeitpunkt des tödlichen Unfalles aktiv, dann werden die Hinterbliebenenrenten von der Vollrente bemessen, auf die im Zeitpunkt des Todes Anspruch bestanden hätte, wenn der Unfall nicht zum Tod, sondern nur zur vollen Arbeitsunfähigkeit geführt hätte.

Die Wahrscheinlichkeit dafür, daß ein x-jähriger Arbeitsfähiger innerhalb eines Jahres durch einen Unfall stirbt, sei q_x^{au}. Die Wahrscheinlichkeit, daß ein $(x+\nu)$-jähriger Unfallrentner, dessen Arbeitsfähigkeit infolge eines mit dem Alter x eingetretenen Unfalles um das p-fache gesunken ist, innerhalb eines Jahres stirbt, haben wir mit ${}^p q_{[x]+\nu}$ bezeichnet. Auf Grund der Ausscheideordnung (23.7) sind daher

$$ {}^u l_x^a q_x^{au} = d_x^{au} \tag{23.24}$$

Todesfälle durch Unfälle von arbeitsfähigen Personen zu erwarten und auf Grund der Ausscheideordnung (23.9)

$$ {}^p l_{[x]+\nu}^u \, {}^p q_{[x]+\nu} = {}^p d_{[x]+\nu}^u \tag{23.25}$$

Todesfälle von $(x+\nu)$-jährigen Unfallrentnern, deren Arbeitsfähigkeit infolge eines Unfalles mit dem Alter x um das p-fache gesunken ist.

Nun bilden wir in Analogie zu (19.27) und (19.62) die folgenden Kommutationszahlen:

$$\begin{aligned} {}^p D_{[x]+\nu}^{uw} &= {}^p d_{[x]+\nu}^u \, \ddot{a}_{x+\nu+1/2}^w \, v^{x+\nu+1/2}, & {}^p N_{[x]+\nu}^{uw} &= \sum_{\mu=0}^{\omega-x-\nu} {}^p D_{[x]+\nu+\mu}^{uw}, \\ {}^p D_{[x]+\nu}^{uk} &= {}^p d_{[x]+\nu}^u \, \ddot{a}_{x+\nu+1/2}^k \, v^{x+\nu+1/2}, & {}^p N_{[x]+\nu}^{uk} &= \sum_{\mu=0}^{\omega-x-\nu} {}^p D_{[x]+\nu+\mu}^{uk}. \end{aligned} \tag{23.26}$$

Die Werte $\ddot{a}_{x+\nu+1/2}^w$ und $\ddot{a}_{x+\nu+1/2}^k$ werden hiebei in Analogie zu (19.37) als Näherungswerte durch lineare Interpolation gewonnen.

Der Barwert der Anwartschaft eines $(x+\nu)$-jährigen Unfallrentners, dessen Arbeitsfähigkeit durch einen Unfall mit dem Alter x um das p-fache gesunken ist, auf jährlich vorschüssige Hinterbliebenenrente aus der Unfallversicherung in der Höhe 1 kann nun in Analogie zu (19.28) und (19.63) wie folgt dargestellt werden:

$$ {}^p \ddot{a}_{[x]+\nu}^{uw} = \frac{{}^p N_{[x]+\nu}^{uw}}{{}^p D_{[x]+\nu}^u}, \qquad {}^p a_{[x]+\nu}^{uk} = \frac{{}^p N_{[x]+\nu}^{uk}}{{}^p D_{[x]+\nu}^u}. \tag{23.27}$$

Für die Berechnung des Barwertes der Anwartschaft eines Arbeitsfähigen auf Hinterbliebenenrente, die beim Tod als Unfallfolge während der Arbeitsfähigkeit fällig wird, verwenden wir die folgenden zu (19.29) und (19.64) analogen Kommutationszahlen:

$$\begin{aligned} {}^u D_x^{aaw} &= d_x^{au} \, \ddot{a}_{x+1/2}^w \, v^{x+1/2}, & {}^u N_x^{aaw} &= \sum_{\nu=0}^{\omega-x} {}^u D_{x+\nu}^{aaw}, \\ {}^u D_x^{aak} &= d_x^{au} \, \ddot{a}_{x+1/2}^k \, v^{x+1/2}, & {}^u N_x^{aak} &= \sum_{\nu=0}^{\omega-x} {}^u D_{x+\nu}^{aak}. \end{aligned} \tag{23.28}$$

Nun können die (19.30) und (19.65) entsprechenden Versicherungswerte

$$ {}^u \ddot{a}_x^{aaw} = \frac{{}^u N_x^{aaw}}{{}^u D_x^a}, \qquad {}^u \ddot{a}_x^{aak} = \frac{{}^u N_x^{aak}}{{}^u D_x^a} \tag{23.29}$$

gebildet werden. Ebenso erhalten wir mit Hilfe der zu (19.32) und (19.67) analogen Kommutationszahlen

$$\begin{aligned} {}^{p}D_x^{auw} &= {}^{u}l_x^{a}\,{}^{p}u_x\,{}^{p}\ddot{a}_{[x+1/2]}^{uw}\,v^{x+1/2}, & {}^{p}N_x^{auw} &= \sum_{\nu=0}^{\omega-x} {}^{p}D_{x+\nu}^{auw}, \\ {}^{p}D_x^{auk} &= {}^{u}l_x^{a}\,{}^{p}u_x\,{}^{p}\ddot{a}_{[x+1/2]}^{uk}\,v^{x+1/2}, & {}^{p}N_x^{auk} &= \sum_{\nu=0}^{\omega-x} {}^{p}D_{x+\nu}^{auk} \end{aligned} \tag{23.30}$$

für die Anwartschaft eines x-jährigen Arbeitsfähigen auf Hinterbliebenenrente der Höhe 1 nach Eintritt eines Unfalles, dem eine Minderung der Arbeitsfähigkeit um das p-fache folgt, die zu (19.33) und (19.68) analogen Versicherungswerte

$${}^{p}\ddot{a}_x^{auw} = \frac{{}^{p}N_x^{auw}}{{}^{u}D_x^{a}}, \qquad {}^{p}\ddot{a}_x^{auk} = \frac{{}^{p}N_x^{auk}}{{}^{u}D_x^{a}}. \tag{23.31}$$

Die zur Berechnung der Kommutationszahlen (23.30) notwendigen Barwerte ${}^{p}\ddot{a}_{[x+1/2]}^{uw}$ und ${}^{p}a_{[x+1/2]}^{uk}$ werden wieder aus den Barwerten (23.27) durch lineare Interpolation gewonnen.

Für die allgemeine Ermittlung der Anwartschaft eines Arbeitsfähigen auf Hinterbliebenenrente ist zu beachten, daß die Höhe der Hinterbliebenenrente von der Höhe der Unfallrente abhängt. Beträgt, wie angenommen, die Witwenrente das λ-fache und beträgt die Waisenrente das $\varkappa$-fache der Unfallrente, dann ist bei Minderung der Arbeitsfähigkeit um das p-fache von einer Unfallrente der Höhe p auszugehen, das heißt, es sind Anwartschaften der Höhe $\lambda p\,{}^{p}\ddot{a}_x^{auw}$ bzw. $\varkappa p\,{}^{p}\ddot{a}_x^{auk}$ zu bilden. Anschließend wird über alle p summiert. Wir bilden daher die Kommutationszahlen

$$\begin{aligned} D_x^{auw} &= \sum_{(p)} p\,{}^{p}D_x^{auw}, & N_x^{auw} &= \sum_{\nu=0}^{\omega-x} D_{x+\nu}^{auw} = \sum_{(p)} p\,{}^{p}N_x^{auw}, \\ D_x^{auk} &= \sum_{(p)} p\,{}^{p}D_x^{auk}, & N_x^{auk} &= \sum_{\nu=0}^{\omega-x} D_{x+\nu}^{auk} = \sum_{(p)} p\,{}^{p}N_x^{auk} \end{aligned} \tag{23.32}$$

und erhalten zunächst für die Anwartschaften eines Arbeitsfähigen auf Hinterbliebenenrente, wenn der Tod während des Bezuges einer Unfallrente eintritt, die folgenden Werte:

$$\begin{aligned} \lambda\ddot{a}_x^{auw} &= \lambda \sum_{(p)} p\,{}^{p}\ddot{a}_x^{auw} = \frac{\lambda N_x^{auw}}{{}^{u}D_x^{a}}, \\ \varkappa\ddot{a}_x^{auk} &= \varkappa \sum_{(p)} p\,{}^{p}\ddot{a}_x^{auk} = \frac{\varkappa N_x^{auk}}{{}^{u}D_x^{a}}. \end{aligned} \tag{23.33}$$

Mit Hilfe der Versicherungswerte (23.29) und (23.33) können nun die Barwerte der Anwartschaften eines Arbeitsfähigen auf Hinterbliebenenrente allgemein wie folgt dargestellt werden:

$$\begin{aligned} \lambda\,{}^{u}\ddot{a}_x^{aw} &= \lambda\,{}^{u}\ddot{a}_x^{aaw} + \lambda\ddot{a}_x^{auw}, \\ \varkappa\,{}^{u}\ddot{a}_x^{ak} &= \varkappa\,{}^{u}\ddot{a}_x^{aak} + \varkappa\ddot{a}_x^{auk}. \end{aligned} \tag{23.34}$$

Führen wir die Kommutationszahlen

$$
\begin{aligned}
{}^{u}D_x^{aw} &= {}^{u}D_x^{aaw} + D_x^{auw}, & {}^{u}N_x^{aw} &= \sum_{\nu=0}^{\omega-x} {}^{u}D_{x+\nu}^{aw}, \\
{}^{u}D_x^{ak} &= {}^{u}D_x^{aak} + D_x^{auk}, & {}^{u}N_x^{ak} &= \sum_{\nu=0}^{\omega-x} {}^{u}D_{x+\nu}^{ak}
\end{aligned}
\tag{23.35}
$$

ein, dann erhalten wir für die Barwerte der Anwartschaften eines x-jährigen Arbeitsfähigen auf Hinterbliebenenrente, wenn der Tod als Unfallfolge oder die Minderung der Arbeitsfähigkeit innerhalb von n Jahren eintreten, die folgenden Formeln:

$$
\begin{aligned}
\lambda\, {}^{u}\ddot{a}_{x,\overline{n}|}^{aw} &= \lambda\, \frac{{}^{u}N_x^{aw} - {}^{u}N_{x+n}^{aw}}{{}^{u}D_x^{a}}, \\
\varkappa\, {}^{u}\ddot{a}_{x,\overline{n}|}^{ak} &= \varkappa\, \frac{{}^{u}N_x^{ak} - {}^{u}N_{x+n}^{ak}}{{}^{u}D_x^{a}}.
\end{aligned}
\tag{23.36}
$$

Wie bereits in Punkt 3 erwähnt, sind im Falle der Unterteilung in Risikoklassen die Wahrscheinlichkeiten ${}^{p}u_x$ in jeder Risikoklasse gesondert zu errechnen. Für jede Risikoklasse sind daher die Kommutationszahlen und die aus ihnen errechneten Versicherungswerte gesondert zu ermitteln.

5. Versicherungswerte für das Sterbegeld. Die Versicherungswerte für das Sterbegeld aus der Unfallversicherung werden in Analogie zu Kapitel 20 berechnet. Sie gehen von den Ausscheideordnungen (23.7) und (23.9) aus. Für Personengesamtheiten, auf welche diese Ausscheideordnungen angewendet werden können, ist d_x^{au} aus (23.24) die Zahl der x-jährigen Arbeitsfähigen, die im Laufe eines Jahres infolge eines Unfalles sterben und ${}^{p}d_{[x]+\nu}^{u}$ aus (23.25) die Zahl jener $(x+\nu)$-jährigen Unfallrentner, die infolge eines Unfalles im Alter x eine Minderung ihrer Arbeitsfähigkeit um das p-fache erlitten haben und die innerhalb eines Jahres sterben.

Für die Berechnung der Anwartschaft eines voll arbeitsfähigen x-jährigen auf Sterbegeld im Falle des Todes als Unfallfolge bilden wir in Analogie zu (20.4) und (20.8) die folgenden Kommutationszahlen:

$$
\begin{aligned}
{}^{u}C_x^{aa} &= d_x^{au}\, v^{x+1}, \\
{}^{u}M_x^{aa} &= \sum_{\nu=0}^{\omega-x} {}^{u}C_{x+\nu}^{aa}.
\end{aligned}
\tag{23.37}
$$

Der Barwert der Anwartschaft auf Sterbegeld in der Höhe 1, das am Ende des Sterbejahres ausgezahlt wird, beträgt daher in Analogie zu (20.10):

$$
{}^{u}A_x^{aa} = \frac{{}^{u}M_x^{aa}}{{}^{u}D_x^{a}}, \tag{23.38}
$$

wobei ${}^{u}D_x^{a}$ nach (23.15) gebildet wird. Soll das Sterbegeld im Zeitpunkt des Todes fällig werden, dann bilden wir unter der Annahme, daß die Todesfälle im Durchschnitt in der Mitte des Jahres eintreten, in Analogie zu (20.20) die Kommutationszahlen

$$
\begin{aligned}
{}^{u}\bar{C}_{x}^{aa} &= d_{x}^{au} v^{x+1/2} = \frac{{}^{u}C_{x}^{aa}}{v^{1/2}}, \\
{}^{u}\bar{M}_{x}^{aa} &= \sum_{\nu=0}^{\omega-x} {}^{u}\bar{C}_{x+\nu}^{aa} = \frac{{}^{u}M_{x}^{aa}}{v^{1/2}}
\end{aligned}
\tag{23.39}
$$

und erhalten für den Barwert der Anwartschaft in Analogie zu (20.9)

$$
{}^{u}\bar{A}_{x}^{aa} = \frac{{}^{u}M_{x}^{aa}}{{}^{u}D_{x}^{a} v^{1/2}} = \frac{{}^{u}\bar{M}_{x}^{aa}}{{}^{u}D_{x}^{a}}. \tag{23.40}
$$

Mit Hilfe der Kommutationszahlen

$$
\begin{aligned}
{}^{p}C_{[x]+\nu}^{u} &= {}^{p}d_{[x]+\nu}^{u} v^{x+\nu+1}, \\
{}^{p}M_{[x]+\nu}^{u} &= \sum_{\mu=0}^{\omega-x-\nu} {}^{p}C_{[x]+\nu+\mu}^{u}
\end{aligned}
\tag{23.41}
$$

kann der Barwert der Anwartschaft eines $(x+\nu)$-jährigen Unfallrentners, dessen Arbeitsfähigkeit infolge eines Unfalles mit dem Alter x um das p-fache gesunken ist, auf Sterbegeld der Höhe 1, das am Ende des Sterbejahres fällig wird, in Analogie zu (20.13) wie folgt dargestellt werden:

$$
{}^{p}A_{[x]}^{u} = \frac{{}^{p}M_{[x]}^{u}}{{}^{p}D_{[x]}^{u}}. \tag{23.42}
$$

${}^{p}D_{[x]}^{u}$ ist hiebei nach (23.11) zu berechnen.

Für das im Zeitpunkt des Todes fällig werdende Sterbegeld ergibt sich auf Grund der Kommutationszahlen

$$
\begin{aligned}
{}^{p}\bar{C}_{[x]+\nu}^{u} &= \frac{{}^{p}C_{[x]+\nu}^{u}}{v^{1/2}}, \\
{}^{p}\bar{M}_{[x]+\nu}^{u} &= \sum_{\mu=0}^{\omega-x-\nu} {}^{p}\bar{C}_{[x]+\nu}^{u} = \frac{{}^{p}M_{[x]+\nu}^{u}}{v^{1/2}}
\end{aligned}
\tag{23.43}
$$

die Formel:

$$
{}^{p}\bar{A}_{[x]}^{u} = \frac{{}^{p}M_{[x]}^{u}}{{}^{p}D_{[x]}^{u} v^{1/2}} = \frac{{}^{p}\bar{M}_{[x]}^{u}}{{}^{p}D_{[x]}^{u}}. \tag{23.44}
$$

Die Barwerte ${}^{p}A_{[x+1/2]}^{u}$ bzw. ${}^{p}\bar{A}_{[x+1/2]}^{u}$, welche im folgenden Verwendung finden, werden aus den Barwerten (23.42) bzw. (23.44) näherungsweise durch lineare Interpolation gebildet.

Bei der Berechnung der allgemeinen Anwartschaft eines Arbeitsfähigen auf Sterbegeld aus der Unfallversicherung soll vorausgesetzt werden, daß bei der durch einen Unfall verursachten Minderung der Arbeitsfähigkeit um das p-fache auch das Sterbegeld nur mit dem p-fachen des vollen Sterbegeldes, dessen Höhe wir zunächst mit 1 ansetzen, bemessen wird. Anhand der zugrunde gelegten Ausscheideordnung ist mit ${}^{u}l^{a}_{x}\,{}^{p}u_x$ x-jährigen Versicherten zu rechnen, die innerhalb eines Jahres durch einen Unfall eine Minderung ihrer Arbeitsfähigkeit um das p-fache erfahren. Im Durchschnitt treten diese Unfälle in der Mitte des Jahres ein und wir nehmen an, daß für jeden von ihnen eine Versicherung auf Sterbegeld in der durch (23.42) angegebenen Form abgeschlossen wird. Mit Hilfe der Kommutationszahlen

$$\begin{aligned} {}^{p}C^{au}_{x} &= {}^{u}l^{a}_{x}\,{}^{p}u_x\,{}^{p}A^{u}_{[x+1/2]}\,v^{x+1/2}, \\ {}^{p}M^{au}_{x} &= \sum_{\nu=0}^{\omega-x} {}^{p}C^{au}_{x+\nu} \end{aligned} \tag{23.45}$$

kann der Barwert der Anwartschaft eines arbeitsfähigen x-jährigen auf Sterbegeld der Höhe 1 am Ende des Sterbejahres, das nur fällig wird, wenn vor dem Tod eine Unfallrente wegen Minderung der Arbeitsfähigkeit auf das p-fache angefallen ist, in der Form

$${}^{p}A^{au}_{x} = \frac{{}^{p}M^{au}_{x}}{{}^{u}D^{a}_{x}} \tag{23.46}$$

dargestellt werden. Für das im Zeitpunkt des Todes fällige Sterbegeld finden wir mit Hilfe der Kommutationszahlen

$$\begin{aligned} {}^{p}\bar{C}^{au}_{x} &= \frac{{}^{p}C^{au}_{x}}{v^{1/2}}, \\ {}^{p}\bar{M}^{au}_{x} &= \sum_{\nu=0}^{\omega-x} {}^{p}\bar{C}^{au}_{x+\nu} = \frac{{}^{p}M^{au}_{x}}{v^{1/2}} \end{aligned} \tag{23.47}$$

unschwer die Formel

$${}^{p}\bar{A}^{au}_{x} = \frac{{}^{p}\bar{M}^{au}_{x}}{{}^{u}D^{a}_{x}}. \tag{23.48}$$

Wird das Sterbegeld jedem Unfallrentner mit einer Minderung der Arbeitsfähigkeit um das p-fache im Falle des Todes in der Höhe p gewährt, dann kann der Barwert der Anwartschaft auf eine solche Leistung mit Hilfe der Kommutationszahlen

$$\begin{aligned} C^{au}_{x} &= \sum_{(p)} p\,{}^{p}C^{au}_{x}, & M^{au}_{x} &= \sum_{\nu=0}^{\omega-x} C^{au}_{x+\nu} = \sum_{(p)} p\,{}^{p}M^{au}_{x}, \\ \bar{C}^{au}_{x} &\sum_{(p)} p\,{}^{p}\bar{C}^{au}_{x}, & \bar{M}^{au}_{x} &= \sum_{\nu=0}^{\omega-x} \bar{C}^{au}_{x+\nu} = \frac{M^{au}_{x}}{v^{1/2}} \end{aligned} \tag{23.49}$$

für das am Ende des Sterbejahres fällige Sterbegeld in der Form

$$A^{au}_{x} = \frac{M^{au}_{x}}{{}^{u}D^{a}_{x}} \tag{23.50}$$

und für das im Zeitpunkt des Todes fällig werdende Sterbegeld in der Form

$$\bar{A}^{au}_{x} = \frac{\bar{M}^{au}_{x}}{{}^{u}D^{a}_{x}} \tag{23.51}$$

dargestellt werden. Zur Berechnung der Anwartschaft auf Sterbegeld aus der Unfallversicherung, das sowohl beim Tod als Unfallfolge bei voller Arbeitsfähigkeit als auch beim Tod als Unfallrentner in der dem Grad der Minderung der Arbeitsfähigkeit entsprechenden Höhe gewährt wird, bilden wir die folgenden Kommutationszahlen:

$$\begin{aligned} {}^uC_x^a &= {}^uC_x^{aa} + C_x^{au}, \qquad {}^uM_x^a = \sum_{\nu=0}^{\omega-x} {}^uC_{x+\nu}^a = {}^uM_x^{aa} + M_x^{au}, \\ {}^u\bar{C}_x^a &= {}^u\bar{C}_x^{aa} + \bar{C}_x^{au}, \qquad {}^u\bar{M}_x^a = \sum_{\nu=0}^{\omega-x} {}^u\bar{C}_{x+\nu}^a = {}^u\bar{M}_x^{aa} + \bar{M}_x^{au}. \end{aligned} \tag{23.52}$$

Mit ihrer Hilfe können die Barwerte der Anwartschaften auf Sterbegeld aus der Unfallversicherung bei Fälligkeit am Ende des Sterbejahres durch

$${}^uA_x^a = \frac{{}^uM_x^a}{{}^uD_x^a} \tag{23.53}$$

und bei Fälligkeit im Zeitpunkt des Todes durch

$${}^u\bar{A}_x^a = \frac{{}^u\bar{M}_x^a}{{}^uD_x^a} \tag{23.54}$$

ausgedrückt werden.

Bei der Unterteilung des Versichertenstandes in Risikoklassen sind die hier verwendeten Kommutationszahlen und mit ihrer Hilfe errechnete Versicherungswerte für jede Risikoklasse gesondert zu bilden.

Der Vollständigkeit halber wurden die Kommutationszahlen in diesem Kapitel sehr ausführlich behandelt. Hingegen wurde auf eine eingehende Begründung der Formeln verzichtet. Der Leser darf auf die ausführlichen Ableitungen der Versicherungswerte verwiesen werden, die in den Kapiteln 18, 19 und 20 gegeben wurden und die sich ohne Schwierigkeiten auf die in diesem Kapitel behandelten Versicherungswerte übertragen lassen.

Kapitel 24

Finanzierungsverfahren für Unfallrenten

1. Deckungsverfahren. In Kapitel 23 haben wir ein Rentensystem der Unfallversicherung behandelt, in dem Unfallrenten bei völligem Verlust der Arbeitsfähigkeit in der Höhe 1 und bei Minderung der Arbeitsfähigkeit um das p-fache in der Höhe p vorgesehen waren. Die Hinterbliebenenrenten betrugen jeweils das λ-fache der Unfallrente für Witwen und das $\varkappa$-fache der Unfallrente für Waisen. Wir beziehen auch das Sterbegeld ein und nehmen an, daß es im Zeitpunkt des Todes in der Höhe des μ-fachen der Unfallrente gezahlt wird. Der Barwert der Anwartschaften auf diese Leistungen läßt sich mit Hilfe von (23.19), (23.34) und (23.54) in der Form

$$\ddot{a}_x^{au} + \lambda\, {}^u\ddot{a}_x^{aw} + \varkappa\, {}^ua_x^{ak} + \mu\, {}^u\bar{A}_x^a \tag{24.1}$$

darstellen. (24.1) kann nun in Form einer Einmalprämie oder gegen jährliche Prämien gezahlt werden.

Systeme der Unfallversicherung und hier insbesondere die verschiedenen Systeme der Sozialversicherung werden häufig als Ergänzung zu Systemen der Pensionsversicherung eingeführt. Wie in diesen Systemen üblich, wird ein Zusammenhang zwischen dem Gehalt des arbeitsfähigen Versicherten und den für ihn vorgesehenen Rentenleistungen hergestellt. Wir bilden das System der Unfallversicherung in Analogie zu dem in Kapitel 21 behandelten System der Pensionsversicherung. Das Gehalt des arbeitsfähigen Versicherten betrage im ν^{ten} Jahr seiner Tätigkeit G_ν. Sämtliche Rentenleistungen werden nun bei Eintritt des Unfalles im ν^{ten} Jahr von einem Betrag $\pi_\nu G_\nu$, das im Zeitpunkt des Todes fällig werdende Sterbegeld von einem Betrag G_ν, bemessen. Unfälle sollen nur bis zu einem Alter $x+n$ zu einer Leistung führen, da angenommen wird, daß ab dem Alter $x+n$ eine Alterspension aus einem System der Pensionsversicherung gebührt.

Man sieht leicht, daß sich die Barwerte der Anwartschaften für die hier beschriebenen Versicherungsleistungen mit Hilfe der Kommutationszahlen (23.15), (23.18), (23.32) und (23.52) für die Unfallrente in der Form

$$\ddot{a}^{au}_{x,\overline{n}|}(\pi_1 G_1, \ldots, \pi_n G_n) = \frac{1}{{}^uD^a_x} \sum_{\nu=1}^{n} D^{au}_{x+\nu-1} \pi_\nu G_\nu , \tag{24.2}$$

für die Hinterbliebenenrenten in der Form

$$\begin{aligned} \ddot{a}^{auw}_{x,\overline{n}|}(\lambda; \pi_1 G_1, \ldots, \pi_n G_n) &= \frac{\lambda}{{}^uD^a_x} \sum_{\nu=1}^{n} D^{auw}_{x+\nu-1} \pi_\nu G_\nu , \\ \ddot{a}^{auk}_{x,\overline{n}|}(\varkappa; \pi_1 G_1, \ldots, \pi_n G_n) &= \frac{\varkappa}{{}^uD^a_x} \sum_{\nu=1}^{n} D^{auk}_{x+\nu-1} \pi_\nu G_\nu \end{aligned} \tag{24.3}$$

und für das Sterbegeld in der Form

$${}_{|n}^{\;u}\bar{A}^a_x(\mu; G_1, \ldots, G_n) = \frac{\mu}{{}^uD^a_x} \sum_{\nu=1}^{n} {}^u\bar{C}^a_{x+\nu-1} G_\nu \tag{24.4}$$

darstellen lassen. Nehmen wir weiters an, daß der Versicherte während der Dauer der vollen Arbeitsfähigkeit bis zum Alter $x+n$ einen Prozentsatz ${}^u\pi$ seines Gehaltes als Beitrag entrichtet, dann können wir diesen Satz mit Hilfe der Kommutationszahlen ${}^uD^a_x$ aus (23.15) auf Grund der Äquivalenzgleichung

$$\begin{aligned} {}^u\pi\, {}^u\ddot{a}^{aa}_{x,\overline{n}|}(G_1, \ldots, G_n) = \ddot{a}^{au}_{x,\overline{n}|}(\pi_1 G_1, \ldots, \pi_n G_n) + \ddot{a}^{auw}_{x,\overline{n}|}(\lambda; \pi_1 G_1, \ldots, \pi_n G_n) + \\ + \ddot{a}^{auk}_{x,\overline{n}|}(\varkappa; \pi_1 G_1, \ldots, \pi_n G_n) + {}_{|n}^{\;u}\bar{A}^a_x(\mu; G_1, \ldots, G_n) \end{aligned} \tag{24.5}$$

in der zu (21.9) analogen Form

$${}^u\pi = \frac{1}{\sum\limits_{\nu=1}^{n} {}^uD^a_{x+\nu-1} G_\nu} \sum_{\nu=1}^{n} [(D^{au}_{x+\nu-1} + \lambda D^{auw}_{x+\nu-1} + \varkappa D^{auk}_{x+\nu-1}) \pi_\nu + \mu\, {}^u\bar{C}^a_{x+\nu-1}] G_\nu \tag{24.6}$$

berechnen. Wird der Beitragssatz in dieser Höhe festgelegt, dann ist die Anwartschaft des Versicherten auf Rentenleistungen und Sterbegeld aus der Unfallversicherung gesichert. Dieses Deckungsverfahren wird daher in Analogie zu dem in Kapitel 21 Punkt 1 beschriebenen Verfahren als *Anwartschaftsdeckungsverfahren* bezeichnet.

Ebenso in Analogie zur Pensionsversicherung wird das *Rentendeckungsverfahren* definiert. Bei einer Finanzierung nach diesen Verfahren werden nur die Barwerte der bereits angefallenen Unfall- und Hinterbliebenenrenten in die Passivseite der Bilanz aufgenommen. Die in einem Jahr durch Beiträge zu deckenden Aufwendungen bestehen daher aus den Barwerten der in diesem Jahr neu angefallenen Unfall- und Hinterbliebenenrenten sowie aus den Sterbegeldzahlungen.

Bei einer Finanzierung nach dem *Umlageverfahren* werden die Beiträge in jedem Kalenderjahr — bzw. in jedem dem Umlageverfahren zugrunde gelegten Zeitabschnitt — so bemessen, daß die laufenden Ausgaben gedeckt werden können. In der Bilanz ist keine Reservestellung von Deckungskapitalien vorgesehen. Die beiden zuletzt genannten Finanzierungsverfahren sind nur dann gerechtfertigt, wenn der Weiterbestand des Personenkreises der Versicherten durch ein System der Pflichtversicherung gewährleistet ist oder wenn auf andere Weise für die Fortzahlung angefallener Renten bzw. für die Erhaltung bereits erworbener Anwartschaften Vorsorge getroffen wird.

2. Das Deckungskapital. Bei einer Finanzierung nach dem Anwartschaftsdeckungsverfahren sind die Barwerte der Anwartschaften sowie die zukünftig zu erwartenden Beitragseinnahmen zu berücksichtigen. Die Differenz zwischen diesen beiden Werten bildet das Deckungskapital, das wir nach den in Kapitel 6 dargelegten Grundsätzen in Analogie zu Kapitel 21 Punkt 1 bilden.

In dem hier behandelten System der Unfallversicherung ist das Deckungskapital für voll arbeitsfähige Versicherte, für Unfallrentner und für Hinterbliebenenrentner zu berücksichtigen. Für den voll Arbeitsfähigen kann das Deckungskapital in Analogie zu (21.12) in der Form

$$
{}^{u}_{t}V_{x}(a\,|\,u;\,w;\,k;\,\mu) =
$$

$$
= \frac{1}{{}^{u}D^{a}_{x+t}} \sum_{\nu=t+1}^{n} [(D^{au}_{x+\nu-1} + \lambda D^{auw}_{x+\nu-1} + \varkappa D^{auk}_{x+\nu-1})\pi_{\nu} + \mu\, {}^{u}\bar{C}^{a}_{x+\nu-1} - {}^{u}\pi\, {}^{u}D^{a}_{x+\nu-1}]\, G_{\nu} \quad (24.7)
$$

dargestellt werden.

Zur Berechnung des Deckungskapitals für Unfallrenten ist vom Grad der Minderung der Arbeitsfähigkeit auszugehen. Mit Hilfe der Kommutationszahlen (23.11), (23.26) und (23.43) erhalten wir für das Deckungskapital nach t Jahren bei Eintritt des Unfalles im Alter x mit einer Minderung der Arbeitsfähigkeit um das p-fache unschwer die folgende Formel:

$$
{}^{p}_{t}V_{[x]}(u\,|\,u;\,w;\,k;\,\mu) =
$$

$$
= \frac{p}{{}^{p}D^{u}_{[x]+t}} \sum_{\nu=t+1}^{n} [({}^{p}D^{u}_{[x]+\nu-1} + \lambda\, {}^{p}D^{uw}_{[x]+\nu-1} + \varkappa\, {}^{p}D^{uk}_{[x]+\nu-1})\pi_{\nu} + \mu\, {}^{p}\bar{C}^{u}_{[x]+\nu-1}]\, G_{\nu}. \quad (24.8)
$$

Das Deckungskapital für bereits angefallene Hinterbliebenenrenten ist als Barwert der entsprechenden Leibrenten zu berechnen.

Abschnitt VII

Allgemeine Versicherungstheorie

Kapitel 25

Kontinuierliche Beschreibung des Versicherungsverlaufes

1. Personengesamtheiten mit mehreren Ausscheideursachen. Die bisherigen Darstellungen von Versicherungsverläufen basierten im wesentlichen auf der diskontinuierlichen Beschreibung, das heißt es wurde meist davon abgesehen, wann innerhalb eines Versicherungsjahres der Leistungsfall eingetreten ist. Dementsprechend wurden auch die Erlebens- und Ablebenswahrscheinlichkeiten stets auf ganze Jahre abgestellt. Das gleiche gilt für die daraus errechneten Ausscheideordnungen. Lediglich im Falle der Sterbeintensität μ_x aus Kapitel 4 und im Falle der Übergangswahrscheinlichkeiten zwischen Personengesamtheiten in Kapitel 14 sowie in Kapitel 15 haben wir die Vorgänge als kontinuierlich ablaufend beschrieben.

Die kontinuierliche Beschreibung ist an sich keineswegs „genauer" als die diskontinuierliche. Es zeigt sich, daß bei den Sterbewahrscheinlichkeiten aber auch bei den Übergangswahrscheinlichkeiten mit jahreszeitlichen Schwankungen gerechnet werden muß, die sich in der Praxis der Beobachtung weitgehend entziehen. Die kontinuierliche Beschreibung hat aber den Vorteil, daß der formale Apparat weiter entwickelt und leichter zu handhaben ist als bei der diskontinuierlichen Beschreibung, vor allem deshalb, weil sich in der Physik kontinuierliche Modelle als besonders brauchbar erwiesen haben und dementsprechend weit entwickelt wurden.

Wir wollen im folgenden von den Vorteilen Gebrauch machen, welche die kontinuierliche Betrachtungsweise bietet. Dabei gehen wir zunächst von den Untersuchungen und Bezeichnungen in Kapitel 14 aus, führen jedoch einige Vereinfachungen ein. Es sei eine Personengesamtheit gegeben, aus der das Ausscheiden aus K verschiedenen Ursachen möglich ist. Eine Rückkehr in die Personengesamtheit sei ausgeschlossen. Als Ausscheideursachen kommen etwa der Tod, die Invalidität aus verschiedenen Ursachen, der freiwillige Austritt usw. in Betracht. Wir können also annehmen, daß $K+1$ Personengesamtheiten vorliegen und dem Ausscheiden aus der i^{ten} Ursache der Übergang in die $(i+1)^{\text{te}}$ Personengesamtheit entspricht, wobei eine Rückkehr ausgeschlossen ist. Die Ausgangsgesamtheit kann dann als erste Personengesamtheit eingeführt werden. Da für die weiteren Untersuchungen nur der Zeitpunkt des Ausscheidens aus der ersten Personengesamtheit sowie die Ausscheideursache von Interesse ist, genügt es, rein altersabhängige Übergangsintensitäten $\mu_{1,j}(x)$ zu betrachten, die dem Übergang von der ersten Personengesamtheit in die j^{te} Personengesamtheit entsprechen. Für $j = i + 1$ erhalten wir die Übergangsintensität auf Grund der i^{ten} Ausscheideursache und wir bezeichnen mit $\mu_x^{(i)} = \mu_{1,i+1}(x)$ die Intensität des Ausscheidens aus der i^{ten} Ursache. Die t-jährige Verbleibswahrscheinlichkeit für einen x-jährigen in der Personengesamtheit bezeichnen wir mit ${}_tp_x = \overline{p}_{1,1}(x, x + t)$. Mit Hilfe von (14.23) erhalten wir daher die folgende Darstellung:

$$ {}_tp_x = \prod_{i=1}^{K} e^{-\int_0^t \mu_{x+s}^{(i)} ds} = e^{-\int_0^t \sum_{i=1}^{K} \mu_{x+s}^{(i)} ds} \tag{25.1} $$

Die Wahrscheinlichkeit für einen x-jährigen, im Zeitintervall $(t, t + dt)$ aus der i^{ten} Ursache aus der ersten Personengesamtheit auszuscheiden, kann auf Grund der Untersuchungen in Kapitel 14 Punkt 3 in der Form

$$ {}_tp_x \mu_{x+t}^{(i)}\, dt + o(dt) \tag{25.2} $$

ausgedrückt werden.

Es liege nun eine Versicherung vor, bei der im Falle des Ausscheidens aus der i^{ten} Ursache im Zeitpunkt t ein Kapital $a_t^{(i)}$ fällig wird, während im Falle des Erlebens des Alters $x + n$ in der ersten Personengesamtheit ein Erlebenskapital e_n fällig wird. Diese Bezeichnungen wurden analog den Bezeichnungen aus Kapitel 5 gewählt. In den allgemeinen Ableitungen in Kapitel 14 haben wir Einmalzahlungen bei Übergang von einer Personengesamtheit in eine andere mit Großbuchstaben und laufende Zahlungen während des Verbleibens in einer Personengesamtheit mit Kleinbuchstaben bezeichnet. Wegen (25.2) ist der Erwartungswert des Barwertes der beim Ausscheiden im Zeitintervall $(t, t + dt)$ fällig werdenden Leistungen gleich

$$ {}_tp_x \mu_{x+t}^{(i)} a_t^{(i)} v^t\, dt + o(dt). \tag{25.3} $$

Der Erwartungswert des Barwertes des Erlebenskapitals beträgt offenbar

$$ {}_np_x e_n v^n. \tag{25.4} $$

Insgesamt ist daher der Erwartungswert des Barwertes der Versicherungsleistungen gleich

$$ \int_0^n {}_tp_x v^t \sum_{i=1}^{K} \mu_{x+t}^{(i)} a_t^{(i)}\, dt + {}_np_x v^n e_n. \tag{25.5} $$

Diese Versicherung werde nun gegen kontinuierliche Prämie abgeschlossen, wobei der Versicherte, solange er der ersten Personengesamtheit angehört, im Zeitintervall $(t, t + dt)$ eine Prämie $P_t\, dt + o(dt)$ bezahlt. Offenbar kann der Erwartungswert des Barwertes aller Prämienzahlungen in der Form

$$ \int_0^n {}_tp_x v^t P_t\, dt \tag{25.6} $$

dargestellt werden.

Wegen (25.1) gilt

$$ {}_tE_x = {}_tp_x v^t = e^{-\int\limits_0^t \sum\limits_{i=1}^K \mu_{x+s}^{(i)} ds - \int\limits_0^t \varrho(s) ds}, $$

wobei $\varrho(s)$ die Zinsintensität ist. Man kann daher allgemein

$$ \bar{\varrho}(s) = \varrho(s) + \sum_{i=1}^K \mu_{x+s}^{(i)} $$

als neue Zinsintensität einführen und damit Erlebensversicherungen als Sparvorgänge bzw. Leibrenten als Zeitrenten darstellen. So gilt offenbar für die n-jährige Erlebensversicherung

$$ {}_nE_x = e^{-\int\limits_0^n \bar{\varrho}(s) ds} = \bar{v}^n $$

und für die n-jährige Leibrente

$$ \ddot{a}_{x,\overline{n}|} = \sum_{\nu=0}^{n-1} {}_\nu E_x = \bar{\ddot{a}}_{\overline{n}|}, $$

wobei $\bar{\ddot{a}}_{\overline{n}|}$ mit der Zinsintensität $\bar{\varrho}(s)$ zu berechnen ist. Zinsintensität und Ausscheideintensitäten bzw. Zeitrenten und Leibrenten können daher formal gleich behandelt werden. Es muß lediglich auf die Altersabhängigkeit von $\bar{\varrho}(s)$ Rücksicht genommen werden. Im nächsten Punkt werden wir von dieser Möglichkeit Gebrauch machen.

2. Die Thielesche Differentialgleichung. Die Erwartungswerte der Einnahmen (25.6) und der Ausgaben (25.5) müssen einander gleich sein. Aus dieser Äquivalenzgleichung erhalten wir wegen der trivialen Formel ${}_sp_x = {}_tp_x\, {}_{s-t}p_{x+t}$ für $s \geqq t$ die folgende Beziehung:

$$ \int_0^n {}_sp_x v^s \sum_{i=1}^K \mu_{x+s}^{(i)} a_s^{(i)}\, ds + {}_np_x v^n e_n - \int_0^n {}_sp_x v^s P_s\, ds = $$

$$ = \left(\int_0^t {}_sp_x v^s \sum_{i=1}^K \mu_{x+s}^{(i)} a_s^{(i)}\, ds - \int_0^t {}_sp_x v^s P_s\, ds \right) - $$

$$ - {}_tp_x v^t \left(\int_t^n {}_{s-t}p_{x+t} v^{s-t} P_s\, ds - \int_t^n {}_{s-t}p_{x+t} v^{s-t} \sum_{i=1}^K \mu_{x+s}^{(i)} a_s^{(i)}\, ds - {}_{n-t}p_{x+t} v^{n-t} e_n \right) = 0. $$

Der letzte Klammerausdruck dieser Formel ist der Barwert des Erwartungswertes der zukünftigen Einnahmen abzüglich dem Barwert des Erwartungswertes der zukünftigen Ausgaben, bezogen auf einen $(x+t)$-jährigen Versicherten. Dies ist aber, nach der Definition aus Kapitel 6, das negative Deckungskapital in prospektiver Darstellung:

$$ {}_tV_x^{\text{pro}} = \int_t^n {}_{s-t}p_{x+t} v^{s-t} \sum_{i=1}^K \mu_{x+s}^{(i)} a_s^{(i)}\, ds - {}_{n-t}p_{x+t} v^{n-t} e_n - \int_t^n {}_{s-t}p_{x+t} v^{s-t} P_s\, ds. \quad (25{,}7) $$

Ebenso leicht erhalten wir nun die retrospektive Darstellung:

$$ {}_tV_x^{\text{retro}} = \frac{1}{{}_tp_x v^t} \left(\int_0^t {}_sp_x v^s P_s\, ds - \int_0^t {}_sp_x v^s \sum_{i=1}^K \mu_{x+s}^{(i)} a_s^{(i)}\, ds \right). \quad (25.8) $$

Wir wollen nun voraussetzen, das Deckungskapital sei als Funktion von t differenzierbar. Im Hinblick darauf, daß die Ausscheideintensitäten entweder selbst interpoliert werden müssen oder durch Differenzierung aus interpolierten einjährigen Ausscheidewahrscheinlichkeiten der Gestalt $q_x^{(i)}$ gewonnen werden müssen, stellt diese Forderung praktisch keine Beschränkung der Allgemeinheit dar und kann bei geeigneter Wahl der Interpolationsformel stets als erfüllt angesehen werden. Bilden wir die Ableitung nach t für die retrospektive Darstellung des Deckungskapitals, dann erhalten wir die folgende Gleichung:

$$\frac{d}{dt}\,{}_tV_x^{\text{retro}} = \frac{1}{({}_tp_x v^t)^2}\left\{({}_tp_x v^t)^2\left(P_t - \sum_{i=1}^{K}\mu_{x+t}^{(i)}a_t^{(i)}\right) - \right.$$
$$\left. - \left(\int_0^t {}_sp_x v^s P_s\,ds - \int_0^t {}_sp_x v^s \sum_{i=1}^{K}\mu_{x+s}^{(i)}a_s^{(i)}\,ds\right)\frac{d}{dt}({}_tp_x v^t)\right\}.$$

Unter Berücksichtigung von (25.1) erhalten wir die Beziehung

$$\frac{d}{dt}({}_tp_x v^t) = \frac{d}{dt}\,e^{-\int_0^t\sum_{i=1}^{K}\mu_{x+s}^{(i)}ds - \int_0^t\delta ds} = -\,{}_tp_x v^t\left(\sum_{i=1}^{K}\mu_{x+t}^{(i)} + \delta\right),$$

wobei δ die konstante Zinsintensität darstellt. Setzen wir dieses Ergebnis in die vorhergehende Gleichung ein, dann folgt unter Verwendung von (25.8):

$$\frac{d}{dt}\,{}_tV_x^{\text{retro}} = P_t - \sum_{i=1}^{K}\mu_{x+t}^{(i)}a_t^{(i)} + {}_tV_x^{\text{retro}}\left(\sum_{i=1}^{K}\mu_{x+t}^{(i)} + \delta\right). \tag{25.9}$$

Setzen wir nun $\mu_{x+t}^{(0)} = \delta$ und $a_t^{(0)} = 0$, dann können wir (25.9) in der folgenden Form schreiben:

$$\frac{d}{dt}\,{}_tV_x = P_t - \sum_{i=0}^{K}(a_t^{(i)} - {}_tV_x)\mu_{x+t}^{(i)}. \tag{25.10}$$

Diese Differentialgleichung wird als *THIELEsche Differentialgleichung* bezeichnet.

Unter der trivialen Anfangsbedingung ${}_0V_x = 0$ ist die Lösung der THIELEschen Differentialgleichung eindeutig. Die Lösung kann leicht gefunden werden, wenn zunächst die homogene Differentialgleichung gelöst wird und dann mit der Methode der Variation der Konstanten die vorliegende inhomogene Differentialgleichung. Geht man von der Anfangsbedingung ${}_0V_x = 0$ aus, dann erhält man die folgende Lösung:

$${}_tV_x = \int_0^t\left(P_s - \sum_{i=0}^{K}\mu_{x+s}^{(i)}a_s^{(i)}\right)e^{\int_s^t\sum_{i=0}^{K}\mu_{x+\tau}^{(i)}d\tau}\,ds. \tag{25.11}$$

(25.11) ist eine retrospektive Darstellung des Deckungskapitals. Geht man von der Anfangsbedingung ${}_nV_x = e_n$ aus, dann erhält man:

$${}_tV_x = \int_t^n\left(\sum_{i=0}^{K}\mu_{x+s}^{(i)}a_s^{(i)} - P_s\right)e^{-\int_t^s\sum_{i=0}^{K}\mu_{x+\tau}^{(i)}d\tau}\,ds + e_n\,e^{-\int_t^n\sum_{i=0}^{K}\mu_{x+\tau}^{(i)}d\tau}. \tag{25.12}$$

(25.12) ist eine prospektive Darstellung des Deckungskapitals. Durch Einsetzen von (25.11) bzw. (25.12) in (25.10) verifiziert man diese beiden Darstellungen des Deckungskapitals.

Wie man sieht, kann die Verzinsung durch die Einführung einer „0ten Ausscheideursache" mit der konstanten Ausscheideintensität δ ersetzt werden, wobei im Falle des Ausscheidens aus dieser Ursache keine Versicherungssumme fällig wird. Die Verbleibswahrscheinlichkeit in der Personengesamtheit wird unter Berücksichtigung der 0ten Ausscheideursache wie folgt dargestellt:

$$ {}_tp_x^* = e^{-\int\limits_0^t \sum\limits_{i=0}^K \mu_{x+s}^{(i)} ds} = {}_tp_x\, e^{-\int\limits_0^t \delta ds} = {}_tp_x v^t. \tag{25.13}$$

Zur Ermittlung der Prämie P_t^* für eine solche Versicherung, bei der die Verzinsung durch eine 0te Ausscheideursache ersetzt wird, erhalten wir die folgende Äquivalenzgleichung

$$\int\limits_0^n {}_tp_x^* \sum_{i=0}^K \mu_{x+t}^{(i)} a_t^{(i)}\, dt + {}_np_x^* e_n = \int\limits_0^n {}_tp_x^* P_t^*\, dt.$$

Wegen $a_t^{(0)} = 0$ und wegen (25.13) folgt daraus:

$$\int\limits_0^n {}_tp_x v^t \sum_{i=1}^K \mu_{x+t}^{(i)} a_t^{(i)}\, dt + {}_np_x v^n e_n = \int\limits_0^n {}_tp_x v^t P_t^*\, dt. \tag{25.14}$$

Die linke Seite dieser Gleichung ist dem Ausdruck (25.5) gleich und damit wegen der Äquivalenz von Beiträgen und Leistungen auch dem Ausdruck (25.6). Daraus folgt:

$$\int\limits_0^n {}_tp_x v^t P_t^*\, dt = \int\limits_0^n {}_tp_x v^t P_t\, dt. \tag{25.15}$$

Wird also die Verzinsung durch Einführung einer 0ten Ausscheideursache mit $\mu_{x+t}^{(0)} = \delta$ und $a_t^{(0)} = 0$ ersetzt, dann kann die entsprechende Versicherung gegen die selbe Prämie $P_t^* = P_t$ abgeschlossen werden wie die ursprüngliche Versicherung. Wegen der Eindeutigkeit der Lösung von (25.10) stimmen auch die Deckungskapitalien für beide Versicherungen in jedem Zeitpunkt t überein. Die Ableitungen bleiben auch für eine variable Zinsintensität $\mu_{x+t}^{(0)} = \varrho(t)$ gültig.

3. Das Theorem von Cantelli. In Punkt 2 haben wir zwei verschiedene Versicherungen beschrieben, die trotz unterschiedlicher Ausscheideordnungen zu gleichen Prämien abgeschlossen werden können und die gleichen Deckungskapitalien liefern. Wir fragen jetzt allgemein, unter welchen Voraussetzungen Versicherungen mit unterschiedlichen Ausscheideordnungen zu gleichen Prämien abgeschlossen werden können und die gleichen Deckungskapitalien liefern.

Wir gehen von Ausscheideordnungen mit den Ausscheideintensitäten $\mu_{x+t}^{(i)}$, $i = 0, 1, \ldots, K$ und $\mu_{x+t}^{(0)} = \delta$ aus. Auf Grund dieser Ausscheideordnungen werde eine Versicherung auf die im Zeitpunkt des Ausscheidens fällig werdenden Kapitalien $a_t^{(i)}$ mit $a_t^{(0)} = 0$ und auf ein Erlebenskapital e_n im Falle des n-jährigen Verbleibens in der Personengesamtheit abgeschlossen. Nun betrachten wir eine zweite Gruppe von Ausscheideordnungen mit den Ausscheideintensitäten $\bar{\mu}_{x+t}^{(i)}$ und für diese Ausscheideordnungen eine Versicherung auf die Kapitalien $\bar{a}_t^{(i)}$ und $\bar{e}_n$, wobei wir $\bar{\mu}_{x+t}^{(i)} \neq 0$ für $a_t^{(i)} \neq {}_tV_x$ und $\bar{e}_n = e_n$ voraussetzen. Für $\bar{\mu}_{x+t}^{(i)} \neq 0$ setzen wir

$$\bar{a}_t^{(i)} = {}_tV_x + \frac{\mu_{x+t}^{(i)}}{\bar{\mu}_{x+t}^{(i)}} (a_t^{(i)} - {}_tV_x). \tag{25.16}$$

Für $\bar{\mu}_{x+t}^{(i)} = 0$ können wir $\bar{a}_t^{(i)}$ beliebig wählen, da in diesem Falle ein Ausscheiden aus der i^{ten} Ursache nicht stattfindet und das Kapital $\bar{a}_t^{(i)}$ nicht fällig werden kann.

Das *Theorem von* CANTELLI besagt nun, daß beide Versicherungen gegen die selbe Prämie abgeschlossen werden können und in diesem Fall auch die Deckungskapitalien beider Versicherungen stets übereinstimmen.

Zum Beweis gehen wir von der THIELEschen Differentialgleichung der ersten Versicherung aus, die in der Form (25.10) geschrieben werden kann. Aus (25.16) folgt

$$\mu_{x+t}^{(i)}(a_t^{(i)} - {}_tV_x) = \bar{\mu}_{x+t}^{(i)}(\bar{a}_t^{(i)} - {}_tV_x)$$

und da $a_t^{(i)} = {}_tV_x$ für $\bar{\mu}_{x+t}^{(i)} = 0$ gesetzt werden kann, gilt diese Beziehung für alle $i = 0, 1, \ldots, K$. Aus (25.10) folgt daher:

$$\frac{d}{dt}\, {}_tV_x = P_t - \sum_{i=0}^{K} (\bar{a}_t^{(i)} - {}_tV_x)\, \bar{\mu}_{x+t}^{(i)}. \tag{25.17}$$

In Analogie zu (25.13) setzen wir

$${}_t\bar{p}_x = e^{-\int\limits_0^t \sum\limits_{i=0}^{K} \bar{\mu}_{x+s}^{(i)} ds}.$$

Nun multiplizieren wir (25.17) mit ${}_t\bar{p}_x$ und integrieren über den gesamten Versicherungszeitraum:

$$\int_0^n {}_t\bar{p}_x \frac{d}{dt}\, {}_tV_x\, dt = \int_0^n {}_t\bar{p}_x P_t\, dt - \int_0^n \sum_{i=0}^{K} {}_t\bar{p}_x (\bar{a}_t^{(i)} - {}_tV_x)\, \bar{\mu}_{x+t}^{(i)}\, dt.$$

Wegen

$$\int_0^n {}_t\bar{p}_x \frac{d}{dt}\, {}_tV_x\, dt = \left| {}_t\bar{p}_x\, {}_tV_x \right|_0^n - \int_0^n \frac{d}{dt}\, {}_t\bar{p}_x\, {}_tV_x\, dt =$$

$$= {}_n\bar{p}_x\, {}_nV_x + \int_0^n {}_t\bar{p}_x \sum_{i=0}^{K} \bar{\mu}_{x+t}^{(i)}\, {}_tV_x\, dt$$

und ${}_nV_x = e_n = \bar{e}_n$ folgt daraus

$$\int_0^n {}_t\bar{p}_x \sum_{i=0}^{K} \bar{a}_t^{(i)}\, \bar{\mu}_{x+t}^{(i)}\, dt + {}_n\bar{p}_x\, \bar{e}_n = \int_0^n {}_t\bar{p}_x P_t\, dt. \tag{25.18}$$

Wie man sieht, ist (25.18) gerade die Äquivalenzgleichung für die Prämie der zweiten Versicherung. Aus (25.18) geht daher hervor, daß die zweite Versicherung gegen die selbe Prämie $\bar{P}_t = P_t$ abgeschlossen werden kann wie die erste Versicherung. Die THIELEsche Differentialgleichung für die zweite Versicherung lautet, wie aus (25.10) folgt,

$$\frac{d}{dt}\,{}_t\overline{V}_x = \overline{P}_t - \sum_{i=0}^{K} (\bar{a}_t^{(i)} - {}_t\overline{V}_x)\,\bar{\mu}_{x+t}^{(i)}. \tag{25.19}$$

Wegen ${}_0\overline{V}_x = {}_0V_x = 0$ stimmt die Lösung dieser Differentialgleichung für $\overline{P}_t = P_t$ mit der Lösung der Differentialgleichung (25.17) überein. Damit ist das Theorem von CANTELLI, wonach beide Versicherungen gegen dieselbe Prämie abgeschlossen werden können und in diesem Fall gleiche Deckungskapitalien aufweisen, bewiesen.

Das Theorem von CANTELLI beruht auf einer einfachen Überlegung. Da die Verzinsung durch eine zusätzliche Ausscheideursache ersetzt wurde, stellt der Ausdruck

$$\sum_{i=0}^{K} (a_t^{(i)} - {}_tV_x)\,\mu_{x+t}^{(i)}\,dt + o(dt) \tag{25.20}$$

den Erwartungswert jenes Betrages dar, der bei Ausscheiden im Zeitintervall $(t, t + dt)$ neben dem vorhandenen Deckungskapital ${}_tV_x$ noch geleistet werden muß, um das fällige Kapital $a_t^{(i)}$ aufzubringen. Stimmen die Ausdrücke (25.20) für zwei Versicherungen überein und gilt für beide Versicherungen ${}_nV_x = e_n$, dann ist die Belastung für beide Versicherungen gleich. Das Theorem läßt sich nun unschwer auch auf Fälle erweitern, in denen die Ausdrücke (25.20) für zwei Versicherungen nicht übereinstimmen. Es zeigt sich, daß die Differenz der Ausdrücke (25.20) durch eine entsprechende Änderung der laufenden Prämien ausgeglichen werden kann, indem die Mehr- oder Minderbelastung der einen Versicherung zu einer entsprechend höheren oder niedrigeren laufenden Prämie führt. Um dies zu zeigen, betrachten wir zwei Versicherungen, definiert durch $\{a_t^{(i)}, \mu_{x+t}^{(i)}, e_n\}$ und $\{\bar{a}_t^{(i)}, \bar{\mu}_{x+t}^{(i)}, e_n\}$, für die jedoch (25.16) nicht erfüllt sein muß. Wir führen eine Funktion ΔP_t wie folgt ein:

$$\Delta P_t = \sum_{i=0}^{K} [(a_t^{(i)} - {}_tV_x)\,\mu_{x+t}^{(i)} - (\bar{a}_t^{(i)} - {}_tV_x)\,\bar{\mu}_{x+t}^{(i)}]. \tag{25.21}$$

Hiebei bedeutet ${}_tV_x$ das Deckungskapital der ersten Versicherung. Mit Hilfe von (25.21) erhalten wir aus (25.10) die folgende Gleichung:

$$\frac{d}{dt}\,{}_tV_x = P_t - \Delta P_t - \sum_{i=0}^{K} (\bar{a}_t^{(i)} - {}_tV_x)\,\bar{\mu}_{x+t}^{(i)}. \tag{25.22}$$

Setzen wir $P_t - \Delta P_t = \overline{P}_t$ oder

$$\overline{P}_t = P_t + \sum_{i=0}^{K} [(\bar{a}_t^{(i)} - {}_tV_x)\,\bar{\mu}_{x+t}^{(i)} - (a_t^{(i)} - {}_tV_x)\,\mu_{x+t}^{(i)}], \tag{25.23}$$

dann können wir (25.22) in gleicher Weise umformen wie weiter oben (25.17). $\overline{P}_t$ aus (25.23) erfüllt daher die Äquivalenzgleichung (25.18) und kann als Prämie der zweiten Versicherung eingeführt werden. Da $\overline{P}_t$ somit (25.19) und wegen (25.22) auch (25.17) erfüllt, stimmen wegen der Eindeutigkeit der Lösungen der THIELEschen Differentialgleichung die Deckungskapitalien beider Versicherungen überein.

Damit ist als *Erweiterung des Theorems von* CANTELLI gezeigt, daß für zwei Versicherungen, deren Prämien P_t und $\overline{P}_t$ die Beziehung (25.23) erfüllen, die Deckungskapitalien in jedem Zeitpunkt übereinstimmen.

4. Anwendung des Theorems von Cantelli. Als Beispiel für die Anwendung des Theorems von CANTELLI zeigen wir zunächst, daß die Berücksichtigung freiwilliger Austritte aus der Versicherung dann keinen Einfluß auf die Prämien und auf das Deckungskapital hat, wenn der Versicherte im Zeitpunkt des Austrittes das volle Deckungskapital ausgezahlt erhält. Es sei $\mu_{x+t}^{(2)}$ die Intensität der freiwilligen Austritte. Unsere Versicherung kann dann durch

$$\mu_{x+t}^{(0)} = \delta, \qquad \mu_{x+t}^{(1)} = \mu_{x+t}, \qquad \mu_{x+t}^{(2)},$$
$$a_t^{(0)} = 0, \qquad a_t^{(1)} = a_t, \qquad a_t^{(2)} = {}_tV_x, \qquad e_n$$

beschrieben werden, wobei das Erlebenskapital e_n und die Kapitalien $a_t^{(1)}$ beliebig gewählt werden können. $a_t^{(2)} = {}_tV_x$ besagt, daß im Falle des freiwilligen Austrittes das volle Deckungskapital rückgezahlt wird.

Wir führen nun eine zweite Versicherung wie folgt ein:

$$\bar{\mu}_{x+t}^{(0)} = \delta, \qquad \bar{\mu}_{x+t}^{(1)} = \mu_{x+t}, \qquad \bar{\mu}_{x+t}^{(2)} = 0,$$
$$\bar{a}_t^{(0)} = 0, \qquad \bar{a}_t^{(1)} = a_t, \qquad \bar{a}_t^{(2)}, \qquad \bar{e}_n = e_n.$$

Wegen $\bar{\mu}_{x+t}^{(2)} = 0$ kann $\bar{a}_t^{(2)}$ beliebig gewählt werden. Nun gilt

$$\sum_{i=0}^{K} (a_t^{(i)} - {}_tV_x)\,\mu_{x+t}^{(i)} = -\delta\,{}_tV_x + (a_t - {}_tV_x)\mu_{x+t},$$

$$\sum_{i=0}^{K} (\bar{a}_t^{(i)} - {}_tV_x)\,\bar{\mu}_{x+t}^{(i)} = -\delta\,{}_tV_x + (a_t - {}_tV_x)\,\mu_{x+t}.$$

Aus (25.23) folgt daher $\overline{P}_t = P_t$, das heißt, beide Versicherungen können gegen gleiche Prämien abgeschlossen werden und führen, wie das Theorem von CANTELLI aussagt, unter dieser Voraussetzung zu stets gleichen Deckungskapitalien. Damit ist gezeigt, daß freiwillige Austritte keinen Einfluß auf Prämien und Deckungskapital haben, wenn stets das Deckungskapital im Zeitpunkt des Austrittes rückgezahlt wird.

Als weiteres Beispiel betrachten wir eine Versicherung, bei der neben den wegen Tod fällig werdenden Kapitalien a_t Auslosungen vorgesehen sind, wobei die ausgelosten Versicherungen ein Kapital b_t ausgezahlt erhalten. Die Auslosungsintensität sei konstant und gleich α. Diese Versicherung kann wie folgt beschrieben werden:

$$\mu_{x+t}^{(0)} = \delta, \qquad \mu_{x+t}^{(1)} = \mu_{x+t}, \qquad \mu_{x+t}^{(2)} = \alpha,$$
$$a_t^{(0)} = 0, \qquad a_t^{(1)} = a_t, \qquad a_t^{(2)} = b_t, \qquad e_n.$$

Nun betrachten wir eine zweite Versicherung der folgenden Gestalt:

$$\bar{\mu}_{x+t}^{(0)} = \delta + \alpha, \quad \bar{\mu}_{x+t}^{(1)} = \mu_{x+t}, \qquad \bar{\mu}_{x+t}^{(2)} = 0,$$
$$\bar{a}_t^{(0)} = 0, \qquad \bar{a}_t^{(1)} = a_t, \qquad \bar{a}_t^{(2)}, \qquad \bar{e}_n = e_n.$$

Es gilt

$$\sum_{i=0}^{K} (a_t^{(i)} - {}_tV_x)\,\mu_{x+t}^{(i)} = -\delta\,{}_tV_x + (a_t - {}_tV_x)\,\mu_{x+t} + (b_t - {}_tV_x)\,\alpha,$$

$$\sum_{i=0}^{K} (\bar{a}_t^{(i)} - {}_tV_x)\,\bar{\mu}_{x+t}^{(i)} = -(\delta + \alpha)\,{}_tV_x + (a_t - {}_tV_x)\,\mu_{x+t}.$$

Aus (25.23) folgt daher $P_t = \bar{P}_t + \alpha b_t$. Die Prämie $\bar{P}_t$ für die zweite Versicherung ist einfach zu rechnen. Da wegen $\bar{\mu}_{x+t}^{(2)} = 0$ keine Auslosungen vorgesehen sind, ist lediglich die Zinsintensität δ durch eine Zinsintensität $\delta + \alpha$ zu ersetzen.

Liegt eine Erlebensversicherung auf die Summe 1 vor und wird im Falle der Auslosung ebenfalls 1 gezahlt, dann gilt $a_t = 0$, $b_t = 1$, $e_n = 1$ und die Prämie beträgt

$$P_t = \frac{{}_np_x e^{-(\delta+\alpha)}}{\int_0^n {}_tp_x e^{-t(\delta+\alpha)}\,dt} + \alpha = \frac{{}_nE_x(\delta + \alpha)}{\bar{a}_{x,\overline{n}|}(\delta + \alpha)} + \alpha. \tag{25.24}$$

Die Klammerausdrücke $(\delta + \alpha)$ auf der rechten Seite von (25.24) bedeuten, daß die Versicherungswerte ${}_nE_x$ und $\bar{a}_{x,\overline{n}|}$ unter Zugrundelegung einer Zinsintensität $\delta + \alpha$ zu berechnen sind.

Liegt eine gemischte Versicherung vor und wird wieder im Falle der Auslosung der Betrag 1 gezahlt, dann gilt $a_t = 1$, $b_t = 1$, $e_n = 1$ und die Prämie beträgt

$$P_t = \frac{\int_0^n {}_tp_x\mu_{x+t}e^{-t(\delta+\alpha)}\,dt + {}_np_x e^{-n(\delta+\alpha)}}{\int_0^n {}_tp_x e^{-t(\delta+\alpha)}\,dt} + \alpha = \frac{\bar{A}_{x,\overline{n}|}(\delta + \alpha)}{\bar{a}_{x,\overline{n}|}(\delta + \alpha)} + \alpha. \tag{25.25}$$

Auch hier sind die Versicherungswerte $\bar{A}_{x,\overline{n}|}$ bzw. $\bar{a}_{x,\overline{n}|}$ unter Zugrundelegung einer Zinsintensität $\delta + \alpha$ zu berechnen.

Kapitel 26

Die Integrale von Stieltjes und Schärf

1. Allgemeinere Versicherungen. Die klassische Theorie der Lebensversicherung, wie sie in Abschnitt II beschrieben wurde, beruht auf der diskontinuierlichen Darstellung. Sie reicht zur Behandlung einer Vielzahl von Problemen der Praxis völlig aus. Insbesondere kann die Frage nach der kostendeckenden Nettoprämie sowie nach der ausreichenden Prämie meist zufriedenstellend beantwortet werden. Andererseits gestattet die kontinuierliche Darstellung, wie wir sie in Kapitel 25 verwendet haben, vielfach eine elegantere Lösung der Aufgaben. Zur Beantwortung der Frage, ob die diskontinuierliche oder die kontinuierliche Methode vorzuziehen sei, wird aber auch auf das zur Verfügung stehende statistische Material und auf die Rechnungsgrundlagen Bedacht genommen werden müssen. Grundsätzlich werden diskontinuierliche Größen beobachtet, die andererseits mit Hilfe der Ausgleichsrechnungen unschwer auch für die kontinuierliche Darstellung herangezogen werden können.

Die getrennte Darstellung von kontinuierlichen und diskontinuierlichen Methoden vermag in der versicherungsmathematischen Theorie ebenso wenig zu befriedigen, wie etwa in der Statistik. Die gemeinsame Behandlung von stetigen und unstetigen Verteilungsfunktionen wird in der Statistik durch die Einführung eines erweiterten Maßbegriffes ermöglicht. In der Versicherungsmathematik kann analog vorgegangen werden, wobei auf die speziellen der Versicherungsmathematik eigenen Verteilungsfunktionen Bedacht zu nehmen sein wird. In welcher Weise eine Erweiterung des Maßbegriffes für die Versicherungsmathematik wünschenswert und möglich ist, werden wir am Beispiel einer Versicherung zeigen, die etwas allgemeiner ist als die bisher behandelten.

Wir gehen dabei von einer gemischten Versicherung aus. In der diskontinuierlichen Darstellung gilt

$$A_{x,\overline{n}|} = \sum_{\nu=1}^{n} \frac{d_{x+\nu-1}}{l_x} v^\nu + \frac{l_{x+n}}{l_x} v^n = \sum_{\nu=1}^{n} {}_{\nu-1}p_x\, q_{x+\nu-1} v^\nu + {}_np_x v^n .$$

Aus der kontinuierlichen Darstellung in (25.25) erhalten wir die Formel

$$\bar{A}_{x,\overline{n}|} = \int_0^n {}_tp_x \mu_{x+t} v^t\, dt + {}_np_x v^n ,$$

wenn wir $\alpha = 0$ setzen. Im diskontinuierlichen Fall erhalten wir für die Darstellung des Versicherungswertes eine Summe, im kontinuierlichen Fall ein Integral, während das Erlebenskapital stets als gesonderter Summand aufscheint. In beiden Fällen wird über die gesamte Versicherungsdauer summiert.

Unser Ziel ist es, eine einheitliche Darstellung für beide Formeln zu finden. Dabei brauchen wir unsere Untersuchungen nicht auf den Bereich der Personenversicherung zu beschränken. In jeder Versicherung, also etwa auch in der Sachschadenversicherung, handelt es sich allgemein gesprochen darum, kontinuierliche oder diskontinuierliche zufallsgesteuerte Einnahmen und Ausgaben aufeinander abzustimmen. Im Falle der Versicherung mit fester Laufzeit sind die Ausgaben eine feste Größe, aber dafür sind die Einnahmen zufällige Größen, da sie von der Lebensdauer abhängen. Im Falle einer Erlebensversicherung mit laufender Prämienzahlung sind Einnahmen und Ausgaben von der Lebensdauer abhängig und daher beide zufällige Größen. Im Falle der gemischten Versicherung gegen Einmalprämie sind die Einnahmen eine feste Größe, die Ausgaben hingegen von der Lebensdauer abhängig und daher zufallsbedingt. Auch die meisten Sachschadenversicherungen werden gegen feste Prämien abgeschlossen, während die Leistungen zufällige Größen sind.

Wir werden uns im folgenden mit allgemeineren Versicherungen befassen, für welche sowohl die Einnahmen als auch die Ausgaben zufällige Größen darstellen und sowohl kontinuierliche als auch diskontinuierliche Zahlungen zugelassen sind. Feste Einnahmen und feste Ausgaben werden als Grenzfälle zufälliger Größen betrachtet. Ist ζ eine zufällige Größe, dann soll $W\{\zeta \leqq z\}$, die Wahrscheinlichkeit, daß ζ kleiner oder gleich z ist, stets existieren. $W\{\zeta \leqq z\} = F(z)$ ist die *Verteilungsfunktion*[1] der zufälligen Größe ζ.

[1] Im Gegensatz zu einer anderen Definition der Verteilungsfunktion ist die Wahrscheinlichkeit des Ereignisses $\zeta = z$ durch $F(z)$ mit erfaßt.

Für eine eingehende Darstellung der Begriffe „zufällige Größe", „Wahrscheinlichkeit", „Verteilungsfunktion" usw. verweisen wir auf die Standardlehrbücher über Wahrscheinlichkeitsrechnung und mathematische Statistik. Für unsere Überlegungen genüge die Bemerkung, daß eine als Ergebnis eines Versicherungsverlaufes beobachtbare Größe ζ dann eine Verteilungsfunktion $F(z)$ besitzt, wenn angenommen werden kann, daß bei beliebig oft *unter den gleichen Voraussetzungen* wiederholtem Versicherungsverlauf die relative Häufigkeit der Werte $\zeta \leqq z$ für jedes z gegen $F(z)$ konvergiert.

In der Sachschadenversicherung kann ζ etwa die Höhe des in einem Jahr auftretenden Schadens, bezogen auf den Anfang des Jahres, darstellen. In der Lebensversicherung kann ζ die Höhe der Versicherungsleistung, diskontiert auf den Versicherungsbeginn, bezeichnen. In der diskontinuierlichen gemischten Versicherung ist etwa die Wahrscheinlichkeit, daß die auf den Zeitpunkt des Versicherungsbeginnes diskontierte Versicherungsleistung v^ν beträgt, für $\nu = 1, \ldots, n-1$ durch ${}_{\nu-1}p_x q_{x+\nu-1}$ und für $\nu = n$ durch ${}_{n-1}p_x q_{x+n-1} + {}_n p_x = {}_{n-1}p_x$ gegeben. Für alle übrigen ν ist diese Wahrscheinlichkeit 0. Bezeichnet man die Versicherungsleistung aus dieser gemischten Versicherung, diskontiert auf den Versicherungsbeginn, mit ζ, dann gilt:

$$W\{\zeta \leqq z\} = W\{v^\nu \leqq z\} = \begin{cases} 1 \text{ für } z > v, \\ \sum\limits_{\frac{\ln z}{\ln v} \leqq \nu \leqq n} {}_{\nu-1}p_x q_{x+\nu-1} + {}_n p_x \quad \text{für} \quad v^n \leqq z \leqq v, \\ 0 \text{ für } z < v^n. \end{cases}$$

Definieren wir eine *ganzzahlige* Funktion $g(z)$ durch $0 < \frac{\ln z}{\ln v} - g(z) \leqq 1$, dann erhalten wir:

$$W\{\zeta \leqq z\} = \begin{cases} 1 & \text{für} \quad z > v, \\ {}_{g(z)}p_x & \text{für} \quad v^n \leqq z \leqq v, \\ 0 & \text{für} \quad z < v^n. \end{cases} \tag{26.1}$$

In analoger Weise erhalten wir für die kontinuierliche gemischte Versicherung die Darstellung:

$$W\{\zeta \leqq z\} = \begin{cases} 1 \quad \text{für} \quad z > 1, \\ \int\limits_{\frac{\ln z}{\ln v}}^{n} {}_t p_x \mu_{x+t}\, dt + {}_n p_x = {}_{\frac{\ln z}{\ln v}}p_x \quad \text{für} \quad v^n \leqq z \leqq 1, \\ 0 \quad \text{für} \quad z < v^n. \end{cases} \tag{26.2}$$

Offenbar hat die Verteilungsfunktion aus (26.1) die Gestalt einer Stufenfunktion, während die Verteilungsfunktion aus (26.2) mit Ausnahme einer Sprungstelle in $z = v^n$ stetig ist. Unser Ziel ist es, eine einheitliche Darstellung für kontinuierliche und diskontinuierliche Verteilungsfunktionen, wie sie in der Versicherungsmathematik auftreten, zu finden. Hiefür erweist es sich als notwendig, den Bereich der zugelassenen Funktionen auf die Klasse der Funktionen mit beschränkter Schwankung einzuschränken, die im folgenden untersucht wird.

2. Funktionen mit beschränkter Schwankung. Wir führen zunächst den Begriff der Zerlegung ein. Unter einer Zerlegung Z_n des Intervalls $I = (a, b]$ verstehen wir die Auswahl von $n + 1$ Zahlen $t_0, t_1, \ldots, t_n$ mit $a = t_0 < t_1 \cdots \cdots < t_{n-1} < t_n = b$. Durch eine derartige Zerlegung wird daher I in n Teilintervalle $I_i^{(n)} = (t_{i-1}^{(n)}, t_i^{(n)}]$ mit $i = 1, \ldots, n$ zerlegt, die I vollständig überdecken und keinen Punkt gemeinsam haben. Alle auftretenden Intervalle sind links offen und rechts abgeschlossen vorausgesetzt, das heißt, es gilt $I = \{t : a < < t \leqq b\}$ bzw. $I_i^{(n)} = \{t : t_{i-1}^{(n)} < t \leqq t_i^{(n)}\}$, wie dies auch durch die linke runde Klammer und die rechte eckige Klammer ausgedrückt wird.

Eine Folge von Zerlegungen $\{Z_n\}$ mit $n = 1, 2, \ldots$ heißt *ausgezeichnete Zerlegungsfolge*, wenn die Länge aller Teilintervalle I_i gegen Null strebt, wenn also

$$\lim_{n\to\infty} \max_{(i)} (t_i^{(n)} - t_{i-1}^{(n)}) = 0 \tag{20.3}$$

gilt.

Unter der Schwankung einer Funktion $F(t)$ im Intervall $(a, b]$ in bezug auf eine Zerlegung Z_n verstehen wir die Summe

$$s(F \mid Z_n) = \sum_{i=1}^{n} |F(t_i^{(n)}) - F(t_{i-1}^{(n)})|, \tag{26.4}$$

wobei zusätzlich die Existenz von $F(a)$ vorausgesetzt wird. Eine Funktion besitzt eine beschränkte Schwankung, wenn die Schwankung für jede ausgezeichnete Zerlegungsfolge $\{Z_n\}$ beschränkt bleibt, wenn also

$$\sup_{\{Z_n\}} s(F \mid Z_n) \leqq M = M(F \mid a, b) < \infty$$

gilt. Offenbar ist jede Funktion mit beschränkter Schwankung selbst beschränkt, da mit $F(t)$ auch die Schwankung divergiert. Wir bemerken noch, daß (26.4) nichts über das Verhalten der Funktion außerhalb des Intervalls I einschließlich dem Randpunkt a aussagt.

Eine wichtige Eigenschaft der Funktionen mit beschränkter Schwankung ist die Existenz eines linksseitigen und eines rechtsseitigen Grenzwertes in jedem Punkt des Intervalls. Ist $\{\varepsilon_m\}$ eine beliebige Folge von Werten $\varepsilon_m > 0$ mit $\lim_{m\to\infty} \varepsilon_m = 0$, dann existieren für jedes t mit $a < t < b$ die Grenzwerte

$$F(t - 0) = \lim_{m\to\infty} F(t - \varepsilon_m), \qquad F(t + 0) = \lim_{m\to\infty} F(t + \varepsilon_m). \tag{26.5}$$

Den Beweis führen wir indirekt. Würde $F(t - 0)$ nicht existieren, dann gäbe es zwei Folgen $\{\bar\varepsilon_m\}$ und $\{\bar{\bar\varepsilon}_m\}$ mit $\bar\varepsilon_m > 0$, $\bar{\bar\varepsilon}_m > 0$, $\lim \bar\varepsilon_m = 0$ und $\lim \bar{\bar\varepsilon}_m = 0$, für welche $\bar F(t - 0) = \lim_{m\to\infty} F(t - \bar\varepsilon_m) \neq \bar{\bar F}(t - 0) = \lim_{m\to\infty} F(t - \bar{\bar\varepsilon}_m)$ gilt. Der Einfachheit halber beschränken wir uns in beiden Folgen auf jene Glieder, für welche

$$0 < \cdots < \bar\varepsilon_m < \bar{\bar\varepsilon}_m < \bar\varepsilon_{m+1} < \bar{\bar\varepsilon}_{m+1} < \cdots \tag{26.6}$$

für alle m gilt. Es gibt dann sicher ein $d > 0$ und einen Bereich $(t - \delta, t)$ mit $a \leqq t - \delta$, für welchen

$$|F(t - \bar\varepsilon_m) - F(t - \bar{\bar\varepsilon}_m)| \geqq d > 0,$$

$$|F(t - \bar{\bar\varepsilon}_m) - F(t - \bar\varepsilon_{m+1})| \geqq d > 0$$

für alle m mit $0 < \bar{\varepsilon}_m < \bar{\bar{\varepsilon}}_m < \bar{\varepsilon}_{m+1} < \delta$ gilt. Betrachten wir nun eine Zerlegung Z_n^*, welche $n + 1$ aufeinanderfolgende Punkte $t_i^* = t - \varepsilon_i$ enthält, wobei für $\varepsilon_i < \delta$ genau $n + 1$ aufeinanderfolgende Werte der Folge (26.6) gewählt werden, dann gilt offenbar $s(F \mid Z_n^*) \geqq n d$. Da für eine ausgezeichnete Zerlegungsfolge beliebig viele aufeinanderfolgende Werte $\varepsilon_i < \delta$ aus der Folge (26.6) gewählt werden können, ist n unbegrenzt und die Schwankung divergiert. Die Annahme zweier verschiedener Grenzwerte $\bar{F}(t - 0) \neq \bar{\bar{F}}(t - 0)$ steht daher im Widerspruch zur Voraussetzung der beschränkten Schwankung.

Der Beweis für die Existenz von $F(t + 0)$ kann ganz analog geführt werden, indem man Werte $t + \varepsilon_i$ statt $t - \varepsilon_i$ betrachtet. Aus der Beweisführung geht darüber hinaus hervor, daß an den Rändern des Intervalls die Grenzwerte $F(a + 0)$ und $F(b - 0)$ entsprechend der Definition (26.5) existieren.

Wir bemerken, daß über den Funktionswert im Punkt t selbst nichts ausgesagt wurde. Im allgemeinen können daher die Werte $F(t)$, $F(t - 0)$ und $F(t + 0)$ verschieden sein, doch muß die Funktion, wie bereits erwähnt, beschränkt sein. Gilt $F(t) = F(t - 0) \neq F(t + 0)$ oder $F(t) = F(t + 0) \neq F(t - 0)$, dann sagen wir, $F(t)$ besitzt in t eine *Sprungstelle erster Art*. Gilt $F(t) \neq F(t - 0)$ und $F(t) \neq F(t + 0)$, dann sagen wir $F(t)$ besitzt in t eine *Sprungstelle zweiter Art*. Wie man sieht, ist $F(t)$ an einer Sprungstelle erster Art rechtsseitig oder linksseitig stetig.

Eine Funktion mit beschränkter Schwankung ist daher in jedem Punkt t des Intervalls entweder stetig oder sie besitzt dort eine Sprungstelle erster oder zweiter Art. Zwei wichtige Eigenschaften von Funktionen mit beschränkter Schwankung werden in den folgenden Sätzen formuliert:

Satz: Eine Funktion mit beschränkter Schwankung besitzt höchstens abzählbar viele Sprungstellen.

Beweis: Wegen der Existenz der rechtsseitigen und der linksseitigen Grenzwerte (26.5) kann zu jedem $\delta > 0$ ein $\varepsilon > 0$ mit

$$F(t) - F(t - \varepsilon)| + |F(t + \varepsilon) + F(t)| > |F(t) - F(t - 0)| + |F(t + 0) - F(t)| - \delta$$

gefunden werden. Ist t eine Sprungstelle, dann tragen die Punkte $t - \varepsilon,\ t,\ t + \varepsilon$ zur Schwankung (26.4) einen Betrag bei, der größer ist als die rechte Seite der vorstehenden Ungleichung. Funktionen mit beschränkter Schwankung können daher nur endlich viele Sprungstellen aufweisen, für welche $|F(t) - F(t - 0)|$ oder $|F(t + 0) - F(t)|$ eine feste, vorgegebene Schranke übersteigt. Betrachten wir für $n = 0, \pm 1, \pm 2, \ldots$ die Intervalle $(2^{n-1}, 2^n]$, dann gibt es zu jedem Intervall höchstens endlich viele Sprungstellen, für welche $|F(t) - F(t - 0)|$ oder $|F(t + 0) - F(t)|$ in das Intervall fallen. Da die Intervalle abzählbar sind und in jedes Intervall nur endlich viele Sprungstellen fallen, sind die Sprungstellen selbst abzählbar.

Satz: Jede Funktion $F(t)$ mit beschränkter Schwankung kann als Summe einer stetigen Funktion $F_1(t)$ und einer Stufenfunktion $F_2(t)$ dargestellt werden. Unter einer Stufenfunktion verstehen wir hiebei eine Funktion mit beschränkter Schwankung, die mit Ausnahme von abzählbar vielen Sprungstellen stetig ist und die für je zwei benachbarte Sprungstellen $t_1 < t_2$ der Gleichung $F(t_1 + 0) = F(\tau) = F(t_2 - 0)$ für alle τ mit $t_1 < \tau < t_2$ genügt.

Beweis: Es sei t_i die i^{te} Sprungstelle einer Funktion $F(t)$ mit beschränkter Schwankung. Wir führen eine Stufenfunktion $F_2(t)$ durch die Anfangsbedingung $F_2(a) = 0$ und durch ihre Sprungstellen $F_2(t_i + 0) - F_2(t_i) = F(t_i + 0) - F(t_i)$ bzw. $F_2(t_i) - F_2(t_i - 0) = F(t_i) - F(t_i - 0)$ ein, wobei t_i der Reihe nach alle Sprungstellen von $F(t)$ durchläuft. Wie man mit Hilfe von (26.5) leicht zeigen kann, ist die Funktion $F_1(t) = F(t) - F_2(t)$ im ganzen Intervall stetig. Damit ist der Satz bewiesen.

Aus der Abzählbarkeit der Sprungstellen t_i darf noch nicht gefolgert werden, daß sie der Größe von t_i nach angeordnet werden können. Werden etwa die rationalen Zahlen des Intervalls $(0, 1]$ durchnumeriert und wird der n^{ten} Zahl t_n eine Sprunghöhe $F(t_n) - F(t_n - 0) = \frac{1}{2^n}$ zugeordnet, dann ist die entsprechende Stufenfunktion im Intervall von beschränkter Schwankung, ohne daß ihre Sprungstellen der Größe nach angeordnet werden können. Die Funktionswerte für nicht rationale t können durch die Stetigkeitseigenschaft der Stufenfunktion außerhalb der Sprungstellen gefunden werden. Ist etwa τ eine irrationale Zahl, dann kann sie durch eine Folge von rationalen Zahlen τ_n approximiert werden. Der Funktionswert $F(\tau)$ ist dann nach Definition durch $F(\tau) = \lim\limits_{n\to\infty} F(\tau_n)$ gegeben. Die Existenz dieses Grenzwertes ist dadurch gesichert, daß jede endliche Sprunghöhe nur in endlich vielen Sprungstellen überschritten wird.

3. Das Riemann-Stieltjes-Integral. Die im folgenden dargelegte Erweiterung des RIEMANNschen Integralbegriffes dient der einheitlichen Darstellung kontinuierlicher und diskontinuierlicher Versicherungsverläufe. Es seien $F(t)$ und $G(t)$ zwei Funktionen, definiert im Intervall $a \leqq t \leqq b$, und Z_n eine Zerlegung des Intervalls $(a, b]$. Aus jedem Teilintervall $I_i^{(n)}$ wählen wir einen beliebigen Wert $\tau_i^{(n)}$ mit $t_{i-1}^{(n)} < \tau_i^{(n)} \leqq t_i^{(n)}$. Nun bilden wir die RIEMANN-STIELTJES-Summe

$$\sum_{i=1}^{n} G(\tau_i^{(n)})[F(t_i^{(n)}) - F(t_{i-1}^{(n)})].$$

Strebt diese Summe für jede ausgezeichnete Zerlegungsfolge $\{Z_n\}$ und für beliebige $\tau_i^{(n)} \in I_i^{(n)}$ dem selben endlichen Grenzwert zu, dann ist dieser Grenzwert das RIEMANN-STIELTJES-*Integral* mit der Bezeichnung

$$\lim_{n\to\infty} \sum_{i=1}^{n} G(\tau_i^{(n)})[F(t_i^{(n)}) - F(t_{i-1}^{(n)})] = \int_a^b G(t)\, dF(t). \tag{26.7}$$

Wir beweisen nun den folgenden

Satz: Sind $F(t)$ und $G(t)$ Funktionen mit beschränkter Schwankung in $a \leqq t \leqq b$, dann existiert das RIEMANN-STIELTJES-Integral (26.7).

Beweis. Da $G(t)$ beschränkt ist, gibt es ein C mit $|G(t)| \leqq C$ für $a \leqq t \leqq b$. $F(t)$ besitzt eine beschränkte Schwankung. Es gilt daher:

$$\left|\sum_{i=1}^{n} G(\tau_i^{(n)})[F(t_i^{(n)}) - F(t_{i-1}^{(n)})]\right| \leqq C\, M(F\,|\,a, b). \tag{26.8}$$

Die RIEMANN-STIELTJES-Summen sind daher beschränkt und es gibt zu jeder ausgezeichneten Zerlegungsfolge $\{Z_n\}$ eine konvergente Teilfolge $\{\bar{Z}_n\}$. Wenn wir zeigen können, daß alle konvergenten Teilfolgen denselben Grenzwert haben, ist unser Satz bewiesen.

Wir betrachten nun zwei beliebige konvergente Teilfolgen $\{\bar{Z}_n\}$ und $\{\bar{\bar{Z}}_n\}$. Aus je einer Zerlegung $\bar{Z}_n$ und $\bar{\bar{Z}}_n$ bilden wir eine gemeinsame Zerlegung Z_m, bestehend aus allen $2n$ Zahlen $\bar{t}_i^{(n)}$, $(i = 1, \ldots, n-1)$, $\bar{\bar{t}}_j^{(n)}$, $(j = 1, \ldots, n-1)$, $\bar{t}_0^{(n)} = \bar{\bar{t}}_0^{(n)} = a$, $\bar{t}_n^{(n)} = \bar{\bar{t}}_n^{(n)} = b$. Die Anzahl m der Teilintervalle $I_k^{(m)}$ ist höchstens gleich $2n-1$. Fallen jedoch Punkte der Zerlegungen $\bar{Z}_n$ und $\bar{\bar{Z}}_n$ zusammen, gilt also für ein oder mehrere Indexpaare (i, j) $\bar{t}_i^{(n)} = \bar{\bar{t}}_j^{(n)}$, dann vermindert sich m entsprechend.

Wir wollen nun zeigen, daß die RIEMANN-STIELTJES-Summen für beide Zerlegungsfolgen $\{\bar{Z}_n\}$ und $\{Z_m\}$ zum selben Grenzwert konvergieren. Dazu betrachten wir ein Intervall $\bar{I}_i^{(n)}$ aus der Zerlegung $\bar{Z}_n$. Wir nehmen an, daß dieses Intervall durch Z_m wie folgt zerlegt wird:

$$\bar{t}_{i-1}^{(n)} = t_{j-l}^{(m)} < t_{j-l+1}^{(m)} < \cdots < t_{j-1}^{(m)} < t_j^{(m)} = \bar{t}_i^{(n)}.$$

Für die auf $\bar{I}_i^{(n)}$ entfallenden Glieder der RIEMANN-STIELTJES-Summen gilt die folgende Ungleichung:

$$\begin{aligned} &\left| G(\bar{\tau}_i^{(n)})\,[F(\bar{t}_i^{(n)}) - F(\bar{t}_{i-1}^{(n)})] - \sum_{\nu=0}^{l-1} G(\tau_{j-\nu}^{(m)})\,[F(t_{j-\nu}^{(m)}) - F(t_{j-\nu-1}^{(m)})] \right| \leqq \\ &\qquad \leqq \sum_{\nu=0}^{l-1} |G(\bar{\tau}_i^{(n)}) - G(\tau_{j-\nu}^{(m)})|\,|F(t_{j-\nu}^{(m)}) - F(t_{j-\nu-1}^{(m)})|. \end{aligned} \tag{26.9}$$

Wir numerieren die Sprungstellen der Funktion $G(t)$ und es sei τ_k die k^{te} Sprungstelle. Da keine gemeinsamen Unstetigkeitsstellen von $F(t)$ und $G(t)$ zugelassen sind, gilt $F(\tau_k + 0) = F(\tau_k) = F(\tau_k - 0)$ für alle τ_k. Es gibt dann zu jedem τ_k eine Umgebung $\tau_k - \varepsilon_k < \tau_k < \tau_k + \varepsilon_k$, in der die Schwankung durch

$$M(F \mid \tau_k - \varepsilon_k, \tau_k + \varepsilon_k) = \frac{\varepsilon}{4G2^k} \tag{26.10}$$

nach oben begrenzt ist, da die oberen Grenzen $M\left(F \mid \tau_k + \frac{\varepsilon}{2^{\nu+1}}, \tau_k + \frac{\varepsilon}{2^\nu}\right)$ bzw. $M\left(F \mid \tau_k - \frac{\varepsilon}{2^\nu}, \tau_k - \frac{\varepsilon}{2^{\nu+1}}\right)$ für $\nu = 1, 2, \ldots$ jeweils Nullfolgen darstellen müssen. Wir wählen solche Umgebungen für alle jene Sprungstellen $\tau_k = \tau_k^*$, für welche mindestens eine der folgenden Ungleichungen erfüllt ist:

$$|G(\tau_k + 0) - G(\tau_k)| \geqq \frac{\varepsilon}{8M(F \mid a, b)}, \quad |G(\tau_k) - G(\tau_k - 0)| \geqq \frac{\varepsilon}{8M(F \mid a, b)}. \tag{26.11}$$

Für festes ε gibt es offenbar nur endlich viele derartige Sprungstellen τ_k^*. Schreiten wir in der ausgezeichneten Zerlegungsfolge $\{\bar{Z}_n\}$ weit genug fort, dann wird die Intervalleinteilung genügend fein, daß jene Intervalle, welche die endlich vielen Sprungstellen τ_k^* enthalten, jeweils zur Gänze in der Umgebung $(\tau_k^* - \varepsilon_k, \tau_k^* + \varepsilon_k)$ liegen. Dazu genügt es, die Zerlegung fein genug zu wählen, daß alle Intervalle stets kleiner sind als jedes einzelne der endlich vielen in Betracht kommenden ε_k.

Weiters soll die Zerlegung $\bar{Z}_n$ fein genug sein, damit für alle jene Teilintervalle $\bar{I}_i^{(n)}$, welche keine der vorhin betrachteten endlich vielen Sprungstellen τ_k^* enthalten, die Ungleichung

$$|G(\tau) - G(\bar{\tau})| < \frac{\varepsilon}{2M(F \mid a, b)}, \quad \bar{t}_{i-1}^{(n)} < \tau \leqq \bar{\tau} \leqq \bar{t}_i^{(n)} \tag{26.12}$$

gilt. Da Sprungstellen τ_k^*, für welche mindestens eine der beiden Ungleichungen (26.11) erfüllt ist, bereits ausgeschaltet wurden, treten in den hier noch betrachteten Intervallen nur mehr Sprungstellen mit einer Gesamtsprunghöhe von weniger als $\frac{\varepsilon}{4M(F|a,b)}$ auf. Wegen der Beschränktheit der Schwankung von $G(t)$ kann daher (26.12) bei genügend feiner Zerlegung stets erfüllt werden.

Für Intervalle $\bar{I}_i^{(n)}$, welche eine Sprungstelle τ_k^* enthalten, gilt wegen (26.9) und (26.10)

$$\sum_{i:\tau_k^*\in\bar{I}_i^{(n)}} |G(\bar{\tau}_i^{(n)})[F(\bar{t}_i^{(n)}) - F(\bar{t}_{i-1}^{(n)})] - \sum_{(\nu)} G(\tau_{j-}^{(m)})[F(t_{j-\nu}^{(m)}) - F(t_{j-\nu-1}^{(m)})]| \leqq 2C\sum_{k=1}^{\infty} \frac{\varepsilon}{4C2^k} = \frac{\varepsilon}{2}. \tag{26.13}$$

Für Intervalle $\bar{I}_i^{(n)}$, welche keine Sprungstelle τ_k^* enthalten, gilt wegen (26.9) und (26.12).

$$\begin{aligned}\sum_{i:\tau_k^*\notin\bar{I}_i^{(n)}} |G(\bar{\tau}_i^{(n)})[F(\bar{t}_i^{(n)}) - F(\bar{t}_{i-1}^{(n)})] - \sum_{(\nu)} G(\tau_{j-\nu}^{(m)})[F(t_{j-\nu}^{(m)}) - F(t_{j-\nu-1}^{(m)})]| \leqq \\ \leqq \frac{\varepsilon}{2M(F|a,b)} \sum_{i=1}^{n}\sum_{(\nu)} |F(t_{j-\nu}^{(m)}) - F(t_{j-\nu-1}^{(m)})| \leqq \frac{\varepsilon}{2}.\end{aligned} \tag{26.14}$$

Da ε beliebig klein gewählt werden kann, folgt daraus, daß die RIEMANN-STIELTJES-Summen für die Zerlegungsfolgen $\{\bar{Z}_n\}$ und $\{Z_m\}$ gegen den selben Grenzwert konvergieren. Dies kann ganz analog für die Zerlegungsfolgen $\{\bar{\bar{Z}}_n\}$ und $\{Z_m\}$ gezeigt werden, so daß die RIEMANN-STIELTJES-Summen für $\{\bar{Z}_n\}$ und $\{\bar{\bar{Z}}_n\}$ dem selben Grenzwert zustreben. Da die konvergenten Teilfolgen $\{\bar{Z}_n\}$ und $\{\bar{\bar{Z}}_n\}$ beliebig gewählt wurden, folgt daraus die Existenz eines eindeutigen Grenzwertes und weiter die Existenz des RIEMANN-STIELTJES-Integrals (26.7). Damit ist der Satz bewiesen.

Wir betrachten nun zwei Spezialfälle:

Fall a: Es sei $F(t)$ stetig differenzierbar mit $\frac{d}{dt}F(t) = f(t)$. In diesem Fall gilt

$$F(t_i^{(n)}) - F(t_{i-1}^{(n)}) = f(\tau_i^{(n)})(t_i^{(n)} - t_{i-1}^{(n)}) + o(t_i^{(n)} - t_{i-1}^{(n)}),$$

wobei $\frac{o(t_i^{(n)} - t_{i-1}^{(n)})}{t_i^{(n)} - t_{i-1}^{(n)}}$ für eine ausgezeichnete Zerlegungsfolge gegen Null strebt. Daraus folgt:

$$\sum_{i=1}^{n} G(\tau_i^{(n)})[F(t_i^{(n)}) - F(t_{i-1}^{(n)})] = \sum_{i=1}^{n} G(\tau_i^{(n)}) f(\tau_i^{(n)})(t_i^{(n)} - t_{i-1}^{(n)}) + o(1),$$

wobei $o(1)$ für eine ausgezeichnete Zerlegungsfolge gegen Null strebt. Die rechte Seite der vorstehenden Gleichung ist bis auf $o(1)$ eine RIEMANNsche Summe des Integrals $\int_a^b G(t)\,f(t)\,dt$. Wird die Existenz des RIEMANNschen Integrals vorausgesetzt, dann gilt:

$$\int_a^b G(t)\,dF(t) = \int_a^b G(t) f(t)\,dt. \tag{26.15}$$

Das RIEMANN-STIELTJES-Integral dient hier zur Darstellung eines RIEMANNschen Integrals.

Fall b: Es sei $F(t)$ eine Stufenfunktion, die nur Sprungstellen erster Art besitzt. Es sei τ_k die k^{te} Sprungstelle und es gelte $F(\tau_k + 0) - F(\tau_k - 0) = \Delta F(\tau_k)$. Wird die Existenz des RIEMANN-STIELTJES-Integrals vorausgesetzt, dann folgt aus (26.7):

$$\int_a^b G(t)\, dF(t) = \sum_{(k)} G(\tau_k)\, \Delta F(\tau_k). \tag{26.16}$$

Das RIEMANN-STIELTJES-Integral dient hier zur Darstellung einer Summe.

Bisher wurden a und b stillschweigend als endlich vorausgesetzt. Es sei

$$\begin{aligned} \lim_{b\to\infty} \int_a^b G(t)\, dF(t) &= \int_a^\infty G(t)\, dF(t), \\ \lim_{a\to-\infty} \int_a^b G(t)\, dF(t) &= \int_{-\infty}^b G(t)\, dF(t), \\ \lim_{\substack{a\to-\infty \\ b\to\infty}} \int_a^b G(t)\, dF(t) &= \int_{-\infty}^\infty G(t)\, dF(t), \end{aligned} \tag{26.17}$$

wenn die jeweiligen Grenzwerte unabhängig von der Art der Grenzübergänge $a \to -\infty$ bzw. $b \to \infty$ existieren.

Wir geben nun einige Eigenschaften des RIEMANN-STIELTJES-Integrals an:

$$\int_a^b dF(t) = F(b) - F(a), \tag{26.18}$$

$$\int_a^b c\, G(t)\, dF(t) = c \int_a^b G(t)\, dF(t), \tag{26.19}$$

$$\begin{aligned} &\int_a^b [G^{(1)}(t) + G^{(2)}(t)]\, d[F^{(1)}(t) + F^{(2)}(t)] = \\ &= \int_a^b G^{(1)}(t)\, dF^{(1)}(t) + \int_a^b G^{(2)}(t)\, dF^{(1)}(t) + \int_a^b G^{(1)}(t)\, dF^{(2)}(t) + \int_a^b G^{(2)}(t)\, dF^{(2)}(t). \end{aligned} \tag{26.20}$$

Der Beweis von (26.18), (26.19) und (26.20) wird leicht geführt, indem man die Gültigkeit der Gleichungen für die entsprechenden RIEMANN-STIELTJES-Summen nachweist und den Grenzübergang (26.7) durchführt.

Aus (26.7) und (26.8) folgt für Funktionen mit beschränkter Schwankung:

$$\left| \int_a^b G(t)\, dF(t) \right| \le C M(F \mid a, b). \tag{26.21}$$

Gehen wir von (26.7) aus und setzen für jede Zerlegung $\tau_{n+1}^{(n)} = b$, dann folgt

$$\begin{aligned} \sum_{i=1}^n G(\tau_i^{(n)})\, [F(t_i^{(n)}) - F(t_{i-1}^{(n)})] &= \sum_{i=1}^n G(\tau_i^{(n)}) F(t_i^{(n)}) - \sum_{i=0}^{n-1} G(\tau_{i+1}^{(n)}) F(t_i^{(n)}) = \\ &= -\sum_{i=1}^n F(t_i^{(n)}) [G(\tau_{i+1}^{(n)}) - G(\tau_i^{(n)})] + F(t_n^{(n)}) G(b) - F(a) G(\tau_1^{(n)}). \end{aligned}$$

Lassen wir Z_n eine ausgezeichnete Zerlegungsfolge durchlaufen, dann erhalten wir daraus die folgende Gleichung:

$$\int_a^b G(t)\,dF(t) = F(b)G(b) - F(a)G(a+0) - \int_{a+0}^b F(t)\,dG(t). \qquad (26.22)$$

Diese Umformung wird auch als *partielle Integration* bezeichnet. Existiert der Grenzwert $G(a+0)$, wie das etwa, wie gezeigt, bei Funktionen mit beschränkter Schwankung der Fall ist, dann folgt die Existenz von $\int_a^b G(t)\,dF(t)$ aus der Existenz von $\int_{a+0}^b F(t)\,dG(t)$ und umgekehrt. Sind $F(t)$ und $G(t)$ differenzierbar, dann können die beiden Integrale gemäß (26.15) umgeformt werden und wir erhalten die bekannte Formel für die partielle Integration RIEMANNscher Integrale.

Es sei nun $\{G_m(t)\}$ eine Folge von Funktionen, die in $[a, b]$ gleichmäßig gegen die Funktion $G(t)$ konvergieren, das heißt, es gibt zu jedem $\varepsilon > 0$ ein $M(\varepsilon)$ mit $|G_m(t) - G(t)| < \varepsilon$ für alle $m > M(\varepsilon)$ und für alle $t \in [a, b]$. Existieren die RIEMANN-STIELTJES-Integrale der Funktionen $G_m(t)$ und $G(t)$ mit der Funktion $F(t)$, dann gilt für genügend große m wegen

$$\left|\sum_{i=1}^n G_m(\tau_i^{(n)})\,[F(t_i^{(n)}) - F(t_{i-1}^{(n)})] - \sum_{i=1}^n G(\tau_i^{(n)})\,[F(t_i^{(n)}) - F(t_{i-1}^{(n)})]\right| \leqq$$

$$\leqq \max_{(i)} |G_m(\tau_i^{(n)}) - G(\tau_i^{(n)})| \sum_{i=1}^n |F(t_i^{(n)}) - F(t_{i-1}^{(n)})| \leqq \varepsilon M(F\,|\,a, b)$$

die Beziehung

$$\lim_{m\to\infty} \int_a^b G_m(t)\,dF(t) = \int_a^b \lim_{m\to\infty} G_m(t)\,dF(t). \qquad (26.23)$$

Grenzübergang und Integration sind daher vertauschbar.

Ist $G(t, x)$ in $a \leqq t \leqq b$, $x_0 \leqq x < x_1$ partiell nach x differenzierbar und gibt es zu jedem $\varepsilon > 0$ ein $M(\varepsilon)$ mit

$$\left| m\left[G\left(t, x + \frac{1}{m}\right) - G(t, x)\right] - \frac{\partial}{\partial x} G(t, x)\right| < \varepsilon \quad \text{für alle} \quad m > M(\varepsilon),$$

dann konvergiert $m\left[G\left(t, x + \frac{1}{m}\right) - G(t, x)\right]$ gleichmäßig gegen $\frac{\partial}{\partial x} G(t, x)$ und aus (26.23) folgt unter der Voraussetzung der Integrierbarkeit von $G(t, x)$ und $\frac{\partial}{\partial x} G(t, x)$ in bezug auf $F(t)$ die Beziehung:

$$\frac{\partial}{\partial x}\int_a^b G(t, x)\,dF(t) = \int_a^b \frac{\partial}{\partial x} G(t, x)\,dF(t). \qquad (26.24)$$

Differentiation und Integration sind daher vertauschbar.

In der Form (26.15) und (26.16) kann das RIEMANN-STIELTJES-Integral für Versicherungswerte herangezogen werden, die sich in Form RIEMANNscher Integrale oder in Form von Summen darstellen lassen. Damit läßt sich eine gemischte Versicherung im diskontinuierlichen Fall ebenso darstellen, wie eine Todesfallversicherung im kontinuierlichen Fall. In der gemischten Versicherung im kontinuierlichen Fall tritt die Erlebensversicherung als gesonderter Summand auf. Ist das Erlebenskapital gleich dem Ablebenskapital, wie dies im Falle von $\bar{A}_{x.\overline{n}|}$ vorausgesetzt wurde, dann gilt, wie man sich leicht überzeugt, für $G(t) = v^t$ und

$$F(t) = \begin{cases} 1 & \text{für} \quad t \geqq n, \\ {}_tq_x & \text{für} \quad 0 \leqq t < n, \\ 0 & \text{für} \quad t < 0 \end{cases} \tag{26.25}$$

die Darstellung

$$\bar{A}_{x,\overline{n}|} = \int_0^n G(t)\, dF(t). \tag{26.26}$$

In dieser Formel bedeutet $G(t)$ den Barwert jener Versicherungsleistung, die für den Zeitpunkt t vorgesehen ist, und $F(t)$ die Wahrscheinlichkeit, daß eine Versicherungsleistung bis einschließlich t fällig geworden ist. $F(t)$ hat in $t = n$ eine Sprungstelle mit $F(n+0) = F(n) = F(n-0) + {}_np_x$. Das RIEMANN-STIELTJES-Integral existiert, da $G(t) = v^t$ in $t = n$ stetig ist.

Betrachten wir jetzt eine gemischte Versicherung, bei der das Ablebenskapital a ungleich dem Erlebenskapital e_n ist, dann wird $G(t) = a v^t$ für $t < n$ und $G(n) = e_n v^n$ gesetzt und es gilt $G(n) - G(n-0) = (e_n - a)\, v^n \neq 0$. In diesem Fall haben $G(t)$ und $F(t)$ eine gemeinsame Unstetigkeitsstelle in $t = n$ und das RIEMANN-STIELTJES-Integral existiert nicht. Wird nämlich in der RIEMANN-STIELTJES-Summe $\tau_i^{(n)} = t_i^{(n)}$ gesetzt, dann ist der Grenzwert für eine ausgezeichnete Zerlegungsfolge um $(e_n - a) v^n\, {}_np_x$ größer, als wenn ein Wert $\tau_i^{(n)} < t_i^{(n)}$ gewählt wird. Die im folgenden behandelte Erweiterung des RIEMANN-STIELTJES-Integrals dient der Einbeziehung von Funktionen $G(t)$ und $F(t)$ mit gemeinsamen Unstetigkeitsstellen.

4. Das Stieltjes-Schärf-Integral. Um die Schwierigkeiten, die das Auftreten gemeinsamer Unstetigkeitsstellen mit sich bringt, zu beseitigen, betrachten wir zunächst das Verhalten jener Glieder der RIEMANN-STIELTJES-Summen, welche gemeinsame Unstetigkeitsstellen einschließen. Es sei s eine gemeinsame Unstetigkeitsstelle von $F(t)$ und $G(t)$ mit

$$\begin{aligned} F(s+0) - F(s) &= \Delta^+ F(s), \qquad & G(s+0) - G(s) &= \Delta^+ G(s), \\ F(s) - F(s-0) &= \Delta^- F(s), \qquad & G(s) - G(s-0) &= \Delta^- G(s). \end{aligned} \tag{26.27}$$

Aus der Menge der ausgezeichneten Zerlegungsfolgen wählen wir nun fünf Teilmengen $\{Z_n^{(1)}\}, \{Z_n^{(2)}\}, \ldots, \{Z_n^{(5)}\}$, für welche die folgenden Bedingungen erfüllt sind:

$$\begin{aligned} &\{Z_n^{(1)}\}: \quad t_{i-1}^{(n)} < \tau_i^{(n)} = s = t_i^{(n)}, \\ &\{Z_n^{(2)}\}: \quad t_{i-1}^{(n)} < \tau_i^{(n)} < s = t_i^{(n)}, \\ &\{Z_n^{(3)}\}: \quad t_{i-1}^{(n)} < \tau_i^{(n)} < s < t_i^{(n)}, \\ &\{Z_n^{(4)}\}: \quad t_{i-1}^{(n)} < \tau_i^{(n)} = s < t_i^{(n)}, \\ &\{Z_n^{(5)}\}: \quad t_{i-1}^{(n)} < s < \tau_i^{(n)} \leqq t_i^{(n)}. \end{aligned} \tag{26.28}$$

Die Nummer i des Intervalls hängt natürlich von s und von der Zerlegung ab. Wir erhalten die folgenden Grenzwerte für die diesem und dem folgenden Intervall entsprechenden Glieder der RIEMANN-STIELTJES-Summen:

$$\begin{aligned}&\lim_{n\to\infty}\{G(\tau_i^{(n)})[F(t_i^{(n)})-F(t_{i-1}^{(n)})]+\\&+G(\tau_{i+1}^{(n)})[F(t_{i+1}^{(n)})-F(t_i^{(n)})]\}=\end{aligned}\begin{cases}G(s)\,\Delta^-F(s)+G(s+0)\,\Delta^+F(s) & \text{für } \{Z_n^{(1)}\},\\ G(s-0)\,\Delta^-F(s)+G(s+0)\,\Delta^+F(s) & \text{für } \{Z_n^{(2)}\},\\ G(s-0)\,[\Delta^-F(s)+\Delta^+F(s)] & \text{für } \{Z_n^{(3)}\},\\ G(s)\,[\Delta^-F(s)+\Delta^+F(s)] & \text{für } \{Z_n^{(4)}\},\\ G(s+0)\,[\Delta^-F(s)+\Delta^+F(s)] & \text{für } \{Z_n^{(5)}\}.\end{cases} \tag{26.29}$$

Je nach der Wahl der ausgezeichneten Zerlegungsfolge erhalten wir also unterschiedliche Grenzwerte der RIEMANN-STIELTJES-Summen und dies steht im Widerspruch zur Existenz des RIEMANN-STIELTJES-Integrals.

Ein Teil der Schwierigkeiten wird durch die Einführung des STIELTJES-SCHÄRF-*Integrals* überwunden. Man bildet die STIELTJES-SCHÄRFschen Rechtssummen

$$\overset{(+)}{S}(Z_n\,|\,F,G)=\sum_{i=1}^{n}G(t_i^{(n)})\,[F(t_i^{(n)})-F(t_{i-1}^{(n)})] \tag{26.30}$$

und Linkssummen

$$\overset{(-)}{S}(Z_n\,|\,F,G)=\sum_{i=1}^{n}G(t_{i-1}^{(n)})\,[F(t_i^{(n)}-F(t_{i-1}^{(n)})]. \tag{26.31}$$

Man bezeichnet nun

$$\lim_{n\to\infty}\overset{(+)}{S}(Z_n\,|\,F,G)=\int_a^{(+)b}G(t)\,dF(t) \tag{26.32}$$

als rechtsseitiges und

$$\lim_{n\to\infty}\overset{(-)}{S}(Z_n\,|\,F,G)=\int_a^{(-)b}G(t)\,dF(t) \tag{26.33}$$

als linksseitiges STIELTJES-SCHÄRF-Integral, wenn die entsprechenden Grenzwerte für jede ausgezeichnete Zerlegungsfolge $\{Z_n\}$ existieren und von der Zerlegungsfolge unabhängig sind.

Das linksseitige STIELTJES-SCHÄRF-Integral entspricht einem RIEMANN-STIELTJES-Integral mit der Maßgabe, daß in der RIEMANN-STIELTJES-Summe $\tau_i^{(n)}=t_{i-1}^{(n)}$ zugelassen ist. Trotz dieser Erweiterung des zulässigen Bereiches für $\tau_i^{(n)}$ um den linken Randpunkt des Intervalls $I_i^{(n)}$ bleiben die in Punkt 3 hergeleiteten Eigenschaften des RIEMANN-STIELTJES-Integrals gültig, da $\tau_i^{(n)}\neq t_{i-1}^{(n)}$ in keinen Beweis eingegangen ist.

Wie man sieht, wird im rechtsseitigen STIELTJES-SCHÄRF-Integral $\tau_i^{(n)}=t_i^{(n)}$ gesetzt. Damit scheiden die Zerlegungsfolgen $\{Z_n^{(2)}\}$, $\{Z_n^{(3)}\}$ und $\{Z_n^{(4)}\}$ aus. Wie aus (26.27) und (26.29) hervorgeht, ist aber die Existenz des rechtsseitigen STIELTJES-SCHÄRF-Integrals nur für $\Delta^-F(s)=0$ oder für $\Delta^+G(s)=0$ gesichert.

Zur Beurteilung der Existenz des linksseitigen STIELTJES-SCHÄRF-Integrals betrachten wir zwei weitere Teilmengen ausgezeichneter Zerlegungsfolgen, welche die folgenden Bedingungen erfüllen:

$$\begin{aligned} \{Z_n^{(6)}\}: \quad & t_{i-1}^{(n)} = \tau_i^{(n)} < s < t_i^{(n)}, \\ \{Z_n^{(7)}\}: \quad & t_{i-1}^{(n)} = \tau_i^{(n)} < s = t_i^{(n)}. \end{aligned} \tag{26.34}$$

Es gilt

$$\begin{aligned} &\lim_{n\to\infty} \{G(\tau_i^{(n)})\,[F(t_i^{(n)}) - F(t_{i-1}^{(n)})] + \\ &+ G(\tau_{i+1}^{(n)})\,[F(t_{i+1}^{(n)}) - F(t_i^{(n)})]\} = \begin{cases} G(s-0)\,[\Delta^- F(s) + \Delta^+ F(s)] & \text{für } \{Z_n^{(6)}\}, \\ G(s-0)\,\Delta^- F(s) + G(s)\,\Delta^+ F(s) & \text{für } \{Z_n^{(7)}\}. \end{cases} \end{aligned} \tag{26.35}$$

Die Existenz des linksseitigen STIELTJES-SCHÄRF-Integrals ist daher nur für $\Delta^+ F(s) = 0$ oder für $\Delta^- G(s) = 0$ gesichert.

Wir wollen nun die STIELTJES-SCHÄRF-Integrale so verallgemeinern, daß ihre Existenz auch bei Vorliegen einer gemeinsamen Sprungstelle von $F(t)$ und $G(t)$ gesichert ist. Dazu müssen wir die unterschiedlichen Grenzwerte der Zerlegungsfolgen $\{Z_n^{(1)}\}$ und $\{Z_n^{(5)}\}$ für das rechtsseitige sowie $\{Z_n^{(6)}\}$ und $\{Z_n^{(7)}\}$ für das linksseitige Integral vermeiden. Wir beschränken uns daher auf die Zerlegungsfolgen $\{Z_n^{(1)}\}$ und $\{Z_n^{(7)}\}$, welche der Bedingung $s = t_i^{(n)}$ genügen und erhalten damit eindeutige Grenzwerte.

Bei Funktionen mit beschränkter Schwankung können höchstens abzählbar viele gemeinsame Sprungstellen s_k auftreten. Wir beschränken uns daher auf ausgezeichnete Zerlegungsfolgen $\{Z_n\}$, welche für jedes k die Bedingung $s_k = t_i^{(n)}$ mit $i = i(n, k)$ für alle $n \geqq N(k)$ erfüllen.

Da $G(t)$ von beschränkter Schwankung ist, gibt es sicher ein K mit

$$\sum_{k=K+1}^{\infty} [\,|\Delta^- G(s_k)| + |\Delta^+ G(s_k)|\,] < \frac{\varepsilon}{4M(F\,|\,a,b)}.$$

Wir können in der Zerlegungsfolge $\{Z_n\}$ weit genug fortschreiten, daß $s_k = t_i^{(n)}$ für $1 \leqq k \leqq K$ gilt und sowohl die Glieder der STIELTJES-SCHÄRFschen Rechtssummen von ihren Grenzwerten $G(s_k)\,\Delta^- F(s_k) + G(s_k+0)\,\Delta^+ F(s_k)$ als auch die Glieder der STIELTJES-SCHÄRFschen Linkssummen von ihren Grenzwerten $G(s_k - 0)\,\Delta^- F(s_k) + G(s_k)\,\Delta^+ F(s_k)$ um weniger als $\frac{\varepsilon}{2^{k+2}}$ abweichen. Von einem Index N an gilt dann

$$|\overset{(+)}{S}(Z_n\,|\,F,G) - \overset{(+)}{S}(Z_m\,|\,F,G)| < \frac{\varepsilon}{2M(F\,|\,a,b)} \sum_{k=K+1}^{\infty} [\,|\Delta^- F(s_k)| + |\Delta^+ F(s_k)|\,] + \sum_{k=1}^{K} \frac{\varepsilon}{2^{k+1}} \leqq \varepsilon,$$

$$|\overset{(-)}{S}(Z_n\,|\,F,G) - \overset{(-)}{S}(Z_m\,|\,F,G)| < \frac{\varepsilon}{2M(F\,|\,a,b)} \sum_{k=K+1}^{\infty} [\,|\Delta^- F(s_k)| + |\Delta^+ F(s_k)|\,] + \sum_{k=1}^{K} \frac{\varepsilon}{2^{k+1}} \leqq \varepsilon$$

für alle $n \geqq N$ und $m \geqq N$. Die STIELTJES-SCHÄRFschen Summen haben daher eindeutige Grenzwerte und die Existenz der STIELTJES-SCHÄRFschen Integrale (26.32) und (26.33) ist gesichert.

Definieren wir Stufenfunktionen $F^{(2)}(t)$ durch $F^{(2)}(a) = 0$, $\Delta^+ F^{(2)}(s_k) = \Delta^+ F(s_k)$, $\Delta^- F^{(2)}(s_k) = \Delta^- F(s_k)$ sowie $G^{(2)}(t)$ durch $G^{(2)}(a) = 0$, $\Delta^+ G^{(2)}(s_k) = \Delta^+ G(s_k)$, $\Delta^- G^{(2)}(s_k) = \Delta^- G(s_k)$ für $k = 1, 2, \ldots$, dann haben die Funktionen $G^{(1)}(t) = G(t) - G^{(2)}(t)$ und $F(t)$ sowie die Funktionen $F^{(1)}(t) = F(t) - F^{(2)}(t)$ und $G(t)$ keine gemeinsamen Sprungstellen. Wegen $G(t) = G^{(1)}(t) + G^{(2)}(t)$ und $F(t) = F^{(1)}(t) + F^{(2)}(t)$ kann das rechtsseitige STIELTJES-SCHÄRF-Integral (26.32) wie folgt umgeformt werden:

$$\int_a^{(+)b} G(t)\,dF(t) = \int_a^{(+)b} G(t)\,dF^{(1)}(t) + \int_a^{(+)b} G^{(1)}(t)\,dF^{(2)}(t) + \int_a^{(+)b} G^{(2)}(t)\,dF^{(2)}(t).$$

In den ersten beiden Integralen auf der rechten Seite treten keine gemeinsamen Sprungstellen auf. Sie können daher als RIEMANN-STIELTJES-Integrale dargestellt werden. Für das letzte Integral erhalten wir wegen der Beschränkung auf die Zerlegungsfolgen $\{Z_n^{(1)}\}$ aus (26.28) unter Bedachtnahme auf die Grenzwerte aus (26.29) den Ausdruck

$$\int_a^{(+)b} G^{(2)}(t)\,dF^{(2)}(t) = \sum_{(k)} [G^{(2)}(s_k)\,\Delta^- F^{(2)}(s_k) + G^{(2)}(s_k + 0)\,\Delta^+ F^{(2)}(s_k)].$$

Es gilt daher:

$$\begin{aligned}\int_a^{(+)b} G(t)\,dF(t) = \int_a^{b} G(t)\,dF^{(1)}(t) + \int_a^{b} G^{(1)}(t)\,dF^{(2)}(t) +\\ + \sum_{(k)} [G^{(2)}(s_k)\,\Delta^- F^{(2)}(s_k) + G^{(2)}(s_k + 0)\,\Delta^+ F^{(2)}(s_k)].\end{aligned} \tag{26.36}$$

In analoger Weise erhalten wir für das linksseitige STIELTJES-SCHÄRF-Integral unter Verwendung der Zerlegungsfolgen $\{Z_n^{(7)}\}$

$$\begin{aligned}\int_a^{(-)b} G(t)\,dF(t) = \int_a^{b} G(t)\,dF^{(1)}(t) + \int_a^{b} G^{(1)}(t)\,dF^{(2)}(t) +\\ + \sum_{(k)} [G^{(2)}(s_k - 0)\,\Delta^- F^{(2)}(s_k) + G^{(2)}(s_k)\,\Delta^+ F^{(2)}(s_k)].\end{aligned} \tag{26.37}$$

Aus (26.36) und (26.37) folgt wegen $\Delta^\pm F^{(2)}(s_k) = \Delta^\pm F(s_k)$ und $\Delta^\pm G^{(2)}(s_k) = \Delta^\pm G(s_k)$

$$\int_a^{(+)b} G(t)\,dF(t) - \int_a^{(-)b} G(t)\,dF(t) = \sum_{(k)} [\Delta^- G(s_k)\,\Delta^- F(s_k) + \Delta^+ G(s_k)\,\Delta^+ F(s_k)]. \tag{26.38}$$

Wir bemerken noch, daß die Werte $G(s_k - 0)$ im rechtsseitigen und $G(s_k + 0)$ im linksseitigen STIELTJES-SCHÄRF-Integral nicht aufscheinen.

Für die *partielle Integration des* STIELTJES-SCHÄRF-*Integrals* erhalten wir aus der Identität

$$\sum_{i=1}^{n} G(t_{i-1}^{(n)})\,[F(t_i^{(n)}) - F(t_{i-1}^{(n)})] = F(b)G(b) - F(a)G(a) - \sum_{i=1}^{n} F(t_i^{(n)})\,[G(t_i^{(n)}) - G(t_{i-1}^{(n)})]$$

die Formel

$$\int_a^{(-)b} G(t)\,dF(t) = F(b)G(b) - F(a)G(a) - \int_a^{(+)b} F(t)\,dG(t). \tag{26.39}$$

5. Versicherungsfunktionen. Wir haben das STIELTJES-SCHÄRF-Integral für beliebige Funktionen mit beschränkter Schwankung abgeleitet. Eine engere Funktionenklasse, die speziell für Probleme der Versicherungsmathematik verwendet wird, sind die *Versicherungsfunktionen.* Darunter versteht man Funktionen mit beschränkter Schwankung, die nur endlich viele Sprungstellen erster Art und keine Sprungstellen zweiter Art aufweisen. Diese Einschränkung gegenüber den allgemeinen Funktionen mit beschränkter Schwankung erleichtert an einigen Stellen die Beweisführung, die wir in den Punkten 3 und 4 vorgenommen haben.

Da nur Sprungstellen erster Art zugelassen sind, können für Versicherungsfunktionen nie zugleich $\Delta^+ F(t)$ und $\Delta^- F(t)$ von 0 verschieden sein. Setzt man etwa ohne Beschränkung der Allgemeinheit $F(t)$ überall als rechtsseitig stetig voraus, dann gilt $\Delta^+ F(t) = 0$ für alle $t \in I$. Die STIELTJES-SCHÄRF-Integrale (26.36) und (26.37) haben dann die Form

$$\begin{aligned} \int_a^{(+)b} G(t)\, dF(t) &= \int_a^b G(t)\, dF^{(1)}(t) + \int_a^b G^{(1)}(t)\, dF^{(2)}(t) + \sum_{k=1}^{K} G(s_k)\, \Delta^- F(s_k), \\ \int_a^{(-)b} G(t)\, dF(t) &= \int_a^b G(t)\, dF^{(1)}(t) + \int_a^b G^{(1)}(t)\, dF^{(2)}(t) + \sum_{k=1}^{K} G(s_k - 0)\, \Delta^- F(s_k), \end{aligned} \tag{26.40}$$

und ihre Differenz beträgt:

$$\int_a^{(+)b} G(t)\, dF(t) - \int_a^{(-)b} G(t)\, dF(t) = \sum_{k=1}^{K} \Delta^- G(s_k)\, \Delta^- F(s_k). \tag{26.41}$$

Ist überall $F(t)$ rechtsseitig und $G(t)$ linksseitig stetig, dann stimmen das rechtsseitige und das linksseitige STIELTJES-SCHÄRF-Integral überein. Das gleiche gilt, wie man leicht sieht, wenn $F(t)$ überall linksseitig und $G(t)$ überall rechtsseitig stetig ist.

Durch den Übergang von den STIELTJES-SCHÄRF-Integralen (26.32) und (26.33) für beliebige ausgezeichnete Zerlegungsfolgen auf die verallgemeinerten STIELTJES-SCHÄRF-Integrale, welche aus der Beschränkung auf die Zerlegungsfolgen $\{Z_n^{(1)}\}$ aus (26.28) für das rechtsseitige und $\{Z_n^{(7)}\}$ aus (26.34) für das linksseitige Integral erhalten werden, wird die Menge der Funktionen, für welche die Integrale existieren, erweitert. Die Einschränkung auf Versicherungsfunktionen und die zusätzliche Einschränkung bezüglich der rechtsseitigen oder linksseitigen Stetigkeit in gemeinsamen Unstetigkeitsstellen von $F(t)$ und $G(t)$ kann entfallen.

Soweit im einzelnen nicht ausdrücklich anders angegeben, handelt es sich bei den folgenden Darstellungen von Integralen stets um die verallgemeinerten STIELTJES-SCHÄRF-Integrale.

6. Zeitabhängige Vektoren mit beschränkter Schwankung. Es sei $\mathfrak{F}(t) = \{F_1(t), F_2(t), \ldots, F_N(t)\}$ ein N-dimensionaler Vektor. Unter der Schwankung von $\mathfrak{F}(t)$ in einem Intervall $(a, b]$ in bezug auf eine Zerlegung Z_n verstehen wir die Summe

$$s(\mathfrak{F} \mid Z_n) = \sum_{i=1}^{n} |\mathfrak{F}(t_i^{(n)}) - \mathfrak{F}(t_{i-1}^{(n)})| = \sum_{i=1}^{n} \sqrt{\sum_{j=1}^{N} [F_j(t_i^{(n)}) - F_j(t_{i-1}^{(n)})]^2}. \tag{26.42}$$

Daraus folgt unter Verwendung der Bezeichnung (26.4) unmittelbar

$$s(\mathfrak{F}\,|\,Z_n) \leq \sum_{i=1}^{n}\sum_{j=1}^{N} |\,F_j(t_i^{(n)}) - F_j(t_{i-1}^{(n)})\,| = \sum_{j=1}^{N} s(F_j\,|\,Z_n).$$

$\mathfrak{F}(t)$ ist genau dann von beschränkter Schwankung, wenn alle Funktionen $F_j(t)$ von beschränkter Schwankung sind.

Es seien $\mathfrak{F}(t)$ und $\mathfrak{G}(t)$ zwei N-dimensionale Vektoren von beschränkter Schwankung. Ihr skalares Produkt ist

$$\mathfrak{F}(t)\,\mathfrak{G}(t) = \mathfrak{G}(t)\,\mathfrak{F}(t) = \sum_{j=1}^{N} F_j(t)\,G_j(t). \tag{26.43}$$

Als STIELTJES-SCHÄRF-Integrale der Vektoren $\mathfrak{F}(t)$ und $\mathfrak{G}(t)$ definieren wir die folgende Summe:

$$\int_a^{(\pm)b} \mathfrak{G}(t)\,d\mathfrak{F}(t) = \sum_{j=1}^{N} \int_a^{(\pm)b} G_j(t)\,dF_j(t). \tag{26.44}$$

Hiebei sind entweder auf beiden Seiten die rechtsseitigen oder auf beiden Seiten die linksseitigen Integrale zu wählen. Die Integrale (26.44) existieren offenbar genau dann, wenn alle Integrale der rechten Seite existieren und dies ist der Fall, wenn $\mathfrak{F}(t)$ und $\mathfrak{G}(t)$ von beschränkter Schwankung sind.

Die Einführung von Vektoren mit beschränkter Schwankung gestattet eine vereinfachte Darstellung der Summen von STIELTJES-SCHÄRF-Integralen.

Kapitel 27

Die versicherungsmathematische Äquivalenz

1. Allgemeine Darstellung einer Lebensversicherung. In jeder Versicherung ist die Differenz zwischen dem Barwert der Prämien und dem Barwert der Leistungen eine zufällige Variable, die mehr als einen Wert annehmen kann. Dadurch unterscheidet sich die Versicherung von einem reinen Sparvorgang, wenn wir die Zinsrate als feste Größe und nicht als zufällige Größe auffassen. In der Lebensversicherung bildet der Eintritt des Versicherungsfalles das zufällige Ereignis, durch welches bereits die Höhe der Versicherungsleistung festgesetzt wird. Es kommen zwei Arten von Versicherungsfällen in Betracht, nämlich das Erleben von bestimmten Zeitpunkten $s_k > 0$, $k = 1, 2, \ldots$ oder das Ableben innerhalb der Versicherungszeit. Wir bemerken, daß in der Sachversicherung der Eintritt des Versicherungsfalles im allgemeinen noch nicht die Höhe der Versicherungsleistung bestimmt, da die Schadenshöhe variabel ist.

Setzen wir

$$f_1(t) = {}_tp_x\,\mu_{x+t}, \tag{27.1}$$

dann ist

$$F_1(t+\varepsilon) - F_1(t) = \int_t^{t+\varepsilon} f_1(\tau)\,d\tau \tag{27.2}$$

die Wahrscheinlichkeit, daß der versicherte x-jährige im Zeitintervall $(t, t + \varepsilon]$ stirbt und somit das Ablebenskapital fällig wird. Setzen wir weiter

$$F_2(t) = \sum_{s_k \leqq t} {}_{s_k}p_x, \tag{27.3}$$

dann ist

$$F_2(t + \varepsilon) - F_2(t) + o(1) \tag{27.4}$$

die Wahrscheinlichkeit dafür, daß der versicherte x-jährige im Zeitintervall $(t, t + \varepsilon)$ eine Erlebenszahlung erhält. $o(1)$ geht hiebei mit ε gegen Null. Wir bilden nun die Funktion

$$F(t) = F_1(t) + F_2(t). \tag{27.5}$$

Für $s_k \in (t, t + \varepsilon]$ ist $F(t + \varepsilon) - F(t) + o(1)$ die Wahrscheinlichkeit, daß im Zeitpunkt s_k eine Erlebenszahlung fällig wird. Liegt kein Zeitpunkt s_k im Intervall $(t, t + \varepsilon]$, dann ist $F(t + \varepsilon) - F(t) = f_1(t)\,\varepsilon + o(\varepsilon)$ die Wahrscheinlichkeit, daß im Intervall $(t, t + \varepsilon]$ eine Ablebenszahlung fällig wird. Wir sehen, daß bei dieser Definition $F(t)$ rechtsseitig stetig ist, wie in Kapitel 26 vorausgesetzt wurde. Es gilt also stets

$$\Delta^+ F(t) = 0. \tag{27.6}$$

Im übrigen ist $F(t)$ monoton steigend in t und beschränkt, somit, wie leicht zu sehen ist, eine Funktion von beschränkter Schwankung.

Es sei $a(t)v^t$ der Barwert des beim Tod im Zeitpunkt t fällig werdenden Ablebenskapitals und $e_k v^{s_k}$ der Barwert des beim Erleben des Zeitpunktes s_k fällig werdenden Erlebenskapitals. Setzen wir

$$G(t) = \begin{cases} a(t)v^t & \text{für} \quad t \neq s_k, \\ e_k v^{s_k} & \text{für} \quad t = s_k, \end{cases} \tag{27.7}$$

dann ist $G(t)$ eine Funktion von beschränkter Schwankung, wenn, wie wir voraussetzen, $a(t)$ eine solche ist. $G(t)$ besitzt in den Punkten $t = s_k$ Sprungstellen zweiter Art, da im allgemeinen $\Delta^- G(s_k) = [e_k - a(s_k - 0)]v^{s_k} \neq 0$ und $\Delta^+ G(s_k) = [a(s_k + 0) - e_k]v^{s_k} \neq 0$ sein wird, und ist im übrigen stetig.

Wir bilden nun das rechtsseitige Stieltjes-Schärf-Integral über die Funktionen $F(t)$ und $G(t)$ für den Zeitraum $(t - \varepsilon, t]$, wobei wir von der Definitionsgleichung (26.7) ausgehen und berücksichtigen, daß wir uns auf die Zerlegungsfolgen $\{Z_n^{(1)}\}$ aus (26.28) beschränken. Mit Hilfe des der Zerlegungsfolge $\{Z_n^{(1)}\}$ entsprechenden Grenzwertes erhalten wir, wenn kein Zeitpunkt s_k in $(t - \varepsilon, t]$ liegt, mit Hilfe von (27.1), (27.2) und (27.7) die Darstellung:

$$\overset{(+)t}{\underset{t-\varepsilon}{\int}} G(\tau)\,dF(\tau) = G(t)\,[F(t) - F(t - \varepsilon)] + o(\varepsilon) = a(t)v^t\,{}_tp_x\mu_{x+t}\varepsilon + o(\varepsilon). \tag{27.8}$$

Liegt ein Zeitpunkt s_k in $(t - \varepsilon, t]$, dann erhalten wir mit Hilfe von (27.3), (27.4) und (27.7):

$$\overset{(+)t}{\underset{t-\varepsilon}{\int}} G(\tau)\,dF(\tau) = G(s_k)\,\Delta^- F(s_k) + o(1) = e_k v^{s_k}{}_{s_k}p_x + o(1), \tag{27.9}$$

wobei $o(1)$ mit ε gegen Null geht.

Integrieren wir nun über einen Zeitraum $(0, n]$ und zerlegen den Integrationsbereich in Intervalle der Länge ε, dann folgt aus (27.8) und (27.9):

$$\int_0^{(+)n} G(t)\, dF(t) = \int_0^n a(t) v^t\, {}_tp_x \mu_{x+t}\, dt + \sum_{0<s_k\leq n} e_k v^{s_k}\, {}_{s_k}p_x + \frac{n}{\varepsilon}\, o(\varepsilon) + \sum_{0<s_k\leq n} o(1).$$

Da wir $o(1) < \frac{\delta}{2^k}$ an den Stellen s_k wählen können und δ ebenso wie ε beliebig klein angenommen werden kann, verschwinden die beiden letzten Glieder dieser Gleichung. Setzen wir in Analogie zu (5.3)

$$ {}_tp_x v^t = {}_tE_x,$$

dann erhalten wir die folgende Gleichung:

$$\int_0^{(+)n} G(t)\, dF(t) = \int_0^n a(t)\, {}_tE_x \mu_{x+t}\, dt + \sum_{0<s_k\leq n} e_k\, {}_{s_k}E_x. \tag{27.10}$$

Lassen wir eine variable Zinsintensität $\varrho(t)$ zu, dann setzen wir

$$G(t) = \begin{cases} a(t) e^{-\int_0^t \varrho(\tau)d\tau} & \text{für} \quad t \neq s_k, \\ e_k e^{-\int_0^t \varrho(\tau)d\tau} & \text{für} \quad t = s_k. \end{cases}$$

Formel (27.10) bleibt dann für

$$ {}_tp_x e^{-\int_0^t \varrho(\tau)d\tau} = {}_tE_x \tag{27.11}$$

gültig. (27.11) stellt den Barwert einer mit dem Alter $x + t$ fällig werdenden Erlebensversicherung eines x-jährigen auf das Kapital 1 bei variabler Zinsintensität $\varrho(\tau)$ dar.

Wir bezeichnen (27.10) als Barwert der Versicherung eines x-jährigen durch n Jahre auf die Erlebenskapitalien e_k und auf das Ablebenskapital $a(t)$. Wird die Versicherung gegen Einmalprämie abgeschlossen, dann hat diese den Wert

$$P_0 = \int_0^{(+)n} G(t)\, dF(t). \tag{27.12}$$

Wird die Versicherung gegen laufende Prämien abgeschlossen, dann können die Prämien mit Ausnahme der ersten Prämie bereits in (27.10) berücksichtigt werden. Da es sich bei den Folgeprämien um Zahlungen handelt, die im Erlebensfall vom Versicherten an die Versicherungsgesellschaft gezahlt werden, können wir sie als negative Erlebenskapitalien auffassen. Ist P_k die im Zeitpunkt $s_k > 0$ fällig werdende Prämie, dann setzen wir $e_k = -P_k$. (27.10) stellt dann den Wert der ersten Prämie dar, nämlich den Erwartungswert des Barwertes der Versicherungsleistungen, abzüglich dem Erwartungswert des Barwertes der Folgeprämien.

In (27.10) sind nur diskontinuierliche Erlebenszahlungen vorgesehen. Um auch kontinuierliche Leibrenten darstellen zu können, nehmen wir an, daß die kontinuierliche Leibrente in Form einer einzigen Zahlung im Zeitpunkt des Todes oder am

Ende des Versicherungszeitraumes geleistet wird. Die Äquivalenz der einmaligen Zahlung mit der Leibrente ist für

$$a_1(t) = \int_0^t e(\tau) e^{\int_\tau^t \varrho(\sigma) d\sigma} d\tau, \qquad e_{s_K} = a_1(n) \quad \text{für} \quad s_K = n, \tag{27.13}$$

gegeben, wenn $e(\tau)$ die durchschnittliche Leibrente im Zeitpunkt τ, bezogen auf die Zeiteinheit, darstellt. Sind im übrigen die Ablebenskapitalien $a_2(t)$ vorgesehen, dann setzen wir $a(t) = a_1(t) + a_2(t)$ und fügen zu den Erlebenskapitalien das Kapital $e_{s_K} = a_1(n)$ hinzu. Damit gibt das Integral (27.10) wieder den Barwert der Versicherung an. Handelt es sich um eine kontinuierliche Prämienzahlung, dann ist $e(\tau) = -P(\tau)$ zu setzen, wenn $P(\tau)$ die durchschnittliche Prämie im Zeitpunkt τ, bezogen auf die Zeiteinheit, ist.

Die Ablebenskapitalien $a(t)$ werden im Zeitpunkt des Todes fällig. Vielfach sind aber die Ablebenszahlungen erst am Ende des Sterbejahres vorgesehen. Durch geeignete Wahl von $a(t)$ können auch diese Fälle einbezogen werden. Es sei a_l das Ablebenskapital, das für alle Todesfälle, die im Intervall $(\tau_{l-1}, \tau_l]$ auftreten, im Zeitpunkt τ_l gezahlt wird. Wir setzen

$$a(t) = a_l v^{\tau_l - t} \quad \text{für} \quad t \in (\tau_{l-1}, \tau_l]. \tag{27.14}$$

Dann gilt nach (27.7) $G(t) = a_l v^{\tau_l}$ für $t \in (\tau_{l-1}, \tau_l]$ und $t \neq s_k$. Damit entspricht $G(t)$ dem Barwert einer im Zeitpunkt τ_l geleisteten Zahlung der Höhe a_l, wie dies für Todesfallversicherungen mit den diskreten Auszahlungsterminen τ_l vorgesehen ist. Für die gemischte Versicherung $A_{x,\overline{n}|}$ ergibt sich z. B., wie man sich leicht überzeugt, die folgende Darstellung:

$$A_{x,\overline{n}|} = \int_0^{(+)n} G(t)\, dF(t) \quad \text{für} \quad F_1(t) = \int_0^t {}_\tau p_x \mu_{x+\tau}\, d\tau,$$

$$F_2(t) = \begin{cases} 0 & \text{für} \quad t < n, \\ 1 & \text{für} \quad t = n, \end{cases}$$

$$G(t) = v^\nu \quad \text{für} \quad \nu - 1 < t \leqq \nu.$$

Es ist leicht zu sehen, auf welche Weise sich die übrigen in Abschnitt II behandelten Versicherungen durch geeignete Wahl der Punkte s_k sowie der Funktionen $G(t)$ in der Form (27.10) darstellen lassen.

2. Versicherungen mit mehreren Ausscheideursachen. Wir betrachten eine Personengesamtheit, für welche $N - 2$ Ausscheideursachen beobachtet werden können. Es sei $\mu^{(j)}_{x+t}$ die j^{te} Ausscheideintensität, und wir führen die Verzinsung als 0te Ausscheideursache ein (vgl. Kapitel 25, Punkt 2). Dazu setzen wir $\mu^{(0)}_{x+t} = \varrho(t)$, um auch Fälle einer variablen Zinsintensität $\varrho(t)$ einzubeziehen. Nach (25.1) und (25.13) gilt für $K = N - 2$

$${}_t p_x = e^{-\int_0^t \sum_{j=1}^{N-2} \mu^{(j)}_{x+\tau} d\tau}, \qquad {}_t p_x^* = e^{-\int_0^t \sum_{j=0}^{N-2} \mu^{(j)}_{x+\tau} d\tau}.$$

Wir bilden nun N stetige Funktionen $f_j(t)$. Es sei

$$\begin{aligned} f_j(t) &= {}_tp_x^* \mu_{x+t}^{(j)} \quad \text{für} \quad 1 \leqq j \leqq N-2, \\ f_{N-1}(t) &= f_N(t) = {}_tp_x^*. \end{aligned} \tag{27.15}$$

Für $j \leqq N-2$ dienen die Funktionen $f_j(t)$ der Beschreibung der Ausscheidewahrscheinlichkeiten. $f_{N-1}(t)$ wird als Erlebenswahrscheinlichkeit für Erlebenszahlungen, $f_N(t)$ als Erlebenswahrscheinlichkeit für Prämienzahlungen verwendet. Es seien $s_k > 0$ $(k = 1, 2, \ldots)$ Zeitpunkte, in denen einzelne Erlebenszahlungen vorgesehen sind, und $\tau_k < n$ $(k = 1, 2, \ldots)$ Zeitpunkte, in denen einzelne Prämienzahlungen vorgesehen sind.

Nun setzen wir

$$\begin{aligned} F_j(t) &= \int_0^t f_j(\tau)\, d\tau \quad \text{für} \quad 1 \leqq j \leqq N-2, \\ F_{N-1}(t) &= \int_0^t f_{N-1}(\tau)\, d\tau + \sum_{s_k \leqq t} {}_{s_k}p_x^*, \\ F_N(t) &= \int_0^t f_N(\tau)\, d\tau + \sum_{\tau_k < t} {}_{\tau_k}p_x^*. \end{aligned} \tag{27.16}$$

Wir bemerken, daß $F_{N-1}(t)$ rechtsseitig stetig ist, $F_N(t)$ hingegen linksseitig stetig.

Weiters sei $a_j(t)$ das beim Ausscheiden aus der j^{ten} Ursache im Zeitpunkt t fällig werdende Ausscheidekapital. $e(t)$ sei die durchschnittliche kontinuierliche Erlebenszahlung im Zeitpunkt t, bezogen auf die Zeiteinheit. e_k sei die Erlebenszahlung, die im Zeitpunkt s_k fällig wird. $P(t)$ sei die durchschnittliche kontinuierliche Prämienzahlung im Zeitpunkt t, bezogen auf die Zeiteinheit. P_k sei die Prämienzahlung, die im Zeitpunkt τ_k fällig wird.

Wir definieren nun N Funktionen $G_j(t)$ durch

$$\begin{aligned} G_j(t) &= a_j(t) \quad \text{für} \quad 1 \leqq j \leqq N-2, \\ G_{N-1}(t) &= \begin{cases} e(t) & \text{für} \quad t \neq s_k, \\ e_k & \text{für} \quad t = s_k, \end{cases} \\ G_N(t) &= \begin{cases} -P(t) & \text{für} \quad t \neq \tau_k, \\ -P_k & \text{für} \quad t = \tau_k. \end{cases} \end{aligned} \tag{27.17}$$

Bilden wir für die Funktionenpaare $F_j(t)$ und $G_j(t)$ mit $1 \leqq j \leqq N-1$ das rechtsseitige STIELTJES-SCHÄRF-Integral über den Zeitraum $(0, n]$, dann erhalten wir unter Berücksichtigung des Grenzwertes für die Zerlegungsfolge $\{Z_n^{(1)}\}$ aus (26.29) die folgenden Formeln:

$$\begin{aligned} \int_0^{(+)n} G_j(t)\, dF_j(t) &= \int_0^n a_j(t)\, {}_tp_x^* \mu_{x+t}^{(j)}\, dt \quad \text{für} \quad 1 \leqq j \leqq N-2, \\ \int_0^{(+)n} G_{N-1}(t)\, dF_{N-1}(t) &= \int_0^n e(t)\, {}_tp_x^*\, dt + \sum_{0 < s_k \leqq n} e_k\, {}_{s_k}p_x^*. \end{aligned} \tag{27.18}$$

Für $j = N$ beachten wir, daß wegen (27.16) $\Delta^- F_N(t) \equiv 0$, $\Delta^+ F_N(t) = {}_{\tau_k}p_x^*$ für $t = \tau_k$ gilt. Bilden wir nun das linksseitige STIELTJES-SCHÄRF-Integral über den Zeitraum $[0, n)$, dann erhalten wir unter Berücksichtigung des Grenzwertes für die Zerlegungsfolge $\{Z_n^{(7)}\}$ aus (26.35) die folgende Formel:

$$\int_0^{(-)n} G_N(t)\,dF_N(t) = -\int_0^n P(t)\,{}_tp_x^*\,dt - \sum_{0\leq\tau_k<n} P_k\,{}_{\tau_k}p_x^*. \tag{27.19}$$

Das Integral (27.19) beinhaltet also auch die im Zeitpunkt 0 vorgesehene Prämienzahlung.

Wir fassen jetzt die Funktionen $F_j(t)$ und $G_j(t)$ zu je einem Vektor zusammen:

$$\begin{aligned}\mathfrak{F}(t) &= \{F_1(t), F_2(t), \ldots, F_N(t)\}.\\ \mathfrak{G}(t) &= \{G_1(t), G_2(t), \ldots, G_N(t)\}.\end{aligned} \tag{27.20}$$

Abweichend von (26.44) definieren wir nun ein Integral über das Skalarprodukt der beiden Vektoren wie folgt:

$$\int_a^{*b} \mathfrak{G}(t)\,d\mathfrak{F}(t) = \sum_{j=1}^{N-1} \int_a^{(+)b} G_j(t)\,dF_j(t) + \int_a^{(-)b} G_N(t)\,dF_N(t). \tag{27.21}$$

Bei dem durch einen Stern gekennzeichneten Integral handelt es sich also um eine Mischung von rechtsseitigen und linksseitigen Integralen, und zwar ist für alle Indizes, mit Ausnahme des letzten, das rechtsseitige, für den letzten Index das linksseitige Integral zu bilden. Mit Ausnahme des die Prämienzahlungen darstellenden Integrals handelt es sich also stets um rechtsseitige Integrale. Die gesonderte Kennzeichnung dieses Integrals erscheint dadurch gerechtfertigt, weil das linksseitige Integral nur dazu dient, die Einbeziehung einer einzelnen Prämienzahlung im Zeitpunkt $t = 0$ zu ermöglichen.

Aus (27.18), (27.19) und (27.21) folgt für $a = 0$ und $b = n$:

$$\int_0^{*n} \mathfrak{G}(t)\,d\mathfrak{F}(t) = \tag{27.22}$$

$$= \int_0^n {}_tp_x^* \sum_{j=1}^{N-2} a_j(t)\,\mu_{x+t}^{(j)}\,dt + \int_0^n {}_tp_x^*[e(t) - P(t)]\,dt + \sum_{0<s_k\leq n} {}_{s_k}p_x^*\,e_k - \sum_{0\leq\tau_k<n} {}_{\tau_k}p_x^*\,P_k.$$

Dieses Integral ist der Barwert einer Versicherung mit $N-2$ Ausscheideursachen auf die Ausscheidekapitalien $a_j(t)$, auf die kontinuierliche Leibrente $e(t)$ und auf die Erlebenskapitalien e_k gegen die kontinuierliche Prämienzahlung $P(t)$ und die einzelnen Prämien P_k. In der Praxis werden allerdings keine kontinuierlichen Renten oder Prämienzahlungen auftreten. Sind die in der Versicherung vorgesehenen Prämien und Leistungen einander äquivalent, dann gilt die Äquivalenzgleichung

$$\int_0^{*n} \mathfrak{G}(t)\,d\mathfrak{F}(t) = 0. \tag{27.23}$$

Die Funktionen $f_j(t)$ mit $j \leqq N-2$ aus (27.15) unterscheiden sich von der Funktion (27.1) insbesondere dadurch, daß ${}_tp_x$ durch ${}_tp_x^*$ ersetzt wurde. Daher ist $F_j(t+\varepsilon) - F_j(t)$ für $j \leqq N-2$ nicht die Wahrscheinlichkeit, daß der Versicherte im Zeitintervall $(t, t+\varepsilon]$ aus der j^{ten} Ursache ausscheidet, sondern diese Wahrscheinlichkeit wird wegen

$$F_j(t+\varepsilon) - F_j(t) = \int_t^{t+\varepsilon} f_j(\tau)\,d\tau = {}_tp_x^* \mu_{x+t}^{(j)} \varepsilon + o(\varepsilon) = e^{-\int_0^t \varrho(\tau)d\tau} {}_tp_x \mu_{x+t}^{(j)} \varepsilon + o(\varepsilon)$$

noch mit dem Diskontfaktor multipliziert. Wir bezeichnen daher $F_j(t)$ für $j \leqq N-2$ als *diskontierte Ausscheidewahrscheinlichkeit* der j^{ten} Ursache. Analog bezeichnen wir ${}_tp_x^*$ als *diskontierte Erlebenswahrscheinlichkeit.*

3. Allgemeine Darstellung des Deckungskapitales. Aus (27.23) erhalten wir für $0 \leqq t \leqq n$:

$$\int_0^{*t} \mathfrak{G}(s)\,d\mathfrak{F}(s) + \int_t^{*n} \mathfrak{G}(s)\,d\mathfrak{F}(s) = 0. \tag{27.24}$$

Das zweite Integral kann wegen

$${}_{t+s}p_x^* = {}_tp_x^*\; {}_sp_{x+t}^*$$

folgendermaßen umgeformt werden:

$$\begin{aligned}
&\int_t^{*n} \mathfrak{G}(s)\,d\mathfrak{F}(s) = \\
&= \int_0^{n-t} {}_{t+s}p_x^* \sum_{j=1}^{N-2} a_j(t+s)\,\mu_{x+t+s}^{(j)} ds + \int_0^{n-t} {}_{t+s}p_x^* [e(t+s) - P(t+s)]\,ds + \\
&\quad + \sum_{0<s_k\leqq n} {}_{s_k}p_x^* e_k - \sum_{0\leqq \tau_k<n} {}_{\tau_k}p_x^* P_k = \qquad (27.25)\\
&= {}_tp_x^* \Bigg\{ \int_0^{n-t} {}_sp_{x+t}^* \sum_{j=1}^{N-2} a_j(t+s)\mu_{x+t+s}^{(j)}\,ds + \int_0^{n-t} {}_sp_{x+t}^* [e(t+s) - P(t+s)]\,ds + \\
&\quad + \sum_{0<s_k\leqq n} {}_{s_k-t}p_{x+t}^* e_k - \sum_{0\leqq\tau_k<n} {}_{\tau_k-t}p_{x+t}^*\, P_k \Bigg\}.
\end{aligned}$$

Der Ausdruck in der geschlungenen Klammer ist der Erwartungswert des Barwertes der Versicherungsleistungen aus dem Zeitintervall $(t, n]$ abzüglich der Prämieneinnahmen aus dem Zeitintervall $[t, n)$. Dies ist aber gerade die Definition des Deckungskapitals ${}_tV_x$ in prospektiver Darstellung. Es gilt somit

$${}_tV_x^{(\text{pro})} = \frac{1}{{}_tp_x^*} \int_t^{*n} \mathfrak{G}(s)\,d\mathfrak{F}(s). \tag{27.26}$$

Mit Hilfe von (27.25) erhalten wir aus (27.24) die retrospektive Darstellung:

$${}_tV_x^{(\text{retro})} = -\frac{1}{{}_tp_x^*} \int_0^{*t} \mathfrak{G}(s)\,d\mathfrak{F}(s). \tag{27.27}$$

Das negative Vorzeichen weist darauf hin, daß die Prämieneinnahmen in $\mathfrak{G}(s)$ negatives Vorzeichen haben.

Wie aus (27.25) hervorgeht, kann das Deckungskapital in der prospektiven Darstellung in zwei RIEMANNsche Integrale und zwei Summen zerlegt werden, wobei die erste Summe rechtsseitig und die zweite Summe linksseitig stetig ist. Wir erhalten für $\varepsilon > 0$:

$$\Delta^+ {}_tV_x = \lim_{\varepsilon \to 0} ({}_{t+\varepsilon}V_x - {}_tV_x) = \begin{cases} 0 & \text{für} \quad t \neq \tau_k, \\ -P_k & \text{für} \quad t = \tau_k, \end{cases}$$
$$\Delta^- {}_tV_x = \lim_{\varepsilon \to 0} ({}_tV_x - {}_{t-\varepsilon}V_x) = \begin{cases} 0 & \text{für} \quad t \neq s_k, \\ e_k & \text{für} \quad t = s_k. \end{cases} \tag{27.28}$$

Für $t \neq \tau_k$ und $t \neq s_k$ ist ${}_tV_x$ stetig. Wir können annehmen, daß die Funktionen $a_j(t)$, $e(t)$ und $P(t)$ mit Ausnahme von abzählbar vielen Stellen σ_k stetig sind. Dann ist ${}_tV_x$ für $t \neq \tau_k$, $t \neq s_k$ und $t \neq \sigma_k$ differenzierbar und wegen

$$\frac{d}{dt}\left(\frac{1}{{}_tp_x^*}\right) = \frac{d}{dt}\, e^{\int\limits_0^t \sum\limits_{j=0}^{N-2} \mu_{x+\tau}^{(j)} d\tau} = \frac{1}{{}_tp_x^*} \sum_{j=0}^{N-2} \mu_{x+t}^{(j)}$$

erhalten wir aus der retrospektiven Darstellung des Deckungskapitals unter Berücksichtigung der Formeln (27.22) und (27.27) die folgende Beziehung:

$$\begin{aligned} \frac{d}{dt}\, {}_tV_x &= -\frac{d}{dt}\left(\frac{1}{{}_tp_x^*}\right) \int\limits_0^{*t} \mathfrak{G}(s)\, d\mathfrak{F}(s) - \frac{1}{{}_tp_x^*} \frac{d}{dt} \int\limits_0^{*t} \mathfrak{G}(s)\, d\mathfrak{F}(s) = \\ &= {}_tV_x \sum_{j=0}^{N-2} \mu_{x+t}^{(j)} - \sum_{j=1}^{N-2} a_j(t) \mu_{x+t}^{(j)} + P(t) - e(t) - \\ &= P(t) - e(t) - \sum_{j=0}^{N-2} [a_j(t) - {}_tV_x] \mu_{x+t}^{(j)}, \end{aligned} \tag{27.29}$$

wenn wir $a_0(t) \equiv 0$ definieren.

Zusammen mit den Differenzengleichungen (27.28) entspricht (27.29) der THIELEschen Differentialgleichung (25.10). Der Unterschied zwischen den beiden Darstellungen liegt in den diskontinuierlichen Erlebenszahlungen e_k und Prämienzahlungen P_k, welche zu den Unstetigkeiten (27.28) führen. Die kontinuierlichen Erlebenszahlungen $e(t)$ sind, als negative Prämienzahlungen aufgefaßt, bereits in (25.10) enthalten.

Wir zerlegen ${}_tV_x$ in eine Stufenfunktion, die an den Sprungstellen τ_k und s_k die durch (27.28) angegebenen Grenzwerte aufweist, und in eine stetige Funktion ${}_t\overline{V}_x$, die mit Ausnahme der Punkte $t = \tau_k$, $t = s_k$ und $t = \sigma_k$ überall differenzierbar ist und die Ableitung (27.29) besitzt. Dann ist ${}_t\overline{V}_x$ durch die Differentialgleichung (27.29) und durch die Anfangsbedingung ${}_0\overline{V}_x = 0$, der ${}_t\overline{V}_x$ wie ${}_tV_x$ genügen muß, eindeutig bestimmt. Ebenso ist die Stufenfunktion durch Vorgabe der Grenzwerte (27.28) und durch die Anfangsbedingung ${}_tV_x = 0$ eindeutig bestimmt. Zwei Versicherungen mit den Versicherungswerten $\{P(t), a_j(t), e(t),$

$\mu_{x+t}^{(j)}, P_k, e_k\}$ und $\{\bar{P}(t), \bar{a}_j(t), \bar{e}(t), \bar{\mu}_{x+t}^{(j)}, \bar{P}_k, \bar{e}_k\}$ sowie mit $s_k = \bar{s}_k$ und $\tau_k = \bar{\tau}_k$ weisen daher für

$$P(t) - e(t) - \sum_{j=0}^{N-2} [a_j(t) - {}_tV_x]\mu_{x+t}^{(j)} = \bar{P}(t) - \bar{e}(t) - \sum_{j=0}^{N-2} [\bar{a}_j(t) - {}_tV_x]\bar{\mu}_{x+t}^{(j)},$$
$$P_k = \bar{P}_k, \qquad e_k = \bar{e}_k \tag{27.30}$$

in jedem Zeitpunkt dasselbe Deckungskapital ${}_tV_x$ auf. Dies ist das Theorem von Cantelli für Versicherungen mit kontinuierlichen und diskontinuierlichen Zahlungen.

Die Darstellung einer allgemeinen Lebensversicherung durch ein Integral der Gestalt (27.22) ist nicht für die praktische Berechnung von Versicherungswerten gedacht. Hiefür dienen vielmehr die in Abschnitt II behandelten Formeln. Die Untersuchungen in diesem Kapitel sollen vielmehr die verschiedenartigen Lebensversicherungen in einen einheitlichen Rahmen stellen. Wir bezeichnen daher allgemein als eine Lebensversicherung für einen einzelnen Versicherten zwei zeitabhängige Vektoren mit beschränkter Schwankung $\mathfrak{F}(t)$ und $\mathfrak{G}(t)$, für welche die Äquivalenzgleichung (27.23) erfüllt ist, sofern $\mathfrak{F}(t)$ aus diskontierten Ausscheide- bzw. Erlebenswahrscheinlichkeiten gemäß (27.16) besteht. Damit kann jede Lebensversicherung als Element eines Unterraumes des Funktionenraumes, der durch die Funktionen $F_1(t), \ldots, F_N(t), G_1(t), \ldots, G_N(t)$ aufgespannt wird, aufgefaßt werden. Dieser Unterraum wird durch die gemäß (27.16) aufgebauten Vektoren $\mathfrak{F}(t)$ sowie durch alle zugehörigen Vektoren $\mathfrak{G}(t)$, für welche (27.23) erfüllt ist, aufgespannt.

4. Allgemeine Versicherungen. In diesem Punkt behandeln wir allgemeine Risikoversicherungen. Das Kennzeichen einer solchen Versicherung ist, daß bei Eintritt eines Versicherungsfalles eine Zahlung der Versicherungsgesellschaft für den Versicherten geleistet wird. Prämienzahlungen werden als negative Zahlungen eingeführt. Es sei $F(t+\varepsilon) - F(t) + o(\varepsilon)$ die Wahrscheinlichkeit, daß genau eine Zahlung im Zeitintervall $(t, t+\varepsilon]$ geleistet wird. $F(t)$ ist daher eine rechtsseitig stetige, monoton steigende Funktion, und wir können ohne Beschränkung der Allgemeinheit $F(0) = 0$ setzen.

Wir bezeichnen den Barwert der von der Versicherungsgesellschaft im Zeitpunkt t zu leistenden Zahlung mit $x(t)$, und es sei

$$G(x, t) = W\{x(t) \leqq x\} \tag{27.31}$$

die Wahrscheinlichkeit, daß der Barwert einer im Zeitpunkt t zu leistenden Zahlung den Wert x nicht übersteigt. Die Funktion $G(x, t)$ ist für festes t eine Verteilungsfunktion in x, und sie sei für festes x von beschränkter Schwankung in t. Die Erwartungswerte

$$E\{x(t)\} = \overline{x}(t) = \int_{x=-\infty}^{+\infty} x\, dG(x, t) \tag{27.32}$$

sollen für alle $t \in (0, T]$ existieren. T sei die Versicherungsdauer, und es gelte $F(T) < \infty$, wobei $T = \infty$ zugelassen ist. Weiters existiere das Integral

$$P_0 = \int_0^{(+)T} \overline{x}(t)\, dF(t). \tag{27.33}$$

Da $G(x, t)$ für festes x von beschränkter Schwankung in t ist und $F(t)$ wegen $F(0) = 0$ in $(0, T]$ die Schwankungssumme $F(T)$ besitzt, also ebenfalls von beschränkter Schwankung ist, existieren die Integrale

$$H(x) = \int_0^{(+)T} G(x, t)\, dF(t). \tag{27.34}$$

Wegen der Existenz von (27.32) gilt für genügend kleines $\delta > 0$ und eine Zerlegung des Intervalls $(-\infty, +\infty)$ in Intervalle $(x_{i-1}, x_i]$

$$\left| \bar{x}(t) - \sum_{i=-\infty}^{+\infty} x_i [G(x_i, t) - G(x_{i-1}, t)] \right| < \frac{\varepsilon(\delta)}{F(T)} \quad \text{für} \quad \max_{(i)} |x_i - x_{i-1}| < \delta. \tag{27.35}$$

Ebenso gilt wegen der Existenz von (27.33) für jede ausgezeichnete Zerlegungsfolge $\{Z_m\}$ des Intervalles $(0, T]$ für genügend großes m

$$\left| P_0 - \sum_{j=1}^{m} \bar{x}(t_j) [F(t_j) - F(t_{j-1})] \right| < \varepsilon(m). \tag{27.36}$$

Wegen

$$\sum_{j=1}^{m} [F(t_j) - F(t_{j-1})] = F(T)$$

folgt aus (27.35) und (27.36):

$$\left| P_0 - \sum_{j=1}^{m} \sum_{i=-\infty}^{+\infty} x_i [G(x_i, t_j) - G(x_{i-1}, t_j)] [F(t_j) - F(t_{j-1})] \right| < \varepsilon(\delta) + \varepsilon(m). \tag{27.37}$$

Lassen wir m gegen Unendlich gehen, dann folgt wegen (27.34)

$$\left| P_0 - \sum_{i=-\infty}^{+\infty} x_i [H(x_i) - H(x_{i-1})] \right| < \varepsilon(\delta) \qquad \text{für} \qquad \max_{(i)} |x_i - x_{i-1}| < \delta. \tag{27.38}$$

Lassen wir jetzt δ gegen Null streben, dann folgt daraus die Existenz des folgenden Integrals:

$$P_0 = \int_{-\infty}^{+\infty} x\, dH(x). \tag{27.39}$$

Wir wollen nun die eben abgeleiteten Formeln interpretieren. Aus der Definition der Funktion $F(t)$ und aus (27.31) folgt, daß

$$G(x, t) [F(t + \varepsilon) - F(t)] + o(\varepsilon)$$

der Erwartungswert der Anzahl jener Zahlungen im Intervall $(t, t + \varepsilon]$ ist, für welche der Barwert $x(t)$ den Wert x nicht übersteigt. Ebenso ist leicht zu sehen, daß

$$G(x, t) [F(t) - F(t - \varepsilon)] + o(1)$$

der Erwartungswert der Anzahl jener Zahlungen im Intervall $(t - \varepsilon, t]$ ist, für welche $x(t) \leqq x$ ist. Dabei geht $o(1)$ mit ε gegen Null. Die Integrale $H(x)$ aus (27.34) stellen daher den Erwartungswert der Anzahl jener Zahlungen im Intervall $(0, T]$ dar, für welche $x(t) \leqq x$ ist. Das Integral (27.39) ist somit der Erwartungswert des Barwertes aller Zahlungen im Zeitintervall $(0, T]$.

Da $\overline{x}(t)$ aus (27.32) den Erwartungswert einer im Zeitpunkt t geleisteten Zahlung darstellt, ist

$$\overline{x}(t)\,[F(t+\varepsilon) - F(t)] + o(\varepsilon)$$

der Erwartungswert des Barwertes der in $(t, t+\varepsilon]$ geleisteten Zahlungen und

$$\overline{x}(t)\,[F(t) - F(t-\varepsilon)] + o(1)$$

der Erwartungswert des Barwertes der im Intervall $(t-\varepsilon, t]$ geleisteten Zahlungen. Das Integral (27.33) stellt daher den Erwartungswert des Barwertes der in $(0, T]$ geleisteten Zahlungen dar und stimmt erwartungsgemäß mit dem Integral (27.39) überein.

Da $x(t)$ der Barwert der von der Versicherungsgesellschaft geleisteten Zahlungen war, ist P_0 die zu Beginn der Versicherung zu entrichtende Erstprämie. Allfällige Folgeprämien sind als negative Zahlungen $x(t) < 0$ bereits im Integral selbst berücksichtigt.

Wir bezeichnen daher allgemein als eine Versicherung zwei Funktionen $F(t)$ und $G(x, t)$, wobei $F(0) = 0$, $F(T) < \infty$ und $F(t)$ monoton steigend und rechtsseitig stetig ist, $G(x, t)$ von beschränkter Schwankung ist, die Integrale (27.32) für alle $t \in (0, T]$ existieren und das Integral (27.33) nicht negativ ist.

In dieser allgemeinen Form lassen sich auch Lebensversicherungen, für welche keine kontinuierlichen Zahlungen vorgesehen sind, darstellen. Sind s_k die Zeitpunkte mit diskontinuierlichen Erlebenszahlungen e_k und τ_k die Zeitpunkte mit diskontinuierlichen Prämienzahlungen P_k, dann setzen wir

$$F(t) - F(t-\varepsilon) = \begin{cases} {}_{t-\varepsilon}p_x - {}_tp_x + o(\varepsilon) & \text{für} \quad t \neq s_k \quad \text{und} \quad t \neq \tau_k, \\ {}_tp_x + o(1) & \text{für} \quad t = s_k \quad \text{oder} \quad t = \tau_k, \end{cases} \tag{27.40}$$

wobei $o(1)$ mit ε gegen Null geht. Bezeichnet $a_j(t)$ das Ausscheidekapital beim Ausscheiden aus der j^{ten} Ursache im Zeitpunkt t, e_k das Erlebenskapital im Zeitpunkt s_k und P_k die im Zeitpunkt τ_k fällige Prämienzahlung, dann setzen wir:

$$\begin{aligned} G(x,t)\Big|_{\substack{t\neq s_k\\ t\neq\tau_k}} &= \sum_{\substack{(i)\\ a_i(t)v^t \leqq x}} \frac{\mu_{x+t}^{(i)}}{\sum\limits_{j=1}^{N-2} \mu_{x+t}^{(j)}} \\ G(x, s_k) &= \begin{cases} 0 & \text{für} \quad v^{s_k} e_k > x \\ 1 & \text{für} \quad v^{s_k} e_k \leqq x, \end{cases} \\ G(x, \tau_k) &= \begin{cases} 0 & \text{für} \quad -v^{\tau_k} P_k > x, \\ 1 & \text{für} \quad -v^{\tau_k} P_k \leqq x. \end{cases} \end{aligned} \tag{27.41}$$

Die Integrale (27.32) können nun wie folgt berechnet werden:

$$\overline{x}(t) = \begin{cases} \dfrac{\sum\limits_{i=1}^{N-2} a_i(t) v^t \mu_{x+t}^{(i)}}{\sum\limits_{j=1}^{N-2} \mu_{x+t}^{(j)}} & \text{für} \quad t \neq s_k, \quad t \neq \tau_k, \\ v^{s_k} e_k & \text{für} \quad t = s_k, \\ -v^{\tau_k} P_k & \text{für} \quad t = \tau_k. \end{cases} \tag{27.42}$$

Das Integral (27.33) wird mit Hilfe von (27.40) und (27.42) folgendermaßen berechnet:

$$P_0 = \int_0^{(+)T} \overline{x}(t)\, dF(t) = -\int_0^T \overline{x}(t) \frac{d}{dt}\, {}_tp_x\, dt + \sum_{(k)} v^{s_k} e_{k\, s_k}p_x - \sum_{(k)} v^{\tau_k} P_{k\, \tau_k}p_x =$$

$$= \int_0^T \sum_{i=1}^{N-2} a_i(t) v^t\, {}_tp_x \mu_{x+t}^{(i)}\, dt + \sum_{(k)} v^{s_k} e_{k\, s_k}p_x - \sum_{(k)} v^{\tau_k} P_{k\, \tau_k}p_x .$$

Wie man sieht, ist P_0 den zukünftigen Versicherungsleistungen abzüglich der zukünftigen Prämien äquivalent. In Punkt 3 haben wir durch Verwendung eines linksseitigen Stieltjes-Schärf-Integrals auch die Erstprämie P_0 in das Integral einbezogen.

Ein einfaches Beispiel für eine Risikoversicherung kann folgendermaßen dargestellt werden: Die Wahrscheinlichkeit für den Eintritt eines Schadens sei für jedes genügend kleine Zeitintervall proportional der Länge dieses Intervalls, z. B. für ein Intervall der Länge Δt gleich $\lambda \Delta t$. Die Verteilungsfunktion für die Höhe des eingetretenen Schadens sei $1 - e^{-\mu x}$. Folgeprämien seien keine vorgesehen. Es gilt daher $F(t) = \lambda t$ und $G(x, t) = 1 - e^{-\mu x}$. Für den Mittelwert des Schadens erhalten wir aus (27.32)

$$\overline{x}(t) = \int_0^\infty x \mu e^{-\mu x}\, dx = \frac{1}{\mu} \int_0^\infty y e^{-y}\, dy = \frac{1}{\mu}$$

und für die Prämie aus (27.33)

$$P_0 = \int_0^T \frac{1}{\mu} \lambda\, dt = \frac{\lambda}{\mu} T .$$

Kapitel 28

Erneuerungstheorie

1. Der Erneuerungsprozeß. In Kapitel 27 haben wir Versicherungen durch die Wahrscheinlichkeiten $F(t) - F(t - \varepsilon)$, daß eine Zahlung im Intervall $(t - \varepsilon, t]$ geleistet wird, und durch die Verteilungsfunktionen $G(x, t)$, daß die im Zeitpunkt t von der Versicherungsgesellschaft geleistete Zahlung x nicht übersteigt, beschrieben. Je nach Art der Versicherung werden wir mit unterschiedlichen Funktionen $F(t)$ zu rechnen haben. Im Falle der Haftpflichtversicherung für ein ständig in Betrieb befindliches Auto wird $F(t)$ proportional t gesetzt werden können, und $G(x, t)$ wird von t weitgehend unabhängig sein. Anders dort, wo, wie etwa in der Lebensversicherung, die Wahrscheinlichkeit für die Leistung einer Zahlung vom Alter des Versicherten bzw. des versicherten Objektes abhängt. Hat das versicherte Objekt eine begrenzte Lebensdauer, wie dies in der Lebensversicherung für den Versicherten der Fall ist, und haben wir eine altersabhängige Verteilungsfunktion für die Höhe der im Zeitpunkt t zu leistenden Zahlung der Versicherungsgesellschaft vor uns — wir sprechen hier vom Alter des Versicherten in gleicher Weise wie vom Alter des versicherten Objektes —, dann ist der Versicherungsverlauf zeitlich begrenzt. Er endet, sofern er nicht überhaupt zeitlich begrenzt angenommen wurde, spätestens mit dem Tod bzw. der Zerstörung des versicherten Objektes.

Mit der Zerstörung des versicherten Objektes ist also die Versicherung zu Ende. Wir wollen uns aber hier mit dem Fall befassen, daß die Versicherung zeitlich unbegrenzt abgeschlossen wird und daß bei einer allfälligen Zerstörung des versicherten Objektes dieses durch ein neues Objekt ersetzt wird. Wir wollen annehmen, das Objekt besitze zu Beginn der Versicherung das Alter 0 und werde im Falle seiner Zerstörung stets wieder durch ein neues Objekt mit dem Anfangsalter 0 ersetzt. Das Ersetzen des zerstörten Objektes durch ein neues Objekt des Alters 0 heißt *Erneuerung.*

Es ist selbstverständlich nicht notwendig, daß das versicherte Objekt tatsächlich zerstört wird. Wesentlich ist nur, daß durch den Eintritt eines genau definierten Ereignisses das versicherte Objekt erneuert werden muß und das neue Objekt wieder das Anfallsalter 0 besitzt.

Nicht nur Objekte, sondern auch Personen können Gegenstand eines Erneuerungsprozesses sein. Betrachten wir etwa einen aktiven Versicherten, der in einem Betrieb arbeitet, für den ein Pensionssystem eingerichtet worden ist. Scheidet der Versicherte durch Invalidität, Alter oder Tod aus dem Stande der Aktiven aus und nimmt die Geschäftsleitung gleichzeitig als Ersatz einen neuen Versicherten auf, dessen Eintrittsalter x_0 beträgt, dann haben wir ebenfalls einen Erneuerungsprozeß vor uns. Setzen wir $\tau = x - x_0$, wobei x das Alter des Versicherten und x_0 sein Eintrittsalter ist, dann erfüllt das fiktive Alter τ die Bedingung, daß das Eintrittsalter gleich 0 ist.

Um einen Erneuerungsprozeß zu beschreiben, verwenden wir zwei Funktionen. Es sei $P(t)$ die Wahrscheinlichkeit, daß ein im Zeitpunkt 0 mit dem Alter 0 versichertes Objekt im Zeitintervall $(0, t]$ mindestens einmal erneuert worden ist. Demnach ist

$$P(t) - P(t - \varepsilon) + o(1) \tag{28.1}$$

die Wahrscheinlichkeit, daß die *erste* Erneuerung des Objektes im Zeitintervall $(t - \varepsilon, t]$ stattfindet, wobei $o(1)$ mit ε gegen Null strebt. Offenbar ist $P(t) \geqq 0$ monoton steigend in t und nach oben beschränkt. $P(t)$ ist daher von beschränkter Schwankung. Die Verteilungsfunktion für die Höhe der von der Gesellschaft zu leistenden Zahlungen bezeichnen wir mit $G(x, t)$, doch soll zum Unterschied zu früher t nicht den Zeitpunkt der Zahlung, sondern das Alter des versicherten Objektes im Zeitpunkt der Zahlung bezeichnen.

Vielfach ist die Erneuerung selbst mit einer Zahlung verbunden. Wir wollen daher zunächst die Häufigkeit der Erneuerungen untersuchen.

2. Die Erneuerungsgleichung. Es sei $Q_n(t)$ die Wahrscheinlichkeit, daß im Zeitintervall $(0, t]$ genau n Erneuerungen eintreten. Daher ist $\sum_{n=1}^{\infty} Q_n(t)$ die Wahrscheinlichkeit, daß mindestens eine Erneuerung in $(0, t]$ eintritt und wegen der Definition von $P(t)$ gilt:

$$P(t) = \sum_{n=1}^{\infty} Q_n(t). \tag{28.2}$$

Da $Q_0(t)$ die Wahrscheinlichkeit dafür ist, daß in $(0, t]$ keine Erneuerung eintritt, daß also das versicherte Objekt den Zeitraum überlebt, gilt

$$P(t) + Q_0(t) = \sum_{n=0}^{\infty} Q_n(t) = 1. \tag{28.3}$$

Insbesondere gilt

$$Q_0(t) = 1 - P(t). \tag{28.4}$$

Zur Berechnung der Wahrscheinlichkeiten $Q_n(t)$ bedienen wir uns einer Rekursionsformel. Die Wahrscheinlichkeit, daß die erste Erneuerung im Zeitintervall $(\tau - d\tau, \tau]$ stattfindet, ist $P(\tau) - P(\tau - d\tau)$. Die Wahrscheinlichkeit, daß von der ersten Erneuerung im Zeitintervall $(\tau - d\tau, \tau]$ bis zum Zeitpunkt t genau $n-1$ Erneuerungen eintreten, ist größer oder gleich $\inf\limits_{\bar\tau \in (\tau - d\tau, \tau]} Q_{n-1}(t - \bar\tau)$ und kleiner oder gleich $\sup\limits_{\bar\tau \in (\tau - d\tau, \tau]} Q_{n-1}(t - \bar\tau)$. Unter der Voraussetzung, daß $Q_{n-1}(t)$ rechtsseitig stetig ist, gilt

$$\sup_{\bar\tau \in (\tau - d\tau, \tau]} Q_{n-1}(t - \bar\tau) - \inf_{\bar\tau \in (\tau - d\tau, \tau]} Q_{n-1}(t - \bar\tau) = o(1),$$

wobei $o(1)$ mit $d\tau$ gegen Null strebt. Wir bilden nun eine ausgezeichnete Zerlegungsfolge $\{Z_n\}$ des Intervalls $(0, t]$. Unter der Voraussetzung, daß $Q_{n-1}(t)$ rechtsseitig stetig ist, existiert offenbar der folgende Grenzwert.

$$\lim_{n \to \infty} \sum_{i=1}^{n} Q_{n-1}(t - t_i)\,[P(t_i) - P(t_{i-1})] = \int_0^t Q_{n-1}(t - \tau)\, dP(\tau). \tag{28.5}$$

Die Summe aus (28.5) ist die Wahrscheinlichkeit, daß die erste Erneuerung in einem Intervall $(t_{i-1}, t_i]$ stattfindet, während im verbleibenden Zeitintervall bis t noch genau $n-1$ Erneuerungen eintreten. Da die Intervalle $(t_{i-1}, t_i]$ das Intervall $(0, t]$ vollständig überdecken, ist dies gerade die Wahrscheinlichkeit $Q_n(t)$, daß im Zeitintervall $(0, t]$ genau n Erneuerungen stattfinden.

Wir haben in (28.5) vorausgesetzt, daß $Q_{n-1}(t)$ rechtsseitig stetig ist. Wie aus (28.4) folgt, ist $Q_0(t)$ rechtsseitig stetig, da $P(t)$ rechtsseitig stetig ist. Nehmen wir an, es wäre bereits gezeigt, daß $Q_{n-1}(t)$ rechtsseitig stetig ist, dann folgt aus (28.5), daß auch $Q_n(t)$ rechtsseitig stetig ist, und damit ist die rechtsseitige Stetigkeit von $Q_n(t)$ für alle n durch Induktion gezeigt. Aus (28.5) erhalten wir die folgende Rekursionsformel:

$$Q_n(t) = \int_0^t Q_{n-1}(t - \tau)\, dP(\tau). \tag{28.6}$$

Unser Ziel ist es, die Zahl der Erneuerungen in einem bestimmten Zeitintervall abzuschätzen. Da die Zahl der Erneuerungen eine zufällige Größe ist, untersuchen wir deren Erwartungswert. Es sei $E(t)$ der Erwartungswert der Zahl der Erneuerungen im Zeitintervall $(0, t]$. Da $Q_n(t)$ die Wahrscheinlichkeit für das Stattfinden von genau n Erneuerungen im Zeitintervall $(0, t]$ ist, gilt:

$$E(t) = \sum_{n=1}^{\infty} n Q_n(t). \tag{28.7}$$

Wir zeigen zunächst, daß (28.7) konvergent ist.

Es sei

$$E_N(t) = \sum_{n=1}^{N} n Q_n(t).$$

Aus (28.6) folgt

$$\begin{aligned} E_N(t) &= \sum_{n=1}^{N} Q_n(t) + \int_0^t \sum_{n=1}^{N} (n-1)\, Q_{n-1}(t-\tau)\, dP(\tau) \leq \\ &\leq P(t) + \int_0^t \sum_{n=1}^{N-1} n Q_n(t-\tau)\, dP(\tau) = \\ &= P(t) + \int_0^t E_{N-1}(t-\tau)\, dP(\tau). \end{aligned} \tag{28.8}$$

Wegen der rechtsseitigen Stetigkeit von $P(t)$ können wir ein $\varepsilon > 0$ mit $0 \leqq P(\varepsilon) < 1$ wählen. Für $0 < t \leqq \varepsilon$ gilt dann

$$Q_1(t) = \int_0^t Q_0(t-\tau)\, dP(\tau) \leqq P(t) \leqq P(\varepsilon)$$

und aus der Induktionsvoraussetzung $Q_{n-1}(t) \leqq P^{n-1}(\varepsilon)$ für $0 < t \leqq \varepsilon$ folgt

$$Q_n(t) = \int_0^t Q_{n-1}(t-\tau)\, dP(\tau) \leqq P^{n-1}(\varepsilon) P(t) \leqq P^n(\varepsilon)$$

für alle n und daraus für $0 < t \leqq \varepsilon$

$$E_N(t) \leqq \sum_{n=1}^{N} n P^n(\varepsilon) \leqq \sum_{n=1}^{\infty} n P^n(\varepsilon) = C(\varepsilon). \tag{28.9}$$

Wegen $P(\varepsilon) < 1$ ist die Summe konvergent und $C(\varepsilon)$ endlich. Lassen wir jetzt N gegen Unendlich streben, dann ist damit die Konvergenz von (28.7) für alle $0 < t \leqq \varepsilon$ gezeigt. Um die Konvergenz für beliebiges t zu zeigen, wählen wir ein λ, welches die Bedingungen

$$\lambda \geqq \frac{1}{\varepsilon}, \qquad \lambda \geqq \frac{C(\varepsilon) + 1}{\int_0^t [1 - P(\tau)]\, d\tau} \tag{28.10}$$

erfüllt. Wegen $\varepsilon > 0$ und wegen $P(t) \leqq P(\varepsilon) < 1$ für alle $0 < t \leqq \varepsilon$ sind die unteren Schranken für λ endlich. Nun gilt für $t \geqq \varepsilon$

$$E_1(t) = Q_1(t) \leqq 1 \leqq \frac{t}{\varepsilon} \leqq \lambda t.$$

Nehmen wir nun weiter als Induktionsvoraussetzung an, daß für $t \geqq \varepsilon$ bereits

$$E_{N-1}(t) \leqq \lambda t$$

gezeigt worden ist, dann folgt aus (28.8), (28.9) und (28.10) für $t \geqq \varepsilon$ die folgende Kette von Ungleichungen:

$$E_N(t) \leqq P(t) + \int_0^{t-\varepsilon} E_{N-1}(t-\tau)\, dP(\tau) + \int_{t-\varepsilon}^{t} E_{N-1}(t-\tau)\, dP(\tau) \leqq$$

$$\leqq 1 + \lambda \int_0^{t-\varepsilon} (t-\tau)\, dP(\tau) + C(\varepsilon)\,[P(t) - P(t-\varepsilon)] \leqq$$

$$\leqq 1 + \lambda \int_0^{t} (t-\tau) dP(\tau) + C(\varepsilon) = 1 + C(\varepsilon) + \lambda \,|(t-\tau) P(\tau)|_0^t + \lambda \int_0^t P(\tau)\, d\tau \leqq$$

$$\leqq \lambda \int_0^t [1 - P(\tau)]\, d\tau + \lambda \int_0^t P(\tau)\, d\tau = \lambda t.$$

Damit ist $E_N(t) \leqq \lambda t$ für alle N und für $t \geqq \varepsilon$ gezeigt. Wir können N gegen Unendlich streben lassen und erhalten wegen (28.9) allgemein die Abschätzung:

$$E(t) \leqq \begin{cases} C(\varepsilon) & \text{für} \quad 0 < t \leqq \varepsilon, \\ \lambda t & \text{für} \quad t \geqq \varepsilon. \end{cases} \tag{28.11}$$

Lassen wir in (28.8) N gegen Unendlich streben, dann folgt aus der ersten Gleichung wegen der Konvergenz von $E_N(t)$ die folgende *Erneuerungsgleichung*:

$$E(t) = P(t) + \int_0^t E(t-\tau)\, dP(\tau). \tag{28.12}$$

Die beschränkten Lösungen der Erneuerungsgleichung sind eindeutig. Der Beweis hiefür ist leicht indirekt zu führen. Gäbe es nämlich zwei verschiedene Lösungen $E^{(1)}(t)$ und $E^{(2)}(t)$, dann gilt für ihre Differenz $\Delta(t) = E^{(1)}(t) - E^{(2)}(t)$

$$\Delta(t) = \int_0^t \Delta(t-\tau)\, dP(\tau). \tag{28.13}$$

Wegen der Beschränktheit von $\Delta(t)$ und wegen $\Delta(0) = E^{(1)}(0) - E^{(2)}(0) = 0$ gibt es in jedem Intervall $(0, T]$ ein $\bar{t}$ mit

$$\sup_{0 < t \leqq T} |\Delta(t)| = \overline{\lim_{t \to \bar{t}}}\, |\Delta(t)| > |\Delta(\tau)| \qquad \text{für alle} \quad \tau < \bar{t},$$

wobei $\overline{\lim}$ den limes superiori darstellt. Führen wir diesen Grenzübergang in (28.13) durch, dann erhalten wir einen Widerspruch zur Annahme zweier verschiedener beschränkter Lösungen von (28.12).

Eine Möglichkeit zur Lösung der Erneuerungsgleichung besteht darin, schrittweise mit Hilfe von (28.4) und (28.6) die Funktionen $Q_n(t)$ zu errechnen und $E(t)$

nach (28.7) zu bilden. Ein anderer Weg führt über die Funktionen

$$\begin{aligned} g_0(t) &= P(t), \\ g_n(t) &= \int_0^t g_{n-1}(t-\tau)\,dP(\tau), \qquad n \geqq 1. \end{aligned} \tag{28.14}$$

Aus (28.3) und (28.4) folgt $g_0(t) = 1 - Q_0(t) = \sum_{n=1}^{\infty} Q_n(t)$, und unter der Induktionsvoraussetzung $g_{n-1}(t) = \sum_{\nu=n}^{\infty} Q_\nu(t)$ folgt aus (28.6) und (28.14)

$$g_n(t) = \sum_{\nu=n+1}^{\infty} Q_\nu(t). \tag{28.15}$$

Es gilt daher

$$\sum_{n=0}^{\infty} g_n(t) = \sum_{n=1}^{\infty} nQ_n(t) = E(t). \tag{28.16}$$

Wie bereits gezeigt wurde, ist (28.16) konvergent und Lösung der Erneuerungsgleichung, was auch direkt gezeigt werden kann, indem man die Funktionen $g_n(t)$ in (28.16) in der Form (28.14) darstellt.

Als Beispiel betrachten wir einen Erneuerungsprozeß, für den die Erneuerungen nach Poisson verteilt sind. In diesem Fall kann die Wahrscheinlichkeit, daß im Zeitintervall $(0, t]$ keine Erneuerung eintritt, in der Form $Q_0(t) = e^{-\lambda t}$ dargestellt werden. Daraus folgt $P(t) = 1 - e^{-\lambda t}$, und die Erneuerungsgleichung lautet:

$$E(t) = 1 - e^{-\lambda t} + \lambda \int_0^t E(t-\tau) e^{-\lambda\tau}\,d\tau. \tag{28.17}$$

Mit Hilfe von (28.6) zeigt man leicht durch Induktion, daß

$$Q_n(t) = \frac{\lambda^n t^n}{n!} e^{-\lambda t} \tag{28.18}$$

gilt. Aus (28.7) folgt dann

$$E(t) = \sum_{n=1}^{\infty} \frac{\lambda^n t^n}{(n-1)!} e^{-\lambda t} = \lambda t$$

und man kann leicht direkt zeigen, daß dieser Wert Lösung von (28.17) ist.

In dem eben angeführten Beispiel war die Funktion $P(t)$ nach t differenzierbar. Wie in Kapitel 26 dargelegt, können in diesem Spezialfall die in (28.5), (28.6) usw. und insbesondere in (28.12) auftretenden Stieltjes-Integrale als Riemann-Integrale dargestellt werden. Gilt $\frac{d}{dt} P(t) = p(t)$, dann kann die Erneuerungsgleichung in der Form

$$E(t) = P(t) + \int_0^t E(t-\tau)\,p(\tau)\,d\tau \tag{28.19}$$

geschrieben werden. Ein anderer Spezialfall liegt dann vor, wenn $P(t)$ eine Stufenfunktion ist. Wir wollen insbesondere den Fall

$$\begin{aligned} \Delta^- P(n) = P(n) - P(n-0) = p_n, \qquad n = 1, 2, \ldots, \\ \frac{d}{dt} P(t) = 0 \qquad \text{für} \qquad t \neq n \end{aligned} \tag{28.20}$$

untersuchen. Aus (26.16) folgt, daß die Erneuerungsgleichung dann für $N \leq t < N + 1$ die Form

$$E(t) = E(N) = \sum_{n=1}^{N} p_n + \sum_{n=1}^{N} E(N-n) p_n \tag{28.21}$$

erhält, wobei wegen $E(0) = 0$ die Summierung in der zweiten Summe bei $N - 1$ abgebrochen werden kann. Wie man sieht, ist p_n die Wahrscheinlichkeit dafür, daß das Element im Zeitpunkt n zum ersten Mal erneuert wird.

Als Beispiel für einen derartigen Erneuerungsprozeß wählen wir einen Versicherten, der zeit seines Lebens der Personengesamtheit der Versicherten angehören soll. Stirbt er, dann wird er am Ende des Sterbejahres durch einen eben geborenen Versicherten ersetzt, der also zur Zeit seines Eintrittes das Alter 0 besitzt. Eine Erneuerung findet daher jeweils am Ende des Sterbejahres statt. Die Wahrscheinlichkeit p_n, daß die erste Erneuerung im Zeitpunkt n, also nach n Jahren, stattfindet, ist gleich der Wahrscheinlichkeit, daß der Versicherte im n^{ten} Jahr stirbt. Es gilt also:

$$\begin{aligned} p_n &= {}_{n-1|1}q_0 = \frac{l_{n-1} - l_n}{l_0}, \\ P_n &= {}_n q_0 = \frac{l_0 - l_n}{l_0}. \end{aligned} \tag{28.22}$$

Die Wahrscheinlichkeiten p_n bezeichnen in diesem Fall Sterbewahrscheinlichkeiten. Man bezeichnet daher die Menge $\{p_n\}$ als *Ausscheideordnung*. Gibt es insbesondere nur endlich viele von 0 verschiedene p_n, dann spricht man von einer *endlichen Ausscheideordnung*.

3. Erneuerungsdichte und Erneuerungszahlen. Ist $P(t)$ differenzierbar, dann folgt aus (28.4) und (28.6), daß die Funktionen $Q_n(t)$ differenzierbar sind, und wegen (28.7) ist $E(t)$ differenzierbar. Aus der Erneuerungsgleichung (28.19) erhalten wir dann wegen $E(0) = 0$ die Formel

$$\frac{d}{dt} E(t) = e(t) = p(t) + \int_0^t e(t-\tau) p(\tau)\, d\tau. \tag{28.23}$$

Die Eindeutigkeit der beschränkten Lösung von (28.23) zeigt man in gleicher Weise wie die Eindeutigkeit der beschränkten Lösungen von (28.12), wobei die Anfangsbedingung $e(0) = p(0)$ zugrunde gelegt wird. Wir bezeichnen $e(t)$ als Erneuerungsdichte.

Sind die Erneuerungen nach Poisson verteilt, dann gilt $P(t) = 1 - e^{-\lambda t}$ und daher $p(t) = \lambda e^{-\lambda t}$. Man zeigt unschwer, daß $e(t) = \lambda$ die Anfangsbedingung und (28.23) erfüllt.

Der Erwartungswert der Anzahl der Erneuerungen in einem beliebigen Zeitintervall $(t_1, t_2]$ wird allgemein durch

$$E(t_2) - E(t_1) = \int_{t_1}^{t_2} e(t)\, dt$$

dargestellt, sofern eine Erneuerungsdichte existiert.

Hat die Erneuerungsgleichung die Gestalt (28.21), dann ist $E(t)$ eine Stufenfunktion. $E(t)$ ist rechtsseitig stetig und hat in den Punkten $t = n$ Sprungstellen. Wir bezeichnen die Höhe der Sprungstellen mit

$$\Delta^- E(n) = E(n) - E(n-1) = e^{(n)} \tag{28.24}$$

und bezeichnen die Werte $e^{(n)}$ als *Erneuerungszahlen* oder *Erneuerungswahrscheinlichkeiten*. Aus (28.21) und (28.24) folgt wegen $E(0) = 0$

$$e^{(N)} = p_N + \sum_{n=1}^{N-1} e^{(N-n)} p_n .$$

Setzen wir formal $e^{(0)} = 1$, dann erhalten wir die einfache Formel

$$e^{(N)} = \sum_{n=1}^{N} e^{(N-n)} p_n . \tag{28.25}$$

Mit Hilfe dieser Gleichung können die Erneuerungswahrscheinlichkeiten schrittweise berechnet werden.

Bei der Anwendung der Erneuerungstheorie auf Probleme der Versicherung wird auch der Fall behandelt, daß jede Erneuerung mit einer Zahlung verbunden ist. Es ist daher von Interesse zu wissen, wieviele Erneuerungen in den Zeitpunkten $t = n$ nach genügend langer Zeit zu erwarten sind. Insbesondere soll untersucht werden, ob der Grenzwert $\lim\limits_{n\to\infty} e^{(n)} = \bar{e}$ existiert. Dies muß nicht immer der Fall sein. Ist etwa $p_2 = 1$, $p_n = 0$ für $n \neq 2$, dann gilt, wie leicht zu sehen ist, $e^{(n)} = 1$ für gerade n und $e^{(n)} = 0$ für ungerade n. $\lim\limits_{n\to\infty} e^{(n)}$ existiert daher nicht. Wir werden zeigen, daß der Grenzwert $\bar{e}$ für eine endliche Ausscheideordnung, für welche $p_n > 0$ für alle $n < \omega$ und $p_n = 0$ für alle $n \geqq \omega$ gilt, stets existiert.

Im Fall einer endlichen Ausscheideordnung gilt für $N \geqq \omega$ wegen (28.25)

$$e^{(N)} = \sum_{n=1}^{\omega-1} e^{(N-n)} p_n . \tag{28.26}$$

Wir setzen

$$\begin{aligned} M_N &= \max_{1 \leqq n \leqq \omega-1} e^{(N-n)} , \\ m_N &= \min_{1 \leqq n \leqq \omega-1} e^{(N-n)} . \end{aligned} \tag{28.27}$$

Aus (28.26) und (28.27) folgt wegen $\sum\limits_{n=1}^{\omega-1} p_n = 1$

$$\begin{aligned} M_{N+1} &\leqq M_N , \\ m_{N+1} &\geqq m_N . \end{aligned} \tag{28.28}$$

Gilt insbesondere $e^{(N-r)} = m_N$, dann folgt für $p = \min\limits_{1 \leqq n \leqq \omega-1} p_n > 0$

$$e^{(N)} - m_N = \sum_{n=1}^{\omega-1} (e^{(N-n)} - m_N) p_n = \sum_{\substack{n=1 \\ n \neq r}}^{\omega-1} (e^{(N-n)} - m_N) p_n \leqq (M_N - m_N) \sum_{\substack{n=1 \\ n \neq r}}^{\omega-1} p_n =$$
$$= (M_N - m_N)(1 - p_r) \leqq (M_N - m_N)(1 - p). \tag{28.29}$$

Hätten M_N und m_N verschiedene Grenzwerte, dann gäbe es ein $d > 0$ mit $M_N - m_N \geqq d$ für alle N, und wegen (28.29) müßte

$$e^{(N)} \leqq (M_N - m_N)(1 - p) + m_N = M_N - p(M_N - m_N) \leqq M_N - pd$$

gelten. Wegen (28.27) folgt daraus $M_{N+1} \leqq M_N - pd$ und allgemein $0 \leqq M_{N+n} \leqq \leqq M_N - pdn$. Dies führt aber wegen $pd > 0$ für genügend großes n zu einem Widerspruch. M_N und m_N haben daher denselben Grenzwert, und es gilt:

$$\bar{e} = \lim_{N \to \infty} M_N = \lim_{N \to \infty} m_N. \tag{28.30}$$

Aus (28.26), (28.27) und (28.30) folgt, daß $\bar{e} = \lim\limits_{N \to \infty} e^{(N)}$ der gesuchte Grenzwert ist.

Um den Grenzwert zu berechnen, gehen wir von den Gleichungen (28.26) aus:

$$\begin{aligned}
e^{(1)} &= p_1, \\
e^{(2)} &= p_2 + p_1 e^{(1)}, \\
e^{(3)} &= p_3 + p_2 e^{(1)} + p_1 e^{(2)}, \\
&\;\;\vdots \\
e^{(\omega-1)} &= p_{\omega-1} + p_{\omega-2} e^{(1)} + \cdots + p_1 e^{(\omega-2)}, \\
e^{(\omega)} &= p_{\omega-1} e^{(1)} + \cdots + p_2 e^{(\omega-2)} + p_1 e^{(\omega-1)}, \\
&\;\;\vdots \\
e^{(N)} &= p_{\omega-1} e^{(N-\omega+1)} + \cdots + p_1 e^{(N-1)}.
\end{aligned} \tag{28.31}$$

Addieren wir diese Gleichungen und fassen auf der rechten Seite die Faktoren von $e^{(n)}$ zusammen, dann erhalten wir wegen $\sum\limits_{n=1}^{\omega-1} p_n = 1$

$$\sum_{n=1}^{N} e^{(n)} = 1 + \sum_{n=1}^{N-\omega+1} e^{(n)} + e^{(N-\omega+1)}(1 - p_{\omega-1}) + \cdots + e^{(N-1)}(1 - p_{\omega-1} - \cdots - p_2)$$

und daraus

$$e^{(N)} + e^{(N-1)}(p_{\omega-1} + \cdots + p_2) + \cdots + e^{(N-\omega+2)} p_{\omega-1} = 1.$$

Lassen wir jetzt N gegen Unendlich gehen, dann folgt

$$\bar{e} = \frac{1}{p_1 + 2p_2 + \cdots + (\omega - 1) p_{\omega-1}}.$$

Die durchschnittliche „Lebenserwartung“ eines Elementes im Erneuerungsprozeß, also der Erwartungswert der bis zur ersten Erneuerung verflossenen Zeit, ist offenbar

$$\overline{T} = \sum_{n=1}^{\omega-1} n\, p_n \tag{28.32}$$

und wir erhalten schließlich

$$\bar{e} = \frac{1}{\overline{T}}. \tag{28.33}$$

Der Grenzwert, dem die Erneuerungswahrscheinlichkeiten im Fall einer endlichen Ausscheideordnung zustreben, ist daher der durchschnittlichen Lebenserwartung umgekehrt proportional.

Wählen wir die endliche Ausscheideordnung (28.22), dann entspricht $\overline{T}$ der Lebenserwartung. In einer Personengesamtheit von L Personen, in der jeder Gestorbene durch einen neu eintretenden 0-jährigen ersetzt wird, so daß der Umfang der Personengesamtheit unverändert bleibt, strebt somit der Erwartungswert der Anzahl der Erneuerungen dem Grenzwert $L\bar{e}$ zu, da der Erneuerungsprozeß für die Personengesamtheit als Summe von L einzelnen Erneuerungsprozessen aufgefaßt werden kann. Im Zeitpunkt N ist der Erwartungswert der Anzahl der x-jährigen offenbar gleich dem Erwartungswert der Anzahl der im Zeitpunkt $N-x$ „erneuerten“ Personen, vervielfacht mit der Überlebenswahrscheinlichkeit für x Jahre, das ist $Q_0(x)$. Bezeichnen wir den Erwartungswert der Anzahl der x-jährigen im Zeitpunkt N mit $L_x(N)$, dann gilt demnach

$$\frac{L_x(N)}{L} = e^{(N-x)} Q_0(x) = e^{(N-x)}[1 - P(x)] = e^{(N-x)}\left[1 - \sum_{n=1}^{x} p_n\right] = e^{(N-x)} \frac{l_x}{l_0}. \tag{28.34}$$

Lassen wir N gegen Unendlich gehen, dann strebt $L_x(N)$ einem Grenzwert zu:

$$\lim_{N\to\infty} L_x(N) = L_x = L\bar{e}\,\frac{l_x}{l_0} = L\,\frac{l_x}{\sum_{n=0}^{\omega-1} l_n}. \tag{28.35}$$

Dieser Ausdruck gibt den Grenzwert an, dem der Erwartungswert der Anzahl der x-jährigen in der betrachteten Personengesamtheit zustrebt. Obwohl die Personengesamtheit ursprünglich aus lauter 0-jährigen bestanden hat, strebt ihre Altersstruktur gegen die durch (28.35) gegebenen Werte. Man zeigt unschwer, daß die Grenzwerte (28.35) auch bei beliebiger Altersstruktur der Ausgangsgesamtheit erhalten werden, da der Grenzwert $\bar{e}$ unabhängig vom Ausgangsalter des ersten Elementes ist.

4. Versicherungswerte in Erneuerungsprozessen. Wir betrachten einen Erneuerungsprozeß, der eine Versicherung beschreibt, in der zwei Arten von Zahlungen auftreten, und zwar Zahlungen, die im Fall einer Erneuerung fällig werden, und Zahlungen, deren Höhe vom „Alter“ des Elementes abhängt. Die Versicherungsgesellschaft leiste Zahlungen in der Höhe e_k, wenn das Element ein Alter s_k mit $k = 1, 2, \ldots$ erreicht. Wird vom Element ein Alter τ_k mit $k = 0, 1, \ldots$ erreicht, dann wird eine Prämie der Höhe P_k fällig. Es sei $\tau_0 = 0$, und wir bezeichnen P_0 als Erstprämie. Die erwähnten Zahlungen werden nur dann fällig, wenn das Element im Zeitpunkt s_k bzw. τ_k noch nicht erneuert wurde. Findet die

Erneuerung in einem dieser Zeitpunkte statt, dann werden die Zahlungen nicht fällig. Neben den bei der Erreichung bestimmter Alter fällig werdenden Einzelzahlungen sollen auch kontinuierliche Zahlungen vorgesehen werden, welche die Versicherungsgesellschaft zahlt und deren Höhe vom Alter des Elementes abhängt.

Wir betrachten nun die Versicherung des ersten Elementes. Die Wahrscheinlichkeit, daß dieses Element ein Alter t erreicht, ist offenbar gleich der Wahrscheinlichkeit, daß bis zum Zeitpunkt t keine Erneuerung stattfindet, also gleich $Q_0(t)$. Der Erwartungswert des Barwertes der im Zeitpunkt s_k fällig werdenden Zahlung e_k beträgt daher $Q_0(s_k)e_k v^{s_k}$. Der Erwartungswert des Barwertes der im Zeitpunkt τ_k fällig werdenden Prämie P_k ist $Q_0(\tau_k)P_k v^{\tau_k}$. Die Wahrscheinlichkeit dafür, daß die erste Erneuerung im Zeitintervall $(t-dt, t]$ stattfindet, ist $P(t) - P(t-dt)$. Bezeichnen wir die von der Versicherungsgesellschaft im Falle einer Erneuerung zu leistende Zahlung mit e_0, dann ist der Erwartungswert des Barwertes dieser Zahlung, die im Zeitintervall $(t-dt, t]$ für das erste Element zu leisten ist, gleich $e_0[P(t) - P(t-dt)]v^t + o(dt)$ und der Erwartungswert des Barwertes dieser Zahlung für die gesamte, unbegrenzt angenommene Versicherungsdauer gleich $e_0 \int\limits_0^\infty v^t\, dP(t)$. Schließlich sei $e(t)$ die Zahlungsdichte, das heißt, die im Durchschnitt auf die Zeiteinheit entfallende kontinuierliche Zahlung im Zeitpunkt t. Dementsprechend ist $Q_0(t)e(t)v^t dt$ der Erwartungswert des Barwertes der im Zeitintervall $(t, t+dt]$ fällig werdenden kontinuierlichen Zahlungen.

Fassen wir die Prämienzahlungen als negative Zahlungen der Versicherungsgesellschaft auf, dann ist

$$\int\limits_0^\infty Q_0(t)e(t)v^t\, dt + e_0\int\limits_0^\infty v^t\, dP(t) + \sum_{(k)} Q_0(s_k)e_k v^{s_k} - \sum_{(k)} Q_0(\tau_k)P_k v^{\tau_k} \tag{28.36}$$

der Erwartungswert des Barwertes aller Zahlungen. Sollen die Prämienzahlungen den Versicherungsleistungen äquivalent sein, dann muß (28.36) gleich Null werden. Definieren wir nun eine Funktion $G(t)$ durch

$$\begin{aligned} &G(0) = 0, \quad \Delta^+ G(s_k) = e_k v^{s_k}, \quad \Delta^+ G(\tau_k) = -P_k v^{\tau_k}, \\ &\Delta^- G(s_k) = \Delta^- G(\tau_k) = 0, \\ &\frac{d}{dt} G(t) = e(t)v^t \quad \text{für} \quad t \neq s_k, \quad t \neq \tau_k, \end{aligned} \tag{28.37}$$

dann ist wegen der rechtsseitigen Stetigkeit von $Q_0(t)$

$$\int\limits_0^{(-)\infty} Q_0(t)\, dG(t) = \int\limits_0^\infty Q_0(t)e(t)\, v^t\, dt + \sum_{(k)} Q_0(s_k)e_k v^{s_k} - \sum_{(k)} Q_0(\tau_k)P_k v^{\tau_k} \tag{28.38}$$

und aus (26.38) folgt, daß rechtsseitiges und linksseitiges STIELTJES-SCHÄRF-Integral übereinstimmen. Nach dem Äquivalenzprinzip muß (28.36) gleich 0 sein. Wegen (28.38) kann diese Bedingung in der Form

$$\int\limits_0^{(-)\infty} Q_0(t)\, dG(t) + e_0\int\limits_0^\infty v^t\, dP(t) = 0 \tag{28.39}$$

geschrieben werden. Im zweiten Integral können wir wegen $P(t) = 1 - Q_0(t)$ formal $dP(t) = -dQ_0(t)$ setzen. Formen wir das erste Integral durch partielle Integration gemäß (26.39) um, dann folgt wegen $Q_0(\infty) = G(0) = 0$ aus (28.39)

$$-\int_0^{(-)\infty} G(t)\,dQ_0(t) - e_0 \int_0^{\infty} v^t\,dQ_0(t) = 0$$

oder

$$\int_0^{(-)\infty} [G(t) + e_0 v^t]\,dP(t) = 0. \qquad (28.40)$$

Die Voraussetzung $Q_0(\infty) = 0$ besagt nichts anderes, als daß die Wahrscheinlichkeit für eine unendliche Lebensdauer des Elementes verschwindet.

(28.40) kann auch auf folgende Weise interpretiert werden: $P(t + dt) - P(t)$ ist die Wahrscheinlichkeit dafür, daß die erste Erneuerung im Zeitintervall $(t, t + dt]$ stattfindet. $G(t)$ ist der Barwert aller Zahlungen bis zum Zeitpunkt t, wenn das Element bis zu diesem Zeitpunkt noch nicht erneuert worden ist. $e_0 v^t$ ist der Barwert der im Falle der Erneuerung zu leistenden Zahlung. (28.40) ist daher das Integral über alle Wahrscheinlichkeiten, daß die erste Erneuerung in t stattfindet, multipliziert mit dem Barwert der in diesem Fall insgesamt fällig werdenden Zahlungen. Da Prämienzahlungen als negative Zahlungen eingesetzt wurden, muß der Wert des Integrals bei Äquivalenz von Prämienzahlungen und Versicherungsleistungen verschwinden.

Um das *Deckungskapital* in einem Erneuerungsprozeß zu ermitteln, gehen wir davon aus, daß die Wahrscheinlichkeit für das Element, das Alter t ohne Erneuerung zu erreichen, $Q_0(t)$ ist. Die Wahrscheinlichkeit, das Alter $\tau > t$ ohne Erneuerung zu erreichen, ist unter der Voraussetzung, daß bereits das Alter t erreicht wurde, gleich $\frac{Q_0(\tau)}{Q_0(t)}$. Berücksichtigen wir weiter, daß die Barwerte der Zahlungen in (28.39) und (28.40) auf das Alter 0 bezogen wurden, im Falle des Deckungskapitals nach t Jahren aber auf das Alter t zu beziehen sind, dann können wir das Deckungskapital V_t nach t Jahren für $t \neq s_k$ in der Form

$$V_t = \frac{1}{v^t Q_0(t)} \left[\int_t^{(-)\infty} Q_0(\tau)\,dG(\tau) + e_0 \int_t^{\infty} v^\tau\,dP(\tau) \right] \qquad (28.41)$$

darstellen. Für $t = s_k$ ist (28.41) um e_k zu vermindern.

Haben wir es mit einer Vielzahl von einzelnen Erneuerungsprozessen zu tun, dann kann das *durchschnittliche Deckungskapital* untersucht werden. Wir gehen von (28.12) aus. Mit Hilfe partieller Integration erhalten wir

$$E(t) = P(t) - \int_0^t P(\tau)\,dE(t-\tau) = 1 - Q_0(t) + \int_0^t [1 - Q_0(t-\tau)]\,dE(\tau) =$$

$$= 1 - Q_0(t) + E(t) - \int_0^t Q_0(t-\tau)\,dE(\tau)$$

und daraus

$$1 = Q_0(t) + \int_0^t Q_0(t-\tau)\,dE(\tau). \qquad (28.42)$$

Auf der rechten Seite bezeichnet $Q_0(t)$ die Wahrscheinlichkeit für das erste Element, den Zeitpunkt t zu erleben. Da $E(\tau + d\tau) - E(\tau)$ die Wahrscheinlichkeit für den Eintritt einer Erneuerung im Zeitintervall $(\tau, \tau + d\tau]$ ist und $Q_0(t - \tau)$ die Wahrscheinlichkeit für ein im Zeitpunkt τ erneuertes Element, den Zeitpunkt t zu erleben, bezeichnet das Integral in (28.42) die Wahrscheinlichkeit, daß mindestens eine Erneuerung in $(0, t]$ stattgefunden hat und das Element der letzten Erneuerung im Zeitpunkt t noch lebt. Da entweder mindestens eine Erneuerung oder aber keine Erneuerung in $(0, t]$ stattfindet, steht auf der rechten Seite von (28.42) die Wahrscheinlichkeit für ein sicheres Ereignis, und diese ist gleich 1.

Die Wahrscheinlichkeit, daß ein im Zeitpunkt t vorhandenes Element ein Alter zwischen $t - \tau - d\tau$ (einschließlich) und $t - \tau$ (ausschließlich) aufweist, ist $[E(\tau + d\tau) - E(\tau)]Q_0(t - \tau) + o(d\tau)$ für $\tau < t$. Die Wahrscheinlichkeit, daß dieses Element ein Alter von t aufweist, ist $Q_0(t)$. Daher beträgt der Erwartungswert des Deckungskapitals nach t Jahren, der dem durchschnittlichen Deckungskapital für eine Vielzahl von gleichen Erneuerungsprozessen entspricht,

$$\overline{V}_t = Q_0(t)\,V_t + \int_0^t Q_0(t - \tau)\,V_{t-\tau}\,dE(\tau). \tag{28.43}$$

Als Beispiel betrachten wir die Versicherung einer Personengesamtheit mit altersabhängigen Versicherungsleistungen. Bei Eintritt in die Versicherung sollen alle Versicherten das Alter x_0 aufweisen. Scheidet ein Versicherter aus der Personengesamtheit aus, dann wird er durch einen Versicherten des Alters x_0 ersetzt. Es sei $P(t)$ die Wahrscheinlichkeit, daß ein Versicherter bis zur Erreichung des Alters $x_0 + t$ ausscheidet. Als Kostenfunktion nehmen wir altersabhängige Durchschnittskosten s_x an, wobei s_x die auf die Zeiteinheit bezogenen, bei Erreichung des Alters x durchschnittlich anfallenden, kontinuierlich zahlbaren Versicherungsleistungen bezeichnet. Schließlich sei im Falle des Ausscheidens eine einmalige Zahlung A zu leisten.

Der Erwartungswert des Barwertes dieser Leistungen läßt sich in der Form (28.36) darstellen:

$$\int_0^\infty [1 - P(t)]\,s_{x_0+t}\,v^t\,dt + A\int_0^\infty v^t\,dP(t). \tag{28.44}$$

Wird die Versicherung gegen Einmalprämie abgeschlossen, dann ist zu Beginn für jeden x_0-jährigen ein Betrag in der Höhe des durch (28.44) gegebenen Wertes zu entrichten. Bei jeder Erneuerung ist der gleiche Betrag für den neu eintretenden Versicherten zu zahlen. Wird die Versicherung gegen kontinuierliche Prämien abgeschlossen und ist π_t die im Zeitpunkt t gezahlte durchschnittliche Prämie, wobei der Durchschnitt auf die Zeiteinheit bezogen wird, dann ist

$$\int_0^\infty [1 - P(t)]\,\pi_t\,v^t\,dt \tag{28.45}$$

der Erwartungswert des Barwertes der für einen Versicherten zu zahlenden Prämien. Nach dem Äquivalenzprinzip müssen die Ausdrücke (28.44) und (28.45) einander gleich sein. Wird eine gleichbleibende Durchschnittsprämie $\overline{\pi}$ vereinbart, dann folgt daraus

$$\bar{\pi} = \frac{\int\limits_0^\infty [1 - P(t)] s_{x_0+t} v^t \, dt + A \int\limits_0^\infty v^t \, dP(t)}{\int\limits_0^\infty [1 - P(t)] \, v^t \, dt}. \tag{28.46}$$

Das Deckungskapital für einen $(x_0 + t)$-jährigen wird in der Form

$$V_t = \frac{1}{1 - P(t)} \left\{ \int\limits_t^\infty [1 - P(\tau)] \, (s_{x_0+\tau} - \pi_\tau) v^{\tau - t} \, d\tau + A \int\limits_t^\infty v^{\tau-t} \, dP(t) \right\} \tag{28.47}$$

dargestellt. Der Ausdruck in der geschlungenen Klammer ist der Erwartungswert des Barwertes der ab dem Alter $x_0 + t$ fällig werdenden Versicherungsleistungen, abzüglich der fällig werdenden Prämien, wobei der Barwert auf das Alter $x_0 + t$ bezogen ist. Der Nenner $1 - P(t)$ ist die Wahrscheinlichkeit, daß der x_0-jährige das Alter $x_0 + t$ in der Personengesamtheit erlebt. Das durchschnittliche Deckungskapital der Personengesamtheit kann wieder mit Hilfe der Formel (28.43) berechnet werden, wobei $Q_0(t)$ und $E(t)$ mit Hilfe von $P(t)$, V_t nach (28.47) berechnet wird.

Handelt es sich um eine Personengesamtheit, aus welcher das Ausscheiden nur durch den Tod möglich ist, dann gilt

$$Q_0(t) = 1 - P(t) = \frac{l_{x_0+t}}{l_{x_0}}$$

und diese Funktion ist den Berechnungen zugrunde zu legen.

Im diskontinuierlichen Fall erhalten wir statt (28.44)

$$\sum_{n=0}^\infty [1 - P(n)] \, s_{x_0+n} v^n + A \sum_{n=0}^\infty p_n v^n \tag{28.48}$$

als Erwartungswert des Barwertes der Leistungen. s_{x_0+n} sind die auf den Jahresbeginn diskontierten jährlichen Durchschnittskosten. Für die jährliche Durchschnittsprämie π folgt daraus statt (28.46)

$$\pi = \frac{\sum\limits_{n=0}^\infty \{[1 - P(n)] \, s_{x_0+n} + A \, p_n\} \, v^n}{\sum\limits_{n=0}^\infty [1 - P(n)] \, v^n}. \tag{28.49}$$

Das Deckungskapital wird in Analogie zu (28.47) in der Form

$$V_n = \frac{1}{1 - P(n)} \sum_{\nu=n}^\infty \{[1 - P(\nu)] \, (s_{x_0+\nu} - \pi) + A \, p_{\nu+1} v\} \, v^{\nu-n} \tag{28.50}$$

dargestellt. Entsprechend (28.43) folgt für das durchschnittliche Deckungskapital für eine Vielzahl von gleichen Erneuerungsprozessen

$$\bar{V}_n = [1 - P(n)] \, V_n + \sum_{\nu=1}^n e^{(\nu)} [1 - P(n - \nu)] \, V_{n-\nu}. \tag{28.51}$$

Abschnitt VIII

Risikotheorie

Kapitel 29

Das Maß des Risikos

1. Das mittlere Risiko einer Lebensversicherung. Jede Versicherung ist mit einem Risiko verbunden. Das Risiko ist in der Unsicherheit des Ergebnisses der Versicherung begründet. Im Fall einer einjährigen Ablebensversicherung „riskiert“ die Versicherungsgesellschaft, daß der Versicherte während des Versicherungsjahres stirbt und die Versicherungssumme fällig wird, während bei Überleben des Versicherten keine Zahlung zu leisten ist. Die Nettoprämien der Versicherung decken gerade den Erwartungswert der Versicherungsleistungen. Wegen der zufälligen Schwankungen in Zahl und Höhe der Versicherungsleistungen muß die Versicherungsgesellschaft über eine Rücklage verfügen, welche es ihr gestattet, solche zufälligen Schwankungen auszugleichen. Auf lange Sicht gesehen sind die Prämien so bemessen, daß die aus der Rücklage genommenen Beträge wieder zurückgezahlt werden können, entsprechen die Prämien doch dem Erwartungswert der Zahlungen. Vorübergehend riskiert die Versicherungsgesellschaft aber höhere Zahlungen, welche nur aus einem entsprechenden Sicherheitsfonds gedeckt werden können.

Wir befassen uns in diesem Abschnitt mit dem Risiko der Versicherungsgesellschaft, mit der Frage, wie dieses Risiko beeinflußt werden kann und wie die Rücklagen der Gesellschaft bemessen werden müssen. Als erstes untersuchen wir das Risiko einer Versicherung. Wie kann dieses Risiko beschrieben werden? Betrachten wir wieder eine einjährige Ablebensversicherung für einen x-jährigen. Der Einfachheit halber wollen wir zunächst von den Verwaltungskosten absehen und lediglich von der Nettoprämie $P_{x,\overline{1}|} = {}_{|1}A_x$ ausgehen. Die Versicherungsgesellschaft vereinnahmt diese Prämie und hat, wenn der Versicherte ein Jahr überlebt, keine Zahlung zu leisten, wenn der Versicherte im Versicherungsjahr stirbt, jedoch den Betrag 1 am Ende des Versicherungsjahres zu zahlen. Beziehen wir alle Zahlungen auf den Versicherungsbeginn, dann verbleibt der Gesellschaft bei Überleben des Versicherten ein Betrag von $P_{x,\overline{1}|}$, im Falle des Todes des Versicherten ein Betrag von $P_{x,\overline{1}|} - v$, da die Ablebenszahlung um ein Jahr auf den Versicherungsbeginn abzuzinsen ist. Die Wahrscheinlichkeit für das Überleben ist $p_x = 1 - q_x$, die Wahrscheinlichkeit für das Ableben q_x. Der Erwartungswert des der Versicherungsgesellschaft verbleibenden Betrages u ist demnach

$$E(u) = P_{x,\overline{1}|}(1-q_x) + (P_{x,\overline{1}|} - v)q_x$$

und wegen $P_{x,\overline{1}|} = vq_x$ gilt $E(u) = 0$, wie dies für eine „gerechte" Prämie zu fordern ist.

Wir werden eine Versicherung als um so „riskanter" ansehen, je größer die Abweichungen des der Gesellschaft verbleibenden Betrages u vom Mittelwert 0 sind. Ein Maß für diese Abweichungen ist aber die Streuung von u, und es ist daher sinnvoll, sie als Maß für das Risiko heranzuziehen. Bezeichnet

$$\sigma^2(u) = E(u^2)$$

die Streuung von u, dann ist

$$M = M({}_{|1}A_x) = \sigma(u) = \sqrt{E(u^2)} \tag{29.1}$$

das *mittlere Risiko* der einjährigen Todesfallversicherung. Offenbar gilt wegen $E(u) = 0$ die folgende Darstellung:

$$M({}_{|1}A_x) = \sqrt{E(u^2)} = \sqrt{P^2_{x,\overline{1}|}(1-q_x) + (P_{x,\overline{1}|} - v)^2 q_x} = v\sqrt{p_x q_x}. \tag{29.2}$$

Nun berechnen wir das mittlere Risiko für eine allgemeine Lebensversicherung der Gestalt (5.60). Es werde beim Erleben des Alters $x+\nu$ das Erlebenskapital e_ν fällig und beim Tod im ν^{ten} Versicherungsjahr das Ablebenskapital a_ν. Die einmalige Nettoprämie für diese Versicherung bezeichnen wir mit B_x; ihr Wert ist in (5.60) angegeben. Stirbt der Versicherte im ν^{ten} Versicherungsjahr, dann ist der Überschuß der Einnahmen der Gesellschaft über die Ausgaben, bezogen auf den Zeitpunkt des Versicherungsbeginnes,

$$u = B_x - \sum_{\mu=1}^{\nu-1} v^\mu e_\mu - v^\nu a_\nu .$$

Die Wahrscheinlichkeit, daß der Versicherte im ν^{ten} Versicherungsjahr stirbt, ist ${}_{\nu-1}p_x q_{x+\nu-1}$. Wegen (5.60) gilt:

$$\begin{aligned}
E(u) &= B_x - \sum_{\nu=1}^{\omega-x}\left(\sum_{\mu=1}^{\nu-1} v^\mu e_\mu + v^\nu a_\nu\right) {}_{\nu-1}p_x q_{x+\nu-1} = \\
&= B_x - \sum_{\mu=1}^{\omega-x-1} e_\mu v^\mu \sum_{\nu=\mu+1}^{\omega-x} {}_{\nu-1}p_x\, q_{x+\nu-1} - \sum_{\nu=1}^{\omega-x} v^\nu a_\nu\, {}_{\nu-1}p_x q_{x+\nu-1} = \\
&= B_x - \sum_{\mu=1}^{\omega-x-1} e_\mu v^\mu\, {}_\mu p_x - \sum_{\nu=1}^{\omega-x} v^\nu a_\nu\, {}_{\nu-1}p_x q_{x+\nu-1} = \\
&= B_x - \sum_{\mu=1}^{\omega-x-1} {}_\mu E_x e_\mu - \sum_{\nu=1}^{\omega-x} {}_{\nu-1|1}A_x a_\nu = 0 .
\end{aligned}$$

Für das mittlere Risiko dieser Versicherung erhalten wir daher die folgende Formel:

$$M^2(B_x) = E(u^2) = \sum_{\nu=1}^{\omega-x}\left(B_x - \sum_{\mu=1}^{\nu-1} v^\mu e_\mu - v^\nu a_\nu\right)^2 {}_{\nu-1}p_x q_{x+\nu-1}. \tag{29.3}$$

Wird die allgemeine Versicherung gegen k-jährige Prämienzahlung abgeschlossen, dann gibt (5.61) die jährliche Prämie $P_{x,\overline{k}|}(B_x)$ an. Stirbt der Versicherte im ν^{ten} Versicherungsjahr, wobei $\nu \leqq k$ ist, dann gilt für den der Versicherungsgesellschaft verbleibenden Betrag, das ist der Überschuß der Einnahmen über die Ausgaben, bezogen auf den Zeitpunkt des Versicherungsbeginnes, die folgende Gleichung:

$$u = P_{x,\overline{k}|}(B_x)\ddot{a}_{\overline{\nu}|} - \sum_{\mu=1}^{\nu-1} v^\mu e_\mu - v^\nu a_\nu .$$

Für $\nu > k$ erhält man:

$$u = P_{x,\overline{k}|}(B_x)\ddot{a}_{\overline{k}|} - \sum_{\mu=1}^{\nu-1} v^\mu e_\mu - v^\nu a_\nu .$$

Man zeigt leicht, daß $E(u) = 0$ gelten muß. Das mittlere Risiko dieser Versicherung kann nun folgendermaßen dargestellt werden:

$$M^2\left(\frac{B_x}{\ddot{a}_{x,\overline{k}|}}\right) = E(u^2) = \sum_{\nu=1}^{k}\left[P_{x,\overline{k}|}(B_x)\ddot{a}_{\overline{\nu}|} - \sum_{\mu=1}^{\nu-1} v^\mu e_\mu - v^\nu a_\nu\right]^2 {}_{\nu-1}p_x\, q_{x+\nu-1} +$$

$$+ \sum_{\nu=k+1}^{\omega-x}\left[P_{x,\overline{k}|}(B_x)\ddot{a}_{\overline{k}|} - \sum_{\mu=1}^{\nu-1} v^\mu e_\mu - v^\nu a_\nu\right]^2 {}_{\nu-1}p_x q_{x+\nu-1} .$$

Man darf annehmen, daß während der Dauer der Prämienzahlung keine Erlebenszahlungen fällig werden. Wir können daher $e_\mu = 0$ für $\mu \leqq k-1$ setzen und erhalten:

$$M^2\left(\frac{B_x}{\ddot{a}_{x,\overline{k}|}}\right) = \sum_{\nu=1}^{k} [P_{x,\overline{k}|}(B_x)\ddot{a}_{\overline{\nu}|} - v^\nu a_\nu]^2{}_{\nu-1}p_x\, q_{x+\nu-1} +$$

$$+ \sum_{\nu=k+1}^{\omega-x}\left[P_{x,\overline{k}|}(B_x)\ddot{a}_{\overline{k}|} - \sum_{\mu=k}^{\nu-1} v^\mu e_\mu - v^\nu a_\nu\right]^2 {}_{\nu-1}p_x\, q_{x+\nu-1} . \qquad (29.4)$$

2. Das mittlere Risiko spezieller Lebensversicherungen. Wir betrachten das mittlere Risiko für eine *gemischte Versicherung gegen Einmalprämie.* Dazu setzen wir $B_x = A_{x,\overline{n}|}$ und erhalten unter Verwendung von (29.3) die Formel:

$$M^2(A_{x,\overline{n}|}) = \sum_{\nu=1}^{n-1} (A_{x,\overline{n}|} - v^\nu)^2\, {}_{\nu-1}p_x\, q_{x+\nu-1} + (A_{x,\overline{n}|} - v^n)^2\, {}_np_x =$$

$$= A^2_{x,\overline{n}|}\left(\sum_{\nu=1}^{n-1} {}_{\nu-1}p_x\, q_{x+\nu-1} + {}_np_x\right) - 2A_{x,\overline{n}|}\left(\sum_{\nu=1}^{n-1} v^\nu{}_{\nu-1}p_x\, q_{x+\nu-1} + v^n{}_np_x\right) +$$

$$+ \sum_{\nu=1}^{n-1} v^{2\nu}{}_{\nu-1}p_x\, q_{x+\nu-1} + v^{2n}{}_np_x .$$

Offenbar gilt

$$\sum_{\nu=1}^{n-1} {}_{\nu-1}p_x q_{x+\nu-1} + {}_np_x = {}_nq_x + {}_np_x = 1$$

und

$$\sum_{\nu=1}^{n-1} v^\nu{}_{\nu-1}p_x\, q_{x+\nu-1} + v^n{}_np_x = A_{x,\overline{n}|} .$$

Die beiden letzten Summanden in der Darstellung von $M^2(A_{x,\overline{n}|})$ sind offenbar der Barwert einer gemischten Versicherung eines x-jährigen auf n Jahre, wenn statt des Abzinsungsfaktors v der Abzinsungsfaktor $v^{(2)} = v^2$ verwendet wird. Bezeichnen wir den mit diesem Abzinsungsfaktor berechneten Barwert der gemischten Versicherung mit $A^{(2)}_{x,\overline{n}|}$, dann folgt

$$M^2(A_{x,\overline{n}|}) = A^{(2)}_{x,\overline{n}|} - A^2_{x,\overline{n}|}. \tag{29.5}$$

Als nächstes berechnen wir das mittlere Risiko einer *gemischten Versicherung gegen laufende Prämien* während der gesamten Versicherungsdauer. Aus (29.4) erhalten wir unter Verwendung von (5.45)

$$\begin{aligned} M^2\left(\frac{A_{x,\overline{n}|}}{\ddot{a}_{x,\overline{n}|}}\right) &= \sum_{\nu=1}^{n-1}\left(\frac{A_{x,\overline{n}|}}{\ddot{a}_{x,\overline{n}|}}\ddot{a}_{\overline{\nu}|} - v^\nu\right)^2{}_{\nu-1}p_x\, q_{x+\nu-1} + \left(\frac{A_{x,\overline{n}|}}{\ddot{a}_{x,\overline{n}|}}\ddot{a}_{\overline{n}|} - v^n\right)^2{}_n p_x = \\ &= \frac{1}{d^2\ddot{a}^2_{x,\overline{n}|}}\left\{\sum_{\nu=1}^{n-1}[A_{x,\overline{n}|}(1-v^\nu) - d\ddot{a}_{x,\overline{n}|}v^\nu]^2{}_{\nu-1}p_x\, q_{x+\nu-1} + \right. \\ &\quad \left. + [A_{x,\overline{n}|}(1-v^n) - d\ddot{a}_{x,\overline{n}|}v^n]^2{}_n p_x\right\} = \\ &= \frac{1}{d^2\ddot{a}^2_{x,\overline{n}|}}\left[\sum_{\nu=1}^{n-1}(A_{x,\overline{n}|} - v^\nu)^2{}_{\nu-1}p_x\, q_{x+\nu-1} + (A_{x,\overline{n}|} - v^n)^2{}_n p_x\right] = \\ &= \frac{A^{(2)}_{x,\overline{n}|} - A^2_{x,\overline{n}|}}{(1-A_{x,\overline{n}|})^2}. \end{aligned} \tag{29.6}$$

Um das mittlere Risiko für eine *Versicherung auf Leibrente gegen Einmalprämie* zu berechnen, verwenden wir wieder die Beziehung (5.45) und erhalten mit Hilfe von (29.5)

$$M^2(\ddot{a}_{x,\overline{n}|}) = M^2\left(\frac{1 - A_{x,\overline{n}|}}{d}\right) = \frac{1}{d^2}\, M^2(A_{x,\overline{n}|}) = \frac{A^{(2)}_{x,\overline{n}|} - A^2_{x,\overline{n}|}}{d^2}. \tag{29.7}$$

Da die Zahlung 1 im Zeitpunkt 0 eine sichere Zahlung darstellt und keinen Beitrag zum Risiko leistet, gilt auch für die nachschüssige Leibrente

$$M^2(a_{x,\overline{n}|}) = M^2(\ddot{a}_{x,\overline{n+1}|}) = \frac{A^{(2)}_{x,\overline{n+1}|} - A^2_{x,\overline{n+1}|}}{d^2}. \tag{29.8}$$

Für die *Versicherung mit fester Laufzeit* gehen wir wieder von (29.4) aus und erhalten:

$$\begin{aligned} M^2\left(\frac{v^n}{\ddot{a}_{x,\overline{n}|}}\right) &= \sum_{\nu=1}^{n-1}\left(\frac{v^n}{\ddot{a}_{x,\overline{n}|}}\ddot{a}_{\overline{\nu}|} - v^n\right)^2{}_{\nu-1}p_x\, q_{x+\nu-1} + \left(\frac{v^n}{\ddot{a}_{x,\overline{n}|}}\ddot{a}_{\overline{n}|} - v^n\right)^2{}_n p_x = \\ &= \frac{v^{2n}}{\ddot{a}^2_{x,\overline{n}|}}\left[\sum_{\nu=1}^{n-1}(\ddot{a}_{\overline{\nu}|} - \ddot{a}_{x,\overline{n}|})^2{}_{\nu-1}p_x\, q_{x+\nu-1} + (\ddot{a}_{\overline{n}|} - \ddot{a}_{x,\overline{n}|})^2{}_n p_x\right] = \\ &= \frac{v^{2n}}{\ddot{a}^2_{x,\overline{n}|}}\, M^2(\ddot{a}_{x,\overline{n}|}) = v^{2n}\,\frac{A^{(2)}_{x,\overline{n}|} - A^2_{x,\overline{n}|}}{d^2\,\ddot{a}^2_{x,\overline{n}|}} = v^{2n}\,\frac{A^{(2)}_{x,\overline{n}|} - A^2_{x,\overline{n}|}}{(1-A_{x,\overline{n}|})^2}. \end{aligned} \tag{29.9}$$

3. Das mittlere Risiko laufender Lebensversicherungen. Bisher haben wir das mittlere Risiko zu Versicherungsbeginn untersucht. Hiebei konnten wir $M^2 = \sigma^2(u) = E(u^2)$ setzen, da $E(u) = 0$ war. Wir bezeichnen nun mit ${}_t u$ den auf das Alter $x+t$ diskontierten Wert des Überschusses der zukünftigen Einnahmen über die zukünftigen Ausgaben. Die Streuung von ${}_tu$ führen wir wieder als mittleres Risiko ein:

$$ {}_tM^2 = \sigma^2({}_tu) = E\{[{}_tu - E({}_tu)]^2\} = E({}_tu^2) - E^2({}_tu). \qquad (29.10)$$

Nun sei P_μ die zu Beginn des μ^{ten} Versicherungsjahres fällig werdende Prämie. Stirbt der Versicherte im ν^{ten} Versicherungsjahr ($\nu > t$), dann gilt für den auf das Alter $x + t$ diskontierten Barwert des Überschusses ${}_tu_\nu$ der zukünftigen Einnahmen über die zukünftigen Ausgaben die folgende Gleichung:

$$ {}_tu_\nu = \sum_{\mu=t}^{\nu-1} P_\mu v^{\mu-t} - \sum_{\mu=t}^{\nu-1} e_\mu v^{\mu-t} - a_\nu v^{\nu-t}. \qquad (29.11)$$

Der Erwartungswert des Barwertes des Überschusses der zukünftigen Ausgaben über die zukünftigen Einnahmen ist definitionsgemäß das Deckungskapital. Es gilt daher:

$$E({}_tu) = -{}_tV_x. \qquad (29.12)$$

(29.12) kann mit Hilfe von (29.11) unter Berücksichtigung von (6.2) explizit hergeleitet werden. Aus (29.10) und (29.12) folgt

$$ {}_tM^2 = E({}_tu^2) - {}_tV_x^2. \qquad (29.13)$$

Für die *gemischte Versicherung gegen Einmalprämie* erhalten wir aus (29.13) die folgende Darstellung des mittleren Risikos nach t Versicherungsjahren:

$$\begin{aligned} {}_tM^2(A_{x,\overline{n}|}) &= \sum_{\nu=t+1}^{n} (v^{\nu-t})^2 \, {}_{\nu-t-1}p_{x+t}\, q_{x+\nu-1} + (v^{n-t})^2 \, {}_{n-t}p_{x+t} - {}_tV_x^2(A_{x,\overline{n}|}) = \\ &= A^{(2)}_{x+t,\overline{n-t}|} - A^2_{x+t,\overline{n-t}|}, \end{aligned} \qquad (29.14)$$

wobei $A^{(2)}_{x+t,\overline{n-t}|}$ wieder mit dem Abzinsungsfaktor $v^{(2)} = v^2$ berechnet wird. Für das mittlere Risiko einer *Leibrente gegen Einmalprämie* erhalten wir in Analogie zu (29.7)

$$ {}_tM^2(\ddot{a}_{x,\overline{n}|}) = {}_tM^2\left(\frac{1 - A_{x,\overline{n}|}}{d}\right) = \frac{1}{d^2}\, {}_tM^2(A_{x,\overline{n}|}) = \frac{A^{(2)}_{x+t,\overline{n-t}|} - A^2_{x+t,\overline{n-t}|}}{d^2}. \qquad (29.15)$$

Handelt es sich um eine Versicherung mit laufender Prämie, dann sind die Prämien P_μ in (29.11) zu berücksichtigen. Wir untersuchen zunächst die gemischte Versicherung gegen laufende Prämienzahlung und erhalten die folgende Darstellung:

$$\begin{aligned} {}_tM^2\left(\frac{A_{x,\overline{n}|}}{\ddot{a}_{x,\overline{n}|}}\right) &= \sum_{\nu=t+1}^{n-1} \left[\frac{A_{x,\overline{n}|}}{\ddot{a}_{x,\overline{n}|}}\, \ddot{a}_{\overline{\nu-t}|} - v^{\nu-t} + {}_tV_x\left(\frac{A_{x,\overline{n}|}}{\ddot{a}_{x,\overline{n}|}}\right)\right]^2 {}_{\nu-t-1}p_{x+t}\, q_{x+\nu-1} + \\ &\quad + \left[\frac{A_{x,\overline{n}|}}{\ddot{a}_{x,\overline{n}|}}\, \ddot{a}_{\overline{n-t}|} - v^{n-t} + {}_tV_x\left(\frac{A_{x,\overline{n}|}}{\ddot{a}_{x,\overline{n}|}}\right)\right]^2 {}_{n-t}p_{x+t}. \end{aligned}$$

Wegen

$$\begin{aligned} {}_tV_x\left(\frac{A_{x,\overline{n}|}}{\ddot{a}_{x,\overline{n}|}}\right) &= A_{x+t,\overline{n-t}|} - \frac{A_{x,\overline{n}|}}{\ddot{a}_{x,\overline{n}|}}\, \ddot{a}_{x+t,\overline{n-t}|} = \\ &= \frac{1}{d\ddot{a}_{x,\overline{n}|}} [A_{x+t,\overline{n-t}|}(1 - A_{x,\overline{n}|}) - A_{x,\overline{n}|}(1 - A_{x+t,\overline{n-t}|})] = \\ &= \frac{1}{d\ddot{a}_{x,\overline{n}|}} (A_{x+t,\overline{n-t}|} - A_{x,\overline{n}|}) \end{aligned}$$

gilt

$$\frac{A_{x,\overline{n}|}}{\ddot{a}_{x,\overline{n}|}} \ddot{a}_{\overline{\nu-t}|} - v^{\nu-t} + {}_tV_x\left(\frac{A_{x,\overline{n}|}}{\ddot{a}_{x,\overline{n}|}}\right) =$$

$$= \frac{1}{d\ddot{a}_{x,\overline{n}|}}\left[A_{x,\overline{n}|}(1 - v^{\nu-t}) - v^{\nu-t}(1 - A_{x,\overline{n}|}) + A_{x+t,\overline{n-t}|} - A_{x,\overline{n}|}\right] =$$

$$= \frac{1}{d\ddot{a}_{x,\overline{n}|}}(A_{x+t,\overline{n-t}|} - v^{\nu-t})$$

und wir erhalten

$${}_tM^2\left(\frac{A_{x,\overline{n}|}}{\ddot{a}_{x,\overline{n}|}}\right) =$$

$$= \frac{1}{d^2\ddot{a}^2_{x,\overline{n}|}}\left[\sum_{\nu=t+1}^{n-1}(A_{x+t,\overline{n-t}|} - v^{\nu-t})^2\,{}_{\nu-t-1}p_{x+t}\,q_{x+\nu-1} + (A_{x+t,\overline{n-t}|} - v^{n-t})^2\,{}_{n-t}p_{x+t}\right] =$$

$$= \frac{1}{(1 - A_{x,\overline{n}|})^2}M^2(A_{x+t,\overline{n-t}|}) = \frac{A^{(2)}_{x+t,\overline{n-t}|} - A^2_{x+t,\overline{n-t}|}}{(1 - A_{x,\overline{n}|})^2}. \qquad (29.16)$$

Ganz analog kann die *Versicherung mit fester Laufzeit* behandelt werden:

$${}_tM^2\left(\frac{v^n}{\ddot{a}_{x,\overline{n}|}}\right) = \sum_{\nu=t+1}^{n-1}\left[\frac{v^n}{\ddot{a}_{x,\overline{n}|}}\ddot{a}_{\overline{\nu-t}|} - v^{n-t} + {}_tV_x\left(\frac{v^n}{\ddot{a}_{x,\overline{n}|}}\right)\right]^2 {}_{\nu-t-1}p_{x+t}\,q_{x+\nu-1} +$$

$$+ \left[\frac{v^n}{\ddot{a}_{x,\overline{n}|}}\ddot{a}_{\overline{n-t}|} - v^{n-t} + {}_tV_x\left(\frac{v^n}{\ddot{a}_{x,\overline{n}|}}\right)\right]^2 {}_{n-t}p_{x+t}.$$

Wegen

$$\frac{v^n}{\ddot{a}_{x,\overline{n}|}}\ddot{a}_{\overline{\nu-t}|} - v^{n-t} + {}_tV_x\left(\frac{v^n}{\ddot{a}_{x,\overline{n}|}}\right) = \frac{v^n}{d\ddot{a}_{x,\overline{n}|}}(1 - v^{\nu-t}) - v^{n-t} + v^{n-t} - \frac{v^n}{\ddot{a}_{x,\overline{n}|}}\ddot{a}_{x+t,\overline{n-t}|} =$$

$$= \frac{v^n}{d\ddot{a}_{x,\overline{n}|}}(A_{x+t,\overline{n-t}|} - v^{\nu-t})$$

folgt daraus

$${}_tM^2\left(\frac{v^n}{\ddot{a}_{x,\overline{n}|}}\right) = \frac{v^{2n}}{d^2\ddot{a}^2_{x,\overline{n}|}}M^2(A_{x+t,\overline{n-t}|}) = v^{2n}\frac{A^{(2)}_{x+t,\overline{n-t}|} - A^2_{x+t,\overline{n-t}|}}{(1 - A_{x,\overline{n}|})^2}. \qquad (29.17)$$

4. Das mittlere Risiko für einen Versicherungsbestand. Ein Versicherungsbestand setze sich aus N Versicherungen zusammen. Es soll ein Maß für das Risiko dieses Versicherungsbestandes gefunden werden. Wir denken uns die Versicherungen durchnumeriert, und es sei t_i die von der i^{ten} Versicherung bereits verflossene Zeit. Nun sei ${}_{t_i}u$ der Barwert der zukünftigen Einnahmen abzüglich dem Barwert der zukünftigen Ausgaben, bezogen auf das Alter $x_i + t_i$ der i^{ten} Versicherung, wobei x_i das Alter bei Versicherungsbeginn ist. Der aus allen N Versicherungen resultierende Überschuß der zukünftigen Einnahmen über die zukünftigen Ausgaben, bezogen auf den Zeitpunkt der Berechnung des mittleren Risikos, beträgt dann

$$U = \sum_{i=1}^{N} {}_{t_i}u. \qquad (29.18)$$

Es ist nun sinnvoll, in Analogie zur Definition des mittleren Risikos für einzelne Versicherungen die Streuung von U als mittleres Risiko des Versicherungsbestandes einzuführen:

$$M = \sigma(U) = \overset{+}{\sqrt{E\{[U - E(U)]^2\}}}. \tag{29.19}$$

Unter der Voraussetzung, daß die Werte ${}_{t_i}u$ voneinander unabhängig sind, gilt

$$M^2 = \sigma^2(U) = \sigma^2\left(\sum_{i=1}^{N} {}_{t_i}u\right) = \sum_{i=1}^{N} \sigma^2({}_{t_i}u) = \sum_{i=1}^{N} {}_{t_i}M^2, \tag{29.20}$$

wobei ${}_{t_i}M$ das mittlere Risiko für die i^{te} Versicherung ist. Sollte t_i keine ganze Zahl sein und $\bar{t}_i < t_i < \bar{t}_i + 1$ gelten, wobei $\bar{t}_i$ eine ganze Zahl ist, dann kann zur Berechnung von ${}_{t_i}M$ die Näherungsformel

$${}_{t_i}M \sim (1 - t_i + \bar{t}_i)\, {}_{\bar{t}_i}M + (t_i - \bar{t}_i)\, {}_{\bar{t}_i+1}M \tag{29.21}$$

verwendet werden.

Neben dem mittleren Risiko des Versicherungsbestandes für seine gesamte zukünftige Dauer ist vor allem das mittlere Risiko für ein bestimmtes Geschäftsjahr von Interesse. Wir betrachten zunächst eine einzelne Lebensversicherung während eines Versicherungsjahres. Es sei Π die Bruttoprämie für dieses Versicherungsjahr. Von dieser Prämie werden zu Beginn des Versicherungsjahres die Verwaltungskosten und der Sicherheitszuschlag abgezogen. Diese Kosten und Zuschläge liefern daher keinen Beitrag zum Risiko der Versicherung. Wir können uns also auch hier auf die Nettoprämie beschränken, die wir mit P bezeichnen wollen.

Weiters sei V_0 das Nettodeckungskapital zu Beginn des Versicherungsjahres, V_1 das Nettodeckungskapital am Ende des Versicherungsjahres, p die Überlebenswahrscheinlichkeit und $q = 1 - p$ die Sterbewahrscheinlichkeit. Am Ende des Versicherungsjahres werde im Falle des Todes des Versicherten ein Ablebenskapital der Höhe 1 fällig.

Beziehen wir alle Zahlungen auf den Beginn des Versicherungsjahres, dann beträgt der Überschuß der Einnahmen über die Ausgaben $u = V_0 + P - v$ im Falle des Todes des Versicherten während des Versicherungsjahres und $u = V_0 + P - v V_1$ im Falle des Überlebens. Für den Erwartungswert von u gilt:

$$E(u) = q(V_0 + P - v) + p(V_0 + P - v V_1) = V_0 + P - qv - p V_1 v.$$

Aus (6.18) folgt in der jetzigen Bezeichnung

$$P = V_1 v - V_0 + qv(1 - V_1) = p V_1 v - V_0 + qv$$

und wir erhalten erwartungsgemäß $E(u) = 0$.

Das mittlere Risiko in diesem Versicherungsjahr bezeichnen wir mit $M_{\overline{1}|} = \sigma(u)$, und mit Hilfe der eben angeführten Darstellung von P erhalten wir die folgende Beziehung:

$$M_{\overline{1}|}^2 = E(u^2) = q(V_0 + P - v)^2 + p(V_0 + P - v V_1)^2 =$$
$$= q[pv(V_1 - 1)]^2 + p(qv(1 - V_1))^2 = pqv^2(1 - V_1)^2.$$

Daraus folgt

$$M_{\overline{1}|} = (1 - V_1)\, v \sqrt{pq}. \tag{29.22}$$

Soll das mittlere Risiko für einen Versicherungsbestand berechnet werden, dann ist der Ausdruck (29.22) über alle voneinander unabhängigen Versicherungen zu summieren. Abhängige Versicherungen sind als Versicherungskombinationen gemeinsam zu untersuchen, das heißt, es sind die möglichen Werte des Überschusses u zu bilden sowie die entsprechenden Wahrscheinlichkeiten, mit denen u die betreffenden Werte annimmt. Mittleres Risiko der Versicherungskombination ist wieder die Streuung von u.

In analoger Weise wird das mittlere Risiko für eine *allgemeine Lebens- oder Schadensversicherung* berechnet. Ist u der für den betrachteten Zeitraum zu erwartende Barwert des Überschusses der Einnahmen über die Ausgaben und $F(u)$ die zugehörige Verteilungsfunktion, dann ist das mittlere Risiko einer solchen Versicherung nach der Formel

$$M^2 = \sigma^2(u) = \int_{-\infty}^{+\infty} [u - E(u)]^2 \, dF(u) \tag{29.23}$$

zu berechnen. Voneinander abhängige Versicherungen sind als Einheit zu behandeln, das heißt, es ist der Überschuß für die gesamte Versicherungskombination zu bilden. Das mittlere Risiko M eines Versicherungsbestandes von N voneinander unabhängigen Versicherungen bzw. Versicherungskombinationen wird aus den mittleren Risiken der einzelnen Versicherungskombinationen M_i nach der (29.20) entsprechenden Formel

$$M^2 = \sum_{i=1}^{N} M_i^2 \tag{29.24}$$

berechnet.

5. Die Stabilität eines Versicherungsbestandes. Ein Versicherungsbestand setze sich aus N Versicherungen zusammen. Für die i^{te} Versicherung sei ${}_iu$ der Barwert des Überschusses der Einnahmen über die Ausgaben für den Beobachtungszeitraum. Als Beobachtungszeitraum kann z. B. ein Jahr oder auch der gesamte zukünftige Versicherungsverlauf herangezogen werden. Für den Versicherungsbestand ist dann

$$U = \sum_{i=1}^{N} {}_iu$$

der Barwert des Überschusses der Einnahmen über die Ausgaben.

Man kann voraussetzen, daß der Erwartungswert von U bekannt ist. Verwendet man etwa Rechnungsgrundlagen zweiter Ordnung, dann ist die ausreichende Prämie so bemessen, daß sie zur Deckung der zu erwartenden Versicherungsleistungen und Verwaltungskosten gerade ausreicht. In diesem Fall ist der Erwartungswert von U gleich der Summe der Barwerte der Sicherheitszuschläge, welche in der Tarifprämie enthalten sind. Bezeichnet etwa ζ_i den Barwert des Sicherheitszuschlages der i^{ten} Versicherung, dann ist der Barwert, welcher nach Abzug der Einhebungskosten $\beta\,\zeta_i$ verbleibt, gleich $(1 - \beta)\,\zeta_i$. Setzen wir $\sum_{i=1}^{N} \zeta_i = Z$, dann ist der Barwert der Summe aller Sicherheitszuschläge nach Abzug der Einhebungskosten gleich $Z(1 - \beta)$. Es gilt daher

$$E(U) = Z(1 - \beta). \tag{29.25}$$

Für die Versicherungsgesellschaft ist es nun wichtig, die Wahrscheinlichkeit von Abweichungen des Überschusses U vom Erwartungswert (29.25) zu kennen. Solange keine näheren Angaben über die Verteilungsfunktion $F(U)$ der zufälligen Variablen U vorliegen, kann diese Wahrscheinlichkeit folgendermaßen abgeschätzt werden:

$$\sigma^2(U) = E\{[U - E(U)]^2\} = \int_{-\infty}^{+\infty} [U - E(U)]^2 \, dF(U) \geqq$$

$$\geqq \Delta^2 \left\{ \int_{E(U)+\Delta}^{\infty} dF(U) + \int_{-\infty}^{E(U)-\Delta} dF(U) \right\} = \Delta^2 W\{|U - E(U)| \geqq \Delta\}.$$

Die Streuung $\sigma(U)$ ist definitionsgemäß das mittlere Risiko M. Setzen wir nun $\Delta = \lambda M$, dann erhalten wir die folgende Ungleichung:

$$W\{|U - E(U)| \geqq \lambda M\} \leqq \frac{1}{\lambda^2}. \tag{29.26}$$

Diese nach Tschebyscheff benannte Ungleichung gilt unabhängig von der Verteilungsfunktion $F(U)$.

Die Abschätzung (29.26) kann im allgemeinen dann verbessert werden, wenn nähere Angaben über $F(U)$ vorliegen. Ist der Versicherungsbestand hinreichend groß, sind die einzelnen Versicherungen voneinander unabhängig und von gleicher Größenordnung, dann wird U wegen des Gesetzes der großen Zahl annähernd normalverteilt sein. In diesem Fall gilt:

$$F(\bar{U}) = \frac{1}{\sqrt{2\pi}\,\sigma(U)} \int_{-\infty}^{\bar{U}} e^{-\frac{[U-E(U)]^2}{2\sigma^2(U)}} \, dU = \frac{1}{\sqrt{2\pi}\,M} \int_{-\infty}^{\bar{U}} e^{-\frac{[U-E(U)]^2}{2M^2}} \, dU.$$

Setzen wir $x = \dfrac{U - E(U)}{M}$, dann gilt

$$W\left\{x < \frac{\bar{U} - E(U)}{M}\right\} = F(\bar{U}) = \frac{1}{\sqrt{2\pi}} \int_{-\infty}^{\frac{\bar{U}-E(U)}{M}} e^{-\frac{x^2}{2}} \, dx \tag{29.27}$$

und es folgt

$$W\{|U - E(U)| \geqq \lambda M\} = W\{|x| \geqq \lambda\} = \frac{2}{\sqrt{2\pi}} \int_{\lambda}^{\infty} e^{-\frac{x^2}{2}} \, dx.$$

Üblicherweise setzt man

$$\frac{1}{\sqrt{2\pi}} \int_{-\infty}^{\lambda} e^{-\frac{x^2}{2}} \, dx = \Phi(\lambda)$$

und wir erhalten

$$W\{|U - E(U)| \geqq \lambda M\} = 2[1 - \Phi(\lambda)]. \tag{29.28}$$

Für $\Phi(\lambda)$ ergeben sich insbesondere die folgenden Werte:

λ	$\Phi(\lambda)$	λ	$\Phi(\lambda)$	λ	$\Phi(\lambda)$
0,1	0,5398	1,1	0,8643	2,1	0,9821
0,2	0,5793	1,2	0,8849	2,2	0,9861
0,3	0,6179	1,3	0,9032	2,3	0,9893
0,4	0,6554	1,4	0,9192	2,4	0,9918
0,5	0,6915	1,5	0,9332	2,5	0,9938
0,6	0,7257	1,6	0,9452	2,6	0,9953
0,7	0,7580	1,7	0,9554	2,7	0,9965
0,8	0,7881	1,8	0,9641	2,8	0,9974
0,9	0,8159	1,9	0,9713	2,9	0,9981
1,0	0,8113	2,0	0,9772	3,0	0,9987

Die Wahrscheinlichkeit, daß U von $E(U)$ um mindestens λM abweicht, kann etwa für $\lambda = 3$ nach (29.26) mit $\frac{1}{9} = 0{,}\dot{1}$, nach (29.28) mit $2(1 - 0{,}9987) = 0{,}0026$ abgeschätzt werden. Der große Unterschied zwischen beiden Abschätzungen beruht darauf, daß im Falle der Abschätzung (29.28) die Verteilung von U bekannt und gleich der Normalverteilung ist, während die Abschätzung (29.26) für jede beliebige Verteilung gilt.

Verfügt die Versicherungsgesellschaft über einen Sicherheitsfonds in der Höhe des Kapitals K, dann kann sie ihren Zahlungsverpflichtungen so lange nachkommen, als $U + K \geqq 0$ gilt. Der umgekehrte Fall, also $U + K < 0$, ist zu vermeiden. Wie groß ist die Wahrscheinlichkeit, daß dieser Fall eintritt? Offenbar gilt:

$$W\{U + K < 0\} = W\{U < -K\} = F(-K). \tag{29.29}$$

Ohne nähere Kenntnis der Verteilungsfunktion $F(-K)$ erhalten wir mit Hilfe von (29.26) für $\lambda = \frac{E(U) + K}{M}$ die folgende Abschätzung:

$$\begin{aligned} W\{U < -K\} &= W\{-U > K\} = W\{E(U) - U > E(U) + K\} \leqq \\ &\leqq W\{|U - E(U)| \geqq E(U) + K\} \leqq \frac{M^2}{[E(U) + K]^2}. \end{aligned} \tag{29.30}$$

Insbesondere erhalten wir im Falle von (29.25) die Abschätzung

$$W\{U < -K\} \leqq \frac{M^2}{[Z(1 - \beta) + K]^2}. \tag{29.31}$$

Je größer K bzw. Z und je kleiner das mittlere Risiko M ist, um so kleiner wird die Wahrscheinlichkeit, daß die Mittel der Versicherungsgesellschaft zur Deckung ihrer Zahlungsverpflichtungen nicht mehr ausreichen. Bei gegebenem Sicherheitsfonds K ist daher der Sicherheitszuschlag Z so zu wählen, daß (29.31) hinreichend klein wird.

Sind die Voraussetzungen dafür gegeben, daß U als normalverteilt angenommen werden darf, dann gilt unter Berücksichtigung von (29.27) folgende Abschätzung:

$$W\{U < -K\} = F(-K) = \frac{1}{\sqrt{2\pi}} \int_{-\infty}^{\frac{-K-E(U)}{M}} e^{-\frac{x^2}{2}}\, dx = \Phi\left(\frac{-K-E(U)}{M}\right).$$

Wegen $\Phi(-\lambda) = 1 - \Phi(\lambda)$ gilt daher für $\lambda = \frac{E(U)+K}{M}$

$$W\{U < -K\} = 1 - \Phi\left(\frac{E(U)+K}{M}\right). \tag{29.32}$$

Dies führt etwa für $K = E(U) = M = 1$ zu $W\{U < -K\} = 1 - \Phi(2) = 0{,}0228$, während die auf der Ungleichung von TSCHEBYSCHEFF beruhende Abschätzung (29.30) für diesen Fall bloß $W\{U < -K\} \leqq \frac{1}{4}$ ergibt.

Durch die Ungleichungen (29.26) und (29.28) wird die Wahrscheinlichkeit abgeschätzt, daß U von seinem Erwartungswert $E(U)$ um mindestens das λ-fache des mittleren Risikos abweicht. Je größer λ, um so geringer die Wahrscheinlichkeit des Abweichens in dieser Größenordnung.

Ein Versicherungsbestand heißt *stabil*, wenn für ihn $K + E(U) \geqq \lambda M$ ist, er heißt *instabil*, wenn für ihn $K + E(U) < \lambda M$ ist.

Die Zweckmäßigkeit dieser Bezeichnung folgt aus der Tatsache, daß für einen stabilen Bestand die Abschätzung $W\{U < -K\} \leqq \frac{1}{\lambda^2}$ nach (29.30) bzw. $W\{U < -K\} \leqq 1 - \Phi(\lambda)$ nach (29.32) gilt. Ist λ genügend groß, dann wird die Wahrscheinlichkeit $W\{U < -K\}$ für den Eintritt der Zahlungsunfähigkeit der Versicherungsgesellschaft hinreichend klein. Für normalverteiltes U folgt z. B. aus der Tabelle auf Seite 323, daß die Zahlungsunfähigkeit für $\lambda = 1$ höchstens mit der Wahrscheinlichkeit $1 - 0{,}8413 = 15{,}87\%$, für $\lambda = 2$ höchstens mit der Wahrscheinlichkeit $2{,}28\%$ und für $\lambda = 3$ höchstens mit der Wahrscheinlichkeit $0{,}13\%$ eintreten wird.

$K + E(U) - \lambda M$ wird auch die ***absolute Stabilität*** des Versicherungsbestandes genannt. Für $K + E(U) = \lambda' M$ heißt $\frac{\lambda'}{\lambda}$ die *relative Stabilität* des Versicherungsbestandes. Offenbar ist ein Versicherungsbestand genau dann stabil, wenn die absolute Stabilität größer oder gleich Null ist und die relative Stabilität größer oder gleich Eins; er ist genau dann instabil, wenn die absolute Stabilität kleiner als Null und die relative Stabilität kleiner als Eins ist.

Der Begriff der Stabilität kann nun dazu verwendet werden, Richtlinien für den Abschluß neuer Versicherungen aufzustellen. Es ist naheliegend zu fordern, daß durch den Abschluß neuer Versicherungen die Stabilität des Versicherungsbestandes nicht verkleinert werden darf. Hiebei ist zwischen der absoluten und der relativen Stabilität zu unterscheiden. Wir behandeln zunächst den Fall der absoluten Stabilität und fordern, daß nur solche Versicherungen abgeschlossen werden dürfen, für welche sich die absolute Stabilität des Versicherungsbestandes nicht verringert.

Der Überschuß des Barwertes der Einnahmen über den Barwert der Ausgaben sei für die neu abgeschlossene Versicherung u je Einheit der Versicherungssumme. Da wir annehmen können, daß alle Zahlungen der Versicherungssumme proportional sind, bezeichnet su den Überschuß für eine Versicherungssumme s. Das mittlere Risiko der neuen Versicherung sei m je Einheit der Versicherungssumme, also sm. Die neue Versicherung sei von den Versicherungen des Bestandes unabhängig.

Vor Abschluß der neuen Versicherung beträgt die absolute Stabilität des Bestandes $K + E(U) - \lambda M$. Nach Abschluß der Versicherung erhöht sich der Erwartungswert des Überschusses auf $E(U) + sE(u)$ und das mittlere Risiko unter Berücksichtigung von (29.24) auf $\sqrt{M^2 + s^2m^2}$. Die absolute Stabilität des Bestandes nach Abschluß der Versicherung beträgt daher $K + E(U) + sE(u) - \lambda\sqrt{M^2 + s^2m^2}$. Soll dieser Betrag nicht kleiner sein als die absolute Stabilität vor Abschluß der Versicherung, dann muß

$$sE(u) - \lambda\sqrt{M^2 + s^2m^2} \geqq -\lambda M$$

gelten. Daraus folgt

$$\lambda^2M^2 + s^2\lambda^2m^2 \leqq \lambda^2M^2 + s^2E^2(u) + 2\lambda sME(u).$$

Für $\lambda m \leqq E(u)$ ist diese Ungleichung offenbar stets erfüllt. Dies bedeutet, daß eine Versicherung, die ohne Rücksicht auf ein vorhandenes Kapital K stabil ist, stets mit beliebiger Versicherungssumme abgeschlossen werden kann. Gilt hingegen $\lambda m > E(u)$, ist also die neue Versicherung für sich allein betrachtet instabil, dann folgt aus der vorstehenden Ungleichung

$$s \leqq \frac{2\lambda ME(u)}{\lambda^2m^2 - E^2(u)}. \tag{29.33}$$

Dieser Ausdruck wird auch als *Maximum von Laurent* bezeichnet. Soll die absolute Stabilität nicht kleiner werden, dann darf die Versicherungssumme für eine instabile neue Versicherung den maximalen Wert nach (29.33) nicht übersteigen.

Als zweites behandeln wir die Forderung, daß die relative Stabilität nicht kleiner werden darf. Vor Abschluß der neuen Versicherung beträgt die relative Stabilität des Bestandes

$$\frac{\lambda'}{\lambda} = \frac{\lambda' M}{\lambda M} = \frac{K + E(U)}{\lambda M}.$$

Nach Abschluß der Versicherung beträgt die relative Stabilität

$$\frac{K + E(U) + sE(u)}{\lambda\sqrt{M^2 + s^2m^2}}.$$

Soll die relative Stabilität nicht abnehmen, dann muß die Ungleichung

$$\frac{K + E(U)}{\lambda M} \leqq \frac{K + E(U) + sE(u)}{\lambda\sqrt{M^2 + s^2m^2}}$$

erfüllt sein. Daraus folgt

$$[K + E(u)]^2\,(M^2 + s^2m^2) \leqq M^2[K + E(U) + sE(u)]^2$$

und weiter

$$s^2m^2[K + E(U)]^2 \leqq M^2\{s^2E^2(u) + 2sE(u)\,[K + E(U)]\}. \tag{29.34}$$

Ist die relative Stabilität der neuen Versicherung für sich allein betrachtet nicht kleiner als die relative Stabilität des Bestandes, dann gilt:

$$\frac{K + E(U)}{\lambda M} \leqq \frac{E(u)}{\lambda m}$$

und man sieht leicht, daß (29.34) erfüllt ist. In diesem Fall unterliegt also die Versicherungssumme für die neue Versicherung keiner Einschränkung. Gilt hingegen

$$\frac{K + E(U)}{\lambda M} > \frac{E(u)}{\lambda m},$$

ist also die relative Stabilität der neuen Versicherung geringer als die des Bestandes, dann folgt aus (29.34)

$$s \leqq \frac{2 M^2 E(u)\,[K + E(U)]}{m^2 [K + E(U)]^2 - M^2 E^2(u)} = \frac{2\lambda' M E(u)}{\lambda'^2 m^2 - E^2(u)}. \tag{29.35}$$

Dieser Ausdruck wird auch als *Maximum von Landré* bezeichnet. Soll die relative Stabilität nicht kleiner werden, dann darf die Versicherungssumme für eine neue Versicherung mit geringerer Stabilität als der Bestand den maximalen Wert nach (29.35) nicht übersteigen.

Verwendet man Rechnungsgrundlagen zweiter Ordnung, dann ist $E(U)$ nach (29.25) zu berechnen, und für einen Sicherheitszuschlag von ζ je Einheit der Versicherungssumme für die neu hinzukommende Versicherung gilt $E(u) = s\zeta(1-\beta)$. Es ist leicht zu sehen, daß sowohl das LAURENTsche Maximum als auch das LANDRÉsche Maximum um so größer ist, je größer der Sicherheitszuschlag ζ und damit $E(u)$ für die neu hinzukommende Versicherung ist.

Die Maximalwerte (29.33) und (29.35) gelten jeweils für den Beobachtungszeitraum. Handelt es sich um ein Versicherungsjahr, dann wird man an die Stabilitätskriterien strengere Maßstäbe anlegen als bei Betrachtung der gesamten zukünftigen Versicherungszeit. Der Koeffizient λ wird daher für ein Versicherungsjahr höher anzusetzen sein als für den gesamten Versicherungsverlauf. Die Wahl von λ hängt davon ab, mit welcher Wahrscheinlichkeit eine Zahlungsunfähigkeit für den Beobachtungszeitraum ausgeschlossen werden soll.

Kapitel 30

Die Rückversicherung

1. Methoden der Rückversicherung. Im vorangegangenen Kapitel haben wir die Wahrscheinlichkeit untersucht, daß die Mittel der Versicherungsgesellschaft zur Deckung ihrer Zahlungsverpflichtungen nicht ausreichen. In (29.31) wird eine allgemein gültige obere Schranke für diese Wahrscheinlichkeit angegeben, während in (29.32) die Wahrscheinlichkeit selbst unter der Voraussetzung angegeben wird, daß die Summe der Zahlungen der Gesellschaft normalverteilt ist. Die Wahrscheinlichkeit bzw. ihre obere Schranke ist um so kleiner, je kleiner das mittlere Risiko M für den Versicherungsbestand ist. Ebenso wird die Stabilität eines Versicherungsbestandes, also die Gültigkeit der Ungleichung $K + E(U) \geqq \lambda M$, um so eher gegeben sein, je kleiner M ist. Die Versicherungsgesellschaft ist daher grundsätzlich daran interessiert, das mittlere Risiko ihres Versicherungsbestandes klein zu halten. Eine Möglichkeit, dieses Ziel zu erreichen, bietet die Rückversicherung.

Die Rückversicherung besteht in einer Vereinbarung zwischen dem Erstversicherer und dem Rückversicherer, wonach von jedem eintretenden Schaden einer beim Erstversicherer abgeschlossenen Versicherung ein bestimmter Teil vom Rückversicherer zu tragen ist. Jeder beim Erstversicherer auftretende Schaden wird in zwei Teilbeiträge x_0 und x_1 mit $x_0 + x_1 = x$ zerlegt, wobei x_0 vom Erstversicherer und x_1 vom Rückversicherer, zu bezahlen ist. Für die Praxis wird man $0 \leqq x_0 \leqq x$ bzw. $0 \leqq x_1 \leqq x$ voraussetzen können.

Handelt es sich beim Rückversicherer um n verschiedene Gesellschaften, dann wird x in $n+1$ Beträge $x_0, x_1, \ldots, x_n$ mit $0 \leqq x_i \leqq x$ und $\sum_{i=0}^{n} x_i = x$ zerlegt und der i^{te} Rückversicherer mit dem Betrag x_i belastet. So wie der Gesamtschaden x sind auch die Teilschäden $x_0, x_1, \ldots, x_n$ zufällige Größen. Die Nettoprämie für die Versicherung von x_0 bzw. für die Rückversicherung des Teilschadens x_i wird in der Höhe des Erwartungswertes dieses Teilschadens $P_i = E(x_i)$, $i = 0, 1, \ldots, n$, festzusetzen sein.

Die Verwaltungskosten für die Rückversicherung sind naturgemäß bedeutend niedriger als für den Erstversicherer, und wir wollen sie hier vernachlässigen. Hingegen müssen Sicherheitszuschläge berücksichtigt werden, deren Höhe sich nach dem Risiko der Rückversicherung richten wird.

Wird die Rückversicherung gegen die auf den Rückversicherungsbestand entfallende Nettoprämie zuzüglich der Sicherheitszuschläge abgeschlossen, dann entgeht dem Erstversicherer der entsprechende Zinsengewinn. Da der Zinsengewinn eine nicht zu vernachlässigende Rolle spielt, bedeutet dies unter Umständen einen erheblichen Nachteil für den Erstversicherer. Um diesen Nachteil zu vermeiden, werden Rückversicherungen häufig unter der Bedingung abgeschlossen, daß die Prämien zur Gänze vom Erstversicherer verwaltet werden. Der Erstversicherer errichtet ein Depot, in das die Prämien eingezahlt werden und aus dem die Schadenszahlungen gedeckt werden. Dem Rückversicherer werden für die Depotstellung die Rechnungszinsen gutgeschrieben, so daß ein allfälliger Zinsengewinn dem Erstversicherer zur Gänze zufließt. Während bei diesem Vorgang die Rückversicherungsprämien im Eigentum des Rückversicherers verbleiben, wird bei einer Variante dieser Art der Rückversicherung dem Rückversicherer Jahr für Jahr lediglich der Saldo aus Risikoprämie zuzüglich Sicherheitszuschlag und Risikokapital gutgeschrieben. Ist der Saldo negativ, dann wird der Rückversicherer mit dem entsprechenden Betrag belastet. Eine allfällige Sparprämie, wie sie etwa in der Lebensversicherung auftritt, verbleibt dem Erstversicherer zur Gänze, und er verwendet sie zum Aufbau des Deckungskapitals für die gesamte Versicherungssumme.

Der vom Erstversicherer zu übernehmende Teil x_0 des Schadens x kann etwa mit jenem Maximalbetrag begrenzt werden, der sich nach den Grundsätzen aus Kapitel 29 ergibt. Begrenzt man x_0 mit dem Laurentschen Maximum (29.33), dann bleibt die absolute Stabilität des Versicherungsbestandes gewahrt. Begrenzt man x_0 mit dem LANDRÉschen Maximum (29.35), dann bleibt die relative Stabilität gewahrt.

Im Fall einer Erlebensversicherung ist eine einzige Schadenszahlung in vorbestimmter Höhe vorgesehen. Bei Eintritt des Schadens kommt daher für x nur ein einziger Wert in Frage, und die Teilschäden $x_0, x_1, \ldots, x_n$ können durch den Rückversicherungsvertrag für den Schadensfall ihrer tatsächlichen Höhe nach festgelegt werden. Anders jedoch bei Ablebensversicherungen, bei welchen x vom Zeitpunkt des Todes abhängen kann. In den meisten Sparten der Sachversicherung kann x jeden beliebigen Wert zwischen 0 und der Höchstversicherungssumme annehmen. Im Falle der Rückversicherung ist nun zu unterscheiden, ob der Rückversicherer einen festen Anteil an jedem Schaden zu tragen hat (*Quotenrückversicherung*) oder nur einen den festen Wert $\bar{x}$ übersteigenden Teil des Schadens (*Exzedentenrückversicherung*). Im Falle mehrerer Rückversicherer kann die Exzedentenrückversicherung quotenmäßig auf die einzelnen Rückversicherer aufgeteilt werden, so daß jeder Rückversicherer mit einem festen Anteil an jeder $\bar{x}$ übersteigenden Schadenssumme beteiligt ist.

Eine Variante der einfachen Exzedentenrückversicherung besteht darin, zwei Grenzbeträge $\bar{x}$ und $\bar{\bar{x}}$ mit $\bar{x} < \bar{\bar{x}}$ zu wählen. Der Erstversicherer trägt nun den gesamten Schaden bis zur Höhe $\bar{x}$ zur Gänze. Der $\bar{x}$ übersteigende Teil des Schadens bis zur Gesamthöhe $\bar{\bar{x}}$ wird in einem Rückversicherungsbestand, dem sogenannten *ersten Exzedenten*, gesammelt, während der $\bar{\bar{x}}$ übersteigende Teil des Schadens in einem zweiten Rückversicherungsbestand, dem sogenannten *zweiten Exzedenten*, zusammengefaßt ist. Ein Schaden wird daher bis zur Höhe $\bar{x}$ vom Erstversicherer allein getragen. Den $\bar{x}$ übersteigenden Teil des Schadens trägt bis zu einer Gesamthöhe von $\bar{\bar{x}}$ der Rückversicherer des ersten Exzedenten und den $\bar{\bar{x}}$ übersteigenden Teil des Schadens der Rückversicherer des zweiten Exzedenten. Auch hier können wieder mehrere Rückversicherer an jedem Rückversicherungsbestand quotenmäßig beteiligt sein. In analoger Weise lassen sich Exzedenten höherer Ordnung bilden.

Die bisher dargelegten Methoden der Rückversicherung beruhen auf der Versicherung und Rückversicherung einzelner Risiken. Bei *Globalrückversicherungen* wird der gesamte Jahresschaden eines Versicherungszweiges zusammengefaßt und rückversichert. Im Falle der Quotenrückversicherung besteht kein Unterschied zwischen einer Einzelrückversicherung und einer Globalrückversicherung, da der Anteil des Rückversicherers stets seiner Quote entspricht. Im Falle der globalen Rückversicherung wird ein globaler Maximalbetrag $\bar{X}$ vorgesehen, bis zu dem der Erstversicherer alle Schäden des betrachteten Versicherungszweiges allein trägt. Übersteigt die Summe der Schäden dieses Versicherungszweiges $\bar{X}$, dann wird der übersteigende Betrag vom Rückversicherer getragen. Zur Bildung eines zweiten Exzedenten wird ein weiterer globaler Grenzbetrag $\bar{\bar{X}}$ eingeführt. Übersteigt der Gesamtschaden des Versicherungszweiges $\bar{\bar{X}}$, dann wird der übersteigende Schaden vom Rückversicherer des zweiten Exzedenten getragen.

Da die Versicherung des Jahresschadens eines Versicherungszweiges als eine Einzelversicherung aufgefaßt werden darf, können die Globalrückversicherungen als Spezialfälle der Einzelrückversicherungen angesehen werden.

2. Die Exzedentenrückversicherung. Wir betrachten den aus einer Versicherung resultierenden Schaden x. Handelt es sich bei x um die Schadenssumme aus mehreren Teilschäden, also etwa um die Summe von Haftpflichtschäden eines Versicherungsjahres oder um die Summe der Erlebenszahlungen einer Rentenversicherung, dann müssen die Teilschäden auf ein und denselben Zeitpunkt bezogen werden. Im allgemeinen wollen wir annehmen, daß x den Barwert der Schadenssumme einer Versicherung im Laufe eines Versicherungsjahres darstellt. Die Verteilungsfunktion von x sei $F(x)$, das heißt es gelte

$$W\{x < \bar{x}\} = F(\bar{x}). \tag{30.1}$$

Die Nettoprämie P ist in der Höhe des Erwartungswertes des Schadens festzusetzen:

$$P = E(x) = \int_0^\infty x\, dF(x). \tag{30.2}$$

Es sei $\bar{x}$ das sogenannte „Maximum", also jener Höchstbetrag, bis zu dem der Erstversicherer den Schaden zur Gänze trägt, während ein darüber hinausgehender Schadensteil in die Exzedentenrückversicherung einbezogen wird und vom Rückversicherer zu tragen ist. Es ist demnach

$$P_0 = \int_0^{\bar{x}} x\, dF(x) \tag{30.3}$$

der Erwartungswert des Barwertes der vom Erstversicherer zu tragenden Schadensteile und

$$P_1 = \int_{\bar{x}}^\infty x\, dF(x) \tag{30.4}$$

der Erwartungswert des Barwertes der vom Rückversicherer zu tragenden Schadensteile aus der Exzedentenrückversicherung. Von der vereinnahmten Gesamtnettoprämie P entfällt demnach P_0 auf den Erstversicherer und P_1 auf den Rückversicherer. Wir beweisen nun für $0 \leqq P_1 \leqq P$ den folgenden

Satz: Für festes P_1 liefert die Exzedentenrückversicherung das minimale mittlere Risiko für das dem Erstversicherer verbleibende Versicherungsportefeuille unter allen zulässigen Rückversicherungen. Als zulässige Rückversicherung bezeichnen wir dabei eine Rückversicherung mit $0 \leqq x_0 \leqq x$, wobei x den Schaden und x_0 den vom Erstversicherer zu tragenden Schadensteil darstellt. Die Beschränkung auf zulässige Rückversicherungen ist daher praktisch sinnvoll, wenngleich nicht denknotwendig.

Beweis: Die Rückversicherung werde durch die Transformation T beschrieben. Es sei $x_0 = Tx$ und $x_1 = x - Tx$. Daher ist

$$P_0 = \int_0^\infty Tx\, dF(x) \tag{30.5}$$

der Erwartungswert des Barwertes der vom Erstversicherer zu tragenden Schadensteile und

$$P_1 = \int_0^\infty (x - Tx)\, dF(x) = P - E(Tx) = P - P_0 \tag{30.6}$$

der Erwartungswert des Barwertes der vom Rückversicherer zu tragenden Schadensteile, also die Nettoprämie der Rückversicherung. Das mittlere Risiko des dem Erstversicherer verbleibenden Versicherungsportefeuilles ist

$$M^2(Tx) = \int_0^\infty [Tx - E(Tx)]^2 \, dF(x) = \int_0^\infty (Tx - P_0)^2 \, dF(x). \tag{30.7}$$

Nun gilt

$$\begin{aligned} M^2(Tx) &= \int_0^\infty (Tx - \bar{x})^2 \, dF(x) - [\bar{x} - E(Tx)]^2 \geqq \\ &\geqq \int_0^{\bar{x}} (Tx - \bar{x})^2 \, dF(x) - (\bar{x} - P_0)^2 \geqq \\ &\geqq \int_0^{\bar{x}} (x - \bar{x})^2 \, dF(x) - (\bar{x} - P_0)^2. \end{aligned} \tag{30.8}$$

Wählen wir nun die spezielle Transformation T^* mit

$$T^* x = \begin{cases} x \text{ für } 0 \leqq x \leqq \bar{x}, \\ \bar{x} \text{ für } x > \bar{x}, \end{cases} \tag{30.9}$$

dann gilt, wie man leicht sieht, in (30.8) überall das Gleichheitszeichen, und wir erhalten $M^2(Tx) \geqq M^2(T^* x)$. Damit ist der Satz bewiesen. $\bar{x}$ ist hiebei aus (30.3) bzw. (30.4) zu bestimmen.

Eine Erweiterung dieser Überlegungen auf Exzedenten höherer Ordnung ist unschwer möglich. Wir haben gezeigt, daß die Exzedentenrückversicherung bei vorgegebener Nettoprämie für die Rückversicherung das mittlere Risiko des dem Erstversicherer verbleibenden Portefeuilles zu einem Minimum macht. Will der Rückversicherer seinerseits einen Teil des übernommenen Portefeuilles einem zweiten Rückversicherer abgeben, dann liefert auch für ihn eine Exzedentenrückversicherung das minimale mittlere Risiko bei vorgegebener Nettoprämie dieser zweiten Rückversicherung.

Im allgemeinen Fall seien n Rückversicherungen vorgesehen. Dazu werden n Werte $x^{(i)}$ mit $0 < x^{(1)} < x^{(2)} < \cdots < x^{(n)}$ vorgegeben. Die i^{te} Exzedentenrückversicherung $(i < n)$ deckt den zwischen $x^{(i)}$ und $x^{(i+1)}$ gelegenen Teil des Schadens, während die n^{te} Rückversicherung den $x^{(n)}$ übersteigenden Schadensteil deckt. Wir bezeichnen mit P_0 die Nettoprämie für das dem Erstversicherer verbleibende Versicherungsportefeuille und mit P_i die Nettoprämie für das vom i^{ten} Rückversicherer übernommene Portefeuille, wobei i von 1 bis n läuft.

Wir können nun den i^{ten} Rückversicherer als Erstversicherer für das Versicherungsportefeuille, bestehend aus den $x^{(i)}$ übersteigenden Schadensteilen, betrachten. Halten wir die Nettoprämie P_i bzw. die Summe der Nettoprämien $P_{i+1} + \cdots + P_n$ fest, dann folgt wie früher, daß die Exzedentenrückversicherungen des $i+1^{\text{ten}}$ bis n^{ten} Rückversicherers zusammengenommen das mittlere Risiko für das dem i^{ten} Rückversicherer verbleibende Portefeuille zu einem Minimum machen.

Wir können daher die Exzedentenrückversicherung als die Rückversicherung mit dem minimalen verbleibenden mittleren Risiko bezeichnen.

Ist für die Versicherung ein Sicherheitszuschlag der Höhe ζ vorgesehen, dann verbleibt nach Abzug der Inkassokosten ein Betrag von $(1-\beta)\zeta$. Dieser Sicherheitszuschlag ist auf Versicherer und Rückversicherer aufzuteilen. Im allgemeinen wird man dabei nicht nur auf den Erwartungswert P_1 des rückversicherten Teilschadens, sondern auch auf das mittlere Risiko für den Erstversicherer und für den Rückversicherer Bedacht nehmen müssen. Die Exzedentenrückversicherung sichert zwar dem Erstversicherer bei vorgegebener Rückversicherungsprämie das minimale mittlere Risiko, doch muß er auch damit rechnen, daß der Rückversicherer infolge des höheren mittleren Risikos der Exzedentenrückversicherung einen größeren Anteil am Sicherheitszuschlag verlangt. Der Vorteil des minimalen mittleren Risikos kann hiedurch wieder verlorengehen.

Wir wollen daher im nächsten Punkt das mittlere Risiko für den Erstversicherer nicht mehr unter der Voraussetzung einer vorgegebenen Rückversicherungsprämie P_1, sondern unter der Voraussetzung eines vorgegebenen mittleren Risikos für den Rückversicherer zu einem Minimum machen.

3. Die Quotenrückversicherung. Es sei $M^2(x)$ das mittlere Risiko des gesamten Versicherungsportefeuilles, Tx der den Erstversicherer belastende Anteil an einem Schaden der Höhe x, $M^2(x_0) = M^2(Tx)$ das mittlere Risiko für das Portefeuille des Erstversicherers und $M^2(x_1) = M^2(x - Tx)$ das mittlere Risiko für das Portefeuille des Rückversicherers. Wir wählen einen Wert M_1^2 mit $0 < M_1^2 < M^2(x)$. Es sei $M_1^2 = (1-t)^2 M^2(x)$ mit $0 < t < 1$.

Satz: Für $M^2(x_1) = M_1^2$ liefert die Quotenrückversicherung $x_0 = tx$, $x_1 = (1-t)x$ das minimale mittlere Risiko für das dem Erstversicherer verbleibende Portefeuille unter allen zulässigen Rückversicherungen.

Beweis: Mit Hilfe der Transformation Tx bilden wir die Transformation Sx durch

$$Sx = Tx - tx. \tag{30.10}$$

Nun gilt

$$\begin{aligned}
(1-t)^2 M^2(x) &= M_1^2 = M^2(x_1) = M^2(x - Tx) = \\
&= \int_0^\infty [x - Tx - E(x - Tx)]^2 \, dF(x) = \\
&= \int_0^\infty [x - tx - Sx - E(x - tx - Sx)]^2 \, dF(x) = \\
&= (1-t)^2 \int_0^\infty [x - E(x)]^2 \, dF(x) - \\
&\quad - 2(1-t) \int_0^\infty [x - E(x)]\,[Sx - E(Sx)] \, dF(x) + \\
&\quad + \int_0^\infty [Sx - E(Sx)]^2 \, dF(x) = (1-t)^2 M^2(x) - \\
&\quad - 2(1-t) \int_0^\infty [x - E(x)]\,[Sx - E(Sx)] \, dF(x) + \\
&\quad + \int_0^\infty [Sx - E(Sx)]^2 \, dF(x).
\end{aligned}$$

Daraus folgt

$$\int_0^\infty [x - E(x)]\,[Sx - E(Sx)]\,dF(x) = \frac{1}{2(1-t)} \int_0^\infty [Sx - E(Sx)]^2\,dF(x). \qquad (30.11)$$

Aus

$$M^2(x_0) = \int_0^\infty [Tx - E(Tx)]^2\,dF(x) = \int_0^\infty [tx + Sx - E(tx + Sx)]^2\,dF(x) =$$

$$= t^2 M^2(x) + 2t \int_0^\infty [x - E(x)]\,[Sx - E(Sx)]\,dF(x) + \int_0^\infty [Sx - E(Sx)]^2\,dF(x)$$

und (30.11) erhalten wir

$$M^2(x_0) = t^2 M^2(x) + \frac{1}{1-t} \int_0^\infty [Sx - E(Sx)]^2\,dF(x). \qquad (30.12)$$

Es gilt daher stets $M^2(x_0) \geqq t^2 M^2(x)$ und für $Sx \equiv 0$ nimmt $M^2(x_0)$ seinen minimalen Wert an. Für diesen Fall folgt aber aus (30.10) $Tx = tx$, das heißt, das mittlere Risiko für den Erstversicherer erreicht im Falle der Quotenrückversicherung $x_0 = Tx = tx$, $x_1 = x - Tx = (1 - t)x$ seinen minimalen Wert. Damit ist der Satz bewiesen.

Kapitel 31

Einführung in die kollektive Risikotheorie

1. Problemstellung. In ihrer bisher behandelten Form befaßt sich die Risikotheorie im wesentlichen mit der Frage, wie hoch der Sicherheitszuschlag zu den Prämien einer Versicherung oder einer Versicherungskombination sein muß, um die Wahrscheinlichkeit für einen Verlust nicht größer werden zu lassen als eine vorgegebene feste Schranke. Setzen wir voraus, daß die Versicherungsgesellschaft vor dem Abschluß der untersuchten Versicherungen oder Versicherungskombinationen über ein Anfangskapital K verfügt, dann kann die *Ruinwahrscheinlichkeit* ermittelt werden, also die Wahrscheinlichkeit, daß unter Berücksichtigung des Anfangskapitals und des Sicherheitszuschlages die Mittel der Gesellschaft zur Deckung der Versicherungsleistungen nicht mehr ausreichen. Durch geeignete Wahl des Sicherheitszuschlages kann auch diese Wahrscheinlichkeit beliebig klein gehalten werden, wenn die Gesellschaft bereit ist, bei der Prämienkalkulation entsprechend hohe Sicherheitszuschläge in Kauf zu nehmen.

Auf längere Sicht gesehen genügt es jedoch nicht, die Ruinwahrscheinlichkeit lediglich für einzelne Versicherungen oder Versicherungskombinationen zu betrachten. Eine Versicherungsgesellschaft schließt ja immer wieder neue Versicherungen ab. Selbst wenn es ihr gelingt, die Ruinwahrscheinlichkeit für jede einzelne der abgeschlossenen Versicherungen unter eine beliebig kleine aber feste vorgegebene Schranke zu drücken, kann sie damit ihren Ruin für den gesamten Zeitraum ihrer Geschäftsabwicklung, also für alle Zukunft, nicht mit genügend großer Wahrscheinlichkeit ausschließen. Wählt die Gesellschaft ihre Sicherheitszuschläge etwa so, daß die Ruinwahrscheinlichkeit für jede einzelne Versicherung jeweils gleich einem beliebig kleinen aber festen Wert $\varepsilon > 0$ wird, dann wird vielmehr der Ruin mit Sicherheit, das heißt mit der Wahrscheinlichkeit 1, eintreten.

Um dies zu zeigen, betrachten wir zunächst die Wahrscheinlichkeit w_n, daß der Ruin genau durch die n^{te} Versicherung hervorgerufen wird. Offenbar ist $w_1 = \varepsilon$. Soll der Ruin genau durch die zweite Versicherung hervorgerufen werden, dann darf die erste Versicherung nicht zum Ruin führen und es gilt $w_2 = (1 - \varepsilon)\varepsilon$. Allgemein erhalten wir $w_n = (1 - \varepsilon)^{n-1}\varepsilon$. Daraus folgt

$$\sum_{n=1}^{N} w_n = \varepsilon \sum_{n=1}^{N} (1 - \varepsilon)^{n-1} = 1 - (1 - \varepsilon)^N. \tag{31.1}$$

Dieser Ausdruck strebt aber gegen 1, wenn N gegen Unendlich strebt. Für genügend große Werte von N liegt daher die Ruinwahrscheinlichkeit beliebig nahe an 1. Der Ruin tritt also mit einer Wahrscheinlichkeit ein, die beliebig nahe an 1 liegt, wenn nur genügend viele Versicherungen abgeschlossen werden, und zwar für jedes noch so kleine aber feste $\varepsilon > 0$. Die Gesellschaft kann die angestrebte Sicherheit zwar für einzelne Versicherungen, nicht jedoch für den gesamten Zeitraum ihrer Geschäftsabwicklung erreichen. Die bisherigen Überlegungen geben zwar noch keine Auskunft darüber, wann der erwartete Ruin eintritt, sie zeigen jedoch, daß er mit Sicherheit zu erwarten ist.

Wird die Ruinwahrscheinlichkeit für jede einzelne Versicherung nicht genau gleich $\varepsilon > 0$, sondern jeweils nur größer oder gleich $\varepsilon > 0$ gewählt, dann kann die Wahrscheinlichkeit (31.1), daß der Ruin spätestens nach Abwicklung der N^{ten} Versicherung eintritt, nur vergrößert werden. Es ist also leicht einzusehen, daß die Ruinwahrscheinlichkeit immer dann für genügend große N beliebig nahe an 1 liegen wird, wenn die Ruinwahrscheinlichkeiten für jede einzelne Versicherung stets über einer festen, positiven Schranke ε bleiben. Daraus folgt aber, daß die Ruinwahrscheinlichkeiten für die einzelnen Versicherungen gegen Null streben müssen, soll die Ruinwahrscheinlichkeit für den gesamten Versicherungsverlauf nicht gegen 1 streben.

Betrachtet man jede einzelne der Versicherungen gesondert und versucht, die Sicherheitszuschläge so zu wählen, daß die Verlustwahrscheinlichkeiten gegen Null streben, dann gelangt man zu überhöhten Prämien, die für die Praxis unbrauchbar sind. Bei einem Versicherungsverlauf der hier betrachteten Art kann man jedoch davon ausgehen, daß das Kapital der Gesellschaft infolge der eingehobenen Sicherheitszuschläge anwächst und somit die Ruinwahrscheinlichkeiten für die später abgeschlossenen Versicherungen nicht so sehr durch die bei diesen Versicherungen eingehobenen Sicherheitszuschläge als vielmehr infolge des bereits angesammelten Kapitals gegen Null streben. Die Ruinwahrscheinlichkeit darf ja nicht so wie die Verlustwahrscheinlichkeit für die einzelne Versicherung gesondert betrachtet werden, sondern immer nur unter Berücksichtigung des bis zum Abschluß dieser Versicherung bereits angesammelten Kapitals. Es ist daher notwendig, das gesamte Kollektiv der Versicherungen zu betrachten und dies ist Aufgabe der kollektiven Risikotheorie. Die kollektive Risikotheorie kann daher gegenüber der klassischen Risikotheorie folgendermaßen abgegrenzt werden:

Die klassische Risikotheorie befaßt sich mit der Ruinwahrscheinlichkeit für eine fest vorgegebene Versicherungskombination. Die kollektive Risikotheorie befaßt sich mit der Ruinwahrscheinlichkeit für den gesamten Zeitraum der zukünftigen Geschäftabwicklung.

In der kollektiven Risikotheorie wird nicht nur die Frage nach der Wahrscheinlichkeit für den Eintritt des Ruins, sondern auch die Frage des Zeitpunktes des Ruins behandelt. Zur Behandlung solcher Fragen sind offenbar Angaben über die Art der während des zukünftigen Versicherungsverlaufes abzuschließenden Versicherungen notwendig. Eine andere wichtige Frage lautet etwa: Wie hoch sind die Sicherheitszuschläge für die einzelnen Versicherungen festzusetzen, damit die Ruinwahrscheinlichkeit für den gesamten zukünftigen Verlauf unter eine vorgegebene feste Schranke fällt? Weitergehende Fragen befassen sich mit der Verteilung der Ruinwahrscheinlichkeit in Abhängigkeit von den die Sicherheitszuschläge bestimmenden Parametern. Wir befassen uns im folgenden zunächst mit einer Methode zur Bestimmung der Sicherheitszuschläge bei Vorgabe einer oberen Schranke für die Ruinwahrscheinlichkeit.

2. Das Theorem von de Finetti. Wir nehmen an, die Versicherungsgesellschaft schließe der Reihe nach Versicherungen ab, die voneinander unabhängig sein sollen. Die Schadenssumme aus der n^{ten} Versicherung sei x_n, die Verteilung dieses Schadens werde durch die Verteilungsfunktion $F_n(x_n)$ beschrieben. Zu jeder Nettoprämie $P_n = E(x_n)$ werde ein Sicherheitszuschlag $\zeta_n P_n$ eingehoben. Verwaltungskosten werden der Einfachheit halber nicht berücksichtigt, da sie für das bisher behandelte Problem bedeutungslos sind. Der Gewinn aus der n^{ten} Versicherung beträgt daher

$$g_n = (1 + \zeta_n) P_n - x_n$$

und ist mit der Verteilungsfunktion

$$G_n(g_n) = 1 - F_n[(1 + \zeta_n) P_n - g_n + 0]$$

verteilt, wobei wir

$$\lim_{\varepsilon \downarrow 0} F_n[(1 + \zeta_n) P_n - g_n + \varepsilon] = F_n[(1 + \zeta_n) P_n - g_n + 0]$$

gesetzt haben. Zu Beginn der Geschäftsabwicklung stehe der Gesellschaft das Anfangskapital K zur Verfügung. Zu diesem Anfangskapital kommt nun aus jeder Versicherung der positive oder negative Gewinn g_n. Es sei vorausgesetzt, daß die Gesellschaft vor Abschluß einer neuen Versicherung ihren Zahlungsverpflichtungen aus der vorhergehenden Versicherung nachkommt. Reicht ihr Kapital dazu aus, dann wird die nächste Versicherung abgeschlossen, andernfalls ist die Gesellschaft zahlungsunfähig, das heißt, es ist der Ruin eingetreten. Wie man sieht, kann die N^{te} Versicherung genau dann abgeschlossen werden, wenn die Zahlungen aus den vorhergehenden Versicherungen geleistet werden konnten, wenn also

$$K + g_1 + \cdots + g_n \geqq 0 \tag{31.2}$$

für alle $n < N$ gilt.

Wir bilden nun neue zufällige Variable h_n, und zwar sei $h_n = g_n$, wenn der Ruin bis zur n^{ten} Versicherung noch nicht eingetreten ist, die n^{te} Versicherung also tatsächlich abgeschlossen werden kann, andernfalls sei $h_n = 0$. Die zufälligen Variablen h_n sind damit für alle n definiert, unabhängig davon, ob bzw. durch welche Versicherung der Ruin eingetreten ist. Wird der Ruin durch die N^{te} Versicherung hervorgerufen, dann gilt offenbar $h_n = g_n$ für $n \leqq N$ und $h_n = 0$ für $n > N$ und es sind die folgenden Ungleichungen erfüllt:

$$K + h_1 + \cdots + h_n \begin{cases} \geqq 0 & \text{für } n < N, \\ < 0 & \text{für } n \geqq N. \end{cases} \tag{31.3}$$

Bezeichnen wir mit $w_n(K)$ die Wahrscheinlichkeit dafür, daß der Ruin genau durch die n^{te} Versicherung hervorgerufen wird, dann gilt:

$$w_N(K) = W\left\{\sum_{n=1}^{N} h_n < -K \,\middle|\, \sum_{n=1}^{N-1} h_n \geqq -K\right\}. \tag{31.4}$$

Wir wählen nun einen *Sicherheitsindex* $\tau > 0$ und setzen voraus, daß durch geeignete Wahl der Sicherheitszuschläge ζ_n für alle Versicherungen die Beziehung

$$E(e^{-\tau g_n}) = 1 \tag{31.5}$$

erfüllt werden kann. Da entweder $h_n = g_n$ oder $h_n = 0$ ist, folgt daraus

$$E(e^{-\tau h_n}) = 1. \tag{31.6}$$

Das *Theorem von* DE FINETTI besagt nun, daß unter den gemachten Voraussetzungen die Ruinwahrscheinlichkeit $w(K) = \sum_{n=1}^{\infty} w_n(K)$, also die Wahrscheinlichkeit, daß bei einem Anfangskapital von K irgend einmal der Ruin eintreten wird, durch die Ungleichung

$$w(K) \leqq e^{-\tau K} \tag{31.7}$$

abgeschätzt werden kann. Daraus folgt nun unmittelbar, daß durch geeignete Wahl des Sicherheitsindex τ die Ruinwahrscheinlichkeit unter jede vorgegebene positive Schranke gedrückt werden kann.

Zum Beweis des Theorems gehen wir von Gleichung (31.4) aus. Bezeichnen wir die Verteilungsfunktion der zufälligen Variablen $\chi_N = \sum_{n=1}^{N} h_n$ mit $H_N(\chi_N)$, dann gilt:

$$\begin{aligned} \sum_{n=1}^{N} w_n(K) &= W\{\chi_N < -K\} = \int_{-\infty}^{-K} dH_N(\chi_N) \leqq \\ &\leqq e^{-\tau K} \int_{-\infty}^{-K} e^{-\tau \chi_N}\, dH_N(\chi_N) \leqq e^{-\tau K}\, E(e^{-\tau \chi_N}). \end{aligned} \tag{31.8}$$

Wegen (31.6) gilt $E(e^{-\tau \chi_1}) = 1$ und wir nehmen an, es sei bereits

$$E(e^{-\tau \chi_{N-1}}) = 1 \tag{31.9}$$

gezeigt. Da $h_N = 0$ für $\chi_{N-1} < -K$ und im übrigen von χ_{N-1} unabhängig ist, folgt daraus wegen (31.6)

$$E(e^{-\tau\chi_N}) = E(e^{-\tau h_N}\, e^{-\tau\chi_{N-1}}) = \int_{-\infty}^{-K} e^{-\tau\chi_{N-1}}\, d H_{N-1}(\chi_{N-1}) +$$

$$+ E(e^{-\tau h_N}) \int_{-K}^{\infty} e^{-\tau\chi_{N-1}}\, d H_{N-1}(\chi_{N-1}) = E(e^{-\tau\chi_{N-1}}) = 1 .$$

Damit ist $E(e^{-\tau\chi_N}) = 1$ durch Induktion für alle N gezeigt und aus (31.8) folgt

$$\sum_{n=1}^{N} w_n(K) \leqq e^{-\tau K}$$

und weiter, für gegen Unendlich strebendes N, die Ungleichung (31.7). Damit ist das Theorem bewiesen. Die Schranke für die Ruinwahrscheinlichkeit ist um so niedriger, je größer das Anfangskapital K und je größer der Sicherheitsindex τ ist.

Nun ist noch zu zeigen, wie die Bedingung (31.5) durch passende Wahl der Sicherheitszuschläge erfüllt werden kann. (31.5) kann auch in der Form

$$E(e^{-\tau g_n}) = E\left[e^{-\tau(1+\zeta_n)P_n + \tau x_n}\right] = e^{-\tau(1+\zeta_n)P_n} \int_0^{\infty} e^{\tau x_n}\, d F_n(x_n) = 1 \qquad (31.10)$$

geschrieben werden. Diese Gleichung kann offenbar durch passende Wahl des Sicherheitszuschlages ζ_n dann und nur dann erfüllt werden, wenn das Integral aus (31.10) konvergiert. Ist etwa der Schaden $x_n \leqq M$, also nach oben beschränkt, dann konvergiert das Integral. Bei Schadensverteilungen der Gestalt

$$F_n(x_n) = 1 - e^{-\tau^* x_n}, \quad x_n \geqq 0,$$

ist die Konvergenz offenbar nur für $\tau < \tau^*$ gegeben. Hat die Schadensverteilung die Gestalt

$$F_n(x_n) = \frac{x_n^m}{1 + x_n^m}, \quad x_n \geqq 0,$$

dann kann kein Sicherheitsindex $\tau > 0$ gefunden werden, für den das Integral aus (31.10) konvergiert. Die Ruinwahrscheinlichkeit kann daher mit Hilfe des Theorems von DE FINETTI nicht für alle Versicherungen und nicht für alle Sicherheitsindizes abgeschätzt werden.

Als Beispiel betrachten wir eine Versicherung, bei der die Versicherungssumme $S > 0$ mit der Wahrscheinlichkeit $p > 0$ fällig wird. Es gilt daher $W\{x = S\} = = p$, $W\{x = 0\} = 1 - p$ und $E(x) = pS$. Der Gewinn aus dieser Versicherung beträgt $g = (1 + \zeta)\, pS - x$. Es folgt:

$$E(e^{-\tau g}) = e^{-\tau(1+\zeta)pS}\,(p e^{\tau S} + 1 - p).$$

Dieser Ausdruck ist, wie aus der Reihenentwicklung der e-Potenz leicht zu sehen ist, für $\zeta = 0$ größer als 1 und strebt für unbegrenzt steigendes ζ stetig und monoton gegen Null. Es gibt daher sicher ein ζ^*, für welches (31.5) erfüllt ist. Für $p = 0{,}01$ und $\tau = 3 \cdot 10^{-6}$ hat DUBOURDIEU [II] den Sicherheitszuschlag zu verschiedenen Versicherungssummen errechnet:

Versicherungs-summe	Sicherheitszuschlag in %
1000,—	0,1485
10000,—	14,85
100000,—	16,4
1000000,—	482

Wie man sieht, erreicht der Sicherheitszuschlag für den vorgegebenen Sicherheitsindex bei einer Versicherungssumme von einer Million bereits fast das Fünffache der Prämie. Da ein derartiger Sicherheitszuschlag zweifellos zu hoch ist, müßte man sich entweder mit einem geringeren Sicherheitsindex begnügen oder das Risiko muß durch Rückversicherung eines Teiles der Versicherungssumme verringert werden.

In einer allgemeinen Versicherung, für welche $E(e^{\tau x})$ konvergiert, setzen wir

$$J(\zeta, \tau) = E(e^{-\tau g}) = \int_0^\infty e^{-\tau[(1+\zeta)P-x]}\, dF(x).$$

Offenbar gilt $J(0, 0) = 1$, $\frac{\partial J(0, \tau)}{\partial \tau} = 0$ und $\frac{\partial^2 J(0, \tau)}{\partial \tau^2} > 0$.

Daraus folgt $J(0, \tau) > 1$ für $\tau > 0$. Wegen

$$\frac{\partial J(\zeta, \tau)}{\partial \zeta} = -\tau P\, J(\zeta, \tau)$$

ist $J(\zeta, \tau)$ in ζ monoton fallend und man sieht leicht, daß es genau ein $\zeta^* > 0$ mit $J(\zeta^*, \tau) = 1$ gibt. Für dieses ζ^* ist nun die Bedingung (31.5) erfüllt. Es ist daher für den Fall der Konvergenz immer möglich, den Sicherheitszuschlag ζ in der zur Erfüllung von (31.5) notwendigen Höhe festzusetzen.

Bei Anwendung der eben erläuterten Methode müssen die einzelnen Versicherungen voneinander unabhängig sein und hintereinander abgewickelt werden. Dies ist in der Praxis zunächst nicht der Fall. So werden sich etwa Schadensversicherungen, die über längere Zeiträume abgeschlossen werden, zeitlich überschneiden. Man kann aber jeweils alle Versicherungen eines bestimmten Basiszeitraumes zusammenfassen und als Einheit betrachten. Erstreckt sich eine Versicherung über einen längeren Zeitraum, dann muß sie rechnungsmäßig in mehrere Versicherungen aufgeteilt werden, die sich jeweils über einen Basiszeitraum erstrecken.

Das Theorem von DE FINETTI liefert eine obere Schranke für die Ruinwahrscheinlichkeit. Es ist naheliegend, nach dem genauen Wert der Ruinwahrscheinlichkeit zu fragen. Mit dieser Frage befaßt sich die kollektive Risikotheorie, die in den folgenden Punkten behandelt wird.

3. Der Risikoprozeß. Die kollektive Risikotheorie, die in ihrer ursprünglichen Form auf Arbeiten von F. LUNDBERG zurückgeht, verwendet ein mathematisches Modell, bei dem ähnlich den Ableitungen im vorangegangenen Punkt das Kapital der Gesellschaft als Funktion $x(t)$ der Zeit, das heißt als ein zufälliger Prozeß betrachtet wird. Dieser Prozeß wird als *Risikoprozeß* bezeichnet. Allerdings hat LUNDBERG nicht die Zeit als Maß für den Ablauf der Ereignisse eingeführt, sondern die Summe der bisherigen Prämieneinnahmen. Diese Betrachtungsweise hat den Vorteil, daß sie auch dann einen gleichmäßigen Ablauf des Risikoprozesses sichert, wenn die Prämieneinnahmen ungleichmäßig fließen. Um die Darstellung des Risikoprozesses als zufälligen Prozeß zu betonen, verwenden wir hier die Zeit t als Maß für den Ereignisablauf, halten jedoch fest, daß sich alle Ableitungen grundsätzlich auch auf ein Modell übertragen lassen, in dem die Zeit durch die Summe der bisher eingeflossenen Prämien ersetzt wird. Wir befassen uns zunächst mit der Frage, welche Art von Zufallsprozessen für die Beschreibung des Risikoprozesses heranzuziehen sind.

Das Kapital $\boldsymbol{x}(t)$ der Gesellschaft wird im Laufe der Zeit durch Einnahmen erhöht und durch Ausgaben vermindert. Wir unterscheiden jetzt zwischen einzelnen Zahlungen in diskreten Zeitpunkten und kontinuierlich fließenden Zahlungen. Bei Einzelzahlungen handelt es sich etwa um Einnahmen von Einmalprämien bzw. um Ausgaben in Form von Ablebenskapitalien. Als kontinuierliche Zahlungen können Zinsenerträgnisse bzw. laufende Verwaltungskosten betrachtet werden. Rentenzahlungen bzw. laufende Prämien können einer der beiden Zahlungsarten zugeordnet werden, je nachdem, ob man die Höhe der einzelnen Zahlungen gegenüber dem Kapital der Gesellschaft als klein ansieht oder nicht. In Wirklichkeit sind natürlich nur Zahlungen in diskreten Zeitpunkten möglich, doch kann die kontinuierliche Betrachtung zu einer vereinfachten Darstellung führen, die für die praktische Anwendung ausreichend genaue Ergebnisse liefert.

Wir unterscheiden drei Arten von Risikoprozessen:

Prozesse erster Art

$m(x, t)$ sei eine in x und t stetige beschränkte Funktion. Für $t \neq t_i$ $(i = 1, \ldots, n, \ldots)$ genüge der Risikoprozeß $\boldsymbol{x}(t)$ der Gleichung

$$\frac{d\boldsymbol{x}(t)}{dt} = m[\boldsymbol{x}(t), t]. \tag{31.11}$$

Für die Verteilung der zufälligen Werte t_n gelte

$$W\{t_n < t \mid t_{n-1}\} = \begin{cases} 1 - e^{-(t-t_n)} & \text{für } t > t_{n-1}, \\ 0 & \text{für } t \leqq t_{n-1}. \end{cases} \tag{31.12}$$

In den Punkten $t = t_n$ sei $\boldsymbol{x}(t)$ rechtsseitig stetig und

$$\Delta[\boldsymbol{x}(t_n), t_n] = \boldsymbol{x}(t_n - 0) - \boldsymbol{x}(t_n) \tag{31.13}$$

sei als zufällige Größe mit der Verteilungsfunktion

$$F[\Delta \mid \boldsymbol{x}(t_n - 0), t_n] \tag{31.14}$$

verteilt. $F(\Delta \mid \boldsymbol{x}, t)$ sei ebenfalls stetig in x und t und es gelte $\lim\limits_{x \to \infty} F(x \mid x, t) = 0$.

Der so beschriebene Risikoprozeß entspricht einem Kapital $x(t)$, das sich für $t \neq t_i$ durch bekannte stetige Ausgaben und Einnahmen verändert. In den nach Poisson verteilten zufälligen Zeitpunkten t_n hat $x(t)$ Sprungstellen in der Höhe

(31.13), die für negative Werte von Δ als Einnahmen, für positive Werte von Δ als Ausgaben, etwa in Form von Schadenszahlungen oder Versicherungsleistungen aus einer Kapitalversicherung, gedeutet werden können.

Prozesse zweiter Art

$m(x, t)$ und $\sigma^2(x, t)$ seien zwei in x und t stetige und beschränkte Funktionen. Der Risikoprozeß genüge der Gleichung

$$d\boldsymbol{x}(t) = m[\boldsymbol{x}(t), t]\, dt + \sigma[\boldsymbol{x}(t), t]\, d\boldsymbol{y}(t). \tag{31.15}$$

Dabei ist $\boldsymbol{y}(t)$ normalverteilt und durch die Erwartungswerte

$$\begin{aligned} E[\boldsymbol{y}(t_2) - \boldsymbol{y}(t_1)] &= 0, \\ E\{[\boldsymbol{y}(t_2) - \boldsymbol{y}(t_1)]^2\} &= |t_2 - t_1| \end{aligned} \tag{31.16}$$

für beliebige t_1 und t_2 als *Prozeß der Brownschen Bewegung* definiert.

Prozesse dritter Art

Überlagern wir einen Prozeß erster Art und einen Prozeß zweiter Art, so erhalten wir einen Prozeß dritter Art. Prozesse dritter Art genügen daher mit Ausnahme der Stellen $t = t_n$, wobei die Punkte t_n durch (31.12) beschrieben werden, der Gleichung (31.15); sie haben in den Punkten t_n Sprungstellen, die durch (31.13) beschrieben werden und deren Höhe der Verteilungsfunktion (31.14) genügt.

In Prozessen erster Art wird das stochastische Moment durch die zufallsgesteuerte Lagerung der Punkte t_n sowie durch die ebenfalls zufallsgesteuerte Höhe der Sprungstellen (31.13) eingeführt. In Prozessen zweiter Art führt der in (31.15) enthaltene Prozeß der Brownschen Bewegung das stochastische Moment ein. In Prozessen dritter Art ist $\boldsymbol{x}(t)$ sowohl durch einen Prozeß der Brownschen Bewegung als auch durch Sprungstellen stochastisch gesteuert.

Die hier betrachteten Risikoprozesse gehören zu den Markoff-Prozessen. Sie gestatten, wie auch die folgenden Überlegungen zeigen, eine verhältnismäßig allgemeine Beschreibung von Versicherungsverläufen. Jeder etwa als notwendig erachtete Übergang von der das Auftreten von Sprungstellen beschreibenden Poisson-Verteilung zu einer verallgemeinerten Poisson-Verteilung kann durch eine einfache Koordinatentransformation berücksichtigt werden. Das Auftreten mehrerer Fälle zugleich kann, da es ebenfalls mit einer meßbaren Wahrscheinlichkeit vor sich geht, bereits in der Verteilungsfunktion (31.14) berücksichtigt werden. Man könnte noch einwenden, daß die in den hier behandelten Risikoprozessen vorausgesetzte Unabhängigkeit aufeinanderfolgender Sprungstellen mit der Wirklichkeit nicht übereinstimme, da doch ein Schadensfall, der etwa mit der Zerstörung des versicherten Objektes oder mit der Auflösung des Versicherungsvertrages aus anderen Gründen endet, die Verteilungsfunktion (31.14) beeinflussen müßte. Diesem Einwand ist aber entgegenzuhalten, daß eine Änderung der Verteilungsfunktion (31.14) durch den Wegfall versicherter Risiken nur dann zu berücksichtigen ist, wenn auch alle anderen gleich stark wirkenden Änderungen berücksichtigt werden. Man müßte daher nicht nur den Wegfall, sondern auch das Einbeziehen neuer Risiken durch den Abschluß neuer Versicherungen in die

Betrachtungen einbeziehen. Das erfordert aber Informationen über den zukünftigen Geschäftsverlauf, die kaum mit ausreichender Genauigkeit vorliegen. Es erscheint daher sinnvoller, auf detailliertere Untersuchungen einzelner Versicherungen zu verzichten und lediglich das gesamte Risiko der Gesellschaft zu betrachten. Da die Verteilungsfunktion (31.14) als von x und t abhängig vorausgesetzt wurde, scheint eine ausreichende Vielfalt von Risikoprozessen erfaßt zu sein. Es darf daher angenommen werden, daß das hier behandelte Modell eines Risikoprozesses im allgemeinen ausreichen wird, die auf Grund der statistischen Unterlagen vorhandenen Informationen mit ausreichender Genauigkeit zu verarbeiten.

4. Die Ruinwahrscheinlichkeit. Da $\boldsymbol{x}(t)$ das Kapital der Gesellschaft ist, bedeutet $\boldsymbol{x}(t) < 0$, daß die Gesellschaft ihren Zahlungsverpflichtungen nicht mehr nachkommen kann. Wir sagen, der Ruin der Gesellschaft ist eingetreten und bezeichnen die Wahrscheinlichkeit für den Eintritt dieses Ereignisses, $W\{\boldsymbol{x}(t) < 0\}$, als Ruinwahrscheinlichkeit. Man darf allerdings den Ausdruck „Ruin" nicht wörtlich nehmen. Es ist kaum anzunehmen, daß eine feste Grenze für den Kredit der Gesellschaft gefunden werden kann, der es ihr gestattet, Zahlungsschwierigkeiten zu überbrücken. Es ist aber andererseits sinnvoll zu fordern, daß ein Ereignis $\boldsymbol{x}(t) < 0$ mit möglichst geringer Wahrscheinlichkeit eintritt. Die Gesellschaft wird daher ihre Geschäftspolitik darauf abzustellen haben, daß die Ruinwahrscheinlichkeit möglichst klein wird.

An dieser Stelle muß angemerkt werden, daß die Vermeidung des Ruins nur ein Ziel der Geschäftsabwicklung sein wird. Ein anderes Ziel liegt darin, möglichst hohe Gewinne zu erreichen bzw. möglichst hohe Dividenden zahlen zu können. Höhere Sicherheit geht aber auf Kosten der Gewinnerwartung. Wir haben es hier mit einem Interessenkonflikt zu tun, dessen Lösung ein spieltheoretisches Problem darstellt, auf das wir aber in diesem Rahmen nicht näher eingehen können. Wir wollen uns im folgenden vielmehr ausschließlich mit der Ruinwahrscheinlichkeit befassen. Unser Ziel ist es, eine Gleichung mit eindeutiger Lösung für die Ruinwahrscheinlichkeit anzugeben.

Wir bezeichnen die Wahrscheinlichkeit, daß ein mit dem Kapital $\boldsymbol{x}(s) = x \geqq 0$ im Zeitpunkt s beginnender Risikoprozeß bis zum Zeitpunkt $t \geqq s$ einen Wert kleiner als Null annimmt, also zum Ruin führt, mit $w(x, s, t)$. Es gilt also:

$$w(x, s, t) = W\left\{\inf_{s \leqq \tau < t} \boldsymbol{x}(\tau) < 0 \mid \boldsymbol{x}(s) = x \geqq 0\right\}. \tag{31.17}$$

Für Risikoprozesse erster Art sei $w_n(x, s, t)$ die Wahrscheinlichkeit für den mit $\boldsymbol{x}(s) = x \geqq 0$ im Zeitpunkt $s = t_0$ beginnenden Risikoprozeß im Intervall $[t_n, t_{n+1})$ mit $t_{n+1} \leqq t$, also in oder nach der n^{ten} Sprungstelle und vor der $(n+1)^{\text{ten}}$ Sprungstelle, erstmals einen Wert kleiner als Null anzunehmen und damit zum Ruin zu führen:

$$w_n(x, s, t) = W\left\{\inf_{t_n \leqq \tau < t_{n+1}} \boldsymbol{x}(\tau) < 0 \mid \boldsymbol{x}(s) = x,\ \inf_{s \leqq \tau < t_n} \boldsymbol{x}(\tau) \geqq 0\right\}. \tag{31.18}$$

Wegen $s = t_0$ ist (31.18) auch für $n = 0$ sinnvoll definiert. $w_0(x, s, t)$ ist die Wahrscheinlichkeit, daß der mit $\boldsymbol{x}(s) = x$ beginnende Risikoprozeß vor Erreichung der ersten Sprungstelle einen Wert kleiner als Null annimmt. Vor Erreichung der ersten Sprungstelle kann der Verlauf eines Risikoprozesses erster Art wegen (31.11) in der Form

$$x(\tau) = x + \int_s^\tau m[x(\bar{\tau}), \bar{\tau}]\, d\bar{\tau} \tag{31.19}$$

dargestellt werden. $w_0(x, s, t)$ ist offenbar die Wahrscheinlichkeit, daß (31.19) vor der ersten Sprungstelle einen Wert kleiner als Null annimmt. Gibt es also ein $\bar{t} < t$ mit

$$\min_{s \leqq \tau \leqq \bar{t}} x(\tau) = 0, \quad x(\bar{t} + \varepsilon) < 0 \quad \text{für alle } \varepsilon \text{ mit } 0 < \varepsilon < \varepsilon_0, \tag{31.20}$$

wenn nur ε_0 genügend klein gewählt wird, dann ist $w_0(x, s, t)$ die Wahrscheinlichkeit, daß im Intervall $(s, \bar{t})$ keine Sprungstelle auftritt. Der Risikoprozeß erreicht dann mit der Wahrscheinlichkeit 1 einen Wert $\boldsymbol{x}(\tau) < 0$ mit $\tau < t$, ohne daß eine Sprungstelle aufgetreten wäre. Die Verteilung der Sprungstellen wird durch (31.12) beschrieben und die Wahrscheinlichkeit, daß die erste Sprungstelle t_1 nicht vor dem Zeitpunkt $\bar{t}$ liegt, ist durch

$$w_0(x, s, t) = W\{t_1 \geqq \bar{t} \mid s\} = 1 - W\{t_1 < \bar{t} \mid s\} = e^{-(\bar{t}-s)} \tag{31.21}$$

gegeben. Gibt es kein $\bar{t} < t$, welches (31.20) erfüllt, dann kann der Risikoprozeß nicht vor der ersten Sprungstelle zum Ruin führen und es gilt $w_0(x, s, t) = 0$. Dies ist offenbar stets für $m(x, t) \geqq 0$ der Fall, wenn also (31.19) monoton steigend ist.

Für die weiteren Untersuchungen halten wir fest, daß der Risikoprozeß stets durch $\boldsymbol{x}(\tau)$ bezeichnet wird, während $x(\tau)$ die Funktion nach (31.19) bezeichnet. Da die erste Sprungstelle in t_1 liegt, gilt insbesondere $\boldsymbol{x}(t_1 - 0) = x(t_1)$. Im Gegensatz zu $x(\tau)$ ist daher $\boldsymbol{x}(\tau)$ eine stochastische Größe. Für $\tau < s$ soll die Funktion $x(\tau)$ in Analogie zu (31.19) in der Form

$$x(\tau) = x - \int_\tau^s m[x(\bar{\tau}), \bar{\tau}]\, d\bar{\tau} \tag{31.22}$$

dargestellt werden.

$w_1(x, s, t)$ ist die Wahrscheinlichkeit, daß der Risikoprozeß in oder nach der ersten Sprungstelle und vor der zweiten Sprungstelle erstmals einen Wert kleiner als Null annimmt. Dieses Ereignis kann entweder dadurch eintreten, daß die erste Sprungstelle erstmals zu einem Wert $\boldsymbol{x}(t_1) < 0$ führt oder daß die erste Sprungstelle zu einem Wert $\boldsymbol{x}(t_1) \geqq 0$ führt und der Risikoprozeß im weiteren vor dem Zeitpunkt t und vor der zweiten Sprungstelle einen Wert kleiner als Null annimmt. Offenbar gilt $\boldsymbol{x}(t_1) < 0$ genau dann, wenn $\Delta[\boldsymbol{x}(t_1), t_1] = \boldsymbol{x}(t_1 - 0) - \boldsymbol{x}(t_1) = x(t_1) - \boldsymbol{x}(t_1) > x(t_1)$. Mit Hilfe der Verteilungsfunktion (31.14) kann daher die Wahrscheinlichkeit, daß die erste Sprungstelle, wenn sie im Zeitpunkt t_1 liegt, zum Ruin führt, durch $1 - F[x(t_1) \mid x(t_1), t_1]$ dargestellt werden. Die Wahrscheinlichkeit, daß die erste Sprungstelle zu einem Wert $\boldsymbol{x}(t_1) = x$ mit $x(t_1) - \zeta < x \leqq x(t_1) - \zeta + d\zeta$ führt, beträgt offenbar $F[\zeta \mid x(t_1), t_1] - F[\zeta - d\zeta \mid x(t_1), t_1] = dF[\zeta \mid x(t_1), t_1]$ und die Wahrscheinlichkeit, daß der von $\boldsymbol{x}(t_1) = x(t_1) - \zeta$ im Zeitpunkt t_1 ausgehende Risikoprozeß vor der zweiten Sprungstelle zum Ruin führt, nach Definition $w_0[x(t_1) - \zeta, t_1, t]$. Berücksichtigen wir noch, daß die Wahrscheinlichkeit für den Eintritt der ersten Sprungstelle im Zeitintervall $(\tau, \tau + d\tau)$ wegen (31.12) durch $e^{-(\tau-s)} d\tau$ gegeben ist, dann können wir $w_1(x, s, t)$ in der folgenden Form darstellen:

$$\begin{aligned} w_1[x(s), s, t] = \int_s^{\bar{t}} e^{-(\tau-s)} \{1 - F[x(\tau) \mid x(\tau), \tau]\} \, d\tau \, + \\ + \int_s^{\bar{t}} e^{-(\tau-s)} \int_{-\infty}^{x(\tau)} w_0[x(\tau) - \zeta, \tau, t] \, dF[\zeta \mid x(\tau), \tau] \, d\tau. \end{aligned} \tag{31.23}$$

Darin bedeutet das erste Integral die Wahrscheinlichkeit, daß die erste Sprungstelle zum Ruin führt, während das zweite Integral die Wahrscheinlichkeit für den Eintritt des Ruins zwischen der ersten und der zweiten Sprungstelle angibt. Sofern es kein $\bar{t} < t$ gibt, welches (31.20) erfüllt, ist in (31.23) bis zum Ende t des betrachteten Zeitintervalls zu integrieren, also $\bar{t}$ durch t zu ersetzen. Offenbar hängt $\bar{t}$ von x und s ab, also von der Funktion (31.19). Nehmen alle in Betracht kommenden Funktionen (31.19) nur positive Werte an, wie dies etwa für $m(x, s) \geqq 0$ der Fall ist, dann gilt stets $w_0(x, s, t) = 0$. In diesem Fall ist die Integration in (31.23) bis t zu erstrecken und der zweite Summand, der den Ausdruck $w_0[x(\tau) - \zeta, \tau, t]$ enthält, fällt weg. Gibt es hingegen nur für die gewählten Werte x, s und t kein $\bar{t} < t$, welches (31.20) erfüllt, während für andere Werte, etwa der Gestalt $x(\tau) - \zeta$, τ und t solch ein $\bar{t} < t$ gefunden werden kann, dann ist in (31.23) bis zum Zeitpunkt t zu integrieren, doch kann der zweite Summand nicht entfallen.

Zur Berechnung von $w_n[x(s), s, t]$ mit $n \geqq 2$ gehen wir davon aus, daß der Risikoprozeß genau dann im Intervall $[t_n, t_{n+1})$ erstmals einen Wert kleiner als Null annimmt, wenn die erste Sprungstelle im Zeitpunkt t_1 zu einem Wert $x(t_1) \geqq 0$ führt und der von $x = x(t_1)$ im Zeitpunkt t_1 ausgehende Risikoprozeß bis zum Zeitpunkt t in oder nach der $(n-1)^{\text{ten}}$ Sprungstelle und vor der n^{ten} Sprungstelle erstmals einen Wert kleiner als Null annimmt. Auf Grund dieser Überlegungen gelangen wir zur folgenden Darstellung:

$$w_n[x(s), s, t] = \int_s^{\bar{t}} e^{-(\tau-s)} \int_{-\infty}^{x(\tau)} w_{n-1}[x(\tau) - \zeta, \tau, t] \, dF[\zeta \mid x(\tau), \tau] \, d\tau, \quad n \geqq 2. \tag{31.24}$$

Gibt es kein $\bar{t} < t$, welches (31.20) erfüllt, dann ist bis t zu integrieren.

Die Ruinwahrscheinlichkeit ist die Wahrscheinlichkeit dafür, daß in irgend einem Zeitintervall $[t_n, t_{n+1})$ mit $t_{n+1} \leqq t$ erstmals ein Wert $x(t) < 0$ erreicht wird. Daraus folgt

$$w(x, s, t) = \sum_{n=0}^{\infty} w_n(x, s, t). \tag{31.25}$$

Aus (31.21), (31.23) und (31.24) erhalten wir daher die folgende Gleichung:

$$\begin{aligned} w[x(s), s, t] = e^{-(\bar{t}-s)} + \int_s^{\bar{t}} e^{-(\tau-s)} \{1 - F[x(\tau) \mid x(\tau), \tau]\} \, d\tau \, + \\ + \int_s^{\bar{t}} e^{-(\tau-s)} \int_{-\infty}^{x(\tau)} w[x(\tau) - \zeta, \tau, t] \, dF[\zeta \mid x(\tau), \tau] \, d\tau. \end{aligned} \tag{31.26}$$

Gibt es kein $\bar{t} < t$, welches (31.20) erfüllt, dann entfällt der Ausdruck $e^{-(\bar{t}-s)}$ und es ist bis t zu integrieren.

Wir wollen Anfangs- und Randbedingungen für $w(x, s, t)$ angeben. Aus der Definition (31.17) folgt die Anfangsbedingung

$$w(x, s, s) = 0. \tag{31.27}$$

Um eine Randbedingung zu erhalten, gehen wir von der Überlegung aus, daß $w_n(x, s, t)$ sicher nicht größer sein kann als die Wahrscheinlichkeit, daß überhaupt n Sprungstellen in (s, t) auftreten. Da die Sprungstellen nach (31.12) verteilt sind, gilt:

$$\sum_{n=N}^{\infty} w_n(x, s, t) \leqq \sum_{n=N}^{\infty} \frac{(t-s)^n}{n!} e^{-(t-s)} \leqq \varepsilon(N), \qquad \lim_{N\to\infty} \varepsilon(N) = 0. \tag{31.28}$$

Wegen $\lim\limits_{x\to\infty} F(x \mid x, t) = 0$ strebt die Wahrscheinlichkeit, mit $N-1$ Sprüngen einen Betrag x zu überschreiten, gegen Null, wenn x gegen Unendlich strebt. Außerdem gilt $\lim\limits_{x\to\infty} w_0(x, s, t) = 0$, da $m(x, t)$ als beschränkt vorausgesetzt wurde. Daraus folgt

$$\lim_{x\to\infty} \sum_{n=0}^{N-1} w_n(x, s, t) = 0. \tag{31.29}$$

Aus (31.28) und (31.29) erhalten wir nun die Randbedingung

$$\lim_{x\to\infty} w(x, s, t) = 0. \tag{31.30}$$

Wir bemerken, daß in die Abschätzung (31.28) die Voraussetzung $t < \infty$ eingeht. Wir beweisen nun den folgenden

Satz: Die beschränkte, in s stetige, differenzierbare Lösung von (31.26), welche die Bedingungen (31.27) und (31.30) erfüllt, ist eindeutig.

Beweis: Wir führen den Beweis indirekt. Gäbe es zwei verschiedene beschränkte, in s stetige und differenzierbare Lösungen $w^{(1)}[x(s), s, t]$ und $w^{(2)}[x(s), s, t]$, welche die Gleichung (31.26), die Anfangsbedingung (31.27) und die Randbedingung (31.30) erfüllen, dann muß ihre Differenz $\Delta[x(s), s, t] = w^{(1)}[x(s), s, t] - w^{(2)}[x(s), s, t]$ den Gleichungen

$$\begin{aligned} \Delta[x(s), s, t] &= \int_s^{\bar{t}} e^{-(\tau-s)} \int_{-\infty}^{x(\tau)} \Delta[x(\tau) - \zeta, \tau, t]\, dF\,[\zeta \mid x(\tau), \tau]\, d\tau, \\ \Delta(x, s, s) &= \lim_{x\to\infty} \Delta(x, s, t) = 0 \end{aligned} \tag{31.31}$$

genügen, wobei $\bar{t} = t$ zu setzen ist, wenn es kein $\bar{t} < t$ gibt, das (31.20) erfüllt. Es sei

$$S = \sup_{\substack{0 \leqq x \leqq \infty \\ s \leqq \tau \leqq t}} |\Delta(x, \tau, t)|$$

und da die beiden Lösungen als verschieden vorausgesetzt wurden, gilt $S > 0$. Es gibt also zu jedem $\delta > 0$ Werte $x_0 \geqq 0$ und s_0 mit $s \leqq s_0 \leqq t$, für welche die Ungleichung

$$0 < |\varDelta(x_0, s_0, t)| \geqq S(1-\delta) \geqq |\varDelta(x, \tau, t)|\,(1-\delta) \tag{31.32}$$

für alle $x \geqq 0$ und τ mit $s \leqq \tau \leqq t$ erfüllt ist. Aus (31.31) und (31.32) folgt

$$0 < |\varDelta(x_0, s_0, t)| \leqq \int_{s_0}^{t} e^{-(\tau - s_0)} \frac{|\varDelta(x_0, s_0, t)|}{1-\delta}\, d\tau = |\varDelta(x_0, s_0, t)| \frac{1 - e^{-(t-s_0)}}{1-\delta}$$

und dies führt für $\delta < e^{-(t-s_0)}$ zu einem Widerspruch. Damit ist der Satz bewiesen.

Prozesse zweiter Art können wir durch Grenzübergänge aus Prozessen erster Art gewinnen. Wir werden die Grenzübergänge so wählen, daß sie direkt zu Prozessen dritter Art führen. Dazu fügen wir zu den in (31.12), (31.13) und (31.14) beschriebenen Sprungstellen weitere, deren Häufigkeit wir bei gleichzeitiger Verringerung der Sprunghöhe so steigern, daß ein überlagernder Prozeß der BROWNschen Bewegung entsteht. Anstelle von (31.12) setzen wir

$$W\{t_n < t \mid t_{n-1}\} = \begin{cases} 1 - e^{-N(t-t_{n-1})} & \text{für} \quad t > t_{n-1}, \\ 0 \quad \text{für} \quad t \leqq t_{n-1}. \end{cases} \tag{31.33}$$

Anstelle von (31.14) führen wir die Verteilungsfunktion

$$F_N[\varDelta \mid \boldsymbol{x}(t_n - 0), t_n] = \frac{N-1}{N} \bar{F}_N[\varDelta \mid \boldsymbol{x}(t_n - 0), t_n] + \frac{1}{N} F[\varDelta \mid \boldsymbol{x}(t_n - 0), t_n] \tag{31.34}$$

ein, mit

$$\bar{F}_N[\varDelta \mid \boldsymbol{x}(t_n - 0), t_n] = \begin{cases} 1 \quad \text{für} \quad \frac{1}{\sqrt{N}} \sigma[\boldsymbol{x}(t_n - 0), t_n] \leqq \varDelta, \\ \frac{1}{2} \quad \text{für} \quad -\frac{1}{\sqrt{N}} \sigma[\boldsymbol{x}(t_n - 0), t_n] \leqq \varDelta < \frac{1}{\sqrt{N}} \sigma[\boldsymbol{x}(t_n - 0), t_n], \\ 0 \text{ für } \varDelta < -\frac{1}{\sqrt{N}} \sigma[\boldsymbol{x}(t_n - 0), t_n]. \end{cases} \tag{31.35}$$

Lassen wir N über alle Grenzen wachsen, dann strebt der durch $\bar{F}_N(\varDelta \mid x, t)$ eingeführte Risikoprozeß gegen einen Prozeß der BROWNschen Bewegung mit der Streuung $\sigma(x, t)$. Die Verteilungsfunktion (31.35) ist nämlich bezüglich $\boldsymbol{x}(t_n - 0)$ symmetrisch und da die einzelnen Sprünge voneinander unabhängig sind, strebt die Verteilung der Summe von $N - 1$ Sprüngen nach dem zentralen Grenzwertsatz gegen eine Normalverteilung. Die Streuung dieser Normalverteilung ist die Summe der Streuungen der einzelnen Sprünge. Betrachten wir einen genügend kleinen Bereich $(t, t + dt)$, dann ist wegen der Stetigkeit von $\sigma(x, t)$ die Streuung des einzelnen Sprunges im gesamten Bereich gleich $\frac{1}{N}\sigma^2[\boldsymbol{x}(t-0), t] + o(1)$ wobei $o(1)$ mit dt gegen Null strebt. Für die Streuung der Summe von $N - 1$ Sprüngen erhalten wir daher bis auf Glieder der Größenordnung $o(1)$ den Wert

$\sigma^2[\boldsymbol{x}(t-0), t]$. Nun ist leicht zu sehen, daß der überlagernde Prozeß die Gestalt $\sigma^2[x(t), t]\boldsymbol{y}(t)$ besitzt, wobei $\boldsymbol{y}(t)$ ein Prozeß der BROWNschen Bewegung nach (31.16) ist.

Durch (31.33) wird die Dichte der Sprungstellen gegenüber (31.12) mit dem Faktor N vervielfacht. Da wegen (31.34) durchschnittlich nur jede N^{te} Sprungstelle durch die ursprüngliche Verteilungsfunktion (31.14) beschrieben wird, bleibt die Häufigkeit dieser Sprungstellen unverändert. Wir haben es also tatsächlich mit einer Überlagerung eines Prozesses erster Art durch einen Prozeß zweiter Art mit gewünschter Streuung zu tun. Der durch (31.33), (31.34) und (31.35) dargestellte Risikoprozeß strebt also gegen einen Prozeß dritter Art.

Wir bilden wieder die Wahrscheinlichkeiten $w_n(x, s, t)$ und erhalten in Analogie zu (31.23) und (31.24) die folgenden Formeln:

$$w_1[x(s), s, t] = \int_s^{\bar{t}} e^{-N(\tau-s)} \{1 - F_N[x(\tau) \mid x(\tau), \tau]\} N d\tau +$$
$$+ \int_s^{\bar{t}} e^{-N(\tau-s)} \int_{-\infty}^{x(\tau)} w_0[x(\tau) - \zeta, \tau, t] \, dF_N[\zeta \mid x(\tau), \tau] \, N d\tau, \qquad (31.36)$$

$$w_n[x(s), s, t] = \int_s^{\bar{t}} e^{-N(\tau-s)} \int_{-\infty}^{x(\tau)} w_{n-1}[x(\tau) - \zeta, \tau, t] \, dF_N[\zeta \mid x(\tau), \tau] \, N d\tau, \qquad n \geqq 2.$$

Wir können die Ableitung nach s bilden:

$$\frac{d}{ds} w_1[x(s), s, t] = N w_1[x(s), s, t] - N\{1 - F_N[x(s) \mid x(s), s]\} -$$
$$- N \int_{-\infty}^{x(s)} w_0[x(s) - \zeta, s, t) \, dF_N[\zeta \mid x(s), s],$$

$$\frac{d}{ds} w_n[x(s), s, t] = N w_n[x(s), s, t] - N \int_{-\infty}^{x(s)} w_{n-1}[x(s) - \zeta, s, t] \, dF_N[\zeta \mid x(s), s], \quad n \geqq 2.$$

Gemäß (31.34) setzen wir $F_N(\varDelta \mid x, t) = \frac{N-1}{N} \bar{F}_N(\varDelta \mid x, t) + \frac{1}{N} F(\varDelta \mid x, t)$ und erhalten:

$$\frac{d}{ds} w_1[x(s), s, t] = N w_1[x(s), s, t] - \{N - (N-1) \bar{F}_N[x(s) \mid x(s), s] -$$
$$- F[x(s) \mid x(s), s]\} - (N-1) \int_{-\infty}^{x(s)} w_0[x(s) - \zeta, s, t] \, d\bar{F}_N[\zeta \mid x(s), s] -$$
$$- \int_{-\infty}^{x(s)} w_0[x(s) - \zeta, s, t] \, dF(\zeta \mid x(s), s], \qquad (31.37)$$

$$\frac{d}{ds} w_n[x(s), s, t] = N w_n[x(s), s, t] - (N-1) \int_{-\infty}^{x(s)} w_{n-1}[x(s) - \zeta, s, t] \, d\bar{F}_N[\zeta \mid x(s), s] -$$
$$- \int_{-\infty}^{x(s)} w_{n-1}[x(s) - \zeta, s, t] \, dF[\zeta \mid x(s), s], \qquad n \geqq 2.$$

Für $x(s) > 0$ und für genügend großes N gilt wegen (31.35) $\overline{F}_N[x(s) \mid x(s), s] = 1$. Weiter folgt aus (31.33)

$$w_0[x(s), s, t] = e^{-N(\bar{t}-s)},$$

daher werden $N w_0[x(s), s, t]$ und $\frac{d}{ds} w_0[x(s), s, t] = N e^{-N(\bar{t}-s)}$ für genügend großes N beliebig klein. Die Glieder aus (31.37), welche den Faktor $w_0[x(s) - \zeta, s, t]$ enthalten, können daher ebenso wie der Ausdruck $\frac{d}{ds} w_0[x(s), s, t]$ in einem Glied $o(1)$ zusammengefaßt werden, das gegen Null geht, wenn N gegen Unendlich strebt. Mit Hilfe von (31.25) erhalten wir daher aus (31.37) die folgende Gleichung:

$$\begin{aligned} \frac{d}{ds} w[x(s), s, t] &= w[x(s), s, t] - \{1 - F[x(s) \mid x(s), s]\} - \\ &- \int_{-\infty}^{x(s)} w[x(s) - \zeta, s, t] dF[\zeta \mid x(s), s] + \frac{N-1}{2} \Big\{ 2w[x(s), s, t] - \\ &- w\left[x(s) - \frac{1}{\sqrt{N}} \sigma[x(s), s], s, t\right] - w\left[x(s) + \frac{1}{\sqrt{N}} \sigma[x(s), s], s, t\right]\Big\} + o(1). \end{aligned} \tag{31.38}$$

Bilden wir die Ableitung von (31.26) nach s, dann erhalten wir bis auf den Ausdruck in der geschlungenen Klammer und $o(1)$ die Gleichung (31.38). Es ist leicht zu sehen, daß dann für $\sigma[x(s), s] = 0$ die beiden Gleichungen bis auf $o(1)$ übereinstimmen.

Lassen wir N gegen Unendlich streben, dann können wir die Existenz von $\frac{d}{ds} w[x(s), s, t]$ und damit die Existenz eindeutiger Grenzwerte in (31.38) nicht mehr voraussetzen. Nehmen wir aber an, daß die partiellen Ableitungen

$$\frac{\partial w(x, s, t)}{\partial x} = w_x(x, s, t), \quad \frac{\partial^2 w(x, s, t)}{\partial x^2} = w_{xx}(x, s, t) \tag{31.39}$$

existieren und stetig sind, dann existieren auch eindeutige Grenzwerte in (31.38). Existieren für eine Funktion $f(x)$ die ersten beiden Ableitungen, dann folgt aus der TAYLORschen Reihenentwicklung

$$f(x + \varepsilon) = f(x) + \varepsilon f'(x) + \frac{\varepsilon^2}{2} f''(x + \delta_1 \varepsilon),$$

$$f(x - \varepsilon) = f(x) - \varepsilon f'(x) + \frac{\varepsilon^2}{2} f''(x - \delta_2 \varepsilon)$$

und daraus

$$\frac{1}{2} [f''(x + \delta_1 \varepsilon) + f''(x - \delta_2 \varepsilon)] = -\frac{1}{\varepsilon^2} [2f(x) - f(x - \varepsilon) - f(x + \varepsilon)].$$

Für $\varepsilon = \frac{1}{\sqrt{N}} \sigma[x(s), s]$ folgt daher aus der Existenz und der Stetigkeit der partiellen Ableitungen (31.39), daß für $N \to \infty$ der Grenzwert der rechten Seite von (31.38) existiert und der den Faktor $\frac{N-1}{N}$ enthaltende Ausdruck gegen $\frac{1}{2} \sigma^2[x(s), s] \, w_{xx}[x(s), s, t]$ strebt. Schließlich gilt wegen (31.11) und (31.39)

$$\frac{d}{ds} w[x(s), s, t] = \frac{\partial w(x, s, t)}{\partial s} + \frac{\partial w(x, s, t)}{\partial x} \frac{dx(s)}{ds} = w_s(x, s, t) + m(x, s) \, w_x(x, s, t)$$

und wir erhalten nach Durchführung des Grenzüberganges $N \to \infty$ aus (31.38) die folgende Gleichung:

$$\begin{aligned} w_s(x, s, t) + m(x, s)\, w_x(x, s, t) + \frac{\sigma^2(x, s)}{2}\, w_{xx}(x, s, t) = \\ = w(x,s,t) - [1 - F(x \mid x, s)] - \int_{-\infty}^{x} w(x-\zeta, s, t)\, dF(\zeta \mid x, s). \end{aligned} \tag{31.40}$$

Offenbar genügt dann $w(x, s, t)$ wegen der Beschränktheit von $\sigma^2(x, s)$ wieder der Anfangsbedingung (31.27) und der Randbedingung (31.30).

Für die folgenden Untersuchungen benötigen wir eine weitere Randbedingung, der $w(x, s, t)$ genügt. Dabei gehen wir wieder von (31.38) aus und unterscheiden vier Fälle:

Fall a:

Es sei $\sigma[x(s), s] > 0$ für $x(s_0) = 0$. Wegen der Stetigkeit gilt dann in einer Umgebung des Punktes $(0, s_0)$, $\sigma(x, s) \geqq \sigma_0 > 0$. Wegen der Beschränktheit von $m(x, s)$ können wir weiters $m(x, s) \leqq M > 1$ voraussetzen. Wir behaupten jetzt, daß $w(x, s, t)$ der Randbedingung

$$\lim_{x \to 0} w(x, s_0, t) = w(0, s_0, t) = 1 \tag{31.41}$$

genügt. Den Beweis führen wir indirekt und nehmen an, es gäbe ein $\delta > 0$ mit

$$\varliminf_{x \to 0} w(x, s_0, t) \leqq 1 - \delta, \tag{31.42}$$

wobei es sich um den limes inferiori handelt, dessen Existenz gesichert ist. Bezeichnet $\boldsymbol{y}(t)$ den Prozeß der Brownschen Bewegung aus (31.16), dann muß wegen (31.42) die folgende Ungleichung gelten:

$$\lim_{\varepsilon \to 0} W\{\boldsymbol{y}(\tau) < -\varepsilon - M(\tau - s_0) \mid s_0 \leqq \tau < t\} \leqq 1 - \delta. \tag{31.43}$$

Nun gilt

$$\begin{aligned} W\{\boldsymbol{y}(\tau) < -\varepsilon - M(\tau - s_0) \mid s_0 \leqq \tau < t\} \geqq \\ \geqq W\{\boldsymbol{y}(\tau) < -2M\varepsilon \mid s_0 \leqq \tau \leqq s_0 + \varepsilon\} = \\ = W\{\boldsymbol{y}(\tau) > 2M\varepsilon \mid s_0 \leqq \tau \leqq s_0 + \varepsilon\} \end{aligned} \tag{31.44}$$

und wegen (31.43) folgt daraus:

$$W\{|\boldsymbol{y}(\tau)| \leqq 2M\varepsilon \mid s_0 \leqq \tau \leqq s_0 + \varepsilon\} \geqq \delta^2 > 0. \tag{31.45}$$

Da $\boldsymbol{y}(\tau)$ ein Prozeß der Brownschen Bewegung ist, gilt wegen $\sigma(x, s) \geqq \sigma_0 >$

$$\begin{aligned} W\{|\boldsymbol{y}(s_0 + \varepsilon)| \leqq 2M\varepsilon \mid \boldsymbol{y}(s_0) = 0\} \leqq \frac{1}{\sqrt{2\pi\varepsilon\sigma_0^2}} \int_{-2M\varepsilon}^{+2M\varepsilon} e^{-\frac{\eta^2}{2\varepsilon\sigma_0^2}}\, d\eta = \\ = \frac{1}{\sqrt{2\pi}} \int_{-2M\frac{\sqrt{\varepsilon}}{\sigma_0}}^{+2M\frac{\sqrt{\varepsilon}}{\sigma_0}} e^{-\frac{\bar{\eta}^2}{2}}\, d\bar{\eta} = O\big(M\sqrt{\varepsilon}\big) = o(1) \end{aligned} \tag{31.46}$$

und dies steht für genügend kleines $\varepsilon > 0$ in Widerspruch zu (31.45). Damit ist die Behauptung bewiesen, daß $w(x, s, t)$ für $\sigma(0, s_0) > 0$ der Randbedingung (31.41) genügt.

Fall b:

Es sei $\sigma[x(s), s] = 0$ für $x(s_0) = 0$ und $\frac{\sigma[x(s), s]}{x(s)} \leqq C$. Weiters sei $x(s) \geqq 0$ in einer rechtsseitigen Umgebung von s_0. Für $\sqrt{N} > C$ folgt daraus $\frac{1}{\sqrt{N}} \sigma[x(s), s] < < x(s)$ und aus (31.35) folgt $\bar{F}_N[x(s) \mid x(s), s] = 1$. Daher gilt (31.38) für alle $x(s) \geqq 0$, und wir können für festes N den Grenzübergang $s \to s_0$ durchführen:

$$\lim_{s \to s_0} \frac{d}{ds} w[x(s), s, t] = w(0, s_0, t) - [1 - F(0 \mid 0, s_0)] - \int_{-\infty}^{0} w(-\zeta, s_0, t)\, dF(\zeta \mid 0, s_0) + o(1). \tag{31.47}$$

Fall c:

Es sei $\sigma[x(s), s] = 0$ für $x(s_0) = 0$ und $\lim_{s \to s_0} \frac{\sigma[x(s), s]}{x(s)} = +\infty$. Weiters sei $x(s) \geqq 0$ in einer rechtsseitigen Umgebung von s_0. Für festes N und genügend kleines $x(s)$ folgt $\frac{1}{\sqrt{N}} \sigma[x(s), s] > x(s)$ und wegen (31.35) gilt $\bar{F}_N[x(s) \mid x(s), s] = \frac{1}{2}$. In diesem Fall erhalten wir aus (31.37) in Analogie zu (31.38) die folgende Formel:

$$\begin{aligned}\lim_{s \to s_0} \frac{d}{ds} w[x(s), s, t] &= w(0, s_0, t) - [1 - F(0 \mid 0, s_0)] - \\ &- \int_{-\infty}^{0} w(-\zeta, s_0, t)\, dF(\zeta \mid 0, s_0) - \frac{N-1}{2} [1 - w(0, s_0, t)] + o(1).\end{aligned} \tag{31.48}$$

Fall d:

Wir haben noch den Fall zu betrachten, daß $x(s) < 0$ in einer rechtsseitigen Umgebung von s_0 ist. In diesem Fall erfüllt s_0 die Bedingungen (31.20) und wegen $s_0 = \bar{t}$ folgt aus (31.21) und (31.25)

$$w(0, s_0, t) = w[x(s_0), s_0, t] = 1. \tag{31.49}$$

Wir haben für die Ableitung der Integrodifferentialgleichung (31.40) die Existenz und die Stetigkeit von $w_x(x, s, t)$ und von $w_{xx}(x, s, t)$ vorausgesetzt, ohne den Beweis zu führen, daß dies für die Ruinwahrscheinlichkeit der Fall ist. Wir können daher nicht voraussetzen, daß die Ruinwahrscheinlichkeit (31.40) genügen muß. Hingegen werden wir den folgenden Satz beweisen.

Satz: Existiert eine beschränkte Lösung von (31.40), welche den Randbedingungen (31.27) und (31.30) bzw. (31.41), (31.47), (31.48) oder (31.49) genügt, dann ist diese Lösung eindeutig und gleich der Ruinwahrscheinlichkeit.

Beweis: Wir werden den Beweis indirekt führen und dabei zeigen, daß jede beschränkte Lösung $\bar{w}(x, s, t)$ von (31.40), welche den erwähnten Anfangs- und Randbedingungen genügt, für hinreichend großes N von der Ruinwahrscheinlichkeit $w(x, s, t)$ aus (31.38) beliebig wenig abweicht. Lassen wir dann N über alle

Grenzen wachsen, so strebt der (31.38) entsprechende Risikoprozeß gegen den untersuchten Prozeß dritter Art, womit der Satz bewiesen ist.

Da $\overline{w}(x, s, t)$ zweimal nach x differenzierbar sein muß, genügt diese Lösung von (31.40) auch der Gleichung (31.38). Die Differenz $\Delta(x, s, t) = w(x, s, t) - \overline{w}(x, s, t)$ erfüllt dann für $x(s) > 0$ und für genügend großes N die Gleichung:

$$\frac{d}{ds}\Delta[x(s), s, t] = \Delta[x(s), s, t] - \int_{-\infty}^{x(s)} \Delta[x(s) - \zeta, s, t]\, dF[\zeta \mid x(s), s] + \\ + \frac{N-1}{2}\left\{2\Delta[x(s), s, t] - \Delta\left[x(s) - \frac{1}{\sqrt{N}}\sigma[x(s), s], s, t\right] - \right. \\ \left. - \Delta\left[x(s) + \frac{1}{\sqrt{N}}\sigma[x(s), s], s, t\right]\right\} + o(1). \tag{31.50}$$

Darüber hinaus genügt $\Delta(x, s, t)$ den Anfangs- und Randbedingungen

$$\Delta(x, s, s) = \lim_{x\to\infty} \Delta(x, s, t) = 0,$$

$$\begin{aligned} &\text{im Fall } a \text{ und } d\colon\ \Delta(0, s_0, t) = o(1), \\ &\text{im Fall } b\colon\ \lim_{s\to s_0} \frac{d}{ds}\Delta[x(s), s, t] = \Delta(0, s_0, t) - \int_{-\infty}^{0} \Delta(-\zeta\, s_0, t)\, dF(\zeta \mid 0, s_0) + o(1), \\ &\text{im Fall } c\colon\ \lim_{s\to s_0} \frac{d}{ds}\Delta[x(s), s, t] = \\ &\qquad = \frac{N+1}{2}\Delta(0, s_0, t) - \int_{-\infty}^{0} \Delta(-\zeta, s_0, t)\, dF(\zeta \mid 0, s_0) + o(1). \end{aligned} \tag{31.51}$$

Der Ausdruck $o(1)$ in den Fällen a und d rührt daher, daß $\Delta(0, s_0, t) = 0$ nur für $N = \infty$ gilt.

Da die beiden Lösungen wegen der indirekten Beweisführung als ungleich vorausgesetzt werden, können wir annehmen, daß Werte $\Delta[\overline{x}(\overline{s}), \overline{s}, t] - |o(1)| \geqq \geqq d > 0$ existieren, wobei $o(1)$ aus (31.50) gegen Null strebt, wenn N über alle Grenzen wächst.

Wählen wir eine beliebige Funktion $x(s)$ aus, dann folgt aus (31.50) wegen (31.51) für festes N:

$$\lim_{s\to t} \frac{\Delta[x(s), s, t]}{t-s} = \lim_{s\to t} \frac{\Delta[x(s), s, t] - \Delta[x(t), t, t]}{t-s} = -\frac{d}{ds}\Delta[x(s), s, t]\,|_{s=t} = o(1). \tag{31.52}$$

Da $\Delta(x, s, t)$ beschränkt ist, existiert das Maximum

$$M[x(s)] = \max_{\substack{s\leqq t\\ x(s)\geqq 0}} \frac{\Delta[x(s), s, t]}{t-s}.$$

Aus (31.52) folgt, daß $M[x(s)]$ nur dann im Punkt $s = t$ angenommen wird, wenn $\Delta[x(s), s, t] \leqq o(1)$ für alle $s \leqq t$ und $x(s) \geqq 0$ gilt. Es sei

$$S = \sup_{x(s)} M[x(s)].$$

Offenbar gilt

$$S \geqq \frac{\Delta[\bar{x}(\bar{s}), \bar{s}, t]}{t - \bar{s}} \geqq \frac{d}{t - \bar{s}} > 0 .$$

Es gibt daher zu jedem $\delta > 0$ ein $x_\delta(s)$ und ein s_δ mit $x_\delta(s_\delta) = x_\delta$, für welche

$$M[x_\delta(s)] = \frac{\Delta(x_\delta, s_\delta, t)}{t - s_\delta} \geqq S - \delta \geqq \frac{\Delta(x, s, t)}{t - s} - \delta \qquad (31.53)$$

für alle x und s gilt. Da (31.53) wegen (31.52) für $s_\delta = t$ nicht erfüllt sein kann, muß $s_\delta < t$ sein.

Wir zeigen als nächstes, daß es stets einen endlichen Wert $x_\delta > 0$ gibt, für welchen (31.53) erfüllt ist. Aus (31.51) folgt unmittelbar, daß (31.53) nur für $x_\delta < \infty$ und in den Fällen *a* und *d* nur für $x_\delta > 0$ erfüllt sein kann. Wäre in den Fällen *b* und *c* (31.53) für ein $x_\delta = 0$ erfüllt, dann folgt wegen $\Delta(x_\delta, s_\delta, t) > 0$ aus (31.51) und (31.53)

$$\lim_{s \to s_\delta} \frac{d}{ds} \Delta[x_\delta(s), s, t] \geqq \Delta(0, s_\delta, t) - \int_{-\infty}^{0} \Delta(-\zeta, s_\delta, t)\, dF(\zeta \mid 0, s_\delta) + o(1) \geqq o(1)$$

und weiter

$$\lim_{s \to s_\delta} \frac{d}{ds} \frac{\Delta[x_\delta(s), s, t]}{t - s} = \frac{\lim\limits_{s \to s_\delta} \frac{d}{ds} \Delta[x_\delta(s), s, t]}{t - s_\delta} + \frac{\Delta(x_\delta, s_\delta, t)}{(t - s_\delta)^2} \geqq \frac{S - \delta}{t - s_\delta} + o(1) > 0 .$$

Die Funktion $\dfrac{\Delta[x_\delta(s), s, t]}{t - s}$ wäre also im Punkt $x_\delta(s) = x_\delta$, $s = s_\delta$ monoton steigend in s im engeren Sinne und dies steht im Widerspruch zu (31.53), wonach s_δ die Stelle des Maximums sein sollte. Damit ist auch für die Fälle *b* und *c* gezeigt, daß $x_\delta > 0$ sein muß.

Wir setzen nun in (31.53) $\delta = \dfrac{\varepsilon}{2(N-1)(t - s_\delta)}$ und erhalten:

$$\frac{N-1}{2} \left\{ 2\Delta(x_\delta, s_\delta, t) - \Delta\left[x_\delta - \frac{1}{\sqrt{N}} \sigma(x_\delta, s_\delta), s_\delta, t\right] - \right.$$
$$\left. - \Delta\left[x_\delta + \frac{1}{\sqrt{N}} \sigma(x_\delta, s_\delta), s_\delta, t\right] \right\} \geqq -\frac{\varepsilon}{2} .$$

Betrachten wir nun (31.50) an der Stelle $x(s) = x_\delta(s)$ und $s = s_\delta$, dann folgt daraus:

$$\frac{d}{ds} \Delta[x_\delta(s), s, t]\,|_{s = s_\delta} \geqq \Delta(x_\delta, s_\delta, t) - \int_{-\infty}^{x_\delta} \Delta(x_\delta - \zeta, s_\delta, t)\, dF(\zeta \mid x_\delta, s_\delta) -$$
$$- \frac{\varepsilon}{2} + o(1) \geqq - \delta(t - s_\delta) - \frac{\varepsilon}{2} + o(1) \geqq -\varepsilon + o(1) .$$

Wegen

$$\frac{d}{ds} \frac{\Delta[x_\delta(s), s, t]}{t - s}\bigg|_{s = s_\delta} = \frac{\frac{d}{ds} \Delta[x_\delta(s), s, t]|_{s = s_\delta}}{t - s_\delta} + \frac{\Delta(x_\delta, s_\delta, t)}{(t - s_\delta)^2} \geqq$$
$$\geqq \frac{-\varepsilon + o(1)}{t - s_\delta} + \frac{S - \delta}{t - s_\delta} \geqq \bar{d} > 0$$

ist $\frac{\Delta[x_\delta(s), s, t]}{t-s}$ an der Stelle $s = s_\delta$ monoton steigend in s im engeren Sinne und dies steht im Widespruch zu der Voraussetzung, daß s_δ Stelle eines Maximums sein sollte. Damit ist gezeigt, daß die Annahme, wonach $w(x, s, t)$ und $\overline{w}(x, s, t)$ um mehr als $o(1)$ voneinander abweichen, stets zu einem Widerspruch führt. Da $w(x, s, t)$ aus (31.38) die Ruinwahrscheinlichkeit für Prozesse dritter Art für genügend großes N beliebig genau wiedergibt, ist damit der Satz vollständig bewiesen.

5. Explizite Darstellung der Ruinwahrscheinlichkeit. In diesem Punkt werden wir anhand von Beispielen zeigen, wie die Ruinwahrscheinlichkeit mit Hilfe der Gleichung (31.40) explizit dargestellt werden kann.

Beispiel 1:

Es sei

$$F(0 \mid x, s) - F(0 - 0 \mid x, s) = 1,$$

$$m(x, s) = m > 0, \quad \sigma^2(x, s) = \sigma^2 > 0.$$

Die Funktion $F(\Delta \mid x, s)$ ist so gewählt, daß die Sprünge mit der Wahrscheinlichkeit 1 die Höhe 0 haben, das heißt es treten keine Sprünge auf. Der Risikoprozeß ist also kontinuierlich und aus (31.40) folgt:

$$w_s(x, s, t) + m w_x(x, s, t) + \frac{\sigma^2}{2} w_{xx}(x, s, t) = 0. \qquad (31.54)$$

Diese partielle Differentialgleichung ist als rückwärtige Diffusionsgleichung bekannt.

$w(x, s, t)$ erfüllt die Anfangsbedingung (31.27), die Randbedingung (31.30) und, da wegen $\sigma^2 > 0$ offenbar der Fall a aus Punkt 4 vorliegt, die Randbedingung (31.41). Die Randbedingungen sind inhomogen. Durch die Umformung

$$w(x, s, t) = e^{-\frac{2mx}{\sigma^2}} + \overline{w}(x, s, t) \qquad (31.55)$$

gehen wir zu homogenen Randbedingungen über. Man überzeugt sich nämlich leicht, daß mit $w(x, s, t)$ auch $\overline{w}(x, s, t)$ die Gleichung (31.54) erfüllt und den Randbedingungen $\overline{w}(\infty, s, t) = \overline{w}(0, s, t) = 0$ genügt. Nun können wir durch die Umformung

$$\overline{w}(x, s, t) = z(x, s, t)\, e^{-\frac{mx}{\sigma^2} + \frac{m^2 s}{2\sigma^2}} \qquad (31.56)$$

die erste partielle Ableitung nach x aus (31.54) eliminieren, da, wie leicht zu sehen ist, $z(x, s, t)$ der folgenden Gleichung genügt:

$$z_s(x, s, t) + \frac{\sigma^2}{2} z_{xx}(x, s, t) = 0. \qquad (31.57)$$

Diese Gleichung ist auch als Wärmeleitungsgleichung bekannt. Durch (31.55) und (31.56) ist die Erfüllung der Randbedingung (31.30) gesichert. $z(x, s, t)$ muß offenbar noch der Randbedingung $z(0, s, t) = 0$ genügen. Aus der Anfangsbedingung $w(x, s, s) = 0$ folgt wegen (31.55) $\overline{w}(x, s, s) = -e^{-\frac{2mx}{\sigma^2}}$ und daraus wegen (31.56)

$$z(x, s, s) = -e^{-\frac{mx}{\sigma^2} - \frac{m^2 s}{2\sigma^2}}. \tag{31.58}$$

Bekanntlich kann die Lösung der Wärmeleitungsgleichung als Fourier-Integral dargestellt werden. In dieser Form erhalten wir die folgende Lösung:

$$z(x, s, t) = \frac{1}{\sqrt{2\pi\sigma^2(t-s)}} \int_{-\infty}^{+\infty} z(\zeta, t, t)\, e^{-\frac{(\zeta - x)^2}{2\sigma^2(t-s)}}\, d\zeta.$$

Offenbar ist $z(0, s, t) = 0$ gerade für $z(-\zeta, t, t) = -z(\zeta, t, t)$ erfüllt. Wegen der Randbedingung können wir daher die Lösung in der folgenden Form anschreiben:

$$z(x, s, t) = \frac{1}{\sqrt{2\pi\sigma^2(t-s)}} \left\{ \int_0^\infty z(\zeta, t, t)\, e^{-\frac{(\zeta-x)^2}{2\sigma^2(t-s)}}\, d\zeta - \int_{-\infty}^0 z(-\zeta, t, t)\, e^{-\frac{(\zeta-x)^2}{2\sigma^2(t-s)}}\, d\zeta \right\} =$$

$$= \frac{1}{\sqrt{2\pi\sigma^2(t-s)}} \int_0^\infty z(\zeta, t, t) \left[e^{-\frac{(\zeta-x)^2}{2\sigma^2(t-s)}} - e^{-\frac{(\zeta+x)^2}{2\sigma^2(t-s)}} \right] d\zeta.$$

Setzen wir nun für $z(\zeta, t, t)$ den Wert aus (31.58) ein, dann erhalten wir

$$z(x, s, t) = -\frac{e^{-\frac{m^2}{2\sigma^2}t}}{\sqrt{2\pi\sigma^2(t-s)}} \int_0^\infty e^{-\frac{m\zeta}{\sigma^2}} \left[e^{-\frac{(\zeta-x)^2}{2\sigma^2(t-s)}} - e^{-\frac{(\zeta+x)^2}{2\sigma^2(t-s)}} \right] d\zeta.$$

Wir können daher wegen (31.55) und (31.56) die Lösung von (31.54), welche den Anfangs- und Randbedingungen genügt, wie folgt darstellen:

$$w(x, s, t) = e^{-\frac{2mx}{\sigma^2}} - e^{-\frac{mx}{\sigma^2} - \frac{m^2}{2\sigma^2}(t-s)} \frac{1}{\sqrt{2\pi\sigma^2(t-s)}} \int_0^\infty e^{-\frac{m\zeta}{\sigma^2}} \left[e^{-\frac{(\zeta-x)^2}{2\sigma^2(t-s)}} - e^{-\frac{(\zeta+x)^2}{2\sigma^2(t-s)}} \right] d\zeta.$$

Fassen wir die Exponenten der e-Potenzen zusammen, dann erhalten wir wegen

$$-\frac{mx}{\sigma^2} - \frac{m^2}{2\sigma^2}(t-s) - \frac{m\zeta}{\sigma^2} - \frac{(\zeta - x)^2}{2\sigma^2(t-s)} = -\frac{[\zeta - x + m(t-s)]^2 + 4xm(t-s)}{2\sigma^2(t-s)},$$

$$-\frac{mx}{\sigma^2} - \frac{m^2}{2\sigma^2}(t-s) - \frac{m\zeta}{\sigma^2} - \frac{(\zeta + x)^2}{2\sigma^2(t-s)} = -\frac{[\zeta + x + m(t-s)]^2}{2\sigma^2(t-s)}$$

mit Hilfe der Substitutionen

$$y_1 = \frac{\zeta - x + m(t-s)}{\sqrt{\sigma^2(t-s)}}, \quad y_2 = \frac{\zeta + x + m(t-s)}{\sqrt{\sigma^2(t-s)}}$$

die folgende Formel:

$$w(x, s, t) = e^{-\frac{2mx}{\sigma^2}} - \frac{e^{-\frac{2mx}{\sigma^2}}}{\sqrt{2\pi}} \int_{\frac{m(t-s)-x}{\sqrt{\sigma^2(t-s)}}}^\infty e^{-\frac{y_1^2}{2}}\, dy_1 + \frac{1}{\sqrt{2\pi}} \int_{\frac{m(t-s)+x}{\sqrt{\sigma^2(t-s)}}}^\infty e^{-\frac{y_2^2}{2}}\, dy_2.$$

Da m und σ^2 von s unabhängig vorausgesetzt wurden, können wir ohne Beschränkung der Allgemeinheit $s = 0$ und $w(x, 0, t) = w(x, t)$ setzen. Unter Berücksichtigung von $\frac{1}{\sqrt{2\pi}} \int\limits_{-\infty}^{+\infty} e^{\frac{y^2}{2}} \, dy = 1$ erhalten wir daher schließlich:

$$w(x, t) = \frac{e^{-\frac{2mx}{\sigma^2}}}{\sqrt{2\pi}} \int\limits_{-\infty}^{\frac{mt-x}{\sqrt{t\sigma^2}}} e^{-\frac{y^2}{2}} \, dy + \frac{1}{\sqrt{2\pi}} \int\limits_{\frac{mt+x}{\sqrt{t\sigma^2}}}^{\infty} e^{-\frac{y^2}{2}} \, dy. \tag{31.59}$$

Wie in Punkt 4 gezeigt, ist dies die gesuchte Ruinwahrscheinlichkeit.

Bilden wir in (31.59) die partielle Ableitung von $w(x, t)$ nach t, dann erhalten wir nach kurzer Rechnung den Ausdruck

$$\frac{\partial w(x, t)}{\partial t} = \frac{x}{\sqrt{2\pi\sigma^2 t^3}} e^{-\frac{(mt+x)^2}{2\sigma^2 t}},$$

der die Dichte der Ruinwahrscheinlichkeit bezüglich der Variablen t darstellt. Mit Hilfe dieser Dichte kann der Zeitpunkt des Eintrittes des Ruins abgeschätzt werden.

Wir haben hier darauf verzichtet, die Lösung der Wärmeleitungsgleichung in Form eines Fourier-Integrals ausführlich herzuleiten. Man überzeugt sich jedoch leicht durch Einsetzen in (31.54) bzw. (31.27), (31.30) und (31.41), daß $w(x, t)$ aus (31.59) tatsächlich die gesuchte Lösung ist, welche die Anfangs- und Randbedingungen erfüllt.

Aus Formel (31.59) läßt sich eine recht einfache Folgerung für die Praxis gewinnen. Läßt man t gegen Unendlich streben, dann strebt (31.59) gegen die nur mehr von x abhängige Ruinwahrscheinlichkeit $w(x)$ für einen unbegrenzten Zeitraum. Für $m > 0$ folgt aus (31.59)

$$w(x) = e^{-\frac{2mx}{\sigma^2}}. \tag{31.60}$$

Aus der Beobachtung des Versicherungsverlaufes kann die Versicherungsgesellschaft σ^2 abschätzen und die Annahme konstanter m und σ^2 ist als erste Annäherung durchaus plausibel. Für die Abschätzung von σ^2 können etwa die Gebarungsergebnisse einer Reihe aufeinanderfolgender Jahre herangezogen werden. Da auch das Kapital x bekannt ist, kann die Versicherungsgesellschaft jenen Wert m errechnen, der zur größten noch tolerierbaren Ruinwahrscheinlichkeit führt. Sie kann insbesondere entscheiden, welche Sicherheitszuschläge einzuheben sind, um m genügend groß zu halten oder welche Dividende ausgeschüttet werden kann, wodurch sich x vermindert, ohne daß $w(x)$ über den größten noch tolerierbaren Wert ansteigt. Bezeichnen wir diesen Wert mit $w_{\max}$, dann gilt

$$e^{-\frac{2mx}{\sigma^2}} \leq w_{\max}$$

oder

$$\frac{2mx}{\sigma^2} \geqq \ln \frac{1}{w_{\max}}. \tag{31.61}$$

Für diese Schranke erhält man die Werte der nebenstehenden Tabelle.

$w_{\max}$	$\ln \frac{1}{w_{\max}}$
0,5%	5,2983
1,0%	4,6052
2,0%	3,9120
5,0%	2,9957

Betrachten wir ein der Praxis entnommenes Beispiel. Eine mit Krankenversicherung befaßte Gesellschaft hat eine Streuung von $\sigma^2 = 0{,}0036$ gemessen, wobei als Zeiteinheit das Jahr und als Kapitaleinheit die jährlichen Prämieneinnahmen gewählt wurden. Will diese Gesellschaft den Ruin mit einer Wahrscheinlichkeit von 99% ausschließen, dann muß die Schranke in (31.61) 4,6052 betragen. Daraus folgt die Bedingung:

$$mx \geqq \frac{\sigma^2}{2}\, 4{,}6052 = 0{,}00829. \tag{31.62}$$

Im konkreten Fall betrug die Rücklage der Gesellschaft 32% eines Jahresaufwandes, woraus für m die Bedingung $m \geqq \frac{0{,}00829}{0{,}32} = 0{,}026$ folgt. Dies bedeutet, daß ein Sicherheitszuschlag von 2,6% notwendig ist. Wird ein höherer Sicherheitszuschlag eingehoben, dann kann der 2,6% übersteigende Teil voraussichtlich als Dividende ausgezahlt werden.

Wir bemerken, daß wegen $m > 0$ stets mit einem Anwachsen des Kapitals gerechnet werden muß. Theoretisch muß das Kapital sogar unbegrenzt anwachsen, da jede feste obere Schranke mit Sicherheit den Ruin herbeiführt, weil dann nur zufällige Abweichungen nach unten in jeder Höhe voll wirksam werden können. In der Praxis wird es allerdings ausreichen, den Ruin für einen endlichen, wenn auch genügend langen Zeitraum mit entsprechend hoher Wahrscheinlichkeit auszuschließen. Dann ist ein unbegrenztes Anwachsen des Kapitals nicht mehr notwendig, um die Ruinwahrscheinlichkeit entsprechend klein zu halten.

Können wir im vorherigen Beispiel mit einem Sicherheitszuschlag von 3% rechnen, dann finden wir mit einem geringeren Kapital x das Auslangen. Aus (31.62) folgt nämlich für $m = 0{,}03$ die Bedingung $x \geqq \frac{0{,}00829}{0{,}03} = 0{,}276$. Die gleiche Sicherheit, wie bei einem Sicherheitszuschlag von 2,6% wird also für einen Sicherheitszuschlag von 3% erreicht, wenn das Kapital x von 32% auf 27,6%, also um 4,4%, vermindert wird. Einer ständigen Reduktion des Sicherheitszuschlages von 3% auf 2,6%, etwa durch Ausschüttung einer jährlichen Dividende im Ausmaß von 0,4%, entspricht demnach eine einmalige Ausschüttung einer Dividende im Ausmaß von 4,4% eines Jahresaufwandes.

Für den Grenzübergang $m \to 0$ erhält man aus (31.59) durch Umformung nach kurzer Rechnung die folgende Formel:

$$w(x, t) = \frac{2}{\sqrt{2\pi\sigma^2}} \int_{\frac{x}{\sqrt{t}}}^{\infty} e^{-\frac{\zeta^2}{2\sigma^2}}\, d\zeta. \tag{31.63}$$

Der in diesem Beispiel behandelte Risikoprozeß beruht auf der Annahme, daß der Erwartungswert des Kapitals der Gesellschaft linear ansteigt, während das Kapital selbst zufälligen Schwankungen in Form eines Prozesses der BROWNschen Bewegung mit der Streuung σ^2 unterworfen ist. Der in (31.63) behandelte Grenzfall geht davon aus, daß die Erwartungswerte von Einnahmen und Ausgaben stets gleich hoch sind, daß also keine Überschüsse etwa durch Sicherheitszuschläge erwartet werden, während weiterhin mit zufälligen Schwankungen in Form eines Prozesses der BROWNschen Bewegung gerechnet wird. Wie man sieht, folgt in diesem Fall aus (31.63) $\lim_{t\to\infty} w(x, s, t) = 1$. Werden keine Sicherheitszuschläge eingehoben, dann tritt der Ruin bei noch so hohem Anfangskapital x mit Sicherheit ein.

Es ist leicht zu zeigen, daß $\lim_{t\to\infty} w(x, s, t) = 1$ auch für allgemeinere Risikoprozesse dann gilt, wenn keine Sicherheitszuschläge eingehoben werden. Wählen wir nämlich ein Zeitintervall der Länge M als neue Zeiteinheit, dann ist $T = \frac{t}{M}$ das neue Maß der Zeit. Ebenso können wir $\sqrt{M}$ als neue Kapitaleinheit wählen und erhalten mit $X = \frac{x}{\sqrt{M}}$ das neue Maß für das Kapital. Sowohl der zeitliche Abstand der endlichen Sprungstellen als auch die Höhe der Sprungstellen wird für genügend großes M beliebig klein und der Risikoprozeß strebt im Raum (X, T) gegen einen kontinuierlichen Prozeß. Wird kein Sicherheitszuschlag eingehoben, dann gilt $E[\boldsymbol{X}(T_1)] = E[\boldsymbol{X}(T_2)]$ für alle T_1 und T_2. Andererseits ist aber für endliches M die Differenz $\boldsymbol{X}(T_2) - \boldsymbol{X}(T_1)$ das Ergebnis endlich vieler unabhängiger Sprünge. Nach dem zentralen Grenzwertsatz kann somit die Normalverteilung beliebig genau angenähert werden, das heißt, $\boldsymbol{X}(T)$ strebt für $M \to \infty$ gegen einen Prozeß zweiter Art. Für diesen Prozeß kann offenbar $\sigma^2(X, T) > 0$ in einer Umgebung $0 \leqq X \leqq X_0$ vorausgesetzt werden, da angenommen werden darf, daß der zugrunde liegende Prozeß $x(t)$ zufallsgesteuert ist. Nun folgt aber $w(0, T, \infty) = 1$ aus (31.41). Lassen wir M gegen Unendlich streben, dann strebt X für jedes noch so große feste Anfangskapital x gegen Null. Damit ist gezeigt, daß der Ruin für jedes noch so große Anfangskapital mit Sicherheit eintritt, wenn keine Sicherheitszuschläge eingehoben werden.

Beispiel 2

Es sei

$$F(\zeta \mid x, s) = F(\zeta) = \begin{cases} 1 - e^{-\zeta} & \text{für} \quad \zeta \geqq 0, \\ 0 & \text{für} \quad \zeta < 0, \end{cases}$$

$$m(x, s) = m > 0, \quad \sigma^2(x, s) = \sigma^2 > 0,$$

$$t = +\infty.$$

Wir betrachten also die Ruinwahrscheinlichkeit für einen unendlich langen Zeitraum. Da m, σ^2 und $F(\zeta)$ von s unabhängig sind, ist auch $w(x, s, \infty)$ von s unabhängig und wir setzen $w(x, s, \infty) = w(x)$. In Punkt 4 haben wir die Eindeutigkeit der Lösung von (31.40), welche die Anfangs- und Randbedingungen erfüllt, nur unter der Voraussetzung $t < \infty$ gezeigt. Man zeigt jedoch leicht die Eindeutigkeit der die Randbedingungen erfüllenden beschränkten, stetigen und zweimal nach x differenzierbaren Lösungen der Gleichung (31.40), die unter den hier gemachten Voraussetzungen folgendermaßen lautet:

$$m w_x(x) + \frac{\sigma^2}{2} w_{xx}(x) = w(x) - e^{-x} - \int_0^x w(x-\zeta)\, e^{-\zeta}\, d\zeta . \tag{31.64}$$

Gäbe es zwei verschiedene Lösungen $w(x)$ und $\overline{w}(x)$, dann gilt für die Differenz $\Delta(x) = w(x) - \overline{w}(x)$

$$m \Delta_x(x) + \frac{\sigma^2}{2} \Delta_{xx}(x) = \Delta(x) - \int_0^x \Delta(x-\zeta)\, e^{-\zeta}\, d\zeta \tag{31.65}$$

und wegen der Randbedingung (31.41), $w(0) = 1$,

$$\Delta(0) = 0 . \tag{31.66}$$

Wir nehmen ohne Beschränkung der Allgemeinheit an, daß es Werte $\Delta(x) > 0$ gibt. Als stetige Funktion hat $\Delta(x)$ wegen (31.66) im Bereich $(0, \infty]$ ein Maximum und es gibt ein x_0 mit $\Delta(x_0) = \max\limits_{(x)} \Delta(x)$ und $\Delta(x) < \Delta(x_0)$ für alle $x < x_0$. Wegen $\Delta_x(x_0) = 0$ und $\Delta_{xx}(x_0) \leqq 0$ folgt daher aus (31.65)

$$0 < \Delta(x_0) - \int_0^{x_0} \Delta(x_0 - \zeta)\, e^{-\zeta}\, d\zeta \leqq 0$$

und dies ist ein Widerspruch. Damit ist die Eindeutigkeit gezeigt.

Zur Lösung von (31.61) verwenden wir den Ansatz

$$w(x) = \alpha e^{-\beta x} + \gamma e^{-\delta x} . \tag{31.67}$$

Setzen wir diesen Wert in (31.64) ein, dann erhalten wir:

$$-m\alpha\beta e^{-\beta x} - m\gamma\delta e^{-\delta x} + \frac{\sigma^2}{2}\alpha\beta^2 e^{-\beta x} + \frac{\sigma^2}{2}\gamma\delta^2 e^{-\delta x} =$$

$$= \alpha e^{-\beta x} + \gamma e^{-\delta x} - e^{-x} - \alpha e^{-\beta x}\int_0^x e^{(\beta-1)\zeta}\, d\zeta - \gamma e^{-\delta x}\int_0^x e^{(\delta-1)\zeta}\, d\zeta =$$

$$= \frac{\alpha\beta}{\beta-1} e^{-\beta x} + \frac{\gamma\delta}{\delta-1} e^{-\delta x} - e^{-x} + \frac{\alpha}{\beta-1} e^{-x} + \frac{\gamma}{\delta-1} e^{-x} .$$

Soll diese Gleichung für alle x erfüllt sein, dann müssen die Faktoren der verschiedenen e-Potenzen auf beiden Seiten übereinstimmen. Daraus folgt nach kurzer Rechnung:

$$\beta^2 \frac{\sigma^2}{2} - \beta\left(\frac{\sigma^2}{2} + m\right) + m - 1 = 0,$$

$$\delta^2 \frac{\sigma^2}{2} - \delta\left(\frac{\sigma^2}{2} + m\right) + m - 1 = 0,$$

$$\frac{\alpha}{\beta-1} + \frac{\gamma}{\delta-1} - 1 = 0 .$$

Wegen $w(0) = 1$ muß $\alpha = 1 - \gamma$ sein. Damit sind vier Gleichungen für α, β, γ und δ gegeben. Für β und δ erhalten wir

$$\begin{aligned} \beta &= \left(\frac{1}{2} + \frac{m}{\sigma^2}\right) - \sqrt{\left(\frac{m}{\sigma^2} - \frac{1}{2}\right)^2 + \frac{2}{\sigma^2}}, \\ \delta &= \left(\frac{1}{2} + \frac{m}{\sigma^2}\right) + \sqrt{\left(\frac{m}{\sigma^2} - \frac{1}{2}\right)^2 + \frac{2}{\sigma^2}} \end{aligned} \tag{31.68}$$

und für α und γ

$$\alpha = \frac{1}{2} - \frac{\dfrac{m}{2\,\sigma^2} - \dfrac{1}{\sigma^2} - \dfrac{1}{4}}{\sqrt{\left(\dfrac{m}{\sigma^2} - \dfrac{1}{2}\right)^2 + \dfrac{2}{\sigma^2}}}, \qquad \gamma = 1 - \alpha. \tag{31.69}$$

Man überzeugt sich leicht, daß (31.67) unter Berücksichtigung von (31.68) und (31.69) der Gleichung (31.64) genügt. Darüber hinaus erfüllt (31.67) wegen (31.69) die Randbedingung $w(0) = 1$. Hingegen wird die Randbedingung $w(\infty) = 0$ nur für $m > 1$ erfüllt, da für $m \leqq 1$ aus (31.68) $\beta \leqq 0$ folgt. Der Ansatz (31.67) ist daher nur für $m > 1$ brauchbar.

In diesem Beispiel haben wir $F(\zeta)$ so gewählt, daß nur Sprünge nach unten auftreten, die wir, da es sich um Verminderungen des Kapitals der Gesellschaft handelt, als Schadenszahlungen interpretieren können. Wegen $\int\limits_0^\infty dF(\zeta) = \int\limits_0^\infty \zeta e^{-\zeta}\, d\zeta = 1$ ist der Erwartungswert des einzelnen Schadens gleich Eins. Der Erwartungswert der Anzahl der in der Zeiteinheit auftretenden Sprungstellen ist wegen der in (31.12) für den Risikoprozeß getroffenen Normierung der Poisson-Verteilung ebenfalls gleich Eins. Daher ist auch der Erwartungswert der Höhe der in der Zeiteinheit auftretenden Schadenssumme gleich Eins, soweit es sich um Schäden handelt, die zu Sprungstellen führen. Nun bedeutet m aber den Erwartungswert des Kapitalzuwachses in der Zeiteinheit für den Fall, daß keine Sprungstellen bzw. Schäden auftreten. Interpretieren wir diesen Kapitalzuwachs als Prämienzahlungen, dann bedeutet in unserem Beispiel $m > 1$, daß die Prämien höher sind als der Erwartungswert der Schadenszahlungen, während für $m = 1$ Prämien und Schadenszahlungen äquivalent sind. Der überlagernde Prozeß der Brownschen Bewegung gibt zufällige Schwankungen wieder, ohne die Äquivalenz zu beeinflussen.

Lassen wir m gegen Eins streben, dann folgt aus (31.68) $\beta = 0$ und aus (31.69) $\alpha = 1$, $\gamma = 0$ und wir erhalten aus (31.67)

$$\lim_{m \to 1} w(x) = 1$$

für alle x. Werden, wie dies für $m = 1$ der Fall ist, keine Sicherheitszuschläge eingehoben, dann tritt der Ruin bei noch so hohem Anfangskapital x mit Sicherheit ein.

Lassen wir σ^2 gegen 0 streben, dann erhalten wir einen Prozeß erster Art. Aus (31.68) folgt

$$\begin{aligned} \lim_{\sigma^2 \to 0} \beta &= \lim_{\sigma^2 \to 0} \left\{\frac{1}{2} + \frac{m}{\sigma^2} - \frac{m}{\sigma^2}\left[\left(1 - \frac{\sigma^2}{2m}\right)^2 + \frac{2\sigma^2}{m^2}\right]^{1/2}\right\} = \\ &= \lim_{\sigma^2 \to 0}\left[\frac{1}{2} + \frac{m}{\sigma^2} - \frac{m}{\sigma^2}\left(1 - \frac{\sigma^2}{2m} + \frac{\sigma^2}{m^2}\right)\right] = \frac{m-1}{m}, \qquad \lim_{\sigma^2 \to 0} \delta = \infty. \end{aligned}$$

In analoger Weise folgt aus (31.69)

$$\lim_{\sigma^2 \to 0} \alpha = \frac{1}{2} - \frac{\frac{m}{2} - 1}{m} = \frac{1}{m}.$$

Die Ruinwahrscheinlichkeit hat daher die Form

$$w(x) = \frac{1}{m} e^{-\frac{m-1}{m} x}. \tag{31.70}$$

Auch hier gilt $\lim\limits_{m \to 1} w(x) = 1$ für alle x.

Gleichung (31.70) kann zum Theorem von DE FINETTI in Beziehung gesetzt werden. Wir nehmen dazu an, daß ein Risikoprozeß der im Beispiel 2 betrachteten Art dadurch angenähert wird, daß die dem Risikoprozeß zugrunde liegende kontinuierliche Versicherung in Einzelversicherungen über beliebige Zeitintervalle aufgelöst wird. Ist Δ die Länge eines solchen Zeitintervalls, dann ist $m\Delta$ die Summe der Prämien für dieses Zeitintervall. Wegen (31.5) muß für einen Sicherheitsindex τ

$$e^{-\tau m \Delta} E(e^{\tau z}) = 1 \tag{31.71}$$

gelten, wobei z die Höhe der Schadenszahlungen im Zeitintervall bedeutet. Wegen (31.12) ist die Wahrscheinlichkeit, daß in einem Zeitintervall der Länge Δ genau ν Schäden auftreten, durch $\frac{\Delta^\nu}{\nu!} e^{-\Delta}$ gegeben. Bezeichnet ζ_μ die Höhe des μ^{ten} Schadens, dann gilt wegen der Unabhängigkeit der einzelnen Schäden voneinander

$$E\left(e^{\tau \sum\limits_{\mu=1}^{\nu} \zeta_\mu}\right) = \prod_{\mu=1}^{\nu} E(e^{\tau \zeta_\mu}) = [E(e^{\tau \zeta_\mu})]^\nu = \left[\int_0^\infty e^{(\tau-1)\zeta} \, d\zeta\right]^\nu = \frac{1}{(1-\tau)^\nu} \quad \text{für} \quad 0 < \tau < 1.$$

Daraus folgt

$$E(e^{\tau z}) = \sum_{\nu=0}^{\infty} \frac{\Delta^\nu}{\nu!} e^{-\Delta} \frac{1}{(1-\tau)^\nu} = e^{\frac{\Delta}{1-\tau} - \Delta} = e^{\Delta \frac{\tau}{1-\tau}}.$$

Setzen wir diesen Wert in (31.71) ein, dann erhalten wir

$$e^{\Delta \frac{\tau}{1-\tau}} = e^{\tau m \Delta}$$

und daraus

$$\tau = \frac{m-1}{m}.$$

Das Theorem liefert nun wegen (31.7) die Abschätzung

$$w(x) \leqq e^{-\tau x} = e^{-\frac{m-1}{m} x}.$$

Gegenüber dieser Abschätzung liefert die kollektive Risikotheorie den genauen Wert (31.70).

In den beiden Beispielen wird durch (31.59) und (31.67) in Verbindung mit (31.68) und (31.69) die Abhängigkeit der Ruinwahrscheinlichkeit von m angegeben. m wird durch die Wahl der Sicherheitszuschläge beeinflußt. Die Versicherungsgesellschaft hat daher diese Zuschläge so zu wählen, daß unter Berücksichtigung des Anfangskapitals x eine noch tolerierbare Ruinwahrscheinlichkeit resultiert. Die Formeln können aber auch dazu verwendet werden, das notwendige Anfangskapital x abzuschätzen.

Betrachtet man allgemeine Risikoprozesse, dann werden die Funktionen $m(x, s)$, $\sigma^2(x, s)$ und $F(\Delta \mid x, s)$ durch die Politik der Gesellschaft beim Abschluß von Versicherungen, bei der Prämiengestaltung, bei der Dividendenausschüttung, bei der Kapitalanlage usw. beeinflußt. Diese Politik der Gesellschaft ist so zu wählen, daß die Ruinwahrscheinlichkeit, die etwa als Lösung von (31.40) unter Berücksichtigung der Randbedingungen gefunden werden kann, genügend klein bleibt. Durch ständige Abschätzung des zukünftigen Versicherungsverlaufes kann die Politik der Gesellschaft in jedem Zeitpunkt so gestaltet werden, daß die gewünschte Sicherheit gewährleistet ist.

Die einzelnen Hinweise in diesem Buch bei der Diskussion der Wahl der Sicherheitszuschläge und der Dividendenzahlungen auf den vorliegenden Abschnitt sind so zu verstehen, daß die hier behandelten Modelle von Risikoprozessen Auskunft darüber geben, in welcher Weise die Zahlung bestimmter Dividenden und die Einhebung bestimmter Sicherheitszuschläge die Ruinwahrscheinlichkeit beeinflussen. Die Gesellschaft wird entscheiden müssen, welcher Teil des vorhandenen Kapitals jeweils als Dividende ausgeschüttet werden kann, ohne die Ruinwahrscheinlichkeit über die tolerierbare Höchstgrenze anwachsen zu lassen. Ähnliche Überlegungen werden bei der Festsetzung der Sicherheitszuschläge anzustellen sein. Die in diesem Abschnitt eingeführten mathematischen Modelle gestatten es jedenfalls, den Einfluß der Politik der Gesellschaft auf die Ruinwahrscheinlichkeit abzuschätzen und damit Informationen für Entscheidungen zu liefern. Im Rahmen der vorliegenden Einführung müssen wir uns mit diesen allgemeinen Hinweisen begnügen.

Tabelle 1. *Österreichische Sterbetafel 1930/33*

Alter	Überlebende l_x		Alter	Überlebende l_x	
x	männlich	weiblich	x	männlich	weiblich
0	100000	100000	50	68454	73654
1	88460	90755	51	67565	72962
2	87222	89569	52	66606	72221
3	86666	89033	53	65590	71454
4	86281	88659	54	64513	70657
5	85933	88321	55	63387	69796
6	85640	88018	56	62187	68878
7	85366	87755	57	60940	67880
8	85122	87522	58	59612	66805
9	84914	87320	59	58218	65673
10	84732	87148	60	56757	64471
11	84574	86995	61	55240	63187
12	84432	86856	62	53648	61792
13	84306	86725	63	51962	60321
14	84180	86595	64	50171	58748
15	84039	86452	65	48275	57053
16	83868	86284	66	46307	55205
17	83659	86093	67	44264	53222
18	83414	85879	68	42173	51115
19	83140	85642	69	40033	48919
20	82847	85375	70	37834	46620
21	82537	85097	71	35551	44232
22	82210	84811	72	33188	41719
23	81875	84523	73	30779	39040
24	81538	84224	74	28339	36267
25	81209	83918	75	25909	33399
26	80863	83614	76	23433	30528
27	80517	83316	77	21015	27668
28	80172	83016	78	18609	24851
29	79842	82706	79	16306	22110
30	79507	82381	80	14103	19416
31	79159	82055	81	12020	16862
32	78789	81728	82	10119	14428
33	78393	81401	83	8366	12125
34	77979	81073	84	6794	9985
35	77555	80738	85	5406	8114
36	77119	80381	86	4203	6474
37	76676	80000	87	3215	5059
38	76220	79613	88	2396	3877
39	75747	79227	89	1745	2924
40	75247	78841	90	1227	2164
41	74718	78436	91	843	1559
42	74169	78014	92	562	1091
43	73573	77582	93	373	755
44	72946	77118	94	242	520
45	72273	76620	95	151	353
46	71586	76079	96	92	227
47	70857	75509	97	54	137
48	70098	74909	98	31	80
49	69301	74301	99	17	45
50	68454	73654	100	9	25

Tabelle 2. *Österreichische Sterbetafel 1949/51*

Alter x	Überlebende l_x männlich	Überlebende l_x weiblich	Alter x	Überlebende l_x männlich	Überlebende l_x weiblich
0	100000	100000	50	80080	84952
1	92482	94162	51	79274	84423
2	91964	93697	52	78396	83857
3	91704	93425	53	77445	83256
4	91500	93222	54	76418	82617
5	91340	93072	55	75313	81935
6	91212	92961	56	74127	81203
7	91108	92877	57	72860	80417
8	91021	92811	58	71515	79576
9	90945	92754	59	70090	78673
10	90872	92701	60	68579	77697
11	90800	92649	61	66975	76631
12	90727	92597	62	65274	75462
13	90651	92541	63	63476	74172
14	90568	92480	64	61579	72782
15	90475	92412	65	59581	71249
16	90367	92335	66	57476	69570
17	90240	92249	67	55267	67738
18	90091	92153	68	52962	65750
19	89920	92048	69	50563	63603
20	89729	91934	70	48070	61290
21	89524	91812	71	45483	58803
22	89314	91683	72	42808	56147
23	89104	91549	73	40060	53336
24	88897	91410	74	37253	50378
25	88694	91267	75	34402	47278
26	88492	91119	76	31523	44042
27	88288	90968	77	28641	40683
28	88081	90813	78	25787	37230
29	87870	90656	79	22987	33723
30	87656	90496	80	20238	30212
31	87437	90333	81	17587	26750
32	87214	90167	82	15073	23392
33	86986	89997	83	12731	20188
34	86754	89824	84	10587	17180
35	86515	89645	85	8660	14405
36	86265	89458	86	6962	11890
37	86002	89259	87	5494	9652
38	85723	89045	88	4251	7698
39	85427	88814	89	3221	6025
40	85111	88566	90	2386	4621
41	84771	88301	91	1726	3469
42	84406	88019	92	1217	2545
43	84015	87721	93	835	1822
44	83595	87405	94	556	1271
45	83140	87069	95	359	862
46	82642	86709	96	224	567
47	82093	86320	97	135	361
48	81486	85899	98	78	222
49	80816	85444	99	43	131
50	80080	84952	100	23	74

Tabelle 3. *Österreichische Sterbetafel 1959/61*

Alter x	Überlebende l_x männlich	Überlebende l_x weiblich	Alter x	Überlebende l_x männlich	Überlebende l_x weiblich
0	100000	100000	50	85553	90814
1	95793	96725	51	84852	90394
2	95525	96493	52	84074	89937
3	95376	96364	53	83212	89440
4	95266	96276	54	82261	88908
5	95174	96204	55	81216	88335
6	95093	96145	56	80070	87715
7	95022	96096	57	78817	87044
8	94960	96055	58	77452	86317
9	94905	96020	59	75971	85532
10	94855	95989	60	74373	84684
11	94809	95961	61	72655	83762
12	94764	95933	62	70815	82753
13	94718	95904	63	68856	81650
14	94666	95871	64	66782	80449
15	94604	95833	65	64596	79140
16	94524	95789	66	62299	77706
17	94424	95740	67	59891	76124
18	94297	95687	68	57380	74380
19	94149	95631	69	54778	72466
20	93980	95572	70	52091	70372
21	93793	95510	71	49322	68086
22	93594	95445	72	46471	65595
23	93392	95379	73	43548	62899
24	93193	95312	74	40570	60009
25	93000	95244	75	37554	56929
26	92813	95175	76	34514	53663
27	92628	95103	77	31466	50216
28	92441	95027	78	28434	46604
29	92251	94946	79	25449	42859
30	92056	94859	80	22539	39023
31	91855	94766	81	19733	35144
32	91650	94666	82	17057	31277
33	91441	94560	83	14535	27480
34	91230	94447	84	12193	23812
35	91016	94327	85	10057	20325
36	90797	94199	86	8149	17068
37	90569	94061	87	6484	14076
38	90330	93911	88	5064	11377
39	90078	93748	89	3878	9003
40	89810	93571	90	2908	6968
41	89523	93378	91	2133	5269
42	89214	93169	92	1528	3887
43	88882	92945	93	1067	2794
44	88526	92706	94	725	1955
45	88142	92450	95	478	1329
46	87724	92175	96	306	876
47	87263	91877	97	189	559
48	86752	91553	98	113	345
49	86184	91200	99	65	205
50	85553	90814	100	36	117

Tabelle 4. *Österreichische Sterbetafel 1930/33*

Alter x	Sterbewahrscheinlichkeit q_x männlich	weiblich	Alter x	Sterbewahrscheinlichkeit q_x männlich	weiblich
0	0,11540	0,09245	50	0,01299	0,00940
1	1400	1307	51	1420	1016
2	637	598	52	1525	1062
3	444	420	53	1642	1115
4	403	381	54	1745	1218
5	341	343	55	1893	1315
6	320	299	56	2006	1449
7	286	265	57	2180	1583
8	244	231	58	2338	1695
9	214	197	59	2510	1830
10	0,00186	0,00175	60	0,02672	0,01991
11	168	160	61	2882	2207
12	149	151	62	3142	2381
13	150	150	63	3446	2607
14	168	165	64	3780	2886
15	203	194	65	4077	3239
16	249	221	66	4412	3592
17	293	248	67	4724	3959
18	328	276	68	5074	4297
19	352	312	69	5492	4700
20	0,00374	0,00326	70	0,06033	0,05122
21	396	336	71	6646	5682
22	408	340	72	7258	6421
23	411	354	73	7929	7104
24	404	363	74	8576	7908
25	426	362	75	9556	8597
26	428	356	76	10317	9367
27	429	360	77	11447	10181
28	412	374	78	12378	11029
29	419	393	79	13511	12185
30	0,00438	0,00396	80	0,14773	0,13156
31	468	398	81	15816	14435
32	503	400	82	17323	15959
33	528	403	83	18787	17653
34	544	413	84	20434	18736
35	562	442	85	22252	20212
36	575	474	86	23514	21861
37	595	484	87	25459	23369
38	620	485	88	27166	24581
39	660	487	89	29667	25996
40	0,00703	0,00514	90	0,31273	0,27942
41	735	538	91	33292	30021
42	803	554	92	33672	30811
43	852	598	93	35505	31160
44	922	646	94	37790	32117
45	951	706	95	39000	35801
46	1019	749	96	41250	39828
47	1071	795	97	43500	41500
48	1137	812	98	46000	43400
49	1222	871	99	48500	45500
50	1299	940	100	51000	47900

Tabelle 5. *Österreichische Sterbetafel 1949/51*

Alter	Sterbewahrscheinlichkeit q_x		Alter	Sterbewahrscheinlichkeit q_x	
x	männlich	weiblich	x	männlich	weiblich
0	0,07518	0,05838	50	0,01006	0,00623
1	560	494	51	1107	670
2	283	290	52	1213	717
3	222	217	53	1326	768
4	175	161	54	1446	826
5	140	119	55	1575	894
6	114	90	56	1709	968
7	96	71	57	1846	1046
8	84	61	58	1993	1135
9	80	57	59	2156	1241
10	0,00079	0,00056	60	0,02339	0,01372
11	80	56	61	2540	1526
12	84	60	62	2754	1696
13	92	66	63	2988	1887
14	103	74	64	3245	2106
15	119	83	65	3533	2357
16	140	93	66	3843	2634
17	165	104	67	4171	2935
18	190	114	68	4530	3265
19	212	124	69	4930	3637
20	0,00228	0,00133	70	0,05382	0,04058
21	235	140	71	5882	4517
22	235	146	72	6420	5007
23	232	152	73	7007	5546
24	228	156	74	7652	6153
25	228	162	75	8368	6845
26	231	166	76	9141	7627
27	235	170	77	9966	8488
28	239	173	78	10860	9419
29	244	176	79	11957	10412
30	0,00250	0,00180	80	0,13101	0,11459
31	255	184	81	14295	12552
32	261	188	82	15541	13696
33	267	192	83	16840	14901
34	276	199	84	18197	16150
35	289	209	85	19612	17456
36	305	223	86	21088	18821
37	324	240	87	22629	20247
38	345	259	88	24236	21738
39	370	279	89	25914	23296
40	0,00399	0,00299	90	0,27665	0,24925
41	430	319	91	29491	26627
42	463	339	92	31397	28406
43	500	360	93	33386	30266
44	544	384	94	35461	32209
45	599	414	95	37626	34241
46	664	449	96	39886	36364
47	739	488	97	42243	38583
48	822	530	98	44703	40902
49	911	576	99	47270	43326
50	1006	623	100	49948	45860

Tabelle 6. *Österreichische Sterbetafel 1959/61*

Alter	Sterbewahrscheinlichkeit q_x		Alter	Sterbewahrscheinlichkeit q_x	
x	männlich	weiblich	x	männlich	weiblich
0	0,04207	0,03275	50	0,00819	0,00462
1	280	240	51	917	505
2	156	134	52	1025	553
3	115	92	53	1143	595
4	97	75	54	1271	644
5	85	62	55	1411	701
6	74	51	56	1565	765
7	65	42	57	1732	835
8	58	36	58	1912	909
9	52	32	59	2104	992
10	0,00049	0,00030	60	0,02311	0,01089
11	48	29	61	2533	1204
12	49	30	62	2766	1333
13	54	35	63	3011	1471
14	66	40	64	3273	1627
15	84	46	65	3556	1812
16	106	51	66	3865	2036
17	134	55	67	4193	2291
18	157	59	68	4535	2573
19	180	62	69	4905	2889
20	0,00200	0,00065	70	0,05315	0,03248
21	212	68	71	5780	3659
22	216	70	72	6291	4109
23	213	71	73	6838	4595
24	207	71	74	7435	5132
25	201	73	75	8095	5736
26	199	76	76	8831	6424
27	201	80	77	9635	7194
28	206	85	78	10499	8035
29	212	92	79	11433	8951
30	0,00218	0,00098	80	0,12450	0,09939
31	224	106	81	13560	11003
32	228	112	82	14784	12140
33	231	119	83	16113	13349
34	235	127	84	17518	14646
35	241	136	85	18970	16027
36	251	147	86	20438	17528
37	264	159	87	21895	19174
38	280	174	88	23416	20865
39	298	189	89	25002	22603
40	0,00319	0,00206	90	0,26655	0,24388
41	345	223	91	28380	26223
42	372	241	92	30179	28108
43	401	258	93	32055	30045
44	434	276	94	34012	32035
45	474	297	95	36052	34081
46	525	323	96	38181	36182
47	586	353	97	40400	38341
48	654	386	98	42715	40560
49	732	423	99	45129	42839
50	819	462	100	47647	45182

Tabelle 7. *Österreichische Sterbetafel 1930/33*

Alter x	Mittlere Lebenserwartung e_x männlich	weiblich	Alter x	Mittlere Lebenserwartung e_x männlich	weiblich
0	54,5	58,5	50	21,0	22,9
1	60,5	63,5	51	20,2	22,2
2	60,4	63,3	52	19,5	21,4
3	59,8	62,7	53	18,8	20,6
4	59,0	61,9	54	18,1	19,8
5	58,3	61,2	55	17,4	19,1
6	57,5	60,4	56	16,7	18,3
7	56,7	59,6	57	16,1	17,6
8	55,8	58,7	58	15,4	16,9
9	55,0	57,9	59	14,8	16,1
10	54,1	57,0	60	14,2	15,4
11	53,2	56,1	61	13,5	14,7
12	52,3	55,2	62	12,9	14,0
13	51,3	54,2	63	12,3	13,4
14	50,4	53,3	64	11,7	12,7
15	49,5	52,4	65	11,2	12,1
16	48,6	51,5	66	10,6	11,5
17	47,7	50,6	67	10,1	10,9
18	46,9	49,7	68	9,6	10,3
19	46,0	48,9	69	9,1	9,8
20	45,2	48,0	70	8,6	9,2
21	44,3	47,2	71	8,1	8,7
22	43,5	46,3	72	7,6	8,2
23	42,7	45,5	73	7,2	7,7
24	41,9	44,7	74	6,8	7,2
25	41,0	43,8	75	6,3	6,8
26	40,2	43,0	76	6,0	6,4
27	39,4	42,1	77	5,6	6,0
28	38,5	41,3	78	5,2	5,7
29	37,7	40,4	79	4,9	5,3
30	36,9	39,6	80	4,6	5,0
31	36,0	38,7	81	4,3	4,6
32	35,2	37,9	82	4,0	4,3
33	34,4	37,0	83	3,8	4,1
34	33,5	36,2	84	3,5	3,8
35	32,7	35,3	85	3,3	3,6
36	31,9	34,5	86	3,1	3,4
37	31,1	33,7	87	2,9	3,2
38	30,3	32,8	88	2,7	3,1
39	29,5	32,0	89	2,5	2,9
40	28,7	31,1	90	2,4	2,7
41	27,9	30,3	91	2,3	2,6
42	27,1	29,5	92	2,2	2,5
43	26,3	28,6	93	2,1	2,3
44	25,5	27,8	94	2,0	2,2
45	24,7	27,0	95	1,9	2,0
46	24,0	26,1	96	1,7	1,8
47	23,2	25,3	97	1,6	1,6
48	22,4	24,5	98	1,4	1,5
49	21,7	23,7	99	1,2	1,2
50	21,0	22,9	100	0,8	0,8

Tabelle 8. *Österreichische Sterbetafel 1949/51*

Alter x	Mittlere Lebenserwartung e_x männlich	weiblich	Alter x	Mittlere Lebenserwartung e_x männlich	weiblich
0	61,91	66,97	50	22,31	25,42
1	65,90	70,09	51	21,53	24,58
2	65,27	69,43	52	20,77	23,74
3	64,45	68,63	53	20,02	22,91
4	63,59	67,78	54	19,28	22,08
5	62,70	66,89	55	18,55	21,26
6	61,79	65,97	56	17,84	20,45
7	60,86	65,03	57	17,15	19,64
8	59,92	64,08	58	16,46	18,84
9	58,97	63,11	59	15,78	18,05
10	58,02	62,15	60	15,12	17,27
11	57,06	61,19	61	14,47	16,51
12	56,11	60,22	62	13,83	15,76
13	55,15	59,26	63	13,21	15,02
14	54,20	58,29	64	12,60	14,30
15	53,26	57,34	65	12,01	13,59
16	52,32	56,38	66	11,43	12,91
17	51,39	55,44	67	10,87	12,25
18	50,48	54,49	68	10,32	11,60
19	49,57	53,55	69	9,78	10,98
20	48,68	52,62	70	9,27	10,37
21	47,79	51,69	71	8,76	9,79
22	46,90	50,76	72	8,28	9,23
23	46,01	49,84	73	7,81	8,69
24	45,12	48,91	74	7,37	8,17
25	44,22	47,99	75	6,93	7,67
26	43,32	47,06	76	6,52	7,20
27	42,42	46,14	77	6,13	6,75
28	41,51	45,22	78	5,75	6,33
29	40,61	44,30	79	5,39	5,94
30	39,71	43,37	80	5,05	5,57
31	38,81	42,45	81	4,74	5,23
32	37,91	41,53	82	4,45	4,91
33	37,01	40,61	83	4,17	4,61
34	36,10	39,68	84	3,92	4,32
35	35,20	38,76	85	3,68	4,06
36	34,30	37,84	86	3,45	3,81
37	33,40	36,92	87	3,24	3,58
38	32,51	36,01	88	3,05	3,36
39	31,62	35,10	89	2,86	3,16
40	30,74	34,20	90	2,69	2,97
41	29,86	33,30	91	2,52	2,79
42	28,99	32,41	92	2,37	2,62
43	28,12	31,52	93	2,22	2,46
44	27,26	30,63	94	2,09	2,31
45	26,40	29,74	95	1,96	2,16
46	25,56	28,87	96	1,83	2,03
47	24,73	27,99	97	1,72	1,90
48	23,91	27,13	98	1,60	1,78
49	23,10	26,27	99	1,51	1,67
50	22,31	25,42	100	1,39	1,57

Tabelle 9. *Österreichische Sterbetafel 1959/61*

Alter x	Mittlere Lebenserwartung e_x männlich	weiblich	Alter x	Mittlere Lebenserwartung e_x männlich	weiblich
0	65,60	72,03	50	22,70	27,11
1	67,48	73,46	51	21,88	26,24
2	66,66	72,64	52	21,08	25,37
3	65,77	71,73	53	20,29	24,51
4	64,84	70,80	54	19,52	23,65
5	63,91	69,85	55	18,77	22,80
6	62,96	68,89	56	18,03	21,96
7	62,01	67,93	57	17,31	21,12
8	61,05	66,96	58	16,60	20,30
9	60,08	65,98	59	15,92	19,48
10	59,11	65,00	60	15,25	18,67
11	58,14	64,02	61	14,60	17,87
12	57,17	63,04	62	13,96	17,08
13	56,20	62,06	63	13,34	16,31
14	55,23	61,08	64	12,74	15,54
15	54,26	60,10	65	12,16	14,79
16	53,31	59,13	66	11,59	14,05
17	52,36	58,16	67	11,03	13,34
18	51,43	57,19	68	10,49	12,63
19	50,51	56,23	69	9,97	11,96
20	49,60	55,26	70	9,46	11,30
21	48,70	54,30	71	8,96	10,67
22	47,80	53,33	72	8,48	10,04
23	46,91	52,37	73	8,02	9,46
24	46,01	51,41	74	7,57	8,89
25	45,10	50,44	75	7,13	8,34
26	44,19	49,48	76	6,72	7,82
27	43,28	48,51	77	6,32	7,32
28	42,36	47,55	78	5,94	6,85
29	41,45	46,59	79	5,58	6,40
30	40,54	45,64	80	5,24	5,98
31	39,62	44,68	81	4,91	5,59
32	38,71	43,73	82	4,60	5,22
33	37,80	42,78	83	4,31	4,87
34	36,89	41,83	84	4,04	4,54
35	35,97	40,88	85	3,80	4,24
36	35,06	39,93	86	3,57	3,95
37	34,14	38,99	87	3,36	3,68
38	33,23	38,05	88	3,16	3,44
39	32,32	37,12	89	2,97	3,21
40	31,42	36,19	90	2,80	3,01
41	30,52	35,26	91	2,63	2,82
42	29,62	34,34	92	2,48	2,64
43	28,73	33,42	93	2,33	2,48
44	27,84	32,51	94	2,19	2,32
45	26,96	31,59	95	2,06	2,18
46	26,09	30,69	96	1,94	2,05
47	25,22	29,78	97	1,83	1,93
48	24,37	28,89	98	1,73	1,82
49	23,53	28,00	99	1,63	1,72
50	22,70	27,11	100	1,53	1,63

Tabelle 10. *Kommutationszahlen D_x. Österreichische Sterbetafel 1959/61*
Zinsrate 3,5%

Alter x	D_x männlich	D_x weiblich	Alter x	D_x männlich	D_x weiblich
0	1000000	1000000	50	153186	162606
1	925536	934541	51	146793	156380
2	891736	900772	52	140528	150328
3	860237	869148	53	134384	144442
4	830188	838990	54	128356	138727
5	801340	810012	55	122440	133172
6	773582	782140	56	116630	127766
7	746864	755306	57	110923	122501
8	721137	729453	58	105316	117370
9	696347	704528	59	99808,4	112369
10	672445	680484	60	94404,9	107493
11	649390	657281	61	89105,4	102727
12	627132	634869	62	83911,9	98057,8
13	605631	613214	63	78831,5	93479,0
14	584829	592274	64	73871,5	88989,4
15	564682	572018	65	69037,2	84581,1
16	545125	552421	66	64330,7	80240,1
17	526134	533467	67	59752,8	75948,3
18	507658	515142	68	55311,7	71698,9
19	489721	497430	69	51017,8	67491,7
20	472311	480312	70	46874,7	63325,0
21	455432	463769	71	42882,1	59196,1
22	439097	447781	72	39037,0	55101,8
23	423333	432339	73	35344,6	51050,3
24	408145	417426	74	31814,1	47057,7
25	393527	403022	75	28453,1	43132,8
26	370455	380111	76	25265,5	30283,3
27	365892	375668	77	22255,4	35516,9
28	352805	362675	78	19430,8	31847,5
29	340174	350112	79	16802,9	28297,9
30	327976	337962	80	14378,3	24893,9
31	316193	326213	81	12162,6	21661,2
32	304818	314849	82	10157,7	18625,9
33	293839	303862	83	8363,1	15811,3
34	283247	293235	84	6778,3	13237,5
35	273027	282959	85	5401,8	10916,9
36	263159	273020	86	4229,0	8857,5
37	253622	263401	87	3251,1	7057,8
38	244399	254087	88	2453,3	5511,6
39	235475	245069	89	1815,2	4214,0
40	226835	236335	90	1315,1	3151,2
41	218464	227872	91	932,0	2302,3
42	210348	219673	92	645,1	1641,0
43	202478	211734	93	435,2	1139,7
44	194848	204048	94	285,7	770,5
45	187442	196603	95	182,0	506,0
46	180245	189390	96	112,6	322,3
47	173234	182394	97	67,2	198,7
48	166396	175605	98	38,8	118,5
49	159716	169012	99	21,6	68,0
50	153186	162606	100	11,5	37,5

Tabelle 11. *Kommutationszahlen* N_x. *Österreichische Sterbetafel 1959/61*
Zinsrate 3,5%

Alter x	N_x männlich	N_x weiblich	Alter x	N_x männlich	N_x weiblich
0	25124783,2	26034247,9	50	2359137,2	2831219,9
1	24124783,2	25034247,9	51	2205951,2	2668613,9
2	23199247,2	24099706,9	52	2059158,2	2512233,9
3	22307511,2	23198934,9	53	1918630,2	2361905,9
4	21447274,2	22329786,9	54	1784246,2	2217463,9
5	20617086,2	21490796,9	55	1655890,2	2078736,9
6	19815746,2	20680784,9	56	1533450,2	1945564,9
7	19042164,2	19898644,9	57	1416820,2	1817798,9
8	18295300,2	19143338,9	58	1305897,2	1695297,9
9	17574109,2	18419885,9	59	1200581,2	1577927,9
10	16877816,2	17709357,9	60	1100772,8	1465558,9
11	16205371,2	17028873,9	61	1006367,9	1358065,9
12	15555981,2	16371592,9	62	917262,5	1255338,9
13	14928849,2	15736723,9	63	833350,7	1157281,1
14	14323218,2	15123509,9	64	754519,1	1063802,1
15	13738389,2	14531235,9	65	680647,5	974812,7
16	13173707,2	13959217,9	66	611610,4	890231,6
17	12628582,2	13406796,9	67	547279,7	809991,5
18	12102448,2	12873329,9	68	487526,9	734043,2
19	11594790,2	12358187,9	69	432215,2	662344,3
20	11105069,2	11860757,9	70	381197,4	594852,6
21	10632758,2	11380445,9	71	334322,7	531527,6
22	10177326,2	10916676,9	72	291440,6	472331,5
23	9738229,2	10468895,9	73	252403,6	417229,7
24	9314896,2	10036556,9	74	217059,0	366179,4
25	8906751,2	9619130,9	75	185244,9	319121,7
26	8513224,2	9216108,9	76	156791,8	275988,9
27	8133769,2	8826997,9	77	131526,3	236705,6
28	7767877,2	8451329,9	78	109270,9	201188,7
29	7415072,2	8088654,9	79	89840,1	169341,2
30	7074898,2	7738542,9	80	73037,2	141043,3
31	6746922,2	7400580,9	81	58658,9	116149,4
32	6430729,2	7074367,9	82	46496,3	94488,2
33	6125911,2	6759518,9	83	36338,6	75862,3
34	5832072,2	6455656,9	84	27975,5	60051,0
35	5548825,2	6162421,9	85	21197,2	46813,5
36	5275798,2	5879462,9	86	15795,4	35896,6
37	5012639,2	5606442,9	87	11566,4	27039,1
38	4759017,2	5343041,9	88	8315,3	19981,3
39	4514618,2	5088954,9	89	5862,0	14469,7
40	4279143,2	4843885,9	90	4046,8	10255,7
41	4052308,2	4607550,9	91	2731,7	7104,5
42	3833844,2	4379678,9	92	1799,7	4802,2
43	3623496,2	4160005,9	93	1154,6	3161,2
44	3421018,2	3948271,9	94	719,4	2021,5
45	3226170,2	3744223,9	95	433,7	1251,0
46	3038728,2	3547620,9	96	251,7	745,0
47	2858483,2	3358230,9	97	139,1	422,7
48	2685249,2	3175836,9	98	71,9	224,0
49	2518853,2	3000231,9	99	33,1	105,5
50	2359137,2	2831219,9	100	11,5	37,5

Tabelle 12. *Kommutationszahlen S_x. Österreichische Sterbetafel 1959/61*
Zinsrate 3,5%

Alter x	S_x männlich	S_x weiblich	Alter x	S_x männlich	S_x weiblich
0	562517958,1	606887915,3	50	27277048,1	36324626,3
1	537393174,9	580853667,4	51	24917910,9	33493406,4
2	513268391,7	555819419,5	52	22711959,7	30824792,5
3	490069144,5	531719712,6	53	20652801,5	28312558,6
4	467761633,3	508520777,7	54	18734171,3	25950652,7
5	446314359,1	486190990,8	55	16949925,1	23733188,8
6	425697272,9	464700193,9	56	15294034,9	21654451,9
7	405881526,7	444019409,0	57	13760584,7	19708887,0
8	386839362,5	424120764,1	58	12343764,5	17891088,1
9	368544062,3	404977425,2	59	11037867,3	16195790,2
10	350969899,1	386563539,3	60	9837286,1	14617862,3
11	334092082,9	368854181,4	61	8736513,3	13152303,4
12	317886711,7	351825307,5	62	7730145,4	11794237,5
13	302330730,5	335453714,6	63	6812882,9	10538898,6
14	287401881,3	319716990,7	64	5979532,2	9381617,5
15	273078663,1	304593480,8	65	5225013,1	8317815,4
16	259340273,9	290062244,9	66	4544365,5	7343002,7
17	246166566,7	276103027,0	67	3932755,1	6452771,1
18	233537984,5	262696230,1	68	3385475,4	5642779,6
19	221435536,3	249822900,2	69	2897948,5	4908736,4
20	209840746,1	237464712,3	70	2465733,3	4246392,1
21	198735676,9	225603954,4	71	2084535,9	3651539,5
22	188102918,7	214223508,5	72	1750213,2	3120011,9
23	177925592,5	203306831,6	73	1458772,6	2647680,4
24	168187363,3	192837935,7	74	1206369,0	2230450,7
25	158872467,1	182801378,8	75	989310,0	1864271,3
26	149965715,0	173182247,0	76	804065,1	1545149,6
27	141452491,7	163966139,0	77	647273,3	1269160,7
28	133318722,5	155139141,1	78	515747,0	1032455,1
29	125550845,3	146687811,2	79	406476,1	831266,4
30	118135773,1	138599156,3	80	316636,0	661925,2
31	111060874,9	130860613,4	81	243598,8	520881,9
32	104313952,7	123460032,5	82	184939,9	404732,5
33	97883223,5	116385664,6	83	138443,6	310244,3
34	91757312,3	109626145,7	84	102105,0	234382,0
35	85925240,1	103170488,8	85	74129,5	174331,0
36	80376414,9	97008066,9	86	52932,3	127517,5
37	75100616,7	91128604,0	87	37136,9	91620,9
38	70087977,5	85522161,1	88	25570,5	64581,8
39	65328960,3	80179119,2	89	17255,2	44600,5
40	60814342,1	75090164,3	90	11393,2	30130,8
41	56535198,9	70246278,4	91	7346,4	19875,1
42	52482890,7	65638727,5	92	4614,7	12770,6
43	48649046,5	61259048,6	93	2815,0	7968,4
44	45025550,3	57099042,7	94	1660,4	4807,2
45	41604532,1	53150770,8	95	941,0	2785,7
46	38378361,9	49406546,9	96	507,3	1534,7
47	35339633,7	45858926,0	97	255,6	789,7
48	32481150,5	42500695,1	98	116,5	367,0
49	29795901,3	39324858,2	99	44,6	143,0
50	27277048,1	36324626,3	100	11,5	37,5

Tabelle 13. *Kommutationszahlen* C_x. *Österreichische Sterbetafel 1959/61*
Zinsrate 3,5%

Alter x	C_x männlich	C_x weiblich	Alter x	C_x männlich	C_x weiblich
0	40647,3	31642,5	50	1212,7	726,6
1	2501,8	2165,7	51	1300,4	763,9
2	1343,9	1163,5	52	1392,1	802,6
3	958,6	766,9	53	1483,9	830,1
4	774,6	606,2	54	1575,4	863,8
5	658,9	480,0	55	1669,3	903,1
6	558,1	385,1	56	1763,4	944,3
7	470,8	311,4	57	1856,1	988,5
8	403,6	256,8	58	1945,7	1031,3
9	354,5	219,8	59	2028,4	1076,4
10	315,1	191,8	60	2107,0	1130,8
11	297,8	185,3	61	2180,3	1195,6
12	294,1	185,4	62	2242,8	1262,8
13	321,2	203,9	63	2294,2	1328,5
14	370,1	226,8	64	2336,3	1399,0
15	461,4	253,8	65	2371,9	1480,8
16	557,2	273,0	66	2402,4	1578,3
17	683,7	285,3	67	2420,5	1681,1
18	769,8	291,3	68	2423,4	1782,6
19	849,3	296,5	69	2417,9	1884,3
20	908,0	301,1	70	2407,5	1987,5
21	933,6	304,9	71	2394,9	2092,5
22	915,6	299,2	72	2372,4	2188,1
23	871,5	293,4	73	2335,3	2266,3
24	816,7	287,7	74	2285,1	2333,6
25	764,5	282,1	75	2225,4	2390,8
26	730,8	284,4	76	2155,8	2438,0
27	713,7	290,1	77	2072,0	2468,3
28	700,6	298,7	78	1970,9	2472,7
29	694,7	310,0	79	1856,4	2447,1
30	691,9	320,1	80	1729,5	2390,8
31	681,8	332,6	81	1593,6	2302,8
32	671,6	340,6	82	1451,1	2184,7
33	655,1	350,8	83	1302,0	2039,1
34	642,0	360,0	84	1147,3	1872,9
35	634,7	371,0	85	990,2	1690,2
36	638,5	386,4	86	834,8	1500,2
37	646,6	405,8	87	687,9	1307,5
38	658,8	426,1	88	555,1	1111,2
39	676,9	447,1	89	438,7	920,3
40	700,4	471,0	90	338,6	742,4
41	728,6	492,8	91	255,4	583,4
42	756,3	510,3	92	188,0	445,8
43	783,6	526,0	93	134,8	330,7
44	816,6	544,4	94	94,1	238,4
45	858,9	565,0	95	63,3	166,7
46	915,2	591,6	96	41,6	112,7
47	980,1	621,5	97	26,1	73,5
48	1052,6	654,2	98	15,9	46,5
49	1129,8	691,1	99	9,3	28,2
50	1212,7	726,6	100	11,2	36,2

Tabelle 14. *Kommutationszahlen* M_x. *Österreichische Sterbetafel 1959/61*
Zinsrate 3,5%

Alter x	M_x männlich	M_x weiblich	Alter x	M_x männlich	M_x weiblich
0	150369,8	119614,5	50	73408,3	66863,5
1	109722,5	87972,0	51	72195,6	66136,9
2	107220,7	85806,3	52	70895,2	65373,0
3	105876,8	84642,8	53	69503,1	64570,4
4	104918,2	83875,9	54	68019,2	63740,3
5	104143,6	83269,7	55	66443,8	62876,5
6	103484,7	82789,7	56	64774,5	61973,4
7	102926,6	82404,6	57	63011,1	61029,1
8	102455,8	82093,2	58	61155,0	60040,6
9	102052,2	81836,4	59	59209,3	59009,3
10	101697,7	81616,6	60	57180,9	57932,9
11	101382,6	81424,8	61	55073,9	56802,1
12	101084,8	81239,5	62	52893,6	55606,5
13	100790,7	81054,1	63	50650,8	54343,7
14	100469,5	80850,2	64	48356,6	53015,2
15	100099,4	80623,4	65	46020,3	51616,2
16	99638,0	80369,6	66	43648,4	50135,4
17	99080,8	80096,6	67	41246,0	48557,1
18	98397,1	79811,3	68	38825,5	46876,0
19	97627,3	79520,0	69	36402,1	45093,4
20	96778,0	79223,5	70	33984,2	43209,1
21	95870,0	78922,4	71	31576,7	41221,6
22	94936,4	78617,5	72	29181,8	39129,1
23	94020,8	78318,3	73	26809,4	36941,0
24	93149,3	78024,9	74	24474,1	34674,7
25	92332,6	77737,2	75	22189,0	32341,1
26	91568,1	77455,1	76	19963,6	29950,3
27	90837,3	77170,7	77	17807,8	27512,3
28	90123,6	76880,6	78	15735,8	25044,0
29	89423,0	76581,9	79	13764,9	22571,3
30	88728,3	76271,9	80	11908,5	20124,2
31	88036,4	75951,8	81	10179,0	17733,4
32	87354,6	75619,2	82	8585,4	15430,6
33	86683,0	75278,6	83	7134,3	13245,9
34	86027,9	74927,8	84	5832,3	11206,8
35	85385,9	74567,8	85	4685,0	9333,9
36	84751,2	74196,8	86	3694,8	7643,7
37	84112,7	73810,4	87	2860,0	6143,5
38	83466,1	73404,6	88	2172,1	4836,0
39	82807,3	72978,5	89	1617,0	3724,8
40	82130,4	72531,4	90	1178,3	2804,5
41	81430,0	72060,4	91	839,7	2062,1
42	80701,4	71567,6	92	584,3	1478,7
43	79945,1	71057,3	93	396,3	1032,9
44	79161,5	70531,3	94	261,5	702,2
45	78344,9	69986,9	95	167,4	463,8
46	77486,0	69421,9	96	104,1	297,1
47	76570,8	68830,3	97	62,5	184,4
48	75590,7	68208,8	98	36,4	110,9
49	74538,1	67554,6	99	20,5	64,4
50	73408,3	66863,5	100	11,2	36,2

Tabelle 15. *Kommutationszahlen R_x. Österreichische Sterbetafel 1959/61*
Zinsrate 3,5%

Alter x	R_x männlich	R_x weiblich	Alter x	R_x männlich	R_x weiblich
0	6102461,3	5511447,2	50	1436731,1	1602846,0
1	5952091,5	5391832,7	51	1363322,8	1535982,5
2	5842369,0	5303860,7	52	1291127,2	1469845,6
3	5735148,3	5218054,4	53	1220232,0	1404472,6
4	5629271,5	5133411,6	54	1150728,9	1339902,2
5	5524353,3	5049535,7	55	1082709,7	1276161,9
6	5420209.7	4966266,0	56	1016265,9	1213285,4
7	5316725,0	4883476,3	57	951491,4	1151312,0
8	5213798,4	4801071,7	58	888480,3	1090282,9
9	5111342,6	4718978,5	59	827325,3	1030242,3
10	5009290,4	4637142,1	60	768116,0	971233,0
11	4907592,7	4555525,5	61	710935,1	913300,1
12	4806210,1	4474100,7	62	655861,2	856498,0
13	4705125,3	4392861,2	63	602967,6	800891,5
14	4604334,6	4311807,1	64	552316,8	746547,8
15	4503865,1	4230956,9	65	503960,2	693532,6
16	4403765,7	4150333,5	66	457939,9	641916,4
17	4304127,7	4069963,9	67	414291,5	591781,0
18	4205046,9	3989867,3	68	373045,5	543223,9
19	4106649,8	3910056,0	69	334220,0	496347,9
20	4009022,5	3830536,0	70	297817,9	451254,5
21	3912244,5	3751312,5	71	263833,7	408045,4
22	3816374,5	3672390,1	72	232257,0	366823,8
23	3721438,1	3593772,6	73	203075,2	327694,7
24	3627417,3	3515454,3	74	176265,8	290753,7
25	3534268,0	3437429,4	75	151791,7	256079,0
26	3441935,4	3359692,2	76	129602,7	223737,9
27	3350367,3	3282237,1	77	109639,1	193787,6
28	3259530,0	3205066,4	78	91831,3	166275,3
29	3169406,4	3128185,8	79	76095,5	141231,3
30	3079983,4	3051603,9	80	62330,6	118660,0
31	2991255,1	2975332,0	81	50422,1	98535,8
32	2903218,7	2899380,2	82	40243,1	80802,4
33	2815864,1	2823761,0	83	31657,7	65371,8
34	2729181,1	2748482,4	84	24523,4	52125,9
35	2643153,2	2673554,6	85	18691,1	40919,1
36	2557767,3	2598986,8	86	14006,1	31585,2
37	2473016,1	2524790,0	87	10311,3	23941,5
38	2388903,4	2450979,6	88	7451,3	17798,0
39	2305437,3	2377575,0	89	5279,2	12962,0
40	2222630,0	2304596,5	90	3662,2	9237,2
41	2140499,6	2232065,1	91	2483,9	6432,7
42	2059069,6	2160004,7	92	1644,2	4370,6
43	1978368,2	2088437,1	93	1059,9	2891,9
44	1898423,1	2017379,8	94	663,6	1859,0
45	1819261,6	1946848,5	95	402,1	1156,8
46	1740916,7	1876861,6	96	234,7	693,0
47	1663430,7	1807439,7	97	130,6	395,9
48	1586859,9	1738609,4	98	68,1	211,5
49	1511269,2	1670400,6	99	31,7	100,6
50	1436731,1	1602846,0	100	11,2	36,2

Tabelle 16. *Kommutationszahlen D_x. Österreichische Sterbetafel 1959/61*
Zinsrate 4%

Alter x	D_x männlich	D_x weiblich	Alter x	D_x männlich	D_x weiblich
0	1000000	1000000	50	120384	127787
1	921087	930048	51	114805	122304
2	883182	892132	52	109378	117005
3	847889	856672	53	104092	111883
4	814338	822971	54	98945,0	106940
5	782261	790727	55	93930,8	102164
6	751534	759848	56	89043,6	97545,4
7	722089	730251	57	84279,0	93076,2
8	693863	701864	58	79634,1	88748,8
9	666790	674624	59	75107,1	84559,3
10	640806	648467	60	70699,3	80500,9
11	615861	623344	61	66409,7	76562,0
12	591893	599195	62	62238,4	72730,5
13	568852	575975	63	58189,1	69001,1
14	546673	553631	64	54265,7	65371,3
15	525302	532127	65	50470,6	61834,2
16	504671	511425	66	46803,8	58378,7
17	484748	491504	67	43264,1	54990,5
18	465477	472338	68	39856,0	51664,1
19	446871	453905	69	36585,2	48398,7
20	428912	436178	70	33452,5	45192,5
21	411595	419130	71	30456,0	42042,7
22	394925	402735	72	27591,9	38946,7
23	378916	386978	73	24861,9	35909,5
24	363566	371833	74	22270,9	32941,9
25	348859	357276	75	19822,4	30049,2
26	334766	343286	76	17517,1	27235,0
27	321249	329833	77	15355,9	24506,1
28	308270	316894	78	13342,5	21868,7
29	295804	304446	79	11482,5	19337,9
30	283826	292468	80	9778,4	16929,9
31	272314	280944	81	8231,8	14660,6
32	261256	269853	82	6841,8	12545,6
33	250634	259183	83	5605,9	10598,6
34	240439	248917	84	4521,8	8830,7
35	230649	239039	85	3586,2	7247,6
36	221244	229533	86	2794,1	5852,1
37	212200	220382	87	2137,7	4640,6
38	203500	211568	88	1605,3	3606,6
39	195128	203077	89	1182,1	2744,2
40	187064	194898	90	852,3	2042,2
41	179295	187016	91	601,1	1484,9
42	171804	179420	92	414,1	1053,3
43	164581	172105	93	278,0	728,0
44	157617	165060	94	181,6	489,8
45	150898	158273	95	115,1	320,2
46	144406	151733	96	70,9	202,9
47	138122	145425	97	42,1	124,5
48	132032	139339	98	24,2	73,9
49	126123	133463	99	13,4	42,2
50	120384	127787	100	7,1	23,2

Tabelle 17. *Kommutationszahlen* N_x. *Österreichische Sterbetafel 1959/61*
Zinsrate 4%

Alter x	N_x männlich	N_x weiblich
0	22747600,1	23475050,4
1	21747600,1	22475050,4
2	20826513,1	21545500,2
3	19943331,1	20652870,4
4	19095442,1	19796198,4
5	18281104,1	18973227,4
6	17498843,1	18182500,4
7	16747209,1	17422652,4
8	16025220,1	16692401,4
9	15331357,1	15990537,4
10	14664567,1	15315913,4
11	14023761,1	14667446,4
12	13407900,1	14044102,4
13	12816007,1	13444907,4
14	12247155,1	12868932,4
15	11700482,1	12315301,4
16	11175180,1	11783174,4
17	10670509,1	11271749,4
18	10185761,1	10780245,4
19	9720284,1	10307907,4
20	9273413,1	9854002,4
21	8844501,1	9417824,4
22	8432906,1	8998694,4
23	8037981,1	8595959,4
24	7659065,1	8208981,4
25	7295499,1	7837148,4
26	6946640,1	7479872,4
27	6611874,1	7136586,4
28	6290625,1	6806753,4
29	5982355,1	6489859,4
30	5686551,1	6185413,4
31	5402725,1	5892945,4
32	5130411,1	5612001,4
33	4869155,1	5342148,4
34	4618521,1	5082965,4
35	4378082,1	4834048,4
36	4147433,1	4595009,4
37	3926189,1	4365476,4
38	3713989,1	4145094,4
39	3510489,1	3933526,4
40	3315361,1	3730449,4
41	3128297,1	3535551,4
42	2949002,1	3348535,4
43	2777198,1	3169115,4
44	2612617,1	2997010,4
45	2455000,1	2831950,4
46	2304102,1	2673677,4
47	2159696,1	2521944,4
48	2021574,1	2376519,4
49	1889542,1	2237180,4
50	1763419,1	2103717,4
51	1643035,1	1975930,4
52	1528230,1	1853626,4
53	1418852,1	1736621,4
54	1314760,1	1624738,4
55	1215815,1	1517798,4
56	1121884,3	1415634,4
57	1032840,7	1318089,0
58	948561,7	1225012,8
59	808927,0	1130204,0
60	793820,5	1051704,7
61	723121,2	971203,8
62	656711,5	894641,8
63	594473,1	821911,3
64	536284,0	752910,2
65	482018,3	687538,9
66	431547,7	625704,7
67	384743,9	567326,0
68	341479,8	512335,5
69	301623,8	460671,4
70	265038,6	412272,7
71	231586,1	367080,2
72	201130,1	325037,5
73	173538,2	286090,8
74	148676,3	250181,3
75	126405,4	217239,4
76	106583,0	187190,2
77	89065,9	159954,3
78	73710,0	135448,2
79	60367,5	113579,5
80	48885,0	94241,6
81	39106,6	77311,7
82	30874,8	62651,1
83	24033,0	50105,5
84	18427,1	39506,9
85	13905,3	30676,2
86	10319,1	23428,6
87	7525,0	17576,5
88	5387,3	12935,9
89	3782,0	9329,3
90	2599,9	6585,1
91	1747,6	4542,9
92	1146,5	3058,0
93	732,4	2004,7
94	454,4	1276,7
95	272,8	786,9
96	157,7	466,7
97	86,8	263,8
98	44,7	139,3
99	20,5	65,4
100	7,1	23,2

Tabelle 18. *Kommutationszahlen S_x. Österreichische Sterbetafel 1959/61*
Zinsrate 4%

Alter x	S_x männlich	S_x weiblich	Alter x	S_x männlich	S_x weiblich
0	475014489,4	508386344,8	50	19787766,4	26144431,0
1	452266889,3	484911294,4	51	18024347,3	24040713,6
2	430519289,2	462436244,0	52	16381312,2	22064783,2
3	409692776,1	440890743,8	53	14853082,1	20211156,8
4	389749445,0	420237873,4	54	13434230,0	18474535,4
5	370654002,9	400441675,0	55	12119469,9	16849797,0
6	352372898,8	381468447,6	56	10903654,8	15331998,6
7	334874055,7	363285947,2	57	9781770,5	13916364,2
8	318126746,6	345863294,8	58	8748929,8	12598275,2
9	302101526,5	329170893,4	59	7800368,1	11373262,4
10	286770169,4	313180356,0	60	6931440,5	10236998,4
11	272105602,3	297864442,6	61	6137620,0	9185293,7
12	258081841,2	283196996,2	62	5414498,8	8214089,9
13	244673941,1	269152893,8	63	4757787,3	7319448,1
14	231857934,0	255707986,4	64	4163314,2	6497536,8
15	219610778,9	242839054,0	65	3627030,2	5744626,6
16	207910296,8	230523752,6	66	3145011,9	5057087,7
17	196735116,7	218740578,2	67	2713464,2	4431383,0
18	186064607,6	207468828,8	68	2328720,3	3864057,0
19	175878846,5	196688583,4	69	1987240,5	3351721,5
20	166158562,4	186380676,0	70	1685616,7	2891050,1
21	156885149,3	176526673,6	71	1420578,1	2478777,4
22	148040648,2	167108849,2	72	1188992,0	2111697,2
23	139607742,1	158110154,8	73	987861,9	1786659,7
24	131569761,0	149514195,4	74	814323,7	1500568,9
25	123910695,9	141305214,0	75	665647,4	1250387,6
26	116615106,8	133468065,6	76	500242,0	1000140,2
27	109668556,7	125988193,2	77	432659,0	845958,0
28	103056682,6	118851606,8	78	343593,1	686003,7
29	96766057,5	112044853,4	79	269883,1	550555,5
30	90783702,4	105554994,0	80	209515,6	436976,0
31	85097151,3	99369580,6	81	160630,6	342734,4
32	79694426,2	93476635,2	82	121524,0	265422,7
33	74564015,1	87864633,8	83	90649,2	202771,6
34	69694860,0	82522485,4	84	66616,2	152666,1
35	65076338,9	77439520,0	85	48189,1	113159,2
36	60698256,8	72605471,6	86	34283,8	82483,0
37	56550823,7	68010462,2	87	23964,7	59054,4
38	52624634,6	63644985,8	88	16439,7	41477,9
39	48910645,5	59499891,4	89	11052,4	28542,0
40	45400156,4	55566365,0	90	7270,4	19212,7
41	42084795,3	51835915,6	91	4670,5	12627,6
42	38956498,2	48300364,2	92	2922,9	8084,7
43	36007496,1	44951828,8	93	1776,4	5026,7
44	33230298,0	41782713,4	94	1044,0	3022,0
45	30617680,9	38785703,0	95	589,6	1745,3
46	28162680,8	35953752,6	96	316,8	958,4
47	25858578,7	33280075,2	97	159,1	491,7
48	23698882,6	30758130,8	98	72,3	227,9
49	21677308,5	28381611,4	99	27,6	88,6
50	19787766,4	26144431,0	100	7,1	23,2

Tabelle 19. *Kommutationszahlen C_x. Österreichische Sterbetafel 1959/61*
Zinsrate 4%

Alter x	C_x männlich	C_x weiblich	Alter x	C_x männlich	C_x weiblich
0	40451,9	31490,4	50	948,5	568,3
1	2477,8	2145,0	51	1012,2	594,5
2	1324,6	1146,8	52	1078,3	621,7
3	940,3	752,2	53	1143,9	639,9
4	756,2	591,8	54	1208,6	662,7
5	640,2	466,3	55	1274,4	689,5
6	539,5	372,4	56	1339,8	717,5
7	453,0	299,6	57	1403,5	747,5
8	386,4	245,9	58	1464,2	776,1
9	337,8	209,4	59	1519,1	806,1
10	298,8	181,9	60	1570,3	842,7
11	281,1	174,9	61	1617,2	886,8
12	276,3	174,2	62	1655,5	932,1
13	300,3	190,6	63	1685,3	975,9
14	344,3	211,0	64	1708,0	1022,8
15	427,1	234,9	65	1725,7	1077,3
16	513,4	251,6	66	1739,5	1142,8
17	626,9	261,6	67	1744,1	1211,4
18	702,5	265,8	68	1737,8	1278,3
19	771,3	269,3	69	1725,6	1344,8
20	820,6	272,1	70	1709,8	1411,6
21	839,7	274,3	71	1692,8	1479,0
22	819,6	267,8	72	1668,8	1539,2
23	776,3	261,4	73	1634,8	1586,5
24	724,0	255,1	74	1592,0	1625,7
25	674,5	248,9	75	1542,9	1657,6
26	641,6	249,7	76	1487,5	1682,2
27	623,6	253,4	77	1422,8	1694,9
28	609,2	259,7	78	1346,8	1689,7
29	601,2	268,2	79	1262,5	1664,2
30	595,9	275,7	80	1170,5	1618,2
31	584,4	285,1	81	1073,4	1551,1
32	572,9	290,5	82	972,7	1464,4
33	556,1	297,8	83	868,5	1360,3
34	542,3	304,1	84	761,7	1243,4
35	533,6	311,9	85	654,2	1116,7
36	534,2	323,3	86	548,9	986,4
37	538,4	337,9	87	450,1	855,6
38	545,9	353,1	88	361,5	723,6
39	558,2	368,7	89	284,3	596,4
40	574,8	386,5	90	218,4	478,8
41	595,1	402,5	91	163,9	374,5
42	614,8	414,8	92	120,1	284,8
43	633,8	425,5	93	85,7	210,2
44	657,4	438,3	94	59,5	150,8
45	688,1	452,7	95	39,8	104,9
46	729,7	471,7	96	26,1	70,6
47	777,7	493,1	97	16,3	45,8
48	831,2	516,6	98	9,9	28,8
49	887,9	543,2	99	5,7	17,4
50	948,5	568,3	100	6,9	22,3

Tabelle 20. *Kommutationszahlen M_x. Österreichische Sterbetafel 1959/61*
Zinsrate 4%

Alter x	M_x männlich	M_x weiblich	Alter x	M_x männlich	M_x weiblich
0	125092,7	97113,5	50	52560,3	46874,3
1	84640,8	65623,1	51	51611,8	46306,0
2	82163,0	63478,1	52	50599,6	45711,5
3	80838,4	62331,3	53	49521,3	45089,8
4	79898,1	61579,1	54	48377,4	44449,9
5	79141,9	60987,3	55	47168,8	43787,2
6	78501,7	60521,0	56	45894,4	43097,7
7	77962,2	60148,6	57	44554,6	42380,2
8	77509,2	59849,0	58	43151,1	41632,7
9	77122,8	59603,1	59	41686,9	40856,6
10	76785,0	59393,7	60	40167,8	40050,5
11	76486,2	59211,8	61	38597,5	39207,8
12	76205,1	59036,9	62	36980,3	38321,0
13	75928,8	58862,7	63	35324,8	37388,9
14	75628,5	58672,1	64	33639,5	36413,0
15	75284,2	58461,1	65	31931,5	35390,2
16	74857,1	58226,2	66	30205,8	34312,9
17	74343,7	57974,6	67	28466,3	33170,1
18	73716,8	57713,0	68	26722,2	31958,7
19	73014,3	57447,2	69	24984,4	30680,4
20	72243,0	57177,9	70	23258,8	29335,6
21	71422,4	56905,8	71	21549,0	27924,0
22	70582,7	56631,5	72	19856,2	26445,0
23	69763,1	56363,7	73	18187,4	24905,8
24	68986,8	56102,3	74	16552,6	23319,3
25	68262,8	55847,2	75	14960,6	21693,6
26	67588,3	55598,3	76	13417,7	20036,0
27	66946,7	55348,6	77	11930,2	18353,8
28	66323,1	55095,2	78	10507,4	16658,9
29	65713,9	54835,5	79	9160,6	14969,2
30	65112,7	54567,3	80	7898,1	13305,0
31	64516,8	54,2916	81	6727,6	11686,8
32	63932,4	54006,5	82	5654,2	10135,7
33	63359,5	53716,0	83	4681,5	8671,3
34	62803,4	53418,2	84	3813,0	7311,0
35	62261,1	53114,1	85	3051,3	6067,6
36	61727,5	52802,2	86	2397,1	4950,9
37	61193,3	52478,9	87	1848,2	3964,5
38	60654,9	52141,0	88	1398,1	3108,9
39	60109,0	51787,9	89	1036,6	2385,3
40	59550,8	51419,2	90	752,3	1788,9
41	58976,0	51032,7	91	533,9	1310,1
42	58380,9	50630,2	92	370,0	935,6
43	57766,1	50215,4	93	249,9	650,8
44	57132,3	49789,9	94	164,2	440,6
45	56474,9	49351,6	95	104,7	289,8
46	55786,8	48898,9	96	64,9	184,9
47	55057,1	48427,2	97	38,8	114,3
48	54279,4	47934,1	98	22,5	68,5
49	53448,2	47417,5	99	12,6	39,7
50	52560,3	46874,3	100	6,9	22,3

Tabelle 21. *Kommutationszahlen R_x. Österreichische Sterbetafel 1959/61*
Zinsrate 4%

Alter	R_x		Alter	R_x	
x	männlich	weiblich	x	männlich	weiblich
0	4477829,6	3921732,9	50	1002353,2	1098153,1
1	4352736,9	3824619,4	51	949792,9	1098153,1
2	4268096,1	3758996,3	52	898181,1	1004972,8
3	4185933,1	3695518,2	53	847581,5	959261,3
4	4105094,7	3633186,9	54	798060,2	914171,5
5	4025196,6	3571607,8	55	749682,8	869721,6
6	3946054,7	3510620,5	56	702514,0	825934,4
7	3867553,0	3450099,5	57	656619,6	782836,7
8	3789590,8	3389950,9	58	612065,0	740456,5
9	3712081,6	3330101,9	59	568913,9	698823,8
10	3634958,8	3270498,8	60	527227,0	657967,2
11	3558173,8	3211105,1	61	487059,2	617916,7
12	3481687,6	3151893,3	62	448461,7	578708,9
13	3405482,5	3092856,4	63	411481,4	540387,9
14	3329553,7	3033993,7	64	376156,6	502999,0
15	3253925,2	2975321,6	65	342517,1	466586,0
16	3178641,0	2916860,5	66	310585,6	431195,8
17	3103783,9	2858634,3	67	280379,8	396882,9
18	3029440,2	2800659,7	68	251913,5	363712,8
19	2955723,4	2742946,7	69	225191,3	331754,1
20	2882709,1	2685499,5	70	200206,9	301073,7
21	2810466,1	2628321,6	71	176948,1	271738,1
22	2739043,7	2571415,8	72	155399,1	243814,1
23	2668461,0	2514784,3	73	135542,9	217369,1
24	2598697,9	2458420,6	74	117355,5	192463,3
25	2529711,1	2402318,3	75	100802,9	169144,0
26	2461448,3	2346471,1	76	85842,3	147450,4
27	2393860,0	2290872,8	77	72424,6	127414,4
28	2326913,3	2235524,2	78	60494,4	109060,6
29	2260590,2	2180429,0	79	49987,0	92401,7
30	2194876,3	2125593,5	80	40826,4	77432,5
31	2129763,6	2071026,2	81	32928,3	64127,5
32	2065246,8	2016734,6	82	26200,7	52440,7
33	2001314,4	1962728,1	83	20546,5	42305,0
34	1937954,9	1909012,1	84	15865,0	33633,7
35	1875151,5	1855593,9	85	12052,0	26322,7
36	1812890,4	1802479,8	86	9000,7	20255,1
37	1751162,9	1749677,6	87	6603,6	15304,2
38	1689969,6	1697198,7	88	4755,4	11339,7
39	1629314,7	1645057,7	89	3357,3	8230,8
40	1569205,7	1593269,8	90	2320,7	5845,5
41	1509654,9	1541850,6	91	1568,4	4056,6
42	1450678,9	1490817,9	92	1034,5	2746,5
43	1392298,0	1440187,7	93	664,5	1810,9
44	1334531,9	1389972,3	94	414,6	1160,1
45	1277399,6	1340182,4	95	250,4	719,5
46	1220924,7	1290830,8	96	145,7	429,7
47	1165137,9	1241931,9	97	80,8	244,8
48	1110080,8	1193504,7	98	42,0	130,5
49	1055801,4	1145570,6	99	19,5	62,0
50	1002353,2	1098153,1	100	6,9	22,3

Tabelle 22. *Kommutationszahlen* D_x. *Österreichische Sterbetafel 1959/61*
Zinsrate 4,5%

Alter x	D_x männlich	D_x weiblich	Alter x	D_x männlich	D_x weiblich
0	1000000	1000000	50	94715,4	100540
1	916679	925598	51	89894,1	95765,4
2	874751	883615	52	85234,3	91178,3
3	835777	844434	53	80727,7	86769,8
4	798864	807333	54	76368,5	82539,4
5	763725	771990	55	72151,5	78476,0
6	730215	738293	56	68070,3	74569,6
7	698249	706141	57	64119,7	70812,6
8	667745	675444	58	60295,9	67197,2
9	638620	646123	59	56596,1	63718,8
10	610798	618100	60	53019,8	60370,4
11	584212	591310	61	49564,6	57141,7
12	558789	565682	62	46229,1	54022,4
13	534467	541159	63	43014,6	51007,0
14	511171	517677	64	39922,4	48092,6
15	488838	495189	65	36952,7	45272,8
16	467392	473647	66	34104,0	42538,2
17	446792	453019	67	31374,0	39877,7
18	426977	433271	68	28764,2	37286,2
19	407949	414371	69	26277,4	34762,4
20	389681	396282	70	23912,4	32304,2
21	372159	378972	71	21666,3	29909,0
22	355377	362406	72	19534,8	27573,9
23	339340	346560	73	17517,8	25302,0
24	324035	331403	74	15617,1	23099,9
25	309439	316906	75	13833,6	20970,6
26	295519	303040	76	12166,3	18016,3
27	282230	289771	77	10614,2	16939,0
28	269531	277071	78	9178,4	15043,6
29	257394	264914	79	7861,1	13239,0
30	245790	253274	80	6662,4	11535,0
31	234692	242129	81	5581,8	9941,0
32	224084	231458	82	4617,1	8466,2
33	213946	221243	83	3765,0	7118,1
34	204260	211463	84	3022,3	5902,4
35	195006	202100	85	2385,5	4821,1
36	186159	193134	86	1849,7	3874,2
37	177696	184547	87	1408,4	3057,5
38	169595	176318	88	1052,6	2364,8
39	161839	168433	89	771,4	1790,8
40	154409	160875	90	553,5	1326,3
41	147288	153630	91	388,5	959,7
42	140459	146686	92	266,3	677,5
43	133910	140031	93	178,0	466,0
44	127630	133657	94	115,7	312,0
45	121605	127548	95	73,0	203,0
46	115816	121692	96	44,7	128,0
47	110246	116076	97	26,4	78,2
48	104881	110685	98	15,1	46,2
49	99707,6	105511	99	8,3	26,3
50	94715,4	100540	100	4,4	14,3

Tabelle 23. *Kommutationszahlen* N_x. *Österreichische Sterbetafel 1959/61*
Zinsrate 4,5%

Alter	N_x		Alter	N_x	
x	männlich	weiblich	x	männlich	weiblich
0	20 747 822,0	21 338 555,6	50	1 322 088,4	1 568 344,6
1	19 747 822,0	20 338 555,6	51	1 227 373,0	1 467 804,6
2	18 831 143,0	19 412 957,6	52	1 137 478,9	1 372 039,2
3	17 956 392,0	18 529 342,6	53	1 052 244,6	1 280 860,9
4	17 120 615,0	17 684 908,6	54	971 516,9	1 194 091,1
5	16 321 751,0	16 877 575,6	55	895 148,4	1 111 551,7
6	15 558 026,0	16 105 585,6	56	822 996,9	1 033 075,7
7	14 827 811,0	15 367 292,6	57	754 926,6	958 506,1
8	14 129 562,0	14 661 151,6	58	690 806,9	887 693,5
9	13 461 817,0	13 985 707,6	59	630 511,0	820 496,3
10	12 823 197,0	13 339 584,6	60	573 914,9	756 777,5
11	12 212 399,0	12 721 484,6	61	520 895,1	696 407,1
12	11 628 187,0	12 130 174,6	62	471 330,5	639 265,4
13	11 069 398,0	11 564 492,6	63	425 101,4	585 243,0
14	10 534 931,0	11 023 333,6	64	382 086,8	534 236,0
15	10 023 760,0	10 505 656,6	65	342 164,4	486 143,4
16	9 534 922,0	10 010 467,6	66	305 211,7	440 870,6
17	9 067 530,0	9 536 820,6	67	271 107,7	398 332,4
18	8 620 738,0	9 083 801,6	68	239 733,7	358 454,7
19	8 193 761,0	8 650 530,6	69	210 969,5	321 168,5
20	7 785 812,0	8 236 159,6	70	184 692,1	286 406,1
21	7 396 131,0	7 839 877,6	71	160 779,7	254 101,9
22	7 023 972,0	7 460 905,6	72	139 113,4	224 192,9
23	6 668 595,0	7 098 499,6	73	119 578,6	196 619,0
24	6 329 255,0	6 751 939,6	74	102 060,8	171 317,0
25	6 005 220,0	6 420 536,6	75	86 443,7	148 217,1
26	5 695 781,0	6 103 630,6	76	72 610,1	127 246,5
27	5 400 262,0	5 800 590,6	77	60 443,8	108 330,2
28	5 118 032,0	5 510 819,6	78	49 829,6	91 391,2
29	4 848 501,0	5 233 748,6	79	40 651,2	76 347,6
30	4 591 107,0	4 968 834,6	80	32 790,1	63 108,6
31	4 345 317,0	4 715 560,6	81	26 127,7	51 573,6
32	4 110 625,0	4 473 431,6	82	20 545,9	41 632,6
33	3 886 541,0	4 241 973,6	83	15 928,8	33 166,4
34	3 672 595,0	4 020 730,6	84	12 163,8	26 048,3
35	3 468 335,0	3 809 267,6	85	9 141,5	20 145,9
36	3 273 329,0	3 607 167,6	86	6 756,0	15 324,8
37	3 087 170,0	3 414 033,6	87	4 906,3	11 450,6
38	2 909 474,0	3 229 486,6	88	3 497,9	8 393,1
39	2 739 879,0	3 053 168,6	89	2 445,3	6 028,3
40	2 578 040,0	2 884 735,6	90	1 673,9	4 237,5
41	2 423 631,0	2 723 860,6	91	1 120,4	2 911,2
42	2 276 343,0	2 570 230,6	92	731,9	1 951,5
43	2 135 884,0	2 423 544,6	93	465,6	1 274,0
44	2 001 974,0	2 283 513,6	94	287,6	808,0
45	1 874 344,0	2 149 856,6	95	171,9	496,0
46	1 752 739,0	2 022 308,6	96	98,9	293,0
47	1 636 923,0	1 900 616,6	97	54,2	165,0
48	1 526 677,0	1 784 540,6	98	27,8	86,8
49	1 421 796,0	1 673 855,6	99	12,7	40,6
50	1 322 088,4	1 568 344,6	100	4,4	14,3

Tabelle 24. *Kommutationszahlen S_x. Österreichische Sterbetafel 1959/61*
Zinsrate 4,5%

Alter	S_x		Alter	S_x	
x	männlich	weiblich	x	männlich	weiblich
0	404798630,9	430160087,9	50	14402762,9	18884681,9
1	384050808,9	408821532,3	51	13080674,5	17316337,3
2	364302986,9	388482976,7	52	11853301,5	15848532,7
3	345471843,9	369070019,1	53	10715822,6	14476493,5
4	327515451,9	350540676,5	54	9663578,0	13195632,6
5	310394836,9	332855767,9	55	8692061,1	12001541,5
6	294073085,9	315978192,3	56	7796912,7	10889989,8
7	278515059,9	299872606,7	57	6973915,8	9856914,1
8	263687248,9	284505314,1	58	6218989,2	8898408,0
9	249557686,9	269844162,5	59	5528182,3	8010714,5
10	236095869,9	255858454,9	60	4897671,3	7190218,2
11	223272672,9	242518870,3	61	4323756,4	6433440,7
12	211060273,9	229797385,7	62	3802861,3	5737033,6
13	199432086,9	217667211,1	63	3331530,8	5097768,2
14	188362688,9	206102718,5	64	2906429,4	4512525,2
15	177827757,9	195079384,9	65	2524342,6	3978289,2
16	167803997,9	184573728,3	66	2182178,2	3492145,8
17	158269075,9	174563260,7	67	1876966,5	3051275,2
18	149201545,9	165026440,1	68	1605858,8	2652942,8
19	140580807,9	155942638,5	69	1366125,1	2294488,1
20	132387046,9	147292107,9	70	1155155,6	1973319,6
21	124601234,9	139055948,3	71	970463,5	1686913,5
22	117205103,9	131216070,7	72	809683,8	1432811,6
23	110181131,9	123755165,1	73	670570,4	1208618,7
24	103512536,9	116656665,5	74	550991,8	1011999,7
25	97183281,9	109904725,9	75	448931,0	840682,7
26	91170061,9	103404109,9	76	362407,9	692465,6
27	85482280,9	97380558,7	77	289877,2	565219,1
28	80082018,9	91579968,1	78	229433,4	456888,9
29	74963986,9	86069148,5	79	179603,8	365497,7
30	70115485,9	80835399,9	80	138952,6	289150,1
31	65524378,9	75866565,3	81	106162,5	226041,5
32	61179061,9	71151004,7	82	80034,8	174467,9
33	57068436,9	66677573,1	83	59488,9	132835,3
34	53181895,9	62435599,5	84	43560,1	99668,9
35	49509300,9	58414868,9	85	31396,3	73620,6
36	46040965,9	54605601,3	86	22254,8	53474,7
37	42767636,9	50998433,7	87	15498,8	38149,9
38	39680466,9	47584400,1	88	10592,5	26699,3
39	36770992,9	44354913,5	89	7094,6	18306,2
40	34031113,9	41301744,9	90	4649,3	12277,9
41	31453073,9	38417009,3	91	2975,4	8040,4
42	29029442,9	35693148,7	92	1855,0	5129,2
43	26753099,9	33122918,1	93	1123,1	3177,7
44	24617215,9	30699373,5	94	657,5	1903,7
45	22615241,9	28415859,9	95	369,9	1095,7
46	20740897,9	26266003,3	96	198,0	599,7
47	18988158,9	24243694,7	97	99,1	306,7
48	17351235,9	22343078,1	98	44,9	141,7
49	15824558,9	20558537,5	99	17,1	54,9
50	14402762,9	18884681,9	100	4,4	14,3

Tabelle 25. *Kommutationszahlen C_x. Österreichische Sterbetafel 1959/61*
Zinsrate 4,5%

Alter x	C_x männlich	C_x weiblich	Alter x	C_x männlich	C_x weiblich
0	40258,4	31339,7	50	742,7	445,0
1	2454,2	2124,5	51	788,7	463,3
2	1305,7	1130,4	52	836,3	482,2
3	922,4	737,9	53	882,9	493,9
4	738,3	577,8	54	928,4	509,0
5	622,0	453,1	55	974,3	527,1
6	521,7	360,1	56	1019,3	545,9
7	436,0	288,3	57	1062,6	566,0
8	370,1	235,5	58	1103,3	584,8
9	322,0	199,6	59	1139,2	604,5
10	283,5	172,5	60	1172,0	629,0
11	265,3	165,1	61	1201,2	658,7
12	259,6	163,6	62	1223,8	689,0
13	280,8	178,2	63	1239,8	718,0
14	320,4	196,4	64	1250,5	748,8
15	395,6	217,6	65	1257,4	785,0
16	473,2	231,9	66	1261,4	828,7
17	575,1	240,0	67	1258,7	874,3
18	641,3	242,6	68	1248,2	918,2
19	700,7	244,6	69	1233,5	961,3
20	742,0	246,0	70	1216,4	1004,2
21	755,6	246,8	71	1198,5	1047,1
22	734,0	239,8	72	1175,8	1084,5
23	691,9	233,0	73	1146,4	1112,5
24	642,2	226,3	74	1111,0	1134,6
25	595,4	219,7	75	1071,6	1151,3
26	563,7	219,4	76	1028,2	1162,8
27	545,2	221,6	77	978,7	1165,9
28	530,1	226,0	78	922,1	1156,8
29	520,7	232,3	79	860,2	1133,9
30	513,6	237,6	80	793,7	1097,2
31	501,2	244,5	81	724,4	1046,7
32	489,0	248,0	82	653,3	983,5
33	472,4	253,0	83	580,5	909,2
34	458,5	257,1	84	506,7	827,1
35	449,0	262,4	85	433,1	739,3
36	447,3	270,8	86	361,7	649,9
37	448,7	281,6	87	295,2	561,0
38	452,8	292,9	88	235,9	472,2
39	460,8	304,3	89	184,6	387,3
40	472,2	317,5	90	141,2	309,5
41	486,5	329,1	91	105,5	240,9
42	500,2	337,5	92	76,9	182,3
43	513,3	344,6	93	54,6	133,9
44	529,8	353,2	94	37,7	95,6
45	551,9	363,1	95	25,1	66,2
46	582,4	376,5	96	16,4	44,3
47	617,8	391,7	97	10,2	28,6
48	657,1	408,4	98	6,1	17,9
49	698,6	427,3	99	3,6	10,8
50	742,7	445,0	100	4,2	13,7

Tabelle 26. *Kommutationszahlen M_x. Österreichische Sterbetafel 1959/61*
Zinsrate 4,5%

Alter x	M_x männlich	M_x weiblich	Alter x	M_x männlich	M_x weiblich
0	106553,9	81114,8	50	37783,7	33003,4
1	66295,5	49775,1	51	37041,0	32558,4
2	63841,3	47650,6	52	36252,3	32095,1
3	62535,6	46520,2	53	35416,0	31612,9
4	61613,2	45782,3	54	34533,1	31119,0
5	60874,9	45204,5	55	33604,7	30610,0
6	60252,9	44751,4	56	32630,4	30082,9
7	59731,2	44391,3	57	31611,1	29537,0
8	59295,2	44103,0	58	30548,5	28971,0
9	58925,1	43867,5	59	29445,2	28386,2
10	58603,1	43667,9	60	28306,0	27781,7
11	58319,6	43495,4	61	27134,0	27152,7
12	58054,3	43330,3	62	25932,8	26494,0
13	57794,7	43166,7	63	24709,0	25805,0
14	57513,9	42988,5	64	23469,2	25087,0
15	57193,5	42792,1	65	22218,7	24338,2
16	56797,9	42574,5	66	20961,3	23553,2
17	56324,7	42342,6	67	19699,9	22724,5
18	55749,6	42102,6	68	18441,2	21850,2
19	55108,3	41860,0	69	17193,0	20932,0
20	54407,6	41615,4	70	15959,5	19970,7
21	53665,6	41369,4	71	14743,1	18966,5
22	52910,0	41122,6	72	13544,6	17919,4
23	52176,0	40882,8	73	12368,8	16834,9
24	51484,1	40649,8	74	11222,4	15722,4
25	50841,9	40423,5	75	10111,4	14587,8
26	50216,5	40203,8	76	9099,0	13490,5
27	49682,8	39984,4	77	8011,6	12273,7
28	49137,6	39762,8	78	7032,9	11107,8
29	48607,5	39536,8	79	6110,8	9951,0
30	48086,8	39304,5	80	5250,6	8817,1
31	47573,2	39066,9	81	4456,9	7719,9
32	47072,0	38822,4	82	3732,5	6673,2
33	46583,0	38574,4	83	3079,2	5689,7
34	46110,6	38321,4	84	2498,7	4780,5
35	45652,1	38064,3	85	1992,0	3953,4
36	45203,1	37801,9	86	1558,9	3214,1
37	44755,8	37531,1	87	1197,2	2564,2
38	44307,1	37249,5	88	902,0	2003,2
39	43854,3	36956,6	89	666,1	1531,0
40	43393,5	36652,3	90	481,5	1143,7
41	42921,3	36334,8	91	340,3	834,2
42	42434,8	36005,7	92	234,8	593,3
43	41934,6	35668,2	93	157,9	411,0
44	41421,3	35323,6	94	103,3	277,1
45	40891,5	34970,4	95	65,6	181,5
46	40339,6	34607,3	96	40,5	115,3
47	39757,2	34230,8	97	24,1	71,0
48	39139,4	33839,1	98	13,9	42,4
49	38482,3	33430,7	99	7,8	24,5
50	37783,7	33003,4	100	4,2	13,7

Tabelle 27. *Kommutationszahlen R_x. Österreichische Sterbetafel 1959/61*
Zinsrate 4,5%

Alter x	R_x männlich	R_x weiblich	Alter x	R_x männlich	R_x weiblich
0	3316335,5	2814907,6	50	701884,0	755119,1
1	3209781,6	2733792,8	51	664100,3	722115,7
2	3143486,1	2684017,7	52	627059,3	689557,3
3	3079644,8	2636367,1	53	590807,0	657462,2
4	3017109,2	2589846,9	54	555391,0	625849,3
5	2955496,0	2544064,6	55	520857,9	594730,3
6	2894621,1	2498860,1	56	487253,2	564120,3
7	2834368,2	2454108,7	57	454622,8	534037,4
8	2774637,0	2409717,4	58	423011,7	504500,4
9	2715341,8	2365614,4	59	392463,2	475529,4
10	2656416,7	2321746,9	60	363018,0	447143,2
11	2597813,6	2278079,0	61	334712,0	419361,5
12	2539494,0	2234583,6	62	307578,0	392208,8
13	2481439,7	2191253,3	63	281645,2	365714,8
14	2423645,0	2148086,6	64	256936,2	339909,8
15	2366131,1	2105098,1	65	233467,0	314822,8
16	2308937,6	2062306,0	66	211248,3	290484,6
17	2252139,7	2019731,5	67	190287,0	266931,4
18	2195815,0	1977388,9	68	170587,1	244206,9
19	2140065,4	1935286,3	69	152145,9	222356,7
20	2084957,1	1893426,3	70	134952,9	201424,7
21	2030549,5	1851810,9	71	118993,4	181454,0
22	1976883,9	1810441,5	72	104250,3	162487,5
23	1923973,9	1769318,9	73	90705,7	144568,1
24	1871797,9	1728436,1	74	78336,9	127733,2
25	1820313,8	1687786,3	75	67114,5	112010,8
26	1769471,9	1647362,8	76	57003,1	97423,0
27	1719225,4	1607159,0	77	47963,3	83986,5
28	1669542,6	1567174,6	78	39951,7	71712,8
29	1620405,0	1527411,8	79	32918,8	60605,0
30	1571797,5	1487875,0	80	26808,0	50654,0
31	1523710,7	1448570,5	81	21557,4	41836,9
32	1476137,5	1409503,6	82	17100,5	34117,0
33	1429065,5	1370681,2	83	13368,0	27443,8
34	1382482,5	1332106,8	84	10288,8	21754,1
35	1336371,9	1293785,4	85	7790,1	16973,6
36	1290719,8	1255721,1	86	5798,1	13020,2
37	1245516,7	1217919,2	87	4239,2	9806,1
38	1200760,9	1180388,1	88	3042,0	7241,9
39	1156453,8	1143138,6	89	2140,0	5238,7
40	1112599,5	1106182,0	90	1473,9	3707,7
41	1069206,0	1069529,7	91	992,4	2564,0
42	1026284,7	1033194,9	92	652,1	1729,8
43	983849,9	997189,2	93	417,3	1136,5
44	941915,3	961521,0	94	259,4	725,5
45	900494,0	926197,4	95	156,1	448,4
46	859602,5	891227,0	96	90,5	266,9
47	819262,9	856619,7	97	50,0	151,6
48	779505,7	822388,9	98	25,9	80,6
49	740366,3	788549,8	99	12,0	38,2
50	701884,0	755119,1	100	4,2	13,7

Tabelle 28. *Deutsche allgemeine Sterbetafel 1960/62*

Alter x	Überlebende l_x männlich	weiblich	Alter x	Überlebende l_x männlich	weiblich
0	100000	100000	50	87230	91442
1	96467	97222	51	86585	91035
2	96244	97027	52	85871	90597
3	96109	96922	53	85078	90125
4	96013	96845	54	84197	89615
5	95929	96782	55	83221	89063
6	95852	96728	56	82142	88464
7	95782	96682	57	80952	87814
8	95721	96643	58	79644	87105
9	95667	96609	59	78212	86331
10	95620	96579	60	76652	85484
11	95577	96552	61	74963	84556
12	95536	96525	62	73144	83538
13	95493	96498	63	71198	82420
14	95445	96468	64	69128	81191
15	95388	96434	65	66941	79839
16	95316	96395	66	64643	78352
17	95225	96351	67	62240	76720
18	95112	96301	68	59739	74932
19	94973	96246	69	57145	72976
20	94812	96188	70	54461	70840
21	94637	96128	71	51691	68513
22	94457	96068	72	48835	65981
23	94280	96008	73	45894	63235
24	94110	95948	74	42873	60267
25	93948	95884	75	39784	57076
26	93789	95814	76	36647	53674
27	93633	95739	77	33487	50082
28	93478	95660	78	30334	46331
29	93323	95575	79	27215	42458
30	93166	95485	80	24156	38507
31	93008	95390	81	21186	34529
32	92846	95290	82	18337	30579
33	92679	95184	83	15644	26717
34	92505	95071	84	13142	23004
35	92322	94949	85	10861	19500
36	92129	94818	86	8819	16258
37	91924	94676	87	7026	13319
38	91705	94524	88	5479	10705
39	91470	94360	89	4171	8147
40	91218	94184	90	3092	6480
41	90949	93995	91	2229	4872
42	90662	93792	92	1565	3580
43	90354	93573	93	1070	2571
44	90021	93337	94	713	1805
45	89659	93081	95	463	1240
46	89262	92803	96	293	834
47	88825	92500	97	181	550
48	88344	92173	98	110	356
49	87814	91821	99	65	227
50	87230	91442	100	38	142

Tabelle 29. *Deutsche allgemeine Sterbetafel 1960/62*

Alter x	Sterbewahrscheinlichkeit q_x männlich	Sterbewahrscheinlichkeit q_x weiblich
0	0,03533	0,02778
1	231	201
2	140	108
3	100	79
4	87	65
5	80	56
6	73	48
7	64	40
8	56	35
9	49	31
10	0,00045	0,00028
11	43	28
12	45	28
13	50	31
14	60	35
15	75	40
16	95	46
17	119	52
18	146	57
19	169	60
20	0,00185	0,00062
21	190	62
22	187	62
23	180	63
24	172	67
25	169	73
26	166	78
27	166	83
28	166	89
29	168	94
30	0,00170	0,00099
31	174	105
32	180	111
33	188	119
34	198	128
35	209	138
36	222	150
37	238	161
38	256	174
39	275	187
40	0,00295	0,00201
41	316	216
42	340	233
43	368	252
44	402	274
45	443	299
46	490	326
47	542	354
48	600	382
49	665	413
50	739	445
50	0,00739	0,00445
51	825	481
52	924	521
53	1035	566
54	1159	616
55	1297	672
56	1449	735
57	1616	807
58	1798	889
59	1994	981
60	0,02204	0,01085
61	2427	1204
62	2661	1338
63	2907	1491
64	3164	1665
65	3433	1862
66	3717	2083
67	4019	2331
68	4343	2611
69	4696	2927
70	0,05087	0,03285
71	5526	3695
72	6022	4162
73	6582	4694
74	7204	5294
75	7885	5961
76	8622	6692
77	9416	7490
78	10282	8360
79	11241	9306
80	0,12297	0,10331
81	13448	11440
82	14685	12631
83	15993	13896
84	17360	15230
85	18802	16626
86	20334	18079
87	22015	19623
88	23871	21288
89	25870	23093
90	0,27921	0,24821
91	29795	26525
92	31623	28188
93	33384	29791
94	35061	31317
95	36638	32750
96	38099	34075
97	39431	35279
98	40623	36348
99	41663	37274
100	42543	38047

Tabelle 30. *Deutsche allgemeine Sterbetafel 1960/62*

Alter x	Mittlere Lebenserwartung e_x männlich	weiblich	Alter x	Mittlere Lebenserwartung e_x männlich	weiblich
0	66,86	72,39	50	23,10	27,00
1	68,31	73,46	51	22,27	26,12
2	67,46	72,60	52	21,45	25,24
3	66,56	71,68	53	20,65	24,37
4	65,62	70,74	54	19,86	23,51
5	64,68	69,78	55	19,08	22,65
6	63,73	68,82	56	18,33	21,80
7	62,78	67,86	57	17,59	20,96
8	61,82	66,88	58	16,87	20,12
9	60,85	65,91	59	16,17	19,30
10	59,88	64,93	60	15,49	18,48
11	58,11	63,94	61	14,83	17,68
12	57,94	62,96	62	14,18	16,89
13	56,96	61,98	63	13,56	16,11
14	55,99	61,00	64	12,95	15,35
15	55,02	60,02	65	12,36	14,60
16	54,06	59,04	66	11,78	13,87
17	53,11	58,07	67	11,21	13,15
18	52,18	57,10	68	10,66	12,46
19	51,25	56,13	69	10,12	11,78
20	50,34	55,17	70	9,60	11,12
21	49,43	54,20	71	9,08	10,48
22	48,52	53,23	72	8,59	9,86
23	47,61	52,27	73	8,11	9,27
24	46,70	51,30	74	7,64	8,70
25	45,78	50,33	75	7,20	8,16
26	44,86	49,37	76	6,77	7,64
27	43,93	47,41	77	6,36	7,15
28	43,00	47,45	78	5,97	6,69
29	42,07	46,49	79	5,60	6,26
30	41,14	45,53	80	5,24	5,85
31	40,21	44,58	81	4,91	5,46
32	39,28	43,62	82	4,59	5,10
33	38,35	42,67	83	4,29	4,77
34	37,42	41,72	84	4,02	4,46
35	36,50	40,78	85	3,76	4,17
36	35,57	39,83	86	3,51	3,90
37	34,65	38,89	87	3,28	3,65
38	33,73	37,95	88	3,06	3,42
39	32,82	37,02	89	2,87	3,22
40	31,91	36,09	90	2,49	3,03
41	31,00	35,16	91	2,54	2,87
42	30,09	34,23	92	2,41	2,72
43	29,20	33,31	93	2,29	2,59
44	28,30	32,39	94	2,18	2,48
45	27,41	31,48	95	2,09	2,38
46	26,53	30,57	96	2,01	2,29
47	25,66	29,67	97	1,94	2,22
48	24,80	28,78	98	1,88	2,16
49	23,95	27,88	99	1,83	2,10
50	23,10	27,00	100	1,79	2,06

Tabelle 31. *Schweizer Sterbetafel 1958/63*

Alter x	Überlebende l_x männlich	Überlebende l_x weiblich	Alter x	Überlebende l_x männlich	Überlebende l_x weiblich
0	100000	100000	50	89012	93184
1	97552	98140	51	88403	92813
2	97359	97974	52	87728	92409
3	97215	97866	53	86982	91967
4	97098	97788	54	86160	91487
5	97008	97722	55	85252	90968
6	96933	97666	56	84253	90408
7	96869	97620	57	83156	89799
8	96812	97581	58	81957	89130
9	96759	97548	59	80651	88394
10	96708	97518	60	79233	87587
11	96661	97489	61	77700	86701
12	96615	97461	62	76050	85726
13	96567	97433	63	74285	84654
14	96517	97402	64	72403	83478
15	96461	97369	65	70402	82197
16	96393	97333	66	68277	80803
17	96306	97294	67	66032	79279
18	96199	97253	68	63675	77606
19	96071	97208	69	61208	75775
20	95923	97161	70	58623	73785
21	95763	97112	71	55912	71624
22	95600	97060	72	53073	69273
23	95441	97007	73	50116	66706
24	95290	96951	74	47051	63915
25	95146	96893	75	43892	60902
26	95007	96834	76	40653	57673
27	94870	96773	77	37361	54230
28	94735	96709	78	34083	50582
29	94602	96643	79	30851	46758
30	94468	96573	80	27673	42792
31	94333	96500	81	24542	38728
32	94195	96421	82	21452	34614
33	94051	96339	83	18467	30507
34	93902	96249	84	15645	26494
35	93744	96153	85	13034	22655
36	93576	96049	86	10669	19059
37	93397	95936	87	8572	15761
38	93204	95815	88	6754	12800
39	92997	95682	89	5214	10198
40	92773	95540	90	3938	7963
41	92529	95385	91	2907	6087
42	92263	95216	92	2095	4548
43	91973	95032	93	1471	3318
44	91658	94832	94	1005	2360
45	91313	94614	95	667	1634
46	90934	94376	96	430	1099
47	90517	94118	97	268	717
48	90061	93834	98	161	452
49	89561	93524	99	93	276
50	89012	93184	100	52	162

Tabelle 32. *Schweizer Sterbetafel 1958/63*

Alter x	Sterbewahrscheinlichkeit q_x männlich	weiblich	Alter x	Sterbewahrscheinlichkeit q_x männlich	weiblich
0	0,02448	0,01860	50	0,00684	0,00398
1	198	169	51	763	436
2	148	110	52	850	478
3	120	80	53	946	522
4	93	68	54	1053	567
5	77	57	55	1172	616
6	66	47	56	1302	674
7	59	40	57	1442	745
8	55	34	58	1594	825
9	52	31	59	1758	913
10	0,00049	0,00029	60	0,01935	0,01012
11	48	29	61	2123	1124
12	49	29	62	2321	1251
13	52	31	63	2533	1389
14	58	34	64	2764	1534
15	71	37	65	3019	1697
16	90	40	66	3288	1886
17	111	43	67	3569	2110
18	133	46	68	3875	2359
19	154	48	69	4222	2626
20	0,00167	0,00051	70	0,04625	0,02929
21	170	53	71	5078	3283
22	166	55	72	5572	3705
23	159	58	73	6115	4185
24	151	59	74	6714	4713
25	146	61	75	7379	5303
26	144	63	76	8099	5969
27	142	66	77	8774	6727
28	141	69	78	9482	7561
29	141	72	79	10302	8480
30	0,00143	0,00076	80	0,11313	0,09497
31	147	81	81	12592	10623
32	152	86	82	13914	11866
33	159	93	83	15280	13155
34	168	100	84	16690	14489
35	179	108	85	18147	15872
36	192	117	86	19651	17304
37	206	127	87	21205	18788
38	222	138	88	22810	20325
39	241	149	89	24468	21917
40	0,00263	0,00162	90	0,26181	0,23566
41	288	177	91	27950	25274
42	314	193	92	29777	27044
43	343	211	93	31664	28877
44	376	230	94	33613	30776
45	415	251	95	35626	32743
46	458	274	96	37706	34781
47	504	301	97	39853	36892
48	555	331	98	42072	39079
49	614	363	99	44363	41344
50	0,00684	0,00398	100	0,46730	0,43691

Tabelle 33. *Schweizer Sterbetafel 1958/63*

Alter x	Mittlere Lebenserwartung e_x männlich	weiblich	Alter x	Mittlere Lebenserwartung e_x männlich	weiblich
0	68,72	74,13	50	23,99	27,75
1	69,43	74,53	51	23,15	26,86
2	68,56	73,65	52	22,32	25,97
3	67,66	72,73	53	21,51	25,09
4	66,75	71,79	54	20,71	24,22
5	65,81	70,84	55	19,93	23,36
6	64,86	69,88	56	19,16	22,50
7	63,90	68,91	57	18,40	21,65
8	62,94	67,94	58	17,66	20,81
9	61,97	66,96	59	16,94	19,98
10	61,00	65,98	60	16,24	19,16
11	60,03	65,00	61	15,55	18,35
12	59,06	64,02	62	14,87	17,55
13	58,09	63,04	63	14,21	16,77
14	57,12	62,06	64	13,57	16,00
15	56,15	61,08	65	12,94	15,24
16	55,19	60,10	66	12,33	14,49
17	54,24	59,13	67	11,73	13,76
18	53,30	58,15	68	11,15	13,05
19	52,37	57,18	69	10,58	12,35
20	51,45	56,21	70	10,02	11,67
21	50,54	55,23	71	9,48	11,01
22	49,62	54,26	72	8,96	10,36
23	48,70	53,29	73	8,46	9,74
24	47,78	52,32	74	7,98	9,15
25	46,85	51,35	75	7,52	8,57
26	45,92	50,38	76	7,08	8,02
27	44,99	49,42	77	6,66	7,50
28	44,05	48,45	78	6,25	7,01
29	43,11	47,48	79	5,85	6,54
30	42,17	46,52	80	5,47	6,10
31	41,23	45,55	81	5,10	5,69
32	40,29	44,59	82	4,77	5,30
33	39,35	43,62	83	4,45	4,95
34	38,41	42,66	84	4,17	4,62
35	37,48	41,71	85	3,90	4,32
36	36,54	40,75	86	3,66	4,04
37	35,61	39,80	87	3,43	3,79
38	34,68	38,85	88	3,22	3,55
39	33,76	37,90	89	3,02	3,32
40	32,84	36,96	90	2,84	3,12
41	31,93	36,02	91	2,67	2,92
42	31,02	35,08	92	2,50	2,74
43	30,11	34,15	93	2,36	2,57
44	29,22	33,22	94	2,21	2,42
45	28,32	32,29	95	2,08	2,27
46	27,44	31,37	96	1,96	2,13
47	26,56	30,46	97	1,84	2,00
48	25,70	29,55	98	1,73	1,88
49	24,84	28,64	99	1,62	1,76
50	23,99	27,75	100	1,52	1,65

Literaturverzeichnis

Im folgenden werden zunächst jene Zeitschriften angeführt, die sich vorwiegend mit versicherungsmathematischen Fragen befassen. Diese Zeitschriften sowie die im weiteren angeführten Berichte, insbesondere die der internationalen Kongresse der Versicherungsmathematiker, informieren am besten über die Fortschritte und die aktuellen Probleme der Versicherungsmathematik. Als nächstes wird eine Auswahl von Lehrbüchern und Tabellenwerken angeführt, deren Studium zur Vertiefung und Erweiterung der Kenntnisse des Lesers dienen kann. Anschließend wird eine Übersicht über einzelne Arbeiten gegeben, die der Verfasser zu einem Teil seinen Darlegungen zugrunde gelegt hat, zum anderen für ein weitergehendes Studium als nützlich erachtet.

I. Zeitschriften und Kongreßberichte

Anales del Instituto de Actuarios Españoles.
Blätter der Deutschen Gesellschaft für Versicherungsmathematik.
Bulletin de l'Association des Actuaires Belges.
Bulletin de l'Institut des Actuaires Français.
Giornale dell'Istituto Italiano degli Attuari.
Giornale di Matematica Finanziaria.
Het Verzekerings-Archief.
Internationale Zeitschrift für Versicherungsmathematische und Statistische Probleme der Sozialen Sicherheit (Genf).
Journal of the Institute of Actuaries.
Journal of the Institute of Actuaries, Students Society.
Mitteilungen der Vereinigung schweizerischer Versicherungsmathematiker.
Skandinavisk Aktuarietidskrift.
The Astin Bulletin (Holland).
Transactions of the Faculty of Actuaries.
Transactions of the Society of Actuaries (USA).
Veröffentlichungen des Institutes für Versicherungswissenschaft an der Universität Köln.
Berichte der internationalen Kongresse der Versicherungsmathematiker.
Berichte der internationalen Kongresse der Versicherungsmathematiker und Statistiker der Sozialen Sicherheit (Genf).

II. Lehrbücher und Tabellenwerke

Berger, A.: Die Prinzipien der Lebensversicherungstechnik, 2 Bde., Berlin, 1923/25.
—: Mathematik der Lebensversicherung, Wien, 1939.
Berichte der internationalen Kongresse für Versicherungsmathematik.
Boehm, C., und P. Lorenz: Versicherungsmathematische Aufgabensammlung, Heft 2, Umwandlung von Lebensversicherungen, Berlin, 1937.
Boehm, C., und E. Rose: Versicherungsmathematische Aufgabensammlung, Heft 1, Beiträge und Deckungsrücklagen in der Lebensversicherung, Berlin, 1937.
Böhm, F.: Versicherungsmathematik, Sammlung Göschen, 2 Bde., Berlin, 1953.
Bonferroni, C. F.: Fondamenti di matematica attuariale, Torino, 1938.
Cantelli, F. P.: Alcune memorie matematiche, Milano, 1958.

COPPINI, M. A.: Lezioni di tecnica delle assicurazioni sociali, 4. Aufl., Roma, 1968.
CZUBER, E.: Wahrscheinlichkeitsrechnung und ihre Anwendung auf Fehlerausgleichung, Statistik und Lebensversicherung, 2 Bde., Berlin, 1924/28.
DUBOURDIEU, J.: Théorie mathématique du risque dans les assurances de répartition, Paris, 1952.
FERAUD, L.: Cours de technique actuarielle, I. Bases démographiques, 1942.
FISCHER, K.: siehe HEUBECK.
GALBRUN, H.: Assurances sur la vie, 2 Bde., Paris, 1924/27.
—: Théorie mathématique des assurances maladie, Paris, 1934.
GAUMNITZ, E. A.: siehe LARSON.
HEUBECK, G., und K. FISCHER: Richttafeln für die Pensionsversicherung, Weißenburg, 1948, mit sechs Ergänzungen.
HOOKER, P., und L. LONGLEY-COOK: Life and Other Contingencies, 2 Bde., Cambridge, 1953/57.
JEQUIER, CH.: Assurances sur la vie, Lausanne, 1934.
JORDAN, CH.: Society of Actuaries' Textbook on Life Contingencies, 1952.
KOPPE, M., und H. WINZER: Neue Rechnungsgrundlagen 1949/51 für die Pensionsversicherung, Stuttgart, 1958.
KRACKE, H.: Lebensversicherungstechnik, 1955.
LARSON, R. E., und E. A. GAUMNITZ: Life Insurance Mathematics, New York, 1951.
LEMONIER, A.: Théorie de l'assurance sur la vie, 1950.
LEVI, W.: Mathematik der Lebens- und Rentenversicherung, Wien, 1938.
LOEWY, A.: Versicherungsmathematik, Berlin, 1924.
LONGLEY-COOK, L.: siehe HOOKER.
LORENZ, P.: siehe BOEHM.
MCCAHAN, D.: Accident and Sickness Insurance, Philadelphia, 1953/54.
MAURICE, H.: Les opérations financières et les opérations viagères, Bruxelles, 1951.
MEISSNER-MEEWES: Rechnungsgrundlagen für Pensionsversicherung, Berlin, 1941.
NICOLAS, M.: Finanzmathematik, Sammlung Göschen, Berlin, 1967.
NOLFI, P., und W. SUTER: Technische Grundlagen der Invalidenversicherung. VZ 1954, $2^1/_2\%$, 3%, $3^1/_2\%$. Ergänzungstafeln zu den technischen Grundlagen für Pensionsversicherungen. VZ 1950, Zürich, 1954.
OTTAVIANI, R.: La matematica della previdenza, Florenz, 1952.
RICHARD, P. J.: Théorie et pratique des opérations d'assurances, 2 Bde., Paris, 1944/46.
ROSE, E.: siehe BOEHM.
SACHS, W.: Lebensversicherungstechnisches Wörterbuch, 2. Aufl., Karlsruhe, 1964.
SAXER, W.: Versicherungsmathematik, 2 Bde., Berlin–Göttingen–Heidelberg, 1955/58.
SCHÖNWIESE, R.: Grundlagen zur Invaliditätsversicherung in Verbindung mit einer doppelt abgestuften Sterbetafel, Blätter für Versicherungsmathematik, Bd. 1, 1930.
STROHMEIER, H.: Versicherungsmathematische Formelsammlung für die Praxis der Lebensversicherung, 4. Aufl., Karlsruhe, 1967.
SUTER, W.: siehe NOLFI.
WINZER, H.: siehe KOPPE.
ZWINGGI, E.: Versicherungsmathematik, 2. Aufl., Basel, 1958.

III. Facharbeiten

Abkürzungen:

BDGV	Blätter der Deutschen Gesellschaft für Versicherungsmathematik
JIA	Journal of the Institute of Actuaries
MVSV	Mitteilungen der Vereinigung schweizerischer Versicherungsmathematiker
Skand	Skandinavisk Aktuarietidskrift

[1] AMMETER, H.: Ein neues Testverfahren für geordnete Beobachtungsreihen und seine mathematischen Grundlagen, MVSV, 1951.
[2] —: A generalised χ^2 distribution and its applications for testing mortality table graduations by moving averages, Berichte der internationalen Kongresse der Versicherungsmathematiker, 1951.

[3] Ammeter, H.: Der doppelseitige und die einseitigen $(I\chi)^2$-Tests und ihre Leistungsfähigkeit für die wahrscheinlichkeitstheoretische Überprüfung von Sterbetafeln, BDGV, 1953.

[4] —: La théorie collective du risque et l'assurance de choses, MVSV, 1954.

[5] —: Risikotheoretische Grundlagen für die Bestimmungen des Maximums des Selbstbehaltes, Het Verzekerings-Archief, 1958.

[6] —: Le problème de la ruine dans la converture des excédents de sinistres, MVSV, 1960.

[7] —: Risikotheoretische Grundlagen der Erfahrungstarifisierung, MVSV, 1961.

[8] —: Grundlagen und Hauptprobleme der Sachversicherungsmathematik, MVSV, 1965.

[9] Balleer, M.: Die Entwicklung von Personengesamtheiten in der Krankenversicherung, dargestellt als Markoffscher Prozeß, BDGV, 1968.

[10] Berger, A.: Über das Äquivalenzprinzip, Skand, 1929.

[11] —: Zur Begründung von Lidstones z-Methode, BDGV, 1930.

[12] —: Äquivalenz und Risiko, Archiv für mathematische Wirtschafts- und Sozialforschung, 4, 1938.

[13] Bierlein, D.: Optimalmethoden für die Summenapproximation in Jecklins F-Methode, BDGV, 1955.

[14] Boehm, C.: Vergleich der verschiedenen Methoden zur Berechnung der Prämienreserve eines Versicherungsbestandes, BDGV, 1953.

[15] Borch, F.: Über eine Methode zur Vereinfachung der versicherungsmathematischen Berechnungen bei doppelt abgestuften Sterbetafeln, Skand, 1936.

[16] Bühlmann, H.: Die beste erwartungstreue lineare Schätzfunktion der Übersterblichkeit, MVSV, 1959.

[17] Burkhardt, R., und G. Reichel: Die Theorie der Versicherungsfunktionen als Grundlage der Versicherungsmathematik, BDGV, 1968.

[18] Cantelli, F. P.: Genesi e construzione delle tavole di mutualità, Bolletino di Notizie sul Credito e sulla Previdenza, Roma, 1914.

[19] —: Sulle leggi di mutualità e sulle equazioni delle riserve matematiche, Giornale dell'Istituto Italiano degli Attuari, 9, 1938.

[20] Capt, E.: La méthode de Lidstone et son degré d'approximation, MVSV, 1961.

[21] Consael, M. R.: Aperçu sur la théorie des processus stationnaires et son application à l'étude des géries chronologiques, Internationale Zeitschrift für Versicherungsmathematiker und Statistiker, Probleme der Sozialen Sicherheit, 1958.

[22] —: Financement de pensions adaptées, Het Verzekerings-Archief, 1963.

[23] Coppini, M. A.: Financial Systems for Pension Funds involving Wage-Variations, Internationaler Kongreß der Versicherungsmathematiker, London, 1964.

[24] Cramer, H., und H. Wold: Mortality variations in Sweden, Skand, 1935.

Eisenring, M.: siehe Jecklin.

[25] Frauenfelder, W.: Studien zur Kapital-Ansammlungstheorie von F. P. Cantelli, 1951.

[26] —: Bemerkungen und Anwendungen zur Theorie von Cantelli, MVSV, 1958.

[27] Görtler, M.: Die Theorie und Technik der Versicherungsbuchführung, 2. Aufl., Berlin, 1958.

[28] —: Die Erfolgsrechnung der Versicherungsbetriebe, 2. Aufl., Berlin, 1958.

[29] —: Die Kalkulation der Versicherungsbetriebe, 2. Aufl., Berlin, 1958.

[30] Hirokichi, I.: Über eine neue Theorie der Versicherung, Versicherungswissenschaftliches Archiv, 1957.

[31] Insolera, F.: I movi fondamenti scientifici delle tavole di mortalità di assicurati e prime applicazioni biometriche e attuariali, Giornale di Matematica Finanzieria, 1931.

[32] Jacob, M.: Zur Berechnung von Versicherungswerten bei Änderung der Rechnungselemente, Assecuranzjahrbuch, 54, 1935.

[33] —: Approximationsmethoden in der Versicherungsmathematik, Ungarische Rundschau für Versicherungswissenschaft, 1937.

[34] Jecklin, H.: Reserveberechnung nach Gruppen gleicher verflossener Dauer, Versicherungsarchiv, 1934.

[35] —: Zur Praxis der Reserveberechnung nach der t-Methode, MVSV, 1942.

[36] —: Eine Näherungsformel für Übersterblichkeitszuschläge, MVSV, 1944.

[37] —: Die technische Behandlung der gestaffelten multiplikativen Übersterblichkeit, MVSV, 1945.

[38] Jecklin, H.: Grundsätzliche Bemerkungen zur t-Methode, MVSV, 1949.
[39] —: Algebraische Begründung einer Klasse versicherungstechnischer Approximationen, MVSV, 1950.
[40] —: Über gewisse Approximationen der Versicherungsmathematik, BDGV, 1951.
[41] —: Beitrag zur technischen Behandlung anormaler Risiken in der Lebensversicherung, MVSV, 1953.
[42] —: Lidstonesche Näherungsformel und Makehamsche Funktion, BDGV, 1954.
[43] —: Varia zur hyperbolischen Interpolation von Reservekurven, MVSV, 1956.
[44] —: Reserveberechnung nach t-Gruppen, MVSV, 1957.
[45] —: Untersuchungen zur n-Methode der Reserveberechnung, MVSV, 1958.
[46] —: Globale Reserveberechnung auf Basis durchschnittlicher Dauern, MVSV, 1965.
[47] Jecklin, H., und M. Eisenring: Die Staffelung der Versicherungssumme bei anormalen Risken, MVSV, 1945.
[48] Jecklin, H., und H. Zimmermann: Reserveberechnung auf Basis hyperbolischer Interpolation, MVSV, 1950.
[49] —: Ergänzende Bemerkungen zur Reserveberechnung auf Basis hyperbolischer Interpolation (F-Methode), MVSV, 1951.
[50] —: Weitere Ergänzung zur F-Methode der Reserveberechnung, MVSV, 1951.
[51] Jones, H. G.: A note on the n-ages method, JIA, 1933.
[52] Joseph, A. W.: A note on Henry's method, JIA, 1933.
[53] —: The valuation of whole-life assurances by use of moments, JIA, 1946.
[54] Kaiser, E.: Equations fonctionelles des mathématiques sociales, Internationale Konferenz der Versicherungsmathematiker und Statistiker der Sozialen Sicherheit, Madrid, 1962.
[55] Karup, J.: Die Finanzlage der Gothaischen Staatsdiener-Wittwen-Societät, Dresden, 1893.
[56] —: Über eine neue mechanische Ausgleichsmethode, Berichte der internationalen Kongresse der Versicherungsmathematiker, 1898.
[57] King, G.: On the construction of mortality tables from census returns and records of death, JIA, 1908.
[58] —: On a new method of constructing and graduating mortality and other tables, JIA, 1909.
[59] van Klinken, J.: The theory of Randons processes and actuarial statistics, Dependent and Independent Probabilities, MVSV, 1959.
[60] Koisol, E.: Finanzmathematik, Wiesbaden, 1959.
[61] Latscha, R.: Über die Prämienbemessung in der obligatorischen Unfallversicherung, Schweizerische Zeitschrift für Sozialversicherung, 1960.
[62] Lidstone, G. J.: Some remarks on the valuation of endowment assurances in groups, JIA, 1903.
[63] —: Further remarks on the valuation of endowment assurances in groups, JIA, 1907.
[64] —: Remarks on Trachtenbergs method of valuing policies, JIA, 1924.
[65] —: The application of the Z-method of valuing endowment assurances to valuations based on the new A 1924/29 mortality table, JIA, 1933.
[66] Loewy, A.: Zur Theorie und Anwendung der Intensitäten in der Versicherungsmathematik, 1917.
[67] —: Der Stieltjessche Integralbegriff und seine Verwertung in der Versicherungsmathematik, BDGV, 2, 1931/32.
[68] Meier, J.: Kombinierte Einzel- und Gruppenrechnung zur Bestimmung des Bilanzdeckungskapitals in der Lebensversicherung (K_0-Methode), MVSV, 1943.
[69] —: Eine Variante zur K_0-Methode, MVSV, 1945.
[70] Moser, Ch.: Die Intensität der Sterblichkeit und die Intensitätsfunktion, MVSV, 1, 1906.
[71] —: Beiträge zur Darstellung von Vorgängen und des Beharrungszustandes bei einer sich erneuernden Gesamtheit, MVSV, 1926.
[72] Munro, N. A.: Lidstone's Z-method without Makeham's law, JIA, 1957.
[73] Nolfi, P.: Zur mathematischen Darstellung des Nutzens in der Versicherung, MVSV, 1955.

[74] Nolfi, P.: Über ein eeinheitliche Darstellung der Verbleibs- und Ausscheidewahrscheinlichkeiten für eine beliebige Zeitdauer, MVSV, 1963.
[75] Perks, W.: On some experiments in the graduation of mortality statistics, JIA, 1932.
[76] —: On a modification of the net premium method of valuation of participating assurances and on the application of the n-ages method to the valuation of assurances grouped by years of entry and to the approximate calculation of isolated values of actuarial functions, JIA, 1933.
[77] —: Supplementary note on the application of the n-ages method to the valuation of limited payment whole-life assurances grouped by years of entry, JIA, 1933.
[78] —: Two-variable developments of the n-ages method, JIA, 1946.
[79] Philipson, C.: Note on the application of compound Poisson processes to sickness and accident statistics, The Astin Bulletin, 1960.
[80] Pöttker, W.: Methoden zur summarischen Berechnung der Prämienreserve ohne Gruppierung des Versicherungsbestandes, BDGV, 1950.
[81] —: Eine Methode zur summarischen Berechnung der Prämienreserve ohne Hilfszahlen, BDGV, 1953.
[82] Quiquet, A.: Représentation algébraique des tables de survie. Généralisation des lois de Gompertz, de Makeham etc., Bulletin de l'Institut des Actuaires Français, 1893.
[83] —: Sur quatre lois bâtardes de survie, Berichte der internationalen Kongresse der Versicherungsmathematiker, 9, 1930.
[84] —: Sur quatre lois bâtardes de survie, Bulletin de l'Institut des Actuaires Français, 1931.
Reichel, G.: Siehe Burhardt.
[85] Richard, P.: La représentation analytique des tables de mortalité, Bulletin de l'Institut des Actuaires Français, 1952.
[86] Rode, E.: Prudential mortality experience by sex, Transactions of the Actuarial Society of America, 1954.
[87] Rufener, H.: Sterbegesetze, für welche gewisse Lidstonesche Näherungen exakt erfüllt sind, BDGV, 1957.
[88] Schärf, H.: Über links- und rechtsseitige Stieltjesintegrale und deren Anwendungen, MVSV, 1943.
[89] Schaertlin, G.: Zur mathematischen Theorie der Invaliditätsversicherung, MVSV, 1906.
[90] Schmetterer, L.: Die Risikotheorie der Versicherungsmathematik, Statistische Vierteljahresschrift, 1956.
[91] Schönwiese, R.: Grundlagen zur Invaliditätsversicherung in Verbindung mit einer doppelt abgestuften Sterbetafel, BDGV, 1930.
[92] Segendahl, C.-O.: When does ruin occur in the collective theory of risk? Skand, 1954.
[93] Strickler, P.: Reserveapproximation durch Hyperbeln nach der φ-Methode, MVSV, 1955.
[94] Tosberg, A.: Über ein neues versicherungsmathematisches Verfahren als Ergebnis neuerer Morbiditätsuntersuchungen, BDGV, 1953.
[95] —: Beitrag zur Entwicklung einer Mathematik der Krankheitskostenversicherung, BDGV, 1956.
[96] Trachtenberg, H. L.: A new method of valuing policies in groups, JIA, 1921.
[97] —: Another method of valuing policies in groups, JIA, 1922.
[98] Vajda, S.: The analysis of variance of mortality rates, JIA, 1946.
[99] Wettenschwiller, K.: Spezielle Lösungen der erweiterten Erneuerungsgleichung, MVSV, 1964.
Wold, H.: Siehe Cramer.
[100] Wolff, K.-H.: Das Theorem von Finetti für mehrere Ausscheideursachen, Statistische Vierteljahresschrift, Wien 1956.
[101] —: Ein Beitrag zur kollektiven Risikotheorie, Statistische Vierteljahresschrift, Wien, 1956.
[102] —: Die Kapitalverzinsung in der kollektiven Risikotheorie, Skand, 1959.
[103] —: Collective theory of risk and utility functions, The Astin Bulletin, 1966.
[104] —: Ein Beitrag zur Theorie der Ruinwahrscheinlichkeit, Monatshefte für Mathematik, Wien, 1967.

[105] ZILLMER, A.: Beiträge zur Theorie der Prämienreserve bei Lebensversicherungsanstalten, 1863.
ZIMMERMANN, H.: Siehe JECKLIN.
[106] ZWINGGI, E.: Leben und Sterben in mathematischer Darstellung, MVSV, 1942.
[107] —: Untersuchung über den Einbezug der vorzeitigen Vertragsauflösung in die Berechnung und Darstellung der Tarifprämie der Todes- und Erlebensfallversicherung, MVSV, 43, 1943.
[108] —: A study of the dependence of the premium on the rate of interest, Skand, 1950.
[109] —: Beiträge zum Zinsfußproblem, BDGV, 1952.

Namen- und Sachverzeichnis

Die im folgenden angegebenen Seitenzahlen bezeichnen grundsätzlich jene Seiten, in denen der betreffende Begriff erstmals definiert bzw. erstmals in einem bestimmten Zusammenhang verwendet wurde. Wird der Begriff in einem neuen Zusammenhang verwendet, dann wird für diese Stelle eine eigene Seitenzahl angegeben.

GPSR Compliance

The European Union's (EU) General Product Safety Regulation (GPSR) is a set of rules that requires consumer products to be safe and our obligations to ensure this.

If you have any concerns about our products, you can contact us on ProductSafety@springernature.com

In case Publisher is established outside the EU, the EU authorized representative is:

Springer Nature Customer Service Center GmbH
Europaplatz 3
69115 Heidelberg, Germany

Batch number: 10816188

Printed by Printforce, the Netherlands